高等学校“十二五”规划教材

# 电磁学

ELECTROMAGNETISM

葛松华　王河　杨清雷　等编



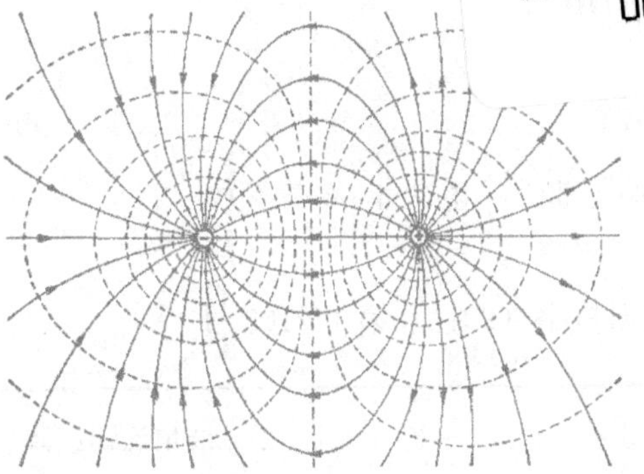

化学工业出版社

·北京·

本书系统地阐述了电磁学的基本概念、基本规律与基本方法. 介绍了电磁学知识在工程技术中的应用. 内容包括：静电场、静电场中的导体与电介质、恒定电流、恒定磁场、磁场中的磁介质、电磁感应、麦克斯韦电磁场理论和电磁波.

本书简明扼要、重点突出、层次分明、浅入深出、易于理解. 缩减了冗长的数学推导，加强了应用性的内容，使之更适合应用物理专业的教学要求，从而达到培养应用技能型人才的目标. 为帮助学生加深对基本概念和规律的理解，书中精选了不少有启发性的例题；并结合各节所讲内容，每节后附有复习思考题，每章后附有大量的练习题来巩固所学内容.

本书可作为高等学校应用物理类专业或相近专业的电磁学课程的教材，也可作为理工科大学物理教师和工程技术人员的参考书.

**图书在版编目（CIP）数据**

电磁学/葛松华等编. —北京：化学工业出版社，2014.9（2024.8重印）
高等学校“十二五”规划教材
ISBN 978-7-122-21473-7

Ⅰ. ①电… Ⅱ. ①葛… Ⅲ. ①电磁学-高等学校-教材 Ⅳ. ①O441

中国版本图书馆CIP数据核字（2014）第172109号

责任编辑：郝英华　　装帧设计：韩　飞
责任校对：宋　夏

出版发行：化学工业出版社（北京市东城区青年湖南街13号　邮政编码100011）
印　　装：北京虎彩文化传播有限公司
787mm×1092mm　1/16　印张17¾　字数462千字　2024年8月北京第1版第6次印刷

购书咨询：010-64518888　　售后服务：010-64518899
网　　址：http://www.cip.com.cn
凡购买本书，如有缺损质量问题，本社销售中心负责调换。

定　　价：49.00元

# 前 言

本书是根据《高等学校应用物理学基本培养规格和教学基本要求》，面向工科类院校应用物理类专业编写的.

目前，物理学分为物理专业和应用物理专业. 从培养目标上来看，物理专业主要培养物理学基础型研究人才，应用物理专业主要培养物理学应用型人才. 由于应用物理专业是从原来的物理专业分出来的，所以许多院校的应用物理专业的培养方案与物理专业没有实质上的差别，应用物理专业的教材也选用物理专业的教材. 而教材作为教学内容的载体，是教学水平、教学质量的基本保证，也是课程体系和课程内容的核心体现，所以教材建设是专业建设的必然要求. 我们从开设应用物理专业之初，就考虑编写适用于应用型院校应用物理专业的教材，突出办学定位和专业特色，经过多年的积累，始得本书.

本书共分为 7 章. 内容包括：静电场、静电场中的导体与电介质、恒定电流、恒定磁场、磁场中的磁介质、电磁感应、麦克斯韦电磁场理论和电磁波. 本书的主要特色如下.

系统地阐述了电磁学的基本概念、基本规律与基本方法；内容紧扣电磁学理论内容，结合相关学科新技术的发展，突出在工程技术中的应用；在传统内容上进行合理精简，减少与中学物理不必要的重复，处理好与电动力学的衔接；缩减冗长的理论推导，降低场论等的数学要求.

加强理论联系实际，增强学生解决实际问题的能力. 突出电磁学在物理量的测量以及测量技术中的重要作用. 努力做到与其他课程相互渗透，将电磁技术应用到工程技术中，例如将电容式传感器、电阻式传感器、霍尔传感器和电感式传感器结合到相关内容中等. 增加 MATLAB 软件在电磁学中的应用. MATLAB 是一个具有强大运算功能和作图功能的应用软件，结合电磁学的一些典型问题和习题进行初步应用，为逐步掌握用计算机语言解决实际问题打下基础.

在编写上，力争把编者多年来积累的教学思想和教学经验用精炼的语言表达出来. 把一些典型问题的教学研究成果融合在教学内容中. 力求做到简明扼要、重点突出、层次分明、浅入深出、易于理解. 加强应用性的内容. 使之更适合应用物理专业的教学要求，从而达到培养应用技能型人才的目标. 为帮助学生加深对基本概念和规律的理解，书中精选了不少有启发性的例题. 并结合各节所讲内容，每节后附有复习思考题，每章后附有大量的练习题来理解和巩固所学内容.

本书的编写人员：葛松华、王河、杨清雷、唐亚明. 葛松华执笔第 1～3 章；杨清雷执笔第 4 章、第 5 章；王河执笔第 6 章、第 7 章；唐亚明整理了一些有关应用方面的材料. 最后由葛松华教授统稿.

由于编者的水平有限，书中难免有不妥之处，恳请读者批评指正.

编者

2014 年 5 月

# 目 录

# 第1章 静电场

电荷是物质的一种属性，自然界中的一切电磁现象都起源于电荷. 相对于观察者静止的电荷称为静电荷，由静电荷产生的电场称为静电场，静电场的特征就是描述电场的物理量不随时间变化，仅是空间坐标的函数. 一般来说，电荷是运动的，运动的电荷同时激发电场和磁场，电场和磁场是密切联系在一起的. 研究电磁场的运动规律，先从简单的情况入手. 本章研究真空中的静电场的性质及其基本规律，主要内容有：静电场的基本定律——库仑定律，描述静电场的两个基本物理量——电场强度和电势，静电场的两个基本定理——高斯定理和环路定理.

## 1.1 库仑定律

### 1.1.1 电荷

**(1) 两种电荷**

人类在公元前就发现了两个物体摩擦后都能够吸引轻微小物体的现象，这种现象称为摩擦起电，也就是物体通过摩擦带上了电荷.

历史上，美国科学家富兰克林（B. Franklin，1706－1790）把用丝绸摩擦过的玻璃棒所带的电荷称为**正电荷**；而把用毛皮摩擦过的橡胶棒所带的电荷称为**负电荷**.

自然界中，电荷只有两种，就是“正电荷”和“负电荷”. 实验发现，带同号电荷的物体相互排斥，带异号电荷的物体相互吸引.

两个物体通过相互摩擦，一个物体带上正电荷，则另一个物体必然带上了负电荷，而且这两个物体所带的正负电荷的数量一定相等. 等量的正负电荷相遇后，对外就不再呈现电性，这称为电中和.

电荷是物质的一种属性，物体的带电现象的本质，可用物质的电结构模型来解释. 我们知道，物质是由分子、原子组成的，而原子又由带正电的原子核和带负电的电子组成. 原子核中有质子和中子，中子不带电，质子带正电. 一个质子所带的电荷和一个电子所带的电荷数值上是相等的. 在正常情况下，物体中所包含的电子的总数和质子的总数是相等的，所以对外界呈现出不带电的电中性状态，但是，如果使物体得到或失去一定数量的电子，则电子总数和质子总数不再相等，物体就呈电性了. 摩擦带电实质上就是通过摩擦作用使电子脱离了原子的束缚从一个物体转移到另一个物体的过程.

**(2) 电荷守恒定律**

两个相互摩擦的物体总是同时带电的，例如一个物体失去电子则带正电，另一个物体得到电子就带负电，两个物体所带电荷总是等量异号. 由大量实验事实可知，当一种电荷“产生”时，必然有等量异号的电荷同时“产生”；当一种电荷“消失”时，必然有等量异号的电荷同时“消失”. 因此，**在一个封闭系统内，不论发生怎样的物理过程，系统内正负电荷的代数和保持不变**. 这个结论称为**电荷守恒定律**. 电荷守恒定律是物理学中的一条基本规律.

电荷守恒定律不仅在一切宏观过程中成立，而且在一切微观粒子运动和相互作用过程中都成立. 例如高能光子，即 $\gamma$ 射线，与原子核相碰时，会产生正负电子对；反之，当一对正负电子相互靠近时，会融合而消失，在消失处产生 $\gamma$ 射线，称为电子对的湮灭. 因为光子是不带电的，正负电子所带的电荷等值异号，其代数和为零，在这些过程中尽管发生了带电粒子的产生和湮灭，但系统电荷的代数和没有变化.

**(3) 电荷的量子性**

带电荷的物体叫做带电体，带电体上所带的电荷的数量叫做电荷量（电量），在国际单位制（SI）中电量的单位是库仑，符号是 C.

1897 年英国物理学家汤姆孙（J. J. Tomson，1856－1940）发现了电子，电子是电荷的**基本电量**，电子所带电量的绝对值用 $e$ 表示

$$e=1.602\times10^{-19}\mathrm{C}$$

1C 的电量约等于 $6.25\times10^{18}$ 个电子的电量.

1913 年美国物理学家密立根（R. A. Milikan，1868－1953）进行了油滴实验，实验表明，电子是自然界中具有最小电量的粒子，**任何带电体和所有带电的微观粒子所带的电量都是电子电量的整数倍**. 即

$$q=ne\ (n=1,\ 2,\ 3,\ \cdots)$$

电荷的这一性质称为**电荷的量子性**.

粒子物理理论认为，存在带电量为 $\pm e/3$ 和 $\pm 2e/3$ 的粒子，这些粒子称为夸克，并且认为质子、中子等微观粒子是由这些粒子组成的，然而，现在还未能在实验中检测到具有分数电荷的夸克，不过即使分数电荷存在，它们仍然是量子化的.

在讨论电磁现象的宏观规律时，例如计算一个带电直线在空间产生的电场，所涉及的电荷一般都是电子电量的很多倍，从平均效果上考虑，可以认为电荷是连续地分布在带电体上，不必考虑电荷的量子化.

**(4) 电荷的相对论不变性**

实验表明，一个电荷的电量与它的运动状态无关. 例如，加速器将电子或质子加速时，随着粒子速度的变化，它们的质量变化十分明显，满足相对论的质速关系式，但电量却没有任何变化，这就是电荷与质量的不同之处. 这就是说，**在不同的参考系中观察，同一带电粒子的电量保持不变**，即粒子的电量与参考系无关，电荷的这一性质称为**电荷的相对论不变性**.

## 1.1.2 库仑定律

电荷所具有的最重要的性质是电荷之间有相互作用力，这个力叫做静电力. 从 18 世纪开始，人们探索电荷之间相互作用力的规律，法国物理学家库仑（C. A. de Coulomb,

1736—1806）发明了扭秤，并用扭秤实验研究了电荷之间相互作用力的规律，1785 年库仑总结出了实验规律，这就是库仑定律.

**真空中，两个静止的点电荷之间的相互作用力，其大小与它们电荷的乘积成正比，与它们之间的距离的平方成反比；作用力的方向沿着两点电荷的连线，同号电荷相斥，异号电荷相吸.** 这个结论就称为**库仑定律**.

作用力的大小可以用公式表示为

$$F=k\frac{q_1q_2}{r^2} \tag{1-1-1}$$

式中，$q_1$、$q_2$ 分别表示两个点电荷的电量；$r$ 表示两个点电荷之间的距离；$k$ 是比例常数. 如图 1-1-1 所示.

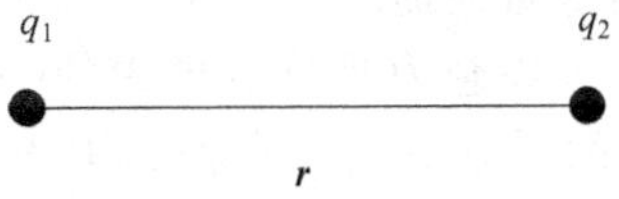


图 1-1-1 库仑定律

在国际单位制（SI）中，电荷的单位是库仑（C），长度的单位是米（m），力的单位是牛顿（N），实验测得比例常数 $k$ 为

$$k=8.9880\times10^9\approx9.0\times10^9(\mathrm{N\cdot m^2\cdot C^{-2}})$$

下面对库仑定律作几点说明.

① 库仑定律中的点电荷是一个抽象出来的理想模型. 因为实际问题中的带电体的大小、形状以及分布可能各不一样，如何研究任意两个带电体之间的相互作用力？先从点电荷这个理想模型入手，找出两个点电荷间相互作用力的规律，就可以解决其他所有带电体的相互作用力问题.

如果一个带电体的几何线度远小于它到其它带电体的距离，这个带电体就可以简化成一个点电荷，电量全部集中在一个几何点上. 至于一个带电体的几何线度比带电体之间的距离小多少才能把带电体当做点电荷，要根据具体的问题进行具体的分析，最后得到的理论结果与实验相符合才行.

② 库仑定律的有理化. 通常引入另一个常数 $\varepsilon_0$ 来代替比例常数 $k$，令

$$k=\frac{1}{4\pi\varepsilon_0}$$

这里引入的常数 $\varepsilon_0$ 叫做真空电容率. 则

$$\varepsilon_0=\frac{1}{4\pi k}=8.85\times10^{-12}\mathrm{C^2\cdot N^{-1}\cdot m^{-2}}$$

于是，库仑定律的形式可以写成

$$F=\frac{1}{4\pi\varepsilon_0}\frac{q_1q_2}{r^2} \tag{1-1-2}$$

在库仑定律表示式中引入 $4\pi$ 因子的做法，称为单位制的有理化，单位制的有理化虽然使库仑定律的数学表达式复杂一点，但却使后面推导出的电磁学规律的数学形式中不出现 $4\pi$ 因子，因而变得简单，并且可以显现出明确的物理意义.

③ 库仑定律的矢量表示. 我们知道，物理量可分为标量和矢量：标量只具有数值大小，而没有方向，这些量之间的运算遵循一般的代数法则；矢量是由数值大小和方向才能完全确定的物理量，这些量之间的运算遵循矢量运算法则，例如，两个矢量相加遵从平行四边形法则或三角形法则，矢量的乘法分为标积和矢积等.

力是一个矢量，库仑定律可用矢量公式来表示. 如图 1-1-2 所示，两个同号的点电荷 $q_1$ 和 $q_2$，它们之间的距离为 $r$，假定要讨论电荷 $q_2$ 所受电荷 $q_1$ 的作用力，可以选取电荷 $q_1$ 的位置为参考点 $O$，那么电荷 $q_2$ 相对参考点 $O$ 的位置可用位置矢量 $\boldsymbol{r}$ 来表示，用 $\boldsymbol{e}_r$ 表示位

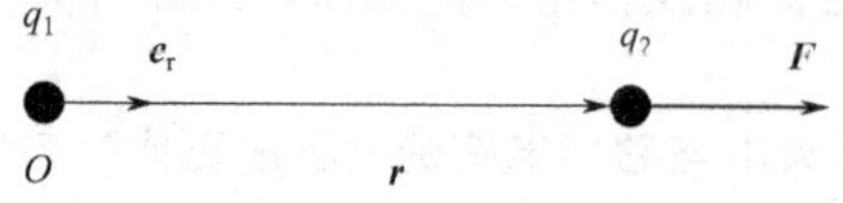


图 1-1-2 库仑力的矢量表示

置矢量上的单位矢量，则库仑力可以表示为

$$\boldsymbol{F}=\frac{1}{4\pi\varepsilon_0}\frac{q_1q_2}{r^2}\boldsymbol{e}_r \tag{1-1-3}$$

显然，当 $q_1$ 与 $q_2$ 同号时，$\boldsymbol{F}$ 与 $\boldsymbol{e}_r$ 同向，表示电荷 $q_2$ 受 $q_1$ 的斥力；当 $q_1$ 与 $q_2$ 异号时，$\boldsymbol{F}$ 与 $\boldsymbol{e}_r$ 反向，表示电荷 $q_2$ 受 $q_1$ 的吸引力.

用同样的方法可以讨论电荷 $q_1$ 所受电荷 $q_2$ 的作用力，两个静止点电荷之间的作用力符合牛顿第三定律.

库仑定律的矢量表达式不仅表示了库仑力的大小和方向，而且在后面的一些运算中会显得非常简捷.

库仑力是自然界中的一种基本相互作用力，属于电磁相互作用的范畴. 库仑力与距离 $r$ 的平方成反比常称为平方反比律. 库仑定律与万有引力定律很相似，但这两种力性质不同，一种来源于物质的电荷，而另一种来源于物质的引力质量. 两种力的强度也相差甚远.

库仑定律是电磁学中的重要规律，它是电磁理论的实验基础. 正因为如此，至今人们对它依然十分关注，关注的焦点是两个点电荷之间的作用力与其距离平方成反比的精确程度和库仑定律的适用范围等.

**【例 1-1-1】** 两个点电荷 $q_1=+1\text{C}$，$q_2=-1\text{C}$，相距 1m，它们之间将有多大的静电力？

**解：** 由库仑定律

$$F=k\frac{q_1q_2}{r^2}=9.0\times10^9\times\frac{1\times1}{1^2}=9.0\times10^9(\text{N})$$

此力相当于 $9\times10^8$kg（90 万吨）物体所受的重力，1C 是 1A 电流在 1s 内流过的电荷，难以想象 1C 电荷之间的静电力如此之大.

**【例 1-1-2】** 氢原子中电子和质子的距离为 $5.3\times10^{-11}$ m，求这两个粒子间的静电力和万有引力各为多大.

**解：** 电子的电荷是 $-e$，质子的电荷是 $+e$，而电子的质量 $m_e=9.1\times10^{-31}$ kg，质子的质量 $m_p=1.7\times10^{-27}$ kg，由库仑定律，求得两粒子间的静电力大小为

$$F_e=k\frac{e^2}{r^2}=\frac{9.0\times10^9\times(1.6\times10^{-19})^2}{(5.3\times10^{-11})^2}=8.2\times10^{-8}(\text{N})$$

由万有引力定律，求得两粒子间的万有引力

$$F_g=G\frac{m_em_p}{r^2}=\frac{6.7\times10^{-11}\times9.1\times10^{-31}\times1.7\times10^{-27}}{(5.3\times10^{-11})^2}=3.7\times10^{-47}(\text{N})$$

$$\frac{F_e}{F_g}\approx2.2\times10^{39}$$

由计算结果可以看出氢原子中电子与质子的相互作用的静电力远大于万有引力，静电力约为万有引力的 $10^{39}$ 倍，因此在微观粒子的相互作用中，万有引力完全可以忽略.

## 复习思考题

1-1-1 什么是电荷的量子化？你能举出其它具有量子化的物理量吗？

1-1-2 什么是电荷量的相对论不变性？

1-1-3 点电荷是否一定是很小的带电体？比较大的带电体能否视为点电荷？在什么条件下

一个带电体才能视为点电荷？

1-1-4 两静止点电荷之间的相互作用力遵守牛顿第三定律吗？

1-1-5 如果两个带电体不能简化为点电荷，如何计算它们之间的相互作用力？

## 1.2 电场 电场强度

### 1.2.1 电场

通常，物体受力是通过直接接触将力作用于物体，但带电体之间相隔一定的距离却仍受到静电力的作用. 库仑力究竟是怎样传递的呢？围绕着这个问题，人们曾有过不同的认识，一种观点认为这类力不需要什么中间介质传递，也不需要时间，就能够由一个物体立即作用到相隔一定距离的另一个物体上，这种观点叫做“超距作用”. 按此观点，两带电体间的相互作用可表示成

电荷⇔电荷

随着对电磁现象认识的不断深入，人们认识到自然界中并不存在超距作用. 在19世纪30年代，英国物理学家、化学家法拉第（M. Faraday，1791—1867）提出了场的概念：任何电荷都在自己周围的空间激发电场，而电场的基本性质是，它对于处在其中的任何其它电荷都有作用力，称作电场力. 因此，电荷与电荷之间是通过电场发生相互作用的. 这种相互作用可表示为以下形式

电荷⇔电场⇔电荷

近代物理学的理论和实验完全肯定了场的观点的正确性. 并证实电磁场可以脱离电荷和电流而独立存在，它具有自己的运动规律和特性，电磁场是客观存在的一种物质，是不同于由分子、原子组成的实物的另一种形式的物质. 场物质和实物物质一样具有能量、动量等物质属性，并且遵守动量守恒定律和能量守恒定律等. 只不过电磁场的物质性在迅速变化的状态下才能更明显地表现出来. 不同的是由于场分布范围非常广泛具有分散性，所以对场的描述需要逐点进行，不像实物那样只需作整体描述.

相对于观察者静止的电荷在其周围产生的电场称为静电场. 静电场的特征就是电场强度不随时间变化，仅仅是空间坐标的函数. 下面将根据静电场对电荷的作用，从电荷受电场力以及电荷在电场中移动时，电场力作功的方面，引入电场强度和电势这两个物理量来研究静电场的性质.

### 1.2.2 电场强度

为了定量研究电场及其性质，首先引进电场强度这个物理量.

如图1-2-1所示，设有一个带电体带电荷$Q$，它在空间产生电场，下面用电场对电荷的作用力来描述电场，为此，引入一个电荷$q_0$，把它放入电场中并测量它受到的作用力，为了测量精确，要求电荷$q_0$的电量充分小，以至于不影响原有的电荷分布，即不改变原来的电场分布；同时电荷$q_0$的几何线度也要充分小，即可以把它看作是点电荷，这样才可以用它来确定空间各点的位置. 满足这样条件的电荷叫做**试验电荷**.

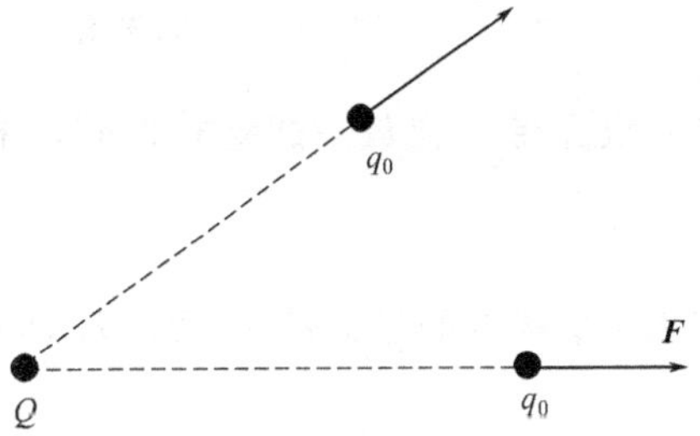


图1-2-1 试验电荷在电场中不同位置的受力情况

实验发现，试验电荷 $q_0$ 放在不同的位置，受到的电场力 $\boldsymbol{F}$ 的大小和方向是不同的；而对于电场中的某一固定点来说，比值 $\boldsymbol{F}/q_0$ 无论大小还是方向都与试验电荷的大小、正负无关，是一个不变的矢量. 它反映了电场本身的性质. 因此，把**正试验电荷在电场中某点所受的力 $\boldsymbol{F}$ 与试验电荷 $q_0$ 的比值定义为该点的电场强度，简称场强**，用 $\boldsymbol{E}$ 表示

$$\boldsymbol{E}=\frac{\boldsymbol{F}}{q_0} \tag{1-2-1}$$

式（1-2-1）表明：电场中某点的电场强度等于放在该点上的单位正电荷所受的电场力. 电场强度是矢量，满足矢量运算法则. 在电场中各点的电场强度可能不同，所以 $\boldsymbol{E}$ 是空间坐标的矢量函数，即 $\boldsymbol{E}(x, y, z)$ 或 $\boldsymbol{E}(\boldsymbol{r})$. 在静电场中，任一点只有一个电场强度 $\boldsymbol{E}$ 与之对应，也就是说静电场具有单值性，当电荷分布一定时就可以确定电场强度的分布.

数学上把取决于空间位置的量叫做场，场是空间位置的函数. 物理上可分为标量场和矢量场，物理量是标量，则称为标量场，例如温度场、大气压场. 物理量是矢量，则称为矢量场，例如电场、磁场. 有关标量场和矢量场的一些重要特性可参阅附录 2 或有关数学书籍.

如果电场中空间各点的场强 $\boldsymbol{E}$ 的大小和方向都相同，这样的电场叫做均匀电场或匀强电场.

在国际单位制（SI）中，电场强度的单位为牛顿每库仑（$N \cdot C^{-1}$），这个单位与伏特每米（$V \cdot m^{-1}$）是等价的，后者是在实际中更常用的写法.

为了对电场强度大小有一个数量级上的了解，表 1-2-1 列出了几种典型电场的数值.

**表 1-2-1　一些电场强度的数值**

| 带电体 | 电场/($V \cdot m^{-1}$) | 带电体 | 电场/($V \cdot m^{-1}$) |
|---|---|---|---|
| 室内电线附近 | 约 $3\times10^{-2}$ | X 光管内 | $3\times10^{6}$ |
| 地面附近 | 约 120 | 氢原子的电子所在处 | $6\times10^{11}$ |
| 电子管内 | 约 $2\times10^{5}$ | 脉冲星的表面处 | 约 $10^{14}$ |
| 高压电器击穿处 | $3\times10^{6}$ | 铀核的表面处 | $2\times10^{21}$ |

## 1.2.3 点电荷的电场

点电荷是从实际问题中抽象出来的理想模型，计算出点电荷的电场分布，再根据电场强度的叠加原理，可以研究其它任意带电体的电场分布.

设点电荷的电量为 $q$，它在其周围产生电场，$q$ 所在的位置通常称为**源点**. $P$ 点是电场中的任意一点，通常称为**场点**，它与 $q$ 的距离为 $r$，如图 1-2-2 所示. 为了计算 $P$ 点的电场强度，取 $q$ 所在的位置为原点 $O$，则 $O$ 点到 $P$ 点的位置矢量 $\boldsymbol{r}=r\boldsymbol{e}_r$，其中 $\boldsymbol{e}_r$ 是由 $O$ 点指向 $P$ 点方向上的单位矢量.

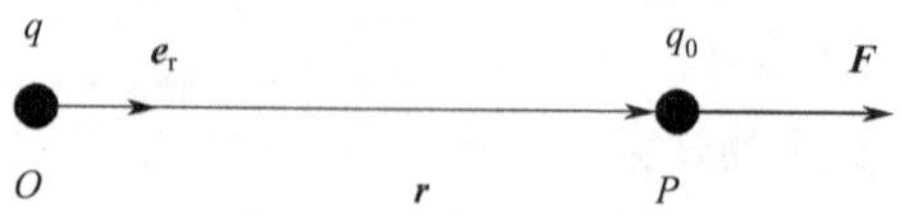

图 1-2-2　点电荷的电场强度

设想在 $P$ 点放一试验电荷 $q_0$，根据库仑定律，试验电荷 $q_0$ 所受的力为

$$\boldsymbol{F}=\frac{1}{4\pi\varepsilon_0}\frac{q_0 q}{r^2}\boldsymbol{e}_r$$

根据电场强度的定义式（1-2-1），$P$ 点的电场强度为

$$\boldsymbol{E}=\frac{\boldsymbol{F}}{q_0}=\frac{1}{4\pi\varepsilon_0}\frac{q}{r^2}\boldsymbol{e}_r \tag{1-2-2}$$

式（1-2-2）就是点电荷的电场分布公式. 如果 $q>0$，则 $\boldsymbol{E}$ 与 $\boldsymbol{e}_r$ 同向，即在正电荷周围的

电场中，任意点的电场强度的方向沿该点的位矢方向；如果 $q<0$，则 $\boldsymbol{E}$ 与 $\boldsymbol{e}_r$ 反向，即在负电荷周围的电场中，任意点的电场强度的方向与该点的位矢方向相反．电场的大小 $E$ 与距离 $r$ 的平方成反比，这正是点源的特征，所以在以 $q$ 为中心的每个球面上场强大小相等，通常说这样的电场是球对称分布的．当 $r\to\infty$ 时，$E\to 0$，所以在距点电荷很远处，可以认为场强为零.

## 1.2.4 电场强度的叠加原理

### (1) 点电荷系的电场

对于由 $n$ 个点电荷 $q_1, q_2, \cdots, q_n$ 组成的点电荷系，如何计算点电荷系产生的电场强度呢？

如图 1-2-3 所示，将试验电荷 $q_0$ 放到场点 $P$，根据力的叠加原理，$q_0$ 所受的合力等于点电荷系中各个点电荷单独存在时作用于试验电荷的静电力的矢量和．即

$$\boldsymbol{F}=\boldsymbol{F}_1+\boldsymbol{F}_2+\cdots+\boldsymbol{F}_n=\sum_{i=1}^{n}\boldsymbol{F}_i \tag{1-2-3}$$

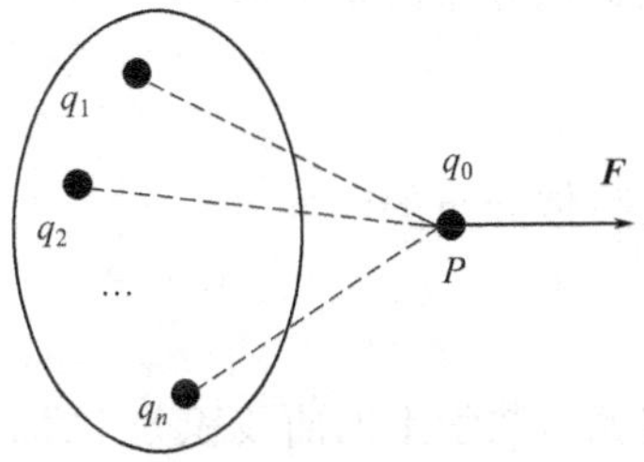


图 1-2-3 点电荷系的电场强度

把式（1-2-3）代入电场强度的定义式（1-2-1），可得

$$\boldsymbol{E}=\frac{\boldsymbol{F}}{q_0}=\sum_{i=1}^{n}\frac{\boldsymbol{F}_i}{q_0}=\sum_{i=1}^{n}\boldsymbol{E}_i \tag{1-2-4}$$

式中，$\boldsymbol{E}_i=\dfrac{\boldsymbol{F}_i}{q_0}$，是点电荷 $q_i$ 单独存在时在 $P$ 点处产生的电场强度．上式表明：**点电荷系产生的电场中任意点的电场强度等于各个点电荷单独存在时在该点产生的电场强度的矢量和**．这个结论叫做**电场强度的叠加原理**.

把点电荷的场强公式代入式（1-2-4）可得

$$\boldsymbol{E}=\sum_{i=1}^{n}\boldsymbol{E}_i=\sum_{i=1}^{n}\frac{1}{4\pi\varepsilon_0}\frac{q_i}{r_i^2}\boldsymbol{e}_{ri} \tag{1-2-5}$$

式中，$r_i$ 是 $q_i$ 到 $P$ 点的距离；$\boldsymbol{e}_{ri}$ 是从 $q_i$ 指向 $P$ 点的单位矢量．式（1-2-5）就是点电荷系的电场强度公式.

### (2) 电荷连续分布带电体的电场

如果一个带电体由于尺寸、形状及场点位置的原因，不能简化成一个点电荷，此时如何去计算该带电体产生的电场呢？

我们可以把该带电体分割成许多无限小的电荷元，如图 1-2-4 所示．任取一电荷元 $\mathrm{d}q$，则可视为一个点电荷，于是 $\mathrm{d}q$ 在 $P$ 点产生的电场强度 $\mathrm{d}\boldsymbol{E}$ 为

$$\mathrm{d}\boldsymbol{E}=\frac{1}{4\pi\varepsilon_0}\frac{\mathrm{d}q}{r^2}\boldsymbol{e}_r \tag{1-2-6}$$

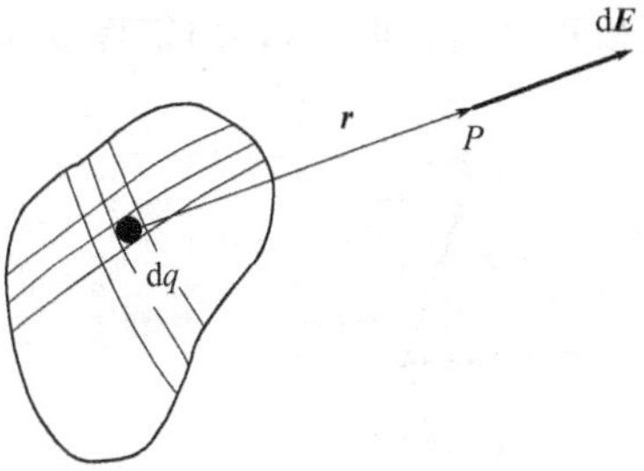


图 1-2-4 带电体的电场强度

式中，$r$ 是从电荷元 $\mathrm{d}q$ 到点 $P$ 的距离；$\boldsymbol{e}_r$ 为 $\mathrm{d}q$ 到点 $P$ 的单位矢量.

根据电场强度的叠加原理，则整个带电体在点 $P$ 产生的电场强度，等于所有电荷元产生的电场强度的矢量和，当然对于连续分布的带电体来说，这个矢量和就是求矢量积分，即

$$\boldsymbol{E}=\int\mathrm{d}\boldsymbol{E}=\int\frac{1}{4\pi\varepsilon_0}\frac{\mathrm{d}q}{r^2}\boldsymbol{e}_r \tag{1-2-7}$$

式（1-2-7）就是计算电荷连续分布带电体产生的电场强度的公式.

由上可以看出，库仑定律和电场强度的叠加原理是计算静电场的基本原则，理论上可解决所有带电体的静电场问题.

应用式（1-2-7）计算电荷连续分布带电体产生的电场时，通常采用下面的步骤.

① 对于线分布、面分布和体分布的不同带电体来说，电荷元 $dq$ 分别写成 $dq=\lambda dl$ 、$dq=\sigma dS$ 和 $dq=\rho dV$，其中 $\lambda$ 为电荷线密度，$\sigma$ 为电荷面密度，$\rho$ 为电荷体密度，如果它们是常数，称为均匀分布，否则为非均匀分布.

于是对于电荷线分布的带电体

$$\boldsymbol{E}=\int_l \frac{\lambda}{4\pi\varepsilon_0}\frac{dl}{r^2}\boldsymbol{e}_r \tag{1-2-8a}$$

电荷面分布的带电体

$$\boldsymbol{E}=\iint_S \frac{\sigma}{4\pi\varepsilon_0}\frac{dS}{r^2}\boldsymbol{e}_r \tag{1-2-8b}$$

电荷体分布的带电体

$$\boldsymbol{E}=\iiint_V \frac{\rho}{4\pi\varepsilon_0}\frac{dV}{r^2}\boldsymbol{e}_r \tag{1-2-8c}$$

这就与数学上的曲线积分、曲面积分和体积积分密切联系起来.

② 上面的计算式都是矢量积分式，通常情况下，带电体上不同的电荷元产生的场强 $d\boldsymbol{E}$ 的方向是不同的，这时需把矢量积分转换成标量积分，例如在直角坐标系下，电荷元的电场 $d\boldsymbol{E}$ 可表示为

$$d\boldsymbol{E}=dE_x\boldsymbol{i}+dE_y\boldsymbol{j}+dE_z\boldsymbol{k}$$

然后对每个分量进行积分

$$E_x=\int dE_x,\ E_y=\int dE_y,\ E_z=\int dE_z$$

于是 $P$ 点的电场强度

$$\boldsymbol{E}=E_x\boldsymbol{i}+E_y\boldsymbol{j}+E_z\boldsymbol{k}$$

### 1.2.5 电偶极子的电场强度

两个等量异号点电荷 $+q$ 和 $-q$，当它们之间的距离 $l$ 比所讨论的场点的距离小得多时，这个电荷系统就称为**电偶极子**，从负电荷指向正电荷的矢量 $\boldsymbol{l}$ 称为电偶极子的轴，$q\boldsymbol{l}$ 称为电偶极矩（简称电矩），用符号 $\boldsymbol{p}$ 表示，有 $\boldsymbol{p}=q\boldsymbol{l}$ .

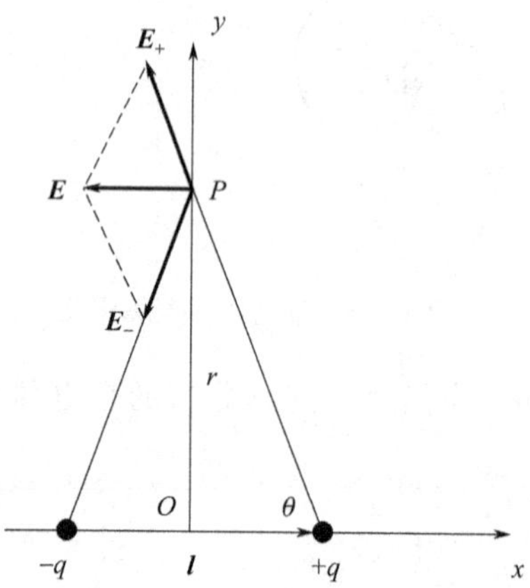

图 1-2-5 电偶极子的电场

电偶极子是一个常见的电荷系统，也是电磁学中的一个重要的物理模型，在研究电介质的极化、电磁波的发射等问题时，常要用到电偶极子以及电偶极子的电场等概念. 下面仅讨论电偶极子轴线上的中垂线上的一点的电场强度.

取如图 1-2-5 所示的坐标系，以电偶极子轴线中心为坐标原点 $O$，中垂线上任意点 $P$ 到 $O$ 的距离为 $r$，$+q$ 和 $-q$ 在 $P$ 点产生的电场强度分别为 $\boldsymbol{E}_+$ 和 $\boldsymbol{E}_-$，其大小相等，即

$$E_+=E_-=\frac{1}{4\pi\varepsilon_0}\frac{q}{r^2+\dfrac{l^2}{4}}$$

但方向不同，根据电场强度的叠加原理，$P$ 点的总电场

强度 $\boldsymbol{E}=\boldsymbol{E}_{+}+\boldsymbol{E}_{-}$ ，两者相加满足矢量相加法则. 较简便的办法就是投影在 $x$ 、$y$ 轴上分别相加，则

$$E_x=E_{+x}+E_{-x}=-2E_{+}\cos\theta$$
$$E_y=E_{+y}+E_{-y}=0$$

又

$$\cos\theta=\frac{\frac{l}{2}}{\sqrt{r^2+\frac{l^2}{4}}}$$

总电场强度

$$E=E_x=-\frac{1}{4\pi\varepsilon_0}\frac{ql}{\left(r^2+\frac{l^2}{4}\right)^{\frac{3}{2}}}$$

如果满足 $r\gg l$，可得

$$E\approx-\frac{1}{4\pi\varepsilon_0}\frac{ql}{r^3}$$

利用上述电矩的定义，并写成矢量形式

$$\boldsymbol{E}=-\frac{1}{4\pi\varepsilon_0}\frac{\boldsymbol{p}}{r^3} \tag{1-2-9}$$

结果表明，电偶极子中垂线上任意点的电场强度 $\boldsymbol{E}$ 的大小与电偶极子的电矩成正比，与该点到电偶极子中心的距离的三次方成反比，$\boldsymbol{E}$ 的方向与电矩的方向相反. 用同样的方法可计算电偶极子在空间其它点所激发的电场.

**【例 1-2-1】** 一均匀带电直线，长为 $L$ ，带电荷 $q$(设 $q>0$)，求带电直线中垂线上任一点 $P$ 的电场.

**解：** 因为电荷均匀分布，则电荷线密度

$$\lambda=\frac{q}{L}$$

选取坐标系如图 1-2-6 所示，设中垂线上任一点 $P$ 到原点 $O$ 的距离为 $r$ . 把带电直线分割成许多无限小的电荷元，在距原点 $O$ 为 $x$ 处取长为 $\mathrm{d}x$ 的线元，则相应的电荷元的电量

$$\mathrm{d}q=\lambda\mathrm{d}x$$

由于电荷元非常小，可视为点电荷，在 $P$ 点产生的电场强度为 $\mathrm{d}\boldsymbol{E}$ ，$\mathrm{d}\boldsymbol{E}$ 的方向如图 1-2-6 所示，$\mathrm{d}\boldsymbol{E}$ 的大小 $\mathrm{d}E$ 为

$$\mathrm{d}E=\frac{1}{4\pi\varepsilon_0}\frac{\mathrm{d}q}{r^2+x^2}=\frac{\lambda}{4\pi\varepsilon_0}\frac{\mathrm{d}x}{r^2+x^2}$$

因为不同位置的电荷元在 $P$ 点产生的场强的方向各不相同，所以需找出 $\mathrm{d}\boldsymbol{E}$ 沿 $x$ 轴和 $y$ 轴方向的分量，然后再积分.

$$\mathrm{d}E_x=-\mathrm{d}E\sin\theta$$
$$\mathrm{d}E_y=\mathrm{d}E\cos\theta$$

根据电荷分布的对称性，容易看出全部电荷在 $P$ 点产生的场强沿 $x$ 轴方向的分量之和等于零，即 $E_x=\int\mathrm{d}E_x=0$，因此 $P$ 点的总场强 $\boldsymbol{E}$ 应沿 $y$ 轴方向，并且

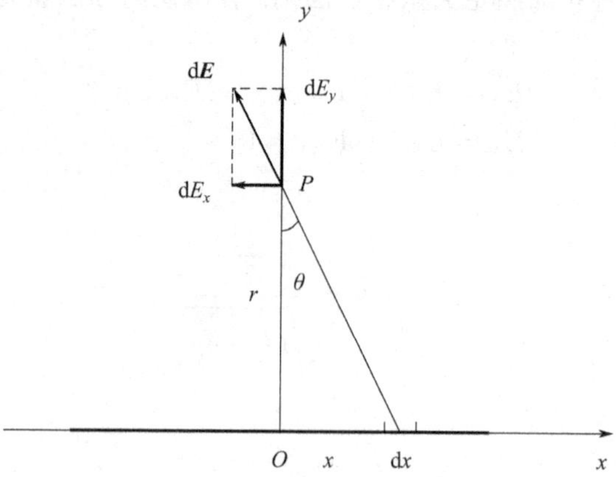


图 1-2-6　均匀带电直线的电场

$$E = E_y = \int \mathrm{d}E \cos\theta$$

将 $\mathrm{d}E$ 和 $\cos\theta = \dfrac{r}{\sqrt{r^2+x^2}}$ 代入积分式，积分得

$$E = \frac{\lambda r}{4\pi\varepsilon_0}\int_{-\frac{L}{2}}^{\frac{L}{2}} \frac{\mathrm{d}x}{(r^2+x^2)^{3/2}} = \frac{\lambda r}{4\pi\varepsilon_0}\left[\frac{x}{r^2\sqrt{r^2+x^2}}\right]_{-\frac{L}{2}}^{\frac{L}{2}}$$

$$= \frac{\lambda L}{4\pi\varepsilon_0 r^2\sqrt{1+\dfrac{L^2}{4r^2}}} = \frac{q}{4\pi\varepsilon_0 r^2\sqrt{1+\dfrac{L^2}{4r^2}}} \tag{1-2-10}$$

电场的方向沿 $y$ 轴方向. 下面对几种特殊情况作一些讨论.

① 上式中当 $r \gg L$ 时，即在远离带电直线的区域内，这时有

$$E \approx \frac{\lambda L}{4\pi\varepsilon_0 r^2} = \frac{q}{4\pi\varepsilon_0 r^2}$$

结果表明，在离带电直线很远处，该带电直线的电场相当于电荷 $q$ 集中于 $O$ 点的点电荷的电场，所以在讨论电场时，一个带电体是否可以简化成点电荷，主要取决于电荷与场点的相对位置. 在这里只要 $r > 4L$，其相对误差不会超过 5%.

② 当 $L \gg r$ 时，称为“无限长”带电直线，由式（1-2-10）可以得到

$$E \approx \frac{\lambda}{2\pi\varepsilon_0 r} \tag{1-2-11}$$

无限长带电直线周围任意点的场强与该点到带电直线的距离一次方成反比，方向与带电直线垂直. 这个结果在后面经常要用到.

一般地，求连续分布带电体的场强可分为三个步骤：先找出电荷元，再给出电荷元的电场强度，最后积分得到总电场强度.

**【例 1-2-2】**　一均匀带电细圆环，半径为 $R$，其上带正电荷 $q$，求圆环轴线上任一点 $P$ 处的电场强度.

**解**：取如图 1-2-7 所示的坐标，设 $P$ 点与环心 $O$ 的距离为 $x$，由题意知电荷是均匀分布的，故其电荷线密度 $\lambda = q/2\pi R$，在圆环上取一线元 $\mathrm{d}l$，其电荷元 $\mathrm{d}q = \lambda\,\mathrm{d}l$，此电荷元在 $P$ 点产生的场强为 $\mathrm{d}\boldsymbol{E}$，$\mathrm{d}\boldsymbol{E}$ 的方向如图所示，$\mathrm{d}\boldsymbol{E}$ 大小为

$$\mathrm{d}E = \frac{\mathrm{d}q}{4\pi\varepsilon_0 r^2} = \frac{\lambda}{4\pi\varepsilon_0}\frac{\mathrm{d}l}{r^2}$$

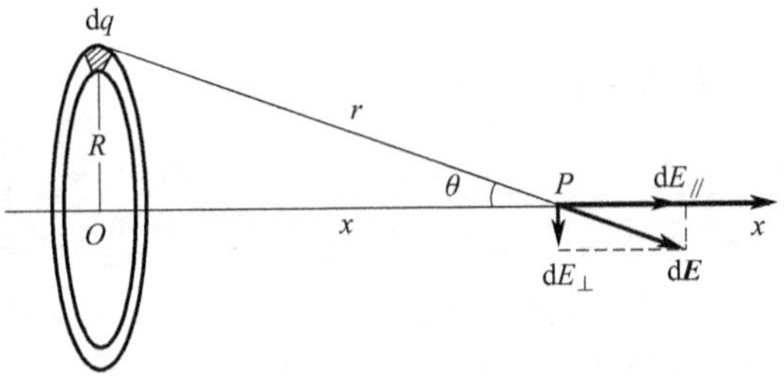


图 1-2-7 均匀带电细圆环轴上的电场

式中，$r$ 是电荷元到 $P$ 点的距离. 由于圆环对 $P$ 点是轴对称的，故可将 $d\boldsymbol{E}$ 分解为平行于 $x$ 轴的分量 $dE_{//}$ 和垂直于 $x$ 轴的分量 $dE_{\perp}$，根据对称性分布，垂直于 $x$ 轴的分量 $dE_{\perp}$ 相互抵消为零，所以总场强沿 $x$ 轴方向. $d\boldsymbol{E}$ 沿 $x$ 轴的分量 $dE_x = dE_{//} = dE\cos\theta$，所以 $P$ 点的电场强度为

$$E = \int dE_x = \int dE\cos\theta = \frac{\lambda\cos\theta}{4\pi\varepsilon_0 r^2}\int_0^{2\pi R} dl$$

$$= \frac{q}{4\pi\varepsilon_0 r^2}\cos\theta = \frac{qx}{4\pi\varepsilon_0 (x^2+R^2)^{3/2}} \qquad (1\text{-}2\text{-}12)$$

而电场强度的方向沿 $x$ 轴的方向.

上式表明，带电圆环轴线上任意点处的电场强度与该点到环心的距离 $x$ 有关. 下面对几种特殊情况作一些讨论.

① $x=0$，$E=0$，表明圆环中心处的电场强度为零.

② 若 $x \gg R$，则 $(x^2+R^2)^{3/2} \approx x^3$，则

$$E = \frac{q}{4\pi\varepsilon_0 x^2}$$

这就是点电荷的电场公式，即在远离圆环的地方，带电圆环就可以看成为点电荷.

③ 由 $\frac{dE}{dx}=0$ 可求电场强度极大值的位置.

$$\frac{d}{dx}\left[\frac{1}{4\pi\varepsilon_0}\frac{qx}{(x^2+R^2)^{3/2}}\right]=0$$

解得
$$x = \pm\frac{\sqrt{2}}{2}R$$

其极值为
$$E = \pm\frac{q}{6\sqrt{3}\pi\varepsilon_0 R^2}$$

由式（1-2-12）容易描绘出 $E$-$x$ 曲线. 在这里我们用 MATLAB 软件编程作图，并给出一个参考程序，请读者自己运行，画出的图形如图 1-2-8 所示.

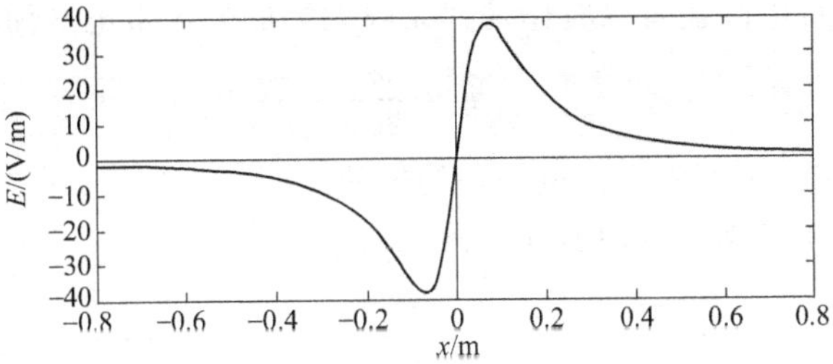


图 1-2-8 均匀带电细圆环轴线上的场强分布图

**【参考程序】**

%均匀带电圆环轴线上电场强度的分布

```
R= 0.1;                                                           % 设半径 R= 0.1
x= ( - 8: 0.001: 8 ) * R;                                         % 轴线上的位置
E= x. / ( R^2+ x. ^2 ) . ^ ( 3/2 ) ;                               % 计算轴线上的电场强度分布
plot ( x, E, [- 0.8 0.8], [0 0], 'k', [0 0], [- 40 40], 'k' )       % 画轴线上电场强度曲线
xlabel ( 'x/m' ) ; ylabel ( 'E/V/m' ) ;
[Em, n] = max ( E )                                               % 取出电场强度极大值及其序号
xm= R* ( ( n- 1 ) * 0.001- 8 )                                    % 求电场强度极大值的位置
```

电磁学的许多实际问题是比较复杂的问题，经常要用到数值计算等方法，需要用计算机编程来解决. MATLAB 是一个具有强大运算功能和作图功能而又易学易懂的应用软件，结合例题学习是非常有益的.

**【例 1-2-3】** 如图 1-2-9 所示，一半径为 $R$ 的均匀带电的薄圆盘，其电荷面密度为 $\sigma$，求通过盘心且垂直于盘面的轴线上任一点 $P$ 的电场强度.

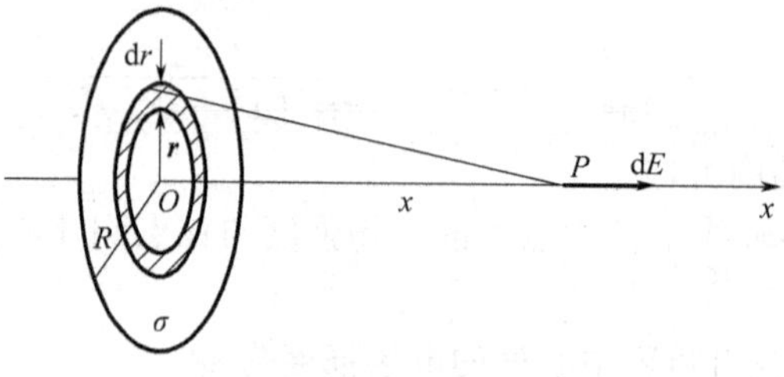


图 1-2-9　均匀带电圆盘轴线上的电场分布

**解：** 如图 1-2-9 所示，盘心为坐标原点 $O$，$P$ 点到 $O$ 点的距离为 $x$ .

直接利用例 1-2-2 中带电细圆环的电场公式，把圆盘分割成许多半径不同的同心圆环，取半径为 $r$，宽度为 $\mathrm{d}r$ 的细圆环，其上带电荷为

$$\mathrm{d}q=\sigma\mathrm{d}s=\sigma 2\pi r\mathrm{d}r$$

由例 1-2-2 中的式 (1-2-12)，可得带电圆环在 $P$ 点产生的电场强度大小为

$$\mathrm{d}E=\frac{x\mathrm{d}q}{4\pi\varepsilon_0\ (x^2+r^2)^{3/2}}=\frac{\sigma}{2\varepsilon_0}\frac{xr\mathrm{d}r}{(x^2+r^2)^{3/2}}$$

方向沿 $x$ 轴方向，由于圆盘上所有带电圆环在 $P$ 点产生的电场强度的方向都沿 $x$ 轴方向，故对上式积分可得带电圆盘轴线上的电场分布

$$E=\int\mathrm{d}E=\frac{\sigma x}{2\varepsilon_0}\int_0^R\frac{r\mathrm{d}r}{(x^2+r^2)^{3/2}}$$

$$=\frac{\sigma x}{2\varepsilon_0}\left(\frac{1}{\sqrt{x^2}}-\frac{1}{\sqrt{x^2+R^2}}\right)=\frac{\sigma}{2\varepsilon_0}\left(1-\frac{x}{\sqrt{x^2+R^2}}\right) \tag{1-2-13}$$

讨论①如果 $x\ll R$，带电圆盘可以看作是“无限大”的均匀带电平面，由式 (1-2-13) 可得

$$E=\frac{\sigma}{2\varepsilon_0}$$

可以说，无限大均匀带电平面附近，电场是均匀的.

②如果 $x\gg R$，用二项式定理展开下式

$$\frac{x}{\sqrt{x^2+R^2}}=\left(1+\frac{R^2}{x^2}\right)^{-\frac{1}{2}}\approx 1-\frac{1}{2}\frac{R^2}{x^2}$$

得到
$$E \approx \frac{\sigma R^2}{4\varepsilon_0 x^2} = \frac{q}{4\pi\varepsilon_0 x^2}$$
式中，$q = \sigma\pi R^2$ 为圆盘所带的总电荷. 这一结果表明，在远离带电圆盘处的电场也相当于点电荷的电场.

由上看出，带电圆盘的场强可由带电圆环的场强叠加得到，而带电圆环的场强又是由点电荷的场强叠加而来，看来场强叠加适用于任何带电体的电场的叠加. 原则上讲，一切带电体的场强都可以由点电荷的场强公式和场强的叠加原理计算得到. 但是，即使对很规则的简单带电体，而且还是特殊位置，也要通过较复杂的积分运算. 在这里通过以上例题的分析，着重理解电场强度的矢量性和叠加性. 对于一些常见的规则分布的电场，还可以用其他方法来计算电场强度，这将在后面介绍.

**【例 1-2-4】** 求均匀带电半球面在球心处的电场强度. 设球面的半径为 $r$，电荷面密度为 $\sigma$.

**解：** 取一球面坐标，原点与球面中心重合，如图 1-2-10 所示，球坐标中的面积元 $\mathrm{d}S$ 可以看作是边长为 $r\mathrm{d}\theta$ 和 $r\sin\theta\mathrm{d}\varphi$ 的矩形，其面积为
$$\mathrm{d}S = r^2\sin\theta\mathrm{d}\theta\mathrm{d}\varphi$$
面积元 $\mathrm{d}S$ 上的电荷在 $O$ 点产生的电场强度 $\mathrm{d}\boldsymbol{E}$ 的大小为
$$\mathrm{d}E = \frac{1}{4\pi\varepsilon_0}\frac{\sigma\mathrm{d}S}{r^2}$$
当 $\sigma$ 为正时，$\mathrm{d}\boldsymbol{E}$ 的方向由 $\mathrm{d}S$ 指向球心. 由对称性，只有 $\mathrm{d}\boldsymbol{E}$ 沿 $z$ 轴的分量 $\mathrm{d}E_z$ 才对 $O$ 点的合场强有贡献.

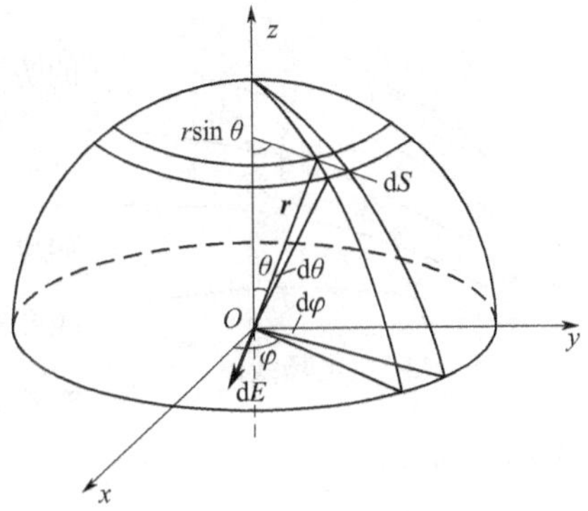

图 1-2-10 均匀带电半球面在球心的电场

$$\mathrm{d}E_z = -\mathrm{d}E\cos\theta = -\frac{\sigma}{4\pi\varepsilon_0}\sin\theta\cos\theta\mathrm{d}\theta\mathrm{d}\varphi$$
对 $\varphi$ 积分，可得到一条球带在 $O$ 点产生的电场，这条球带的位置在 $\theta$ 和 $\theta+\mathrm{d}\theta$ 之间，对 $\theta$ 积分就得到所有球带在 $O$ 点产生的电场.
$$E = -\frac{\sigma}{4\pi\varepsilon_0}\int_0^{\pi/2}\sin\theta\cos\theta\mathrm{d}\theta\int_0^{2\pi}\mathrm{d}\varphi = -\frac{\sigma}{4\varepsilon_0}$$
如果 $Oxy$ 平面下面还有一相同的半球面，它在 $O$ 点产生的场强亦为 $\frac{\sigma}{4\varepsilon_0}$，方向沿 $z$ 轴的正方向，因此均匀带电球面在球心处的场强为零.

## 复习思考题

1-2-1 物理上常把物质分为两种形态：实物物质和场物质. 试比较它们的特性. 如何理解电磁场的物质性？

1-2-2 由电场强度的定义 $\boldsymbol{E} = \frac{\boldsymbol{F}}{q_0}$，这不是表明 $E$ 与试验电荷 $q_0$ 成反比吗？为什么说场强与试验电荷无关？

1-2-3 在点电荷的电场强度公式 $\boldsymbol{E} = \frac{1}{4\pi\varepsilon_0}\frac{q}{r^2}\boldsymbol{e}_r$ 中，如 $r\rightarrow 0$，则电场强度 $E$ 将趋近于无限大，如何解释这种情况呢？

1-2-4 根据点电荷的场强公式和电场强度的叠加原理可计算任一带电体的场强，试给出基

本步骤．如何计算矢量积分？

1-2-5 什么是电偶极子？如何计算它在空间任一点产生的电场？

1-2-6 有些带电体具有某些对称性，在求电场强度的过程中，如何进行对称性分析可以减少一些不必要的计算？

# 1.3 电场强度通量 高斯定理

## 1.3.1 电场线

通过上一节的讨论，如果知道了电荷的分布，就可以计算电场中各点的电场强度，得到电场的分布．为了形象、直观地了解电场中电场强度的空间分布情况，下面引入电场线的概念．在电场中可以画出一系列曲线，称为**电场线**，电场线需按下述规定画出：

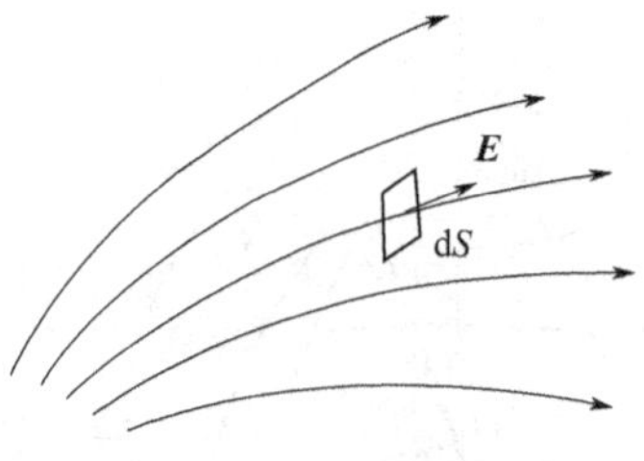


图 1-3-1 电场线图

① 电场线上任意一点的切线方向表示该点电场强度 $\boldsymbol{E}$ 的方向；

② 用电场线的疏密程度来表示电场强度的大小．

如图 1-3-1 所示，在电场中某一点处，垂直于该点电场强度 $\boldsymbol{E}$ 的方向上取一个面积元 $\mathrm{d}S$，穿过该面积元上的电场线条数为 $\mathrm{d}N$，则单位面积上的电场线条数 $\dfrac{\mathrm{d}N}{\mathrm{d}S}$ 称为**电场线密度**，在画电场线图时要求使**电场线密度等于该点的电场强度大小**，即

$$E=\frac{\mathrm{d}N}{\mathrm{d}S} \tag{1-3-1}$$

这样画出的电场线图既能反映电场强度方向的分布情况，又能根据电场线密度反映出电场强度在各处的强弱情况．显然电场线密的地方电场强，电场线疏的地方电场弱．

根据理论计算结果和上述规定，画出几种带电系统的电场线分布图，如图 1-3-2 所示．

从电场线图中可以看出，静电场的电场线有两个重要的性质．

① 电场线总是起自正电荷，终止于负电荷（或从正电荷起伸向无限远处，或来自无限远处到负电荷止）．电场线不会在没有电荷的地方中断．

② 电场线不会形成闭合的曲线，任意两条电场线也不会相交．

静电场电场线的这些特征表明了静电场的基本性质，静电场是有源、无旋场．实际上，用场线表示矢量场的分布是一种常用的方法，不仅直观，而且还可得到场的一些重要性质．

虽然电场中并不存在电场线，电场线是一些假想的曲线，但通过电场线可以了解电场的整体分布情况，而且也容易理解静电场所具有的基本性质．事实上，在分析一些复杂电场时，常采用模拟的方法把电场线图画出来，从而得到电场分布．

## 1.3.2 电场强度通量

在电场中，把穿过某一曲面的电场线条数，称为通过该曲面的**电场强度通量**．简称为**电通量**，用符号 $\Phi_e$ 表示．

下面先从简单的情形开始找出计算电通量的数学表达式．设在均匀电场 $\boldsymbol{E}$ 中，取一个平面 $S$，并使它与电场强度 $\boldsymbol{E}$ 垂直，如图 1-3-3(a) 所示，由于均匀电场的电场强度处处相等，而且 $E$ 是单位面积上的电场线条数，所以电通量为

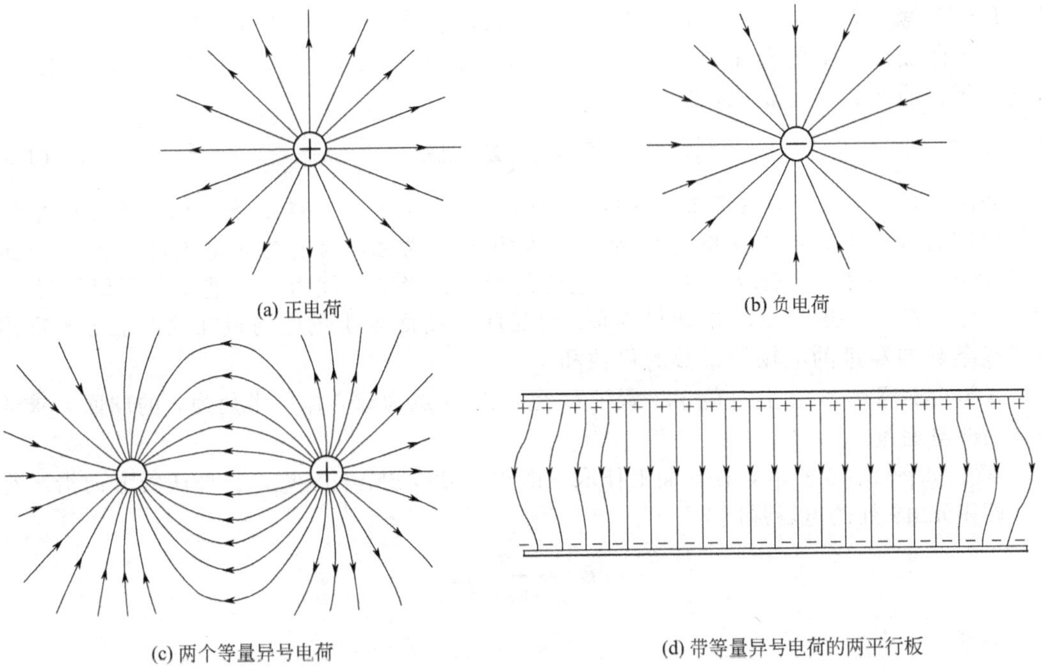


(a) 正电荷　(b) 负电荷　(c) 两个等量异号电荷　(d) 带等量异号电荷的两平行板

图 1-3-2　几种带电系统的电场线分布图

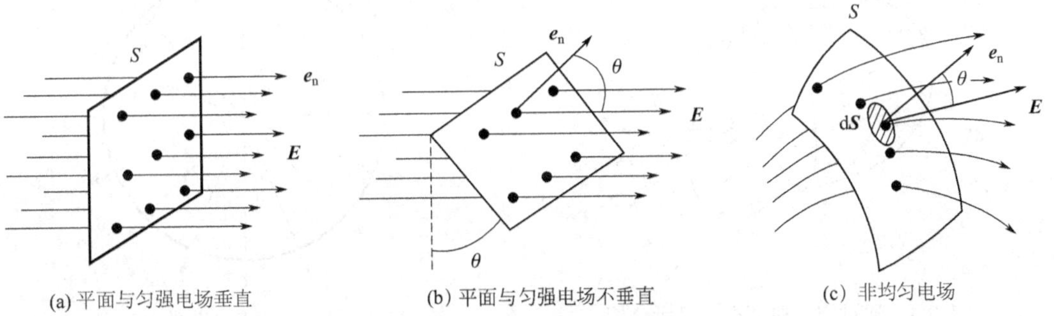


(a) 平面与匀强电场垂直　(b) 平面与匀强电场不垂直　(c) 非均匀电场

图 1-3-3　计算通过曲面电通量示意图

$$\Phi_e = ES \tag{1-3-2}$$

如果所取平面 $S$ 与均匀电场 $\boldsymbol{E}$ 不垂直，假定平面的法线方向 $\boldsymbol{e}_n$ 与 $\boldsymbol{E}$ 成 $\theta$ 角，如图 1-3-3（b）所示，这时把面 $S$ 投影到垂直于 $\boldsymbol{E}$ 的方向上，通过面 $S$ 的电通量为

$$\Phi_e = ES\cos\theta \tag{1-3-3}$$

如果电场是非均匀电场，并且面 $S$ 是任意曲面，如图 1-3-3(c) 所示，则可以把曲面分割成无限多个面积元，任取一面积元 $\mathrm{d}S$，它的法线与 $\boldsymbol{E}$ 的夹角为 $\theta$，为了把面积元的大小和方位同时表示出来，通常引入**面积元矢量** $\mathrm{d}\boldsymbol{S}$，规定其大小为 $\mathrm{d}S$，其方向用它的单位法线矢量 $\boldsymbol{e}_n$ 来表示，有 $\mathrm{d}\boldsymbol{S} = \mathrm{d}S\boldsymbol{e}_n$.

由于 $\mathrm{d}S$ 非常小可看成是一个小平面，在 $\mathrm{d}S$ 上，$\boldsymbol{E}$ 可认为处处相等，于是通过面积元 $\mathrm{d}S$ 的电通量为

$$\mathrm{d}\Phi_e = E\mathrm{d}S\cos\theta = \boldsymbol{E}\cdot\mathrm{d}\boldsymbol{S} \tag{1-3-4}$$

有了面积元 $\mathrm{d}S$ 上的电通量后，那么整个曲面 $S$ 上的电通量等于所有面积元上的电通量总和，即

$$\Phi_e = \iint_S E\cos\theta\,\mathrm{d}S = \iint_S \boldsymbol{E}\cdot\mathrm{d}\boldsymbol{S} \tag{1-3-5}$$

式（1-3-5）就是计算电场中电通量的一般表达式，它是一个曲面积分.

如果曲面是一个闭合曲面，式（1-3-5）中的曲面积分应换成对闭合曲面积分的符号，故通过闭合曲面的电通量表示为

$$\Phi_e=\oint\!\!\!\oint_S \boldsymbol{E}\cdot \mathrm{d}\boldsymbol{S} \tag{1-3-6}$$

如图 1-3-4 所示，闭合曲面把空间分为内、外两个部分，规定各面积元的法向单位矢量指向闭合曲面外，即外法线方向为正，依照这个规定，当电场线由内部穿出某一面积元时，$\theta<90°$，$\mathrm{d}\Phi_e=E\cos\theta\mathrm{d}S>0$，电通量为正；当电场线由外穿进某一面积元时，$\theta>90°$，$\mathrm{d}\Phi_e=E\cos\theta\mathrm{d}S<0$，电通量为负. 可见闭合曲面 $S$ 上的电通量在数值上等于穿出的电场线条数与穿进的电场线条数的代数和.

**【例 1-3-1】** 一正点电荷 $q$，置于 $O$ 点，以 $O$ 点为球心作一半径为 $r$ 的球面，求通过该球面的电通量.

**解：** 如图 1-3-5 所示，在球面上任取一面积元 $\mathrm{d}\boldsymbol{S}$，$\mathrm{d}\boldsymbol{S}=\mathrm{d}S\boldsymbol{e}_n$，其外法线方向沿半径向外，面积元 $\mathrm{d}\boldsymbol{S}$ 处的电场强度为

$$\boldsymbol{E}=\frac{q}{4\pi\varepsilon_0 r^2}\boldsymbol{e}_r$$

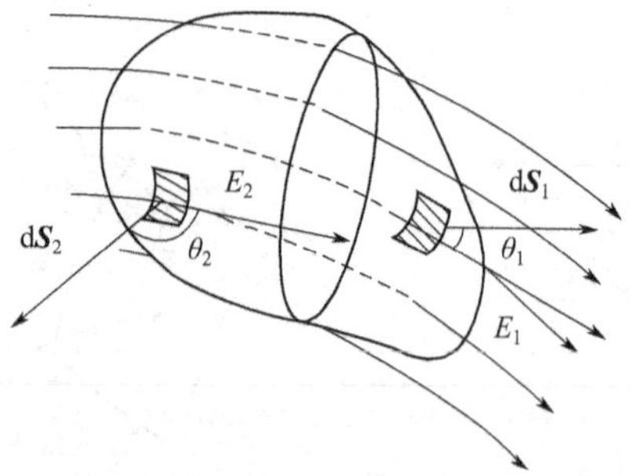

图 1-3-4　通过闭合曲面电通量示意图

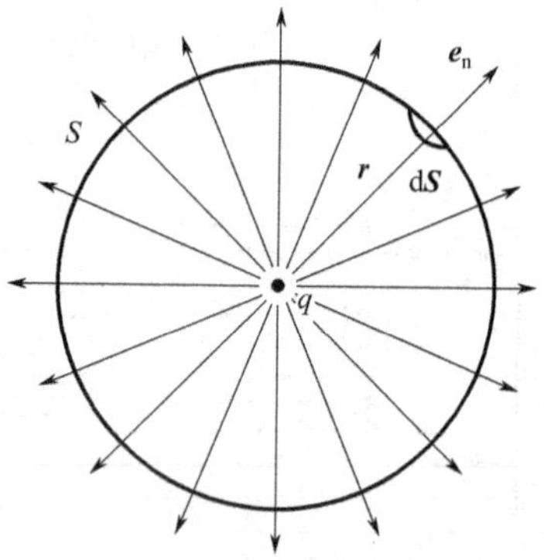

图 1-3-5　计算点电荷的电通量

由于 $\boldsymbol{e}_n$ 与 $\boldsymbol{E}$ 的方向相同，即两者的夹角 $\theta=0$，故通过面积元上的电通量

$$\mathrm{d}\Phi_e=\boldsymbol{E}\cdot\mathrm{d}\boldsymbol{S}=E\cos\theta\mathrm{d}S=E\mathrm{d}S=\frac{q}{4\pi\varepsilon_0 r^2}\mathrm{d}S$$

于是通过整个球面的电通量为

$$\Phi_e=\oint\!\!\!\oint_S \mathrm{d}\Phi_e=\oint\!\!\!\oint_S \boldsymbol{E}\cdot\mathrm{d}\boldsymbol{S}=\oint\!\!\!\oint_S \frac{q}{4\pi\varepsilon_0 r^2}\mathrm{d}S=\frac{q}{4\pi\varepsilon_0 r^2}4\pi r^2=\frac{q}{\varepsilon_0} \tag{1-3-7}$$

即通过球面的电通量等于球面所包围的电荷 $q$ 除以真空电容率 $\varepsilon_0$. 可以这样理解，电荷 $q$ 发出的电场线条数为 $q/\varepsilon_0$，这些电场线全部穿出球面，因而穿出球面的电通量也必然等于 $q/\varepsilon_0$.

通过球面的电通量只与电荷 $q$ 有关，而与球面的半径 $r$ 无关，这是因为不论球面是大是小，穿过的电场线条数都相同，因而电通量相同. 进一步分析还可以得到，电通量与闭合曲面的形状及电荷在闭合曲面内的位置无关，这一结论推广至一般情况话，就是下面要讲的高斯定理，可见引入电场线的直观作用在此进一步凸显出来了.

## 1.3.3　高斯定理

从上面的分析可以看出，通过某一闭合曲面的电通量与该曲面所包围的电荷之间有确定

的关系. 高斯 (G. F. Gauss, 1777—1855) 通过论证得出了这个关系. 这一关系称为**高斯定理**，表述如下.

**在真空静电场中，通过任意闭合曲面的电通量等于该曲面所包围的所有电荷的代数和除以 $\varepsilon_0$.** 其数学表达式为

$$\oiint_S \boldsymbol{E} \cdot \mathrm{d}\boldsymbol{S} = \frac{1}{\varepsilon_0} \sum_{(S内)} q_i \tag{1-3-8}$$

在高斯定理中，常把选取的闭合曲面称为**高斯面**，穿过任意高斯面的电通量只与高斯面内的电荷有关，而与高斯面的大小和形状无关，也与电荷的分布情况无关. 下面我们来证明高斯定理.

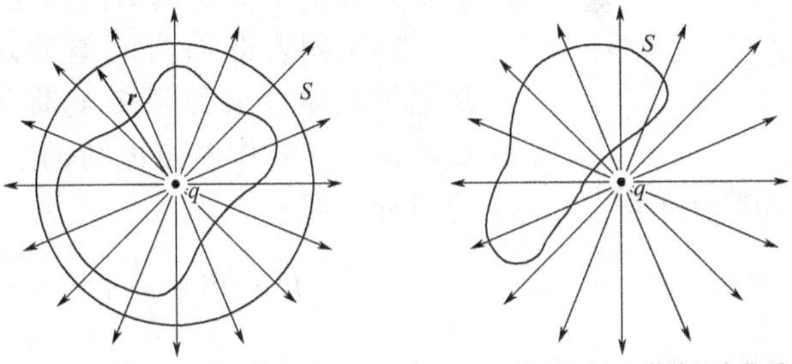


图 1-3-6 证明高斯定理图

**(1) 包围点电荷 $q$ 的闭合曲面的电通量**

以点电荷 $q$ 所在的点为球心、任意半径 $r$ 作一球面，例 1-3-1 中已经得到通过整个球面的电通量为

$$\oiint_S \boldsymbol{E} \cdot \mathrm{d}\boldsymbol{S} = \oiint_S \frac{q}{4\pi\varepsilon_0 r^2} \mathrm{d}S = \frac{q}{\varepsilon_0}$$

上式对任意形状的闭合曲面都成立，如图 1-3-6(a) 所示，这是因为点电荷 $q$ 发出的电场线条数是一定的，电场线连续地延伸到无限远处，这些电场线都穿过包围着它的闭合曲面，所以电通量都为 $q/\varepsilon_0$.

若 $q$ 为正电荷，则电通量为正，表明电场线穿出闭合曲面；若 $q$ 为负电荷，则电通量为负，表明电场线穿进闭合曲面.

如果电荷 $q$ 位于闭合曲面之外，则

$$\oiint_S \boldsymbol{E} \cdot \mathrm{d}\boldsymbol{S} = 0$$

从图 1-3-6(b) 可以看出，进入闭合曲面的电场线数目与穿出闭合曲面的电场线数目相等，穿进为负，穿出为正，相互抵消，故穿过闭合曲面的电通量为零，或者说闭合曲面外的电荷对闭合曲面的电通量没有贡献.

**(2) 点电荷系电场中任意闭合曲面上的电通量**

如图 1-3-7 所示，在点电荷系 $q_1$，$q_2$，…，$q_n$ 产生的电场中，任取一个闭合曲面 $S$，由场强叠加原理，面积元 d$\boldsymbol{S}$ 处的场强是各个点电荷单独存在时产生场强的矢量和，即

$$\boldsymbol{E} = \boldsymbol{E}_1 + \boldsymbol{E}_2 + \cdots + \boldsymbol{E}_n$$

于是闭合曲面上的电通量为

$$\begin{aligned}\Phi_e &= \oiint_S \boldsymbol{E} \cdot \mathrm{d}\boldsymbol{S} = \oiint_S \boldsymbol{E}_1 \cdot \mathrm{d}\boldsymbol{S} + \oiint_S \boldsymbol{E}_2 \cdot \mathrm{d}\boldsymbol{S} + \cdots + \oiint_S \boldsymbol{E}_n \cdot \mathrm{d}\boldsymbol{S} \\ &= \Phi_{e1} + \Phi_{e2} + \cdots + \Phi_{en}\end{aligned}$$

式中，$\Phi_{e1}$，$\Phi_{e2}$，…，$\Phi_{en}$ 是电荷 $q_1$，$q_2$，…，$q_n$ 各自激发的电场穿过闭合曲面的电通量. 由上

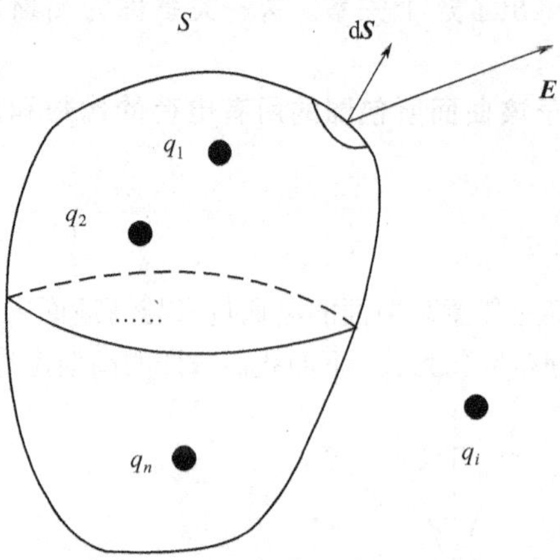


图 1-3-7 点电荷系的高斯定理

面的讨论已知，当电荷 $q_i$ 在闭合曲面内时，$\Phi_{ei}=q_i/\varepsilon_0$， 当电荷 $q_i$ 在闭合曲面外时，$\Phi_{ei}=0$， 所以，穿过闭合曲面的电通量只与此闭合曲面内的电荷有关，于是有

$$\oiint_S \boldsymbol{E}\cdot \mathrm{d}\boldsymbol{S}=\frac{1}{\varepsilon_0}\sum_{(S内)}q_i$$

式中，$\sum\limits_{(S内)}q_i$ 表示闭合曲面内包围的电荷的代数和.这就是真空中静电场的高斯定理.

如果闭合曲面内的电荷是连续分布的带电体，则把带电体分成无限多电荷元，电荷元 $\mathrm{d}q$ 可看成点电荷，上式中对点电荷的求和就变成对电荷元 $\mathrm{d}q$ 的积分，即

$$\oiint_S \boldsymbol{E}\cdot \mathrm{d}\boldsymbol{S}=\frac{1}{\varepsilon_0}\int \mathrm{d}q=\frac{1}{\varepsilon_0}\iiint_V \rho \mathrm{d}V=\frac{q}{\varepsilon_0}$$

对高斯定理的理解应注意以下两点.

① 穿过闭合曲面的电通量仅与闭合曲面内的电荷有关，与外面的电荷无关，这是因为外面的电荷对闭合曲面的电通量贡献为零.

② 电场强度 $\boldsymbol{E}$ 是闭合曲面上任意面积元 $\mathrm{d}\boldsymbol{S}$ 处的场强，根据电场强度的叠加原理，它是所有电荷在该处产生的合场强，既包括闭合曲面内的电荷，又包括闭合曲面外的电荷，并非只是由闭合曲面内的电荷产生的.

高斯定理是静电场所满足的方程，反映了静电场的特性，静电场是“有源场”，电场线起于正电荷，止于负电荷. 式(1-3-8) 是一个含有积分的方程，通常称为高斯定理的积分形式，根据矢量分析中的高斯公式，可以把积分形式转化成微分形式，解微分方程就可以得到空间的电场分布等，对高斯定理的进一步深入认识和研究，将在后面的章节论述.

## 1.3.4 高斯定理的应用

高斯定理的一个应用就是可以求带电体在空间产生的电场强度. 当电荷分布具有某些对称性时，其电场分布也具有对称性，我们可以分析出任一点电场强度 $\boldsymbol{E}$ 的方向，选取合适的高斯面，列出高斯定理，解积分方程，可得到电场强度 $\boldsymbol{E}$ 的大小. 下面举几个例子，来说明如何应用高斯定理来计算具有某些对称性分布的电场的电场强度.

**【例 1-3-2】** 设有一无限长均匀带电直线，单位长度上的电荷为 $\lambda$， 求距直线为 $r$ 处的电场强度.

**解:** 由于带电直线无限长，且电荷分布是均匀的，所以任一点电场强度 $\boldsymbol{E}$ 的方向沿垂直该带电直线向外，而且在以带电直线为轴线的圆柱面上各点电场强度 $\boldsymbol{E}$ 的大小都相等. 也就是说，无限长均匀带电直线的电场具有轴对称性.

如图 1-3-8 所示，过 $P$ 点，取以带电直线为轴线、高为 $l$ 、底面半径为 $r$ 的封闭圆柱面，由高斯定理，通过该高斯面的电通量

$$\oiint_S \boldsymbol{E}\cdot \mathrm{d}\boldsymbol{S}=\frac{\lambda l}{\varepsilon_0}$$

由于 $\boldsymbol{E}$ 与上、下底面的法线垂直，所以通过圆柱两个底面的电通量为零，在侧面上 $\boldsymbol{E}$ 与 $\mathrm{d}\boldsymbol{S}$ 的夹角 $\theta=0$，且 $E$ 为常量，故

$$\oiint_S \boldsymbol{E}\cdot d\boldsymbol{S}=\iint_{(侧面)}\boldsymbol{E}\cdot d\boldsymbol{S}=\iint_{(侧面)}E\cos\theta dS=E\iint_{(侧面)}dS=E2\pi rl$$

于是，有

$$E2\pi rl=\frac{\lambda l}{\varepsilon_0}$$

由此可得场强大小

$$E=\frac{\lambda}{2\pi\varepsilon_0 r}$$

这与前面用定义法得到的结果相同，显然在这里用高斯定理的方法比较简单. 同样的方法可以用来计算无限长均匀带电圆柱体、无限长均匀带电圆柱面及其组合等具有轴对称性电场的电场强度. 需要强调，如果带电直线是有限长的，则不能用高斯定理去求电场的分布，其原因读者自行分析.

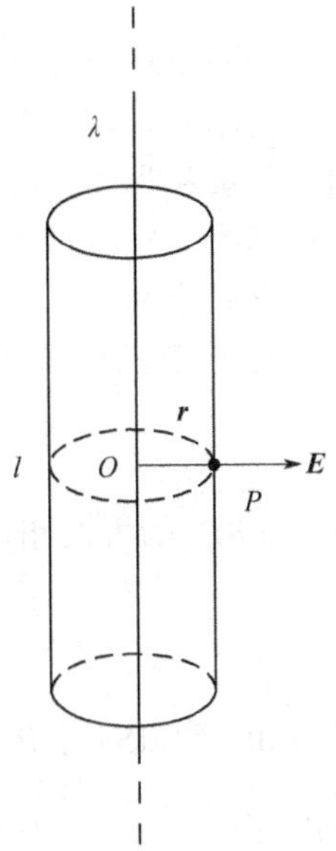

图 1-3-8　无限长均匀带电直线的电场

**【例 1-3-3】** 设有一半径为 $R$ 的均匀带电球面，带正电荷为 $q$，求球面外部和内部任意点的电场强度.

**解：** 由于电荷分布是球对称的，所以电场分布也是球对称的. 如图 1-3-9(a) 所示，在球面外部任取一点 $P$，$P$ 到球心的距离为 $r$，以 $r$ 为半径作一球面，在球面上各点 $\boldsymbol{E}$ 的方向与各处面积元 $d\boldsymbol{S}$ 的法线方向相同，$\boldsymbol{E}$ 的大小处处相等. 以此球面为高斯面，它所包围的电荷为 $q$，由高斯定理可得

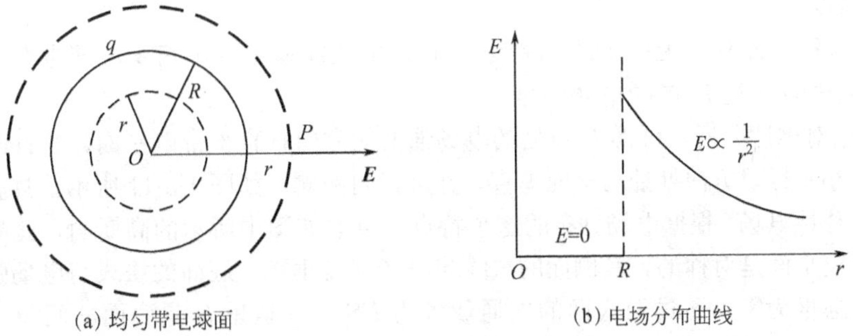

图 1-3-9　均匀带电球面的电场分布

$$\oiint_S \boldsymbol{E}\cdot d\boldsymbol{S}=\frac{q}{\varepsilon_0}$$

$$\oiint_S \boldsymbol{E}\cdot d\boldsymbol{S}=\oiint_S E dS=E\oiint_S dS=E4\pi r^2$$

于是点 $P$ 处的电场强度大小为

$$E=\frac{q}{4\pi\varepsilon_0 r^2}\quad(r>R)\tag{1-3-9}$$

上式表明，均匀带电球面在其外部的电场强度，与电荷全部集中在球心时点电荷的电场强度公式相同.

在球面内部，以球心到 $P$ 点的距离 $r$ 为半径作一球面，该高斯面内没有电荷，于是高斯定理为

$$\oiint_S \boldsymbol{E}\cdot d\boldsymbol{S}=E4\pi r^2=0$$

有 $$E=0 \qquad (r<R) \tag{1-3-10}$$
上式表明，均匀带电球面内部的电场强度为零. 图 1-3-8(b) 画出了场强分布曲线.

实际上，均匀带电球面上每一个电荷元在球面内部任一点都产生电场，但一一相互抵消，矢量和为零，所以电场强度为零，下面简单证明之.

如图 1-3-10 所示，在带电球面内任取一点 $P$，以 $P$ 点为顶点作两个对顶的无限小立体角，它们分别在球面上截出两个小面积元 $dS_1$ 和 $dS_2$，每个小面积元可看成一个点电荷，设它们与 $P$ 点的距离分别为 $r_1$ 和 $r_2$，产生的电场分别为 $d\boldsymbol{E}_1$ 和 $d\boldsymbol{E}_2$，场强的大小分别为

$$dE_1=\frac{\sigma}{4\pi\varepsilon_0}\frac{dS_1}{r_1^2}, \qquad dE_2=\frac{\sigma}{4\pi\varepsilon_0}\frac{dS_2}{r_2^2}$$

$d\boldsymbol{E}_1$ 和 $d\boldsymbol{E}_2$ 的方向相反，根据电场强度的叠加原理，$P$ 点的合场强大小 $dE$ 为

$$dE=dE_1-dE_2=\frac{\sigma}{4\pi\varepsilon_0}\left(\frac{dS_1}{r_1^2}-\frac{dS_2}{r_2^2}\right)$$

因为 $dS_1$ 和 $dS_2$ 对 $P$ 点所张的立体角相等，即 $\dfrac{dS_1}{r_1^2}=\dfrac{dS_2}{r_2^2}$

所以 $$dE=0$$

由于整个均匀带电球面在 $P$ 点产生的场强，等于以 $P$ 点为顶点的不同方位的小圆锥在球面上截出一对对面积元在 $P$ 点产生的场强的矢量叠加. 每一对电荷元产生的场强叠加的结果为零，所以总场强必然为零.

同样地用高斯定理还可以计算均匀带电球体以及均匀带电球面的组合体等具有球对称性电场的电场强度.

**【例 1-3-4】** 设有一无限大均匀带电平面，单位面积上带电荷 $\sigma$，即电荷面密度为 $\sigma$，求距该平面距离为 $r$ 处 $P$ 点的电场强度.

**解：** 根据对称性分析，可得 $P$ 点处的电场强度的方向垂直于带电平面，并且两侧距平面等距离处场强大小一样，方向处处与平面垂直，并且指向两侧，如图 1-3-11 所示，具有这种特征的电场称平面对称性电场. 根据电场分布的这个特点，可取如图中所示的高斯面，此高斯面是个圆柱面，且对带电平面是对称的，其侧面的法线与电场强度垂直，底面的法线与电场强度平行，则通过侧面的电通量为零，通过两底面的电通量各为 $ES$，在这里 $S$ 是底面的面积，根据高斯定理有

$$\oiint_S \boldsymbol{E}\cdot d\boldsymbol{S}=2ES=\frac{\sigma S}{\varepsilon_0}$$

$$E=\frac{\sigma}{2\varepsilon_0} \tag{1-3-11}$$

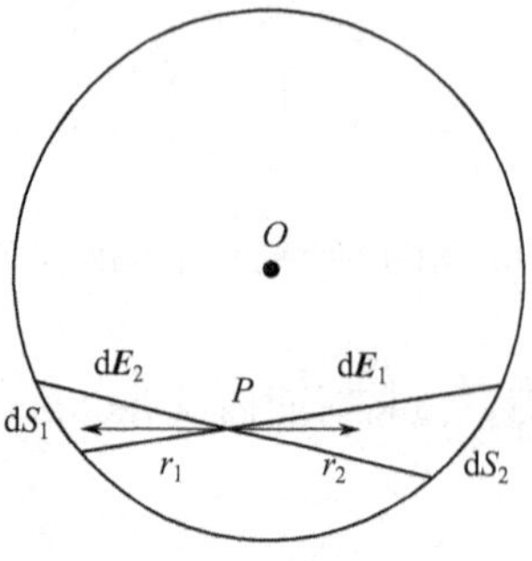

图 1-3-10 均匀带电球面内场强为零

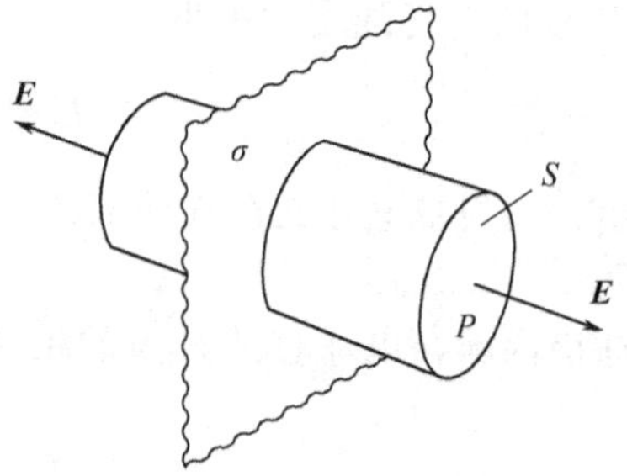

图 1-3-11 无限大均匀带电平面

无限大带电平面的电场是均匀电场，这与前面得到的结果相同.

利用上面的结果和场强的叠加原理可得两块带等量异号电荷的无限大平行平面的电场分布，如图 1-3-12 所示，在两平面之间

$$E=\frac{\sigma}{2\varepsilon_0}+\frac{\sigma}{2\varepsilon_0}=\frac{\sigma}{\varepsilon_0} \tag{1-3-12}$$

在两平面外

$$E=\frac{\sigma}{2\varepsilon_0}-\frac{\sigma}{2\varepsilon_0}=0 \tag{1-3-13}$$

即当两平行平面带等量异号电荷时，其电场集中在两板之间，且是均匀电场. 这就是实验中经常用来产生匀强电场的装置.

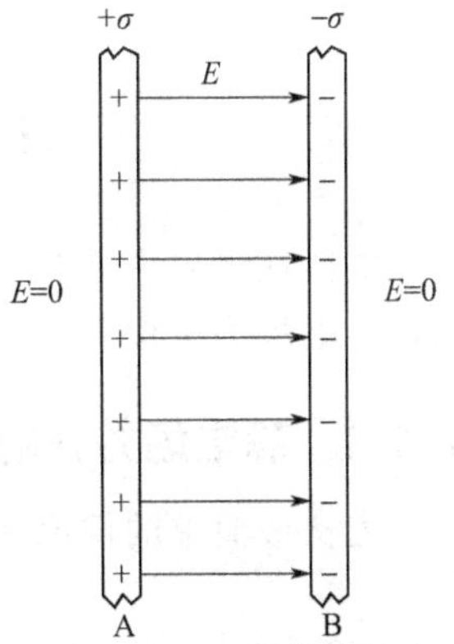


图 1-3-12 两带等量异号电荷的无限大平行平面的电场

需要强调，在应用高斯定理求电场强度时，带电体必须具有特殊的对称性，只有分析出电场强度的方向，而且取特定的高斯面，高斯面上的电场分布，或是对称的，或是均匀的，才能用高斯定理求得电场强度的大小.

上面的例子是已知电荷分布可以求电场分布，反过来，如果已知电场分布，则可以分析电荷的分布情况.

**【例 1-3-5】** 地球周围的大气电离层带有大量的正电荷，地球表面必然带有负电荷，假定地球表面附近的电场强度约为 120V/m，方向指向地面，试估计地球表面单位面积的电荷.

**解：** 在靠近地面附近取一个半径为 $R$ 的球面，$R$ 为地球的半径，通过该高斯面的电通量

$$\Phi_e=\oint\!\!\!\oint_S \boldsymbol{E}\cdot d\boldsymbol{S}=-E\cdot 4\pi R^2$$

由高斯定理可得

$$-E\cdot 4\pi R^2=\frac{q}{\varepsilon_0}=\frac{\sigma 4\pi R^2}{\varepsilon_0}$$

则地面上单位面积的电荷

$$\sigma=-\varepsilon_0 E=-8.85\times10^{-12}\times120=-1.06\times10^{-9}(\text{C/m}^2)$$

也就是说 $1\text{m}^2$ 上有 $6.63\times10^9$ 个电子.

## 复习思考题

1-3-1 电场强度、电场线、电通量的关系是怎样的？计算穿过闭合曲面的电通量时，如何确定其正、负？电通量的正、负分别表示什么意义？

1-3-2 如果在一曲面上每点的电场强度 $\boldsymbol{E}=0$，那么穿过此曲面的电通量 $\Phi_e$ 也为零吗？如果穿过曲面的电通量 $\Phi_e=0$，那么，能否说此曲面上的电场强度 $\boldsymbol{E}$ 也为零？

1-3-3 如果在一高斯面内没有净电荷，那么，此高斯面上每一点的电场强度 $\boldsymbol{E}$ 必为零吗？穿过此高斯面的电场强度通量又如何呢？

1-3-4 高斯定理 $\oint\!\!\!\oint_S \boldsymbol{E}\cdot d\boldsymbol{S}=\frac{1}{\varepsilon_0}\sum_{(S内)} q_i$ 中的 $\boldsymbol{E}$ 是否只是闭合曲面内包围的电荷所产生的？它与外面的电荷有无关系？穿过闭合曲面的电通量与外面的电荷有无关系？

1-3-5 对于具有某些对称性带电体的电场，应用高斯定理求电场强度的大小时，如何选取适当的高斯面？为什么可以由高斯定理求出场强？

1-3-6 下列几个带电体能否用高斯定理来计算电场强度？①电偶极子；②长为 $l$ 的均匀带电直线；③半径为 $R$ 的均匀带电圆盘.

# 1.4 静电场的环路定理 电势能

电荷在电场中受到电场力的作用，要发生移动. 可以证明电场力对电荷作功与路径无关，静电场力是保守力，因而引进电势能的概念.

## 1.4.1 静电场力作功与路径无关

先从最简单的情况入手，证明点电荷产生的电场中电场力作功与路径无关.

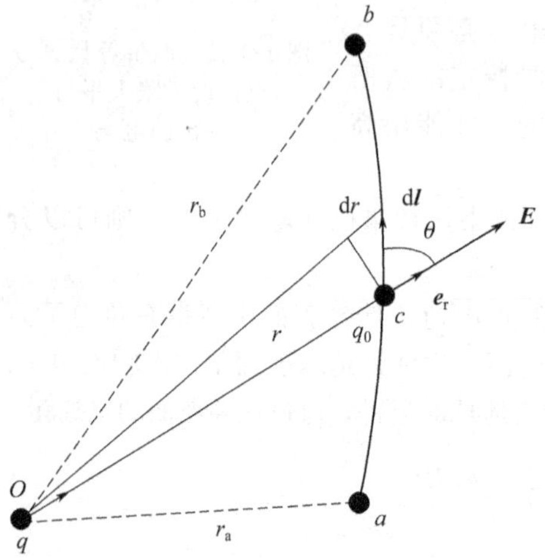


图 1-4-1 电场力所作的功

如图 1-4-1 所示，设点电荷 $q$ 位于 $O$ 点，在 $q$ 的电场中，试验电荷 $q_0$ 从某点 $a$ 沿任意路径 $L$ 运动到点 $b$，在曲线 $L$ 上点 $c$ 处取位移元 $\mathrm{d}\boldsymbol{l}$，从原点 $O$ 到 $c$ 点的位置矢量为 $\boldsymbol{r}$，在这一微小的过程中，电场力对 $q_0$ 作的元功为

$$\mathrm{d}W=\boldsymbol{F}\cdot\mathrm{d}\boldsymbol{l}=q_0\boldsymbol{E}\cdot\mathrm{d}\boldsymbol{l} \qquad (1\text{-}4\text{-}1)$$

已知点电荷的电场强度为

$$\boldsymbol{E}=\frac{q}{4\pi\varepsilon_0 r^2}\boldsymbol{e}_\mathrm{r}$$

于是式（1-4-1）可写成

$$\mathrm{d}W=\frac{q_0 q}{4\pi\varepsilon_0 r^2}\boldsymbol{e}_\mathrm{r}\cdot\mathrm{d}\boldsymbol{l}$$

从图中可以看出 $\boldsymbol{e}_\mathrm{r}\cdot\mathrm{d}\boldsymbol{l}=\mathrm{d}l\cos\theta=\mathrm{d}r$，式中 $\theta$ 是 $\boldsymbol{E}$ 与 $\mathrm{d}\boldsymbol{l}$ 之间的夹角，所以上式为

$$\mathrm{d}W=\frac{q_0 q}{4\pi\varepsilon_0 r^2}\mathrm{d}r$$

试验电荷 $q_0$ 从 $a$ 点移至 $b$ 点过程中，电场力所作的总功为

$$W=\int\mathrm{d}W=\frac{q_0 q}{4\pi\varepsilon_0}\int_{r_\mathrm{a}}^{r_\mathrm{b}}\frac{\mathrm{d}r}{r^2}=-\frac{q_0 q}{4\pi\varepsilon_0}\left(\frac{1}{r_\mathrm{b}}-\frac{1}{r_\mathrm{a}}\right) \qquad (1\text{-}4\text{-}2)$$

式中，$r_\mathrm{a}$和 $r_\mathrm{b}$分别为试验电荷移动时起点和终点距点电荷 $q$ 的距离. 上式表明，在点电荷的电场中，电场力对试验电荷所作的功只与其移动时的起点和终点位置有关，而与路径无关.

对于点电荷系 $q_1$，$q_2$，…，$q_n$ 产生的电场中，由电场强度叠加原理，点电荷系产生的电场强度 $\boldsymbol{E}$ 是各点电荷单独产生的场强的矢量和，即 $\boldsymbol{E}=\boldsymbol{E}_1+\boldsymbol{E}_2+\cdots+\boldsymbol{E}_n$，所以试验电荷 $q_0$ 由 $a$ 点移动到 $b$ 点的过程中，电场力作的功等于各个点电荷的电场力所作功的代数和，即

$$W=q_0\int_L\boldsymbol{E}\cdot\mathrm{d}\boldsymbol{l}=q_0\int_L\boldsymbol{E}_1\cdot\mathrm{d}\boldsymbol{l}+q_0\int_L\boldsymbol{E}_2\cdot\mathrm{d}\boldsymbol{l}+\cdots+q_0\int_L\boldsymbol{E}_n\cdot\mathrm{d}\boldsymbol{l}$$

上式中每一项都与路径无关，各项之和也必然与路径无关. 容易证明，对于任意带电体系产生的电场，都具有该性质. 由此可得如下结论：在静电场中，**静电场力作功与路径无关，只与试验电荷的始末位置有关.**

## 1.4.2 静电场的环路定理

在静电场中任取一个闭合回路 $L$，将试验电荷 $q_0$ 沿 $L$ 移动一周，电场力作的功可表

示为

$$W = q_0 \oint_L \boldsymbol{E} \cdot \mathrm{d}\boldsymbol{l}$$

由电场力作功与路径无关，只与始末位置有关这一性质，可以证明：将试验电荷沿闭合回路移动一周，电场力作功为零，即

$$q_0 \oint_L \boldsymbol{E} \cdot \mathrm{d}\boldsymbol{l} = 0 \tag{1-4-3}$$

如图 1-4-2 所示，在闭合回路 $L$ 上任取两点 $a$ 和 $b$，它们把 $L$ 分成两部分 $L_1$ 和 $L_2$，因此

$$W = q_0 \oint_L \boldsymbol{E} \cdot \mathrm{d}\boldsymbol{l} = q_0 \int_{a(L_1)}^{b} \boldsymbol{E} \cdot \mathrm{d}\boldsymbol{l} + q_0 \int_{b(L_2)}^{a} \boldsymbol{E} \cdot \mathrm{d}\boldsymbol{l}$$

$$= q_0 \int_{a(L_1)}^{b} \boldsymbol{E} \cdot \mathrm{d}\boldsymbol{l} - q_0 \int_{a(L_2)}^{b} \boldsymbol{E} \cdot \mathrm{d}\boldsymbol{l}$$

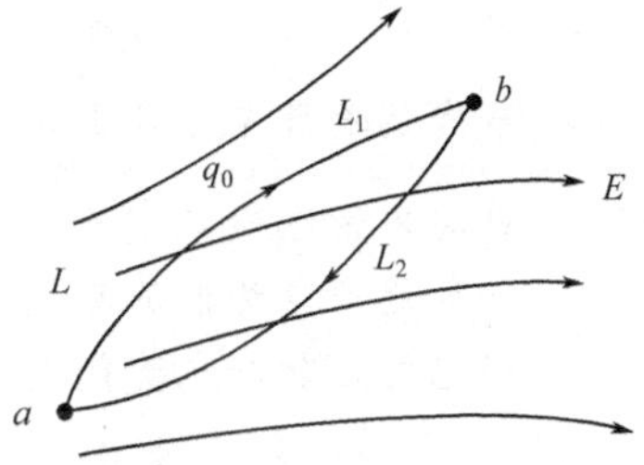

图 1-4-2 静电场的环路定理

由于电场力作功与路径无关，即

$$q_0 \int_{a(L_1)}^{b} \boldsymbol{E} \cdot \mathrm{d}\boldsymbol{l} = q_0 \int_{a(L_2)}^{b} \boldsymbol{E} \cdot \mathrm{d}\boldsymbol{l}$$

于是

$$W = q_0 \oint_L \boldsymbol{E} \cdot \mathrm{d}\boldsymbol{l} = 0$$

式（1-4-3）中，由于 $q_0$ 不为零，故由上式可得

$$\oint_L \boldsymbol{E} \cdot \mathrm{d}\boldsymbol{l} = 0 \tag{1-4-4}$$

上式表明，**在静电场中，电场强度 $\boldsymbol{E}$ 沿任意闭合路径的积分等于零**. 这叫做**静电场的环路定理**. 与高斯定理一样，它是静电场的基本定理之一. 通常把 $\boldsymbol{E}$ 沿任意闭合路径的线积分称为 $\boldsymbol{E}$ 的环流，$\boldsymbol{E}$ 的环流等于零，表明静电场是无旋场.

## 1.4.3 电势能

在力学中，把作功与路径无关的力称为保守力，具有这种性质的力场称为保守力场. 在保守力场中可以引入势能的概念，势能是位置的函数，保守力作功等于势能的减小，或保守力作功等于势能增量的负值.

由上面可知，静电场力是保守力，静电场是保守力场，因此电荷在静电场中的一定位置上具有一定的电势能，设试验电荷 $q_0$ 在电场中 $a$ 点的电势能为 $E_{\mathrm{pa}}$，$b$ 点的电势能为 $E_{\mathrm{pb}}$，则试验电荷从 $a$ 点移动到 $b$ 点，静电场力对它所作的功为

$$W_{\mathrm{ab}} = -(E_{\mathrm{pb}} - E_{\mathrm{pa}})$$

或

$$q_0 \int_a^b \boldsymbol{E} \cdot \mathrm{d}\boldsymbol{l} = -(E_{\mathrm{pb}} - E_{\mathrm{pa}}) \tag{1-4-5}$$

用上面的式子只能确定试验电荷在 $a$ 、$b$ 两点电势能的差值，要确定电荷在电场中某一点的电势能的值，必须选定一个参考点，并规定该点的电势能为零，在上式中，若选 $b$ 点的电势能为零，即 $E_{\mathrm{pb}} = 0$，则 $a$ 点的电势能为

$$E_{\mathrm{pa}} = q_0 \int_a^{\text{“0”}} \boldsymbol{E} \cdot \mathrm{d}\boldsymbol{l} \tag{1-4-6}$$

上式表明：**试验电荷 $q_0$ 在电场中某点处的电势能，在数值上等于把试验电荷 $q_0$ 由该点移到电势能的零点处电场力所作的功.**

参考点的选取，原则上是任意的，但参考点的选取应使电场中任意点的电势能有确定

的有限值. 选择不同的参考点，电荷在同一点的电势能表达式可能不同. 理论上，在计算有限大小的带电体的电场中的电势能时，通常取无限远处为电势能的零点，这样数学表达式较为简单.

在国际单位制中，电势能的单位是焦耳，符号为J.

### 复习思考题

1-4-1　如果静电力作功与路径有关，能否引入电势能的概念？为什么？

1-4-2　静电场的环路定理 $\oint_L \boldsymbol{E} \cdot \mathrm{d}\boldsymbol{l}=0$，说明了静电场的什么性质？

1-4-3　试验电荷在电场中某点处的电势能是如何定义的？如何去计算呢？

1-4-4　如何选取电势能的零点？选取不同的零点计算出的电势能为什么会不同？

1-4-5　静电力作功与电势能的关系是什么？

## 1.5 电　势

### 1.5.1 电势

静电场中，把**单位正电荷在某点** $a$ **处所具有的电势能**称为该点的**电势**. 记为 $U_{\mathrm{a}}$，则

$$U_{\mathrm{a}}=\frac{E_{\mathrm{pa}}}{q_0}=\int_a^{\infty} \boldsymbol{E} \cdot \mathrm{d}\boldsymbol{l} \tag{1-5-1}$$

其物理意义就是**把单位正电荷从** $a$ **点移至无限远处静电场力所作的功.**

电势是从能量的角度描述电场性质的物理量，是标量，在国际单位制中，电势的单位是伏特，符号为V.

$$1\mathrm{V}=\frac{1\mathrm{J}}{1\mathrm{C}}$$

电势的零点与电势能的零点选取完全相同，在实用中，常取大地的电势为零，这样，任何导体接地后，就认为它的电势也为零.

电场中 $a$ 、$b$ 两点间的**电势差** $U_{\mathrm{ab}}$ 等于两点的电势之差，即

$$U_{\mathrm{ab}}=U_{\mathrm{a}}-U_{\mathrm{b}}=\int_a^b \boldsymbol{E} \cdot \mathrm{d}\boldsymbol{l} \tag{1-5-2}$$

在数值上等于把单位正电荷从 $a$ 点移到 $b$ 点，静电场力所作的功.

### 1.5.2 点电荷的电势

下面计算点电荷 $q$ 的电场中的电势分布. 设 $q$ 位于原点 $O$，$P$ 是空间中任意一点，$P$ 点到 $O$ 点的距离为 $r$，如图1-5-1所示，取无限远处为电势的零点，根据定义式（1-5-1），$P$ 点的电势为

$$U=\int_P^{\infty} \boldsymbol{E} \cdot \mathrm{d}\boldsymbol{l}$$

因为点电荷的电场分布已知，且电场力作功与路径无关，所以可以选取最方便的路径积分，在这里选沿 $O$ 点与 $P$ 点连线方向的延长线为积分路径来计算上式的线积分. 于是有

$$U=\int_P^{\infty} \boldsymbol{E} \cdot \mathrm{d}\boldsymbol{l}=\int_r^{\infty} \frac{q}{4\pi\varepsilon_0 r^2}\boldsymbol{e}_{\mathrm{r}} \cdot \mathrm{d}\boldsymbol{r}=\int_r^{\infty} \frac{q}{4\pi\varepsilon_0 r^2}\mathrm{d}r=\frac{q}{4\pi\varepsilon_0 r} \tag{1-5-3}$$

上式就是点电荷的电场中电势的分布规律. 这个式子是求电势的一个基本公式. 它表明：电场中电势与点电荷的电量成正比，与到点电荷的距离成反比. 当 $q>0$ 时，电场中各点的电势都是正值，随 $r$ 的增加而减小；反之，$q<0$ 时，电场中各点的电势都是负值，而在无限远处电势为零. 可以看出半径为 $r$ 的球面上各点电势相同，因而等势面是球面.

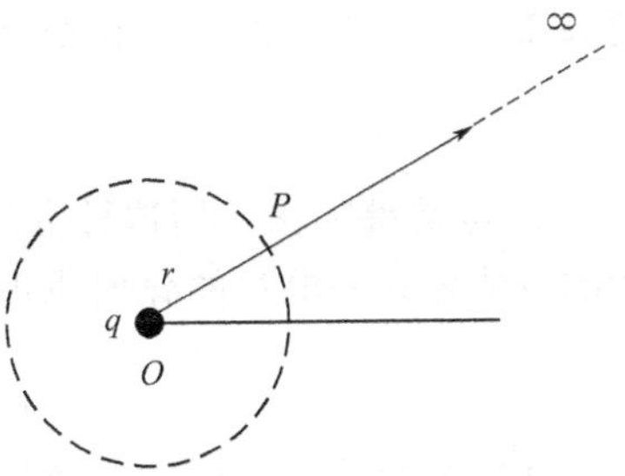

图 1-5-1 点电荷的电势

### 1.5.3 电势的叠加原理

对于由 $n$ 个点电荷 $q_1, q_2, \cdots, q_n$ 组成的点电荷系，如何去计算它们所激发的电场中某点的电势呢？

根据电场强度的叠加原理，点电荷系的电场中某点的电场强度 $\boldsymbol{E}$ 等于各个点电荷单独存在时在该点产生电场强度的矢量和，即

$$\boldsymbol{E}=\boldsymbol{E}_1+\boldsymbol{E}_2+\cdots+\boldsymbol{E}_n$$

根据电势的定义式(1-5-1)，可得点电荷系电场中 $P$ 点的电势为

$$U=\int_P^{\infty}\boldsymbol{E}\cdot\mathrm{d}\boldsymbol{l}=\int_P^{\infty}\boldsymbol{E}_1\cdot\mathrm{d}\boldsymbol{l}+\int_P^{\infty}\boldsymbol{E}_2\cdot\mathrm{d}\boldsymbol{l}+\cdots+\int_P^{\infty}\boldsymbol{E}_n\cdot\mathrm{d}\boldsymbol{l}$$
$$=U_1+U_2+\cdots+U_n \tag{1-5-4}$$

式中，$U_1, U_2, \cdots, U_n$ 分别为点电荷 $q_1, q_2, \cdots, q_n$ 单独存在时在 $P$ 点产生的电势，由此可得出：**点电荷系的电场中，任意一点的电势等于各个点电荷单独存在时在该点产生的电势代数和**. 这个结论叫做**电势叠加原理**.

将点电荷电势的表达式(1-5-3) 代入式(1-5-4) 得

$$U=\sum_{i=1}^{n}\frac{q_i}{4\pi\varepsilon_0 r_i} \tag{1-5-5}$$

根据点电荷的电势公式和电势叠加原理，可以计算电荷连续分布带电体电场中的电势分布.

如图 1-5-2 所示，对于一个电荷连续分布的带电体，则可以把它分成无限多个电荷元，每一电荷元 $\mathrm{d}q$ 在 $P$ 点产生的电势为

$$\mathrm{d}U=\frac{\mathrm{d}q}{4\pi\varepsilon_0 r}$$

由电势叠加原理得带电体产生的电势为

$$U=\int\frac{\mathrm{d}q}{4\pi\varepsilon_0 r} \tag{1-5-6}$$

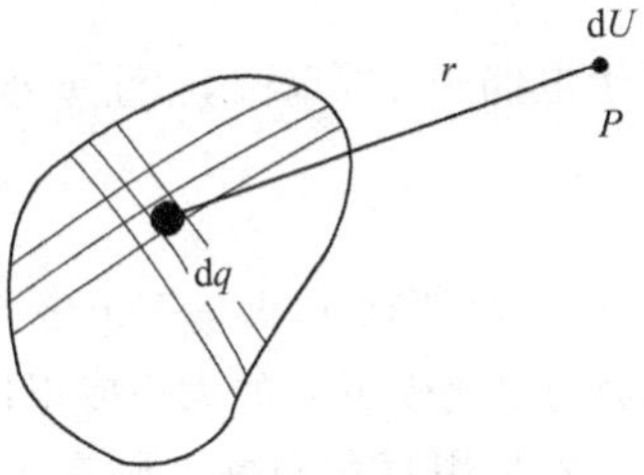

图 1-5-2 电荷连续分布的带电体的电势

积分区间遍及整个带电体. 当带电体分别是线电荷、面电荷、体电荷分布时，上式可分别写成

$$U=\int_L\frac{\lambda\,\mathrm{d}l}{4\pi\varepsilon_0 r} \tag{1-5-7a}$$

$$U=\iint_S\frac{\sigma\,\mathrm{d}S}{4\pi\varepsilon_0 r} \tag{1-5-7b}$$

$$U=\iiint_V\frac{\rho\,\mathrm{d}V}{4\pi\varepsilon_0 r} \tag{1-5-7c}$$

从上面可以看出，计算电势可以分为两种方法.

① 定义法：用电势的定义式(1-5-1) 计算电势. 用这种方法需要先求出带电体的电场强

度分布，选择电势的零点和积分路径，计算线积分.

$$U=\int_P^{\infty}\boldsymbol{E}\cdot \mathrm{d}\boldsymbol{l}$$

② 电势叠加法：用这种方法时先把带电体分成许多电荷元，任取一电荷元，利用点电荷的电势公式和电势的叠加原理对整个带电体计算积分.

$$U=\int\frac{\mathrm{d}q}{4\pi\varepsilon_0 r}$$

计算不同带电体电场中的电势时可采用不同的方法，但结果是相同的. 下面举几个用上述两种方法计算电势的例子.

**【例 1-5-1】** 电偶极子电场中的电势分布.

如图 1-5-3 所示，两个带电荷分别为 $+q$ 和 $-q$ 的点电荷，相距 $l$. 电偶极子在 $xy$ 平面上 $P$ 点的电势为

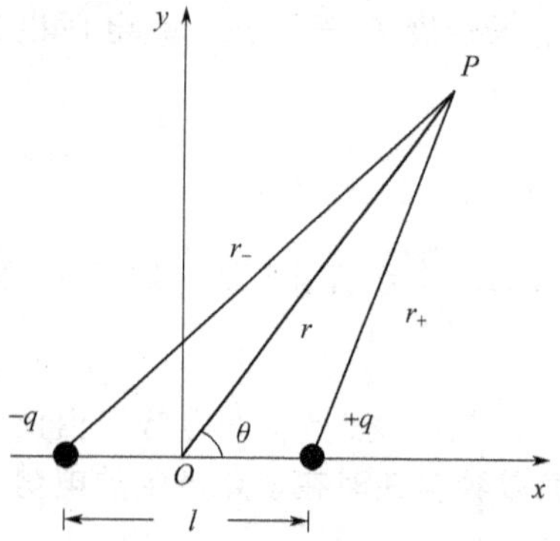

图 1-5-3　电偶极子的电势

$$U=\frac{q}{4\pi\varepsilon_0 r_+}-\frac{q}{4\pi\varepsilon_0 r_-} \tag{1-5-8}$$

式中，$r_+$ 与 $r_-$ 分别为 $+q$ 和 $-q$ 到 $P$ 点的距离

$$r_+\approx r-\frac{l}{2}\cos\theta \tag{1-5-9}$$

$$r_-\approx r+\frac{l}{2}\cos\theta \tag{1-5-10}$$

将式(1-5-9)和式(1-5-10)代入式(1-5-8)得

$$U=\frac{q}{4\pi\varepsilon_0}\left(\frac{1}{r-\frac{l}{2}\cos\theta}-\frac{1}{r+\frac{l}{2}\cos\theta}\right)$$

$$=\frac{ql}{4\pi\varepsilon_0}\frac{\cos\theta}{r^2-\left(\frac{l}{2}\cos\theta\right)^2} \tag{1-5-11}$$

对于电偶极子 $r\gg l$，且 $p=ql$，则

$$U=\frac{p}{4\pi\varepsilon_0}\frac{\cos\theta}{r^2} \tag{1-5-12}$$

式(1-5-12) 即为电偶极子电场中的电势分布. 这表明，在电偶极子的电场中，远离电偶极子处的电势与电偶极矩 $\boldsymbol{p}$ 的大小成正比，与 $\boldsymbol{p}$ 和 $\boldsymbol{r}$ 之间的夹角的余弦成正比，与 $r$ 的二次方成反比.

若采用直角坐标，则有

$$r=\sqrt{x^2+y^2} \tag{1-5-13}$$

$$\cos\theta=\frac{x}{\sqrt{x^2+y^2}} \tag{1-5-14}$$

$$U=\frac{p}{4\pi\varepsilon_0}\frac{x}{(x^2+y^2)^{3/2}} \tag{1-5-15}$$

由式(1-5-15)，对不同的 $x$、$y$ 值可逐点计算出不同位置的电势，画出电势的三维分布图. 取 $p$ 为定值，MATLAB 程序设计如下.

```
% 电偶极子电势分布三维图
clear                                   % 清除存储器中的变量和函数
d= 100;                                 % 设定循环次数
for i= 1: d                             % 循环语句
    y(i) = (i- d/2);                    % 建立 y 坐标数组
```

```
    yy= y ( i ) ;                              % 将当前位置的 y 数组赋值给 yy 变量
    for n= 1: d
        x ( n )  = ( n- d/2 ) ;                % 建立 x 坐标数组
        xx= x ( n ) ;                          % 将当前位置的 x 数组赋值给 xx 变量
        r= sqrt ( xx^2+ yy^2 )  + eps;         % 计算当前的径向位置
        U ( i, n )  = 10*  ( xx/r )  / ( r^2 ) ;  % 计算电势
    end
end
surfc ( x ( 30: 70 ) , y ( 30: 70 ) , U ( 30: 70, 30: 70 ) ) % 画出网格和等高线组合图
xlabel ( 'x' ) ; ylabel ( 'y' ) ; zlabel ( 'U' ) ;
```

将上述程序保存为文件<dianoujizidianshi. m>，打开 Debug，选择 Run，运行结果如图 1-5-4 所示．请读者自己运行上述程序．

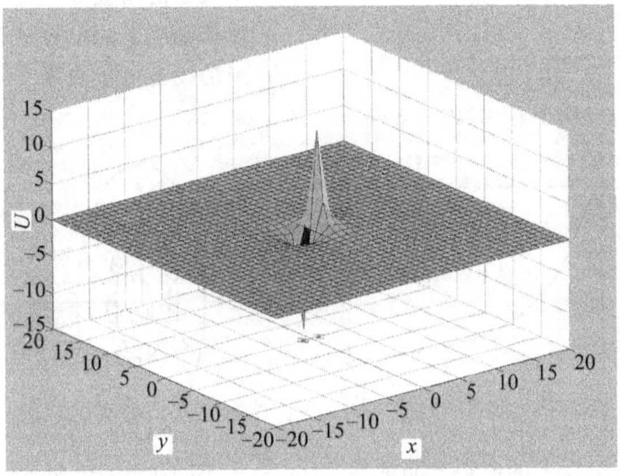


图 1-5-4　电偶极子电势分布图

**【例 1-5-2】**　一均匀带电圆环，带电荷 $q$，半径为 $R$，计算在圆环轴线上与环心 $O$ 相距为 $x$ 处点 $P$ 的电势．

**解：** 如图 1-5-5 所示，把圆环分割成无限多段线元，取一线元 $\mathrm{d}l$，带电荷 $\mathrm{d}q=\lambda\mathrm{d}l$，其中 $\lambda$ 是电荷线密度，$\lambda=\dfrac{q}{2\pi R}$，电荷元在 $P$ 点产生的电势为

$$\mathrm{d}U=\frac{\mathrm{d}q}{4\pi\varepsilon_0 r}=\frac{\lambda\,\mathrm{d}l}{4\pi\varepsilon_0 r}$$

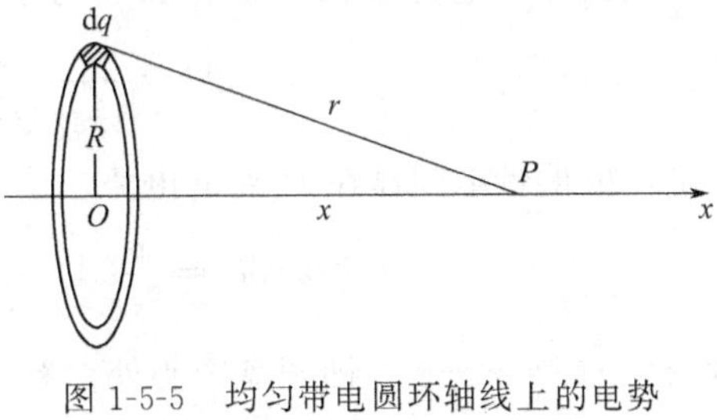


图 1-5-5　均匀带电圆环轴线上的电势

根据电势叠加原理，整个带电圆环在 $P$ 点产生的电势为

$$U=\int\mathrm{d}U=\frac{\lambda}{4\pi\varepsilon_0 r}\int\mathrm{d}l=\frac{q}{4\pi\varepsilon_0 r}=\frac{q}{4\pi\varepsilon_0\sqrt{x^2+R^2}}\tag{1-5-16}$$

上面的结果也可以用定义法求得，由例 1-2-2 的结论，轴线上电场强度的大小

$$E=\frac{q}{4\pi\varepsilon_0}\frac{x}{(x^2+R^2)^{3/2}}$$

方向沿 $x$ 轴方向，根据定义式(1-5-1) 得

$$U=\frac{q}{4\pi\varepsilon_0}\int_x^{\infty}\frac{x\,\mathrm{d}x}{(x^2+R^2)^{3/2}}=\frac{q}{4\pi\varepsilon_0\sqrt{x^2+R^2}}$$

可见，用两种方法所得结果完全相同，但用定义法需要先求出电场强度的分布才能计算电势分布.

讨论：① 若 $P$ 点在圆环中心，即 $x=0$，则

$$U=\frac{q}{4\pi\varepsilon_0 R}$$

②若 $P$ 点远离圆环中心时，即 $x \gg R$，则

$$U=\frac{q}{4\pi\varepsilon_0 x}$$

这时带电圆环相当于电荷集中在中心处点电荷的电势表达式.

用 MATLAB 画出 $U$-$x$ 曲线如图 1-5-6 所示. 参考程序如下.

```
% 均匀带电圆环电势的分布
R= 0.1;                                  % 设半径 R=0.1
x= (- 8: 0.001: 8) * R;                  % 轴线上的位置
U= 1./sqrt(R^2+ x.^2);                   % 计算轴线上的电势分布
plot(x, U, [0 0], [0 10])                % 画轴线上电势曲线
xlabel('x/m'); ylabel('U/V');
```

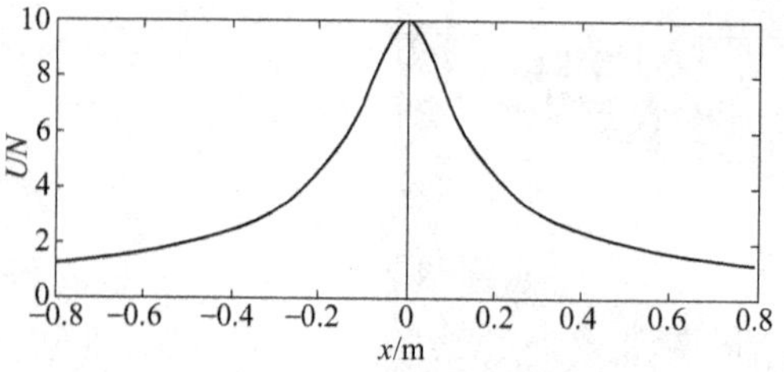


图 1-5-6 均匀带电圆环轴线上的电势分布曲线

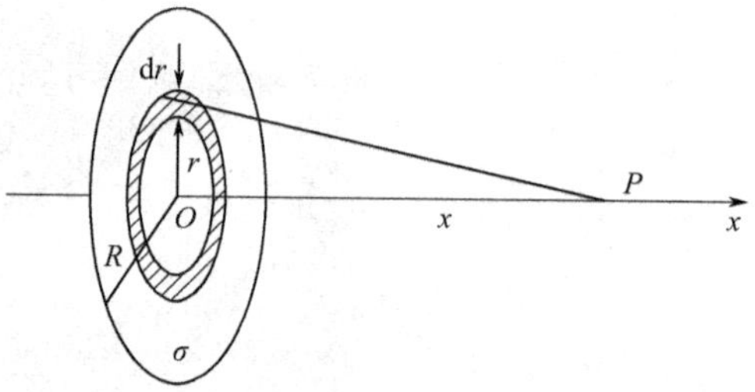


图 1-5-7 均匀带电圆盘轴线上的电势

**【例 1-5-3】** 一均匀带电圆平面，电荷面密度为 $\sigma$，半径为 $R$，求轴线上 $P$ 点的电势.

**解：** 将圆盘分成许多同心小圆环，如图 1-5-7 所示，取一个半径为 $r$，宽为 $\mathrm{d}r$ 的小圆环，该圆环的电荷为 $\mathrm{d}q=\sigma 2\pi r\mathrm{d}r$，利用例 1-5-2 的结果，该圆环在 $P$ 点产生的电势为

$$\mathrm{d}U=\frac{\mathrm{d}q}{4\pi\varepsilon_0\sqrt{r^2+x^2}}=\frac{\sigma}{2\varepsilon_0}\frac{r\mathrm{d}r}{\sqrt{r^2+x^2}}$$

于是，可得带电圆盘在 $P$ 点的电势

$$U=\int\mathrm{d}U=\frac{\sigma}{2\varepsilon_0}\int_0^R\frac{r\mathrm{d}r}{\sqrt{r^2+x^2}}=\frac{\sigma}{2\varepsilon_0}(\sqrt{R^2+x^2}-x) \tag{1-5-17}$$

讨论：① 当 $x=0$，即圆盘中心处，有

$$U=\frac{\sigma R}{2\varepsilon_0} \tag{1-5-18}$$

② 当 $x \gg R$ 时，$\sqrt{R^2+x^2}\approx x+\dfrac{R^2}{2x}$，则

$$U=\frac{\sigma}{2\varepsilon_0}\frac{R^2}{2x}=\frac{\sigma\pi R^2}{4\pi\varepsilon_0 x}=\frac{q}{4\pi\varepsilon_0 x}$$

式中，$q=\sigma\pi R^2$ 为圆平面所带的电荷，由此可见，当 $P$ 点离圆平面很远时，带电圆平面可看做是点电荷.

**【例 1-5-4】** 如图 1-5-8(a)，一均匀带电球面，半径为 $R$、电荷为 $q$，求①球面外任意点的电势；②球面内任意点的电势.

**解：** ① 在例 1-3-3 中用高斯定理容易得到均匀带电球面外的电场强度

$$\boldsymbol{E}=\frac{q}{4\pi\varepsilon_0 r^2}\boldsymbol{e}_r \qquad (r>R)$$

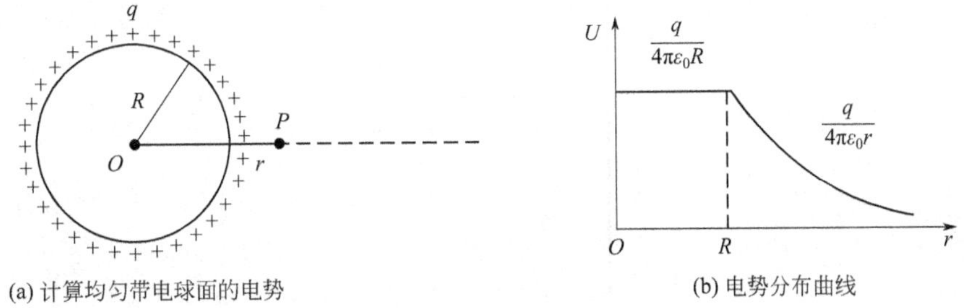


图 1-5-8 均匀带电圆盘轴线上的电势

选无限远处为电势零点，并沿径向积分，得到球面外任一点 $P$ 的电势为

$$U=\int_P^{\infty}\boldsymbol{E}\cdot d\boldsymbol{l}=\int_r^{\infty}\frac{q}{4\pi\varepsilon_0 r^2}dr=\frac{q}{4\pi\varepsilon_0 r} \qquad (1\text{-}5\text{-}19)$$

② 球面内的电场强度为

$$\boldsymbol{E}=0 \qquad (r<R)$$

同理得球面内任一点 $P$ 的电势

$$U=\int_P^{\infty}\boldsymbol{E}\cdot d\boldsymbol{l}=\int_r^{R}\boldsymbol{E}\cdot d\boldsymbol{r}+\int_R^{\infty}\boldsymbol{E}\cdot d\boldsymbol{r}=\int_R^{\infty}\frac{q}{4\pi\varepsilon_0 r^2}dr=\frac{q}{4\pi\varepsilon_0 R} \qquad (1\text{-}5\text{-}20)$$

上述结果表明：球面外任一点的电势与所有电荷集中在球心的点电荷产生的电势相同，而球面内各处的电势都相等. 电势分布曲线如图 1-5-8(b) 所示.

同样的方法可以求出均匀带电球体电场中的电势分布，在这些情况下，用定义法求电势比较简便.

**【例 1-5-5】** 如图 1-5-9 所示，一无限长均匀带电直线，电荷线密度为 $\lambda$，求电场中的电势分布.

**解：** 无限长带电直线的电荷分布是延伸到无限远处的，在这种情况下不能应用点电荷的电势公式来进行电势叠加来求电势，因为用式(1-5-6) 来计算的话，必定得到无穷大值的结果，这是无意义的，所以必须用电场强度积分来求电势.

已知无限长均匀带电直线的电场强度的方向垂直于带电直线向外，大小为

$$E=\frac{\lambda}{2\pi\varepsilon_0 r}$$

要确定电场中点 $P$ 的电势，必须选定电势零点，前面在计算有限大小带电体的电势时选取无限远处作为电势零点，这种情况下是可行的，因为其数学表达式满足 $r\to\infty$，$U(\infty)=0$，但对电荷分布在无限空间的情况下，仍选无限远处为电势零点，可能会出现矛盾或电势发散等问题，就本题而言，将电势零点选在有限区域内是合适的，例如选在 $B$ 点，点 $B$ 到直线的距离为 $r_B$，则点 $P$ 点的电势为

$$U=\frac{\lambda}{2\pi\varepsilon_0}\int_r^{r_B}\frac{dr}{r}=\frac{\lambda}{2\pi\varepsilon_0}\ln\frac{r_B}{r}$$

实际上，在电场中选取哪一点电势为零来定出电势分布并不重要，因为真正有意义的量是电场中两点之间的电势差，不管选取哪一点为电势零点，电场中两点间的电势差都相同.

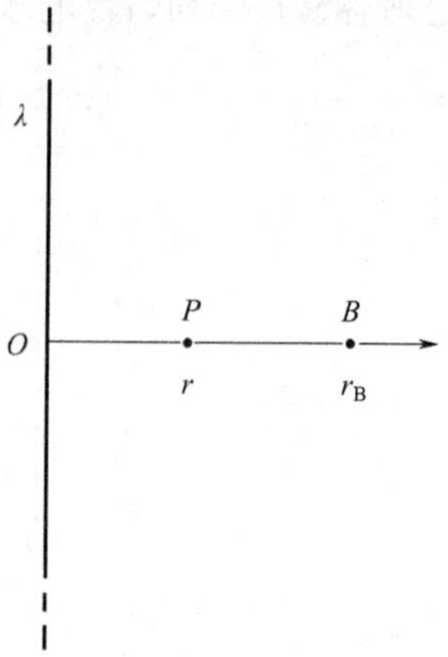


图 1-5-9　无限长均匀带电直线的电势

## 复习思考题

1-5-1　电场中某点处的电势是如何定义的？如何去计算呢？

1-5-2　当我们认为地球的电势为零时，是否意味着地球没有净电荷呢？

1-5-3　在电场中，电场强度为零的点，电势是否一定为零？电势为零的点，电场强度是否一定为零？试举例说明.

1-5-4　计算无限长带电直线电场中电势时，为什么不能选无限远处为电势零点？

# 1.6　电场强度与电势的微分关系

电场强度和电势都是描述电场性质的物理量，电场强度反映了电场力的性质，电势反映了电场能的性质，在电场中任一点都定义了电场强度和电势，因此电场强度和电势必定有确定的关系. 前面讲了电场强度与电势的积分形式，即如果知道了场强 $\boldsymbol{E}$ 分布，由式 $U=\int_P^{\infty}\boldsymbol{E}\cdot\mathrm{d}\boldsymbol{l}$，计算积分，可求得电势. 反过来，如果知道了电势分布 $U(x, y, z)$，那么是否可以求得场强？这就是下面要讲的电场强度与电势的微分关系.

## 1.6.1　等势面

在电场中电势相等的点组成的曲面，称为等势面.

根据电势分布函数 $U(x, y, z)$，可求出等势面方程，从而画出等势面. 例如，点电荷 $q$ 的电场中，电势分布函数为

$$U=\frac{q}{4\pi\varepsilon_0 r}$$

当电势取定值 $U_0$ 时，上式变为

$$r=\frac{q}{4\pi\varepsilon_0 U_0}$$

若取 $q$ 所在处为原点建立的直角坐标系中，则上式为

$$x^2+y^2+z^2=\left(\frac{q}{4\pi\varepsilon_0 U_0}\right)^2$$

可见点电荷的电场中，等势面是一族以点电荷为球心的同心球面. 在画等势面时，通常规定任意两个相邻等势面之间的电势差都相等，这样画出的等势面图，可以用等势面的疏密程度表示电场的强弱，等势面密的地方，电场强度大，等势面疏的地方电场强度小.

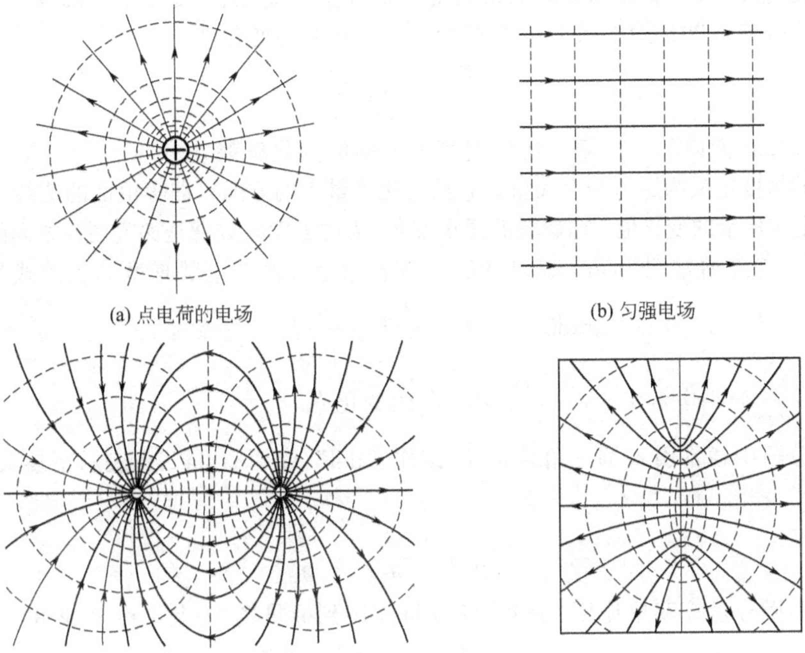

(a) 点电荷的电场　(b) 匀强电场

(c) 电偶极子的电场　(d) 均匀带电圆盘的电场

图 1-6-1　电场线与等势面的分布图

图 1-6-1 画出了几种常见带电体电场的等势面和电场线，虚线代表等势面，实线代表电场线. 等势面与电场线处处垂直，电场线的方向指向电势降低的方向.

在实用中，由于电势差容易测量，所以常常是先测出电场中等电势的各点，并把这些点连起来，描绘出等势面，再根据电场强度与通过该点的等势面垂直的特点而画出电场线，从而了解电场的分布特性.

## 1.6.2　电场强度与电势的微分关系

### (1) 电势梯度

电势是一个标量，它是空间位置的函数. 数学上把取决于空间位置的量称作场，根据量的性质不同，可分为标量场和矢量场，例如，电势就是标量场，电场强度就是矢量场.

标量场中不同点的数值一般是不同的，而且沿不同方向其数值的空间变化率一般也是不同的，为了描述标量沿各个方向的空间变化率，常用标量场的方向导数来表示.

例如，在电场中选取两个非常靠近的等势面 1 和 2，见图 1-6-2，它们的电势分别为 $U$ 和 $U+\Delta U$，并设 $\Delta U>0$，在两等势面上分别取点 $P$ 和点 $Q$，令 $\overrightarrow{PQ}=\Delta \boldsymbol{l}$，则电势沿 $\Delta \boldsymbol{l}$ 方向的变化率为

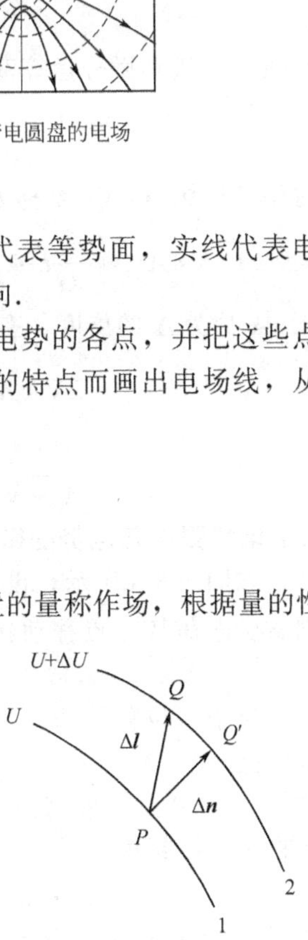


图 1-6-2　电势梯度示意图

$$\frac{\partial U}{\partial l}=\lim_{\Delta l\to 0}\frac{\Delta U}{\Delta l}$$

容易看出，在同一点 $P$，电势沿不同方向的变化率是不同的，那么沿哪个方向增加得最快呢？在图中通过 $P$ 点引等势面 1 的法线与等势面 2 交于 $Q'$ 点，令 $\overrightarrow{PQ'}=\Delta\boldsymbol{n}$，沿法线方向的矢量 $\Delta\boldsymbol{n}$ 是两等势面间最短的矢量，电势沿 $\Delta\boldsymbol{n}$ 方向上的变化率

$$\frac{\partial U}{\partial n}=\lim_{\Delta n\to 0}\frac{\Delta U}{\Delta n}$$

显而易见，沿 $\Delta\boldsymbol{n}$ 方向的变化率要比任何其他方向的变化率都大.

标量场的梯度定义为这样一个矢量，它沿变化率最大的方向，即等值面的法线方向，数值上等于单位长度该标量的变化值. 标量场沿任意方向 $\Delta\boldsymbol{l}$ 的方向导数就是梯度在该方向的分量.

电势 $U$ 的梯度通常记为 grad$U$ 或 $\nabla U$，在直角坐标系中电势梯度的表达式为

$$\mathrm{grad}U=\nabla U=\frac{\partial U}{\partial x}\boldsymbol{i}+\frac{\partial U}{\partial y}\boldsymbol{j}+\frac{\partial U}{\partial z}\boldsymbol{k} \tag{1-6-1}$$

$\frac{\partial U}{\partial x}$，$\frac{\partial U}{\partial y}$，$\frac{\partial U}{\partial z}$ 分别电势沿 $x$，$y$，$z$ 轴方向的变化率.

在矢量分析中通常引入倒三角算符 $\nabla$(读作“del”或“nabla”）表示下述矢量形式的微分算符

$$\nabla=\frac{\partial}{\partial x}\boldsymbol{i}+\frac{\partial}{\partial y}\boldsymbol{j}+\frac{\partial}{\partial z}\boldsymbol{k}$$

它兼有矢量和微分运算双重作用. 例如，$\nabla$算符作用到标量场 $\Psi$ 上，称为 $\Psi$ 的梯度，则

$$\nabla\Psi=\frac{\partial\Psi}{\partial x}\boldsymbol{i}+\frac{\partial\Psi}{\partial y}\boldsymbol{j}+\frac{\partial\Psi}{\partial z}\boldsymbol{k}$$

对于矢量场 $\boldsymbol{A}$，$\nabla\cdot\boldsymbol{A}$ 称为 $\boldsymbol{A}$ 的散度，有

$$\nabla\cdot\boldsymbol{A}=\left(\frac{\partial}{\partial x}\boldsymbol{i}+\frac{\partial}{\partial y}\boldsymbol{j}+\frac{\partial}{\partial z}\boldsymbol{k}\right)\cdot(A_x\boldsymbol{i}+A_y\boldsymbol{j}+A_z\boldsymbol{k})=\frac{\partial A_x}{\partial x}+\frac{\partial A_y}{\partial y}+\frac{\partial A_z}{\partial z}$$

$\nabla\times\boldsymbol{A}$ 称为 $\boldsymbol{A}$ 的旋度，有

$$\begin{aligned}\nabla\times\boldsymbol{A}&=\left(\frac{\partial}{\partial x}\boldsymbol{i}+\frac{\partial}{\partial y}\boldsymbol{j}+\frac{\partial}{\partial z}\boldsymbol{k}\right)\times(A_x\boldsymbol{i}+A_y\boldsymbol{j}+A_z\boldsymbol{k})\\&=\left(\frac{\partial A_z}{\partial y}-\frac{\partial A_y}{\partial z}\right)\boldsymbol{i}+\left(\frac{\partial A_x}{\partial z}-\frac{\partial A_z}{\partial x}\right)\boldsymbol{j}+\left(\frac{\partial A_y}{\partial x}-\frac{\partial A_x}{\partial y}\right)\boldsymbol{k}\end{aligned}$$

**(2) 电场强度与电势的微分关系**

如图 1-6-3 所示，设试验电荷 $q_0$ 在电场中 $a$ 点的电势能为 $E_{pa}$，$b$ 点的电势能为 $E_{pb}$，则试验电荷从 $a$ 点移动到 $b$ 点，静电场力对它所作的功等于电势能增量的负值，即

$$W_{ab}=-(E_{pb}-E_{pa})$$

对于一位移元 d$\boldsymbol{l}$ 上而言，有 $\mathrm{d}W=-\mathrm{d}E_p$

也就是

$$q_0\boldsymbol{E}\cdot\mathrm{d}\boldsymbol{l}=-q_0\mathrm{d}U$$

或

$$\boldsymbol{E}\cdot\mathrm{d}\boldsymbol{l}=-\mathrm{d}U \tag{1-6-2}$$

在直角坐标系中

$$\boldsymbol{E}\cdot\mathrm{d}\boldsymbol{l}=E_x\mathrm{d}x+E_y\mathrm{d}y+E_z\mathrm{d}z \tag{1-6-3}$$

d$U$ 是电势的增量，它是一个全微分

$$\mathrm{d}U=\frac{\partial U}{\partial x}\mathrm{d}x+\frac{\partial U}{\partial y}\mathrm{d}y+\frac{\partial U}{\partial z}\mathrm{d}z \tag{1-6-4}$$

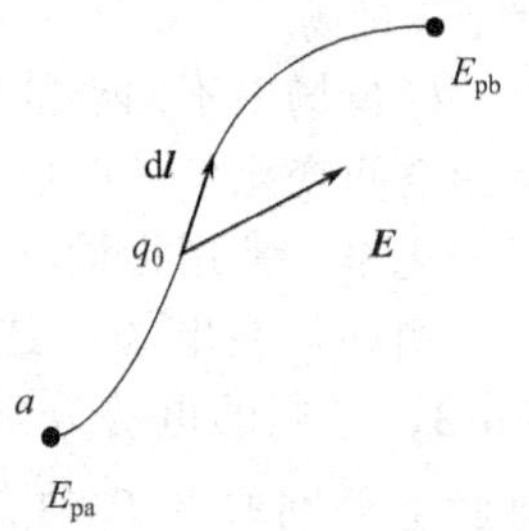

图 1-6-3　推导电场强度与电势的微分关系

由式(1-6-2) ～式(1-6-4) 可得

$$E_x = -\frac{\partial U}{\partial x} \qquad E_y = -\frac{\partial U}{\partial y} \qquad E_z = -\frac{\partial U}{\partial z}$$

则

$$\boldsymbol{E} = E_x\boldsymbol{i} + E_y\boldsymbol{j} + E_z\boldsymbol{k} = -\left(\frac{\partial U}{\partial x}\boldsymbol{i} + \frac{\partial U}{\partial y}\boldsymbol{j} + \frac{\partial U}{\partial z}\boldsymbol{k}\right) = -\nabla U \tag{1-6-5}$$

上式表明，**电场中任一点的电场强度等于该点电势梯度的负值**，这一结论称为电场强度与电势的微分关系，它给出了电场中任意点的电场强度与电势之间的关系，式中的负号表示电场强度的方向沿电势降低最快的方向. 利用式(1-6-5) 可以从已知的电势分布求场强分布.

**【例 1-6-1】** 用电场强度与电势的微分关系，求如图 1-6-4 所示的均匀带电细圆环轴线上一点的电场强度.

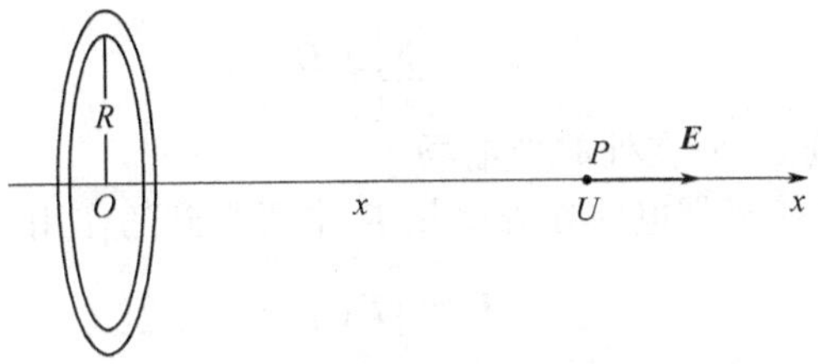


图 1-6-4 例题 1-6-1 用图

**解：** 在例 1-5-2 中我们已经求出了在 $x$ 轴上点 $P$ 的电势为

$$U = \frac{1}{4\pi\varepsilon_0}\frac{q}{(x^2+R^2)^{1/2}}$$

由电场强度与电势的微分关系式（1-6-5）可得点 $P$ 的电场强度为

$$E = E_x = -\frac{\partial U}{\partial x} = -\frac{\partial}{\partial x}\left[\frac{1}{4\pi\varepsilon_0}\frac{q}{(x^2+R^2)^{1/2}}\right] = \frac{1}{4\pi\varepsilon_0}\frac{qx}{(x^2+R^2)^{3/2}}$$

这与例 1-2-2 用场强叠加法计算的结果相同. 显然用这种方法比起用场强叠加法求电场强度要相对简单一些.

总之，电场强度和电势是描述电场的两个重要物理量，电场强度是从力的角度去研究电场，电势是从能量的角度去研究电场，所以求解电场强度和电势是静电场中的主要问题. 在已知电荷分布情况下，求电场强度可以分为三种方法：①应用库仑定律和场强叠加原理求电场强度；②根据电荷分布的特殊对称性应用高斯定理解积分方程求电场强度的大小；③应用电场强度与电势的微分关系求电场强度. 求电势可以分为两种方法：①定义法；②电势叠加法. 针对不同电荷分布的带电体，可选用不同的方法. 对于电荷分布规则的简单带电体，可以比较容易地求出其电场强度和电势的分布，但对电荷分布不规则的复杂带电体，需要用到数值计算方法或其它方法，才能求出电场中的场强和电势分布.

## 复习思考题

1-6-1 什么是等势面？如何画出等势面？由等势面的分布如何得到电场分布？

1-6-2 什么是电势梯度？电场强度与电势的微分关系是什么？

1-6-3 若某空间内的电场强度处处为零，则该空间中各点的电势必定处处相等吗？

# 1.7 静电场对带电系统的作用及其应用

## 1.7.1 静电场对带电系统的作用力

静电场的重要特性之一就是对处于其中的电荷产生作用力，并称之为静电场力，按电场强度的定义，处于外电场 $\boldsymbol{E}$ 中的点电荷 $q$ 受外电场的作用力为

$$\boldsymbol{F}=q\boldsymbol{E} \tag{1-7-1}$$

在这里，外电场 $\boldsymbol{E}$ 是指与受力电荷 $q$ 无关的其它电荷产生的电场.

对于处于外电场中的点电荷系 $q_1, q_2, \cdots, q_n$ 来说，受外电场的作用力为

$$\boldsymbol{F}=\sum_{i=1}^{n} q_i \boldsymbol{E}_i \tag{1-7-2}$$

式(1-7-2) 中 $\boldsymbol{E}_i$ 是点电荷 $q_i$ 所在处的外电场.

由上式可以推广得到任意带电体在外电场 $\boldsymbol{E}$ 中所受到的作用力为

$$\boldsymbol{F}=\int \boldsymbol{E}\,\mathrm{d}q \tag{1-7-3}$$

总之，由两个点电荷之间的相互作用力的规律，通过电场就可以解决其它所有带电体之间的相互作用力问题.

**【例 1-7-1】** 电子的电量最先是由密立根通过油滴实验测出的，为此他于 1923 年获诺贝尔物理奖. 密立根设计的实验装置如图 1-7-1 所示，被喷雾器喷出的微小油滴，由于与喷嘴处的摩擦作用而带电. 设一很小的带负电的油滴通过小孔进入有两带电平行板产生的匀强电场 $E$ 内，调节 $\boldsymbol{E}$，当作用在油滴上的向上电场力与该油滴的重力平衡时，它在电场中会悬住不动. 油滴的半径可在无电场存在时，通过测量油滴在空气中的收尾速度求得. 如果测得油滴的半径 $r=1.64\times10^{-6}$ m，平衡时 $E=1.92\times10^{5}$ N/C，已知油的密度 $\rho=0.85\mathrm{kg/m^3}$，求油滴所带电量的绝对值.

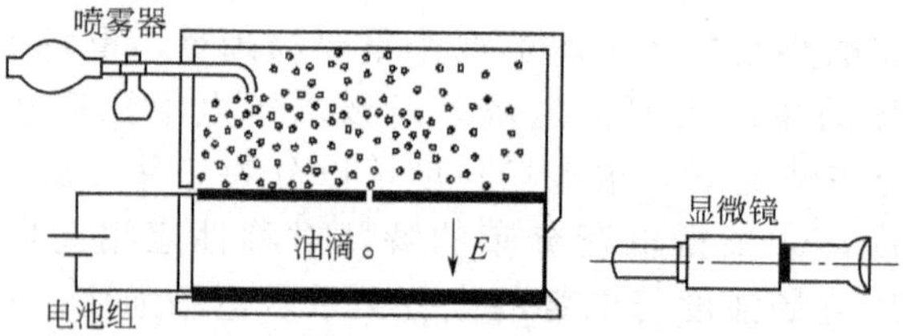


图 1-7-1 密立根油滴实验示意图

**解：** 当带电油滴所受的静电力与重力平衡时，有

$$qE=\rho\frac{4}{3}\pi r^3 g$$

因而求得油滴的电量

$$q=\frac{4\pi\rho r^3 g}{3E}=8.02\times10^{-19}\,\mathrm{C}$$

此油滴所带电量是电子电量（$e=1.6\times10^{-19}$ C）的倍数为

$$n=\frac{q}{e}=5$$

经过大量的实验结果，得出了所测电荷 $q$ 是元电荷 $e=1.6\times10^{-19}$ C 的整数倍的结论，即 $q=$

$ne$，$n=1, 2, 3, \cdots$. 表明电荷是量子化的，这也是自然界中的一条基本定律.

**【例 1-7-2】** 匀强电场对电偶极子的作用.

如图 1-7-2 所示，在匀强电场 $\boldsymbol{E}$ 中，放置一个电偶极矩为 $\boldsymbol{p}=q\boldsymbol{l}$ 的电偶极子. 电场作用在 $+q$ 和 $-q$ 上的力分别为 $\boldsymbol{F}_{+}=q\boldsymbol{E}$ 和 $\boldsymbol{F}_{-}=-q\boldsymbol{E}$，于是作用在电偶极子上的合力

$$\boldsymbol{F}=\boldsymbol{F}_{+}+\boldsymbol{F}_{-}=q\boldsymbol{E}-q\boldsymbol{E}=0 \qquad (1\text{-}7\text{-}4)$$

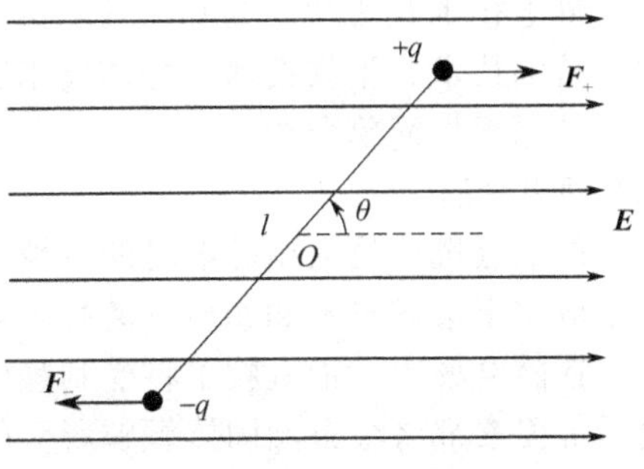

图 1-7-2 匀强电场中的电偶极子

这表明，在均匀电场中，电偶极子所受电场力为零. 但是，由于这两个力的作用线不在同一直线上，它们要产生力矩，它们对于 $O$ 点的合力矩为

$$M=qlE\sin\theta=pE\sin\theta$$

可以表示成矢量形式

$$\boldsymbol{M}=\boldsymbol{p}\times\boldsymbol{E} \qquad (1\text{-}7\text{-}5)$$

在力矩的作用下，电偶极子作为一个整体将发生转动，使电偶极子转向电场 $\boldsymbol{E}$ 的方向，当 $\theta=0$，即 $\boldsymbol{p}$ 与 $\boldsymbol{E}$ 的方向相同时，电偶极子所受的力矩为零，这个位置是电偶极子的稳定平衡位置.

电偶极子是一个常见的电荷系统，尤其是在研究电介质的极化等问题时，将要用到电偶极子的特性.

**【例 1-7-3】** 如图 1-7-3 所示，半径为 $R$ 的均匀带电球面，带有电荷 $Q$. 沿某一半径方向上有一均匀带电直线，电荷线密度为 $\lambda$，长度为 $l$，细线左端离球心距离为 $r_0$，设球和线上的电荷分布不受相互作用影响，试求细线所受球面电荷的电场力和细线在该电场中的电势能.

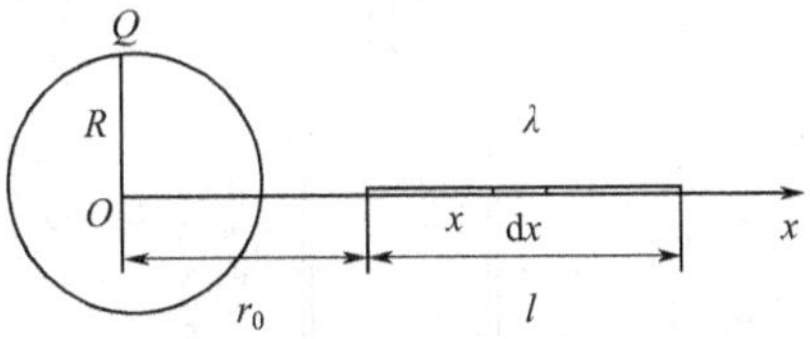

图 1-7-3 例 1-7-3 图

**解：** 设 $x$ 轴沿细线方向，原点在球心处，在 $x$ 处取线元 $\mathrm{d}x$，其上电荷为 $\mathrm{d}q=\lambda\,\mathrm{d}x$，带电球面在该处产生的电场强度大小 $E=\dfrac{Q}{4\pi\varepsilon_0 x^2}$，方向沿 $x$ 正方向. 则电荷元所受电场力为

$$\mathrm{d}F=\mathrm{d}qE=\frac{Q\lambda}{4\pi\varepsilon_0}\frac{\mathrm{d}x}{x^2}$$

整个细线所受电场力为

$$F=\frac{Q\lambda}{4\pi\varepsilon_0}\int_{r_0}^{r_0+l}\frac{\mathrm{d}x}{x^2}=\frac{Q\lambda l}{4\pi\varepsilon_0(r_0+l)r_0}$$

方向沿 $x$ 正方向.

电荷元 $\mathrm{d}q$ 处的电势 $U=\dfrac{Q}{4\pi\varepsilon_0 x}$，则该电荷元在球面电荷电场中的电势能为

$$\mathrm{d}E_{\mathrm{p}}=\mathrm{d}qU=\frac{Q\lambda}{4\pi\varepsilon_0}\frac{\mathrm{d}x}{x}$$

整个线电荷在电场中具有的电势能为

$$E_{\mathrm{p}}=\frac{Q\lambda}{4\pi\varepsilon_0}\int_{r_0}^{r_0+l}\frac{\mathrm{d}x}{x}=\frac{Q\lambda}{4\pi\varepsilon_0}\ln\frac{r_0+l}{r_0}$$

这个电势能应是两带电体之间的相互作用能.

### 1.7.2 静电的应用

静电技术在科学研究和工程技术中有着广泛的应用. 目前涉及工业上的应用有净化技术、检测技术、生物技术、分离技术、触媒技术和其它延伸技术等. 下面仅对几种静电应用技术的原理作简单介绍.

**(1) 静电分选**

静电分选就是利用静电场的特性把不同的材料从混合颗粒物料中分选出来，静电分选技术常应用于选矿技术和物质分离技术等.

在静电场中，带电粒子将受到静电力的作用，而带电粒子的大小和形状、电荷的种类及电量等因素都将会影响固体颗粒所受的电场力. 这样静电特性不同的物料，其运动路径就会不同，只要采用适当的设备，就能将不同静电特性的材料分选出来. 静电分选的方法很多，常用的有摩擦带电分选法、电容率差别分选法及热电效应分选法等. 下面简单介绍摩擦带电分选法，它的原理就是利用两种不同物质相互摩擦带有异号电荷，带电颗粒通过电场时，在静电力的作用下，带有正、负电荷的材料分别向两侧分开，来实现两种不同颗粒材料的分选.

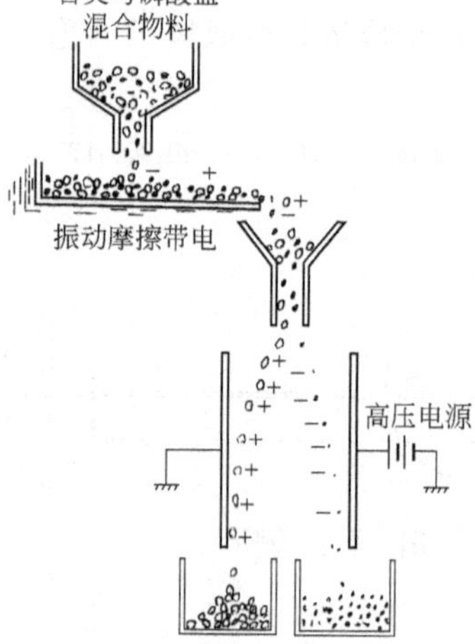

图 1-7-4 静电分选示意图

图 1-7-4 是一种分离矿石的装置，它可以将粉碎后的石英和磷酸盐的混合物分开来. 当混合物料从料斗落入振动筛后，混合物在振动筛中不断地来回振动，石英与磷酸盐彼此不断地发生摩擦，使石英颗粒带负电，磷酸盐颗粒带正电，然后进入高压区中下落，由于它们所受到电场力方向相反，石英颗粒向正极板偏离，而磷酸盐颗粒向负极板偏离，致使它们下落后分隔开来，从而分选出不同的材料.

我们来估算一个例子，假设两极板间的电场是均匀电场，且电场强度 $E=5\times10^5\,\text{V}\cdot\text{m}^{-1}$，石英和磷酸盐颗粒所带电荷量与颗粒质量之比（$q/m$）均为 $10^{-5}\,\text{C}\cdot\text{kg}^{-1}$，若要求它们偏离电场中心的距离不小于 20cm，问它们在电场中下落的垂直距离至少是多少？

可以认为石英和磷酸盐颗粒矿石进入电场的初速为零，它们进入电场范围后，将受到重力和电场力作用，且电场力与重力垂直. 由以上条件，可得如下方程

$$y=\frac{1}{2}gt^2,\quad x=\frac{1}{2}at^2$$

式中，$a=qE/m$. 解之

$$y=\frac{gx}{(q/m)E}=\frac{9.8\times0.2}{10^{-5}\times5\times10^5}\approx0.4(\text{m})$$

即矿石在静电场中至少要垂直下落 0.4m.

**(2) 静电除尘**

静电除尘的基本原理就是先让空气中的粉尘或烟雾颗粒带电，然后在电场中进行静电分离，将粉尘或烟雾除掉.

图 1-7-5 是一种静电除尘装置示意图，它主要是由一个金属圆筒（阳极）和同轴的金属圆细棒（阴极）构成，当两极之间加上一高压时，圆筒内就产生了很强的电场，在细棒附近电场最强，当电压达到某一值时，它能使空气发生电离，在圆筒内部出现带电离子的流动，

带电离子会吸附在所经过区域的粉尘或烟雾颗粒上. 这样，粉尘或烟雾颗粒就会因带电被电极吸引，最后附着在接地的圆筒上，经振动可使附着在圆筒上的尘层脱落，并导出集尘器，加以处理. 在烟道中采用这种装置能净化气流，减少尘埃对大气的污染，还可以从这些尘埃中回收许多重要材料.

下面估算一个例子，在图 1-7-5 中，如果假设圆筒的内半径为 $R_b = 20\text{cm}$，金属丝的直径为 $R_a = 2.0\text{mm}$，两极的电势差为 $U = 30\,000\text{V}$，看一看金属丝表面处的电场强度有多大.

圆筒内的电场分布为

$$E = \frac{U}{r \ln \frac{R_b}{R_a}}$$

式中，$r$ 是离中心轴线的距离，在 $R_a$ 处电场最强

$$E = \frac{U}{R_a \ln \frac{R_b}{R_a}} = \frac{3 \times 10^4}{2 \times 10^{-3} \ln \frac{0.2}{2 \times 10^{-3}}} = 3.2 \times 10^6 (\text{V/m})$$

空气的击穿场强是 $3 \times 10^6$ V/m，可见在上述条件下，在金属细棒附近可以使空气电离.

**(3) 静电复印**

静电复印可以迅速、方便地把图书、资料、文件复印下来. 静电复印机的中心部件是一个可以旋转的接地的铝质圆柱体，表面镀一层半导体硒，叫做硒鼓. 半导体硒有特殊的光电性质：没有光照射时是很好的绝缘体，能保持电荷；受到光的照射立即变成导体，将所带的电荷导走.

复印每一页材料都要经过如图 1-7-6 所示的充电、曝光、显影、转印等几个步骤，这几个步骤是在硒鼓转动一周的过程中依次完成的. 充电：由电源使硒鼓表面带正电荷. 曝光：利用光学系统将原稿上字迹的像成在硒鼓上. 硒鼓上字迹的像，是没有光照射的地方，保持着正电荷；其他地方受到了光线的照射，正电荷被导走. 这样，在硒鼓上留下了字迹的“静电潜像”，这个像我们看不到，所以称为潜像. 显影：带负电的墨粉被带正电的“静电潜像”吸引，并吸附在“静电潜像”上，显出墨粉组成的字迹. 转印：带正电的转印电极使输纸机构送来的白纸带正电，带正电的白纸与硒鼓表面墨粉组成的字迹接触，将带负电的墨粉吸到白纸上. 此后，吸附了墨粉的纸送入定影区，墨粉在高温下熔化，浸入纸中，形成牢固的字迹，硒鼓则经过清除表面残留的墨粉和电荷，准备复印下一页材料.

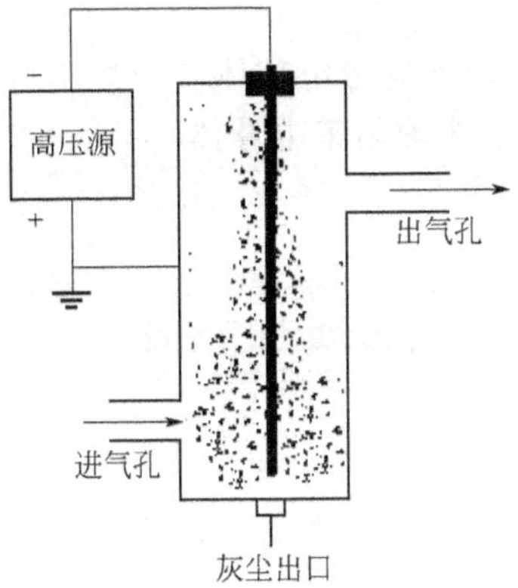

图 1-7-5 静电除尘示意图

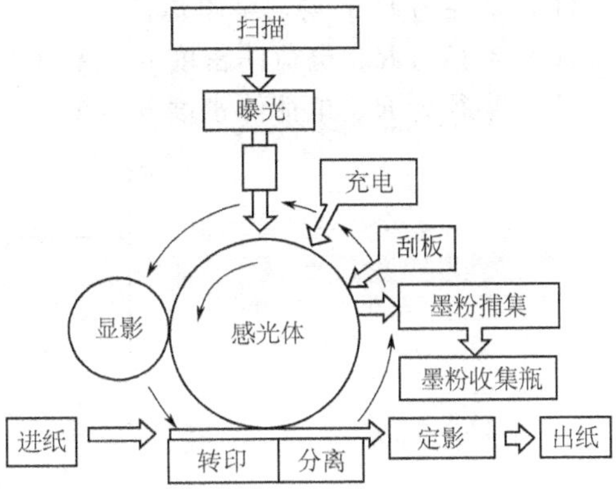

图 1-7-6 静电复印示意图

此外，静电技术的应用还有很多，如静电喷涂、静电植绒和静电灭菌技术等. 静电还具有生物效应，它能够引起生物遗传因子的明显变化，是培育新品种的有效手段，如采用高压静电处理农作物种子，增强了种子的生物活性，可以达到增产的目的.

## 复习思考题

1-7-1 电偶极子在均匀电场中总要使自己转向稳定平衡的位置，若此电偶极子在非均匀电场中，它将怎样运动呢？

1-7-2 面积为 $S$ 的平行板电容器，两极板上分别带电量 $+q$ 和 $-q$，若不考虑边缘效应，则两极板的相互作用力为多少？

1-7-3 试举几个静电应用的例子.

# 第1章 练习题

(1) 选择题

**1-1-1** 电荷密度均为 $+\sigma$ 的两块“无限大”均匀带电的平行平板如图 1-1(a) 放置，其周围空间各点电场强度 $\boldsymbol{E}$（设电场强度方向向右为正、向左为负）随位置坐标 $x$ 变化关系曲线为（　　）.

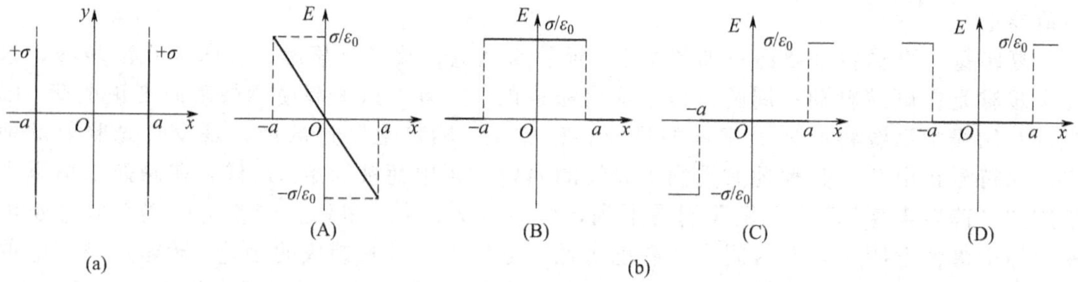


图 1-1

**1-1-2** 如图 1-2 所示为一具有球对称性分布的静电场的 $E \sim r$ 关系曲线. 该静电场是由下列（　　）种带电体产生的.

(A) 半径为 $R$ 的均匀带电球面

(B) 半径为 $R$ 的均匀带电球体

(C) 半径为 $R$、电荷体密度 $\rho = Ar$（$A$ 为常数）的非均匀带电球体

(D) 半径为 $R$、电荷体密度 $\rho = A/r$（$A$ 为常数）的非均匀带电球体

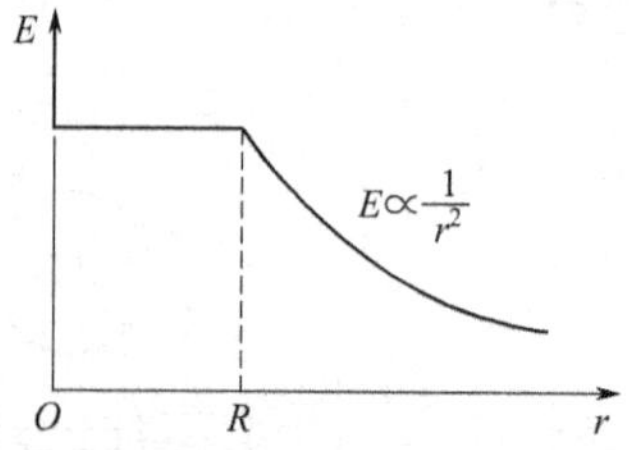


图 1-2

**1-1-3** A 和 B 为两个均匀带电球体，A 带正电荷 $+q$，B 带负电荷 $-q$，作一与 A 同

心的球面 $S$ 作为高斯面，如图 1-3 所示，则（　　）.

(A) 通过 $S$ 面的电场强度通量为 $\frac{q}{\varepsilon_0}$，$S$ 面上各点的场强为零

(B) 通过 $S$ 面的电场强度通量为 $\frac{q}{\varepsilon_0}$，$S$ 面上各点的场强大小为 $E=\frac{q}{4\pi\varepsilon_0 r^2}$

(C) 通过 $S$ 面的电场强度通量为 $-\frac{q}{\varepsilon_0}$，$S$ 面上各点的场强大小为 $E=\frac{q}{4\pi\varepsilon_0 r^2}$

(D) 通过 $S$ 面的电场强度通量为 $\frac{q}{\varepsilon_0}$，$S$ 面上各点的场强不能直接由高斯定理求出

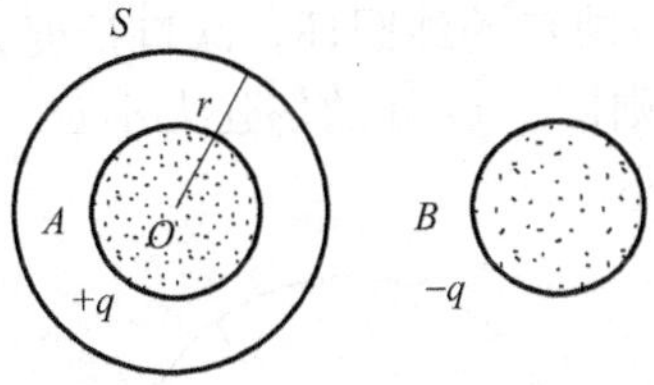


图 1-3

**1-1-4** 如图 1-4 所示，在点电荷 $q$ 的电场中，选取以 $q$ 为中心、$R$ 为半径的球面上一点 $P$ 处作电势零点，则与点电荷 $q$ 距离为 $r$ 的 $P'$ 点的电势为（　　）.

(A) $\frac{q}{4\pi\varepsilon_0 r}$　　(B) $\frac{q}{4\pi\varepsilon_0}\left(\frac{1}{r}-\frac{1}{R}\right)$

(C) $\frac{q}{4\pi\varepsilon_0 (r-R)}$　　(D) $\frac{q}{4\pi\varepsilon_0}\left(\frac{1}{R}-\frac{1}{r}\right)$

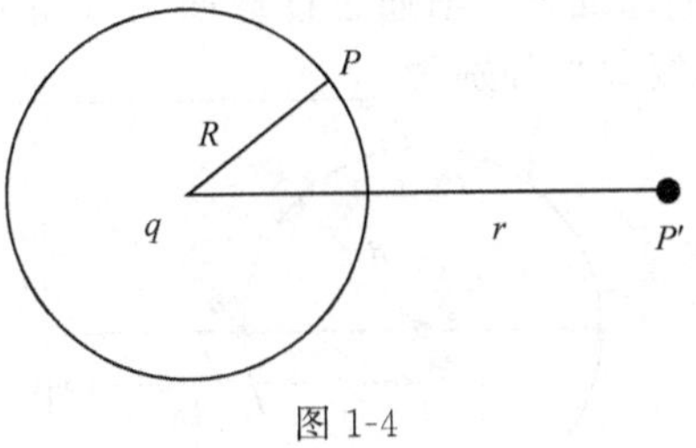


图 1-4

**1-1-5** 如图 1-5 所示，边长为 $a$ 的等边三角形的三个顶点上，分别放置着三个正的点电荷，电量为 $q$，$2q$，$3q$．若将另一正点电荷 $Q$ 从无穷远处移到三角形中心 $O$ 处，外力所作的功为（　　）.

(A) $\frac{3\sqrt{3}qQ}{2\pi\varepsilon_0 a}$　(B) $\frac{\sqrt{3}qQ}{\pi\varepsilon_0 a}$　(C) $\frac{\sqrt{3}qQ}{2\pi\varepsilon_0 a}$　(D) $\frac{2\sqrt{3}qQ}{\pi\varepsilon_0 a}$

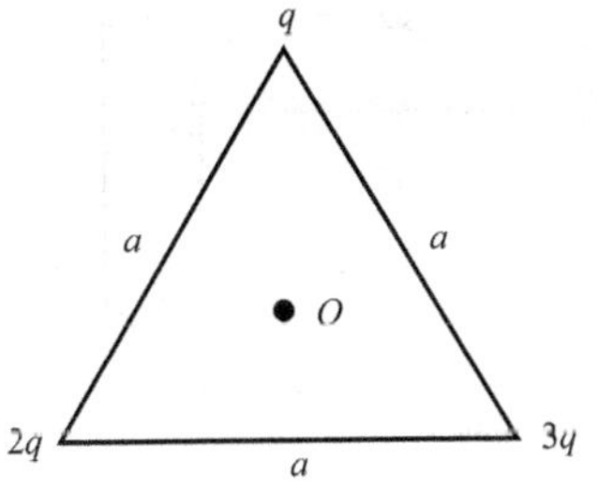


图 1-5

**1-1-6** 质量均为 $m$，相距为 $r_1$ 的两个电子，由静止开始在电场力作用下（忽略重力作用）运动至相距为 $r_2$，此时每一个电子的速率为（　　）.（下式中 $k=\dfrac{1}{4\pi\varepsilon_0}$，$e$ 为电子的电量）.

(A) $e\sqrt{\dfrac{k}{2m}\left(\dfrac{1}{r_1}-\dfrac{1}{r_2}\right)}$　　(B) $\sqrt{\dfrac{2ke}{m}\left(\dfrac{1}{r_1}-\dfrac{1}{r_2}\right)}$

(C) $e\sqrt{\dfrac{2k}{m}\left(\dfrac{1}{r_1}-\dfrac{1}{r_2}\right)}$　　(D) $e\sqrt{\dfrac{k}{m}\left(\dfrac{1}{r_1}-\dfrac{1}{r_2}\right)}$

(2) 填空题

**1-2-1** 一半径为 $R$ 的带有一缺口的细圆环，缺口长度为 $d$（$d \ll R$），环上均匀带有正电，电荷为 $q$，如图 1-6 所示，则圆心 $O$ 处的场强大小 $E=$__________，场强方向为__________.

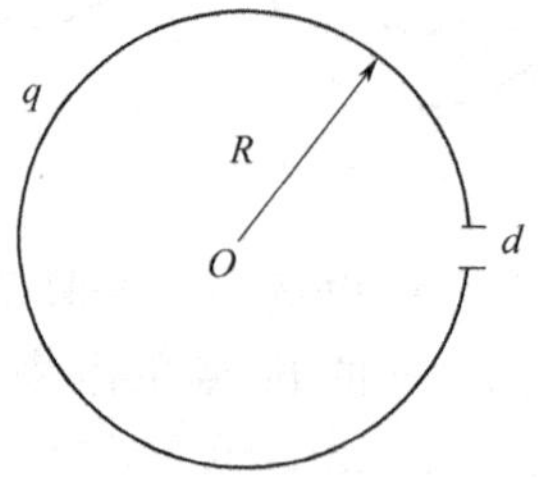


图 1-6

**1-2-2** 如图 1-7 所示，真空中两个正点电荷 $Q$，相距 $2R$. 若以其中一点电荷所在处 $O$ 点为中心，以 $R$ 为半径作高斯球面 $S$，则通过该球面的电场强度通量=__________；高斯面上 $a$、$b$ 两点的电场强度大小分别为__________.

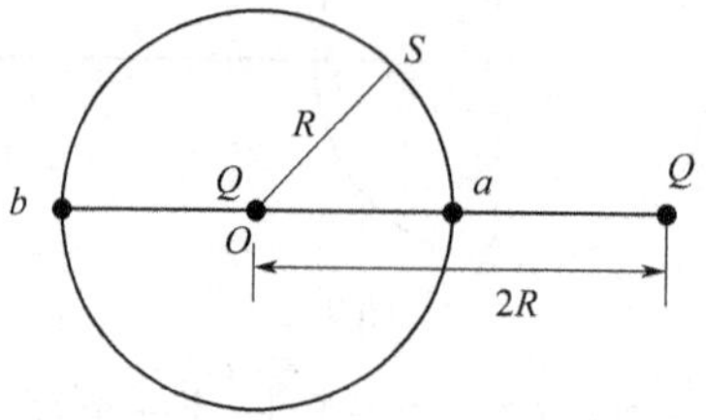


图 1-7

**1-2-3** 如图 1-8 所示，一点电荷 $q$ 位于正方体的 $A$ 角上，则通过侧面 $abcd$ 的电场强度通量 $\Phi_e=$__________.

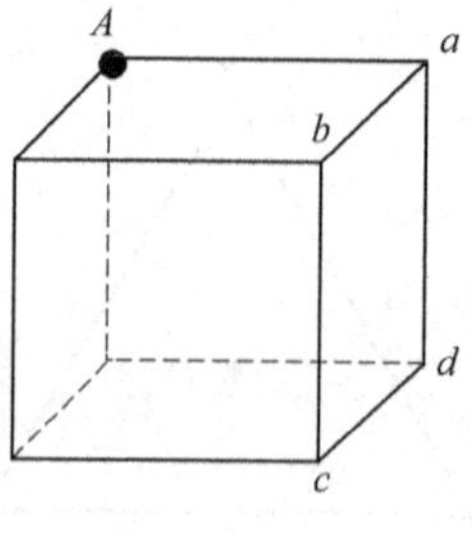


图 1-8

**1-2-4** 电荷分别为 $q_1$ 和 $q_2$ 的两个点电荷单独在空间各点产生的电场强度分别为 $\boldsymbol{E}_1$ 和 $\boldsymbol{E}_2$，空间各点总场强为 $\boldsymbol{E}=\boldsymbol{E}_1+\boldsymbol{E}_2$. 现在作一封闭曲面 $S$，如图 1-9 所示，则以下两式分别给出通过 $S$ 的电场强度通量：$\oiint_S \boldsymbol{E}_1\cdot \mathrm{d}\boldsymbol{S}=$________，$\oiint_S \boldsymbol{E}\cdot \mathrm{d}\boldsymbol{S}=$__________.

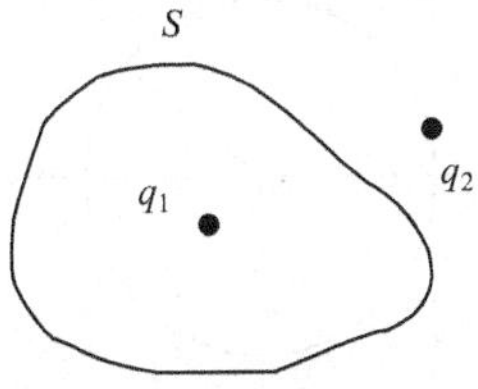


图 1-9

**1-2-5** 真空中有一半径为 $R$ 的半圆细环，均匀带电 $Q$，设无穷远处为电势零点，则圆心 $O$ 处的电势 $U=$__________，若将一带电量为 $q$ 的点电荷从无穷远处移到圆心 $O$ 点，则电场力作功 $W=$__________.

**1-2-6** 一"无限长"均匀带电直线，电荷线密度为 $\lambda$. 在它的电场作用下，一质量为 $m$，电荷为 $q$ 的质点以直线为轴线作匀速率圆周运动. 该质点的速率 $v=$____________.

(3) **计算题**

**1-3-1** 真空中有一点电荷 $Q$ 固定不动，另一质量为 $m$、电荷电量为 $-q$ 的质点，在它们之间的库仑力作用下，绕 $Q$ 作匀速圆周运动，半径为 $r$，周期为 $T$. 证明：

$$\frac{r^3}{T^2}=\frac{qQ}{16\pi^3\varepsilon_0 m}$$

**1-3-2** 1964 年，盖尔曼等人提出基本粒子是由更基本的夸克粒子构成，中子就是由一个带 $\frac{2}{3}e$ 的上夸克和两个带 $-\frac{1}{3}e$ 的下夸克构成. 将夸克作为经典粒子处理（夸克线度约为 $10^{-20}$ m），中子内的两个下夸克之间相距 $2.60\times10^{-15}$ m，求这两个下夸克之间的相互作用力.

**1-3-3** 如图 1-10 所示的电荷系统叫做电四极子，它由两个相同的电偶极子组成. 求证：在电四极子轴线的延长线上离中心距离为 $r$（$r\gg l$）的 $P$ 点的场强为 $E=\frac{3Q}{4\pi\varepsilon_0 r^4}$，式中，$Q=2ql^2$ 叫做电四极子的电四极矩.

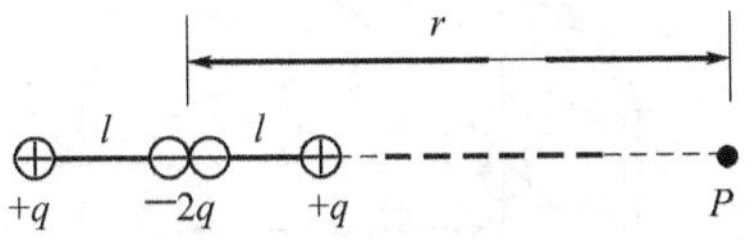


图 1-10

**1-3-4** 如图 1-11 所示，一个细玻璃棒被弯成半径为 $R$ 的半圆形，其上均匀分布正电荷 $Q$，求：圆心 $O$ 点处的电场强度大小和方向.

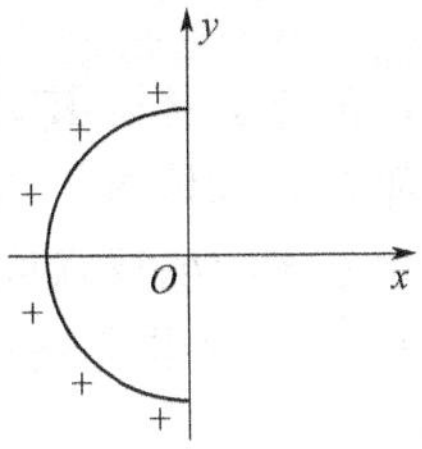


图 1-11

**1-3-5** 半径为 $R$ 的细圆环，圆环所带电荷为非均匀分布，设电荷线密度 $\lambda = A\cos\theta$，其中 $A$ 为常数，如图 1-12 所示，求圆心处电场强度的 $x$,$y$ 分量.

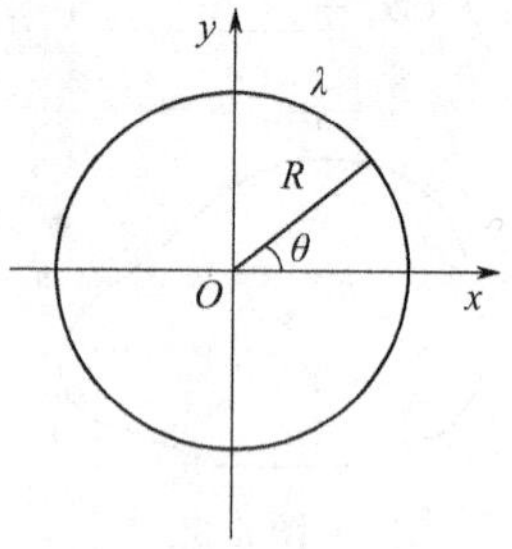

图 1-12

**1-3-6** 若电荷 $Q$ 均匀地分布在长为 $L$ 的细棒上，求证：

（1）在棒的延长线，且离棒中心为 $r$ 处的电场强度为

$$E = \frac{1}{\pi\varepsilon_0}\frac{Q}{4r^2 - L^2}$$

（2）在棒的垂直平分线上，离棒为 $r$ 处的电场强度为

$$E = \frac{1}{2\pi\varepsilon_0 r}\frac{Q}{\sqrt{4r^2 + L^2}}$$

**1-3-7** 一半径为 $R$ 的均匀带电细圆环，带电荷为 $Q$.

（1）求轴线上离环中心 $O$ 距离为 $x$ 处的场强 $E$；

（2）画出 $E$-$x$ 曲线，轴线上什么地方的场强最大？其值是多少？

**1-3-8** 一半径为 $R$ 的均匀带电球面，电荷面密度为 $\sigma$，今在球面上割去一半径为 $a(a \ll R)$ 的小圆片，求球中心处的场强.

**1-3-9** 如图 1-13 所示，一无限大均匀带电薄平板，电荷面密度为 $\sigma$. 在平板中部有一个半径为 $r$ 的小圆孔. 求圆孔中心轴线上与平板相距为 $x$ 的一点 $P$ 的电场强度，并画出 $E - x$ 曲线.

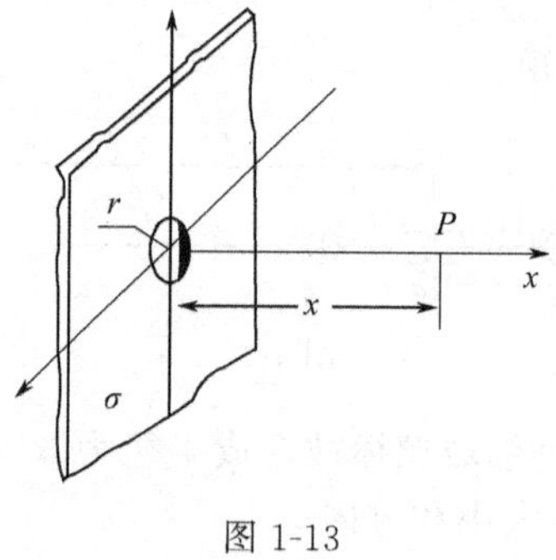

图 1-13

**1-3-10** 如图 1-14 所示，边长为 $a$ 的立方体，其表面分别平行于 $Oxy$，$Oyz$ 和 $Oxz$ 平面，立方体的一个顶点为坐标原点. 现将立方体置于电场强度为 $\boldsymbol{E} = (E_1 + kx)\boldsymbol{i} + E_2\boldsymbol{j}$ 的非均匀电场中，求立方体各表面及立方体的电场强度通量（$k$，$E_1$，$E_2$ 均为常量).

**1-3-11** 设有一半径为 $R$ 的无限长均匀带电圆柱体，电荷体密度为 $\rho$. （1）求场强分布；（2）画出场强随距离 $r$ 变化的曲线.

**1-3-12** 设有一半径为 $R$ 的均匀带电球体，带电荷为 $q$. （1）求场强分布；（2）画出场

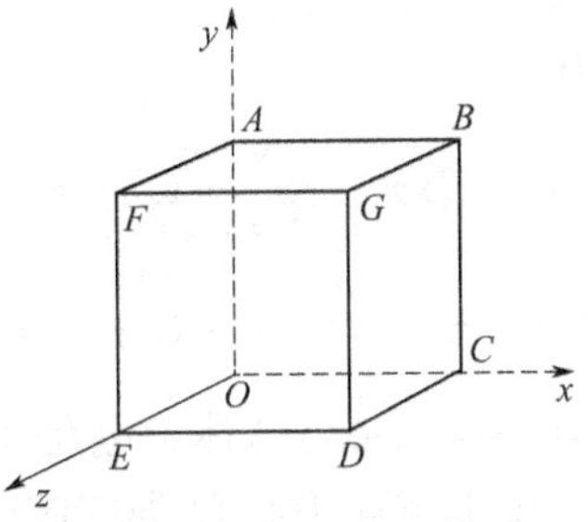


图 1-14

强随距离 $r$ 变化的曲线．

**1-3-13**　两个带有等量异号电荷的无限长同轴圆柱面，半径分别为 $R_1$ 和 $R_2$（$R_1 < R_2$），单位长度上的电荷分别为 $+\lambda$ 和 $-\lambda$．求离轴线为 $r$ 处的电场强度：(1) $r < R_1$；(2) $R_1 < r < R_2$；(3) $r > R_2$．

**1-3-14**　两个带有等量异号电荷的同心球面，半径分别为 $R_1$ 和 $R_2$（$R_1 < R_2$），带电荷为分别为 $+Q$ 和 $-Q$．求离球心为 $r$ 处的电场强度：(1) $r < R_1$；(2) $R_1 < r < R_2$；(3) $r > R_2$．

**1-3-15**　实验表明，在靠近地面处有相当强的电场，电场强度 $\boldsymbol{E}$ 垂直于地面向下，大小约为 100V/m；在离地面 1.5km 高的地方，$\boldsymbol{E}$ 也是垂直于地面向下的，大小约为 25 V/m.

(1) 假设地面上各处 $\boldsymbol{E}$ 都是垂直于地面向下，试计算从地面到此高度大气中电荷的平均体密度；(2) 假设地表面内电场强度为零，且地球表面处的电场强度完全是由均匀分布在地表面的电荷产生，求地面上的电荷面密度．

**1-3-16**　设有一无限大均匀带电厚板，电荷体密度为 $\rho$，厚为 $d$．若 $x$ 轴垂直厚板，坐标原点取在厚板中央．(1) 求板内外的场强分布；(2) 画出 $E$ - $x$ 曲线．

**1-3-17**　设气体放电形成的等离子体圆柱内的电荷密度为 $\rho = \dfrac{\rho_0}{\left[1+\left(\dfrac{r}{a}\right)^2\right]^2}$，式中 $r$ 是到轴线的距离，$\rho_0$ 是轴线上的电荷体密度值，$a$ 是个常量．求场强分布．

**1-3-18**　如图 1-15 所示，有一面接触型半导体 P-N 结，附近总是堆积着正、负电荷，N 区内是正电荷，P 区内是负电荷，两区内的电量相等，把 P-N 结看作一对带正、负电荷的无限大平板，它们相互接触．$x$ 轴的原点取在 P-N 结的交界面处，方向垂直于板面．N 区的范围是 $-x_N \leqslant x \leqslant 0$；P 区的范围是 $0 \leqslant x \leqslant x_P$．设两区内的电荷分布都是均匀的，即

N 区：$\rho_e(x) = N_D e$

P 区：$\rho_e(x) = N_A e$

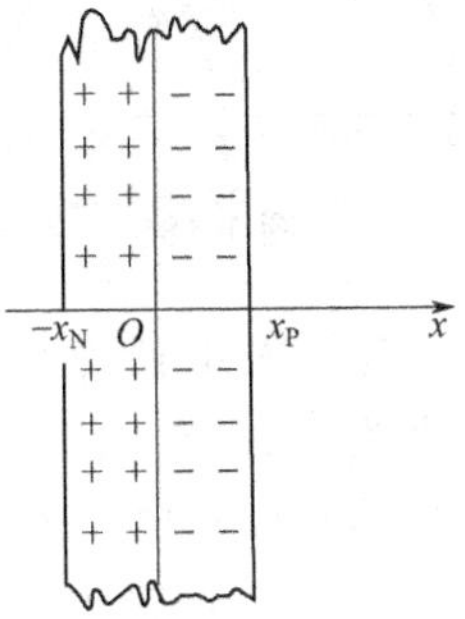


图 1-15

这种分布称为突变型模型．其中 $N_D$ 和 $N_A$ 都是常数，且有 $x_N N_D = x_P N_A$（两区内的电荷数量相等）．试证电场强度的大小为

$$\text{N 区：} E(x) = \frac{N_D e}{\varepsilon_0}(x_N + x)$$

$$\text{P 区：} E(x) = \frac{N_A e}{\varepsilon_0}(x_P - x)$$

**1-3-19** 如图 1-16 所示，设有一均匀带电球体，电荷体密度为 $\rho$，半径为 $R$．今在带电球体内挖去一个半径为 $b$ 的小球，带电球体中心 $O$ 到空腔中心 $O'$ 的距离为 $a$．(1) 求带电球体中心 $O$ 点的场强；(2) 计算空腔内的场强分布．

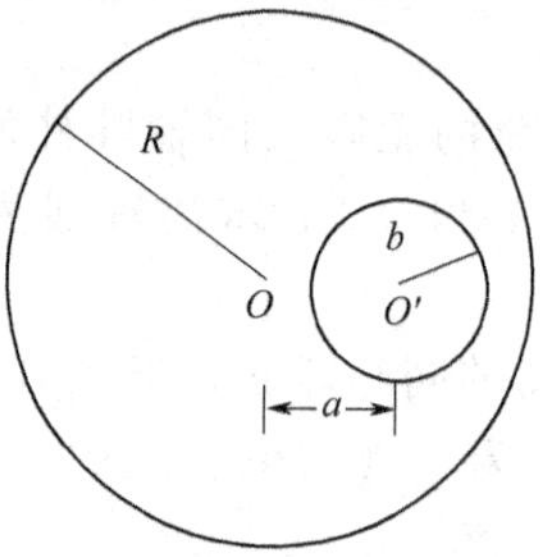


图 1-16

**1-3-20** 如图 1-17 所示，$AB=2l$，$OCD$ 是以 $B$ 为圆心，$l$ 为半径的半圆．$A$ 点有正点电荷 $+q$，$B$ 点有负点电荷 $-q$．求 (1) 把单位正电荷从 $O$ 点沿 $OCD$ 移到 $D$ 点，电场力作的功；(2) 把单位负电荷从 $D$ 点沿 $AB$ 的延长线移到无穷远处，电场力作的功．

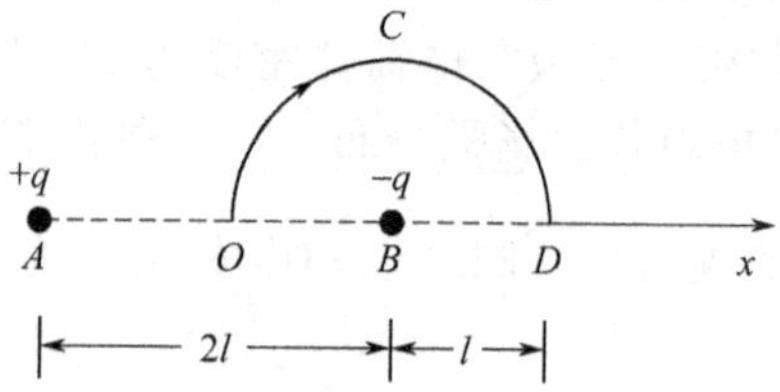


图 1-17

**1-3-21** 如图 1-18 所示，电偶极子的电矩为 $\boldsymbol{p}$，$O$ 点是它的中心，将一电量为 $q$ 的点电荷从 $A$ 点沿着以 $O$ 点为圆心，$R$ 为半径的圆弧 $ACB$ 移到 $B$ 点，求电场力对电荷 $q$ 作的功．（设 $R \gg l$，$l$ 为电偶极子的轴长．）

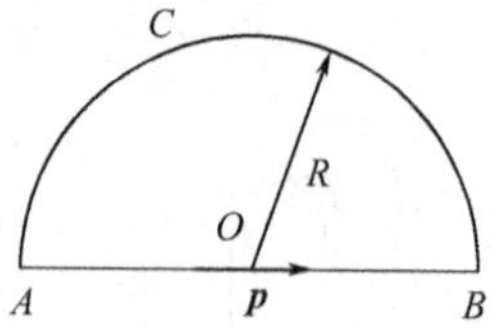


图 1-18

**1-3-22** 在玻尔的氢原子模型中，电子沿半径为 $0.53\times10^{-10}$ m 的圆周绕原子核旋转，已知氢原子核（质子）和电子带电分别为 $+e$ 和 $-e$（$e=1.60\times10^{-19}$ C），(1) 若把电子从原子中拉出来需要克服电场力作多少功？(2) 电子的电离能为多少？

**1-3-23** 设有一半径为 $R$ 的均匀带电球体，带电荷为 $q$．(1) 求电势分布；(2) 画出 $U$-$r$ 曲线．

**1-3-24** 两个同心球面的半径分别为 $R_1$ 和 $R_2$，各自带有电荷 $Q_1$ 和 $Q_2$. 求（1）各区域电势的分布，并画出分布曲线；（2）两球面上的电势差为多少？

**1-3-25** 设有两个同轴的薄壁金属长圆筒，半径分别为 $R_1$ 和 $R_2$，已知内、外圆筒上单位长度上带电荷分别为 $+\lambda$ 和 $-\lambda$. 求：内外圆筒的电势差.

**1-3-26** 证明在习题 1-3-18 中突变型 P-N 结内电势的分布是

$$\text{N 区}: U(x)=-\frac{N_{\mathrm{D}}e}{\varepsilon_0}\left(x_{\mathrm{N}}x+\frac{1}{2}x^2\right)$$

$$\text{P 区}: U(x)=-\frac{N_{\mathrm{A}}e}{\varepsilon_0}\left(x_{\mathrm{P}}x-\frac{1}{2}x^2\right)$$

**1-3-27** 一圆盘半径 $R=3.00\times10^{-2}$ m，圆盘均匀带电，电荷面密度 $\sigma=2.00\times10^{-5}\mathrm{C}\cdot\mathrm{m}^{-2}$.（1）求轴线上的电势分布；（2）根据电场强度和电势梯度的关系求电场分布；（3）计算离盘心 30.0cm 处的电势和电场强度.

**1-3-28** 电荷 $q$ 均匀地分布在长为 $2l$ 的细直线上，求下列各处的电势 $U$：（1）中垂面上离带电线段中心 $O$ 距离为 $y$ 处，并利用电势梯度求场强；（2）延长线上离中心 $O$ 距离为 $x$ 处，并利用电势梯度求场强.

**1-3-29** 如图 1-19 所示，电荷线密度为 $\lambda$ 的无限长的均匀带电直线与另一长为 $L$ 的均匀带电直线 $AB$ 共面，且相互垂直，$L$ 上带电荷 $q$，设 $A$ 端到无限长均匀带电直线的距离为 $a$，求带电直线 $AB$ 所受的静电力.

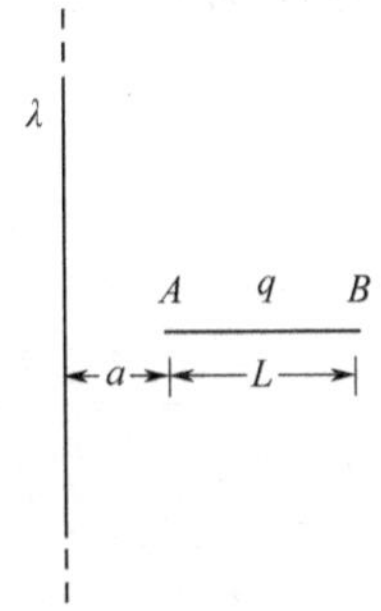


图 1-19

**1-3-30** 实验室中经常使用电子示波器，示波器是把电信号转变为可观察图像的仪器. 一真空示波管如图 1-20 所示，电子由阴极发射出来后，在阴极 K 和阳极 A 之间的加速电压作用下得到加速，以很快的速率穿过阳极上的小孔. 若水平偏转板和垂直偏转板均未加电压，则电子匀速前进，沿中心线穿过两个偏转板，射到荧光屏上 $O$ 点，今在垂直偏转板上加上电压 $U=80.0\mathrm{V}$，荧光屏上的亮点向上偏转的距离 $S=2.00\mathrm{cm}$，已知垂直偏转板之间相距 $d=2.00\mathrm{cm}$，偏转板长 $b=4.00\mathrm{cm}$，偏转板末端和荧光屏相距 $L=18.00\mathrm{cm}$.（1）求加在阳极与阴极之间的电压 $U_{\mathrm{AK}}$；（2）电子射到荧光屏时具有的动能.

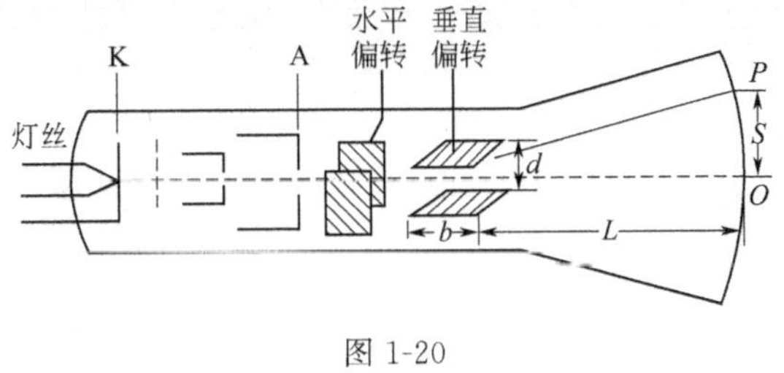


图 1-20

**1-3-31** 电子束焊接机中的电子枪，如图 1-21 所示，K 为阴极，A 为阳极，其上有一小孔．阴极发射的电子在阴极和阳极间的电场作用下聚焦成一细束，以极高的速率穿过阳极上的小孔，射到被焊接的金属上，使两块金属熔化而焊接在一起．已知 $U_{AK}=2.50\times10^{4}\mathrm{V}$，设电子从阴极发射出来的速率等于零．(1) 电子到达被焊接金属时具有的动能（用 eV 表示）；(2) 电子射到被焊接金属上时具有的速率（电子的静止质量 $m_0=9.11\times10^{-31}\mathrm{kg}$）．

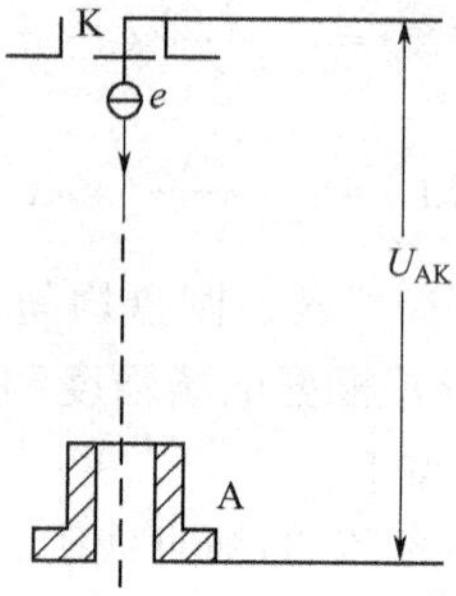


图 1-21

**1-3-32** 圆筒形静电除尘器是由一个金属筒和沿其轴线的金属棒构成的，两极分别接到高压电源的正负极上，如图 1-7-5 所示．如果圆筒的内半径为 0.85m，两极的电势差为 50kV，要求在金属细棒附近的场强要达到 $3.0\times10^{6}\mathrm{V/m}$，试求金属细棒的半径应为多少．在计算中需要解超越方程，试用 MATLAB 程序求解．

# 第 2 章
# 静电场中的导体与电介质

第 1 章研究了静止电荷产生电场的规律及电场的性质. 实际上，在静电场中总有导体或电介质（绝缘体）存在，本章研究静电场中的导体和电介质的性质.

宏观物体是由分子、原子组成的，原子又是由带正电的原子核与带负电的核外电子组成. 在电场中，物质中的电荷要受到电场的作用，在电场的作用下，物质中的电荷分布会发生变化，这种变化了的电荷分布又会影响原来的电场分布，**电荷分布和电场分布的相互影响、相互制约**，使它们最后达到一种**平衡状态**. 在这种平衡状态下，讨论静电场与物体的相互作用的规律.

## 2.1 静电场中的导体

### 2.1.1 静电感应 静电平衡条件

金属导体是由大量的带负电的自由电子和带正电的晶体点阵构成. 导体的特征就是存在自由电子，构成导体的原子中，最外层轨道的电子脱离原子核的束缚，形成自由电子，大量的电子可以在点阵中自由运动. 当导体不带电或者不受外电场作用时，导体中的自由电子只有无规则的热运动，而没有宏观的定向运动. 导体内正负电荷均匀分布，整个导体呈电中性状态.

如果把金属导体放在外电场中，导体中的自由电子受到电场力的作用作定向运动，从而使导体中的电荷重新分布，导体表面出现了正电荷或负电荷，这种现象称为**静电感应现象**，电荷分布的变化又将反过来影响电场的分布，这一过程一直延续到导体内部的电场强度等于零为止，这时导体内没有电荷作定向运动，导体达到静电平衡状态.

例如，如图 2-1-1(a) 所示，设两块无限大带等量异号电荷的平面，在两平面之间产生均匀电场 $\boldsymbol{E}_0$，现将一块金属导体板 G 放入电场中，在电场力的作用下，导体板中的自由电子向左运动，运动的结果使 G 的两表面出现了等量异号电荷，通常称为“感应电荷”. 这些电荷也同样会产生电场，用 $\boldsymbol{E}'$ 表示，称为附加电场，$\boldsymbol{E}'$ 与 $\boldsymbol{E}_0$ 反向，根据场强叠加原理，导体板内的总场强 $\boldsymbol{E}$ 为

$$\boldsymbol{E}=\boldsymbol{E}_0+\boldsymbol{E}' \tag{2-1-1}$$

或

$$E=E_0-E'$$

附加电场与外电场方向相反，它将阻止电子继续做定向移动，起初 $E'<E_0$，如图 2-1-1（b）所示，金属板内部的电场强度不为零，自由电子还会不断地向左移动，从而使 $E'$ 增大. 当感应电荷在导体内产生的附加电场与外电场完全抵消时，即 $E'=E_0$，则总场强 $E=0$，电子的定向移动终止，电荷的重新分布过程结束，如图 2-1-1（c）所示，称导体达到**静电平衡状态**.

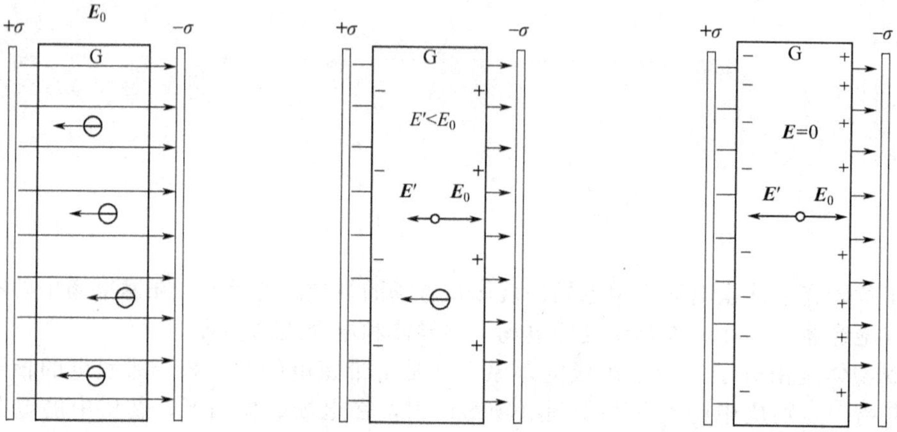


图 2-1-1　静电平衡时导体内部场强为零

静电平衡时，不仅导体内部没有电荷作定向运动，导体表面也没有电荷作定向运动，所以，当导体处于静电平衡时，必须满足以下两个条件.

**①导体内部的电场强度处处为零；**

**②导体表面附近处的电场强度的方向垂直于导体表面.**

上述条件称为**导体静电平衡条件**. 这一条件是由导体的电结构特征和静电平衡的要求所决定的，与导体的形状无关.

**导体的静电平衡条件，也可以用电势来表述**. 由于在静电平衡时，导体内的电场强度处处为零，因此，导体内任意两点 $P$、$Q$ 间的电势差为零，即

$$U_P-U_Q=\int_P^Q \boldsymbol{E}\cdot \mathrm{d}\boldsymbol{l}=0$$

所以**导体是等势体，导体表面是等势面**.

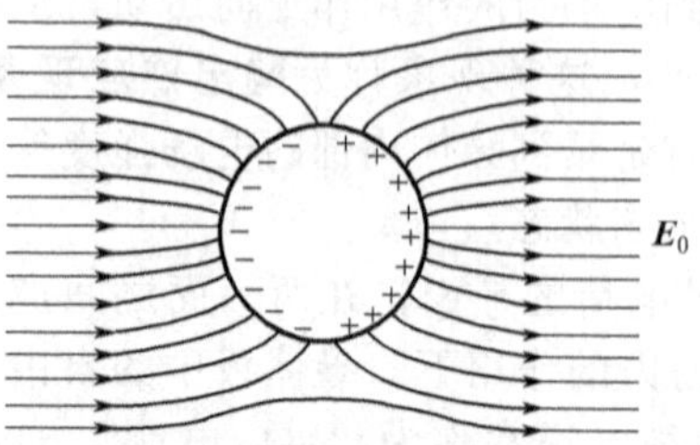


图 2-1-2　处于匀强电场中导体球附近的电场线分布

需要强调的是，导体达到静电平衡后，导体内任一点的电场强度为零，应该是所有电荷在该点产生电场的叠加结果，不仅包括原来的电场，也包括静电感应所产生的“感应电荷”的电场. 导体外的电场也会发生变化，显然任一点的电场都遵从电场强度的叠加原理. 由于导体表面是一个等势面，所以导体外表面附近的场强与导体表面垂直. 图 2-1-2 给出了一个导体球放于匀强电场 $\boldsymbol{E}_0$ 中达到静电平衡后总场强的电场线分布示意图，显然导体上的电荷分布发生了变化，电场分布也发生了变化，这就是静电场与导体相互作用的结果.

### 2.1.2 静电平衡时导体上电荷的分布

处在静电场中的导体，不管它原来是否带电，最终总有一定的电荷分布，这是达到静电平衡状态所必需的. 下面将证明，**在静电平衡时，导体所带的电荷只能分布在导体的表面上，导体内没有净电荷**. 下面分三种情况用高斯定理来讨论.

① **实心导体**. 如图 2-1-3 所示，有一带电实心导体处于静电平衡状态，由于在静电平衡时，导体内的电场强度处处为零，所以通过导体内任意高斯面 $S$ 的电通量必为零，即

$$\oiint_S \boldsymbol{E} \cdot \mathrm{d}\boldsymbol{S} = 0$$

于是，此高斯面所包围的电荷的代数和必然为零. 因为高斯面是任意作出的且可以作的任意小，所以整个导体内处处没有净电荷，电荷只能分布在导体的表面上.

② 具有**空腔的导体**，且**空腔内无电荷**，如果导体带电，这些电荷在空腔导体的内外表面上是如何分布呢？如图 2-1-4 所示，在导体内取高斯面 $S$，由于静电平衡时，导体内的电场强度为零，所以有

$$\oiint_S \boldsymbol{E} \cdot \mathrm{d}\boldsymbol{S} = \frac{\sum q_i}{\varepsilon_0} = 0$$

因为空腔内无电荷，所以在空腔的内表面上也没有净电荷. 然而在空腔内表面上是否有可能出现一些地方分布正电荷，另一些地方分布等量的负电荷，而使内表面上电荷代数和为零的情况呢？如果真的存在这种分布，必有电场线从内表面的正电荷出发，并终止于内表面的负电荷处，如图 2-1-5 所示，则当把单位正电荷从该电场线的起点沿电场线移到其终点时，电场力将作功，这与导体是等势体的条件相矛盾. 因此，达到静电平衡时，空腔内表面不会出现任何电荷，且空腔内部的场强也为零，电荷只能全部分布在导体空腔的外表面上.

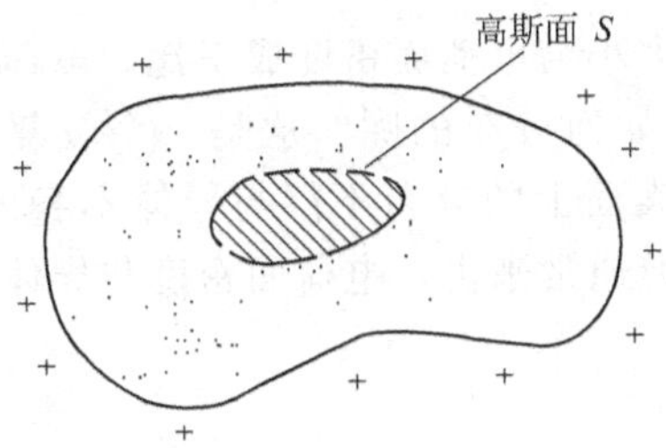


图 2-1-3 导体内部无净电荷

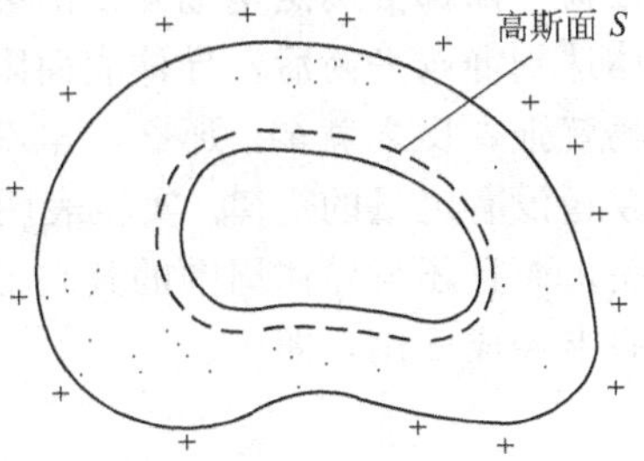


图 2-1-4 电荷分布在空腔导体外表面上

③ 导体内部有空腔，并且**空腔内有电荷**，设电荷为 $q$，则在静电平衡时，空腔内表面上分布有 $-q$ 的感应电荷，外表面上分布有 $Q+q$ 的电荷，$Q$ 是空腔导体原来所带电荷，如图 2-1-6 所示. 这一结果同样可以用高斯定理来证明，请读者自行证明.

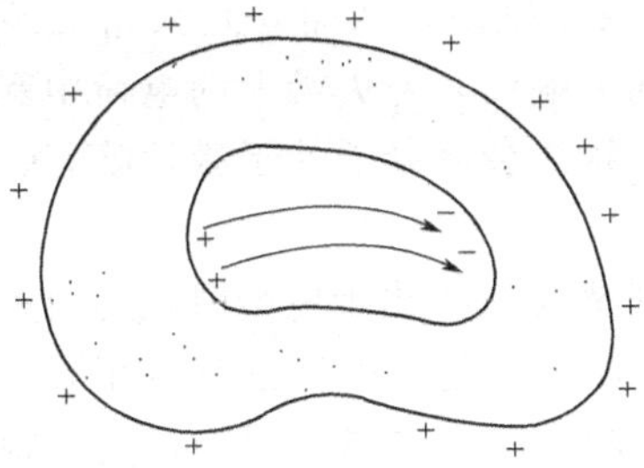

图 2-1-5 空腔内表面不会出现电荷

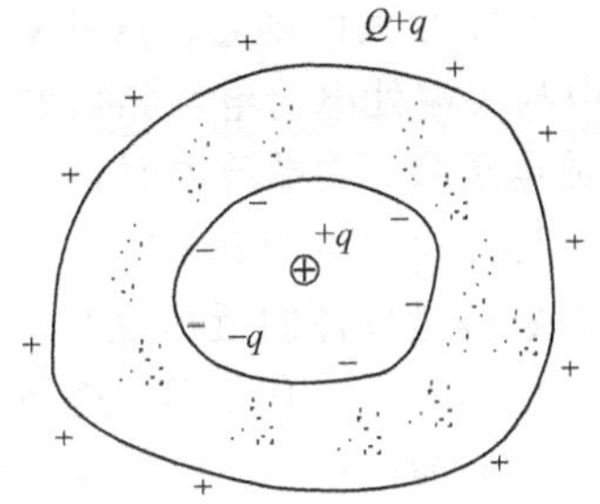


图 2-1-6 空腔导体内有电荷时的电荷分布

### 2.1.3 导体表面附近的场强

导体处在静电平衡时，其内部场强处处为零，导体外紧靠导体表面处的电场强度方向垂直于导体表面，其大小可根据高斯定理求出. 在导体表面外其近邻处任取一点 $P$，设该处的电场强度为 $\boldsymbol{E}$，导体表面的电荷面密度为 $\sigma$，如图 2-1-7 所示. 过 $P$ 点作一个平行于导体表面的小面积元 $\Delta S$，以面积元 $\Delta S$ 为底作一如图 2-1-7 所示的扁圆柱形高斯面，下底面处于导体内部，由于导体内电场强度为零，所以通过下底面的电场强度通量为零；在侧面上，电场强度要么为零，要么与侧面的法线垂直，所以通过侧面的电场强度通量也为零；对于上底面上，电场强度 $\boldsymbol{E}$ 与 $\Delta S$ 垂直，所以通过上底面的电场强度通量为 $E\Delta S$，根据高斯定理可有

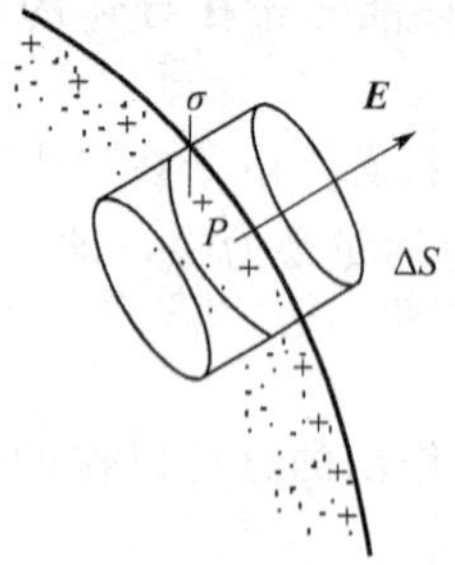

图 2-1-7 导体表面处的场强

$$\oiint_S \boldsymbol{E} \cdot \mathrm{d}\boldsymbol{S} = E\Delta S = \frac{\sigma \Delta S}{\varepsilon_0}$$

于是

$$E = \frac{\sigma}{\varepsilon_0} \tag{2-1-2}$$

上式表明，**带电导体处于静电平衡时，导体表面外附近处的电场强度 $\boldsymbol{E}$，其数值与该处电荷面密度 $\sigma$ 成正比，其方向与导体表面垂直.**

需要强调的是，根据电场强度的叠加原理，式中的电场强度 $\boldsymbol{E}$ 是导体上全部电荷在该点产生电场的叠加结果，并非仅由该点处的电荷产生的. 当然，如果在导体周围还有其它带电体的话，它们对该点的电场强度也有贡献，总之，**达到静电平衡后，不管是导体内还是导体外的任何一点都要满足电场强度的叠加原理.**

导体达到静电平衡后，导体表面附近的电场强度大小与电荷面密度成正比，电荷面密度大，电场就强，反之就弱. 那么，电荷在导体表面是如何分布的呢？这是一个较复杂的问题，至今还没有定量的规律. 实验表明，电荷在导体表面上的分布不仅与导体本身的大小、形状有关，而且还与导体周围的其它带电体等有关，但通常来讲，电荷面密度与导体上每一点的曲率半径成反比，即

$$\sigma \propto \frac{1}{r} \tag{2-1-3}$$

曲率半径较小的地方，其电荷面密度的值较大，曲率半径较大的地方，其电荷面密度的值较小.

带电尖端导体，因尖端曲率半径非常小，分布的面电荷密度特别大，因而尖端附近的电场也特别强，当场强达到一定量值时，就会使空气分子电离，正、负离子在强电场的作用下加速运动、获得很大的能量. 这些离子有与空气分子相互碰撞，从而导致大量的新离子产生. 离子中与尖端处电荷电性相反的离子不断被吸引到尖端处，与尖端上的电荷中和，即形成了**尖端放电现象**. 尖端放电时，由于离子与空气分子碰撞会使分子处于激发状态，从而产生光辐射，形成电晕或火花.

电晕现象就是导体附近出现与日晕相似的蓝紫色晕光层，当出现电晕时，还会发出咝咝的声音，产生臭氧、氧化氮等. 这种放电的主要物理机制是与起晕电极正负号相同的离子在晕光层内引起碰撞的电离. 当电极与周围导体间的电压增大时，电晕层逐步扩大到附近其它导体，过渡到火花放电.

尖端放电会使电能损耗，而且引起危险造成损失，所以在高压设备中，所有金属元件的表面必须做得十分光滑并尽可能做成球形，这都是为了避免尖端放电的产生.

然而尖端放电也有很多应用，例如，在高大建筑物的顶部安装避雷针，使其与大地保持良好的接触. 当带电的云层接近时，避雷针的尖端易发生尖端放电，电流通过避雷针和良好的接地导线流动，由于这条通路不断地放电，就可以避免带电云层与地面感应电荷大量积累而发生的雷击现象.

**场离子显微镜**利用金属尖端产生强电场现象，可获得样品表面原子的图像，从而分析金属的微观结构. 图 2-1-8 是场离子显微镜的示意图，它是一个抽真空的后充入少量氦气的玻璃泡，内部封装一根金属细针，针尖为被研究其结构的样品，针尖做得非常细，其半径约为 10nm，玻璃泡内壁上涂有荧光导电透明薄膜，并使其接地. 当金属针与荧光膜之间加上 10kV 的高压后，金属尖端产生的强电场能使与尖端碰撞的氦原子中的一个电子被剥夺去，并使剩下的氦离子被电场加速射向荧光膜，打在荧光膜上产生光点. 因为氦离子是从针尖上的特定位置发出的，并在径向力的作用下沿着直线射到荧光膜上的相应位置，因此光点在荧光膜上的分布图样就成为针尖上原子分布的像，由此分析出金属原子的排列情况，这种分析金属微观结构的装置叫做场离子显微镜，它的放大率可达 200 万倍，比最好的电子显微镜的放大率还要高.

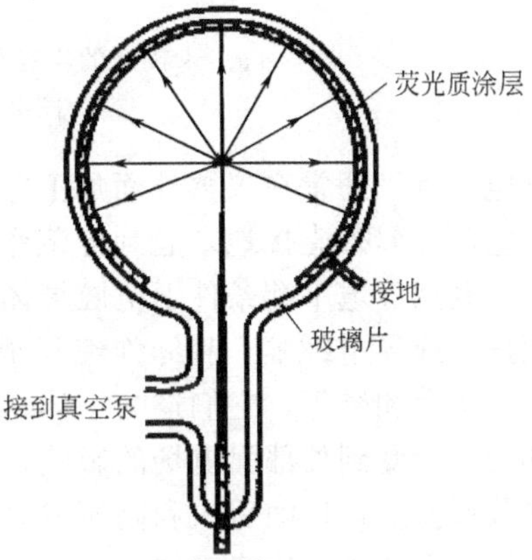

图 2-1-8 场离子显微镜的示意图

## 2.1.4 静电屏蔽

在静电场中，为了避免外界电场对仪器设备产生影响，或者为了避免电器设备的电场对外界产生影响，用一个空腔导体可以把内、外电场隔离，使其相互不受影响.

如图 2-1-9 所示，在静电场中，放置一个空腔导体，从前面的讨论可知，在静电平衡时，由静电感应产生的感应电荷只分布在导体的外表面上，电场线将终止于导体的外表面而不能穿过导体进入内腔，因此导体内和空腔中的电场强度处处为零，这就是说，空腔内部不受外电场的影响.

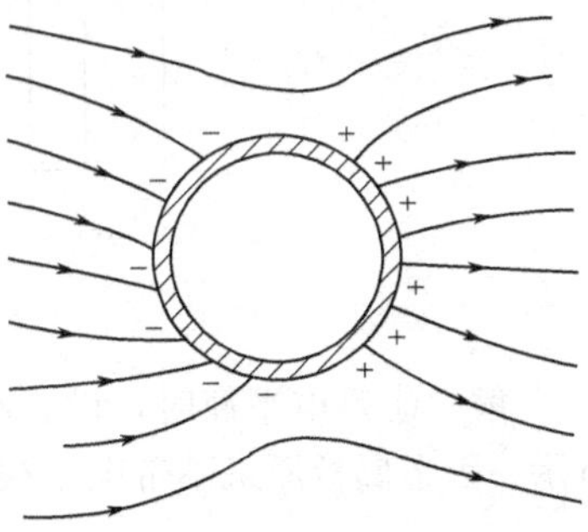
图 2-1-9 用空腔导体屏蔽外电场

上面讲的是用空腔导体来屏蔽外电场，使空腔内的物体不受外电场的影响. 另一方面，有时也需要防止放在导体空腔内的电荷对导体外其它物体的影响. 例如，一导体空腔内有带电体 $+q$，在静电平衡时，它的内表面会出现感应电荷 $-q$. 如果外壳不接地则外表面会有感应电荷 $+q$，此感应电荷的电场将对外界产生影响，如图 2-1-10（a）所示. 如果外壳接地，这就使得外表面产生的感应电荷与从地上来的负电荷中和，使空腔外表面不带电，球壳外面的电场就消失了，如图 2-1-10（b）所示. 这样接地的空腔导体内的电荷激发的电场对导体外不会产生任何影响.

综上所述，**一个空腔导体可以使腔内空间不受外电场的影响，而接地空腔导体将使外部空间不受腔内的电场的影响. 这就是空腔导体的静电屏蔽作用.**

静电屏蔽现象被广泛地应用于工程技术中. 例如，为了使精密电磁测量仪器不受外界的

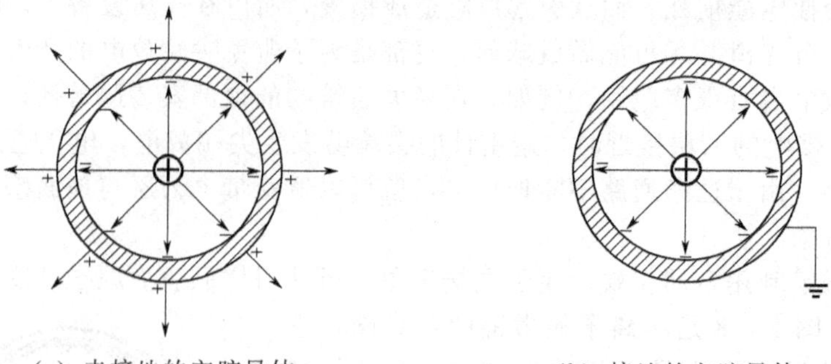

(a) 未接地的空腔导体　　(b) 接地的空腔导体

图 2-1-10　接地空腔导体的屏蔽作用

静电干扰，通常在仪器外面加上金属外壳. 为了使高压设备不影响其它仪器正常工作，通常把它的金属外壳接地，起到屏蔽作用.

利用静电平衡条件下空腔导体是等势体以及静电屏蔽原理，高压带电作业人员穿上用细铜丝（或导电纤维）和纤维编织成的导电性能良好的工作服，通常叫做屏蔽服，包括衣、帽、手套和鞋等，它们连为一体，使之构成一导体网壳，这就相当于把人体置于空腔导体内部，不会受到外部强电场的影响，此外当作业人员的手套与高压线接触时的瞬间，电流通过屏蔽服流过，接触后人和高压线等电势，人体中没有电流，这样工作人员可以在不停电的情况下安全地进行检修工作.

**【例 2-1-1】** 设有一电荷面密度为 $\sigma_0$（$\sigma_0>0$）的均匀带电的大平面，现把一块不带电的相同大小的厚金属板从很远处移到在它附近平行放置，达到静电平衡后，问：①金属板两面的电荷分布；②如果金属板接地，电荷又如何分布？

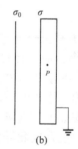

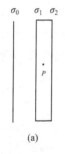

图 2-1-11　例 2-1-1 图

**解：** ①静电平衡时，设金属板两个表面上的电荷面密度分别为 $\sigma_1$ 和 $\sigma_2$，如图 2-1-11（a）所示，因金属板原来不带电，根据电荷守恒定律有

$$\sigma_1+\sigma_2=0 \tag{2-1-4}$$

在金属板内任取一点 $P$，根据场强叠加原理，$P$ 点的场强大小为

$$E=\frac{\sigma_0}{2\varepsilon_0}+\frac{\sigma_1}{2\varepsilon_0}-\frac{\sigma_2}{2\varepsilon_0}$$

根据导体的静电平衡条件，$P$ 点的场强为零，即

$$\frac{\sigma_0}{2\varepsilon_0}+\frac{\sigma_1}{2\varepsilon_0}-\frac{\sigma_2}{2\varepsilon_0}=0 \tag{2-1-5}$$

由式（2-1-4）和式（2-1-5）可解得

$$\sigma_1=-\frac{\sigma_0}{2},\qquad \sigma_2=\frac{\sigma_0}{2} \tag{2-1-6}$$

由式（2-1-6）可见金属板的两个表面的感应电荷面密度只是施感电荷面密度 $\sigma_0$ 的一半，只有这样，才能使导体内的场强处处为零，达到静电平衡的条件. 求出电荷分布后，根据场强叠加原理就可以求出空间任一点的电场强度. 请读者自己做一做.

② 把厚金属板接地，如图 2-1-11(b) 所示，达到静电平衡后，板与地的电势相等，这时金属板右表面不能带有电荷，若右表面带有正电荷，则正电荷发出的电场线必然终止于地面上的负电荷，这样板与地之间存在电势差，这与等势体的条件相矛盾.

金属板左表面上带电荷，设电荷面密度为 $\sigma$，根据电场强度的叠加原理和导体的静电平衡条件得金属板内任一点的电场强度为

$$E=\frac{\sigma_0}{2\varepsilon_0}+\frac{\sigma}{2\varepsilon_0}=0$$

得

$$\sigma=-\sigma_0 \tag{2-1-7}$$

即金属板接地后不仅板的右表面的正电荷与来自大地的负电荷中和，而且板的左表面的负电荷也增加了一倍.

总之，求解静电平衡条件时导体上的电荷分布问题，要用电荷守恒定律、电场强度叠加原理和静电平衡条件等约束来解决问题.

**【例 2-1-2】** 如图 2-1-12 所示，两个相距很远的导体球，半径分别为 $R$ 和 $r$，分别带电荷 $Q$ 和 $q$，今用一细导线连接两导体球，问当达到静电平衡后，两导体球上的电荷面密度之比.

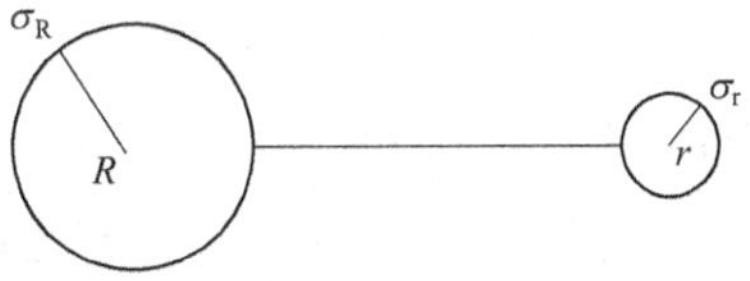

图 2-1-12 例 2-1-2 图

**解：** 当两导体球相距很远时，每一个导体球都可作为孤立导体处理，其电势分别为

$$U_R=\frac{1}{4\pi\varepsilon_0}\frac{Q}{R}$$

$$U_r=\frac{1}{4\pi\varepsilon_0}\frac{q}{r}$$

当用导线连接时，两导体球上的电荷发生重新分布，分别为 $Q'$ 和 $q'$，这时两导体球的电势相等，有

$$\frac{1}{4\pi\varepsilon_0}\frac{Q'}{R}=\frac{1}{4\pi\varepsilon_0}\frac{q'}{r}$$

$$Q'+q'=Q+q$$

则

$$Q'=\frac{R}{R+r}(Q+q)$$

$$q'=\frac{r}{R+r}(Q+q)$$

面电荷密度

$$\sigma_R=\frac{Q'}{4\pi R^2}=\frac{Q+q}{4\pi(R+r)}\frac{1}{R}$$

$$\sigma_r=\frac{q'}{4\pi r^2}=\frac{Q+q}{4\pi(R+r)}\frac{1}{r}$$

有

$$\frac{\sigma_R}{\sigma_r}=\frac{r}{R} \tag{2-1-8}$$

可见面电荷密度与曲率半径成反比.

**【例 2-1-3】** 如图 2-1-13 所示，有一半径为 $R$ 的接地金属球，在与球心 $O$ 相距为 $r(r>R)$ 处放置一点电荷 $q(q>0)$，不计接地导线上的电荷影响，试求金属球表面上的感应电荷总量 $q'$.

**解：** 导体达到静电平衡后，感应电荷分布在金属球表面上，金属球是一个等势体，接地金属球的电势为零. 根据电势叠加原理，金属球上任一点的电势等于点电荷 $q$ 和金属球表面感应电荷 $q'$ 激发的电势之和，可选取球心 $O$ 这一特殊点计算电势.

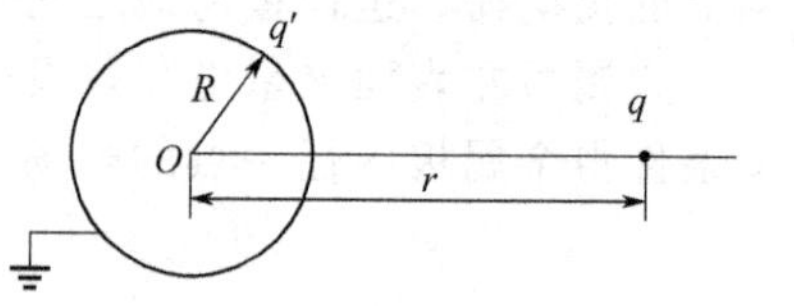

图 2-1-13 例 2-1-3 图

金属球表面的感应电荷 $q'$ 尽管分布可能不均匀，但在球心 $O$ 处产生的电势总是为

$$U_{q'}=\int_{q'}\frac{\mathrm{d}q'}{4\pi\varepsilon_0 R}=\frac{q'}{4\pi\varepsilon_0 R}$$

而点电荷 $q$ 在球心 $O$ 处产生的电势为

$$U_q=\frac{q}{4\pi\varepsilon_0 r}$$

因此，有

$$U_0=U_q+U_q{}'=\frac{q}{4\pi\varepsilon_0 r}+\frac{q'}{4\pi\varepsilon_0 R}=0$$

所以

$$q'=-\frac{R}{r}q \tag{2-1-9}$$

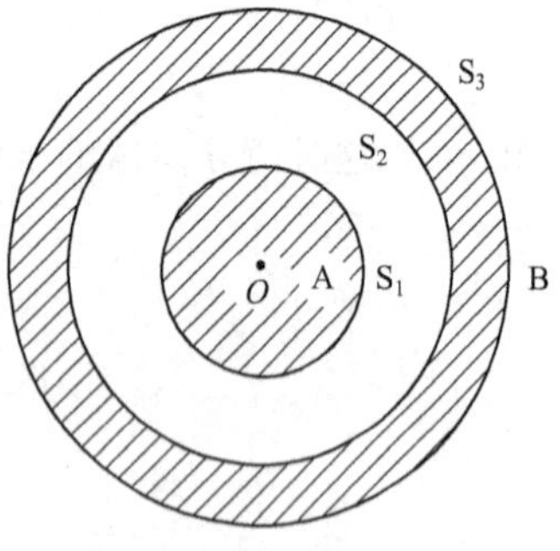

图 2-1-14 例 2-1-4 图

需要强调的是，电场中任一点的电势是所有带电体在该点产生的电势叠加的结果，接地只是通过大地流来的负电荷调整金属球表面的电荷分布，直至达到满足电势为零的条件.

**【例 2-1-4】** 半径 $R_1$ 的金属球 A 外罩一同心金属球壳 B，球壳的内、外半径分别为 $R_2$ 和 $R_3$（见图 2-1-14），A、B 分别带电荷 $Q_A$ 和 $Q_B$. ①求 A 的表面 $S_1$ 及 B 的内、外表面 $S_2$、$S_3$ 所带的电荷 $q_1$、$q_2$、$q_3$；②求 A 和 B 的电势 $U_A$ 和 $U_B$；③将球壳 B 接地，再讨论①、②两问题.

**解：** ①A 的表面 $S_1$ 及 B 的内、外表面 $S_2$、$S_3$ 所带的电荷 $q_1$、$q_2$、$q_3$ 分别为

$$q_1=Q_A,\qquad q_2=-Q_A,\qquad q_3=Q_A+Q_B$$

② A 的电势可用电势叠加原理求得

$$U_A=\frac{1}{4\pi\varepsilon_0}\frac{q_1}{R_1}+\frac{1}{4\pi\varepsilon_0}\frac{q_2}{R_2}+\frac{1}{4\pi\varepsilon_0}\frac{q_3}{R_3}=\frac{1}{4\pi\varepsilon_0}\frac{Q_A}{R_1}-\frac{1}{4\pi\varepsilon_0}\frac{Q_A}{R_2}+\frac{1}{4\pi\varepsilon_0}\frac{Q_A+Q_B}{R_3}$$

B 的电势可用场强积分求得

$$U_B = \int_{R_3}^{\infty} \boldsymbol{E} \cdot \mathrm{d}\boldsymbol{l} = \frac{1}{4\pi\varepsilon_0}\int_{R_3}^{\infty} \frac{q_3}{r^2}\mathrm{d}r = \frac{1}{4\pi\varepsilon_0}\frac{Q_A + Q_B}{R_3}$$

③ 将球壳 B 接地后，导体 A 的表面 $S_1$ 及 B 的内、外表面 $S_2$、$S_3$ 所带的电荷 $q_1$、$q_2$、$q_3$ 分别为

$$q_1 = Q_A, \quad q_2 = -Q_A, \quad q_3 = 0$$

可求得导体 A 的电势为

$$U_A = \frac{1}{4\pi\varepsilon_0}\frac{Q_A}{R_1} - \frac{1}{4\pi\varepsilon_0}\frac{Q_A}{R_2}$$

因导体壳接地，故 B 的电势为

$$U_B = 0$$

**【例 2-1-5】** 如图 2-1-15 所示，在一块无限大的接地导体板附近有一电荷量为 $q$（$q>0$）的点电荷，它与导体板表面相距为 $h$，求导体板表面上的感应电荷面密度及感应电荷的总电量.

**解：** 静电平衡时，导体表面将出现负的感应电荷，且非均匀分布，才能达到导体板的电场强度为零和电势为零的条件. 导体表面附近 $P$ 点的电场强度其方向垂直于导体表面，大小为

$$E = \frac{\sigma}{\varepsilon_0} \tag{2-1-10}$$

$\sigma$ 为点 $P$ 附近处导体表面的面电荷密度，下面先求 $\sigma$.

先考察导体内靠近表面处的 $P'$ 点，如图 2-1-15（a）所示，点电荷 $q$ 产生的电场为 $\boldsymbol{E}_0$，感应电荷产生的电场为 $\boldsymbol{E}_1$，根据场强叠加原理，导体内的总场强 $\boldsymbol{E}$ 为

$$\boldsymbol{E} = \boldsymbol{E}_0 + \boldsymbol{E}_1 = 0 \tag{2-1-11}$$

或

$$\boldsymbol{E}_1 = -\boldsymbol{E}_0$$

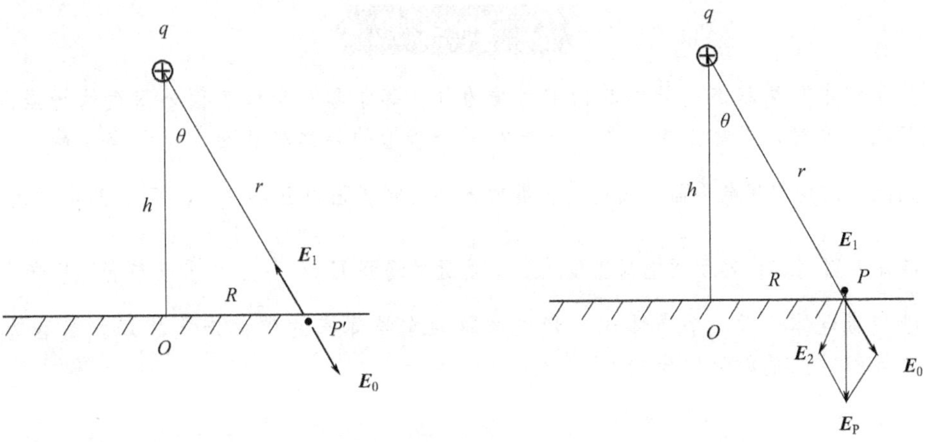


（a）　　（b）

图 2-1-15　例 2-1-5 图

导体表面的感应电荷在 $P'$ 点产生的场强 $\boldsymbol{E}_1$ 的方向与电荷 $q$ 产生的场强 $\boldsymbol{E}_0$ 的方向相反，其大小相等，即

$$E_1 = \frac{q}{4\pi\varepsilon_0 r^2} \tag{2-1-12}$$

再考察导体表面外附近的 $P$ 点，由对称性分析可以得到，感应电荷在 $P$ 点产生的场强 $\boldsymbol{E}_2$ 应

与点电荷 $q$ 产生的场强 $\boldsymbol{E}_0$ 对称，如图 2-1-15（b）所示，只有这样，导体表面附近处的场强方向才能垂直于导体表面，并且满足关于导体表面感应电荷产生电场的对称性的要求. 因此 $P$ 点的总场强 $\boldsymbol{E}$ 的大小为

$$E=-2E_0\cos\theta=-\frac{2q}{4\pi\varepsilon_0 r^2}\frac{h}{r}=-\frac{qh}{2\pi\varepsilon_0\ (h^2+R^2)^{3/2}} \tag{2-1-13}$$

根据导体表面附近处的电场强度公式得导体表面上的面电荷密度

$$\sigma=\varepsilon_0 E=-\frac{qh}{2\pi\ (h^2+R^2)^{3/2}} \tag{2-1-14}$$

导体表面感应电荷呈以 $O$ 为中心的圆对称分布. 积分可得感应电荷总电量为

$$\begin{aligned} q'&=\int \mathrm{d}q'=\int \sigma \mathrm{d}s=-\int_0^{\infty}\frac{qh}{2\pi\ (h^2+R^2)^{3/2}}2\pi R\,\mathrm{d}R \\ &=-\int_0^{\infty}\frac{qhR\,\mathrm{d}R}{(h^2+R^2)^{3/2}}=-q \end{aligned} \tag{2-1-15}$$

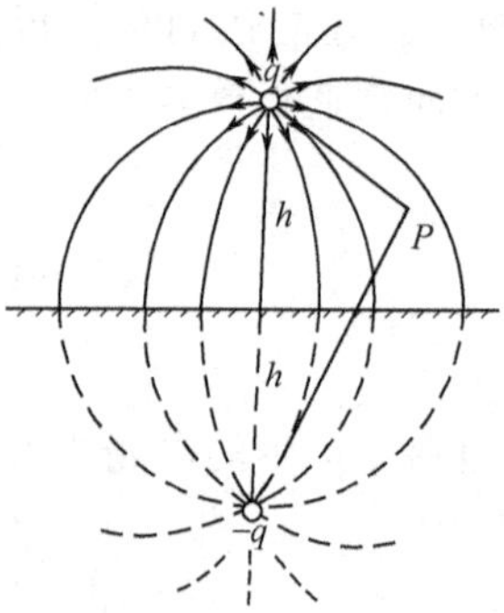

图 2-1-16 电像法

可见，导体表面上总的感应电荷等于 $-q$，即与点电荷 $q$ 等量异号.

由于导体表面上的电荷分布是非均匀的，要讨论其它地方的电场是比较困难的，例如图 2-1-16 中的 $P$ 点，通常在处理该类问题时引入“电像法”. 设想在 $O$ 点下方与 $q$ 的对称处有一个 $-q$ 的点电荷，称为 $q$ 的像电荷，而 $q$ 与半无限大导体在上半空间产生的电场，可用 $q$ 和它的像电荷 $-q$ 产生的合电场来等效替代，其理由是用 $-q$ 来替代导体表面上的感应电荷后，既没有改变上方空间的电荷分布，也没改变边界的电势值（导体表面的电势为零）. 根据静电场唯一性定理，只要上述两个条件不变，上方空间的电场分布就是唯一的. 所以 $P$ 点电场可由两个点电荷的电场叠加来求得.

## 复习思考题

2-1-1 处于静电平衡状态的导体其内部场强为什么等于零？导体表面外附近的场强为多少？

2-1-2 静电平衡时，导体上电荷如何分布？一个接地的导体其表面上是否有电荷？

2-1-3 无限大的均匀带电平面（面电荷密度为 $\sigma$）两侧场强为 $E=\dfrac{\sigma}{2\varepsilon_0}$，而在静电平衡状态下，导体表面（该处表面面电荷密度为 $\sigma$）附近的场强 $E=\dfrac{\sigma}{\varepsilon_0}$，为什么前者比后者小一半？

2-1-4 把一带电体移近一个导体壳，带电体单独在导体壳的腔内产生的场强是否为零？静电屏蔽效应是如何发生的？

# 2.2 电容器的电容

## 2.2.1 孤立导体的电容

电容是电学中的一个重要物理量，它反映了导体容纳电荷的能力. 这一节我们先讨论孤立导体的电容，然后讨论电容器的电容，最后讨论电容器的联接及应用等.

在真空中，一个孤立导体带有电荷 $Q$，导体本身将具有一定的电势 $U$，当电荷增加时，

导体的电势也随之增加，理论和实验表明，电势$U$与电荷$Q$成正比关系，或者说$Q/U$是一个常量，于是，我们把孤立导体所带的电荷$Q$与其电势$U$的之比叫做孤立导体的电容$C$，即

$$C=\frac{Q}{U} \tag{2-2-1}$$

导体的电容是反映导体储存电荷容量大小的物理量，仅与导体的形状和大小有关，与导体是否带电无关，就像导体的电阻与导体是否通有电流无关一样.

在国际单位制中，电容的单位为法拉，用符号 F 表示. 在实际应用中，法拉的单位太大，常用微法（$\mu$F）、皮法（pF）来表示电容的大小，它们之间的关系为

$$1\text{F}=10^{6}\mu\text{F}=10^{12}\text{pF}$$

**【例 2-2-1】** 一个孤立的导体球，半径为$R$，求其电容.

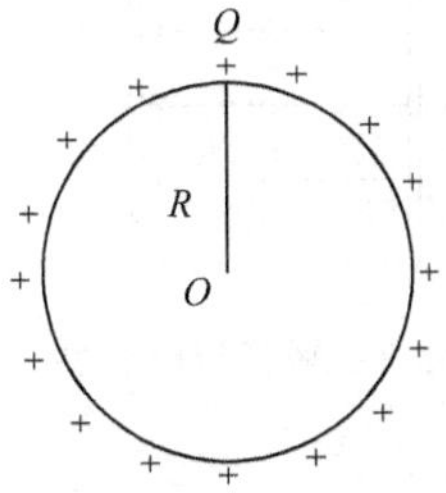


图 2-2-1 孤立的导体球的电容

**解：** 如图 2-2-1 所示，设想给导体球带上电荷$Q$，则导体球是等势体，其电势为

$$U=\frac{1}{4\pi\varepsilon_0}\frac{Q}{R} \tag{2-2-2}$$

根据定义，其电容为

$$C=\frac{Q}{U}=4\pi\varepsilon_0 R \tag{2-2-3}$$

显然，电容的大小仅与导体球的半径有关，与导体球是否带电无关.

如果取导体球的半径$R=1\text{m}$，则电容$C=4\pi\varepsilon_0 R=1.11\times10^{-11}$ F. 可见孤立导体的电容很小，即使像地球这么大的导体，$R=6.4\times10^{6}$ m，其电容也只是$C=7.11\times10^{-4}$ F.

## 2.2.2 电容器

如图 2-2-2 所示，两个导体 A、B，分别带电荷$+Q$和$-Q$，我们把能够带有等量而异号电荷的导体所组成的系统，叫做电容器.

通常称导体 A 为正极板、导体 B 为负极板. 用$U_A$表示导体 A 的电势、$U_B$表示导体 B 的电势，则两极板之间的电势差为$U=U_A-U_B$，电容器的电容定义为：其中任何一个极板上的电荷量$Q$与两极板之间的电势差之比值，即

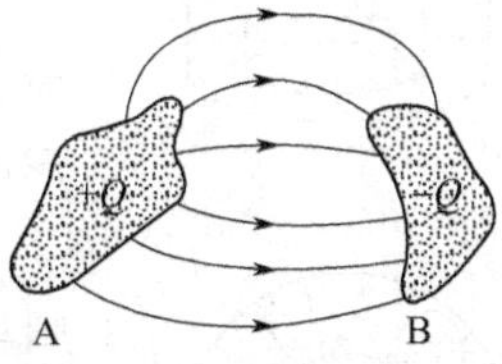


图 2-2-2 两个导体组成的电容器

$$C=\frac{Q}{U}=\frac{Q}{U_A-U_B} \tag{2-2-4}$$

电容器的电容是反映导体储存电荷容量大小的物理量，仅与电容器的形状、大小以及周围的电介质的性质有关，与电容器是否带电无关. 电容器是电路中常用的电子元件，它有许多用途. 在这里我们主要讨论它储存电荷的能力，以后将看到电容器还可以储存能量.

如果把导体 B 移至无限远处，则两导体间的电势差就是另一导体 A 的电势，这时电容器的电容公式就变成了孤立导体的电容公式了，可见孤立导体的电容是双导体系统电容的一个特例，电容器的电容的单位与孤立导体的电容的单位相同.

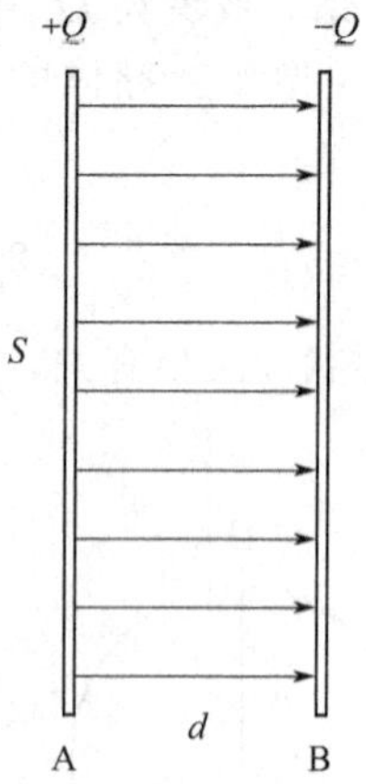

图 2-2-3　平行板电容器

下面讨论几种典型的电容器模型.

(1) 平行板电容器

平行板电容器是由两平行的导体板 A、B 所组成，如图 2-2-3 所示，两极板的面积均为 $S$，两极板间距为 $d$，且 $d$ 远小于极板的线度，略去边缘效应，计算平行板电容器的电容.

设两极板上分别带上电荷 $+Q$ 和 $-Q$，极板上的电荷面密度为 $\sigma=Q/S$，由于略去边缘效应，两极板间的电场可视为均匀电场，其场强大小为

$$E=\frac{\sigma}{\varepsilon_0}=\frac{Q}{\varepsilon_0 S}$$

于是两极板间的电势差为

$$U=U_A-U_B=Ed=\frac{Qd}{\varepsilon_0 S}$$

根据电容器电容的定义式，可得平行板电容器的电容为

$$C=\frac{Q}{U}=\frac{\varepsilon_0 S}{d} \tag{2-2-5}$$

由式(2-2-5) 可见，平行板电容器的电容与极板的面积 $S$ 成正比，与极板间的距离 $d$ 成反比. 改变这些参数，则电容改变.

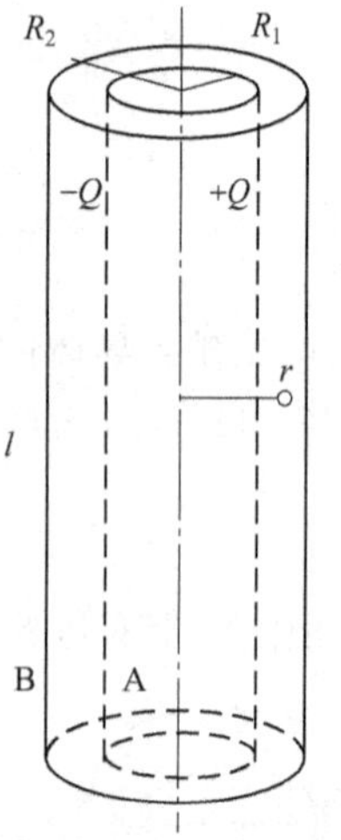

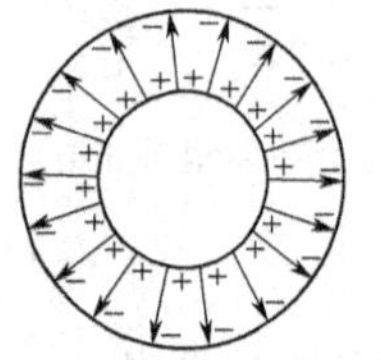
图 2-2-4　圆柱形电容器

电容器的另一个重要技术指标就是耐压，一般情况下，电容器两极板间是由绝缘材料隔开的，这些绝缘材料称为电介质，电介质是绝缘的，但当外加电压达到或超过某个临界值时，电介质从绝缘状态变为导电状态，通常说电容器烧坏了，这种现象称为电介质的击穿. 电介质击穿时的临界场强称为击穿场强，不同的电介质击穿场强是不同的，例如空气的击穿场强 $E_m=3\times10^6\,\mathrm{V/m}$，则平行板电容器的击穿电压 $U_m=E_m d$，如果取极板间的距离 $d=1\mathrm{mm}$，则击穿电压 $U_m=3\times10^6\times10^{-3}\,\mathrm{V}=3\times10^3\,\mathrm{V}$.

(2) 圆柱形电容器

圆柱形电容器是由半径分别为 $R_1$ 和 $R_2$ 的两同轴导体圆柱面构成，两圆柱面长均为 $l$，且 $l\gg R_2-R_1$，忽略边缘效应，计算圆柱形电容器的电容.

如图 2-2-4 所示，设内、外圆柱面上分别带电荷 $+Q$ 和 $-Q$，则单位长度的电荷 $\lambda=Q/l$，由高斯定理可得两圆柱面之间距圆柱轴线为 $r$ 处的电场强度 $\boldsymbol{E}$ 的大小为

$$E=\frac{\lambda}{2\pi\varepsilon_0 r}=\frac{Q}{2\pi\varepsilon_0 l}\frac{1}{r}$$

电场强度的方向垂直于轴线沿半径方向.

两圆柱面之间的电势差为

$$U=\int\boldsymbol{E}\cdot\mathrm{d}\boldsymbol{l}=\frac{Q}{2\pi\varepsilon_0 l}\int_{R_1}^{R_2}\frac{\mathrm{d}r}{r}=\frac{Q}{2\pi\varepsilon_0 l}\ln\frac{R_2}{R_1}$$

根据定义式(2-2-4)，得圆柱形电容器的电容

$$C=\frac{Q}{U}=\frac{2\pi\varepsilon_0 l}{\ln\frac{R_2}{R_1}} \tag{2-2-6}$$

由式(2-2-6) 可见，圆柱面越长，电容 $C$ 越大；两圆柱面间的间隙越小，电容 $C$ 越大. 如果以 $d$ 表示两圆柱面间的间隙，有 $R_2=R_1+d$，当 $d\ll R_1$ 时

$$\ln\frac{R_2}{R_1}=\ln\frac{R_1+d}{R_1}=\ln\left(1+\frac{d}{R_1}\right)\approx\frac{d}{R_1}$$

于是式（2-2-6）可写成

$$C\approx\frac{2\pi\varepsilon_0 lR_1}{d}=\frac{\varepsilon_0 S}{d}$$

式中，$S=2\pi R_1 l$ 是圆柱面的面积. 由此可见，当 $d\ll R_1$ 时，圆柱形电容器的电容公式就可简化成平行板电容器的电容公式.

同样地可以讨论圆柱形电容器的耐压问题. 如果两圆柱面之间电介质的击穿场强为 $E_m$，因为两极板之间的电场是非均匀的，靠近内圆柱面处的场强最大，只要该处取临界值即可，由 $E_m=\frac{\lambda}{2\pi\varepsilon_0 R_1}$，得到圆柱形电容器的击穿电压为 $U_m=R_1\ln\frac{R_2}{R_1}E_m$.

圆柱形电容器是电磁学中的常用模型，它有许多重要特性，在实际应用中的同轴电缆就可视为由两个导体圆柱面组成的系统. 同轴电缆作为传输线用来传输电磁信号，尤其是高频信号，所以它本身的电容和电感等参数对信号的影响较大，研究信号的传输时需要考虑这些因素.

**(3) 球形电容器**

球形电容器是由半径分别为 $R_1$ 和 $R_2$ 的两个同心导体球壳组成，如图 2-2-5 所示，设内球壳带电荷 $+Q$，外球壳带电荷 $-Q$，由高斯定理可求得两球壳之间的电场强度为

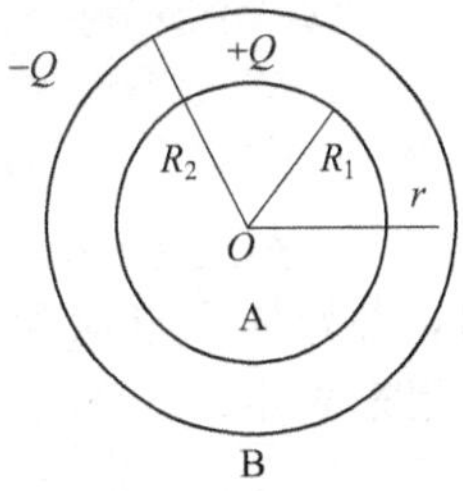

图 2-2-5　球形电容器

$$\boldsymbol{E}=\frac{Q}{4\pi\varepsilon_0 r^2}\boldsymbol{e}_r \qquad (R_1<r<R_2)$$

两球壳之间的电势差为

$$U=\int\boldsymbol{E}\cdot d\boldsymbol{l}=\frac{Q}{4\pi\varepsilon_0}\int_{R_1}^{R_2}\frac{dr}{r^2}=\frac{Q}{4\pi\varepsilon_0}\left(\frac{1}{R_1}-\frac{1}{R_2}\right)$$

根据电容器电容的定义式，可得球形电容器的电容为

$$C=\frac{Q}{U}=\frac{4\pi\varepsilon_0 R_1R_2}{R_2-R_1} \tag{2-2-7}$$

如果 $R_2\to\infty$，有

$$C=4\pi\varepsilon_0 R_1$$

即为孤立球形导体的电容公式.

**(4) 双线线路的电容**

双线线路是常用的传输线，由两根半径都为 $a$ 的平行长直导线组成，两导线中心之间相距为 $d$，且 $d\gg a$，求单位长度的电容.

设带电直线的电荷线密度分别为 $+\lambda$ 和 $-\lambda$. 如图 2-2-6 所示，距 $O$ 点为 $x$ 处点 $P$ 的电场强度 $\boldsymbol{E}$ 的大小为

$$E=\frac{\lambda}{2\pi\varepsilon_0}\left(\frac{1}{x}+\frac{1}{d-x}\right)$$

两导线之间的电势差为

$$U=\int \boldsymbol{E}\cdot \mathrm{d}\boldsymbol{l}=\frac{\lambda}{2\pi\varepsilon_0}\int_a^{d-a}\left(\frac{1}{x}+\frac{1}{d-x}\right)\mathrm{d}x=\frac{\lambda}{\pi\varepsilon_0}\ln\frac{d-a}{a} \tag{2-2-8}$$

考虑到 $d \gg a$ ，式(2-2-8) 近似为

$$U\approx\frac{\lambda}{\pi\varepsilon_0}\ln\frac{d}{a}$$

于是，两长直导线单位长度的电容为

$$C=\frac{\lambda}{U}\approx\frac{\pi\varepsilon_0}{\ln\frac{d}{a}} \tag{2-2-9}$$

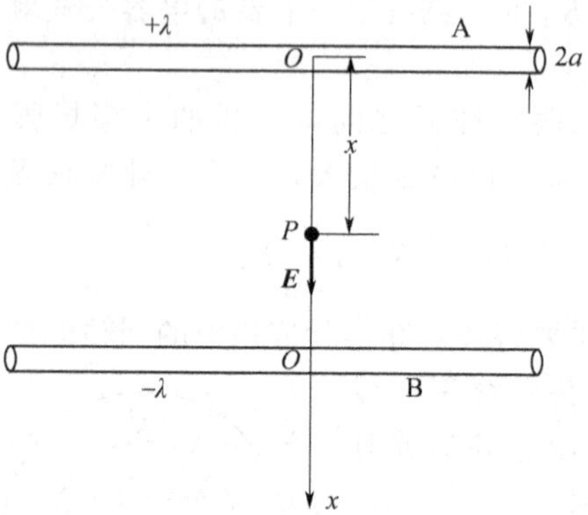

图 2-2-6 双线线路的电容

从上可以看出，计算电容器的电容的一般步骤是：先假设两极板上分别带有电荷 $\pm Q$，求出两极板间的电场分布，计算出两极板间的电势差 $U$，根据电容器的电容公式得到电容 $C$. 计算表明，电容器的电容仅与其结构等有关，与是否带电无关. 对于规则的、简单的电容器可用上面的定义法计算其电容，而对于一些复杂的、不规则的电容器需要用到其它方法来计算其电容. 在实验上常用交流电桥来测试电容器的电容.

在工程应用中，通常还会遇到三个或更多的导体组成的系统，在多导体系统中，导体间相互影响，各导体上电荷和电势的关系可用电容系数、感应系数或部分电容联系起来的联立方程组来表示.

## 2.2.3 电容器的并联和串联

电容器的主要性能指标有两个，一个是电容，另一个是耐压. 在实际的电路设计和实用中，当单个的电容不能满足要求时，通常把电容器并联和串联起来使用，下面讨论电容器并联和串联的等效电容.

### (1) 电容器的并联

如图 2-2-7 所示，把电容器 $C_1, C_2, \cdots, C_n$ 的每一个极板接到一个共同点 $A$，而另一个极板接到另一个共同点 $B$，称这些电容器为并联，并联时加在**各个电容器上的电压相同**. 设电压为 $U$，则各电容器上的电荷量分别为

$$Q_1=C_1U,\ Q_2=C_2U,\ \cdots,\ Q_n=C_nU$$

电容器上的总电荷 $Q$ 为

$$Q=Q_1+Q_2+\cdots+Q_n=(C_1+C_2+\cdots+C_n)U$$

于是，并联电容器的等效电容 $C$ 为

$$C=\frac{Q}{U}=C_1+C_2+\cdots+C_n \tag{2-2-10}$$

即**并联电容器的等效电容等于电容器电容之和**. 由上式可见，并联后的等效电容大于每个电容器的电容，但每个电容器两极板间的电压和单独使用时一样. 因而，耐压能力并没有因并联而改变.

### (2) 电容器的串联

如图 2-2-8 所示，把电容器 $C_1, C_2, \cdots, C_n$ 的每一个极板首尾相连接，叫做电容器的串

联. 当给这些电容器两端加上总电压 $U$ 时，由静电感应和电荷守恒定律可知，**每个电容器极板上所带电荷量是相等的**，则各个电容器两极板上的电压分别为

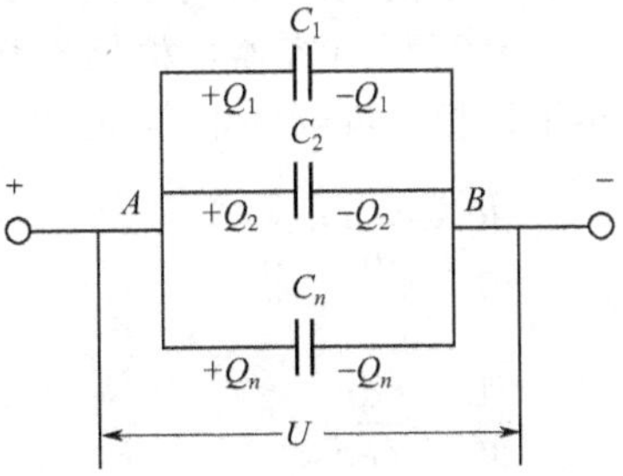


图 2-2-7　电容器并联的等效电容

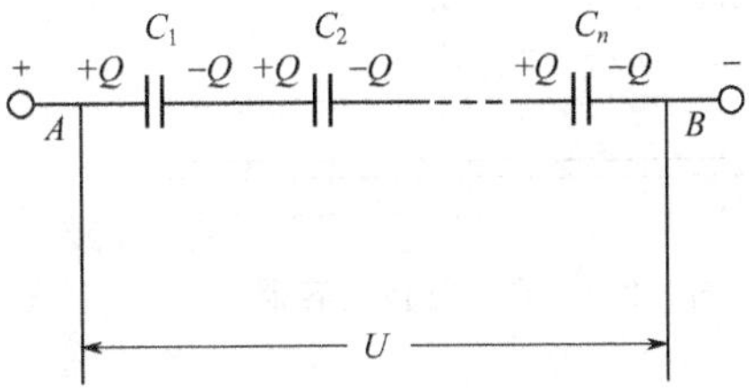


图 2-2-8　电容器串联的等效电容

$$U_1=\frac{Q}{C_1},\ U_2=\frac{Q}{C_2},\ \cdots,\ U_n=\frac{Q}{C_n}$$

于是，由

$$U=U_1+U_2+\cdots+U_n=Q\left(\frac{1}{C_1}+\frac{1}{C_2}+\cdots+\frac{1}{C_n}\right)$$

所以，串联电容器的等效电容 $C$ 满足

$$\frac{1}{C}=\frac{U}{Q}=\left(\frac{1}{C_1}+\frac{1}{C_2}+\cdots+\frac{1}{C_n}\right) \tag{2-2-11}$$

即**串联电容器的等效电容的倒数等于各电容器电容倒数之和**. 由上面可见串联后的等效电容小于每个电容器的电容，但是串联组成的电容器组的耐压能力提高了.

**【例 2-2-2】**　有三只电容器，规格分别为：电容 10μF、耐压 20V；电容 50μF、耐压 10V；电容 25μF、耐压 50V. 求①并联时，等效电容和耐压. ②串联时，等效电容和耐压.

**解：**①并联时，等效电容

$$C=C_1+C_2+C_3=10+50+25=85(\mu\text{F})$$

耐压值应该取三个电容器中耐压值最小的那一个，即

$$U_{\text{m}}=10\text{V}$$

② 串联时，等效电容 $C$ 满足

$$\frac{1}{C}=\frac{1}{C_1}+\frac{1}{C_2}+\frac{1}{C_3}$$

$$C=6.25\mu\text{F}$$

电容器组的安全使用，必须保证每一个电容器都不会被击穿. 一个电容器能否被击穿，可从加在它上面的电压是否超出它的耐压值来判断. 电容器串联时，各电容器极板上的电荷量相等，应考虑电容量最小的电容器的最大允许带电量，容易判断出 $C_1$ 的允许带电量最小，只要 $C_1$ 的带电量不超过最大允许带电量，它就不会击穿，另外两个电容器也就不会击穿. 由 $Q=C_1U_{\text{m1}}$，取 $U_{\text{m1}}=20\text{V}$，可得 $U_{\text{m2}}=4\text{V}$，$U_{\text{m3}}=8\text{V}$

所以耐压

$$U_{\text{m}}=U_{\text{m1}}+U_{\text{m2}}+U_{\text{m3}}=32\text{V}$$

**【例 2-2-3】**　如图 2-2-9 所示，一电容器两极板都是边长为 $a$ 的正方形金属平板，但两板不是严格平行，而是有一小夹角 $\theta$. 证明当 $\theta \ll d/a$ 时，略去边缘效应，它的电容

$C=\frac{\varepsilon_0 a^2}{d}(1-\frac{a\theta}{2d})$.

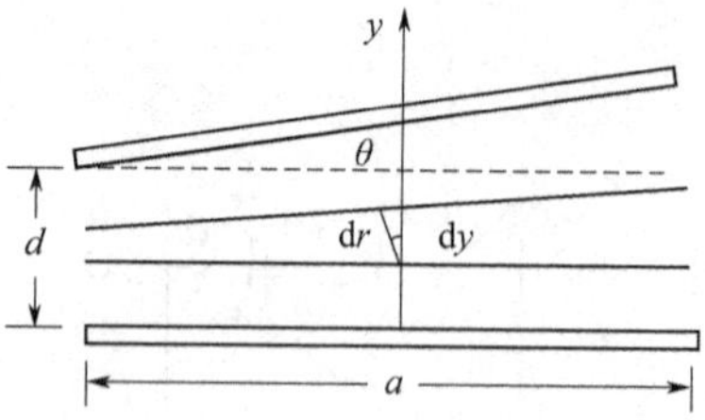

图 2-2-9　非平行板电容器

**证明：** 如图 2-2-9 所示，在两极板间取两相距非常近的平面，设它们的中心距离为 d$r$，由于两平面相距非常近，所以可视为一小平行板电容器，根据平行板电容器的电容公式，则小平行板电容器的电容 d$C$ 为

$$\mathrm{d}C=\frac{\varepsilon_0 S}{\mathrm{d}r}$$

或

$$\frac{1}{\mathrm{d}C}=\frac{\mathrm{d}r}{\varepsilon_0 S}$$

整个电容器可以看成无限多个这样的小平行板电容器的串联，根据电容串联公式，总电容的表达式为

$$\frac{1}{C}=\int\frac{1}{\mathrm{d}C}=\int\frac{\mathrm{d}r}{\varepsilon_0 S}$$

也就是

$$C=\frac{1}{\int\frac{\mathrm{d}r}{\varepsilon_0 S}} \tag{2-2-12}$$

将 $\mathrm{d}y=\mathrm{d}r\cos\theta$，$S=a^2$ 代入式(2-2-12)，并积分得

$$C=\frac{\varepsilon_0 a^2\cos\theta}{\int_0^{d+\frac{a}{2}\tan\theta}\mathrm{d}y}=\frac{\varepsilon_0 a^2}{d}\frac{\cos\theta}{\left(1+\frac{a}{2d}\tan\theta\right)} \tag{2-2-13}$$

当 $\theta=0$ 时，则式(2-2-13) 为 $C=\frac{\varepsilon_0 a^2}{d}$，即为平行板电容器的电容.

当 $\theta\ll d/a$ 时，$\cos\theta\approx 1$，$\tan\theta\approx\theta$. 并且

$$\left(1+\frac{a\theta}{2d}\right)^{-1}\approx 1-\frac{a\theta}{2d}$$

则有

$$C=\frac{\varepsilon_0 a^2}{d}\left(1-\frac{a\theta}{2d}\right) \tag{2-2-14}$$

对于一些不规则的电容器来说，由于极板上的电荷分布的不均匀性，求电场分布比较复杂，因而用定义法很难计算其电容. 在工程技术的实际应用过程中，通常采用电容器的串联或并联来估算电容. 式(2-2-12) 实际上是电容器的串联公式.

## 2.2.4　电容传感器及其应用

一般地讲，将非电量转化为电量输出的元件称为传感器. 电容式传感器就是将被测物理量的变化转换为电容的变化，通过测量电路检测出电容的变化量，从而达到测量的目的. 电容式传感器的基本工作原理可用平行板电容器来说明. 当忽略边缘效应时，平行板电容器的电容为

$$C=\frac{\varepsilon_0 S}{d}$$

式中，$S$ 是极板面积；$d$ 是极板间的距离. 当 $d$ 或 $S$ 有变化时，就改变了电容 $C$，$C$ 的变化，

在交流工作时，就改变了容抗 $X_C$，从而使输出电压或电流变化. $d$ 和 $S$ 的变化可以反映线位移或角位移的变化，也可以间接反映弹力、压力等变化.

**(1) 变间隙的电容式传感器**

图 2-2-10 为这种类型的电容式传感器的示意图. 极板 2 为静止极板（定极板），而极板 1 为与被测体相连的动极板. 当极板 1 因被测参数改变而引起位移时，就改变了两极板间的距离，从而改变了两极板间的电容 $C$，这称为变间隙的电容式传感器.

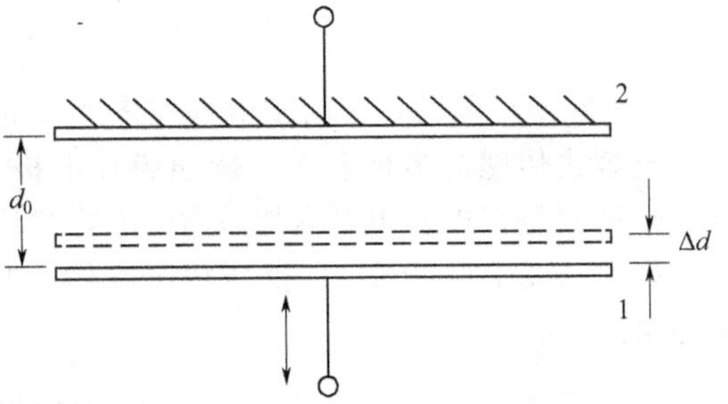

图 2-2-10 变间隙的电容式传感器

设极板面积为 $S$，初始距离为 $d_0$，电容器的电容值为

$$C_0=\frac{\varepsilon_0 S}{d_0} \tag{2-2-15}$$

当间隙 $d_0$ 减小 $\Delta d$ 时，设 $\Delta d \ll d_0$，则电容增加 $\Delta C$，即

$$C_0+\Delta C=\frac{\varepsilon_0 S}{(d_0-\Delta d)}=C_0\frac{1}{1-\dfrac{\Delta d}{d_0}}$$

由上式，电容的相对变化量 $\Delta C/C_0$ 为

$$\frac{\Delta C}{C_0}=\frac{\Delta d}{d_0}\left(1-\frac{\Delta d}{d_0}\right)^{-1}$$

因为 $\Delta d/d_0 \ll 1$，按级数展开得

$$\frac{\Delta C}{C_0}=\frac{\Delta d}{d_0}\left(1+\frac{\Delta d}{d_0}+\cdots\right)$$

略去高次项，则得近似的线性关系式

$$\frac{\Delta C}{C_0}\approx\frac{\Delta d}{d_0} \tag{2-2-16}$$

电容的变化 $\Delta C$ 与位移 $\Delta d$ 成正比，这就是变间隙的电容式传感器的工作原理.

电容式传感器的灵敏度定义为单位输入位移引起的输出电容相对变化，即

$$S=\frac{\Delta C/C_0}{\Delta d}=\frac{1}{d_0} \tag{2-2-17}$$

由式(2-2-17) 可以看出，要提高灵敏度，应减小起始间隙 $d_0$，但 $d_0$ 的减小受到电容器击穿电压和测量范围的限制，同时对加工精度要求也提高了. 一般变间隙的电容式传感器 $d_0$ 取 0.2～1mm，测量精度达到 0.01mm.

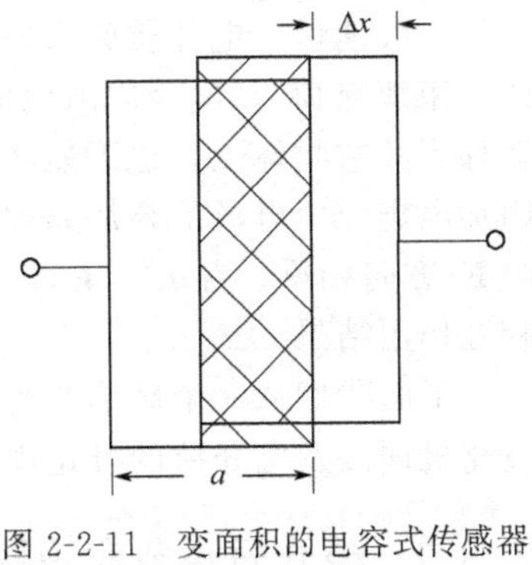

图 2-2-11 变面积的电容式传感器

**(2) 变面积的电容式传感器**

图 2-2-11 是一直线位移电容式传感器的原理图. 两极板的间距 $d$ 固定，极板的宽为 $a$ 长为 $b$. 开始时，两极板面积完全重叠. 当动极板水平移动 $\Delta x$ 后，相对应的面积就改变，其电容也随之改变. 这时 $C$ 为

$$C=\frac{\varepsilon_0 b(a-\Delta x)}{d}=C_0-\frac{\varepsilon_0 b}{d}\Delta x \tag{2-2-18}$$

电容的改变量 $\Delta C$ 为

$$\Delta C = C - C_0 = -\frac{\varepsilon_0 b}{d}\Delta x = -C_0\frac{\Delta x}{a} \tag{2-2-19}$$

由式（2-2-19）可见，变面积电容式传感器的输出特性是线性的.

电容式传感器多种多样，例如膜片电极式传感器、电容式加速度传感器、电容式应变计、位移测量仪以及电容测厚仪等. 电容式传感器具有小功率、高阻抗以及较高的固有频率和良好的动态响应特性，广泛应用于位移、振动、角度、加速度等机械量或其他相关量的精密测量.

### 复习思考题

2-2-1　电容器电容的定义式为 $C=\frac{Q}{U}$，但为什么又说电容与电容器是否带电荷无关？如果电容器两极板的电势差增加一倍，电容是否变化？

2-2-2　如果在一平行板电容器中放一块很薄的金属片，金属片与电容器极板平行，并与极板绝缘. 此金属片对平行板电容器的电容有无影响？如果此金属片和平行板电容器的一个极相连，则电容器的电容是增大还是减小？

2-2-3　如果圆柱形电容器的内半径增大，使两圆柱面之间的距离减为原来的一半，此电容器的电容是否增大为原来的两倍？

2-2-4　如果球形电容器的两球壳中心偏离一小距离，电容器的电容是否变化？

## 2.3　静电场中的电介质

电介质是绝缘体，绝缘体与导体不同，从物质的微观结构来讲，金属导体中存在自由电子，它们在外电场作用下可在导体内作定向运动. 而在电介质内的分子中，电子与原子核结合非常紧密，电子处于束缚状态，电介质内没有自由电子，不能导电，但电介质放到静电场中，静电场与电介质之间仍有相互作用，使得静电场以及电介质的电性能都发生了变化.

一般地讲，电介质放入外电场 $\boldsymbol{E}_0$ 中，其表面上会出现电荷，这些电荷称为**“极化电荷”**或**“束缚电荷”**，电介质出现极化电荷的现象称为**电介质的极化**. 极化电荷不能离开电介质转移到其它物体上，也不能在电介质中自由移动，但极化电荷要产生电场 $\boldsymbol{E}'$ 这个电场称为**附加电场**，由电场的叠加原理，这时，电介质内任一点的总电场强度 $\boldsymbol{E}=\boldsymbol{E}_0+\boldsymbol{E}'$，由于 $\boldsymbol{E}'$ 与 $\boldsymbol{E}_0$ 方向相反，且 $\boldsymbol{E}'<\boldsymbol{E}_0$，所以电介质内的场强比原来要小. 这就是电场与电介质之间的相互作用结果.

下面我们从一个简单的实验出发，分析电介质对电容器电容的影响，然后讨论电介质的极化机理以及电介质的极化规律等.

### 2.3.1　电介质对电容的影响

如图 2-3-1 (a) 所示，一平行板电容器，设极板面积为 $S$，间距为 $d$，极板间是真空，其电容为 $C_0$，若对此电容器充电，两极板间的电势差为 $U_0$，则极板上的电荷为 $Q_0=C_0U_0$，这些电荷通常称为**“自由电荷”**. 断开电源，保持极板上的电荷 $Q_0$ 不变，使两极板间充满各向同性的均匀电介质，见图 2-3-1（b），这时测得两极板间的电势差 $U$ 变小，且有

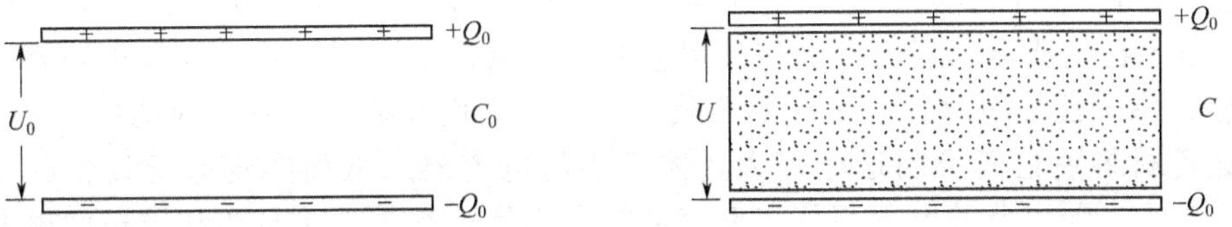


(a) 未加电介质时　　(b) 加电介质后

图 2-3-1　加电介质后电容增大

$$U=\frac{1}{\varepsilon_r}U_0 \tag{2-3-1}$$

式中，$\varepsilon_r$ 为大于 1 的纯数，它由电介质本身的材料性质所决定.

根据电容器的电容公式，电容器的电容变为

$$C=\frac{Q_0}{U}=\varepsilon_r\frac{Q_0}{U_0}=\varepsilon_r C_0 \tag{2-3-2}$$

可见，加上电介质的电容器其电容增大，为真空时电容的 $\varepsilon_r$ 倍.

下面再来分析电容器极板间电场的变化. 在未加电介质时，平行板电容器极板间的电场强度大小为 $E_0$，有

$$E_0=\frac{U_0}{d} \tag{2-3-3}$$

当电容器极板间充满了均匀的各向同性的电介质后，电介质中的电场强度 $E$ 为

$$E=\frac{U}{d}=\frac{1}{\varepsilon_r}\frac{U_0}{d}=\frac{E_0}{\varepsilon_r} \tag{2-3-4}$$

上式表明，在两极板上电荷不变的条件下，电介质内的电场强度变小，为原来真空时的 $1/\varepsilon_r$ 倍. 显然当 $\varepsilon_r=1$ 就是真空中的情况.

电介质内的电场强度为什么会变小呢？从上面简单的实验所提出的问题，也就是电介质极化中要讨论的重要问题.

上面式子中的 $\varepsilon_r$ 称为电介质的**相对电容率**，表征电介质材料电学性能的物理量，表 2-3-1 中给出了常见的电介质的相对电容率以及击穿场强.

**表 2-3-1　常见电介质的相对电容率和击穿场强**

| 电介质 | 相对电容率 $\varepsilon_r$ | 击穿场强/($10^6$ V · $m^{-1}$) |
|---|---|---|
| 真空 | 1 | |
| 空气 | 1.000 59 | 3 |
| 变压器油 | 2.2～2.5 | 12 |
| 纸 | 2.5 | 5～14 |
| 聚四氟乙烯 | 2.1 | 60 |
| 聚乙烯 | 2.3 | 50 |
| 氯丁橡胶 | 6.6 | 10～20 |
| 云母 | 4～7 | 160 |
| 陶瓷 | 6 | 4～25 |
| 二氧化钛 | 173 | 8 |
| 钛酸钡 | $10^3$～$10^4$ | 8 |

从表 2-3-1 中可以看到，空气的相对电容率近似等于 1，其它电介质的相对电容率都大于 1，因此在制造电容器时两极板间用电介质隔离，不仅可以避免两极板短路，而且增大了电容，像聚乙烯等材料，由于其柔软性，可将它们卷成体积不大的圆柱形状. 此外像钛酸钡锶等材料用它们可制造电容大，体积小的电容器，从而实现电子设备的小型化和集成化. 至此，电容器的电容不仅与电容器的大小形状有关，而且还和极板间电介质的相对电容率有关.

电容器加上一定的电压时，极板间就有一定的电场强度，电压越大，电场强度也越大，当电场强度增大到某一临界值 $E_m$ 时，电介质中的分子发生电离，从而电介质失去绝缘性，电介质被击穿. 电介质能承受的最大电场强度 $E_m$ 叫做电介质的**击穿场强**，此时两极板上的电压 $U_m$ 叫做**击穿电压**. 电容器中加上电介质后，耐压能力也将会提高.

## 2.3.2 电介质的极化

为了了解电介质极化的原因和极化的规律，就必须从电介质的微观结构入手来分析. 从物质的微观结构来看，电介质是由电中性的原子或分子组成的，在这些原子或分子中，原子核与电子之间的相互作用很强，电子被束缚得很紧，因而不能脱离分子成为自由电子. 当把电介质放到外电场中时，电介质中带负电的电子与带正电的原子核之间，在电场力的作用下只能作微观的相对位移. 而不像导体中的电子那样可以在导体中自由运动. 只有在击穿的情形下，电介质中的电子才被解除束缚而作宏观的定向运动，使电介质失去绝缘性. 这就是电介质和导体在电学性能上的主要差别.

电介质每个分子中的正电荷和负电荷都不是集中在一点上，但是在考虑这些电荷离分子较远处产生的电场时，或者考虑分子受外电场的作用时，分子中的全部正电荷的影响可用一个正电荷等效，这个等效正电荷的位置称为正电中心，同样每个分子也有一个等效的负电中心. 根据分子的正、负电中心相对位置的不同，通常把电介质分为两大类：无极分子电介质和有极分子电介质. 有些材料，如氢、甲烷、石蜡、聚苯乙烯等，它们的分子正、负电荷中心在无外电场时是重合的，这种分子叫做**无极分子**；有些材料，如水、有机玻璃、聚氯乙烯等，在无外电场时，正、负电荷中心不重合，这种分子相当于一个电偶极子，所以这种分子叫做**有极分子**. 下面分别讨论这两类电介质极化的微观机理.

**(1) 无极分子电介质的位移极化**

分子的正电中心和负电中心重合的分子称为无极分子. 在无外电场时，无机分子的正、负电荷中心重合，电介质各处都是电中性的.

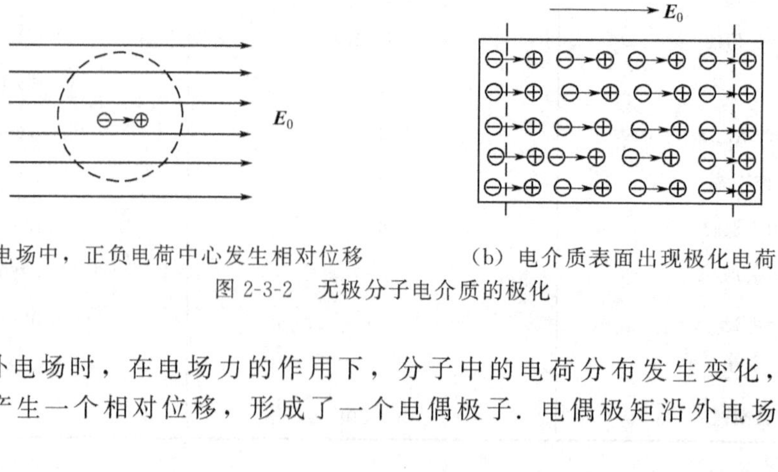


(a) 在外电场中，正负电荷中心发生相对位移　　(b) 电介质表面出现极化电荷

图 2-3-2　无极分子电介质的极化

当加上外电场时，在电场力的作用下，分子中的电荷分布发生变化，相当于正、负电荷中心产生一个相对位移，形成了一个电偶极子. 电偶极矩沿外电场的方向，如

图 2-3-2(a) 所示.

对于一块均匀的各向同性的电介质整体，在外电场的作用下，每个分子都形成一个电偶极子，这些电偶极子沿外电场方向排列. 如图 2-3-2(b) 所示，由于电介质内部的相邻电偶极子的正、负电荷相互靠近，它们对电场的影响相互抵消，电介质内部各处是电中性的. 而在电介质与外电场垂直的两个表面上分别出现了正、负电荷，这些电荷称为极化电荷. 这种在外电场作用下，由于正、负电荷中心发生相对位移而产生的极化称为位移极化.

电介质极化所产生的极化电荷与导体中的自由电荷是有所不同的，极化电荷不能脱离电介质中原子核的束缚而单独存在，所以通常也称为“束缚电荷”.

**(2) 有极分子电介质的取向极化**

分子的正电中心和负电中心不重合的分子称为有极分子. 由于有极分子的正、负电荷中心不重合，因而每个分子可看作为一个电偶极子，其电偶极矩称为固有电偶极矩. 在无外电场时，由于分子的热运动，电介质内分子的电偶极矩排列是无序的，即沿所有方向的概率相同，所以对外不呈电性.

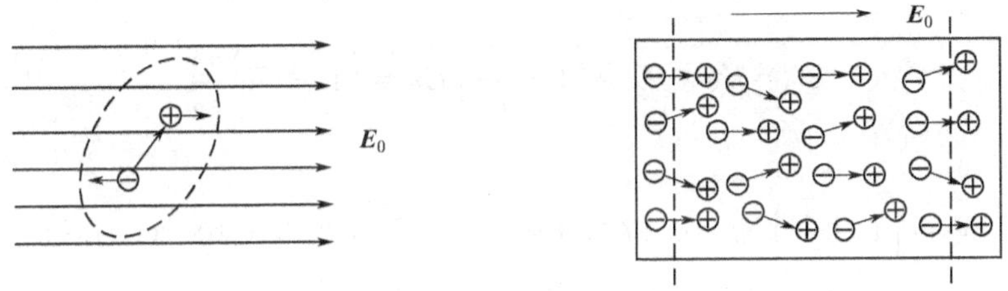


(a) 在外电场中，有极分子受到力矩作用　　(b) 电介质表面出现极化电荷

图 2-3-3　有极分子电介质的极化

如果加上一个外电场，每个电偶极子都要受到力矩的作用而转向外电场方向，如图 2-3-3 (a) 所示，当然电偶极矩的方向是不同程度地取向外电场，外电场越强，取向作用越强. 对于一块电介质整体，电介质内部各处是电中性的，而沿外电场的方向的一端出现了正极化电荷，逆外电场的方向的一端出现了负极化电荷，如图 2-3-2 (b) 所示，这种在外电场作用下，分子固有电矩不同程度的转向与外电场方向一致而发生的极化，称为取向极化. 实际上，有机分子电介质也存在位移极化，但取向极化比位移极化强得多.

综上所述，在静电场中，虽然不同电介质极化的微观机理有所不同，但在宏观上都表现为在电介质表面上出现了极化电荷，所以，在静电场范围内，无需区别这两类极化.

极化电荷要产生电场，其规律与自由电荷相同，这是由于极化电荷与自由电荷一样都满足库仑定律的原因. 根据场强叠加原理，空间任一点的场强是自由电荷和极化电荷产生场强的矢量叠加.

电介质极化后，若撤去外电场，则极化现象消失，电介质恢复原来的状态. 但有些电介质仍能保持一定的极化状态，这些材料称为驻极体.

**【例 2-3-1】**　如图 2-3-4 所示，一平行板电容器，极板间距 $d=1\text{mm}$，两极板的电势差是 1000V，断开电源后，把相对电容率 $\varepsilon_r=3$ 的电介质充满极板间，求放入前后

① 电介质内的电场强度；

② 极板上的自由电荷面密度和电介质表面极化电荷面密度.

**解：** ①放入电介质前，电容器中的电场强度 $E_0$ 为

$$E_0=\frac{U}{d}=\frac{1000}{10^{-3}}=10^6\,(\mathrm{V/m})$$

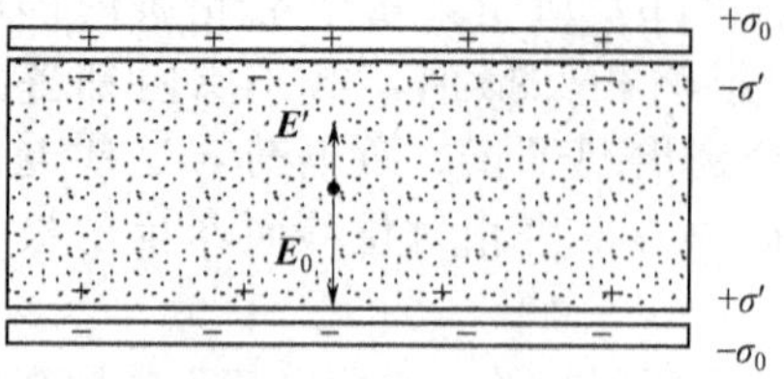


图 2-3-4 例 2-3-1 图

放入电介质后，电介质中的电场强度 $E$ 为

$$E=\frac{E_0}{\varepsilon_r}=\frac{10^6}{3}=3.33\times10^5\,(\mathrm{V/m})$$

显然附加电场 $E'$ 的大小

$$E'=E_0-E=6.67\times10^5\,(\mathrm{V/m})$$

附加电场就是极化电荷所产生的.

② 无论两极板间是否放入电介质，两极板自由电荷面密度的值为

$$\sigma_0=\varepsilon_0E_0=8.85\times10^{-12}\times10^6=8.85\times10^{-6}\,(\mathrm{C/m^2})$$

极化电荷产生电场的规律与自由电荷相同，$\sigma'$ 为极化电荷面密度，则

$$E'=\frac{\sigma'}{\varepsilon_0}$$

又因为

$$E'=E_0-E=\left(1-\frac{1}{\varepsilon_r}\right)E_0=\left(1-\frac{1}{\varepsilon_r}\right)\frac{\sigma_0}{\varepsilon_0}$$

所以

$$\sigma'=\left(1-\frac{1}{\varepsilon_r}\right)\sigma_0=0.67\times8.85\times10^{-6}=5.93\times10^{-6}\,(\mathrm{C/m^2})$$

由于 $Q_0=\sigma_0S$ 、$Q'=\sigma'S$，极化电荷与自由电荷之间的关系为

$$Q'=\left(1-\frac{1}{\varepsilon_r}\right)Q_0$$

从上面的分析可以看到，静电场中的电介质与静电场中的导体有相似之处，也有本质上的区别. 电介质和导体在电场中都会因受电场的作用而出现电荷；这些电荷又都会反过来影响电场. 在电介质或导体内，这种影响都是削弱原来的电场. 电场与在电介质或导体上出现的电荷之间的相互影响、相互制约的结果，都会达到一种平衡状态. 由于电介质和导体在微观结构上不同，电场中导体表面出现的感应电荷是可以在导体内自由运动的自由电荷，而电介质上出现的极化电荷是不能在电介质内自由运动而仍被束缚在介质分子范围内的束缚电荷. 导体处于静电平衡时，其表面上的感应电荷在导体内产生的电场将把外电场完全抵消，导体内的电场处处为零. 而电介质被极化后，其表面上出现的极化电荷在电介质内产生的电场，虽然也能抵消一部分外电场，但不能完全抵消，电介质内是存在电场的，但电场比原来的电场减小.

## 复习思考题

2-3-1 一平行板电容器极板间为真空时，其电容为 $C_0$，若此电容器充电后保持与电源相连接，这时把两极板间充满各向同性的均匀电介质，电容器的电容是否变化？电介质中的电场强度是否变化？

2-3-2 充满电介质的平行板电容器中，电介质表面的极化电荷与其相邻导体板上的电荷是异号的，两者为什么不能中和掉？

2-3-3 电介质的极化现象和导体的静电感应现象有什么区别？

# 2.4　电介质的极化规律

## 2.4.1　极化强度矢量

为了描述电介质在电场中极化的程度，我们引入电极化强度这个物理量，简称为极化强度，它是一个矢量，用 $\boldsymbol{P}$ 表示.

在电介质内任取一小体积元 $\Delta V$，没有外电场时，电介质未被极化，此小体积元中所有分子的电偶极矩 $\boldsymbol{p}$ 的矢量和为零，即 $\Sigma\boldsymbol{p}=0$. 当加上外电场，电介质被极化，此小体积元中分子的电偶极矩 $\boldsymbol{p}$ 的矢量和将不为零，即 $\Sigma\boldsymbol{p}\neq 0$，而且外电场越强，分子的电偶极矩的矢量和越大. 因此，我们**用单位体积内分子电偶极矩的矢量和来表示电介质的极化程度**，定义

$$\boldsymbol{P}=\frac{\Sigma\boldsymbol{p}}{\Delta V} \tag{2-4-1}$$

$\boldsymbol{P}$ 叫做**极化强度**，单位是 $C/m^2$. 如果电介质中各处的电极化强度 $\boldsymbol{P}$ 的大小、方向都相同，称为均匀极化，否则为非均匀极化.

## 2.4.2　极化强度与极化电荷的关系

极化强度描述电介质极化的程度，而极化电荷是电介质极化所产生的，两者之间必定存在定量关系. 下面来讨论极化强度与极化电荷的关系.

为了简单起见，以位移极化为例，设电介质在外电场中产生了位移极化，每个分子的正电荷中心和负电荷中心发生了相对位移 $\boldsymbol{l}$，每个分子的正电荷为 $q$，则分子的电偶极矩为 $\boldsymbol{p}=q\boldsymbol{l}$（在这里 $\boldsymbol{p}$ 显然具有平均的意义），若单位体积内的分子数为 $n$，由定义得电介质的极化强度为

$$\boldsymbol{P}=n\boldsymbol{p}=nq\boldsymbol{l} \tag{2-4-2}$$

上式就是极化强度的微观表达式.

可以证明：**在电介质内任取一闭合曲面 $S$，闭合曲面内的极化电荷等于极化强度通量的负值.** 即

$$q'=-\oint\!\!\!\oint_S \boldsymbol{P}\cdot \mathrm{d}\boldsymbol{S} \tag{2-4-3}$$

在电介质内部，以闭合曲面 $S$ 为边界的体积 $V$ 内究竟有多少极化电荷？首先看一看图 2-4-1 中的情况，显然，正、负电荷中心全部处于 $S$ 内或 $S$ 外的分子对 $V$ 中的净极化电荷没有贡献，只有正、负电荷中心分居 $S$ 面两侧的分子才有贡献.

下面来证明式（2-4-3），如图 2-4-2 所示，在 $S$ 上取一面积元 $\mathrm{d}\boldsymbol{S}=\mathrm{d}S\boldsymbol{e}_\mathrm{n}$，沿该处极化强度 $\boldsymbol{P}$ 的方向上取底面积为 $\mathrm{d}S$、高为 $l$ 的斜圆柱体，其体积为 $\mathrm{d}V=l\,\mathrm{d}S\cos\theta$，其中 $l$ 是分子正电荷中心与负电荷中心之间的距离，$\theta$ 是 $\boldsymbol{P}$ 与 $\mathrm{d}\boldsymbol{S}$ 的夹角.

凡是负电荷中心在该体积元内的分子，其正电荷中心都将穿出面积元 $\mathrm{d}S$，则穿出 $\mathrm{d}S$ 的正电荷为

$$\mathrm{d}q'_{出}=nq\,\mathrm{d}V=nql\,\mathrm{d}S\cos\theta=P\,\mathrm{d}S\cos\theta=\boldsymbol{P}\cdot\mathrm{d}\boldsymbol{S}$$

于是，因极化穿出整个闭合曲面 $S$ 的极化电荷总量为

$$q'_{出}=\oint\!\!\!\oint_S \boldsymbol{P}\cdot\mathrm{d}\boldsymbol{S} \tag{2-4-4}$$

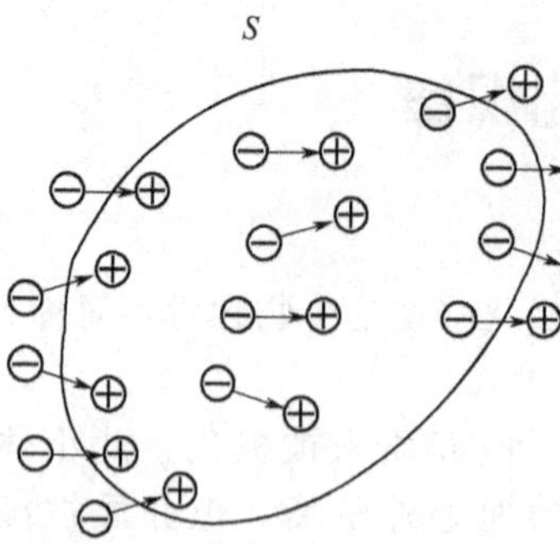

图 2-4-1 闭合曲面内的极化电荷

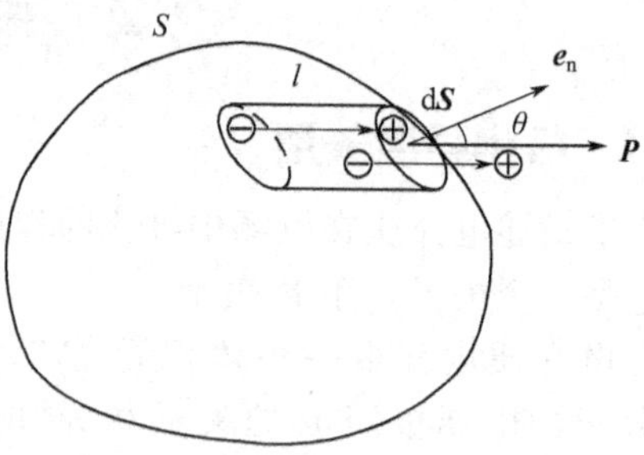

图 2-4-2 证明式（2-4-3）用图

根据电荷守恒定律，因极化在闭合曲面内的净余的极化电荷总量 $q'$ 与穿出的极化电荷等量反号，则

$$q' = -q'_{出} = -\oint_S \boldsymbol{P} \cdot d\boldsymbol{S}$$

式(2-4-3) 得证，该式称为极化强度与极化电荷之间的积分关系式.

以 $\rho'$ 表示 $V$ 内极化电荷体密度，则有

$$\oint_S \boldsymbol{P} \cdot d\boldsymbol{S} = -q' = -\iiint_V \rho' dV \tag{2-4-5}$$

根据矢量分析中的高斯定理（见附录 2）

$$\oint_S \boldsymbol{A} \cdot d\boldsymbol{S} = \iiint_V \nabla \cdot \boldsymbol{A} dV$$

则

$$\oint_S \boldsymbol{P} \cdot d\boldsymbol{S} = \iiint_V \nabla \cdot \boldsymbol{P} dV \tag{2-4-6}$$

由式(2-4-5) 和式(2-4-6) 得

$$\rho' = -\nabla \cdot \boldsymbol{P} = -\left(\frac{\partial P_x}{\partial x} + \frac{\partial P_y}{\partial y} + \frac{\partial P_z}{\partial z}\right) \tag{2-4-7}$$

即**极化电荷体密度等于该处极化强度散度的负值**，称为极化强度与极化电荷的微分关系.

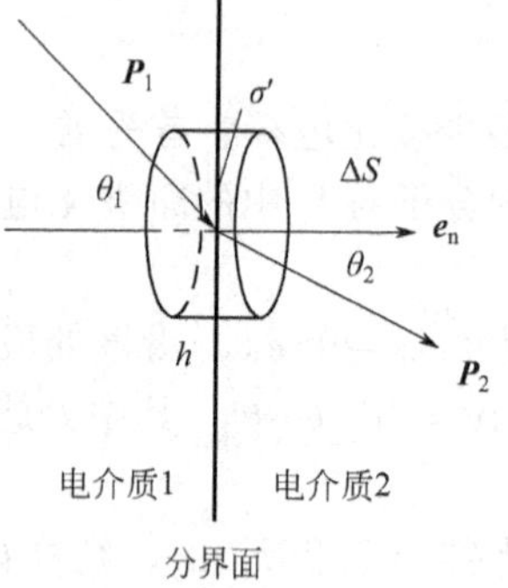

图 2-4-3 电介质界面上的极化电荷

如果电介质均匀极化，即电介质中各处的电极化强度 $\boldsymbol{P}$ 的大小、方向都相同，$\nabla \cdot \boldsymbol{P} = 0$，则 $\rho' = 0$，表明均匀极化的电介质内没有极化电荷，极化电荷只分布在电介质表面上. 只有非均匀极化，电介质内才可能会出现体极化电荷.

作为非均匀极化的极端情况，讨论两种均匀极化电介质分界面上出现的极化电荷. 如图 2-4-3 所示，在分界面上取一扁盒状高斯面，底面积为 $\Delta S$，高 $h \to 0$，设电介质 1 中的极化强度为 $\boldsymbol{P}_1$，电介质 2 中的极化强度为 $\boldsymbol{P}_2$，对上述闭合曲面应用式（2-4-3）得

$$\sigma' \Delta S = -(\boldsymbol{P}_2 - \boldsymbol{P}_1) \cdot \boldsymbol{e}_n \Delta S$$

$$\sigma' = -(\boldsymbol{P}_2 - \boldsymbol{P}_1) \cdot \boldsymbol{e}_n \tag{2-4-8}$$

式中，$\boldsymbol{e}_n$ 为分界面上由电介质 1 指向电介质 2 的法线方向的单位矢量. 这就是电介质分界面上的极化电荷面密度与分界面两侧极化强度的关系.

特别地，如果电介质 2 是真空或导体，则 $\boldsymbol{P}_2=0$，得电介质 1 界面上的极化电荷面密度为

$$\sigma_1'=\boldsymbol{P}_1\cdot\boldsymbol{e}_n=P_1\cos\theta_1=P_{1n} \tag{2-4-9}$$

式中，$P_{1n}$ 为电极化强度在电介质界面外法线方向的分量.

**【例 2-4-1】** 如图 2-4-4 所示，长为 $l$，半径为 $R$ 的电介质棒沿轴线均匀极化，极化强度为 $\boldsymbol{P}$，①求极化电荷分布；②极化电荷在电介质棒中心 $O$ 处产生的电场强度.

**解：**①电介质均匀极化，棒内无极化电荷，极化电荷分布在电介质的表面上，由极化电荷面密度与电极化强度的关系式(2-4-9)，$\sigma'=\boldsymbol{P}\cdot\boldsymbol{e}_n=P\cos\theta$，可求出极化电荷的分布. 右端面上，$\theta=0$，$\sigma'=P$. 左端面上，$\theta=\pi$，$\sigma'=-P$. 侧面上，$\theta=\dfrac{\pi}{2}$，$\sigma'=0$.

② 极化电荷均匀地分布在电介质棒的两端面上，相当于两个均匀带电圆盘，由于极化电荷产生电场，产生电场的规律遵从库仑定律，由例 1-2-3 的结果可得极化电荷在电介质棒中心 $O$ 处产生的电场强度为

$$E'=-2\frac{\sigma'}{2\varepsilon_0}\left(1-\frac{l}{\sqrt{l^2+4R^2}}\right)=-\frac{P}{\varepsilon_0}\left(1-\frac{l}{\sqrt{l^2+4R^2}}\right) \tag{2-4-10}$$

**【例 2-4-2】** 一个半径为 $R$ 的均匀极化的介质球，其极化强度为 $\boldsymbol{P}$，求：①球表面上的极化电荷分布；②极化电荷在介质球心处产生的电场强度.

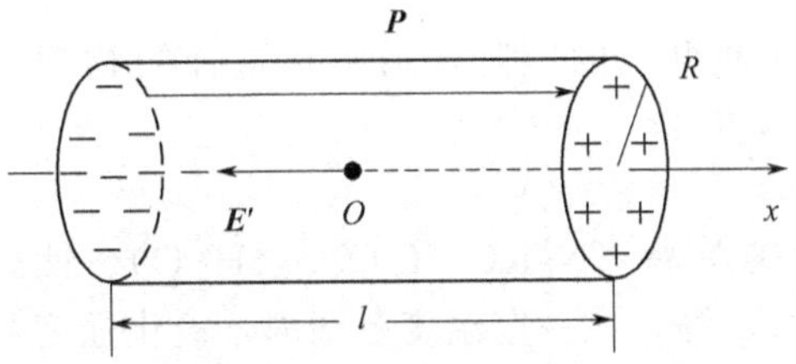

图 2-4-4　例 2-4-1 图

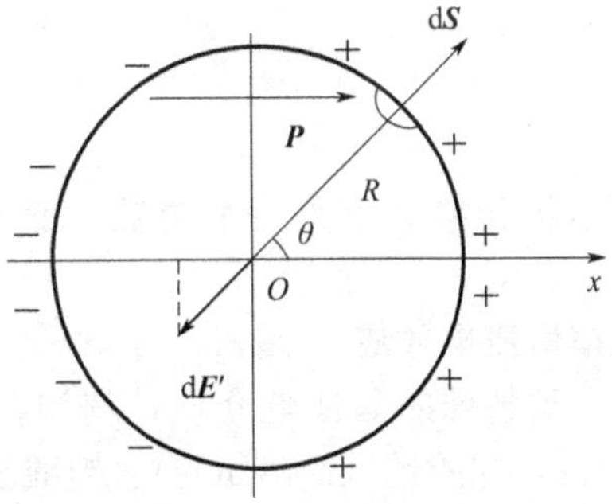

图 2-4-5　例 2-4-2 图

**解：**①如图 2-4-5 所示，选取 $x$ 轴沿极化强度 $\boldsymbol{P}$ 的方向，原点 $O$ 在球心处，在球的表面上任取一面积元 d$\boldsymbol{S}$ 法线方向与 $x$ 轴的夹角为 $\theta$，则极化电荷面密度为

$$\sigma'=P_n=P\cos\theta \tag{2-4-11}$$

可见介质球表面上的极化电荷分布是非均匀的，与 $\theta$ 角有关.

② 极化电荷产生电场的规律与自由电荷相同，应用点电荷电场强度的公式可求出介质球表面的极化电荷在球心产生的电场. 设面积元 dS 上的电荷为

$$\mathrm{d}q'=\sigma'\mathrm{d}S=\sigma'R^2\sin\theta\mathrm{d}\theta\mathrm{d}\varphi=PR^2\cos\theta\sin\theta\mathrm{d}\theta\mathrm{d}\varphi$$

该电荷在点 $O$ 产生的场强为 d$\boldsymbol{E}'$，方向如图 2-4-5 中所示，其大小为

$$\mathrm{d}E'=\frac{\mathrm{d}q'}{4\pi\varepsilon_0R^2}=\frac{P}{4\pi\varepsilon_0}\cos\theta\sin\theta\mathrm{d}\theta\mathrm{d}\varphi$$

由于轴对称性，场强只有沿 $x$ 轴的分量，所以

$$E_x'=\int\mathrm{d}E_x'=-\int\mathrm{d}E'\cos\theta$$

$$=-\frac{P}{4\pi\varepsilon_0}\int_0^{\pi}\mathrm{d}\varphi\int_0^{2\pi}\cos^2\theta\sin\theta\mathrm{d}\theta=-\frac{P}{3\varepsilon_0} \tag{2-4-12}$$

### 2.4.3 电介质的极化规律

电介质的极化是由外电场$\boldsymbol{E}_0$引起的，但是电介质一旦极化就出现极化电荷，极化电荷要产生附加电场$\boldsymbol{E}'$，这时电介质中总电场强度$\boldsymbol{E}=\boldsymbol{E}_0+\boldsymbol{E}'$. 因此，电介质的极化程度应由总电场$\boldsymbol{E}$决定. 电介质中$\boldsymbol{P}$与$\boldsymbol{E}$的关系称为极化规律，不同的电介质极化规律不同，可由实验来测定，按照$\boldsymbol{P}$与$\boldsymbol{E}$的关系来看，电介质大体有下面几种.

**(1) 各向同性电介质**

实验表明，有一类电介质，当电场不是特别强时，电介质中任意一点的极化强度$\boldsymbol{P}$的方向与该点的电场强度$\boldsymbol{E}$的方向一致，大小与该点电场强度$\boldsymbol{E}$的大小成正比，即

$$\boldsymbol{P}=\chi\varepsilon_0\boldsymbol{E} \qquad (2\text{-}4\text{-}13)$$

式中，$\chi$是大于零的常数，称为电介质的**电极化率**，它只与电介质的性质有关，与电场强度无关. 上式称为各向同性电介质的极化规律.

**(2) 各向异性电介质**

一些具有晶体结构的材料（例如石英晶体）沿不同方向呈现不同的物理性质（包括机械性质、电磁性质等），这称为各向异性. 各向异性电介质极化时，极化强度$\boldsymbol{P}$与场强$\boldsymbol{E}$的方向不同，极化规律比较复杂，在直角坐标系中，其极化规律可表示成

$$\begin{aligned}P_x&=\chi_{xx}\varepsilon_0E_x+\chi_{xy}\varepsilon_0E_y+\chi_{xz}\varepsilon_0E_z\\P_y&=\chi_{yx}\varepsilon_0E_x+\chi_{yy}\varepsilon_0E_y+\chi_{yz}\varepsilon_0E_z\\P_z&=\chi_{zx}\varepsilon_0E_x+\chi_{zy}\varepsilon_0E_y+\chi_{zz}\varepsilon_0E_z\end{aligned} \qquad (2\text{-}4\text{-}14)$$

可以把式（2-4-14）表示成矩阵形式，写成

$$\boldsymbol{P}=\chi\varepsilon_0\boldsymbol{E} \qquad (2\text{-}4\text{-}15)$$

在这里电极化率$\chi$不是一个常数，而是由九个分量组成的矩阵，通常把这样的物理量叫做张量.

**(3) 铁电体压电效应**

有一类特殊的晶体电介质，例如，酒石酸钾钠单晶（$NaKC_4H_4O_4\cdot 4H_2O$）、钛酸钡（$BaTiO_3$）、铌酸钠（$NaNbO_3$）、钽酸锂（$LiTaO_3$）等，在一定温度范围内，极化强度和场强之间呈现出如图 2-4-6 所示的复杂非线性关系. 当撤去外电场后，这类电介质能保留一定的极化. 因为这类电介质的极化和铁磁体的磁化相似，所以被称为铁电体. 铁电体有以下特性.

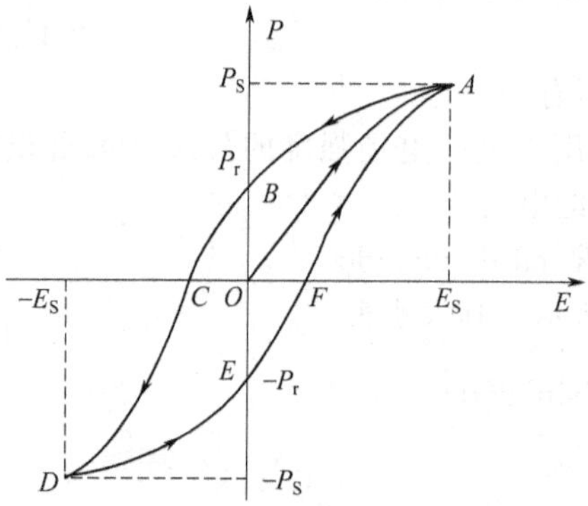


图 2-4-6 电滞回线

以钛酸钡为例，若在钛酸钡上加上外电场，并把场强从零开始逐渐增大，则钛酸钡介质中的极化强度沿图 2-4-6 中 OA 曲线上升，当极化强度的大小达到$P_S$（图 2-4-6 中点$A$）后，再增大场强，极化程度也不再增加，这种现象叫做电极化饱和. 此后，若减弱电场，极化程度不沿原曲线减小，而是沿 AB 曲线逐渐减小. 这表明钛酸钡中极化强度的减小滞后于场强的减小. 当场强减弱到零时，钛酸钡中的极化强度并不减为零，而是保留某个数值$P_r$（图 2-4-6 中$B$点），$P_r$叫做剩余极化强度. 这时若加上反向电场并逐渐增大场强，则极化强度沿曲线$BCD$变化. 当场强达到$-E_S$时，钛酸钡在反方向达到极化饱和. 此后，若减弱反向电场，则极化强度沿$DE$曲线变化. 当场强减弱到零时，钛酸钡中保持$-P_r$的剩余极化.

这时，若加上正向电场，则 $P$ 沿曲线 $EFA$ 上升. 可见，场强大小和方向变化一周，极化强度沿闭合曲线 $ABCDEFA$ 亦变化一周，这条闭合曲线叫做电滞回线. 不同的铁电体有不同的电滞回线.

当铁电体的温度超过某一临界值，铁电体就转化为一般电介质，这一临界温度叫做**居里点**. 不同铁电体有不同的居里点，例如钛酸钡的居里点为 120℃.

铁电体和某些晶体（如石英、电气石等晶体）在受到拉伸或压缩时也会发生极化现象，在承受压力或拉力的两个表面上出现等量异号的极化电极，这种现象叫做**压电效应**. 例如，石英晶体在受到 $9.81\mathrm{N}\cdot\mathrm{cm}^{-2}$ 的压强作用时，它承受正压力的两个表面出现 0.5V 左右的电势差.

压电效应有逆效应，即当给压电晶体加上电场时，它沿电场方向的长度发生变化，这种现象叫做**电致伸缩**. 当然，晶体的伸长或缩短是极其微小的，例如，在压电晶体的两个表面加上几百伏的电势差时，晶体只伸长或缩短千分之一微米.

压电效应和电致伸缩在近代科学技术中有广泛应用. 利用压电效应可以把机械振动转变为电振荡. 例如，扩音器的晶体话筒就是利用压电晶体的压电效应把机械振动转变为电振荡的. 利用电致伸缩则可以把电振荡还原为机械振动. 例如，晶体耳机就是借助压电晶体的电致伸缩把电振荡还原为机械振动，再把机械振动传给装在耳机中的金属膜片，使之发出声音. 此外，利用电致伸缩还可产生超声波. 把压电效应和电致伸缩结合在一起，还可制成晶体振荡器，利用石英晶体制成的振荡器频率稳定度极高. 可以作为时间和频率的标准. 此外，利用压电效应还可制成压电变压器和压电传感器等.

### 复习思考题

2-4-1 极化强度与极化电荷之间的关系是什么？在均匀极化的电介质中，极化电荷产生的附加电场 $\boldsymbol{E}'$ 与极化强度 $\boldsymbol{P}$ 有什么关系？

2-4-2 自由电荷与极化电荷有什么差别？为什么极化电荷产生的附加电场应与相同分布的自由电荷在真空中产生的电场有相同的规律？自由电荷在真空中产生的电场与在电介质中产生的电场是否相同？

2-4-3 各向同性电介质的极化规律中 $\boldsymbol{P}=\chi\varepsilon_0\boldsymbol{E}$ 的 $\boldsymbol{E}$ 是总电场还是外电场？为什么？

## 2.5 电介质中的静电场方程

在真空中，已知电荷分布，不难求出电场强度的分布. 当电场中有电介质时，空间任一点的电场强度 $\boldsymbol{E}$ 应是自由电荷 $q_0$ 产生的电场 $\boldsymbol{E}_0$ 与极化电荷 $q'$ 要产生的附加电场 $\boldsymbol{E}'$ 的矢量和，即

$$\boldsymbol{E}=\boldsymbol{E}_0+\boldsymbol{E}'$$

一般情况下，很难求出极化电荷产生的附加电场 $\boldsymbol{E}'$，那么也就无法得到电场强度 $\boldsymbol{E}$. 为了解决这一问题，我们可以先讨论电介质中静电场的方程，然后根据静电场方程，求解电场.

### 2.5.1 有电介质时的高斯定理

在第 1 章中，由库仑定律导出了真空中的静电场高斯定理

$$\oint\!\!\!\oint_S \boldsymbol{E}_0\cdot\mathrm{d}\boldsymbol{S}=\frac{q_0}{\varepsilon_0}$$

在有电介质时的静电场中，同时存在自由电荷和极化电荷，实验表明，极化电荷之间的静电相互作用也遵从库仑定律，极化电荷激发的电场的规律与性质与自由电荷应相同，因此有电介质时的静电场只要再把极化电荷考虑进去，高斯定理就仍然成立，即对电场中任一闭合曲面 $S$ 有

$$\oiint_S \boldsymbol{E} \cdot \mathrm{d}\boldsymbol{S} = \oiint_S (\boldsymbol{E}_0 + \boldsymbol{E}') \cdot \mathrm{d}\boldsymbol{S} = \frac{1}{\varepsilon_0}(q_0 + q') \tag{2-5-1}$$

式中，$q_0$ 与 $q'$ 分别是闭合曲面 $S$ 内的自由电荷代数和与极化电荷代数和；$\boldsymbol{E}$ 是全部电荷产生的总场强.

由极化电荷与极化强度的积分关系式

$$q' = -\oiint_S \boldsymbol{P} \cdot \mathrm{d}\boldsymbol{S}$$

代入上式得

$$\oiint_S \boldsymbol{E} \cdot \mathrm{d}\boldsymbol{S} = \frac{1}{\varepsilon_0}\left(q_0 - \oiint_S \boldsymbol{P} \cdot \mathrm{d}\boldsymbol{S}\right)$$

上式可写成

$$\oiint_S (\varepsilon_0 \boldsymbol{E} + \boldsymbol{P}) \cdot \mathrm{d}\boldsymbol{S} = q_0$$

令

$$\boldsymbol{D} = \varepsilon_0 \boldsymbol{E} + \boldsymbol{P} \tag{2-5-2}$$

式中，$\boldsymbol{D}$ 称为**电位移矢量**. 定义了 $\boldsymbol{D}$ 后，式(2-5-2) 可写成

$$\oiint_S \boldsymbol{D} \cdot \mathrm{d}\boldsymbol{S} = q_0 \tag{2-5-3}$$

上式表明：**通过任意闭合曲面的电位移通量等于该闭合曲面内所包围的自由电荷代数和**，这个结论称为**有电介质时的高斯定理**. 这个定理表明，电位移矢量起于自由正电荷而止于自由负电荷，不受极化电荷的影响，这样，我们就得到了绕开极化电荷来表述静电场基本规律的重要定理.

在真空中，$\boldsymbol{P}=0$，则 $\boldsymbol{D}=\varepsilon_0\boldsymbol{E}$，式(2-5-3) 就变成了真空中的高斯定理，即

$$\oiint_S \boldsymbol{E} \cdot \mathrm{d}\boldsymbol{S} = \frac{q_0}{\varepsilon_0}$$

显然，有电介质时的高斯定理更具有普遍性，它是电磁学的基本规律之一.

应当注意：式(2-5-3) 给出的是通过闭合曲面上电位移矢量 $\boldsymbol{D}$ 的通量只与自由电荷有关，这并不意味着 $\boldsymbol{D}$ 与 $q'$ 无关，根据场强叠加原理，电场是所有电荷产生电场的矢量和.

## 2.5.2 电位移矢量

由定义，电位移矢量为

$$\boldsymbol{D} = \varepsilon_0 \boldsymbol{E} + \boldsymbol{P}$$

实验表明：对于各向同性的电介质，电介质中任意一点的电极化强度 $\boldsymbol{P}$ 的方向与该点的电场强度 $\boldsymbol{E}$ 的方向一致，大小与该点电场强度 $\boldsymbol{E}$ 的大小成正比，即

$$\boldsymbol{P} = \chi \varepsilon_0 \boldsymbol{E}$$

代入上式可得

$$\boldsymbol{D} = \varepsilon_0 \boldsymbol{E} + \chi \varepsilon_0 \boldsymbol{E} = \varepsilon_0 (1 + \chi) \boldsymbol{E}$$

令

$$\varepsilon_r = 1 + \chi \tag{2-5-4}$$

则

$$\boldsymbol{D} = \varepsilon_0 \varepsilon_r \boldsymbol{E} = \varepsilon \boldsymbol{E} \tag{2-5-5}$$

式中，$\varepsilon = \varepsilon_0 \varepsilon_r$ 称为电介质的**电容率**：$\varepsilon_r = 1 + \chi$ 称为电介质的相对电容率. 式(2-5-5) 就是电位移 $\boldsymbol{D}$ 与电场强度 $\boldsymbol{E}$ 的关系式，称为电介质的性质方程.

在各向同性的均匀电介质内任取一闭合曲面 $S$，由高斯定理得

$$\oiint_S \boldsymbol{D} \cdot \mathrm{d}\boldsymbol{S} = q_0 = \iiint_V \rho_0 \mathrm{d}V$$

由于

$$\oiint_S \boldsymbol{D} \cdot \mathrm{d}\boldsymbol{S} = \varepsilon_0 \varepsilon_r \oiint_S \boldsymbol{E} \cdot \mathrm{d}\boldsymbol{S} = \varepsilon_0 \varepsilon_r \oiint_S (\boldsymbol{E}_0 + \boldsymbol{E}') \cdot \mathrm{d}\boldsymbol{S}$$

$$= \varepsilon_r (q_0 + q') = \varepsilon_r \iiint_V (\rho_0 + \rho') \mathrm{d}V$$

由上面两式可得

$$\varepsilon_r (\rho_0 + \rho') = \rho_0$$

即

$$\rho' = -\frac{\varepsilon_r - 1}{\varepsilon_r} \rho_0 \tag{2-5-6}$$

上式表明，在各向同性的均匀电介质内，极化电荷体密度 $\rho'$ 与自由电荷体密度 $\rho_0$ 符号相反，绝对值成比例. 如果均匀电介质内没有自由电荷，即 $\rho_0 = 0$，则 $\rho' = 0$，电介质内就没有极化电荷，此时极化电荷只分布在均匀电介质的表面上.

应该指出，在电场中引入的电位移矢量 $\boldsymbol{D}$ 只是一个辅助物理量，真正描述电场的物理量仍是电场强度 $\boldsymbol{E}$. 引入电位移矢量 $\boldsymbol{D}$ 的好处是可以绕开极化电荷把静电场规律表示出来，同时也可以为求解电场带来方便. 若已知自由电荷分布，通过有电介质时的高斯定理式(2-5-3)，在 $\boldsymbol{D}$ 的分布具有特殊对称性时，可以求出 $D$，再根据 $D = \varepsilon E$，得到电场强度 $E$. 需要强调的是，求出的电场强度 $E$ 既包含了自由电荷的电场，也包含了极化电荷的电场，只不过极化电荷的电场通过极化强度归并在其中了，这样可以避开极化电荷解出静电场问题.

## 2.5.3 电介质中静电场的环路定理

不论是自由电荷还是极化电荷，它们之间的相互作用力都遵从库仑定律，即电场力仍然是保守力，所以，电介质中静电场的环路定理仍然成立，即

$$\oint_L \boldsymbol{E} \cdot \mathrm{d}\boldsymbol{l} = \oint_L (\boldsymbol{E}_0 + \boldsymbol{E}') \cdot \mathrm{d}\boldsymbol{l} = 0 \tag{2-5-7}$$

由此，对于有电介质时的静电场来说，电势、电势能的概念，电势与场强的关系仍然有效.

需要强调，静电场的高斯定理只是反映了静电场的一个方面，单单靠它一般不能把静电场的分布完全确定下来的. 静电场的环路定理反映了静电场的另一方面，只有把高斯定理和环路定理结合起来，才能把静电场的基本性质全面地反映出来.

**【例 2-5-1】** 一个半径为 $R_1$，带电荷为 $q_0$ 的金属球，被一外半径为 $R_2$、相对电容率为 $\varepsilon_r$ 的均匀电介质球壳所包围，如图 2-5-1 所示. 求：①电介质中 $\boldsymbol{D}$ 和 $\boldsymbol{E}$ 的分布；②电介质的极化电荷分布；③导体球的电势.

**解：** ①由金属球上自由电荷分布的对称性可知，电介质中 $\boldsymbol{D}$ 的分布具有球对称性，在

电介质中取一半径为 $r$ 的同心球面 $S$，如图 2-5-1 所示，则 $S$ 上各点 $\boldsymbol{D}$ 的大小相等，$\boldsymbol{D}$ 的方向沿径向，且球面 $S$ 的外法线沿径向，于是球面上的电位移通量为

$$\oiint_S \boldsymbol{D}\cdot \mathrm{d}\boldsymbol{S}=\oiint_S D\mathrm{d}S=D4\pi r^2$$

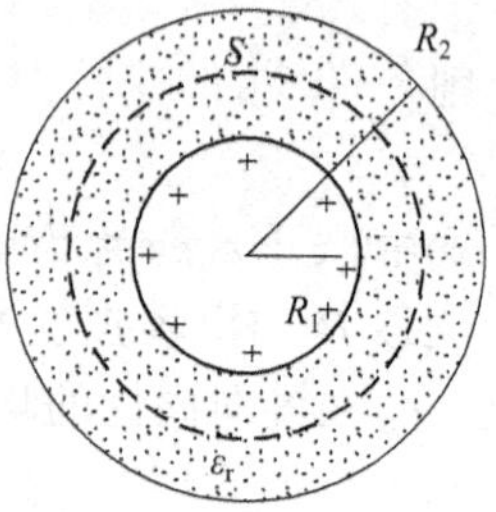

图 2-5-1　例 2-5-1 图

球面 $S$ 所包围的自由电荷为 $q_0$，根据电介质的高斯定理，有

$$\oiint_S \boldsymbol{D}\cdot \mathrm{d}\boldsymbol{S}=q_0$$

可得

$$D4\pi r^2=q_0$$

$$D=\frac{q_0}{4\pi r^2}$$

写成矢量式为

$$\boldsymbol{D}=\frac{q_0}{4\pi r^2}\boldsymbol{e}_{\mathrm{n}} \tag{2-5-8}$$

由 $\boldsymbol{D}=\varepsilon_0\varepsilon_r\boldsymbol{E}$ 得电场强度为

$$\boldsymbol{E}=\frac{\boldsymbol{D}}{\varepsilon_0\varepsilon_r}=\frac{q_0}{4\pi\varepsilon_0\varepsilon_r r^2}\boldsymbol{e}_{\mathrm{n}} \tag{2-5-9}$$

若金属球外没有电介质，则球外的电场强度为

$$\boldsymbol{E}_0=\frac{q_0}{4\pi\varepsilon_0 r^2}\boldsymbol{e}_{\mathrm{n}} \tag{2-5-10}$$

可见

$$\boldsymbol{E}=\frac{1}{\varepsilon_r}\boldsymbol{E}_0 \tag{2-5-11}$$

即在电介质中任一点的场强是自由电荷在该点产生的场强的 $1/\varepsilon_r$ 倍. 上面并没有去计算极化电荷和它的附加电场而直接解高斯定理求出了电场分布.

在这里电介质中的场强仍有 $\boldsymbol{E}=\frac{1}{\varepsilon_r}\boldsymbol{E}_0$，需要说明，这个关系式不是所有情况下都成立，而是只有电介质均匀充满整个电场或均匀充满两个等势面的空间时才成立.

② 由于是均匀电介质，介质壳内无体极化电荷，极化电荷只分布在介质表面上，根据式（2-4-9），在电介质分界面上的极化电荷面密度为

$$\sigma'=P_{\mathrm{n}}$$

对于各向同性介质，有 $P_{\mathrm{n}}=\varepsilon_0(\varepsilon_r-1)E_{\mathrm{n}}$，$E_{\mathrm{n}}$ 是场强在法向的分量，在球壳的内表面上，由于分界面的外法线方向与场强方向相反，所以

$$E_{\mathrm{n}}=-\frac{q_0}{4\pi\varepsilon_0\varepsilon_r R_1^2}$$

那么

$$\sigma_1'=\varepsilon_0(\varepsilon_r-1)E_{\mathrm{n}}=-\frac{\varepsilon_r-1}{\varepsilon_r}\,\frac{q_0}{4\pi R_1^2}$$

整个分界面上的极化电荷为

$$q_1'=-\frac{\varepsilon_r-1}{\varepsilon_r}q_0 \tag{2-5-12}$$

同理可得，在 $r=R_2$ 的分界面上，极化电荷

$$q_2' = \frac{\varepsilon_r - 1}{\varepsilon_r} q_0 \tag{2-5-13}$$

极化电荷的绝对值要小于自由电荷的绝对值.

也可以这样来看，介质极化后相当于新增加了两个均匀带极化电荷的球面，由于外表面上极化电荷在电介质内产生的场强为零，则电介质中任一点的场强是自由电荷产生的电场和电介质内表面上极化电荷产生的电场的矢量和. 即

$$\boldsymbol{E} = \boldsymbol{E}_0 + \boldsymbol{E}' = \frac{q_0}{4\pi\varepsilon_0 r^2}\boldsymbol{e}_n + \frac{q_1'}{4\pi\varepsilon_0 r^2}\boldsymbol{e}_n$$

$$= \frac{q_0}{4\pi\varepsilon_0 r^2}\boldsymbol{e}_n + \frac{-\dfrac{\varepsilon_r - 1}{\varepsilon_r}q_0}{4\pi\varepsilon_0 r^2}\boldsymbol{e}_n = \frac{q_0}{4\pi\varepsilon_0\varepsilon_r r^2}\boldsymbol{e}_n$$

可见结果与式(2-5-9) 完全一样.

③ 整个空间的电场分布为

$$\boldsymbol{E} = 0 \quad , \quad r < R_1$$

$$\boldsymbol{E} = \frac{q_0}{4\pi\varepsilon_0\varepsilon_r r^2}\boldsymbol{e}_n, \quad R_1 \leqslant r \leqslant R_2$$

$$\boldsymbol{E} = \frac{q_0}{4\pi\varepsilon_0 r^2}\boldsymbol{e}_n, \quad r > R_2$$

可以求出金属球的电势为

$$U = \int_{R_1}^{\infty} \boldsymbol{E} \cdot d\boldsymbol{l} = \int_{R_1}^{R_2} \boldsymbol{E} \cdot d\boldsymbol{l} + \int_{R_2}^{\infty} \boldsymbol{E} \cdot d\boldsymbol{l}$$

$$= \frac{q_0}{4\pi\varepsilon_0\varepsilon_r}\left(\frac{1}{R_1} - \frac{1}{R_2}\right) + \frac{q_0}{4\pi\varepsilon_0 R_2}$$

**【例 2-5-2】** 一平行板电容器，极板面积为 $S$，极板上的电荷面密度分别为 $+\sigma$ 和 $-\sigma$，极板间充有厚度分别为 $d_1$ 和 $d_2$ 的两层均匀电介质，其相对电容率分别为 $\varepsilon_{r1}$ 和 $\varepsilon_{r2}$（$\varepsilon_{r1} > \varepsilon_{r2}$）. 求：①两层电介质中的场强分布；②两层电介质中的极化强度以及两层电介质交界面上的极化电荷面密度；③电容器的电容.

**解：** ① 平行板电容器极板上的自由电荷产生均匀电场，方向垂直于极板，并由正极板指向负极板. 电介质均匀极化，且极化后在电介质的表面上出现均匀分布的极化电荷，故介质中的 $\boldsymbol{E}$ 与平板垂直，从而 $\boldsymbol{D}$ 的方向亦垂直于平板，且在在每层介质中是均匀的.

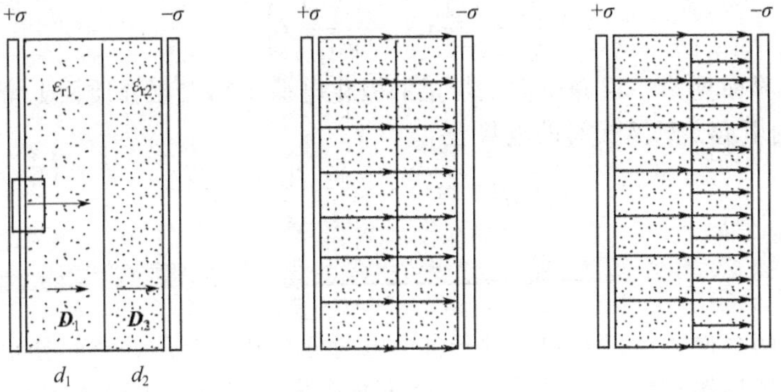


(a) 求电位移　　(b) **D**线图　　(c) **E**线图

图 2-5-2　例 2-5-2 图

作闭合圆柱面，如图 2-5-2(a) 所示，使圆柱面的一个底面位于金属板内，静电平衡条

件下，金属板内 $\boldsymbol{E}=0$，$\boldsymbol{D}=0$，从而有 $S$ 上的电位移通量为

$$\oiint_S \boldsymbol{D}\cdot d\boldsymbol{S}=\iint_{左底面}\boldsymbol{D}\cdot d\boldsymbol{S}+\iint_{侧面}\boldsymbol{D}_1\cdot d\boldsymbol{S}+\iint_{右底面}\boldsymbol{D}_1\cdot d\boldsymbol{S}=D_1\Delta S$$

式中，$D_1$ 是第一层介质中电位移矢量的大小；$\Delta S$ 是底面的面积. 由高斯定理可得

$$\oiint_S \boldsymbol{D}\cdot d\boldsymbol{S}=q=\sigma\Delta S$$

$$D_1\Delta S=\sigma\Delta S$$

所以

$$D_1=\sigma \tag{2-5-14}$$

同理可得第二层电介质中的电位移矢量大小为

$$D_2=\sigma \tag{2-5-15}$$

可见

$$\boldsymbol{D}_1=\boldsymbol{D}_2 \tag{2-5-16}$$

电位移矢量的方向由正极板指向负极板，电位移线连续地穿过两种电介质的分界面，如图 2-5-2(b) 所示.

根据，$\boldsymbol{D}=\varepsilon_0\varepsilon_r\boldsymbol{E}$，可得两种电介质中的场强大小为

$$E_1=\frac{D_1}{\varepsilon_0\varepsilon_{r1}}=\frac{\sigma}{\varepsilon_0\varepsilon_{r1}} \tag{2-5-17}$$

$$E_2=\frac{D_2}{\varepsilon_0\varepsilon_{r2}}=\frac{\sigma}{\varepsilon_0\varepsilon_{r2}} \tag{2-5-18}$$

可见，$E_1\neq E_2$，电场线条数在两种介质分界面发生突变. 如图 2-5-2(c) 所示. 这是由于不同的电介质在电场中的极化程度不同，在介质表面上产生的极化电荷也不同，因而产生的附加电场也不相同.

② 两层介质中电极化强度

$$P_1=(\varepsilon_{r1}-1)\varepsilon_0E_1=\frac{\varepsilon_{r1}-1}{\varepsilon_{r1}}\sigma \tag{2-5-19}$$

$$P_2=(\varepsilon_{r2}-1)\varepsilon_0E_2=\frac{\varepsilon_{r2}-1}{\varepsilon_{r2}}\sigma \tag{2-5-20}$$

根据式(2-4-8) 两层电介质交界面上的极化电荷面密度为

$$\begin{aligned}\sigma'&=-(\boldsymbol{P}_2-\boldsymbol{P}_1)\cdot\boldsymbol{e}_n=-(P_2-P_1)\\&=-\left(\frac{\varepsilon_{r2}-1}{\varepsilon_{r2}}\sigma-\frac{\varepsilon_{r1}-1}{\varepsilon_{r1}}\sigma\right)\end{aligned}$$

即两层电介质交界面处第一层介质面上带正的极化电荷；第二层介质面上带负极化电荷.

③ 电容器的电容. 两极板间的电势差

$$U=E_1d_1+E_2d_2=\frac{\sigma}{\varepsilon_0}\left(\frac{d_1}{\varepsilon_{r1}}+\frac{d_2}{\varepsilon_{r2}}\right)$$

$$C=\frac{Q}{U}=\frac{\varepsilon_0\varepsilon_{r1}\varepsilon_{r2}S}{\varepsilon_{r2}d_1+\varepsilon_{r1}d_2}$$

通过上面的两个例子可以看到，对于自由电荷分布和电介质的空间分布具有对称性的静电场问题，可以根据对称性选取适当的闭合曲面作为高斯面，通过有电介质电场的高斯定理，先求出电场的电位移矢量 $\boldsymbol{D}$，然后求得电场强度 $\boldsymbol{E}$ 和极化强度 $\boldsymbol{P}$，由 $\boldsymbol{P}$ 求出电介质表面上的极化电荷分布，这样，在电介质内的静电场问题就得以解决. 不过这种方法只适用于有对称性的静电场问题，对于一般有电介质存在的静电场问题，需要用高斯定理和环路定理

的微分形式才能求解.

## 复习思考题

2-5-1 为什么要引入电位移矢量 $\boldsymbol{D}$ ? 由 $\oiint_S \boldsymbol{D}\cdot \mathrm{d}\boldsymbol{S}=q_0$ 可知，电位移通量只与自由电荷有关，而与极化电荷无关，那么 $\boldsymbol{D}$ 是否只与自由电荷有关，而与极化电荷无关呢?

2-5-2 电介质中的场强 $\boldsymbol{E}=\dfrac{1}{\varepsilon_r}\boldsymbol{E}_0$（$\boldsymbol{E}_0$ 是没有电介质时的场强)，这个关系在什么情况才成立?

2-5-3 均匀电介质极化后不会产生体分布的极化电荷，只是在电介质的表面出现面分布的极化电荷. 若均匀电介质是无限大的，那么它的表面在无限远处，那里的极化电荷对考察点的电场无影响，因此均匀的无限大的电介质与真空的情况完全相同. 你是否同意这种说法?

# 2.6 静电场中的能量

## 2.6.1 电容器储能

电容器一旦带电，它就储存了电能. 设电容器的电容为 $C$ ，充电完毕后极板上带电量为 $Q$ ，两极板间的电压为 $U$ . 完成这个充电过程，要靠电源作功，电源所作的功就以电能的形式储存在电容器之中.

下面计算电容器能储存多大的能量. 电容器的充电过程可以看成电源逐步把正电荷从负极板搬运到正极板的过程，由于正、负极板间存在电势差，电源需要不断克服电场力作功. 如图 2-6-1 所示，设在充电过程的某一瞬时，电容器两极板上已经带电荷分别为 $+q$ 和 $-q$， 两极板的电势差为 $u$， 那么再将电荷元 $\mathrm{d}q$ 从负极板搬运到正极板电源所作的元功为

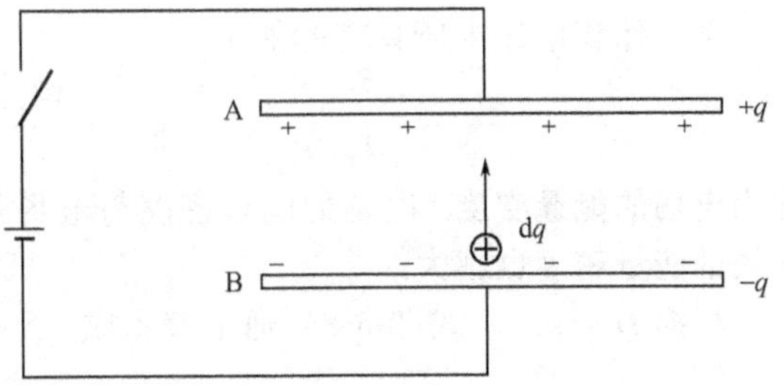


图 2-6-1 电源克服电场力作功

$$\mathrm{d}W=u\,\mathrm{d}q=\frac{q}{C}\mathrm{d}q$$

在整个充电过程中电源所作的总功

$$W=\int \mathrm{d}W=\int_0^Q \frac{q}{C}\mathrm{d}q=\frac{1}{2}\frac{Q^2}{C}$$

根据能量守恒，这些功转换为电容器储存的能量，故

$$W_e=\frac{1}{2}\frac{Q^2}{C}$$

利用 $Q=CU$ ，则

$$W_e=\frac{1}{2}\frac{Q^2}{C}=\frac{1}{2}CU^2=\frac{1}{2}QU \tag{2-6-1}$$

式(2-6-1) 就是电容器的储能公式.

在实际应用时，电容器的充电电压是给定的，所以经常用到下式

$$W_e = \frac{1}{2}CU^2$$

这表明，电容器的电容也是电容器储能本领大小的标志.

【例 2-6-1】 电容 $C=1\,000\mu F$ 的电容器，用电压为 400V 的电源充电，①求充电结束后电容器储存的能量；②若电容器经 0.01s 放电，计算电容器的平均输出功率.

**解：**①根据式(2-6-1)，充电结束后电容器储存的能量为

$$W_e = \frac{1}{2}CU^2 = \frac{1}{2}\times 10^3 \times 10^{-6} \times 400^2 = 80(\text{J})$$

② 放电时电容器的平均输出功率为

$$P = \frac{W_e}{t} = \frac{80}{0.01} = 8\times 10^3(\text{W})$$

因为电容器放电时间极短，所以输出功率很大，这在工程技术中经常应用，例如摄影中的闪光灯，脉冲式大功率激光器等；短路放电时产生的火花可以熔焊金属等.

## 2.6.2 静电场的能量

电容器的能量储存在哪里呢？电容器的充电过程，实际上也就是电容器内电场的建立过程，电容器储存能量，也就是电场具有能量. 我们仍以平行板电容器为例进行讨论.

对于极板面积为 $S$ 、间距为 $d$ 的平行板电容器，若不计边缘效应，则电场所占有的空间体积 $V=Sd$，于是储存的能量也可以写成

$$W_e = \frac{1}{2}CU^2 = \frac{1}{2}\frac{\varepsilon S}{d}(Ed)^2 = \frac{1}{2}\varepsilon E^2 Sd = \frac{1}{2}\varepsilon E^2 V \tag{2-6-2}$$

单位体积电场内所具有的能量

$$w_e = \frac{W_e}{V} = \frac{1}{2}\varepsilon E^2 \tag{2-6-3}$$

称为**电场的能量密度**. 电场的能量密度与电场强度的二次方成正比，电场强度越大的区域，电场的能量密度也越大.

根据 $\boldsymbol{D}=\varepsilon\boldsymbol{E}$，式(2-6-3) 通常表示成

$$w_e = \frac{1}{2}\boldsymbol{D}\cdot\boldsymbol{E} \tag{2-6-4}$$

电场的能量密度公式尽管是从平行板电容器这个特例得到的，但是式(2-6-4) 对任意电场都成立，是一个普遍的公式. 不仅适用于静电场，而且适用于随时间变化的电场.

如果电场是非均匀的情况，电场中一定空间体积内的电场能量等于该体积内电场能量密度的体积分，即

$$W_e = \iiint_V w_e \mathrm{d}V = \iiint_V \frac{1}{2}\boldsymbol{D}\cdot\boldsymbol{E}\,\mathrm{d}V \tag{2-6-5}$$

需要说明的是，在静电场范围内，电荷是能量的携带者还是电场是能量的携带者，这两种观点是等效的，没有区别，这是因为静电场总是伴随着电荷而产生. 但对于变化的电磁场来说，情况就不一样了，在电磁波的传播过程中，并没有电荷伴随传播，所以不能说电磁波能量的携带者是电荷，而只能说电磁波能量的携带者是电场和磁场，电场和磁场具有能量.

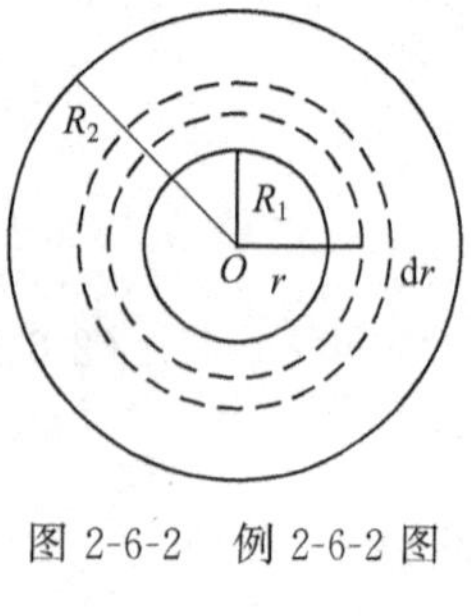


图 2-6-2 例 2-6-2 图

【例 2-6-2】 如图 2-6-2 所示，球形电容器的内、外半径分别

为 $R_1$ 和 $R_2$，所带电荷分别为 $+Q$ 和 $-Q$，若在两球壳之间充满电容率为 $\varepsilon$ 的电介质，求电容器储存的电场能量为多少？

**解：** 根据球形电容器极板上电荷分布的对称性，则球壳间的电场也是球对称分布的，由高斯定理可求得球壳间的电位移和电场强度分别为

$$\boldsymbol{D}=\frac{Q}{4\pi r^2}\boldsymbol{e}_r,\qquad \boldsymbol{E}=\frac{Q}{4\pi\varepsilon r^2}\boldsymbol{e}_r,\qquad (R_1<r<R_2)$$

所以距球心为 $r$ 处的电场能量密度

$$w_e=\frac{1}{2}\boldsymbol{D}\cdot\boldsymbol{E}=\frac{Q^2}{32\pi^2\varepsilon r^4}$$

取半径为 $r$，厚为 $\mathrm{d}r$ 的球壳，其体积元为 $\mathrm{d}V=4\pi r^2\mathrm{d}r$，所以，在该体积元的电场能量为

$$\mathrm{d}W_e=w_e\mathrm{d}V=\frac{Q^2}{32\pi^2\varepsilon r^4}4\pi r^2\mathrm{d}r=\frac{Q^2}{8\pi\varepsilon r^2}\mathrm{d}r$$

整个电场的总能量为

$$W_e=\int\mathrm{d}W_e=\frac{Q^2}{8\pi\varepsilon}\int_{R_1}^{R_2}\frac{\mathrm{d}r}{r^2}=\frac{Q^2}{8\pi\varepsilon}\left(\frac{1}{R_1}-\frac{1}{R_2}\right)=\frac{1}{2}\frac{Q^2}{4\pi\varepsilon\dfrac{R_1R_2}{R_2-R_1}}$$

我们知道，球形电容器的电容 $C=4\pi\varepsilon\dfrac{R_1R_2}{R_2-R_1}$，所以上面的结果与由电容器的能量公式得到的结果完全相同.

**【例 2-6-3】** 在如图 2-6-3 所示的圆柱形电容器中，内外导体圆柱面的半径分别为 $R_1$ 和 $R_2$，两圆柱面间充满空气（$\varepsilon_r\approx1$），已知空气的击穿场强是 $E_b=3\times10^6\ \mathrm{V/m}$，如果取外导体圆柱面的半径 $R_2$ 为定值，在空气不被击穿的情况下，内导体圆柱面的半径 $R_1$ 取多大值时可使电容器储存的能量最大？

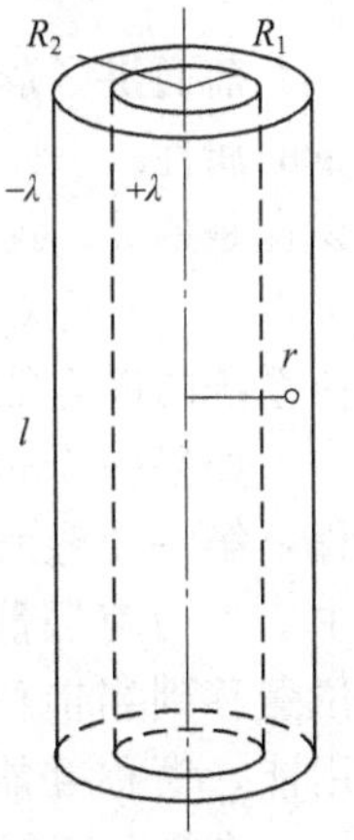

图 2-6-3 例 2-6-3 图

**解：** 这是一个求极值的问题，先求出场强分布，再求电容器的能量，对能量求极值得到其条件.

设内外圆柱导体面单位长度的电荷分别为 $+\lambda$ 和 $-\lambda$，由高斯定理可得两圆柱面间的电场强度为

$$E=\frac{\lambda}{2\pi\varepsilon_0 r}\quad(R_1<r<R_2)\tag{2-6-6}$$

可以看出在内圆筒表面附近，即 $r=R_1$ 处电场最强，设想此处的场强为击穿场强 $E_b$，于是有

$$E_b=\frac{\lambda_m}{2\pi\varepsilon_0R_1}$$

$\lambda_m=2\pi\varepsilon_0R_1E_b$ 是在空气介质不被击穿时单位长度导体圆柱面上带的最大电荷量，显然 $\lambda_m$ 是由 $E_b$ 和 $R_1$ 决定的.

由电容器的能量公式，长度为 $l$ 的圆柱形电容器所储存的能量为

$$W_e=\frac{1}{2}\frac{Q^2}{C}=\frac{\lambda^2 l}{4\pi\varepsilon_0}\ln\frac{R_2}{R_1}\tag{2-6-7}$$

将 $\lambda_m=2\pi\varepsilon_0R_1E_b$ 代入式(2-6-7)，得到最大能量公式

$$W_e=\pi\varepsilon_0E_b^2R_1^2l\ln\frac{R_2}{R_1}\tag{2-6-8}$$

对式(2-6-8) 求导，并令

$$\frac{dW_e}{dR_1}=\pi\varepsilon_0 E_b^2 R_1 l\left(2\ln\frac{R_2}{R_1}-1\right)=0$$

有

$$2\ln\frac{R_2}{R_1}-1=0$$

即

$$R_1=\frac{R_2}{\sqrt{e}} \tag{2-6-9}$$

这时圆柱形电容器所储存的能量最大，且空气又不被击穿.

还可以算出在空气不被击穿时，圆柱形电容器两极板间的最大电势差

$$U_m=\frac{\lambda_m}{2\pi\varepsilon_0}\ln\frac{R_2}{R_1}=E_b R_1\ln\frac{R_2}{R_1}=E_b\frac{R_2}{\sqrt{e}}\ln\frac{R_2}{R_2/\sqrt{e}}=\frac{E_b R_2}{2\sqrt{e}} \tag{2-6-10}$$

如果 $R_2=10^{-2}\,\text{m}$， 则 $R_1=10^{-2}/\sqrt{e}=6.07\times10^{-3}\,\text{m}$， $U_m=9.1\times10^3\,\text{V}$.

## 2.6.3 电荷体系的静电能

前面讲了静电场的能量公式，电场是物质的一种存在形式，它和实物物质一样也具有能量的属性. 一种特定形式的能量是由其它运动形式的能量的转化而来，对静电场的能量的认识也是如此. 我们知道，一定的电荷体系分布对应一定的电场分布，所以，静电场的能量又可以以产生电场的电荷系统的电荷分布方式表达出来，并把这种方式表达出来的能量称为电荷系统的静电能.

如果一个带电体系是由几个带电体组成，可以把带电体系的形成过程设想成两个过程：第一个过程是每个带电体的各个电荷元由无限分散的状态形成带电体，在这个过程中，外力克服静电力所作的功称为自能；第二个过程是各个带电体从彼此相距无限远的位置移到当前位置，形成带电体系，外力克服静电力所作的功称为该带电体系的相互作用能，简称互能.

自能和互能称为带电体系的静电能.

**(1) 点电荷系的相互作用能**

先考虑最简单的情况，如图 2-6-4 所示，设两个点电荷 $q_1$ 与 $q_2$ 分别位于相距 $r_{12}$ 的 $P_1$ 点和 $P_2$ 点，为了计算它们的相互作用能，可以设想先把 $q_1$ 由无限远移到 $P_1$ 点，在这个移动过程中，因 $q_1$ 距 $q_2$ 无限远，没有电场力的作用，所以不需外力作功. 再把 $q_2$ 从无限远处移至 $P_2$ 点，在这个过程中，因 $q_2$ 受 $q_1$ 产生的电场力的作用，$q_2$ 必须在外力作用下克服电场力作功才能完成这个过程. 根据电场力作功等于电势能增量的负值，则外力克服电场力的功为

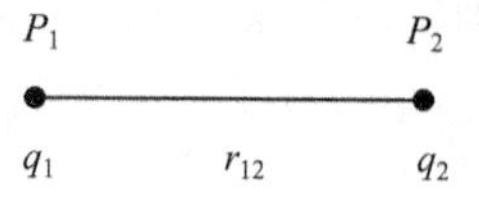

图 2-6-4 两个点电荷的互能

$$W_{12}=q_2U_{12}=\frac{q_1q_2}{4\pi\varepsilon_0 r_{12}}$$

式中，$U_{12}=\dfrac{q_1}{4\pi\varepsilon_0 r_{12}}$ 是 $q_1$ 在 $P_2$ 点产生的电势.

如果先把 $q_2$ 从无限远处移至 $P_2$ 点，再把 $q_1$ 由无限远移到 $P_1$ 点，外力克服电场力的功为

$$W_{21}=q_1U_{21}=\frac{q_1q_2}{4\pi\varepsilon_0 r_{21}}$$

式中，$U_{21}=\dfrac{q_2}{4\pi\varepsilon_0 r_{21}}$ 是 $q_2$ 在 $P_1$ 点产生的电势.

这个功称为两点电荷系的静电相互作用能，即

$$W_{互}=W_{12}=W_{21}=\frac{q_1q_2}{4\pi\varepsilon_0 r_{12}}$$

我们通常写成另一种对称形式

$$W_{互}=\frac{1}{2}(q_1U_{21}+q_2U_{12}) \tag{2-6-11}$$

交换下标 1、2 时，右边的项不变，这种下标的对称性质表明了外界作功与点电荷的移动次序无关.

同理可以得到三个点电荷系的相互作用能，如图 2-6-5 所示，它应是三个点电荷的两两相互作用能之和，即

$$W_{互}=W_{12}+W_{23}+W_{31}$$

其中

$$W_{12}=\frac{1}{2}(q_1U_{21}+q_2U_{12})$$

$$W_{23}=\frac{1}{2}(q_2U_{32}+q_3U_{23})$$

$$W_{31}=\frac{1}{2}(q_3U_{13}+q_1U_{31})$$

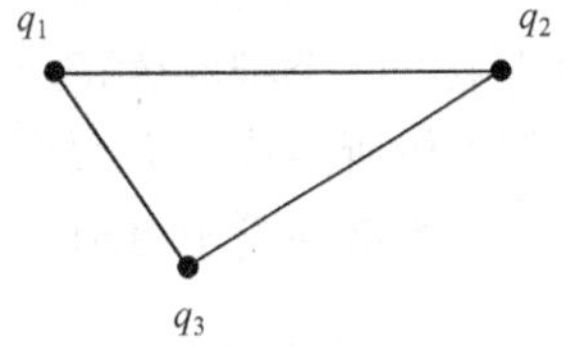


图 2-6-5 三个点电荷的互能

则

$$W_{互}=\frac{1}{2}q_1(U_{21}+U_{31})+\frac{1}{2}q_2(U_{12}+U_{32})+\frac{1}{2}q_3(U_{13}+U_{23})$$
$$=\frac{1}{2}q_1U_1+\frac{1}{2}q_2U_2+\frac{1}{2}q_3U_3 \tag{2-6-12}$$

$U_1=U_{21}+U_{31}$ 是 $q_2$ 和 $q_3$ 在 $q_1$ 处产生的电势之和；$U_2=U_{12}+U_{32}$ 是 $q_1$ 和 $q_3$ 在 $q_2$ 处产生的电势之和；$U_3=U_{13}+U_{23}$ 是 $q_1$ 和 $q_2$ 在 $q_3$ 处产生的电势之和.

这样，对于 $n$ 个点电荷组成的系统，其相互作用能为

$$W_{互}=\frac{1}{2}\sum_{i=1}^{n}q_iU_i \tag{2-6-13}$$

$U_i$ 是除 $q_i$ 外，其它点电荷在 $q_i$ 处产生的电势之和

$$U_i=\frac{1}{4\pi\varepsilon_0}\sum_{j\neq i}^{n}\frac{q_j}{r_{ij}} \tag{2-6-14}$$

点电荷系的相互作用能等于点电荷系中每个点电荷在其它点电荷电场中电势能之和的1/2倍，之所以有1/2，是因为计算电势能之和时，既算了点电荷 $q_i$ 在点电荷 $q_j$ 电场中的电势能，又算了点电荷 $q_j$ 在点电荷 $q_i$ 电场中的电势能，这就多算了一次，所以要乘上 1/2. 点电荷系的相互作用能在讨论离子晶体的结合能时是非常有用的.

**【例 2-6-4】** 如图 2-6-6 所示，在边长为 $a$ 的立方体的每个顶角上都有一个电荷量为 $-q$ 的点电荷，在立方体的中心有电荷量为 $+2q$ 的点电荷，求这个点电荷系的相互作用能.

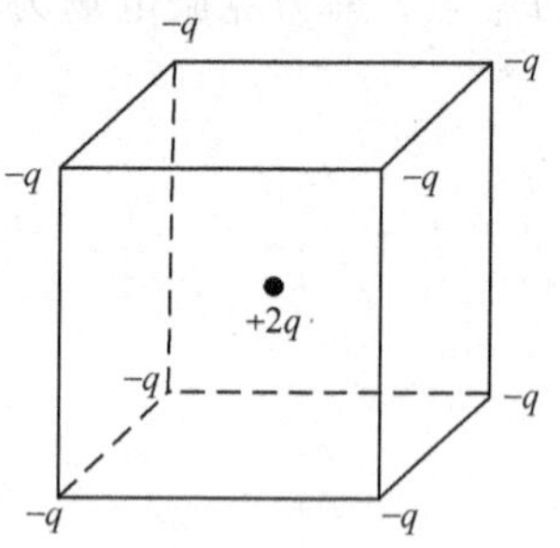


图 2-6-6　例 2-6-4 图

**解：** 根据电荷分布的对称性可知除各自顶角上的电荷外，其他电荷在 8 个顶点处的电势都相等，设为 $U_1$，中心处的电势为 $U_2$，则

$$U_1=3\left(\frac{-q}{4\pi\varepsilon_0 a}\right)+3\left(\frac{-q}{4\pi\varepsilon_0\sqrt{2}a}\right)+\frac{-q}{4\pi\varepsilon_0\sqrt{3}a}+\frac{2q}{4\pi\varepsilon_0\dfrac{\sqrt{3}}{2}a}=-\frac{3.39q}{4\pi\varepsilon_0 a}$$

$$U_2=8\times\frac{-q}{4\pi\varepsilon_0\dfrac{\sqrt{3}}{2}a}=-\frac{9.24q}{4\pi\varepsilon_0 a}$$

根据式(2-6-8)，这个点电荷系的相互作用能为

$$W_{互}=\frac{1}{2}[8\times(-q)U_1+2qU_2]=\frac{3.39q^2}{\pi\varepsilon_0 a}-\frac{9.24q^2}{4\pi\varepsilon_0 a}=\frac{0.34q^2}{\varepsilon_0 a}$$

**(2) 连续分布带电体系的静电能**

对于一个电荷连续分布的带电体，可以把这个带电体看成由无限多个电荷元组成，每个电荷元可以看成是一个点电荷，整个带电体可以看成一个点电荷系. 设 $\mathrm{d}q$ 是带电体中任意一个电荷元，它所在处的电势为 $U$，根据式(2-6-13)，这个带电体的静电能应为

$$W_e=\frac{1}{2}\int U\mathrm{d}q \tag{2-6-15}$$

因为只有一个带电体，上式的静电能表示的是带电体的自能. 如果带电体系是多个连续分布的带电体所组成，上式中的静电能应是自能和互能之和.

若带电体系中电荷以体密度连续分布，则 $\mathrm{d}q=\rho\mathrm{d}V$，上式可写为

$$W_e=\frac{1}{2}\iiint_V\rho U\mathrm{d}V \tag{2-6-16}$$

**【例 2-6-5】** 一个孤立带电导体球带电量 $q$ 半径为 $R$，求其静电能.

**解：** 电荷均匀分布在球面上，球面上任意点的电势 $U=\dfrac{q}{4\pi\varepsilon_0 R}$，电荷面密度 $\sigma=\dfrac{q}{4\pi\varepsilon_0 R^2}$

$$W_e=\frac{1}{2}\int U\mathrm{d}q=\frac{1}{2}\iint_S\sigma U\mathrm{d}S=\frac{1}{2}\iint_S\frac{q}{4\pi\varepsilon_0 R^2}\frac{q}{4\pi\varepsilon_0 R}\mathrm{d}S=\frac{q^2}{8\pi\varepsilon_0 R}$$

如果用静电场的能量公式去计算，所得结果相同.

**【例 2-6-6】** 一平行板电容器，电容为 $C$，两极板分别带电荷为 $+Q$ 和 $-Q$，求其静电能.

**解：** 电容器是两个导体带电面，其静电能可利用式(2-6-13) 求得，设正极板的电势为 $U_+$，负极板的电势为 $U_-$，则带电平行板电容器的静电能为

$$W_e=\frac{1}{2}QU_+-\frac{1}{2}QU_-=\frac{1}{2}Q(U_+-U_-)=\frac{1}{2}QU$$

式中，$U=U_+-U_-$，即两极板的电势差. 这正是电容器的能量公式.

第 1 章中我们讨论过电荷在外电场中的电势能，例如点电荷 $q$ 在外电场中某点的电势能可表示为

$$E_{势}=qU \tag{2-6-17}$$

式中，$U$ 是该点的电势. 显然电荷在外电场中的电势能本质上是一种相互作用能，换言之，就是电荷与产生外电场的带电系统之间的互能，它不包括电荷体系本身的自能. 这就是为什么通常说电势能是系统所具有的. 在实际问题中常常研究电荷在外电场中的运动问题，这时，电荷体系的自能不变，电荷的运动只是改变它在外电场的互能，外界做功正好等

于互能的增加.

**【例 2-6-7】** 求电偶极子在外电场中的电势能.

**解：** 如图 1-7-2 所示，在匀强电场 $\boldsymbol{E}$ 中，放置一个电偶极矩为 $\boldsymbol{p}=q\boldsymbol{l}$ 的电偶极子. 设 $+q$ 和 $-q$ 所在处的电势分别为 $U_+$ 和 $U_-$，电偶极子的电势能为

$$E_{势}=qU_+-qU_-=-q(U_--U_+)=-qlE\cos\theta$$

有

$$E_{势}=-\boldsymbol{p}\cdot\boldsymbol{E} \tag{2-6-18}$$

上式表明，在均匀电场中电偶极子的电势能与电偶极矩在电场中的方位有关，当 $\boldsymbol{p}$ 与 $\boldsymbol{E}$ 的方向相同时，即 $\theta=0$ 时，其电势能 $E_p=-pE$，此时电势能最低，从能量的观点来看，能量越低，系统的状态越稳定，这个位置是电偶极子的稳定平衡位置.

### 复习思考题

2-6-1 两个极板面积和极板间距都相等的电容器，一个极板间是空气，一个极板间是云母介质，二者并联时，哪个储存的电能多？二者串联时，哪个储存的电能多？

2-6-2 带电体 $q_1$ 单独产生的场强为 $\boldsymbol{E}_1$，带电体 $q_2$ 单独产生的场强为 $\boldsymbol{E}_2$，由叠加原理，总场强 $\boldsymbol{E}=\boldsymbol{E}_1+\boldsymbol{E}_2$，问电场的总能量为多少？

2-6-2 什么是静电场的能量、静电能、互能、自能？它们之间有什么联系？

2-6-3 电势能为 $E_{势}=qU$，为什么带电电容器的能量为 $\frac{1}{2}QU$，而不是 $QU$？

## 2.7 静电场方程与边值关系

### 2.7.1 静电场方程

真空中静电场的高斯定理和环路定理为

$$\oiint_S \boldsymbol{E}\cdot d\boldsymbol{S}=\frac{1}{\varepsilon_0}\Sigma q_i$$

$$\oint_L \boldsymbol{E}\cdot d\boldsymbol{l}=0$$

当电场中有电介质时，只要把 $\boldsymbol{E}$ 理解为自由电荷和极化电荷产生的总电场，把 $\Sigma q_i$ 理解为闭合曲面包围的自由电荷和极化电荷的代数和，高斯定理仍然成立. 由于极化电荷激发电场的规律和性质与自由电荷相同，避免在方程中出现极化电荷，引进了电位移矢量 $\boldsymbol{D}$ 这样得到有电介质时的静电场的高斯定理为

$$\oiint_S \boldsymbol{D}\cdot d\boldsymbol{S}=q_0 \tag{2-7-1}$$

静电场是保守力场，则静电场的环路定理为

$$\oint_L \boldsymbol{E}\cdot d\boldsymbol{l}=0 \tag{2-7-2}$$

式(2-7-1) 和式(2-7-2) 称为静电场方程的积分形式.

而且还有电介质的性质方程

$$\boldsymbol{D}=\varepsilon\boldsymbol{E} \tag{2-7-3}$$

利用数学中的高斯定理

$$\oiint_S \boldsymbol{A}\cdot d\boldsymbol{S}=\iiint_V \nabla\cdot\boldsymbol{A}\,dV \tag{2-7-4}$$

上式表明：矢量场 $\boldsymbol{A}$ 通过任意闭合曲面 $S$ 的通量等于它所包围的体积 $V$ 内散度的积分，这个结论称为矢量场中的高斯定理或散度定理. $\nabla\cdot\boldsymbol{A}$ 称为 $\boldsymbol{A}$ 的散度，它的意义是单位体积发出的通量. 利用高斯定理可以实现面积分和体积分的相互转化.

式(2-7-1) 可写成

$$\oiint_S \boldsymbol{D}\cdot d\boldsymbol{S}=\iiint_V \rho_0\,dV$$

根据矢量场的高斯定理有

$$\oiint_S \boldsymbol{D}\cdot d\boldsymbol{S}=\iiint_V \nabla\cdot\boldsymbol{D}\,dV$$

比较上面两式得

$$\nabla\cdot\boldsymbol{D}=\rho_0 \tag{2-7-5}$$

$\rho_0$ 是自由电荷体密度. 静电场中 $\boldsymbol{D}$ 的散度不为零称静电场为有源场.

利用数学中的斯托克斯定理

$$\oint_L \boldsymbol{A}\cdot d\boldsymbol{l}=\iint_S (\nabla\times\boldsymbol{A})\cdot d\boldsymbol{S} \tag{2-7-6}$$

上式表明：矢量场 $\boldsymbol{A}$ 中沿通过任意闭合曲线 $L$ 的环流等于以它为边界所包围的面积 $S$ 上旋度的积分，这个结论称为矢量场中的斯托克斯定理或旋度定理. $\nabla\times\boldsymbol{A}$ 称为 $\boldsymbol{A}$ 的旋度，它的意义是单位面积上的环流. 利用斯托克斯定理可以实现线积分和面积分的相互转化.

由式(2-7-2)，根据斯托克斯定理，可得

$$\oint_L \boldsymbol{E}\cdot d\boldsymbol{l}=\iint_S (\nabla\times\boldsymbol{E})\cdot d\boldsymbol{S}$$

所以

$$\iint_S (\nabla\times\boldsymbol{E})\cdot d\boldsymbol{S}=0$$

由于上式对任意曲面 $S$ 都成立，所以必有

$$\nabla\times\boldsymbol{E}=0 \tag{2-7-7}$$

式(2-7-7) 称为静电场环路定理的微分形式. 因为电场强度 $\boldsymbol{E}$ 的旋度为零，所以称静电场为无旋场.

式(2-7-5) 和式(2-7-7) 称为静电场方程的微分形式. 研究一个矢量场必须从它的散度和旋度两个方面着手，因为，用散度和旋度能唯一地确定一个矢量场. 所以，只有把高斯定理和环路定理结合起来，才能把静电场的性质全面地反映出来.

## 2.7.2 静电场的边值关系

在研究有电介质存在的电场时，我们经常会碰到不是一种电介质的情况，而是多层不同电介质的分布的情况，在介质与介质的分界面上，由于极化面电荷的出现，电场会发生突变，介质分界面两侧电场之间满足的关系称为边值关系.

**(1) 电位移法向分量关系**

设两种电介质的电容率分别为 $\varepsilon_1$ 和 $\varepsilon_2$， 在介质的分界面处，跨越分界面作一非常小的圆柱形闭合曲面，其底面积为 $\Delta S$ 高为 $h$， 且 $h\to 0$， 如图 2-7-1 所示，由电介质中的高斯定理可得

$$\oint\!\!\!\oint_S \boldsymbol{D}\cdot d\boldsymbol{S}=D_{2n}\Delta S-D_{1n}\Delta S=\sigma_0\Delta S$$

式中，$D_{1n}$、$D_{2n}$ 分别为分界面两侧的电位移矢量 $\boldsymbol{D}_1$ 和 $\boldsymbol{D}_2$ 在分界面法线方向 $\boldsymbol{e}_n$ 上的分量；$\sigma_0$ 为分界面上的自由电荷面密度. 由上式得

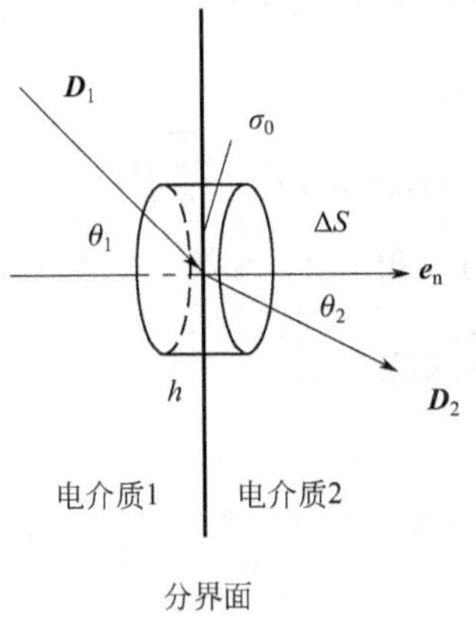


图 2-7-1 电位移法向分量关系

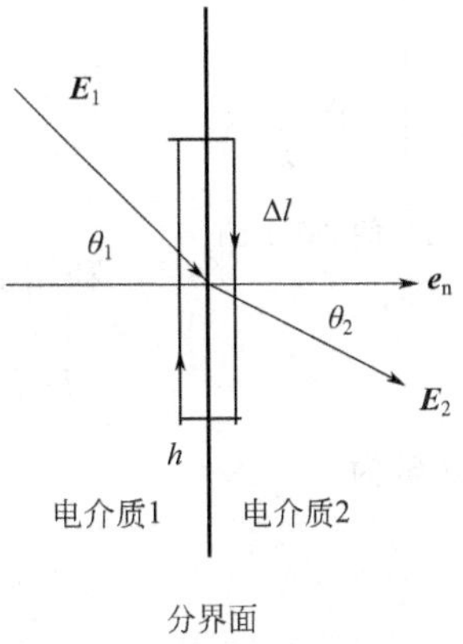


图 2-7-2 电场切向分量关系

$$D_{2n}-D_{1n}=\sigma_0 \tag{2-7-8}$$

或

$$\boldsymbol{e}_n\cdot(\boldsymbol{D}_2-\boldsymbol{D}_1)=\sigma_0 \tag{2-7-9}$$

当介质分界面上有自由电荷时，$\boldsymbol{D}$ 的法向分量是不连续的，式(2-7-8) 表示界面上电位移间的关系，通常称为电位移的边值关系. 当界面上无自由电荷的情况下，即 $\sigma_0=0$ 时，有

$$D_{2n}=D_{1n} \tag{2-7-10}$$

那么

$$\varepsilon_2 E_{2n}=\varepsilon_1 E_{1n} \tag{2-7-11}$$

即分界面上无自由电荷时，$\boldsymbol{D}$ 的法向分量是连续的. 但是，不论界面上是否有自由电荷，$\boldsymbol{E}$ 的法向分量总是不连续的，因为界面上总有极化电荷.

**(2) 电场强度切向分量关系**

在介质的分界面处两侧，取一非常小的矩形闭合环路，其长为 $\Delta l$、宽为 $h$，如图 2-7-2 所示，当 $h\to 0$ 时，由环路定理可得

$$\oint_L \boldsymbol{E}\cdot d\boldsymbol{l}=E_{2t}\Delta l-E_{1t}\Delta l=0$$

式中，$E_{1t}$、$E_{2t}$ 分别为分界面两侧的电场强度 $\boldsymbol{E}_1$ 和 $\boldsymbol{E}_2$ 沿分界面切线方向的分量. 由上式得

$$E_{2t}=E_{1t} \tag{2-7-12}$$

或

$$\boldsymbol{e}_n\times(\boldsymbol{E}_2-\boldsymbol{E}_1)=0 \tag{2-7-13}$$

上式表明：在介质分界面上，场强的切向分量是连续的. 是电场无旋性的表示.

由上面的边值关系可以看出，当界面没有自由电荷时，介质分界面两侧场强 $\boldsymbol{E}_1$ 和 $\boldsymbol{E}_2$ 与介质分界面法向之间的夹角 $\theta_1$ 和 $\theta_2$ 之间满足

$$\frac{\tan\theta_2}{\tan\theta_1}=\frac{E_{2t}}{E_{2n}}\Big/\frac{E_{1t}}{E_{1n}}=\frac{E_{1n}}{E_{2n}}=\frac{\varepsilon_2}{\varepsilon_1} \tag{2-7-14}$$

此式给出了分界面两侧电场强度方向的变化关系.

**【例 2-7-1】** 如图 2-7-3 所示，分界面左右两侧电介质的相对电容率分别为 $\varepsilon_{r1}=3$ 和

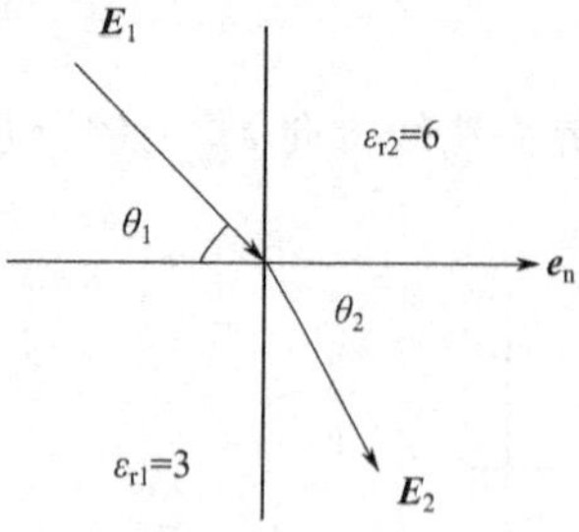

图 2-7-3 例 2-7-1 图

$\varepsilon_{r2}=6$，设分界面左侧场强大小为 $E_1$，与法线成 45°角且指向右侧，求分界面右侧的场强 $\boldsymbol{E}_2$.

**解：** 左侧电场的法线分量为

$$E_{1n}=E_1\cos 45°=\frac{\sqrt{2}}{2}E_1$$

因 $\boldsymbol{E}$ 的切向分量连续，故有

$$E_{1t}=E_{2t}=E_1\sin 45°=\frac{\sqrt{2}}{2}E_1$$

利用的法线分量连续的性质，得

$$D_{1n}=D_{2n}=\varepsilon_1 E_{1n}=3\frac{\sqrt{2}}{2}\varepsilon_0 E_1$$

$\boldsymbol{E}_2$ 的法线分量为

$$E_{2n}=\frac{D_{2n}}{\varepsilon_2}=\frac{\sqrt{2}}{4}E_1$$

$\boldsymbol{E}_2$ 的大小为

$$E_2=\sqrt{E_{2n}^2+E_{2t}^2}=\frac{\sqrt{10}}{4}E_1$$

$$\theta_2=\arctan\frac{E_{2t}}{E_{2n}}=\arctan 2=63.4°$$

## 复习思考题

2-7-1 如何从静电场方程的积分形式得到其微分形式？为什么说静电场是有源无旋场？

2-7-2 为什么在介质分界面上，电场强度的切向分量总是连续的？电场强度的法向分量是否连续？在介质的分界面上电场线为什么发生偏折？

# 第 2 章 练 习 题

### (1) 选择题

**2-1-1** 在一个孤立的导体球壳内，若在偏离球中心处放一个点电荷，则在球壳内、外表面上将出现感应电荷，其分布将是（　　）.

(A) 内表面均匀，外表面也均匀　　(B) 内表面不均匀，外表面均匀

(C) 内表面均匀，外表面不均匀　　(D) 内表面不均匀，外表面也不均匀

**2-1-2** 半径分别为 $R$ 和 $r$ 的两个金属球，相距很远．用一根细长导线将两球连接在一起并使它们带电．在忽略导线的影响下，两球表面的电荷面密度之比 $\sigma_R/\sigma_r$ 为（　　）.

(A) $\frac{R}{r}$　　(B) $\frac{R^2}{r^2}$

(C) $\frac{r^2}{R^2}$　　(D) $\frac{r}{R}$

**2-1-3** 如图 2-1 所示，在一个半径为 $R$ 的不带电的导体球附近放一个电荷量为 $q$ 的点电荷，点电荷距导体球球心为 $d$，设无穷远处为零电势，则在导体球心 $O$ 点有（　　）.

(A) $E=0$，$U=\frac{q}{4\pi\varepsilon_0 d}$　　(B) $E=\frac{q}{4\pi\varepsilon_0 d^2}$，$U=\frac{q}{4\pi\varepsilon_0 d}$

(C) $E=0$，$U=0$　　　　(D) $E=\frac{q}{4\pi\varepsilon_0 d^2}$，$U=\frac{q}{4\pi\varepsilon_0 R}$

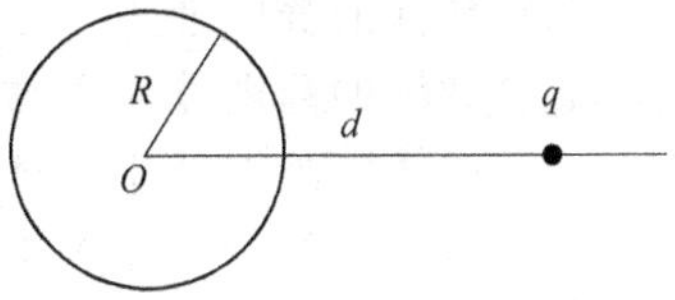

图 2-1

**2-1-4**　$C_1$和$C_2$两个电容器，其上分别标明 200pF（电容量）、500V（耐压值）和 300pF、900V. 把它们串联起来在两端加上 1 000V 电压，则（　　）.

(A) $C_1$被击穿，$C_2$不被击穿

(B) $C_2$被击穿，$C_1$不被击穿

(C) 两者都被击穿

(D) 两者都不被击穿

**2-1-5**　一平行板电容器中充满相对电容率为 $\varepsilon_r$ 的各向同性均匀电介质. 已知介质表面极化电荷面密度为$\pm\sigma'$，则极化电荷在电容器中产生的电场强度的大小为（　　）.

(A) $\frac{\sigma'}{\varepsilon_0}$　　　　(B) $\frac{\sigma'}{\varepsilon_0\varepsilon_r}$

(C) $\frac{\sigma'}{2\varepsilon_0}$　　　　(D) $\frac{\sigma'}{\varepsilon_r}$

**2-1-6**　一平行板电容器始终与端电压一定的电源相连. 当电容器两极板间为真空时，电场强度为$\boldsymbol{E}_0$，电位移为$\boldsymbol{D}_0$，而当两极板间充满相对电容率为 $\varepsilon_r$ 的各向同性均匀电介质时，电场强度为$\boldsymbol{E}$，电位移为$\boldsymbol{D}$，则（　　）.

(A) $\boldsymbol{E}=\frac{\boldsymbol{E}_0}{\varepsilon_r}$，$\boldsymbol{D}=\boldsymbol{D}_0$　　　　(B) $\boldsymbol{E}=\boldsymbol{E}_0$，$\boldsymbol{D}=\varepsilon_r\boldsymbol{D}_0$

(C) $\boldsymbol{E}=\frac{\boldsymbol{E}_0}{\varepsilon_r}$，$\boldsymbol{D}=\frac{\boldsymbol{D}_0}{\varepsilon_r}$　　　　(D) $\boldsymbol{E}=\boldsymbol{E}_0$，$\boldsymbol{D}=\boldsymbol{D}_0$

**2-1-7**　如图 2-2 所示，$C_1$和$C_2$两空气电容器串联以后接电源充电，在电源保持连接的情况下，在$C_2$中插入一电介质板，则（　　）.

(A) $C_1$极板上电荷增加，$C_2$极板上电荷增加

(B) $C_1$极板上电荷减少，$C_2$极板上电荷增加

(C) $C_1$极板上电荷增加，$C_2$极板上电荷减少

(D) $C_1$极板上电荷减少，$C_2$极板上电荷减少

**2-1-8**　$C_1$和$C_2$两空气电容器并联起来接上电源充电，然后将电源断开，再把一电介质板插入$C_1$中，如图 2-3 所示，则（　　）.

(A) $C_1$和$C_2$极板上电荷都不变

(B) $C_1$极板上电荷增大，$C_2$极板上电荷不变

(C) $C_1$极板上电荷增大，$C_2$极板上电荷减少

(D) $C_1$极板上电荷减少，$C_2$极板上电荷增大

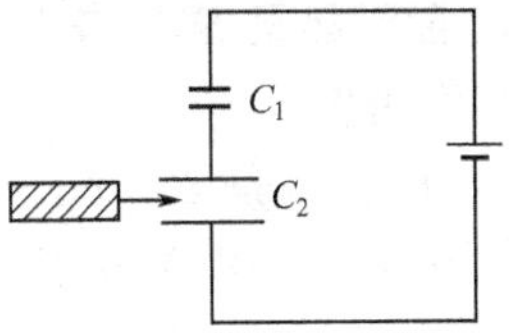

图 2-2

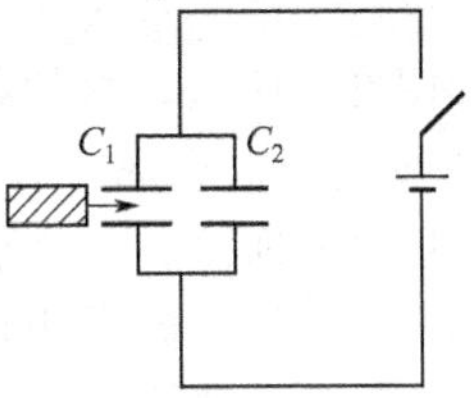

图 2-3

**2-1-9** 真空中的"孤立的"均匀带电球体和一均匀带电球面，如果它们的半径和所带的电荷都相等，则它们的静电能之间的关系是（　　）.

（A）球体的静电能等于球面的静电能

（B）球体的静电能大于球面的静电能

（C）球体的静电能小于球面的静电能

（D）球体内的静电能大于球面内的静电能，球体外的静电能小于球面外的静电能

**(2) 填空题**

**2-2-1** 一金属球壳的内、外半径分别为 $R_1$ 和 $R_2$，带电荷为 $Q$. 在球心处有一电荷为 $q$ 的点电荷，则球壳内表面上的电荷密度 $\sigma=$ ________，球壳的电势 $U=$ ________.

**2-2-2** 如图 2-4 所示，两块面积均为 $S$ 的金属平板 A 和 B 彼此平行放置，极板间距离为 $d$（$d$ 远小于板的线度），设 A 板带有电荷 $q_A$，B 板带有电荷 $q_B$，且 $q_A>q_B$，则 A、B 两板间的电势差 $U_{AB}=$ ________.

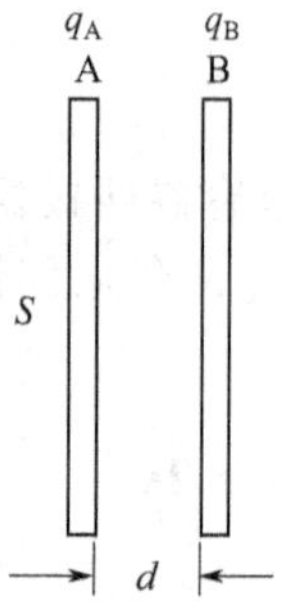


图 2-4

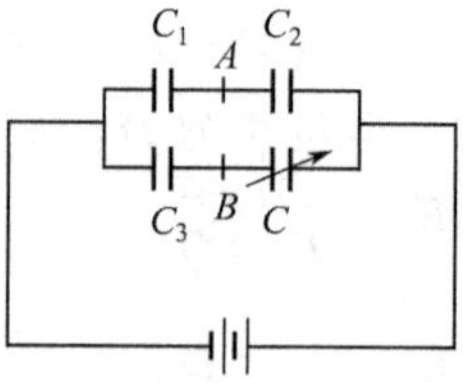


图 2-5

**2-2-3** 如图 2-5 所示，电容器 $C_1$、$C_2$、$C_3$ 已知，电容 $C$ 可调，当调节到 $A$、$B$ 两点电势相等时，电容 $C=$ ________.

**2-2-4** 带有电荷 $q$、半径为 $r_A$ 的金属球 A，与一原先不带电、内外半径分别为 $r_B$ 和 $r_C$ 的金属球壳 B 同心放置，如图 2-6 所示，则图中 $P$ 点的电场强度 $E=$ ________. 如果用导线将 A、B 连接起来，则金属球 A 的电势 $U=$ ________.

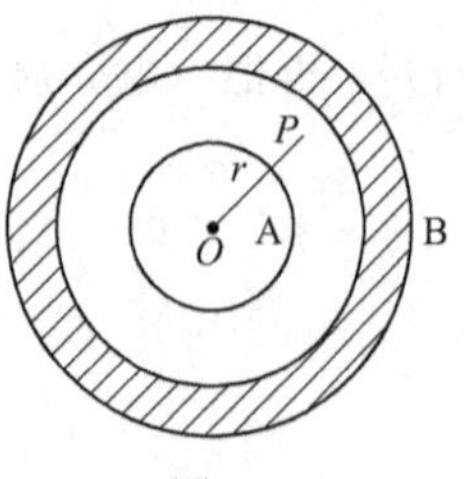


图 2-6

**2-2-5** 一平行板电容器，充电后与电源保持连接，然后使两极板间充满相对电容率为 $\varepsilon_r$ 的各向同性均匀电介质，这时两极板上的电荷是原来的________倍；电场强度是原来的________倍；电场能量是原来的________倍.

**2-2-6** 有一电容为 0.50$\mu$F 的平行板电容器，两极板间被厚度为 0.01mm 的聚四氟乙烯薄膜所隔开（聚四氟乙烯的击穿场强为 $1.9\times10^7$V/m），问：该电容器的击穿电压为________；电容器存储的最大能量________.

**(3) 计算题**

**2-3-1** 如图 2-7 所示，两块很大的导体平板平行放置，面积都是 $S$，带电荷分别为 $Q_1$ 和 $Q_2$. 不计边缘效应，求 $A$、$B$、$C$、$D$ 四个表面上的电荷面密度.

**2-3-2** 如图 2-8 所示，三块平行的金属平板 A、B 和 C，面积都是 200 cm$^2$，A、B 两极板相距 4.0mm，A、C 两极板相距 2.0mm，B、C 两极板都接地，如果 A 板带 $3.0\times10^{-7}$ C 的正电荷，边缘效应忽略不计，试求：(1) B、C 两板上的感应电荷各是多少？(2) 以地为零电势，A 板的电势是多少？

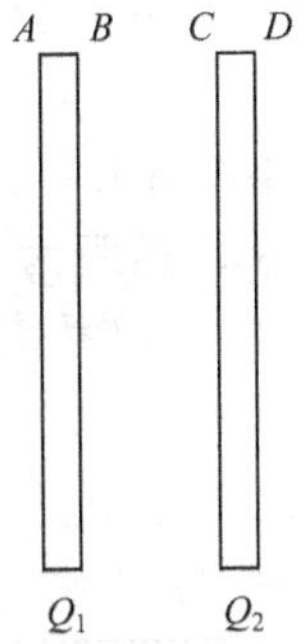


图 2-7

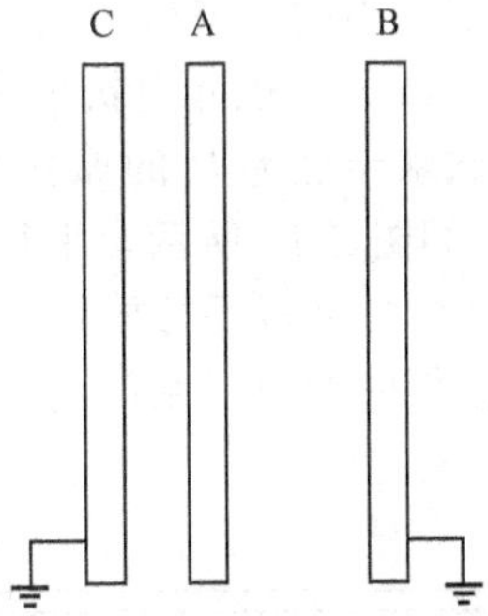


图 2-8

**2-3-3**　如图 2-9 所示，在半径为 $R$ 的金属球内，有两个球形空腔. 金属球不带电，在两个空腔中心分别放有一点电荷 $q_1$、$q_2$，导体球外距导体球较远的 $r$ 处还有一个点电荷 $q_3$. 求点电荷 $q_1$、$q_2$、$q_3$ 各受多大的电场力.

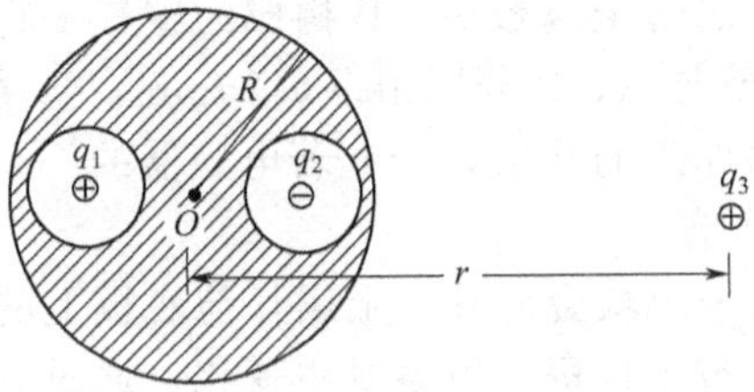


图 2-9

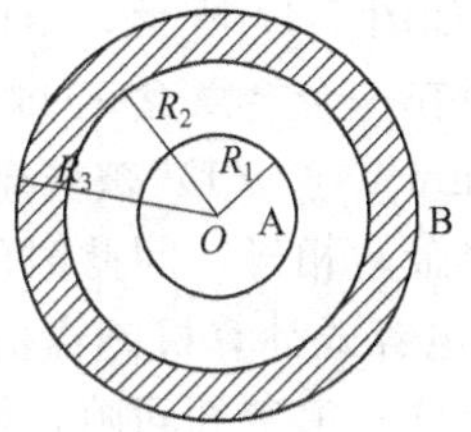


图 2-10

**2-3-4**　如图 2-10 所示，在一半径为 $R_1 = 6.0\text{cm}$ 的金属球 A 外面套有一个同心的金属球壳 B. 已知球壳 B 的内、外半径分别为 $R_2 = 8.0\text{cm}$，$R_3 = 10.0\text{cm}$. 设 A 球带有总电荷 $Q_A = 3.0\times10^{-8}\text{C}$，球壳 B 带有总电荷 $Q_B = 2.0\times10^{-8}\text{C}$. 求：(1) 球壳 B 内、外表面上所带的电荷以及球 A 和球壳 B 的电势；(2) 将球壳 B 接地然后断开，再把金属球 A 接地，求金属球 A 和球壳 B 内、外表面上所带的电荷以及球 A 和球壳 B 的电势.

**2-3-5**　半径分别为 $R_1$ 和 $R_2$ 的两个同心导体薄球壳，分别带有电荷 $Q_1$ 和 $Q_2$，今将内球壳用细导线与远处半径为 $r$ 的导体球相连接，如图 2-11 所示，导体球原来不带电，试求相连后导体球所带电荷 $q$.

**2-3-6**　设半径 $R_1 = 0.01\text{m}$ 和 $R_2 = 0.02\text{m}$ 的两个导体小球各带有电荷量 $q = 1.00\times10^{-8}\text{C}$ 的正电荷，两球中心相距 $d = 1\text{m}$. 今用一根导线将两球相连，忽略导线上的电荷分布. 求：(1) 每个小球所带电荷量；(2) 每个小球的电势（以无穷远为电势零点）.

**2-3-7**　如图 2-12 所示，一接地的无限大水平放置的导体平板的上方有一点电荷 $Q$，$Q$ 到平板的距离为 $h$，试求：(1) 从点电荷 $Q$ 到导体平板的垂足 $O$ 点处的场强；(2) 点电荷 $Q$ 与平板之间的相互作用力.

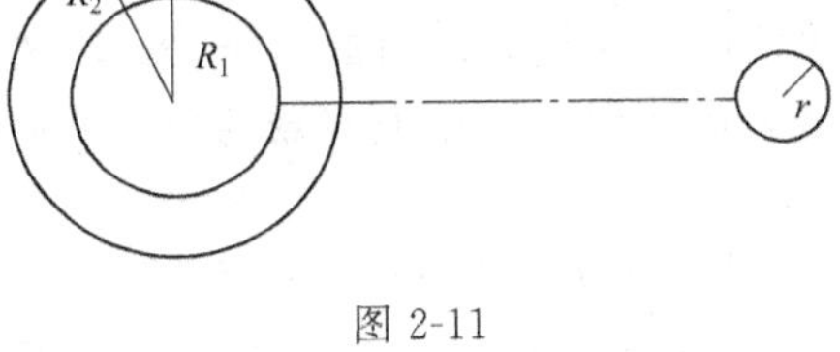


图 2-11

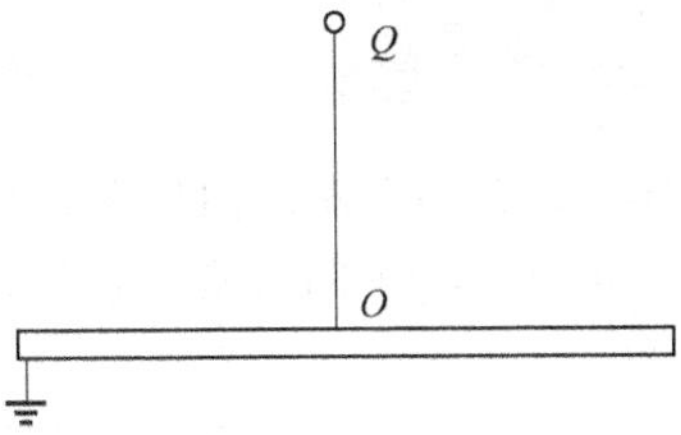


图 2-12

**2-3-8** 演示用的范德格拉夫静电起电机，它的铝球壳半径为 10cm. 设空气的击穿场强为 $3\times10^6\text{V}\cdot\text{m}^{-1}$，该起电机最多能带多少电荷?

**2-3-9** 试求半径为 $R$ 的孤立金属圆盘的电容（盘的厚度忽略不计）.

**2-3-10** 如图 2-13 所示，平行板电容器两极板的面积都是 $S$，相距为 $d$，其间有一厚度为 $t$ 的金属板与极板平行放置，面积亦是 $S$. 略去边缘效应. (1) 求系统的电容 $C$；(2) 金属板离两极板的距离对系统的电容是否有影响?

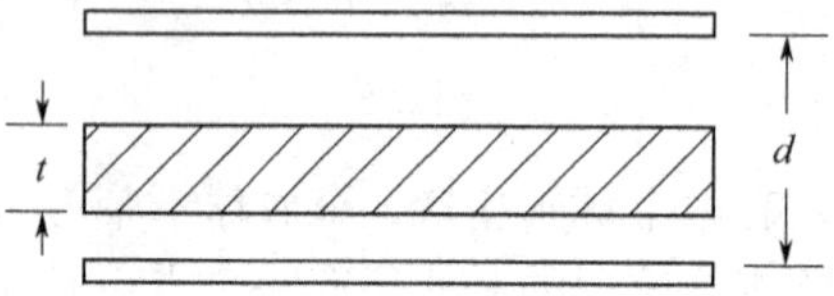


图 2-13

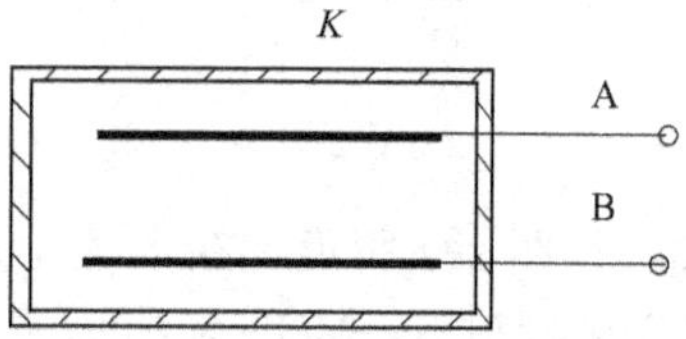


图 2-14

**2-3-11** 如图 2-14 所示，由两块相距为 0.5mm 的薄金属板 A、B 构成的空气平行板电容器，被屏蔽在一个金属盒 K 内，金属盒上、下两壁与 A、B 分别相距 0.25mm，金属板面积为 $30\times40\text{mm}^2$. 求 (1) 被屏蔽后的电容器电容为原来的几倍；(2) 若电容器的一个引脚不慎与金属屏蔽盒相碰，问此时的电容变为原来的几倍.

**2-3-12** 电容式计算机键盘的每一个键下面连接一小块金属片，金属片与底板上的另一块金属片间保持一定空气间隙，构成一小电容器. 当按下按键时电容发生变化，通过与之相连的电子线路向计算机发出该键相应的代码信号. 假设金属片面积为 $50.0\ \text{mm}^2$. 两金属片之间的距离是 0.600mm. 如果电路能检测出的电容变化量是 0.250pF，按键需要按下多大的距离才能给出必要的信号?

**2-3-13** 地球和电离层可当做一个球形电容器，它们之间相距约为 100km，试估算地球一电离层系统的电容（设地球与电离层之间为真空）.

**2-3-14** 两输电线的线径为 3.26mm，两线中心相距 0.50m，输电线位于地面上空很高处，因而大地影响可以忽略. 求输电线单位长度的电容.

**2-3-15** 如图 2-15 所示，电容 $C_1=10\mu\text{F}$，$C_2=C_3=5\mu\text{F}$，(1) 求 A、B 间的电容；(2) 若 A、B 间加上电压 100V，求 $C_2$ 上的电量.

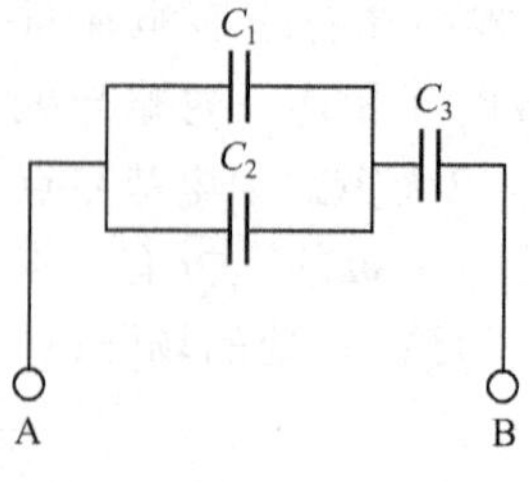


图 2-15

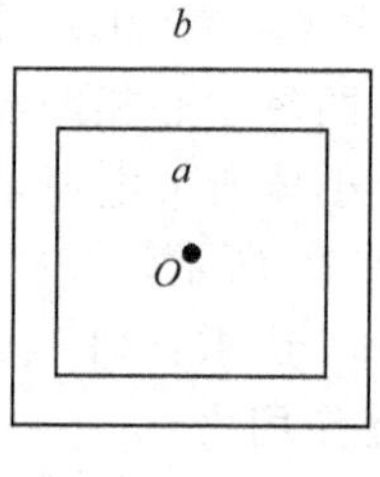


图 2-16

**2-3-16** 设有一个横截面如图 2-16 所示的同轴方柱形传输线，内筒的边长是 $a$，外筒的边长是 $b$，长为 $l$，中间是真空，当 $l\gg a$，$b$ 时，略去边缘效应，用电容器的串、并联方法试求其电容.

**2-3-17** 一片二氧化钛晶片（相对电容率为 173），其面积为 $1.0\ \text{cm}^2$，厚度为 0.10mm，把平行平板电容器的两极板紧贴在晶片两侧. 求：(1) 电容器的电容；(2) 电容器两极加上

12V 电压时，极板上的电荷为多少，此时自由电荷和极化电荷的面密度各为多少？（3）求电容器内的电场强度.

**2-3-18**　人体的某些细胞壁两侧带有等量的异号电荷. 设某细胞壁厚为 $5.2\times10^{-9}$ m，两表面所带电荷密度为 $\pm5.2\times10^{-3}$ C·m$^{-2}$，内表面为正电荷，如果细胞壁物质的相对电容率为 6.0，求：（1）细胞壁内的电场强度；（2）细胞壁两表面间的电势差.

**2-3-19**　有一个平板电容器，充电后极板上的电荷面密度为 $\sigma_0=4.5\times10^{-5}$ C/m$^2$，现将两极板与电源断开，然后再把相对电容率为 $\varepsilon_r=2.0$ 的电介质充满两极板之间. 此时电介质中的电位移 $\boldsymbol{D}$，电场强度 $\boldsymbol{E}$ 和极化强度 $\boldsymbol{P}$ 各为多少？

**2-3-20**　两块金属大平行板 A 和 B 相距为 $d$，其间充满相对电容率分别为 $\varepsilon_{r1}$ 和 $\varepsilon_{r2}$ 的两种均匀电介质，两种电介质所对应的极板面积分别为 $S_1$ 和 $S_2$，如图 2-17 所示，设在 A 和 B 两板间加上电压 $U_0$. 求：（1）每种电介质中的 $D$ 和 $E$；（2）电介质表面的极化电荷面密度；（3）这个系统的电容.

**2-3-21**　有一半径为 $R_1$ 的长直导线外套有氯丁橡胶绝缘护套，护套外半径为 $R_2$，相对电容率为 $\varepsilon_r$，设沿轴线单位长度上导线的电荷为 $\lambda$，试求介质层内的电位移 $\boldsymbol{D}$、电场强度 $\boldsymbol{E}$ 和极化强度 $\boldsymbol{P}$.

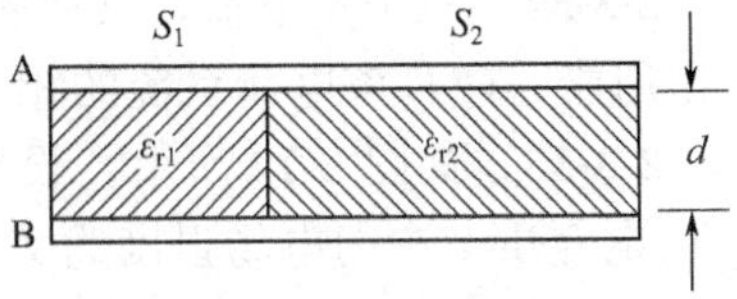

图 2-17

**2-3-22**　球形电容器由半径为 $R_1$ 的金属球和与它同心的半径为 $R_2$ 的薄壁金属球壳构成，在金属球与球壳之间的充满相对电容率为 $\varepsilon_r$ 的各向同性均匀电介质，金属球和薄壁金属球壳分别带电荷 $+Q$ 和 $-Q$. 求：（1）介质层内的电位移 $\boldsymbol{D}$，电场强度 $\boldsymbol{E}$ 和极化强度 $\boldsymbol{P}$；（2）这个电容器的电容.

**2-3-23**　单芯电缆由半径为 $R_1$ 的圆柱形铜芯线和半径为 $R_2$ 的用铜丝编织成的同轴薄壁圆筒构成. 在它们之间充满两层均匀电介质，相对电容率分别为 $\varepsilon_{r1}$ 和 $\varepsilon_{r2}$（$\varepsilon_{r2}<\varepsilon_{r1}$），两层电介质的分界面是半径为 $R$ 的圆柱面. 设芯线和编织线单位长度上的电荷分别为 $+\lambda$ 和 $-\lambda$. 求：(1) $D$ 和 $E$ 分布并画出 $D-r$ 和 $E-r$ 曲线；（2）每层电介质中的电极化强度分布；（3）两层电介质交界面上的极化电荷面密度；（4）单位长度的电容.

**2-3-24**　一平行板空气电容器，极板面积为 $S$，极板间距为 $d$，充电至带电 $Q$ 后与电源断开，然后用外力缓缓地把两极板间距拉开到 $2d$，求：（1）电容器能量的改变；（2）在此过程中外力所作的功，并讨论此过程中的功能转换关系.

**2-3-25**　一平行电容器极板面积为 $S$，间距为 $d$，接在电源上以保持电压为 $U$. 将极板的距离拉开一倍，计算：（1）静电能的改变；（2）电场对电源作的功；（3）外力对极板作的功.

**2-3-26**　证明：球形电容器和圆柱形电容器中储存的能量，按电场能量密度积分所得的结果和用电容器储能公式算得的结果相同.

**2-3-27**　半径为 0.10cm 的长直导线，外面套有内半径为 1.0cm 的共轴导体圆筒，导线与圆筒间为空气. 略去边缘效应，求：（1）导线表面最大电荷面密度；（2）沿轴线单位长度的最大电场能量.

**2-3-28**　两共轴的导体圆筒，内外筒半径分别为 $R_1$ 和 $R_2$($R_2<2R_1$)，其间有两层均匀电介质，分界面的半径为 $R$，内层的相对电容率为 $\varepsilon_{r1}$，外层的相对电容率为 $\varepsilon_{r2}$，且 $\varepsilon_{r1}=2\varepsilon_{r2}$，两层电介质的击穿场强都是 $E_m$. 当电压升高时，哪层电介质先击穿？证明：两筒间的最大电压 $U_m=\dfrac{1}{2}E_mR\ln\dfrac{R_2^2}{RR_1}$.

**2-3-29** 由两共轴金属圆柱面构成一空气电容器. 设空气的击穿电场为 $E_b$，内外导体半径分别为 $R_1$ 和 $R_2$，内外导体单位长度带电荷为 $\pm\tau$. 当外半径 $R_2$ 取定值时，(1) 在空气介质不被击穿的前提下，$R_1$ 取多大时电容器间的电势差最大？(2) 在空气介质不被击穿的前提下，$R_1$ 取多大时电容器储存的能量最大？

**2-3-30** 内外半径分别为 $R_1$ 和 $R_2$ 的球形电容器，两极板分别带电 $\pm Q$，中间是空气介质，设空气的击穿电场为 $E_b$，当外半径取 $R_2$ 为定值时，(1) 在空气介质不被击穿的前提下，$R_1$ 取多大时电容器间的电势差最大？(2) 在空气介质不被击穿的前提下，$R_1$ 取多大时电容器储存的能量最大？

**2-3-31** 一真空二极管，其主要构件是一个半径 $R_1=5.0\times10^{-4}\,\mathrm{m}$ 的圆柱形阴极和一个套在阴极外、半径为 $R_2=4.5\times10^{-3}\,\mathrm{m}$ 的同轴圆筒形阳极. 阳极电势比阴极电势高 300V，阴极与阳极的长均为 $L=2.5\times10^{-2}\,\mathrm{m}$. 假设电子从阴极射出时的初速度为零，求：(1) 该电子到达阳极时所具有的动能和速率；(2) 电子刚从阴极射出时所受的力.

**2-3-32** 三个点电荷，其所带电荷及位置如图 2-18 所示，试求：(1) 各对电荷之间的相互作用能；(2) 该电荷系统的相互作用能.

**2-3-33** 如图 2-19 所示，设在电容率为 $\varepsilon_1$ 的电介质 1 中的电场强度为 $\boldsymbol{E}_1$，在电容率为 $\varepsilon_2$ 的电介质 2 中的电场强度为 $\boldsymbol{E}_2$，试证明在两种介质的分界面上存在极化电荷.

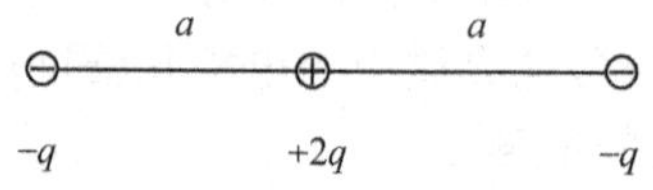


图 2-18

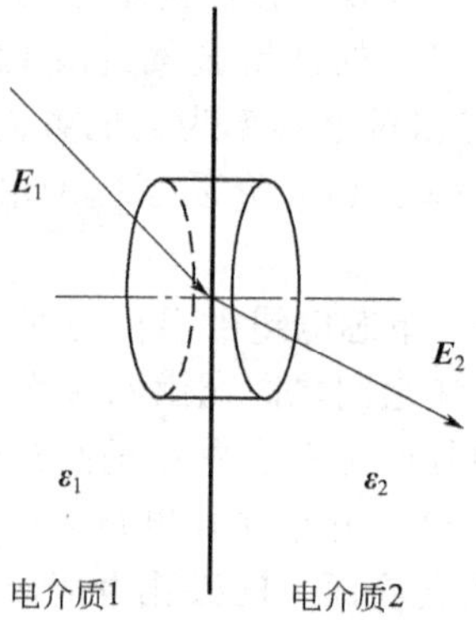


图 2-19

**2-3-34** 如图 2-20 所示，分界面左右两侧电介质的相对电容率分别为 $\varepsilon_{r1}=3.0$ 和 $\varepsilon_{r2}=7.0$. 设在分界面左侧的电场强度大小为 $E_1=1000\,\mathrm{V\cdot m^{-1}}$，方向与法线成 45°角，且指向右侧. 求分界面右侧的电场强度 $\boldsymbol{E}_2$.

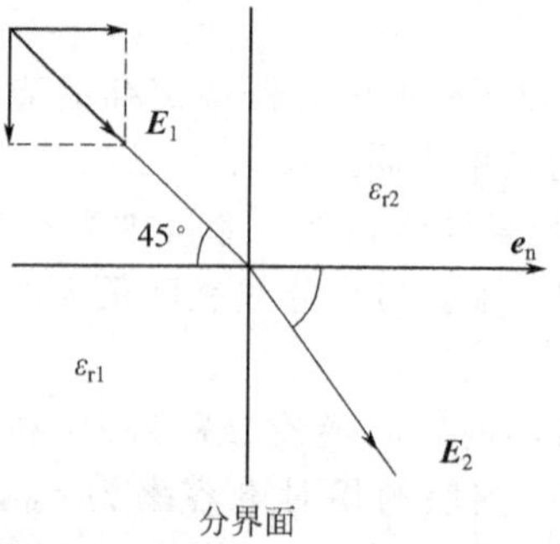


图 2-20

**2-3-35** 如图 2-21 所示为一静电天平装置. 一空气平行板电容器，下极板固定，上极板

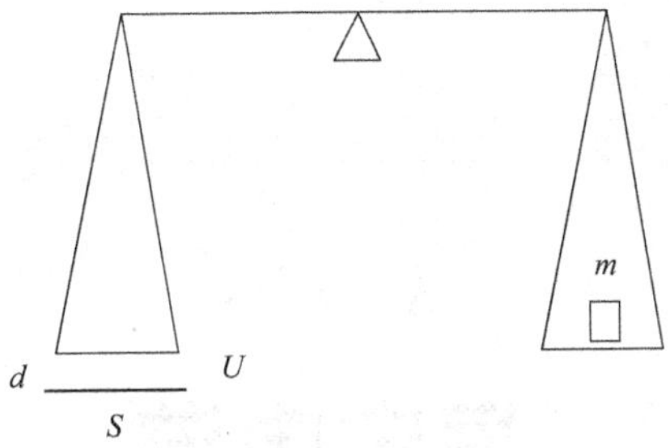

图 2-21

即天平左端的秤盘，极板面积为 $S$，两极板相距 $d$. 电容器不带电时，天平正好平衡. 当电容器两极板加上电势差 $U$ 时，天平的另一端需加质量为 $m$ 的砝码才能平衡，所加的电势差 $U$ 为多大？

**2-3-36** 有人认为在电场中有电介质存在的情况下，电介质内外任一点的电场强度 $E$ 都比自由电荷分布相同而无电介质时的电场强度 $E_0$ 要小，请指出这一认识是否正确，并举例说明.

# 第3章
# 恒定电流

静电场中的导体在静电平衡时，其内部的场强处处为零，在导体中没有电荷作定向的宏观移动. 如果设法在导体内任意两点间维持一个恒定的电势差，从而使导体内维持一个恒定的电场，这样导体内的电荷就会在电场力的作用下作定向的宏观运动，产生恒定电流（或直流）.

恒定电流产生的场称为恒定场，它包含恒定电场和恒定磁场两个方面. 由于电流保持恒定，两者之间没有相互影响而独立存在，所以我们可以分别研究它们的基本规律和特性.

本章主要从电流场的观点去讨论金属导体中电流的形成及其导电规律以及直流电路的计算.

## 3.1 电　流　场

### 3.1.1 电流与电流密度矢量

**(1) 电流**

电荷的定向流动形成电流. 在宏观范围内，电流就是大量电荷的定向运动. 要产生电流，一方面必须存在可以自由运动的电荷，即载流子，另一方面要有电场来维持电荷的定向运动.

导体中存在着大量可以自由运动的带电载流子. 金属中的载流子是自由电子，半导体中的载流子是带负电的自由电子和带正电的空穴，酸、碱、盐的水溶液的载流子是正离子和负离子，这里所讲的导体主要指金属导体. 如果导体内存在电场这些自由电荷将会在电场作用下作定向移动，电荷的定向移动形成电流.

在电场中，正电荷与负电荷运动的方向相反，正电荷沿着电场方向从高电势向低电势运动，而负电荷沿电场反方向从低电势向高电势运动. 在金属导体内自由电子移动的方向是由低电势向高电势运动，实验表明：正电荷沿某方向运动与负电荷反方向运动所产生的电磁效应相同，为了便于问题的分析，习惯上把电流看成是正电荷的流动所形成的，并规定正电荷流动的方向为电流的方向，如图 3-1-1 所示. 这样，**导体中电流的方向总是沿着电场的方向，**

**从高电势流向低电势.**

电流的强弱用电流强度这个物理量来描述，简称为**电流**，其定义为：**单位时间内通过导体任一横截面的电荷电量**. 如果 $\Delta t$ 时间内通过导体任一横截面的电量为 $\Delta q$，则电流 $I$ 的表达式为

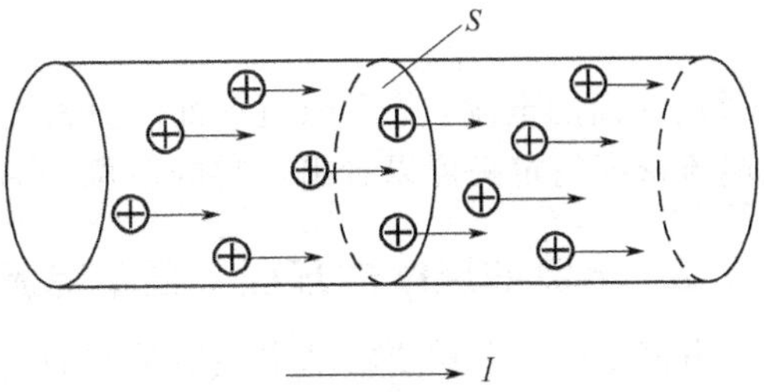


图 3-1-1 导体中的电流

$$I=\frac{\Delta q}{\Delta t} \tag{3-1-1}$$

或取 $\Delta t \to 0$ 的极限

$$I=\lim_{\Delta t\to 0}\frac{\Delta q}{\Delta t}=\frac{\mathrm{d}q}{\mathrm{d}t} \tag{3-1-2}$$

电流是标量，在 SI 单位制中电流是基本量，其单位是安培，用符号 A 表示. 安培的定义将在下一章中介绍. 在电磁测量中还常用毫安（mA）和微安（$\mu$A）. 若电流不随时间变化，则称为恒定电流.

**(2) 电流密度矢量**

电流描述了通过导体某一横截面的总电量，在通常的电路问题中，一般引入电流的概念就可以了. 但是电流不能反映导体横截面上各点处的电流强弱和电流方向等分布情况，例如对于粗细不均匀的导体来说，如图 3-1-2 所示，尽管通过各截面的电流相同，然而导体的不同部分电流的大小和方向都不一样，形成了一定的电流分布. 此外，高频交流电中，由于趋肤效应，即使在很细的导体线中电流沿横截面也有一定的分布. 因此仅有电流的概念是不够的，还必须引入描述导体内各点电流分布的物理量.

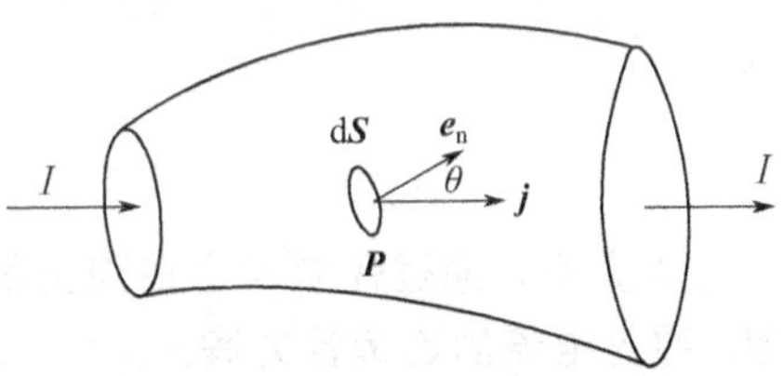


图 3-1-2 电流密度矢量

为了描述导体内各点的电流分布情况，引入**电流密度矢量**，电流密度矢量是这样定义的：**导体中某点电流密度矢量 $\boldsymbol{j}$ 的方向是该点电流的方向**（即该点正电荷运动的方向），**大小等于与该点 $\boldsymbol{j}$ 相垂直的单位面积上的电流**. 设想在导体内某点取垂直电流密度方向的截面面积 $\Delta S_{\perp}$，通过该面元的电流为 $\Delta I$，则

$$j=\lim_{\Delta S_{\perp}\to 0}\frac{\Delta I}{\Delta S_{\perp}}=\frac{\mathrm{d}I}{\mathrm{d}S_{\perp}} \tag{3-1-3}$$

有了电流密度矢量 $\boldsymbol{j}$ 的概念，就可以描述导体中的电流分布了. 在通电导体内，每一点都有一个电流密度矢量 $\boldsymbol{j}$，它把该点的电流强弱和方向表示出来，这样，导体内各点的矢量 $\boldsymbol{j}$ 构成了一个矢量场，称之为**电流场**，类似于用电场线描绘电场，可以用电流线来描绘电流场. 所谓电流线就是这样一些曲线：其上每点的切线方向与该点的电流密度矢量的方向相同；电流线的疏密程度代表电流密度的大小. 由于电流场中任何一点的电流方向总是确定的，所以电流线不会相交. 由电流线围成的管状区叫做电流管. 电流管内的电流不会通过管壁流出管外，管外电流也不会通过管壁流进管内. 电流线沿着导线分布，导线本身就是一个电流管，所以各截面的电流相等.

如果导体内 $P$ 点的电流密度矢量为 $\boldsymbol{j}$，过 $P$ 点的截面元 $\mathrm{d}\boldsymbol{S}$ 的法线方向与 $\boldsymbol{j}$ 的方向的夹角为 $\theta$，见图 3-1-2，则通过该面元的电流 $\mathrm{d}I$ 与该点电流密度 $\boldsymbol{j}$ 的关系为

$$\mathrm{d}I=j\,\mathrm{d}S_{\perp}=j\,\mathrm{d}S\cos\theta=\boldsymbol{j}\cdot\mathrm{d}\boldsymbol{S} \tag{3-1-4}$$

这样通过导体中任意截面 $S$ 的电流 $I$ 为

$$I=\iint_S \boldsymbol{j}\cdot \mathrm{d}\boldsymbol{S} \tag{3-1-5}$$

即通过 $S$ 面的电流 $I$ 等于通过该面电流密度 $\boldsymbol{j}$ 的通量. 这就是电流密度与电流之间的关系式. 从电流密度的定义可以看出，它的单位是 $\mathrm{A/m^2}$.

## 3.1.2 电流的连续性方程 恒定电流条件

电流场的一个重要的基本性质是它的连续方程，它的本质是电荷守恒定律.

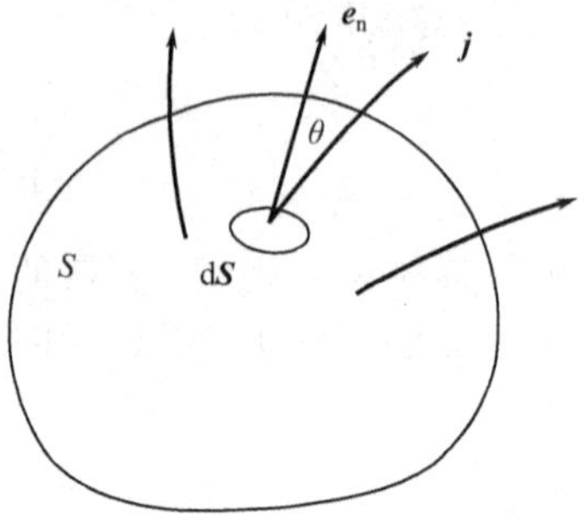

图 3-1-3 电流连续性方程

如图 3-1-3 所示，设想在导体内任取一个闭合曲面 $S$，像前面表述高斯定理那样，并取外法线方向为正方向，根据式(3-1-5)，通过闭合曲面的电流表示为

$$I=\oiint_S \boldsymbol{j}\cdot \mathrm{d}\boldsymbol{S}$$

根据电荷守恒定律，通过闭合曲面的电流应等于单位时间内由闭合曲面 $S$ 流出的电荷量，即

$$I=\oiint_S \boldsymbol{j}\cdot \mathrm{d}\boldsymbol{S}=\frac{\mathrm{d}q_{出}}{\mathrm{d}t}$$

单位时间内流出 $S$ 的电量必等于 $S$ 内电荷的减少量，即

$$\frac{\mathrm{d}q_{出}}{\mathrm{d}t}=-\frac{\mathrm{d}q}{\mathrm{d}t}$$

所以有

$$\oiint_S \boldsymbol{j}\cdot \mathrm{d}\boldsymbol{S}=-\frac{\mathrm{d}q}{\mathrm{d}t} \tag{3-1-6}$$

上式表明，**通过任意闭合曲面上的电流密度通量等于该闭合曲面内电荷随时间变化率的负值. 称为电流的连续性方程.**

由式(3-1-6) 可以看出，如果 $\frac{\mathrm{d}q}{\mathrm{d}t}>0$，表示有电荷通过闭合曲面进入内部；如果 $\frac{\mathrm{d}q}{\mathrm{d}t}<0$，表示有电荷通过闭合曲面流出内部. 这必将导致这些地方的电荷的增加或减少.

如果闭合曲面 $S$ 内的电荷量不随时间变化，即流出的电荷等于流入的电荷，也就是

$$\frac{\mathrm{d}q}{\mathrm{d}t}=0 \tag{3-1-7}$$

则由电流的连续性方程得

$$\oiint_S \boldsymbol{j}\cdot \mathrm{d}\boldsymbol{S}=0 \tag{3-1-8}$$

上式称为恒定电流的条件. 此条件表明：**对于恒定电流的电流场来说，任意闭合曲面的电流密度通量都等于零**. 它表明，通过闭合曲面 $S$ 一侧流入的电荷等于从另一侧流出的电荷. 电流线连续的穿过闭合曲面所包围的体积，即电流线不会在任何闭合曲面所包围的空间内终止或产生，见图 3-1-4. 恒定电流的电流线是闭合曲线.

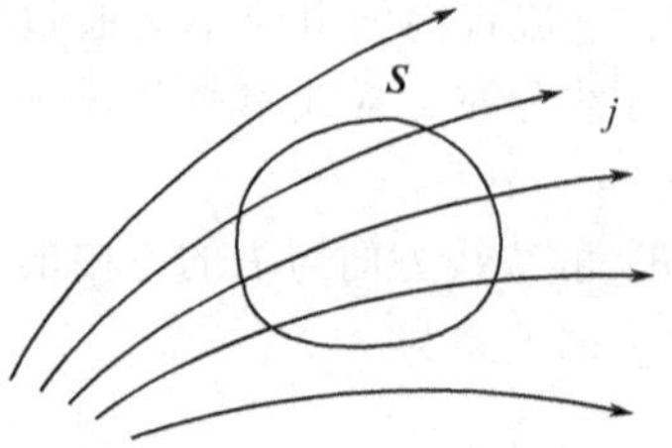

图 3-1-4 恒定电流的条件

对于恒定电流，空间任一闭合曲面内的电荷量保持不变. 这就是说，电荷的定向运动具有下面的特点：在任何地点，其流出的电荷必被别处流来的电荷所补充，电荷的流动过程是空间每一点的一些电荷被另一些电荷代替的过程. 正是这种代替，保证了电荷分布不随时间变化. 分布不随时间变化的电荷所产生的电场也不随时间变化，这种电场称

为恒定电场，它是一种静态电场. 恒定电场与静电场有相同的性质，服从相同的场方程，电势、电势差（电压）的概念对恒定电场仍然适用. 我们有时也把恒定电场称为静电场.

## 复习思考题

3-1-1 为什么要引入电流密度这个物理量？

3-1-2 电流与电流密度的关系式是什么？若通过某一截面的电流 $I=0$，截面上的电流密度是否必为零？反过来又怎样？

3-1-3 什么是电流的连续性方程？什么是恒定电流的条件？

3-1-4 若导体内部有电流，即导体内电流密度 $j\neq 0$，导体内部电荷体密度 $\rho$ 是否一定也不为零？

# 3.2 欧姆定律

## 3.2.1 欧姆定律

1826 年德国物理学家欧姆（G. S. Ohm，1787—1854）通过实验建立了电路中电流与电场之间的关系，称之为**欧姆定律**.

实验表明，**一段导体中的电流 $I$ 与其两端的电势差 $U$ 成正比**，这个规律叫做**一段均匀电路的欧姆定律**，即

$$I=GU \tag{3-2-1}$$

式中，$G$ 为比例系数，令 $G=\dfrac{1}{R}$ 则有

$$I=\frac{U}{R} \tag{3-2-2}$$

$R$ 称为该段导体的电阻，它与导体的材料性质和几何形状有关. 电阻的单位名称为欧姆，其符号为 Ω. $G$ 叫做电导，电导的单位名称为西门子，其符号为 S.

以电压 $U$ 为横坐标、电流 $I$ 为纵坐标画出的曲线，叫做该导体的**伏安特性曲线**. 欧姆定律成立时，伏安特性是一条通过原点的直线，其斜率等于电阻 $R$ 的倒数. 具有这种性质的电学元件叫做线性元件，其电阻称为线性电阻. 如果一些元件（例如晶体二极管等）的伏安特性不是直线，而是不同形状的曲线. 这种元件叫做非线性元件.

导体的电阻的大小与导体的材料和几何形状有关. 实验表明，对于横截面均匀的导体，当温度一定时，其电阻 $R$ 与它的长度 $l$ 成正比，与它的横截面积 $S$ 成反比，即

$$R=\rho\frac{l}{S} \tag{3-2-3}$$

式中，比例系数 $\rho$ 称为导体的电阻率，它与导体材料的性质有关. 电阻率的单位为 Ω·m.

对于横截面 $S$ 或电阻率 $\rho$ 不均匀的导体，如图 3-2-1 所示，其电阻可以用下式积分求出

$$R=\int_l \rho\frac{\mathrm{d}l}{S} \tag{3-2-4}$$

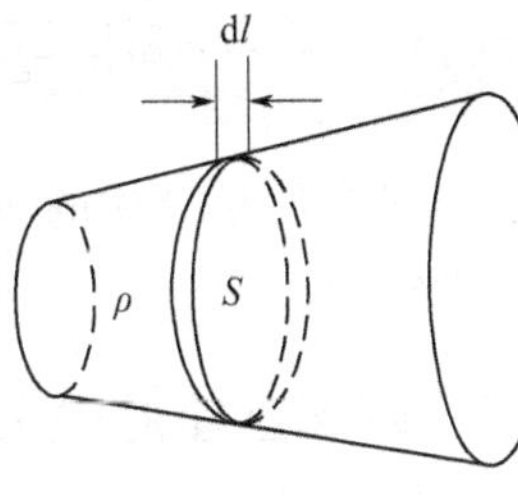

图 3-2-1 横截面不均匀的电阻

电阻率由材料的性质决定，一般来说，纯金属的电阻率为 $10^{-8}$ Ω·m，合金的电阻率为 $10^{-6}$ Ω·m，半导体的电阻

率为 $10^{-5} \sim 10^{6}\,\Omega\cdot m$ 绝缘体的电阻率为 $10^{8} \sim 10^{17}\,\Omega\cdot m$. 表 3-2-1 给出了几种常用材料在 0℃时的电阻率.

**表 3-2-1 几种常用材料的电阻率**

| 材料 | 电阻率 $\rho$ /(Ω·m) | 材料 | 电阻率 $\rho$ /(Ω·m) |
| --- | --- | --- | --- |
| 银 | $1.5\times10^{-8}$ | 锗 | 0.46 |
| 铁 | $8.7\times10^{-8}$ | 硅 | 640 |
| 铜 | $1.6\times10^{-8}$ | 石英 | $10^{17}$ |
| 铂 | $9.8\times10^{-8}$ | 玻璃 | $10^{10}\sim10^{14}$ |
| 镍铬合金 | $110\times10^{-8}$ | 氧化铝 | $10^{14}$ |
| 锰铜合金 | $48\times10^{-8}$ | 聚四氟乙烯 | $10^{13}$ |

电阻率与温度有关，实验表明，当温度变化不大时，金属的电阻率与温度的关系可表示成

$$\rho=\rho_0(1+\alpha t) \tag{3-2-5}$$

式中，$\rho$ 为温度 $t$（单位：℃）时的电阻率；$\rho_0$ 是 0℃时的电阻率；$\alpha$ 称为电阻温度系数. 大部分金属材料的电阻温度系数在 $10^{-3}$ /℃左右，由于金属长度膨胀系数（约 $10^{-5}$/℃）远小于电阻温度系数. 因此，在考虑金属导体的电阻随温度的变化时，我们就可以忽略掉导体的长度 $l$ 和横截面积 $S$ 的变化. 这样，导体的电阻与温度的变化关系式可写为

$$R=R_0(1+\alpha t) \tag{3-2-6}$$

式中，$R$ 表示金属导体在 $t$ ℃时的电阻. $R_0$ 表示金属导体在 0℃时的电阻. 利用电阻随温度变化的特性可以制造各种金属热电阻来测量温度，例如工业上测温用的铂电阻传感器，铂丝的电阻温度系数 $\alpha=3.91\times10^{-3}$ 1/℃，制造时的标准电阻 $R_0=100\Omega$，则 $R_{100}=139.1\Omega$，通过电阻的变化可以测量温度的变化. 铂电阻的测温范围为－200～500℃，在测温范围内，铂电阻的物理、化学性质比较稳定，电阻随温度变化的线性关系比较好.

有些金属在低温下，其电阻突变为零. 这种现象称为超导电现象，在一定温度下能产生零电阻现象的物体称为超导体. 超导体最早是由荷兰物理学家昂尼斯（H. K. Onnes，1853—1926）于 1911 年发现的，并因此对低温物理作出的杰出贡献，获得 1913 年诺贝尔物理学奖. 昂尼斯测定低温下电阻随温度的变化关系，观察到纯汞在 4.2K 附近时，电阻突变到零，汞变成了超导体，如图 3-2-2 所示，该温度称为**转变温度 $T_c$**. 如果用超导材料做成一个闭合回路，电流一经激发就可以无需电源持续很久而不衰减，并且也不会在导体中发热. 后来人们还发现许多金属、合金和化合物都可具有超导电性. 而且理论上也取得了很大进展，并且转变温度不断提高，转换温度大于 77K 的超导体称为高温超导体. 高温超导体的研究将会在不久的将来使超导体的应用有所突破. 超导材料除了电阻消失外，还具有一系列其它独特的物理性质.

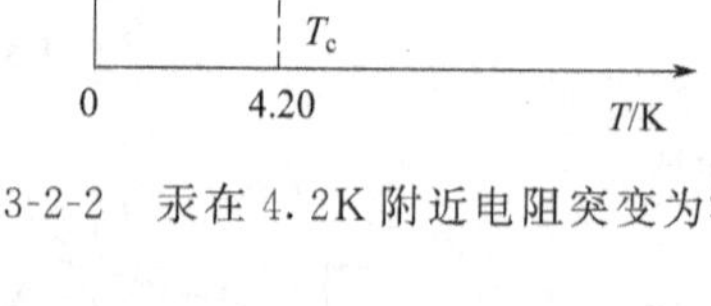

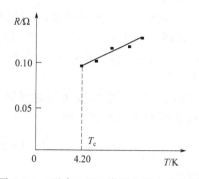

图 3-2-2 汞在 4.2K 附近电阻突变为零

## 3.2.2 欧姆定律的微分形式

欧姆定律反映了一段导体内电流与电压之间的整体关系. 没有反映出导体内逐点的电流

与电场的关系，按金属导电的机理，导体中各点的电流密度 $\boldsymbol{j}$ 应与导体中电场 $\boldsymbol{E}$ 分布有关，它们的关系可由式(3-2-2) 导出.

在导体内某点处取一长为 $\Delta l$，横截面积为 $\Delta S$ 的小圆柱体，并使圆柱体的轴线与该点的电流密度 $\boldsymbol{j}$ 平行，如图 3-2-3 所示. 设小圆柱体两端面之间的电压为 $\Delta U$，则通过小圆柱体横截面上的电流为 $\Delta I$，把欧姆定律应用于这段小圆柱体上，则有

$$\Delta I=\frac{\Delta U}{R}$$

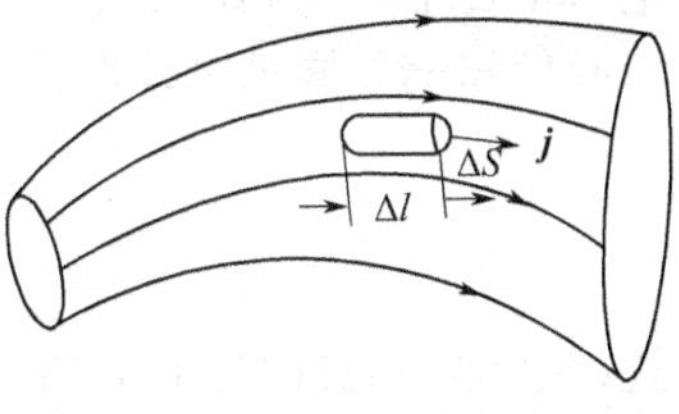

图 3-2-3 欧姆定律的微分形式

实验表明，导体中的电场 $\boldsymbol{E}$ 与电流密度 $\boldsymbol{j}$ 方向处处一致，都是正电荷运动的方向，从而 $\Delta U=E\Delta l$，$\Delta I=j\Delta S$，设导体的电阻率为 $\rho$，则 $R=\rho\dfrac{\Delta l}{\Delta S}$，把这些式子都代入上式得

$$j=\frac{1}{\rho}E=\gamma E \tag{3-2-7}$$

式中，$\gamma=\dfrac{1}{\rho}$ 称为导体的电导率. 由于 $\boldsymbol{j}$ 与 $\boldsymbol{E}$ 的方向一致，故上式可写成矢量形式

$$\boldsymbol{j}=\gamma\boldsymbol{E} \tag{3-2-8}$$

上式称为**欧姆定律的微分形式**. 它表明，**导体中任一点的电流密度等于该点的电场强度与导体电导率的乘积.**

式(3-2-2) 即 $I=\dfrac{U}{R}$ 中的 $U=\int\boldsymbol{E}\cdot\mathrm{d}\boldsymbol{l}$ 和 $I=\iint\boldsymbol{j}\cdot\mathrm{d}\boldsymbol{S}$ 都是积分量，故可称为欧姆定律的积分形式. 欧姆定律的积分形式描述的是一段有限长度、有限截面导线的导电规律，而欧姆定律的微分形式给出了导体中每一点的导电规律，所以它比积分形式能更为细致地描述导体的导电规律. 需要说明，欧姆定律的微分形式虽然是从恒定条件下推导出来的，但它对非恒定情况也适用，在这一点上它比欧姆定律的积分形式更普遍.

**【例 3-2-1】** 一同轴电缆是由内半径为 $R_1$、外半径为 $R_2$ 的金属圆柱筒组成，内外导体间填充一种电容率为 $\varepsilon$ 、电阻率为 $\rho$ 的电介质材料，如图 3-2-4 所示. 计算同轴电缆单位长度的绝缘电阻为多少.

**解**：在实际问题中，两金属圆筒之间填充绝缘材料. 我们希望该绝缘材料是理想的绝缘体，然而这是不现实的，当在两金属圆筒接直流电压时，总会有微小的电流通过绝缘材料，这种沿径向的电流称为漏电流. 通常把两极间的电压 $U$ 与漏电流 $I$ 之比称为绝缘电阻. 或叫做两筒之间的径向电阻.

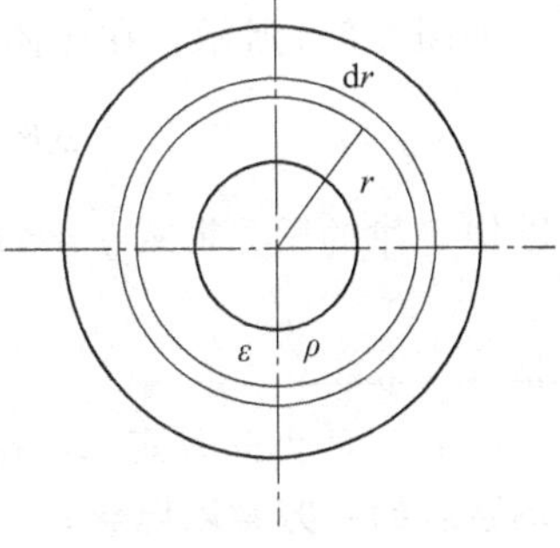

图 3-2-4 例 3-2-1 图

由于沿径向圆柱筒的面积是不同的，所以需用积分计算其电阻. 如图 3-2-4 所示，取半径为 $r$ 和 $r+\mathrm{d}r$ 的两个圆柱面，则单位长度圆柱面的面积为 $S=2\pi r$，则两圆柱面间的电阻为

$$\mathrm{d}R=\rho\frac{\mathrm{d}r}{S}=\rho\frac{\mathrm{d}r}{2\pi r}$$

积分得两圆柱筒的径向总电阻为

$$R=\int\mathrm{d}R=\frac{\rho}{2\pi}\int_{R_1}^{R_2}\frac{\mathrm{d}r}{r}=\frac{\rho}{2\pi}\ln\frac{R_2}{R_1} \tag{3-2-9}$$

由欧姆定律得单位长度圆筒间的径向漏电流为

$$I=\frac{U}{R}=\frac{U}{\dfrac{\rho}{2\pi}\ln\dfrac{R_2}{R_1}} \tag{3-2-10}$$

在电力工程中，常利用上式计算同轴电缆的径向漏电流.

我们知道，同轴电缆单位长度的电容为

$$C=\frac{2\pi\varepsilon}{\ln\dfrac{R_2}{R_1}} \tag{3-2-11}$$

由式(3-2-9) 和式(3-2-11) 得

$$RC=\rho\varepsilon \tag{3-2-12}$$

式(3-2-12) 即为传输线的**电容和电阻特性公式**，即单位长度的电容 $C$ 与单位长度的漏电电阻 $R$ 的乘积等于传输线间介质的电阻率 $\rho$ 与电容率 $\varepsilon$ 之积. 这个结论对其它传输线也成立，例如平行板线路和双线线路等.

## 3.2.3 焦耳定律的微分形式

在金属导体中，电流是自由电子在电场力作用下的定向运动. 当电场力推动电荷运动时，就不断地对自由电子作功，因而自由电子获得动能. 当电子与金属晶格点阵上的原子实碰撞时，电子定向运动的动能将转化为热运动的能量，因而金属导体的温度升高而发热.

我们知道，电阻为 $R$ 的一段导体，通有电流 $I$，这段导体的电功率为

$$P=I^2R \tag{3-2-13}$$

上述结论称为**焦耳定律**. 电流在通过电阻电路时消耗的电能全部转换成热能释放出来，释放的热量叫做焦耳热.

如果导体中电流分布不均匀，导体中不同部分的热功率也不相等，为了描述导体中各处的发热情况，引入**热功率密度**这个物理量，在导体中某点处取一体积元 $\Delta V$，$\Delta V$ 内的热功率为 $\Delta P$，定义**单位体积内的热功率为该点的热功率密度**，用 $w$ 表示，则

$$w=\lim_{\Delta V\to 0}\frac{\Delta P}{\Delta V}$$

如图 3-2-3 所示，在导体内取一小圆柱体 $\Delta V=\Delta S\Delta l$，则其热功率为

$$\Delta P=(\Delta I)^2R=(j\Delta S)^2\rho\frac{\Delta l}{\Delta S}=j^2\rho\Delta S\Delta l$$

将欧姆定律的微分形式 $\boldsymbol{j}=\gamma\boldsymbol{E}$ 代入上式

$$\Delta P=\gamma E^2\Delta V$$

于是

$$w=\gamma E^2 \tag{3-2-14}$$

式(3-2-14) 叫做**焦耳定律的微分形式**，它表明，**导体中任意一点的热功率密度等于该点的电场强度的平方乘以电导率**. 导体中总的热功率为

$$P=\int_V\gamma E^2\,\mathrm{d}V \tag{3-2-15}$$

## 3.2.4 欧姆定律的经典微观解释

金属导电的宏观规律是由微观导电机制所决定的. 下面根据经典理论来说明为什么金属导体遵从欧姆定律，并把电导率与微观量的平均值联系起来.

金属导体具有晶体结构，原子实在金属内以周期性规则排列形成晶体点阵，而大量的自

由电子在晶体点阵之间作无规则热运动，按经典理论，自由电子的热运动与气体分子的热运动很相似，服从麦克斯韦速度分布和能量按自由度均分定理等，所以常把金属中的自由电子整体称为自由电子气.

当导体中无电场时，由于自由电子同点阵格点上原子实不断碰撞，电子的运动是无规则的热运动，电子向各个方向运动的概率相等，它们热运动速度的平均值等于零. 从宏观角度上看，自由电子的无规则热运动没有集体定向的效果，因此并不形成电流.

自由电子在作热运动的同时，不断地与晶体点阵上的原子实碰撞，所以每个电子的运动轨迹是一条迂回曲折的折线，如图 3-2-5 中的实线所示.

如果导体中加上电场 $\boldsymbol{E}$ 以后，自由电子受电场力的作用下，其运动轨迹将如图 3-2-5 中的虚线所示那样，逆着电场 $\boldsymbol{E}$ 的方向发生“漂移”. 这时可以认为自由电子的总速度是由它的热运动速度和因电场产生的附加定向速度两部分组成，热运动速度的平均仍为零，定向运动速度的平均值叫做**漂移速度**，用 $\boldsymbol{u}$ 来表示，它的方向与金属中电场的方向相反，大量自由电子的漂移运动形成金属中的电流.

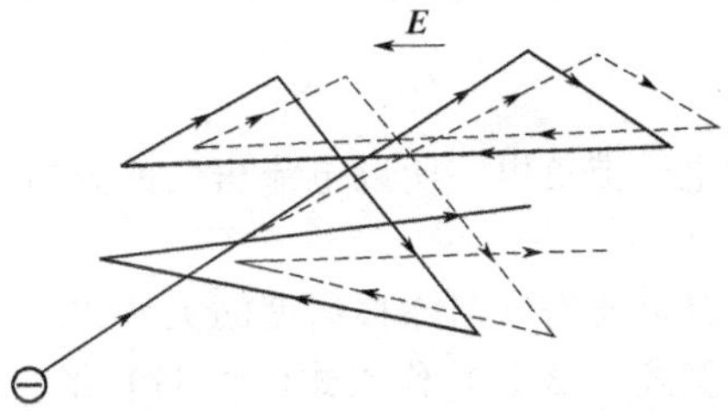

图 3-2-5 电子在电场作用下产生的漂移运动

要从微观上解释欧姆定律 $\boldsymbol{j}=\gamma\boldsymbol{E}$，下面先来找出漂移速度 $\boldsymbol{u}$ 与电场 $\boldsymbol{E}$ 之间的关系；然后再将金属导体中电流密度 $\boldsymbol{j}$ 与电子漂移速度 $\boldsymbol{u}$ 联系起来，就会得到电流密度 $\boldsymbol{j}$ 与电场强度 $\boldsymbol{E}$ 的关系式.

通电导体中的自由电子，其电量为 $e$，质量为 $m$，若作用于电子的电场为 $\boldsymbol{E}$，则由牛顿运动定律得加速度为

$$\boldsymbol{a}=-\frac{e}{m}\boldsymbol{E}$$

由于电子同原子实不断碰撞，且碰撞后向各个方向运动的概率相等，所以，可以假设碰撞后的瞬间，电子的平均定向漂移速度为零，即 $\boldsymbol{u}_0=0$. 此后电子在电场力的作用下从零开始作匀加速直线运动，到下次碰撞前，它获得的定向速度为

$$\boldsymbol{u}_\tau=\boldsymbol{a}\bar{\tau}=-\frac{e}{m}\boldsymbol{E}\bar{\tau}$$

式中，$\bar{\tau}$ 为电子两次碰撞之间的平均自由飞行时间，称为平均自由时间. 那么，在一个平均自由程内电子的漂移速度等于自由程起点的初速度 $\boldsymbol{u}_0$ 和终点的末速度 $\boldsymbol{u}_\tau$ 的平均，即

$$\boldsymbol{u}=\frac{\boldsymbol{u}_0+\boldsymbol{u}_\tau}{2}=-\frac{e}{2m}\bar{\tau}\boldsymbol{E}$$

和气体分子动理论中一样，电子的平均自由时间 $\bar{\tau}$ 与平均自由程 $\bar{\lambda}$ 和平均速率 $\bar{v}$ 有下面的关系

$$\bar{\tau}=\frac{\bar{\lambda}}{\bar{v}}$$

所以

$$\boldsymbol{u}=-\frac{e}{2m}\frac{\bar{\lambda}}{\bar{v}}\boldsymbol{E} \tag{3-2-16}$$

因为 $e$，$m$，$\bar{\lambda}$，$\bar{v}$ 都与电场强度无关，所以自由电子的漂移速度与电场强度成正比，$\boldsymbol{u}$ 与 $\boldsymbol{E}$ 的方向相反，这是由于电子带负电造成的.

设导体中自由电子的数密度为 $n$（单位体积内的自由电子数），自由电子的漂移速度为 $\boldsymbol{u}$

如图 3-2-6 所示，在导体中某点附近取一小截面积 $\Delta S$，小面元与漂移速度垂直，在 $\Delta t$ 时间内，穿过该截面的电量为

$$\Delta q = neu\Delta t\Delta S$$

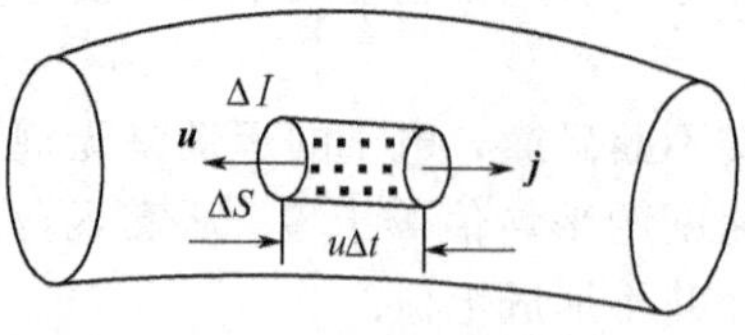


图 3-2-6　电流密度与漂移速度的关系

则流过的电流 $\Delta I$ 为

$$\Delta I = \frac{\Delta q}{\Delta t} = \frac{nu\Delta t\Delta Se}{\Delta t} = neu\Delta S$$

电流密度的数值为

$$j = \frac{\Delta I}{\Delta S} = neu$$

因为电子带负电，所以电流密度的方向与电子漂移速度的方向相反，故有

$$\boldsymbol{j} = -ne\boldsymbol{u} \tag{3-2-17}$$

这就是电流密度与漂移速度的关系式.

把式(3-2-16) 代入式(3-2-17) 得

$$\boldsymbol{j} = \frac{ne^2}{2m}\frac{\overline{\lambda}}{\overline{v}}\boldsymbol{E} \tag{3-2-18}$$

可见，金属导体内的电流密度 $\boldsymbol{j}$ 与场强 $\boldsymbol{E}$ 成正比，这就是欧姆定律的微分形式. 并得到电导率

$$\gamma = \frac{ne^2}{2m}\frac{\overline{\lambda}}{\overline{v}} \tag{3-2-19}$$

这样，我们用经典的电子理论解释了欧姆定律，并导出了电导率与微观量平均值之间的关系式(3-2-19).

从式(3-2-19) 可以看出电导率与温度的关系，由于 $\overline{\lambda}$ 与温度无关，$\overline{v} \propto \sqrt{T}$，所以 $\gamma \propto \frac{1}{\sqrt{T}}$，从而电阻率 $\rho \propto \sqrt{T}$，这就说明了为什么随着温度的升高，电阻率增加. 但是，从经典电子论导出的结果只能定性地说明金属导电的规律，由式(3-2-19) 计算出的电导率的具体数值与实际相差甚远. 例如，自由电子数量越多导电性应当越好，但事实却是二、三价金属的价电子虽然比一价金属的多，但导电性反而比一价金属还差. 此外实验表明导体的电阻率基本上与温度成线性关系. 这说明经典电子论对金属的导电性的解释在定量方面并不成功.

经典电子论的困难原因主要有两个方面：首先，电子气不同于理想气体，它并不服从麦克斯韦-玻尔兹曼分布，而是服从费米-狄拉克分布；其次，电子具有波粒二象性，所谓电子与原子实的碰撞实际上是电子被晶格的散射，因而电子的平均自由程不能用经典分子运动论的方法来计算. 这些困难需要用量子自由电子理论和能带理论来解决，而且能带理论不仅能够很好地解释金属的导电性，还能很好地解释其它物质如绝缘体、半导体等的导电性.

最后举一个例子说明一下自由电子漂移速度数量级的概念.

**【例 3-2-2】** 设直径为 1mm 的铜导线载有 10A 的恒定电流，已知铜导线中的自由电子数密度 $n = 8.4 \times 10^{28}\ \mathrm{m^{-3}}$，求铜导线中自由电子漂移速度的大小.

**解：** 铜导线中的电流密度大小

$$j = \frac{I}{S} = \frac{10}{3.14 \times (0.5 \times 10^{-3})^2} = 12.7 \times 10^6 (\mathrm{A/m^2})$$

电子的漂移速度大小

$$u = \frac{j}{ne} = \frac{12.7 \times 10^6}{8.4 \times 10^{28} \times 1.6 \times 10^{-19}} = 9.45 \times 10^{-4} (\mathrm{m/s}) \approx 3.4\mathrm{m/h}$$

按气体分子运动论中的结论，金属中自由电子热运动的平均速率是 $10^5$ m/s，可见自由电子的漂移速度远远小于热运动平均速率.

也许有人会提出这样的疑问，电子的漂移速度如此之小，为什么当开关刚一闭合，电路中立刻就有电流？这是因为电路中的电流并不是电源内的电子沿导体回路才形成的，它是由电路中任一处当地的自由电子定向运动所形成，而自由电子的运动是由电场引起的，所以电路中电流形成的速度并不是电子的漂移速度，而是电场的建立速度，电磁场以光速传播，电键一接通，电路各处的导线里很快建立了电场使当地的自由电子发生定向移动，形成电流. 由此可见，电路中电流形成的快慢与漂移速度无关.

**复习思考题**

3-2-1 对于非线性元件，欧姆定律虽不适用，但仍可定义其电阻为 $R=\dfrac{U}{I}$，$R$ 是否还是常量？

3-2-2 用哪些参量描述材料的导电性能？用电阻可否？如何计算一段横截面 $S$ 不均匀的导体的电阻？

3-2-3 一铜线表面敷有银层，若在导线两端加上电压，铜线和银层中的电流密度、电场强度以及电流是否相同？

3-2-4 电流从铜球顶上的一点流进去，从相对的一点流出来，铜球各部分产生的焦耳热的情况是否相同？

3-2-5 为什么要研究金属导体中每一点的导电规律？欧姆定律的微分形式是什么？在金属导体中电流线是否与电场线重合？

3-2-6 什么是电子的定向漂移速度？电路中电流形成的快慢是否与漂移速度有关？

## 3.3 恒定电流场方程和边值关系

### 3.3.1 恒定电流场方程

在恒定电流条件下，电流场 $\boldsymbol{j}$ 满足的方程为

$$\oint\!\!\!\!\oint_S \boldsymbol{j}\cdot \mathrm{d}\boldsymbol{S}=0 \tag{3-3-1}$$

上式就是恒定电流连续性方程的积分形式. 它可表述为：单位时间内流入任一闭合曲面 $S$ 内的电流等于流出该面的电流. 电流线是连续闭合曲线.

由欧姆定律的微分形式

$$\boldsymbol{j}=\gamma\boldsymbol{E}$$

可得

$$\oint\!\!\!\!\oint_S \gamma\boldsymbol{E}\cdot \mathrm{d}\boldsymbol{S}=0$$

如果导体的导电性能均匀，$\gamma$ 是常数，则有

$$\oint\!\!\!\!\oint_S \boldsymbol{E}\cdot \mathrm{d}\boldsymbol{S}=0 \tag{3-3-2}$$

上式说明导体内部任一闭合曲面 $S$ 内包含的净电荷为零. 根据高斯定理，上式的微分形式为

$$\nabla\cdot \boldsymbol{E}=0 \tag{3-3-3}$$

故

$$\rho=0$$

这表明恒定电流场中均匀导体内部电荷密度处处为零，电荷只能分布在导体表面上. 导体内部的恒定电场是由表面上的电荷产生的.

因为电荷分布恒定，与 $\boldsymbol{j}$ 相联系的电场 $\boldsymbol{E}$ 分布也恒定，所以恒定电场与静电场相同也遵从环路定理，满足

$$\oint_L \boldsymbol{E}\cdot \mathrm{d}\boldsymbol{l}=0 \tag{3-3-4}$$

由斯托克斯定理，其微分形式为

$$\nabla\times\boldsymbol{E}=0 \tag{3-3-5}$$

由于恒定电路中的电场依然遵守环路定理，所以电势、电势差（电路中称为电压）的概念仍然适用.

## 3.3.2 恒定电流场的边值关系

当恒定电流通过导电介质分界面时，在分界面上电流密度 $\boldsymbol{j}$ 和电场强度 $\boldsymbol{E}$ 各自满足的关系称为恒定电场的边值关系.

**(1) 电流密度的法向分量连续**

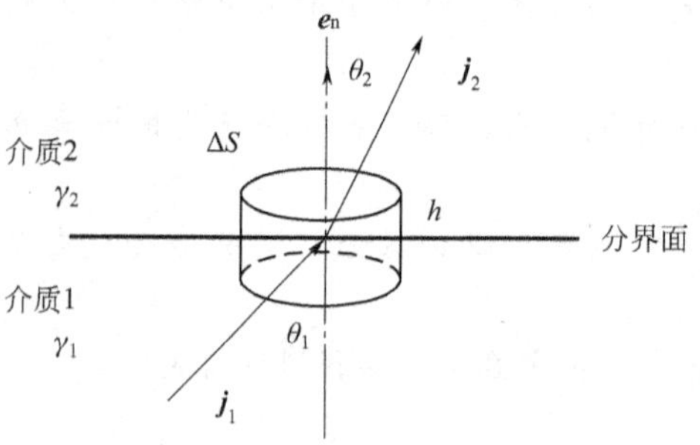


图 3-3-1 电流密度的法向分量连续

在电导率分别为 $\gamma_1$ 和 $\gamma_2$ 的两种均匀导电介质分界面处，如图 3-3-1 所示，跨越分界面作一非常小的圆柱形闭合曲面，其底面积为 $\Delta S$ 、高为 $h$，且 $h\to 0$，由电流场方程可得

$$\oiint_S \boldsymbol{j}\cdot \mathrm{d}\boldsymbol{S}=j_{2\mathrm{n}}\Delta S-j_{1\mathrm{n}}\Delta S=0$$

这里，$j_{1\mathrm{n}}$，$j_{2\mathrm{n}}$ 分别为分界面两侧的电流密度矢量 $\boldsymbol{j}_1$ 和 $\boldsymbol{j}_2$ 在分界面法线方向 $\boldsymbol{e}_\mathrm{n}$ 上的分量，由上式得

$$j_{2\mathrm{n}}=j_{1\mathrm{n}} \tag{3-3-6}$$

或

$$\boldsymbol{e}_\mathrm{n}\cdot(\boldsymbol{j}_2-\boldsymbol{j}_1)=0 \tag{3-3-7}$$

上面两式说明，在不同导电介质的分界面上，电流密度的法向分量是连续的.

**(2) 电场强度的切向分量连续**

在导电介质的分界面处两侧，取一非常小的矩形闭合环路，其长为 $\Delta l$ 、宽为 $h$，且 $h\to 0$，如图 3-3-2 所示. 由恒定电场的环路定理可得

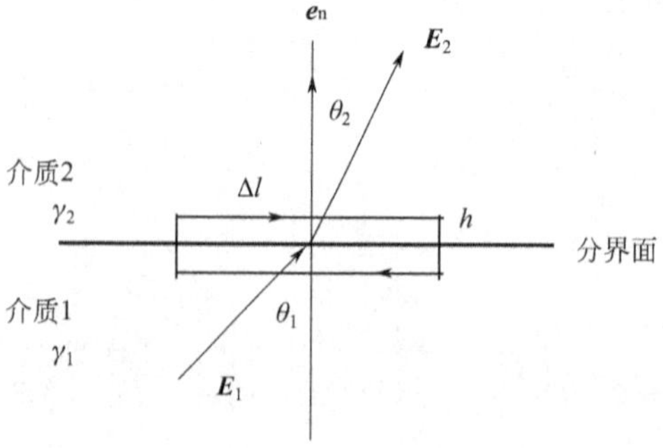


图 3-3-2 电场强度的切向分量连续

$$\oint_L \boldsymbol{E}\cdot \mathrm{d}\boldsymbol{l}=E_{2\mathrm{t}}\Delta l-E_{1\mathrm{t}}\Delta l=0$$

所以

$$E_{2\mathrm{t}}=E_{1\mathrm{t}} \tag{3-3-8}$$

或

$$\boldsymbol{e}_\mathrm{n}\times(\boldsymbol{E}_2-\boldsymbol{E}_1)=0 \tag{3-3-9}$$

上式表明，在不同导电介质分界面上，恒定电场的切向分量是连续的.

将式(3-3-6) 和式(3-3-8) 写成

$$\gamma_2 E_2\cos\theta_2=\gamma_1 E_1\cos\theta_1$$

$$E_2\sin\theta_2=E_1\sin\theta_1$$

上两式相除得

$$\frac{\tan\theta_2}{\tan\theta_1}=\frac{\gamma_2}{\gamma_1} \tag{3-3-10}$$

上式称为恒定电场的**折射定律**. 这表明当电流通过电导率不同的两导电介质时，其电流密度和电场强度要发生突变，故分界面上必有电荷分布.

如果介质 1 为良导体（$\gamma_1$ 很大），介质 2 为不良导体（$\gamma_2\neq0$，但很小），例如同轴线的内外导体通常由电导率很大（$10^7$ 数量级）的铜或铝制成，而填充在两导体间的材料不可能是理想的绝缘电介质，总有很小的漏电导存在. 如聚乙烯的电导率为 $10^{-10}$ 数量级，由式（3-3-10）得

$$\frac{\tan\theta_2}{\tan\theta_1}=\frac{\gamma_2}{\gamma_1}\approx\frac{10^{-10}}{10^7}=10^{-17}$$

由上式可知，这时 $\theta_2$ 非常小. 由此得到，当电流由良导体穿过交界面进入不良导体时，不管电流与界面的交角如何，电流线几乎与良导体表面垂直，所以良导体表面近似为等势面，这与静电场的分布非常相似.

**【例 3-3-1】** 试计算如图 3-3-3 所示深埋在地下的铜球的接地电阻，设铜球的半径为 $a$.

**解：** 为使电气设备与大地有良好的接地，通常将称为接地器的金属体（如球、板、网等）埋入地中，然后设备上的接地点通过导线和接地器连接. 接地电阻主要是指电流在大地中所遇到的电阻. 因为远离接地器处电流流过的面积很大，只有在接地器附近电流流过的截面最小，所以接地电阻主要在接地器附近. 计算时可以认为电流从接地器流至无限远处，即把接地器看作电极，以离它足够远处为零电势点.

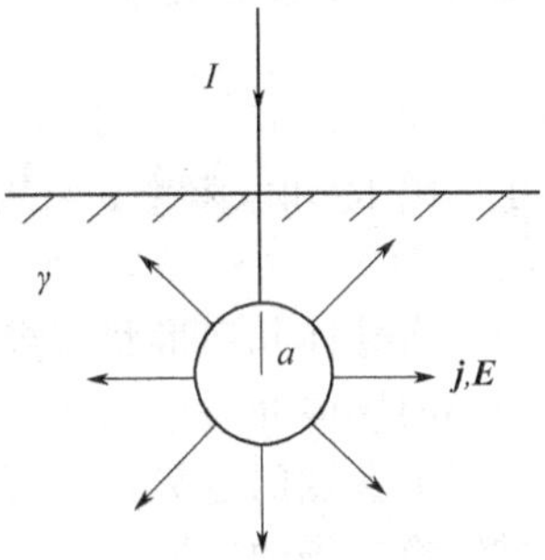

图 3-3-3　例 3-3-1 图

由于铜球埋的很深，可以忽略地面的影响. 又因铜的电导率（约 $10^7$ 的数量级）远大于土壤的电导率（约 $10^{-1}\sim10^4$ 数量级），根据上面的分析，电流线基本上垂直于铜球表面，并呈如图 3-3-3 所示的对称分布，所以大地中任一点的电流密度为

$$\boldsymbol{j}=\frac{I}{4\pi r^2}\boldsymbol{e}_r$$

电场强度为

$$\boldsymbol{E}=\frac{\boldsymbol{j}}{\gamma}=\frac{I}{4\pi r^2\gamma}\boldsymbol{e}_r$$

式中，$\gamma$ 是土壤的电导率. 铜球至无限远处的电势差是

$$U=\int_a^{\infty}\boldsymbol{E}\cdot d\boldsymbol{r}=\frac{I}{4\pi\gamma}\int_a^{\infty}\frac{dr}{r^2}=\frac{I}{4\pi\gamma a}$$

接地电阻为

$$R=\frac{U}{I}=\frac{1}{4\pi\gamma a}$$

为了使设备良好接地，需要减小接地电阻. 由上式可知，增大接地器的表面面积是行之有效的方法之一.

通过前面的讨论可以看到，导电介质中的恒定电流场与没有自由电荷的电介质中的静电场有相似的数学方程，两种场的电势也具有相同的定义，假如两种场都满足相同的边界条件，也就是在两种介质中导体电极的形状、尺寸、相对位置和相应导体电极上的电势都相

同，则根据唯一性定理，这两种场的电势分布必定相同，恒定电场的电流线与静电场的电场线分布也相同. 因此，如果通过实验或计算已经得到了一种场的解，只要将相应的物理量置换一下，就能得到另一种场的解，这种方法称为静电模拟法.

应用上述的静电模拟法还可以互算电极间的电容和电阻，描绘复杂几何形状导体间的电势分布等. 例如两导体间的电容为

$$C=\frac{Q}{U}=\frac{\varepsilon\iint_S \boldsymbol{E}\cdot \mathrm{d}\boldsymbol{S}}{\int_+^- \boldsymbol{E}\cdot \mathrm{d}\boldsymbol{l}} \tag{3-3-11}$$

两导体间的电导为

$$G=\frac{I}{U}=\frac{\iint_S \boldsymbol{j}\cdot \mathrm{d}\boldsymbol{S}}{\int_+^- \boldsymbol{E}\cdot \mathrm{d}\boldsymbol{l}}=\frac{\gamma\iint_S \boldsymbol{E}\cdot \mathrm{d}\boldsymbol{S}}{\int_+^- \boldsymbol{E}\cdot \mathrm{d}\boldsymbol{l}} \tag{3-3-12}$$

由式(3-3-11) 和式(3-3-12) 可见，如果两导体间电容已知，则将 $\varepsilon$ 换成 $\gamma$，即可得到两导体间的电导. 且有关系式

$$\frac{C}{G}=\frac{\varepsilon}{\gamma} \tag{3-3-13}$$

或用电阻 $R$ 和电阻率 $\rho$ 来表示，则式(3-3-13) 可写为

$$RC=\rho\varepsilon \tag{3-3-14}$$

又如，当导体几何形状不规则，难以用解析法计算导体间的电势分布时，可将导体置于电导率较小的导体介质中（如电解液，或与导电纸连接），然后，在各导体间接上电源，即能用探针测出各点的电势，从而绘出一系列等势面，得到电流场的分布，这就是实验中用电流场去描绘静电场的方法.

## 复习思考题

3-3-1 静电平衡时，导体内的场强处处为零. 当导体中有恒定电流时，导体内任一点的场强等于零吗？

3-3-2 恒定电场方程与静电场方程有什么相同之处和不同之处？为什么说恒定电流条件下，导体内部电荷密度处处为零？那么恒定电场是由哪些电荷产生？

3-3-3 静电平衡时，导体表面的场强与表面垂直. 若导体中有恒定电流，导体表面的场强是否仍然与导体表面垂直？为什么？

3-3-4 根据电流场的边值关系，在两不同导体材料的交界面上，电流密度的法向分量连续，那么电流密度的切向分量关系是什么？电场强度的切向分量连续，那么电场强度的法向分量关系是什么？

# 3.4 电源和电动势

## 3.4.1 电源的电动势

如果在导体两端维持恒定的电势差，那么导体中就会有恒定电流产生，如何维持恒定的电势差呢？这就需要电源.

在图 3-4-1 所示的电路中，如果开始时极板 A 和 B 分别带有正负电荷，A、B 之间有电

势差，这时在导线中有电场，在电场力的作用下，正电荷从 A 极板通过导线移动到极板 B，并与极板 B 上的负电荷中和，直至两极板间的电势差消失.

如果我们设法把流到极板 B 上的正电荷通过极板间移到正极板 A 上，保持两极板上正、负电荷量不变，这样两极板间就有恒定的电势差，导线中也就有恒定的电流通过. 这就是电源的基本原理. 显然，要把正电荷从极板 B 移至极板 A 必须有非静电力作功才行，这种能提供非静电力的装置称为电源. 在电源内部，依靠非静电力克服静电力对正电荷作功才能使正电荷从负极板经电源内部输送到正极板上去，可见电源中的非静电力的作功过程，就是把其它形式的能量转化为电能的过程. 不同类型的电源非静电力的本质是不同的，例如化学电池中的非静电力是与化学作用有关的力，发电机中的非静电力是电磁感应作用.

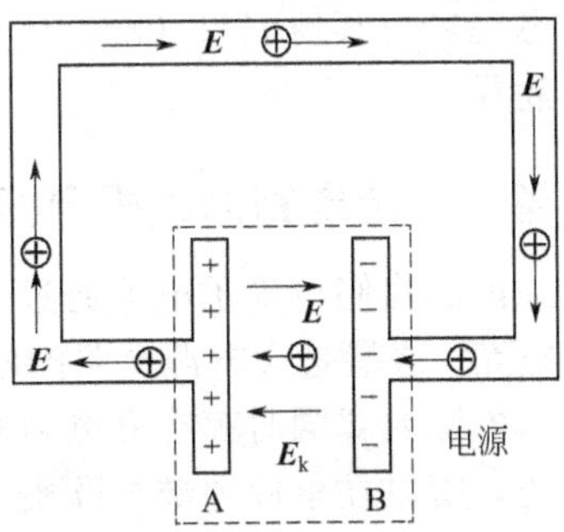


图 3-4-1 电源内的非静电力把正电荷从负极板移至正极板

为了描述电源提供电能的能力，引入电动势这一物理量. 设正电荷 $q$ 经电源内部从负极移到正极，在此过程中非静电力作功为 $W_k$，则比值 $W_k/q$ 叫做电源的电动势，用字母 $\mathscr{E}$ 表示电动势，则

$$\mathscr{E}=\frac{W_k}{q} \tag{3-4-1}$$

即电源的电动势在**数值上等于把单位正电荷经电源内部从负极移到正极过程中非静电力作的功.**

设作用在单位正电荷上的非静电力为 $\boldsymbol{E}_k$，则电荷量为 $q$ 的电荷所受到的非静电力为

$$\boldsymbol{F}_k=q\boldsymbol{E}_k$$

在电荷 $q$ 经电源内部从负极移到正极的过程中，非静电力作的功为

$$W_k=\int_{-(\text{电源内})}^{+}\boldsymbol{F}_k\cdot \mathrm{d}\boldsymbol{l}=\int_{-(\text{电源内})}^{+}q\boldsymbol{E}_k\cdot \mathrm{d}\boldsymbol{l}$$

于是

$$\mathscr{E}=\frac{W_k}{q}=\int_{-(\text{电源内})}^{+}\boldsymbol{E}_k\cdot \mathrm{d}\boldsymbol{l} \tag{3-4-2}$$

考虑到在图 3-4-1 所示的闭合回路中，外电路的导线中只存在静电场，没有非静电场，非静电场只存在于电源内部，故在外电路上有

$$\int_{\text{外}}\boldsymbol{E}_k\cdot \mathrm{d}\boldsymbol{l}=0$$

这样，式(3-3-2) 可改写为

$$\mathscr{E}=\oint_{(\text{闭合电路})}\boldsymbol{E}_k\cdot \mathrm{d}\boldsymbol{l} \tag{3-4-3}$$

以后我们会遇到在整个于闭合电路上都有非静电力的情形，例如，感生电动势. 温差电动势，这时无法区分电源的“内部”与“外部”，这时就说整个闭合电路的电动势.

尽管电动势不是矢量，但为了反映非静电力驱动正电荷运动的方向，通常在电源处画一指向，把电源内部电势升高的方向，即从负极经电源内部指向正极的方向规定为电动势的方向，当正电荷沿电动势方向通过电源，电源内非静电力作正功. 在 SI 中，电动势的单位为伏特 (V). 电源电动势的大小只取决于电源本身的性质. 一定的电源具有一定的电动势，而与外电路无关. 电源内部也有电阻，叫做电源的内阻.

需要说明，通常把 $\boldsymbol{E}_k$ 称为“非静电场”，但在这里 $\boldsymbol{E}_k$ 本质上不是场的概念，不具有场

的物质性，而是单位正电荷所受的非静电力. 静止电荷产生的静电场对置于其中的电荷的作用力称为静电力. 除静电力以外，其它能这样作用于电荷的力称为非静电力，非静电力揭示了电现象与其他现象（磁、热、化学等）之间的联系，提供了把其它形式的能量转化为电能的途径.

## 3.4.2 全电路的欧姆定律

前面我们讨论了电流通过一段均匀电路的欧姆定律，但实际上经常会遇到包含电源的各种电路. 这就是含电源电路的欧姆定律.

电源内部同时存在静电力和非静电力，电源内部的电流是在电场力和非静电力作用下形成的，所以在电源内部把欧姆定律推广为

$$\boldsymbol{j}=\gamma(\boldsymbol{E}+\boldsymbol{E}_{\mathrm{k}}) \tag{3-4-4}$$

此式叫做普遍形式的欧姆定律的微分形式.

设电源的正极电势为 $U_+$，电源的负极电势为 $U_-$，电源正极与负极之间的电势差 $U=U_+-U_-$ 称为电源的路端电压，电源的路端电压与电源的通电电流和电源的本身特性有关.

电源在不通电流的情况下，如图 3-4-2(a) 所示，电源内电流密度 $\boldsymbol{j}=0$，由式(3-3-4) 得 $\boldsymbol{E}_{\mathrm{k}}=-\boldsymbol{E}$，电源的路端电压

$$U=U_+-U_-=\int_{+(\text{电源内})}^{-}\boldsymbol{E}\cdot\mathrm{d}\boldsymbol{l}=\int_{-(\text{电源内})}^{+}\boldsymbol{E}_{\mathrm{k}}\cdot\mathrm{d}\boldsymbol{l}=\mathscr{E} \tag{3-4-5}$$

在这种情况下，电源的路端电压 $U$ 等于电源电动势 $\mathscr{E}$.

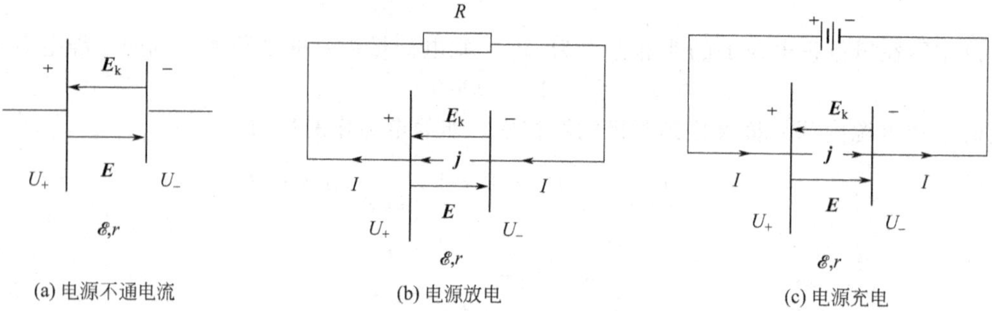


图 3-4-2　电源的路端电压

当电源接入外电路后，如图 3-4-2 (b) 所示，电流从电源正极流出，经外电路流回电源负极，再通过电源从负极流向正极. 这种情况称为电源处于放电状态，电源内部有

$$\boldsymbol{E}_{\mathrm{k}}=\frac{\boldsymbol{j}}{\gamma}-\boldsymbol{E}$$

两边积分，并选择积分路径通过电源内部，则

$$\begin{aligned}\mathscr{E}&=\int_{-(\text{电源内})}^{+}\boldsymbol{E}_{\mathrm{k}}\cdot\mathrm{d}\boldsymbol{l}=\int_{-(\text{电源内})}^{+}\frac{\boldsymbol{j}}{\gamma}\cdot\mathrm{d}\boldsymbol{l}-\int_{-(\text{电源内})}^{+}\boldsymbol{E}\cdot\mathrm{d}\boldsymbol{l}\\&=I\int_{-(\text{电源内})}^{+}\frac{\mathrm{d}l}{\gamma S}+\int_{+(\text{电源内})}^{-}\boldsymbol{E}\cdot\mathrm{d}\boldsymbol{l}=Ir+U\end{aligned}$$

式中，$r=\int_{-(\text{电源内})}^{+}\frac{\mathrm{d}l}{\gamma S}$ 称为电源的内阻，它由电源的内部构造所决定. 由上式电源的路端电压为

$$U=\mathscr{E}-Ir \tag{3-4-6}$$

放电电源的路端电压 $U$ 比电源的电动势 $\mathscr{E}$ 小 $Ir$，$Ir$ 称为电源内部的电压降. 当电源所接电

阻为 $R$ 的外电路时，路端电压 $U=IR$，则上式为

$$\mathscr{E}=Ir+IR \tag{3-4-7}$$

这就是**全电路的欧姆定律**.

处于放电状态的电源其内部非静电力的方向与电流的方向相同，非静电力推动电荷流动作正功，把电源内储存的其它形式的能量转换为电能. 把式(3-4-7)两边乘以电流 $I$，得

$$I\mathscr{E}=I^2r+I^2R \tag{3-4-8}$$

式(3-4-8)的左边是单位时间内非静电力消耗其它形式能量对电荷作的功，而右边的第一项是电流通过电源内部单位时间内释放的焦耳热，右边第二项是外电路消耗的功率. 此式正是电源放电过程中能量转换与守恒定律的表达式.

如果电源处于充电状态，如图 3-4-2(c) 所示，电流经电源内部从正极流向负极，这时电源内部 $\boldsymbol{j}$ 的方向是从正极到负极，这时

$$\mathscr{E}=\int_{-(\text{电源内})}^{+}\boldsymbol{E}_{\mathrm{k}}\cdot\mathrm{d}\boldsymbol{l}=\int_{-(\text{电源内})}^{+}\frac{\boldsymbol{j}}{\gamma}\cdot\mathrm{d}\boldsymbol{l}-\int_{-(\text{电源内})}^{+}\boldsymbol{E}\cdot\mathrm{d}\boldsymbol{l}$$

$$=-I\int_{-(\text{电源内})}^{+}\frac{\mathrm{d}l}{\gamma S}+\int_{+(\text{电源内})}^{-}\boldsymbol{E}\cdot\mathrm{d}\boldsymbol{l}=-Ir+U$$

充电电源的路端电压为

$$U=\mathscr{E}+Ir \tag{3-4-9}$$

可见，路端电压 $U$ 比电源的电动势 $\mathscr{E}$ 大 $Ir$. 电源在充电过程中，电源内部电流流动的方向与非静电力的方向相反，所以在充电过程中电源内部是电场力克服非静电力推动电荷流动作功，把电能转换成其他形式的能量被电源储存起来.

综上所示，电源的电动势 $\mathscr{E}$ 和内阻 $r$ 是电源的两个基本参量，而电源的路端电压是与电源内电流的大小、方向以及 $\mathscr{E}$ 和 $r$ 都有关的量. 如果电源的内阻 $r=0$，电源的路端电压恒等于电源电动势，这种内阻等于零的电源称为**理想电压源**. 实际的电源都有一定的内阻，不是理想电压源，但在分析电路时，我们通常把它等效成一个电动势为 $\mathscr{E}$ 的理想电压源与一个阻值为 $r$ 电阻的串联.

**【例 3-4-1】** 常用的直流电桥如图 3-4-3 所示. 四个电阻分别为 $R_1$、$R_2$、$R_3$ 和 $R_4$，每一个电阻称作电桥的一个臂. 在 $B$、$D$ 之间连接检流计，用来比较 $B$、$D$ 两点的电势，当 $B$、$D$ 两点的电势相等时，叫做电桥平衡；反之，如果 $B$、$D$ 两点的电势不相等时，则叫做电桥不平衡. 试讨论电桥的平衡条件.

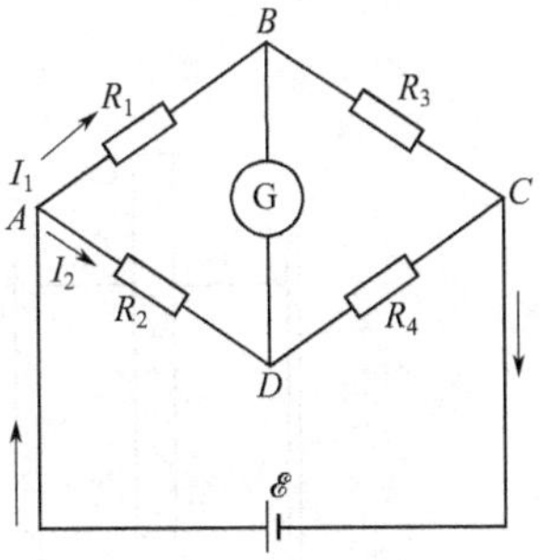

图 3-4-3 直流电桥

**解：** 当电桥平衡时，$B$、$D$ 两点的电势相等，所以 $A$、$B$ 间的电压等于 $A$、$D$ 间的电压，$B$、$C$ 的电压等于 $D$、$C$ 间的电压，即

$$U_{\mathrm{AB}}=U_{\mathrm{AD}},\ U_{\mathrm{BC}}=U_{\mathrm{DC}}$$

这时，检流计两端的电压 $U_{\mathrm{BD}}=0$，检流计中的电流 $I_{\mathrm{g}}=0$，所以通过 $AB$ 和 $BC$ 的电流相等，设为 $I_1$；通过 $AD$ 和 $DC$ 的电流相等，设为 $I_2$. 根据欧姆定律可得

$$I_1R_1=I_2R_2,\ I_1R_3=I_2R_4$$

把以上两式相除，得到

$$R_1=\frac{R_2}{R_4}R_3$$

上式就是电桥的平衡条件. 在制造直流电桥时，把 $\frac{R_2}{R_4}$ 取一定的值，称为比例臂，$R_3$ 是可调标准电阻，称为比较臂，调节 $R_3$ 使检流计中的电流为零，即可测出电阻 $R_1$ 的值，这就是利用平衡电桥测电阻的原理.

除了平衡电桥外，在实际中还常用到非平衡电桥. 例如，用热电阻测量温度时，一般就采用非平衡电桥. 图 3-4-4 就是热电阻传感器测量某一容器内温度的示意图，图中 $R_x$ 是用金属材料或半导体材料制成的热电阻，这种电阻的特点数电阻值随温度的变化非常灵敏. $R_x$ 接在电桥的一臂，作为感温元件插入容器内，在不同的温度下，$B$ 、$D$ 两点间的电压不同，根据检流计中电流 $I_g$ 的大小就可换算出容器内的温度来.

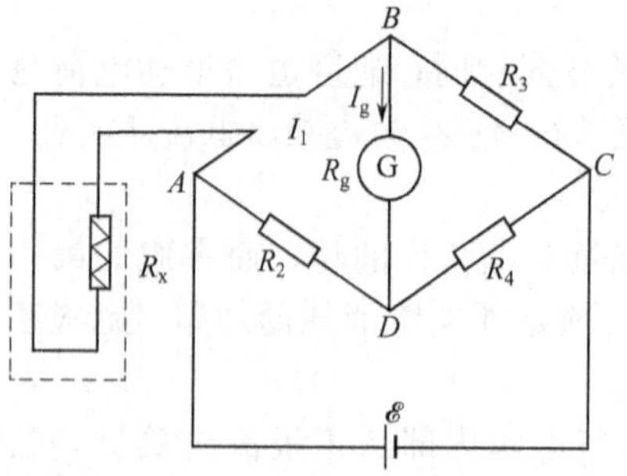

图 3-4-4 用非平衡电桥测温度

## 3.4.3 几种常见的电源

### (1) 化学电池

各种干电池和蓄电池都属于化学电池，它们将化学反应产生的能量转换为电能. 即通过化学反应提供非静电力，使正、负电荷分离并在两极板上累积，形成两极间的电动势. 化学电池种类繁多，日常使用的各种型号的干电池、银锌纽扣电池、锂电池和铅酸蓄电池等都是常见的化学电池.

最早发明的电源称为伏打电池，它是由浸在稀硫酸溶液中一块铜片和一块锌片组成. 由于化学反应，铜片带正电形成正极，锌片带负电形成负极. 伏打电池的实用价值不高，后来发展成为丹聂耳电池. 下面以丹聂耳电池为例，简单介绍化学电池的工作原理.

丹聂耳电池结构如图 3-4-5(a) 所示，它由浸在硫酸锌溶液中的锌板和浸在硫酸铜溶液中的铜板构成，两种溶液用多孔瓷板隔开，这样，两种溶液不容易掺混，而带电的离子 $Cu^{2+}$、$Zn^{2+}$ 和 $SO_4{}^{2-}$ 却能自由通过.

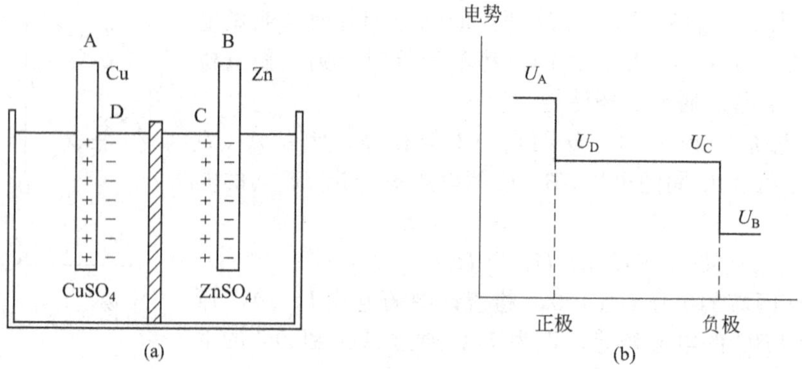

图 3-4-5 丹聂耳电池

锌极板在 $ZnSO_4$ 溶液中发生了化学反应，正离子 $Zn^{2+}$ 溶解到溶液里，使 Zn 极板带负电，成为电源的负极，而在溶液和 Zn 极板之间形成电偶极层. 电偶极层内形成电池，电场的方向由溶液指向 Zn 极. 开始时，随着溶解的进行，电偶极层上的正、负电荷逐渐增多，电场逐渐加强，电场加强的同时对溶解起到了的阻止作用，当电场加强到一定程度，两者达到动态平衡. 这时电偶极层内的电场不再变化，溶液和 Zn 极之间产生了恒定的电势差，溶液的电势高，记为 $U_C$；Zn 极的电势低，记为 $U_B$. 此电势的变化发生在很短的距离上，叫做电势跃变，记为 $U_{CB}$.

在铜极板附近，$CuSO_4$ 溶液中的正离子 $Cu^{2+}$ 沉积在 Cu 极板上，使 Cu 极带正电，成为电源的正极. $CuSO_4$ 溶液中的一些带负电的硫酸根离子 $SO_4{}^{2-}$ 聚集到 Cu 极板的周围，与 Cu 极板上的正电荷形成电偶极层，建立起静电场，这个电场的方向由 Cu 极指向溶液，电场将阻止 $Cu^{2+}$ 继续沉积到 Cu 极上，当达到平衡时，Cu 极和溶液之间也有一个恒定的电势差. Cu 极的电势高，记为 $U_A$；溶液的电势低，记为 $U_D$. 电势的跃变记为 $U_{AD}$.

丹聂耳电池中 Zn 极处的溶解和 Cu 极处的沉积这两种化学作用就是非静电力的来源. 将单位正电荷从负极板移到正极板时，非静电力抵抗静电场力所作的功，就是电动势，它等于两电偶极层电势跃变之和，即

$$\mathscr{E}=U_{AD}+U_{CB}$$

对于丹聂耳电池，$U_{AD}=0.5\text{V}$，$U_{CB}=0.6\text{V}$，则电源的电动势为 $\mathscr{E}=1.1\text{V}$.

当外电路未接通时，没有电流通过电池，溶液内各处的电势相等，只有在溶液和两个电极相接触的地方才存在电势跃变，因此，电池内部各处电势的变化情况如图 3-4-5（b）所示. 电池的端电压为

$$U_{AB}=U_{AD}+U_{CB}=\mathscr{E}$$

当电池通过外电路放电时，如图 3-4-6(a) 所示，电池负极锌板上的负电荷在电场力的

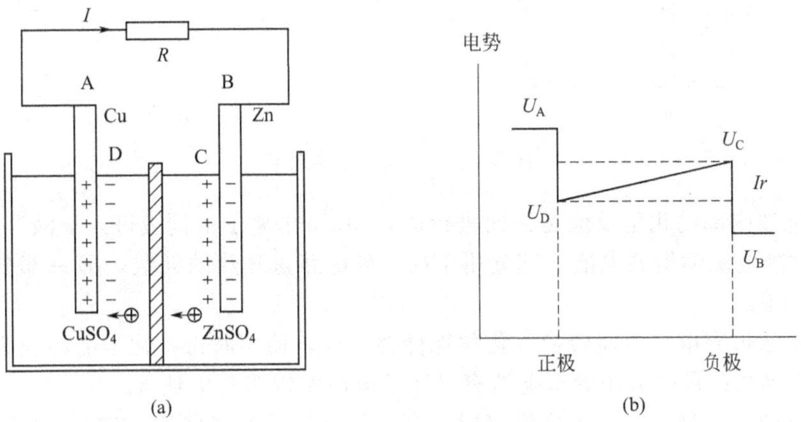


图 3-4-6 丹聂耳电池放电

作用下通过导体流到正极铜板上去与正电荷中和. 这样，Zn 极上的负电荷减少，导致 Zn 极附近电偶极层内的电场减弱，原来的动态平衡被破坏，这时非静电力的作用要超过静电力的作用，使 $Zn^{2+}$ 继续溶解，Zn 极上的负电荷和周围溶液中的 $Zn^{2+}$ 及时得到补充，以达到新的平衡，使 Zn 极附近的电势跃变仍然保持原来的数值. 同样，Cu 极所带正电荷因与 Zn 极流来的负电荷中和而不时地减少，原来的平衡遭到破坏. 但非静电力不断使 $CuSO_4$ 溶液中的 $Cu^{2+}$ 沉积在 Cu 极板上，使电偶极层上的正、负电荷随时得到补充，达到新的平衡，因而 Cu 极附近的电势跃变仍然保持原来的数值. 在溶液中由于 $Zn^{2+}$ 和 $Cu^{2+}$ 不断地溶解和沉积，使得负极附近的正离子较多，正极附近负离子较多，它们在溶液内产生电场，从而在 C、D 间形成一定的电势差，来推动正、负电荷流动形成电流. 若电流强度为 $I$，电流在溶液中的内阻为 $r$，则在 $r$ 两端，也就是溶液两边 C、D 之间的电势差为 $U_{CD}=Ir$. 电池内部各处电势的变化情况如图 3-4-6(b) 所示，这时的路端电压为

$$U_{AB}=U_{AD}+U_{CB}-U_{CD}=\mathscr{E}-Ir$$

电源放电过程中，电池的内电路和外电路上消耗的电能量，都是来自两个电偶极层中 $Zn^{2+}$ 离子的溶解和 $Cu^{2+}$ 离子的沉积过程中释放出的化学能.

当另一个电动势更大的电源给化学电源充电时，见图 3-4-7(a)，与放电时不同，发生了相反的过程. 在外电源的作用下，电流从正极流入，从负极流出，Cu 极上的负电荷减少，Zn 极上的负电荷增多，这就破坏了电极附近电偶极层内的平衡状态. 化学力将不断地使 $Cu^{2+}$ 离子从 Cu 极上溶解，而 $Zn^{2+}$ 离子沉积到 Zn 极上，使电偶极层上的正负电荷随时得到补充，以至于两极附近的电势跃变保持原来的数值. 由于 $Cu^{2+}$ 离子的溶解和而 $Zn^{2+}$ 离子的沉积，使得溶液中的正离子在 Cu 极附近增多，在 Zn 极附近减少，从而使得 D 点的电势高于 C 点的电势，且 $U_{DC}=Ir$. 这时电池内部各处的电势变化如图 3-4-7（b）所示，路端电压为

$$U_{AB}=U_{AD}+U_{CB}+U_{DC}=\mathscr{E}+Ir$$

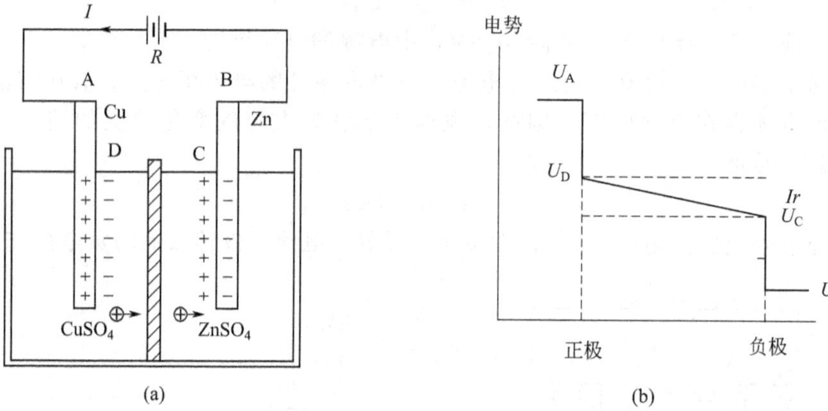


图 3-4-7　丹聂耳电池充电

充电过程中电池内部的化学反应是逆向进行的，即 $Cu^{2+}$ 离子由铜极进入溶液和 $Zn^{2+}$ 离子返回锌极. 这时外电源输出的电能一部分用于内、外电路焦耳热的耗散，另一部分转化成丹聂耳电池的化学能.

蓄电池是通过充电将电能转换为化学能储存起来，使用时再将化学能转换为电能释放出来的化学电源装置. 目前常用的蓄电池有铅酸蓄电池和镍镉蓄电池等.

铅酸蓄电池的正极板是二氧化铅（$PbO_2$），负极板是海绵状铅（Pb），电解液是稀硫酸（$H_2SO_4$）. 铅酸蓄电池充电后，正极板的 $PbO_2$ 在硫酸溶液中水分子的作用下，少量与水生成可离解的氢氧化铅［$Pb(OH)_4$］，氢氧根离子在溶液中，铅离子（$Pb^{4+}$）留在正极板上. 同时负极板上的 Pb 与电解液中的 $H_2SO_4$ 发生反应，变成铅离子（$Pb^{2+}$），铅离子转移到电解液中，负极板上留下多余的两个电子（2$e$）. 可见，由于化学作用，正极板上缺少电子，负极板上多余电子，两极板间就产生了一定的电势差，这就是电源的电动势.

铅酸蓄电池放电时，在蓄电池的电势差作用下负极板上的电子经负载进入正极板形成电流 $I$，同时在电池内部进行化学反应. 负极板上的每个铅原子放出 2$e$ 后，生成的 $Pb^{2+}$ 与电解液中的硫酸根离子（$SO_4{}^{2-}$）反应，在极板上生成难溶的硫酸铅（$PbSO_4$）. 正极板的 $Pb^{4+}$ 得到来自负极的 2$e$ 后，变成 $Pb^{2+}$，与电解液中的 $SO_4{}^{2-}$ 反应，也在正极板上生成难溶的 $PbSO_4$. 正极板水解出的氧离子（$O^{2-}$）与电解液中的氢离子（$H^+$）反应，生成稳定物质水. 电解液中存在的 $SO_4{}^{2-}$ 和 $H^+$ 在电场的作用下分部移向电池的正负极，在电池内部产生电流，形成回路，使蓄电池向外持续放电. 放电时，$H_2SO_4$ 浓度不断下降，正、负极上

的 $PbSO_4$ 增加，电池内阻增大（硫酸铅不导电），电解液浓度下降，电池电动势降低.

在放电后，必须及时充电，才能维持蓄电池的正常工作. 在外电源的作用下，正极板上的 $PbSO_4$ 被离解为 $Pb^{2+}$ 和 $SO_4{}^{2-}$，由于外电源不断从正极吸取电子，正极板附近游离的 $Pb^{2+}$ 不断放出 $2e$ 来补充，变成 $Pb^{4+}$，并与水继续反应，最终在正极板上生成 $PbO_2$. 负极板上，在外电源的作用下，$PbSO_4$ 被离解为 $Pb^{2+}$ 和 $SO_4{}^{2-}$，由于负极不断从外电源获得电子，因此负极板附近游离的 $Pb^{2+}$ 被中和为 Pb，并以绒状铅附着在负极板上. 蓄电池恢复到原来的状态，这样蓄电池可以重复使用.

蓄电池的性能参数主要有电压、容量、使用寿命和效率等，蓄电池的用途越来越广，人们正在不断研制体积小、容量大、效率高的环保电池.

**(2) 太阳能电池**

太阳能电池是一种将光能直接转换成电能的半导体器件. 它是由半导体的 P-N 结组成. 太阳能电池的种类很多，最常见的是硅太阳能电池，硅又分为单晶硅和多晶硅，单晶是指整块材料的原子都按同一间距在空间做周期性排列的晶体；多晶的整块材料是由很多小单晶（晶粒）组成的，各个晶粒的方向不同，因而制成的多晶硅太阳能电池可见很多闪亮的斑点. 单晶硅太阳能电池如图 3-4-8 所示，多晶硅太阳能电池如图 3-4-9 所示.

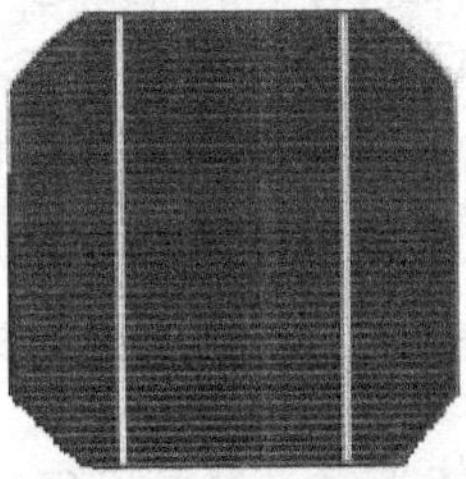

图 3-4-8 单晶硅太阳能电池

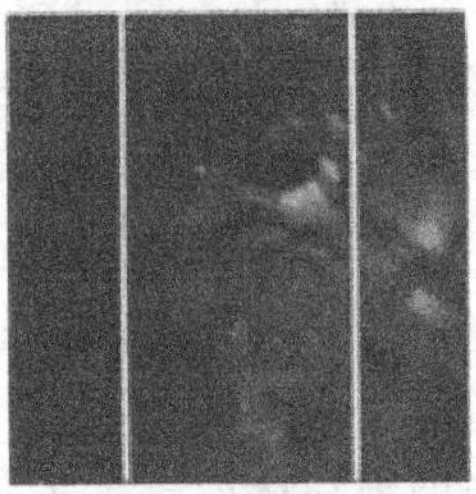

图 3-4-9 多晶硅太阳能电池

从导电性能上看，物体可分为导体、半导体以及绝缘体. 半导体有硅（Si）、锗（Ge）等元素，也有许多化合物，如硫化镉（CdS）砷化镓（GaAs）等，许多有机化合物也是半导体. 半导体的导电性能介于导体和绝缘体两者之间. 半导体的许多电学特性可用下面的简单模型来解释.

硅的原子序数是 14，所以原子核外面有 14 个电子，其中，内层的 10 个电子被原子核紧密的束缚住，而外层的 4 个电子受到原子核的束缚较小，如果得到足够的能量，就能使其脱离原子核的束缚而成为自由电子，并同时在原来的位置留出一个空位，成为空穴. 电子带负电，空穴带正电. 硅原子核外层的这 4 个电子又称为价电子. 在硅晶体中每个原子周围有 4 个相邻原子，并和每一个相邻原子共有 2 个价电子，形成稳定的 8 原子壳层. 硅晶体的共价键结构如图 3-4-10 所示.

从硅原子中分离出一个电子需要 1.12eV 的能量，该能量称为硅的禁带宽度. 被分离出来的电子是自由的传导电子，它能自由移动并传送电流. 一个电子从原子中逸出后，留下了一个空穴. 从相邻原子来的电子可以填补这个空穴，于是造成空穴从一个位置移到了一个新的位置，从而形成了电流. 电子的流动所产生的电流与带正电的空穴相反方向运动时产生的电流是等效的.

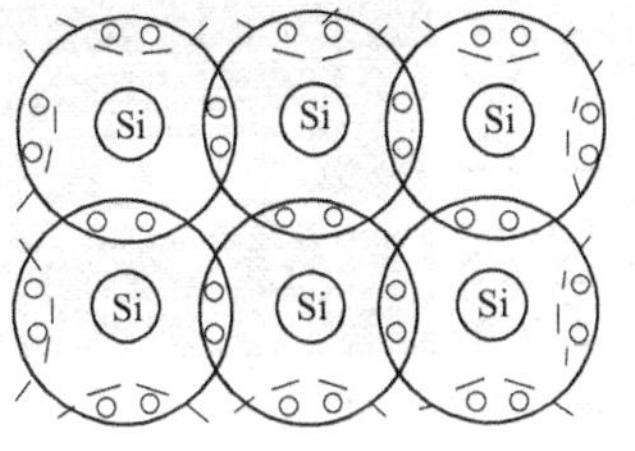


图 3-4-10 硅晶体的共价键结构

如果在纯净的硅晶体中掺入少量的 5 价杂质，如磷（P）等，由于磷的原子数目比硅原子少得多，因此整个结构基本不变，只是某些位置上的硅原子被磷原子所取代. 由于磷原子有 5 个价电子，所以 1 个磷原子与 4 个硅原子结成共价键后，还多余 1 个价电子，这个价电子没有被束缚在共价键中，只受到磷原子核的吸引，所以它受到的束缚力要小得多，很容易挣脱磷原子核的吸引而变成自由电子，从而使得硅晶体中的电子载流子数目大大增加，这就成了电子导电类型的半导体，也称为 N 型半导体. 其示意图如图 3-4-11 所示.

同样，如果在纯净的硅晶体中掺入少量 3 价杂质，如硼（B）等，这些 3 价杂质原子的最外层只有 3 个价电子，当它与相邻的硅原子形成共价键时，还缺少一个价电子，因而在一个共价键上要出现一个空穴，这个空穴可以接受外来电子的填补，而附近硅原子的共有价电子在热激发下，很容易转移到这个位置上来，于是在那个硅原子的共价键上就出现了一个空穴，硼原子接收一个价电子后也形成带负电的硼离子. 这样，每一个硼原子都能接受一个价电子，同时在附近产生一个空穴，从而使得硅晶体中的空穴载流子数目大大增加. 这就成了空穴导电类型的半导体，也称为 P 型半导体. 其示意图如图 3-4-12 所示.

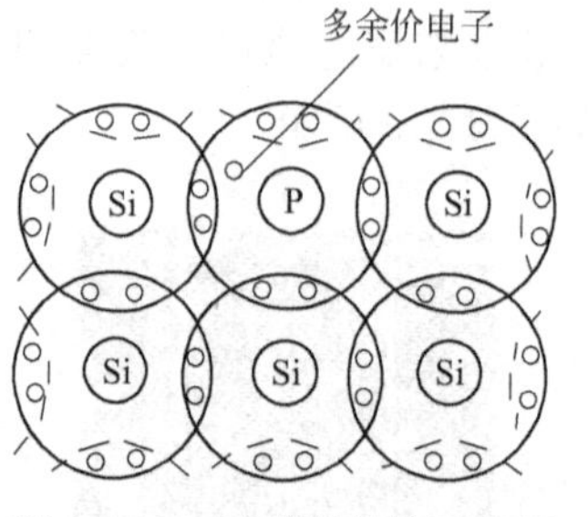

图 3-4-11　N 型半导体示意图

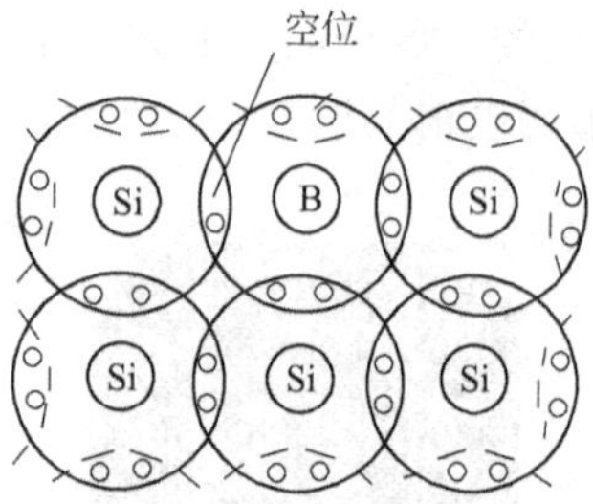

图 3-4-12　P 型半导体示意图

对于纯净的半导体而言，无论是 N 型还是 P 型，从整体来看，都是电中性的，内部的电子和空穴数目相等，对外不显示电性. 这是由于单晶半导体和掺入的杂质都是电中性的缘故. 在掺入的过程中，既不损失电荷，也没有从外部得到电荷，只是掺入杂质原子的价电子数目比基体材料的原子多了一个或少了一个，因而使半导体出现了大量可运动的电子或空穴，并没有破坏整个半导体内正、负电荷的平衡状态.

如果将 P 型和 N 型半导体两者紧密结合，连成一体，导电类型相反的两块半导体之间的过渡区域，称为 P-N 结. 在 P-N 结两边，P 区内，空穴很多，电子很少；而在 N 区内，则电子很多，空穴很少. 因此，在 P 型和 N 型半导体交界面的两边，电子和空穴的浓度不相等，因此会产生多数载流子的扩散运动.

在靠近交界面附近的 P 区中，空穴要由浓度大的 P 区向浓度小的 N 区扩散，并与那里的电子复合. 由于跑掉了一批空穴，而 P 区呈现带负电荷的掺入杂质的离子.

在靠近交界面附近的 N 区中，电子要由浓度大的 N 区向浓度小的 P 区扩散，并与那里的空穴复合. 由于跑掉了一批电子，而 N 区呈现带正电荷的掺入杂质的离子.

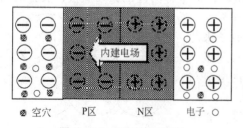

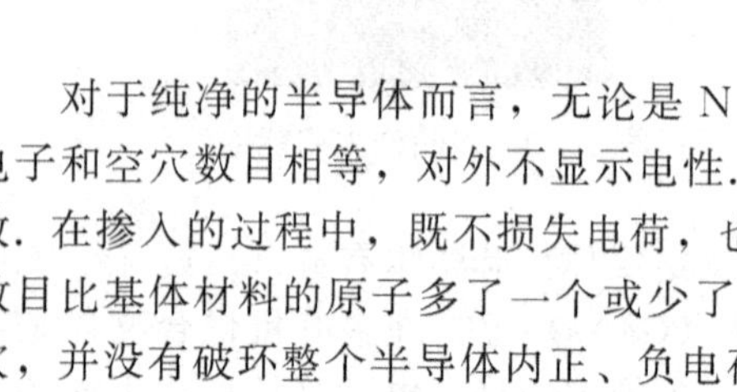

图 3-4-13　P-N 结示意图

于是，扩散的结果是在交界面的两边形成靠近 N 区的一边带正电荷，而靠近 P 区的一边带负电荷的一层很薄的区域，称为空间电荷区（也称耗尽区），这就是 P-N 结，如图 3-4-13 所示. 在 P-N 区内，由于两边分别积聚了正电荷和负电荷，会产生一个由 N 区指向 P 区的电反向场，称为内建电场.

由于内建电场的存在，就有一个对电荷的作用力，电场会推动正电荷顺着电场的方向运动，而阻止其逆着电场的方向运动；同时，电场会吸引负电荷逆着电场的方向运动，而阻止其顺着电场方向的运动. 因此，当P区中的空穴企图继续向N区扩散而通过空间电荷区时，由于运动方向与内建电场相反，因而受到内建电场的阻力，甚至被拉回P区中；同样，N区中的电子企图继续向P区扩散而通过空间电荷区时，也会受到内建电场的阻力，甚至被拉回N区中. 总之，内建电场的存在阻碍了多数载流子的扩散运动. 但是对于P区中的电子和N区中的空穴，却可以在内建电场的推动下向P-N结的另一边运动，这种少数载流子在内建电场作用下的运动称为漂移运动，其运动方向与扩散运动方向相反. 由于P-N结的作用所引起的少数载流子漂移运动最后与多数载流子的扩散运动趋向平衡，此时扩散与漂移的载流子数目相等而运动方向相反，总电流为零，扩散不再进行，空间电荷区的厚度不再增加，达到平衡状态. 如果条件和环境不变，这个平衡状态不会被破坏，空间电场区的厚度也就一定，这个厚度与掺杂的浓度有关.

当太阳光照射到太阳能电池上，一部分被太阳能电池表面反射掉，另一部分被太阳能电池吸收. 在被太阳能电池吸收的光子中，那些能量大于半导体禁带宽度的光子，可以使得半导体中原子的价电子脱离原子核的束缚，从而在半导体中产生大量的电子-空穴对，也称光生载流子，这种现象称为内光电效应. 半导体材料就是依靠内光电效应把光能转换成电能的.

光生电子-空穴对在空间电荷区中产生后，立即被内建电场分离，光生电子被推进N区，光生空穴被推进P区. 在N区，光生电子-空穴产生后，光生空穴便向P-N结扩散，一旦达到P-N结边界，便立即受到内建电场的作用，在电场力的作用下作漂移运动，越过空间电荷区进入P区，而光生电子（多数载流子）则被留在N区. P区中的光生电子也会向P-N结边界扩散，并在到达P-N结边界后，同样由于受到内建电场的作用而在电场力作用下作漂移运动，进入N区，而光生空穴（多数载流子）则被留在P区. 因此，在P-N结两侧产生正、负电荷积累，形成与内建电场方向相反的光生电场. 这个电场除了一部分抵消内建电场以外，还使P型层带正电，N型层带负电，因此产生了光生电动势，即光生伏特效应.

图3-4-14是一个P型硅材料制成的N/P型结构的太阳电池示意图，P层为基体，厚度在0.2～0.5mm，上面是N层，称为顶区. 它是在基体表面用高温掺杂扩散方法制得的，因而又称为扩散层，扩散层厚度为0.2～0.5μm. 从电池顶区表面引出的电极是上电极，为保证尽可能多的入射光不被电极遮挡，上电极一般用铝-银材料制成的栅线和母线组成. 电池底部引出的电极为下电极. 上、下电极分别与N区和P区形成欧姆接触，尽量做到接触电阻为零. 为了减少反射的损失，整个上表面还要均匀地覆一层用二氧化硅等材料构成的减反射膜.

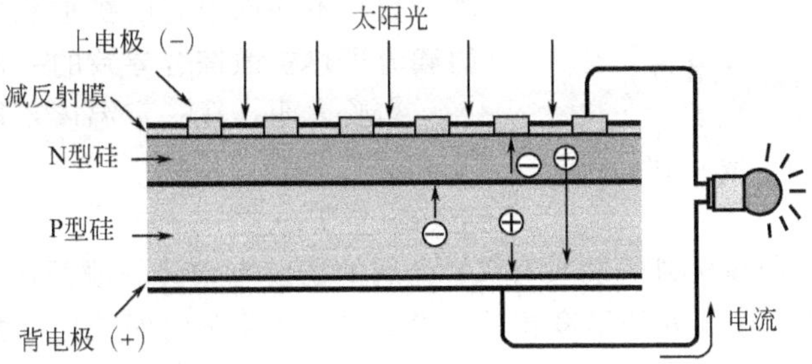


图3-4-14 晶体硅太阳能电池的结构图

每一片硅太阳能电池的工作电压约为0.45～0.50V，此数值的大小与电池片的大小无关. 而太阳能电池的输出电流则与自身面积的大小、入射光强等有关，在其它条件相同时，面积较大的电池产生较强的电流，因此功率也较大. 单片太阳能电池难以满足一般用电设备的实际应用，通常把多片电池串并联起来封装成电池板，目前大多数电池板的功率超过了100W，多数用72片125mm×125mm的太阳能电池串联，其最佳工作电压为35V.

在有光照射时，上、下电极就有一定的电势差，用导线连接负载，就能产生直流电. 当负载$R$从0变到无穷大时，负载$R$两端的电压$U$和流过的电流$I$之间的关系曲线称为太阳能电池的伏安特性曲线，实验中，在太阳能电池的正负极两端，连接一个可变电阻$R$，在一定光强和温度下，改变电阻值值，使其由0（即短路）变到无穷大（即开路），同时测量通过电阻的电流和电阻两端的电压，描绘出太阳能电池的伏安特性曲线，如图3-4-15所示.

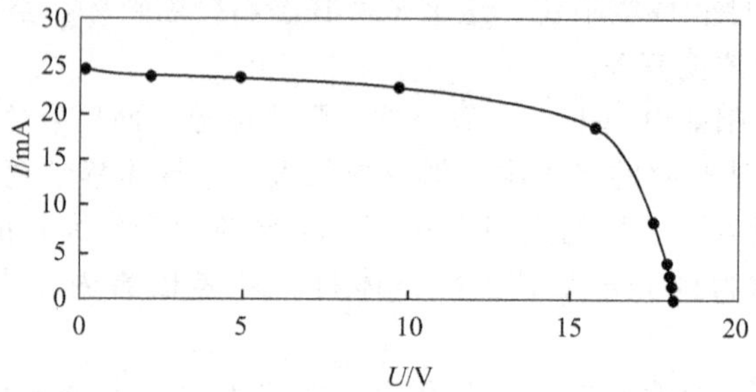


图3-4-15　硅太阳能电池的伏安特性曲线

由太阳能电池的伏安特性曲线可以得到开路电压、短路电流、最佳功率点和填充因子等重要参数.

太阳能是“取之不尽，用之不竭”的清洁能源，充分利用太阳能不仅可以解决能源危机，还可以减少环境污染，因此，太阳能的利用和太阳能电池的研制已成为新能源的利用和开发的重要课题.

**(3) 温差电效应**

德国物理学家塞贝克（Seebeck，1770—1831）于1821年首先发现，在用两种不同的金属导体A、B组成闭合回路中，当相连接的两个结点处于不同的温度时，如图3-4-16所示，则闭合回路中形成电流，这一现象叫做**温差电效应**或**塞贝克效应**. 回路中形成电流表明该回路中存在电动势，这种由于温差而出现的电动势称为温差电动势. 利用温差电效应可以把热能直接转换成电能. 温差电效应是由于不同导体内载流子浓度（单位体积的载流子数）不同而引起的扩散和导体温度不均匀引起的载流子热扩散综合导致的一种现象.

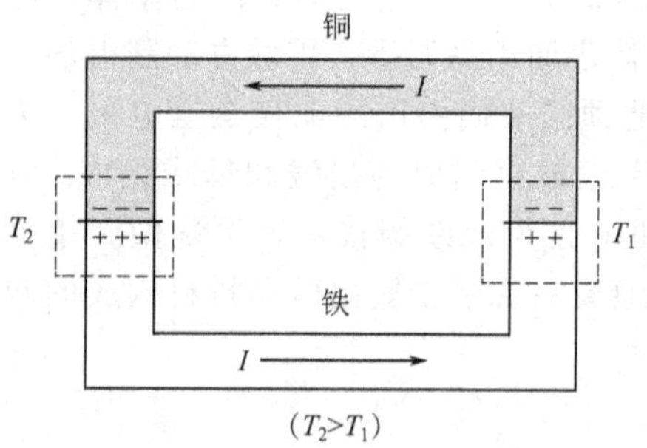


图3-4-16　温差电效应

实验表明：在一定温度范围内，温差电动势与两结点的温差$T_2-T_1$成正比，即

$$\mathscr{E}=a(T_2-T_1)$$

式中，系数$a$与两种金属材料的性质有关. 金属的温差电动势一般都很小，例如用铜和康铜构成的热电偶，当两个接头处的温度相差100℃时，回路中的温差电动势只有4.3mV. 当热电偶中形成电流时，放在高温热源处的热电偶接头从高温热源吸热，而放在低温热源处的另

一接头则向低温热源放热，热电偶两个接头吸热和放热的差值即为转化为电能的数量. 金属热电偶的发电效率极低，约为 0.1%，即热电偶从高温热源处吸热 1000J，只有 1J 转化为电能，999J 热量传给低温热源，所以金属热电偶不宜作为电源用. 它的主要用途是作为温度计测量温度.

常用的热电偶有康铜-铜（测 300℃以下的温度），镍铬-镍镁（测量 1100℃以下的温度）、铂-铂铑（测量范围－200～1700℃）和钨-钛（测温可高达 2000℃）等各种.

除了金属有温差电效应外，半导体也有温差电效应. 用某些半导体材料制成的温差电池有较大的温差电动势和较高的发电效应，并且可以把若干由半导体材料制成的温差电偶串联起来，做成所谓的温差电堆. 这种半导体温差电堆不仅在电动势大小上可以到达通常所使用的电池要求，而且它作为由热能转换为电能的电池，能量转换效率也较高，是常用的一种电源电池.

### 复习思考题

3-4-1 电源的电动势是如何定义的？电动势方向是如何规定的？电源中非静电力的作用是什么？电动势与电势差有何区别？

3-4-2 在全电路中，电流的方向是否总是沿着电势降落的方向？在什么情况下，$\boldsymbol{j}$ 和 $\boldsymbol{E}$ 的方向相同？在什么情况下，$\boldsymbol{j}$ 和 $\boldsymbol{E}$ 的方向相反？

3-4-3 讨论有外负载时，丹聂耳电池内的电势分布. 当用一个更大的电动势对丹聂耳电池充电时，电池内的电势分布又如何？

3-4-4 太阳能电池的基本原理是内光电效应，什么是内光电效应？什么是外光电效应？两者有何区别？

3-4-5 试证明：在 A、B 两种金属构成的温差电偶电路中串接金属 C，只要 C 两端温度相同，就不会影响回路的温差电动势.

## 3.5 基尔霍夫定律

在直流电路中，经常要计算电路中的电流、电压等参数，对于只有一个回路的电路，或应用电阻的串、并联简化为一个回路的电路可以用全电路的欧姆定律来求解. 对于不能简化成一个回路的电路，称为复杂电路. 如图 3-5-1 所示的电路为复杂电路，显然不能直接用欧姆定律求解，处理复杂电路的基本方法是根据基尔霍夫（G. R. Kirchhoff，1824—1887）定律列出一组线性方程，通过解线性方程组的办法解决复杂电路问题.

为了解决这类多回路问题，为此，我们先引入几个基本概念.

① **节点**：在电路中，三条或三条以上导线相交的点，称为节点. 例如，图 3-5-1(a) 中的 $A$、$B$ 点，图 3-5-1(b) 中的 $A$、$B$、$C$、$D$ 点，都称为节点.

② **支路**：两相邻节点间的电路称为支路，在一条支路上，只有一个电流值. 例如，图 3-5-1(b) 中的 $AB$、$BC$、$CD$……都称为支路.

③ **回路**：起点和终点重合在一个节点的闭合回路叫做电路的回路. 例如，图 3-5-1(b) 中的 $ABCA$、$BDCB$……都称为回路. 各个回路不相重合，即每个回路中至少有一条支路是其他回路中所没有的回路，则称这些回路为互相独立的回路.

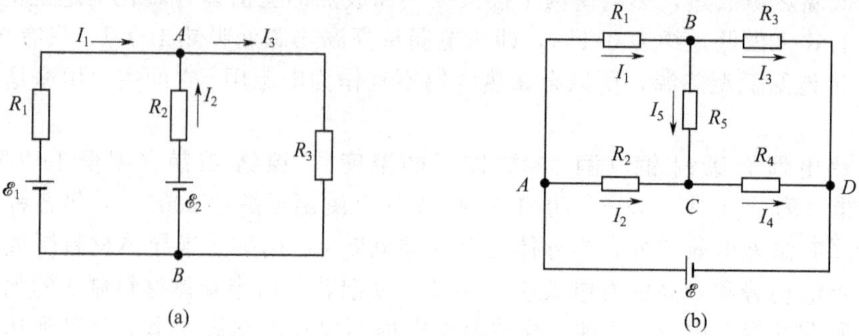


图 3-5-1　复杂电路

## 3.5.1　基尔霍夫定律

基尔霍夫定律包括以下两个部分.

**(1) 基尔霍夫第一定律**

**在电路的任一节点处，流入节点的电流与流出节点的电流的代数和等于零.** 这个结论称为基尔霍夫第一定律，或称为节点电流定律. 即

$$\sum_{i=1}^{k} I_i = 0 \tag{3-5-1}$$

$k$ 是汇入节点的支路数. 规定流出的电流为正，流入的电流为负.

基尔霍夫第一定律实际上是恒定电流条件 $\oiint_S \boldsymbol{j} \cdot \mathrm{d}\boldsymbol{S} = 0$ 应用于包围节点的闭合曲面所得的必然结果，本质上反映了电荷守恒，流入节点的电荷量与流出节点的电荷量相等，节点处没有电荷的堆积. 例如有三条支路相交的节点 $A$，见图 3-5-2，取一闭合曲面 $S$ 把节点 $A$ 包围在内，对闭合曲面应用恒定电流条件 $\oiint_S \boldsymbol{j} \cdot \mathrm{d}\boldsymbol{S} = 0$ 得

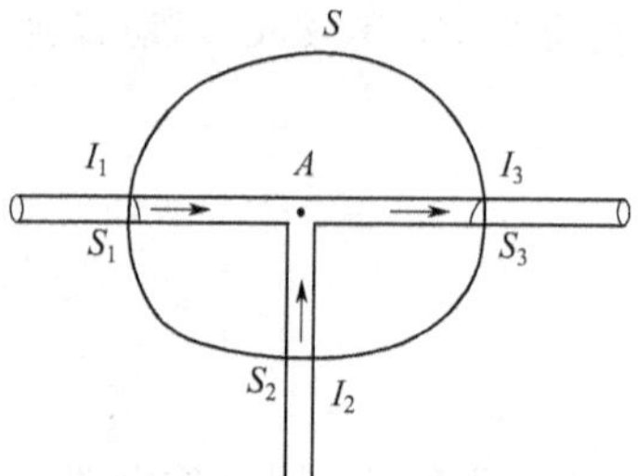


图 3-5-2　推导节点电流方程

$$\begin{aligned}\oiint_S \boldsymbol{j} \cdot \mathrm{d}\boldsymbol{S} &= \iint_{S_1} \boldsymbol{j}_1 \cdot \mathrm{d}\boldsymbol{S} + \iint_{S_2} \boldsymbol{j}_2 \cdot \mathrm{d}\boldsymbol{S} + \iint_{S_3} \boldsymbol{j}_3 \cdot \mathrm{d}\boldsymbol{S} \\ &= -\iint_{S_1} j_1 \mathrm{d}S - \iint_{S_2} j_2 \mathrm{d}S + \iint_{S_3} j_3 \mathrm{d}S \\ &= -I_1 - I_2 + I_3 = 0\end{aligned}$$

即汇入任意节点的各支路电流的代数和为零. 由于规定闭合曲面的外法向为正，所以流出的电流为正，流入的电流为负.

可以证明：若电路中有 $n$ 个节点数，可以写出 $n$ 个节点电流方程，但只有 $n-1$ 个方程是独立的，这 $n-1$ 个方程称为基尔霍夫第一方程组或电路的节点方程组.

**(2) 基尔霍夫第二定律**

**对于电路中的任一回路，组成回路各部分上电势降（电压）的代数和等于零，** 这个结论称为基尔霍夫第二定律，或称为回路电压定律. 即

$$\sum_{i=1}^{k} U_i = 0 \tag{3-5-2}$$

式中，$k$ 是回路所分成的段数.

基尔霍夫第二定律实际上是恒定电场环路定理$\oint_L \boldsymbol{E}\cdot \mathrm{d}\boldsymbol{l}=0$的必然结果. 例如，在图 3-5-3 所示的一个回路中，对回路先选一个绕行方向，并假定回路中电流的方向，把回路分成三段 $AB$、$BC$、$CA$. 由环路定理可得

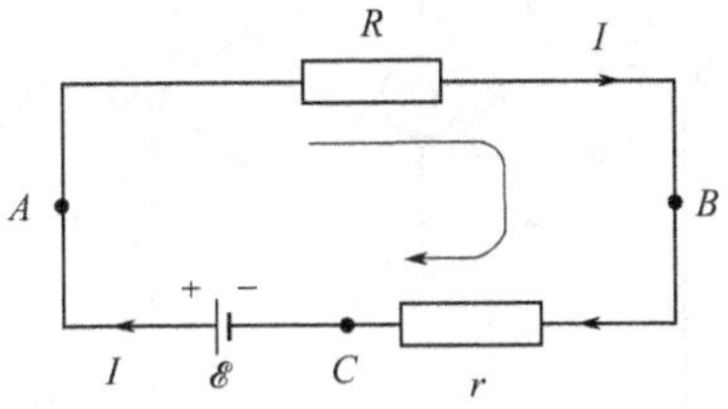

图 3-5-3 推导回路电压方程

$$\oint_L \boldsymbol{E}\cdot \mathrm{d}\boldsymbol{l}=\int_{AB}\boldsymbol{E}\cdot \mathrm{d}\boldsymbol{l}+\int_{BC}\boldsymbol{E}\cdot \mathrm{d}\boldsymbol{l}+\int_{CA}\boldsymbol{E}\cdot \mathrm{d}\boldsymbol{l}$$
$$=U_{\mathrm{AB}}+U_{\mathrm{BC}}+U_{\mathrm{CA}}=0$$

式中，$U_{\mathrm{AB}}=IR$，即电阻 $R$ 上的电势降；$U_{\mathrm{BC}}=Ir$，即电阻 $r$ 上的电势降；$U_{\mathrm{CA}}=-\mathscr{E}$，$-\mathscr{E}$为电源上的电势降，所以回路上的全部电势降的代数和等于零. 即

$$IR+Ir-\mathscr{E}=0 \tag{3-5-3}$$

回路上电阻、电源的电势降的正负是这样规定的：对回路先选定绕行方向，并画出电流的方向、若回路的绕行方向与电流方向一致，电阻上的电势降取正值，反之取负值；若回路的绕行方向与电源电动势方向一致，电源上的电势降取负值，反之取正值.

如果复杂电路中有 $m$ 个独立的回路，可写出 $m$ 个回路方程，称为基尔霍夫第二方程组.

把所有独立的节点方程和所有独立的回路方程联立，便能求解复杂电路中的参数. 在求解复杂电路各支路中电流的方向时有时难以判断，这时可以先设定各支路中电流的正方向，根据所设电流的正方向分别列出方程，若求解后该电流值为正值，则该支路中实际电流方向与设定的电流方向相同，若电流为负值，这表示该支路中的实际电流方向与设定的电流方向相反.

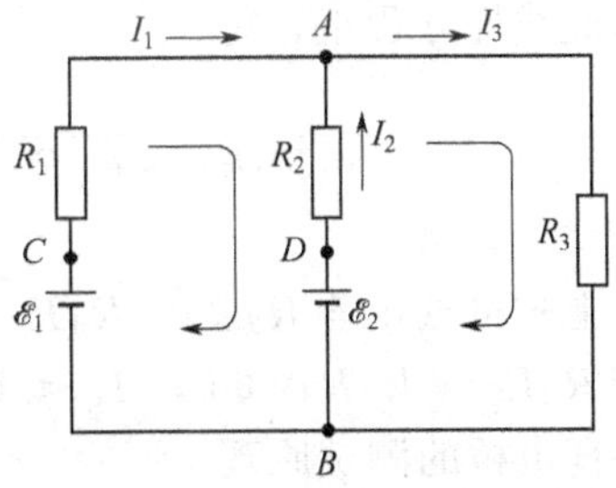

图 3-5-4 例 3-5-1 图

**【例 3-5-1】** 如图 3-5-4 所示的电路中，

$\mathscr{E}_1=2.15\mathrm{V}$，$\mathscr{E}_2=1.9\mathrm{V}$，$R_1=0.1\Omega$

$R_2=0.2\Omega$，$R_3=2\Omega$.

$I_1$、$I_2$、$I_3$ 各为多少？

**解：**假定电流的方向如图中所示. 根据基尔霍夫第一定律，节点 $A$ 的电流方程为

$$-I_1-I_2+I_3=0 \tag{3-5-4}$$

回路 $ADBCA$ 的电压方程为

$$-I_2R_2+\mathscr{E}_2-\mathscr{E}_1+I_1R_1=0 \tag{3-5-5}$$

回路 $ABDA$ 的电压方程为

$$I_3R_3-\mathscr{E}_2+I_2R_2=0 \tag{3-5-6}$$

式(3-5-4) ～式(3-5-6) 可写为

$$I_1+I_2-I_3=0$$
$$I_1R_1-I_2R_2=\mathscr{E}_1-\mathscr{E}_2$$
$$I_2R_2+I_3R_3=\mathscr{E}_2$$

解之可得：$I_1=1.5\mathrm{A}$，$I_2=-0.5\mathrm{A}$（负号表明与设定方向相反），$I_3=1\mathrm{A}$.

**【例 3-5-2】** 图 3-5-5 是一电桥电路，G 为一检流计，它的内阻为 $R_{\mathrm{g}}$，电桥各臂的电阻分别为 $R_1$、$R_2$、$R_3$ 和 $R_4$，工作电源的电动势为 $\mathscr{E}$，并忽略其内阻，求电桥不平衡时流过检流计的电流 $I_{\mathrm{g}}$.

**解：**设各支路中的电流如图 3-5-5 所示，根据基尔霍夫定律，可列出 3 个节点独立方程

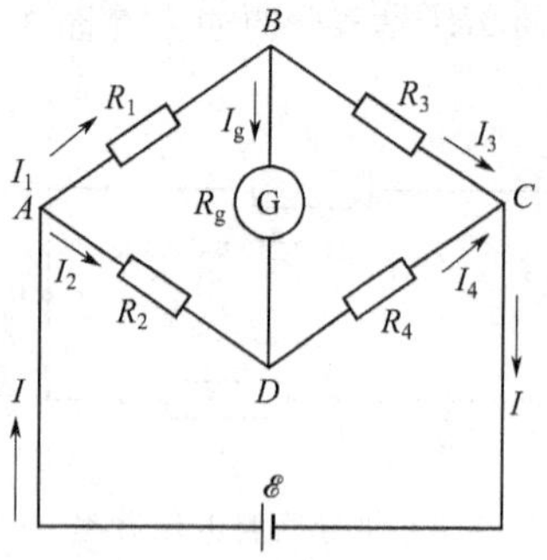


图 3-5-5　例 3-5-2 图

和 3 个回路独立方程.

节点 $A$：

$$I_1+I_2-I=0 \tag{3-5-7}$$

节点 $B$：

$$I_g+I_3-I_1=0 \tag{3-5-8}$$

节点 $C$：

$$I-I_3-I_4=0 \tag{3-5-9}$$

回路 $ABDA$

$$I_1R_1+I_gR_g-I_2R_2=0 \tag{3-5-10}$$

回路 $BCDB$

$$I_3R_3-I_4R_4-I_gR_g=0 \tag{3-5-11}$$

回路 $ADCA$

$$I_2R_2+I_4R_4-\mathscr{E}=0 \tag{3-5-12}$$

由式（3-5-7）～式（3-5-12）求得 $I=I_1+I_2$，$I_3=I_1-I_g$，$I_4=I_2+I_g$，将其代入式（3-5-11）和式（3-5-12），并加以整理后同式（3-5-10）构成方程组为

$$R_1I_1-R_2I_2+R_gI_g=0$$
$$R_3I_1-R_4I_2-(R_3+R_4+R_g)I_g=0$$
$$(R_2+R_4)I_2+R_4I_g=\mathscr{E}$$

解此线性方程组，得

$$I_g=\frac{(R_2R_3-R_1R_4)\mathscr{E}}{R_1R_2R_3+R_2R_3R_4+R_3R_4R_1+R_4R_1R_2+R_g(R_1+R_3)(R_2+R_4)} \tag{3-5-13}$$

由上式可见，若 $R_2R_3-R_1R_4>0$，$I_g>0$ 表明流过检流计的电流与所设电流的方向相同；若 $R_2R_3-R_1R_4<0$，$I_g<0$，表明流过检流计的电流与所设电流的方向相反，这就是非平衡电桥的测试原理.

非平衡电桥广泛应用在自动控制系统. 自动化生产和科学实验中常需要对某些条件和因素进行自动控制，利用一些传感元件可以将这些条件和因素转换成电阻值，当条件和因素变化时，就引起相应的电阻变化，从而通过非平衡电桥引起桥路中 $I_g$ 的变化，将此 $I_g$ 放大并用以操作控制机构，就能控制生产和实验中的某些条件.

由式（3-5-13），当 $R_2R_3-R_1R_4=0$，则 $I_g=0$，即没有电流流过检流计，这就是平衡电桥.

## 3.5.2　电路定理

实际的电路问题中，往往并不需要计算每一支路的电流，而只需要计算某一支路的电流，或某一部分的等效电阻等. 这时，可以运用一些由基尔霍夫方程组导出的定理，从而简化计算. 下面给出一些定理的结果，方便在实际工作中应用.

**(1) 叠加定理**

叠加定理可表述为：若电路中有多个电源，则通过电路中任一支路的电流，等于各个电动势单独存在时，在该支路产生的电流之和.

例如在图 3-5-6(a) 所示的电路中，要计算通过电阻 $R_3$ 电流 $I$，可以分别考虑各电动势的单独作用时的电流，然后再叠加起来，则 $I=I_1+I_2$.

**【例 3-5-3】** 在图 3-5-6(a) 所示的电路中，已知 $\mathscr{E}_1=12V$，$\mathscr{E}_2=6V$，$r_1=r_2=1\Omega$，

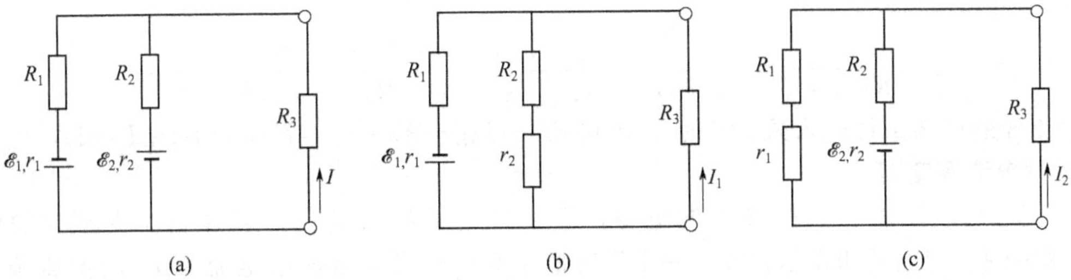


图 3-5-6 叠加定理

$R_1=R_2=1\Omega$，$R_3=2\Omega$，求通过电阻 $R_3$ 电流 $I$ 为多少？

**解**：由图 3-5-6（b）可以得到 $I_1=2\text{A}$

由图 3-5-6（c）可以得到 $I_2=-1\text{A}$

负号表示与图中设定的方向相反. 所以 $I=I_1+I_2=1\text{A}$

应用叠加定理的好处是可以简化计算，因为对于单个电动势的电路有可能应用简单的串并联公式. 更为有用的是在设计电路时，常常需要考虑增加一些电源对电路产生什么影响，此时运用叠加定理是比较有效的.

**(2) 等效电压源定理**

一个理想的电源，其内阻 $r=0$，不管外电阻如何变化，电源提供的电压总是恒定值 $\mathscr{E}$，我们把这种电源叫做**恒压源**. 一个实际电源总是有一定的内阻，即 $r\neq 0$，这样的电源叫做电压源，它相当于内阻 $r$ 与恒压源串联.

在电路中，如果由两条导线与其他电路相连接，这个电路称为二端网络. 若网络中含有电源，则称为有源网络. **等效电压源定理**指出，二端有源网络可等效于一个电压源，该电压源的电动势等于网络的开路电压，内阻等于从网络两端看除源（将电动势短路）网络的电阻.

**【例 3-5-4】** 如图 3-5-7(a) 所示，由电动势和内阻分别为 $\mathscr{E}_1$、$r_1$ 和 $\mathscr{E}_2$、$r_2$ 的电源以及电阻 $R_1$ 和 $R_2$ 构成的电路，在 $A$、$B$ 两端与外电阻负载 $R_3$ 联接，计算含源网络的等效电动势 $\mathscr{E}_e$ 和等效内阻 $r_e$.

**解**：根据电压源定理该二端有源网络可以等效成图 3-5-7(b) 所示的电压源，这个等效电压源的电动势 $\mathscr{E}_e=U_{AB}$，如图 3-5-7(c) 所示；其内阻 $r_e=R_{AB}$，如图 3-5-7(d) 所示.

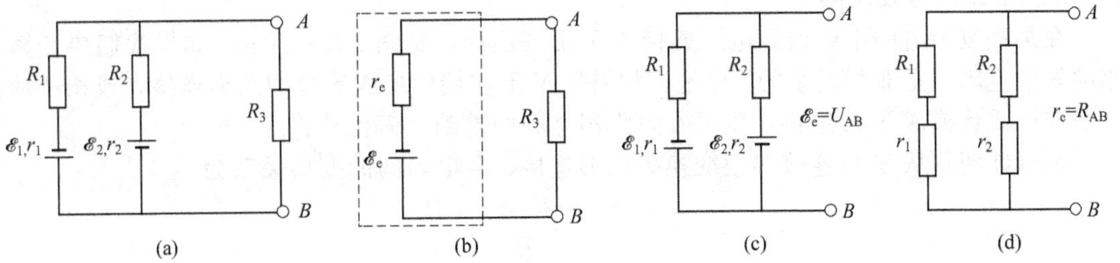


图 3-5-7 等效电压源定理

对图示电路运用单一回路的欧姆定律和电阻的串并联关系可得

$$\mathscr{E}_e=U_{AB}=\frac{(R_2+r_2)\mathscr{E}_1-(R_1+r_1)\mathscr{E}_2}{R_1+r_1+R_2+r_2} \tag{3-5-14}$$

$$r_e=R_{AB}=\frac{(R_1+r_1)(R_2+r_2)}{R_1+r_1+R_2+r_2} \tag{3-5-15}$$

由此可求得通过负载 $R_3$ 的电流

$$I=\frac{\mathscr{E}_e}{R_3+r_e}=\frac{(R_2+r_2)\mathscr{E}_1-(R_1+r_1)\mathscr{E}_2}{(R_1+r_1)(R_2+r_2)+R_3(R_1+r_1+R_2+r_2)} \tag{3-5-16}$$

将例 3-5-3 的已知条件代入式(3-5-16) 可得 $\mathscr{E}_e=U_{AB}=3V$；$r_e=R_{AB}=1\Omega$；$I=1A$.

**(3) 等效电流源定理**

我们也可以设想有一种理想的电源，不管外电阻如何变化，它总是提供不变的电流 $I_0$，这种理想的电源叫做恒流源. 一个实际的电源，也可以看成由电流为 $I_0$ 的恒流源和内阻 $r_0$ 并联而成的电流源. 等效电流源定理指出，两端有源网络可等效于一个电流源，该电流源的 $I_0$ 等于网络两端短路时流经两端点的电流，其内阻 $r_0$ 等于从网络两端看去的除源网络的电阻.

**【例 3-5-5】** 如图 3-5-8(a) 所示，由电动势和内阻分别为 $\mathscr{E}_1$、$r_1$ 和 $\mathscr{E}_2$、$r_2$ 的电源以及电阻 $R_1$ 和 $R_2$ 构成的电路，在 $A$、$B$ 两端与外电阻负载 $R_3$ 连接，计算含源网络的等效电流 $I_0$ 和等效内阻 $r_0$.

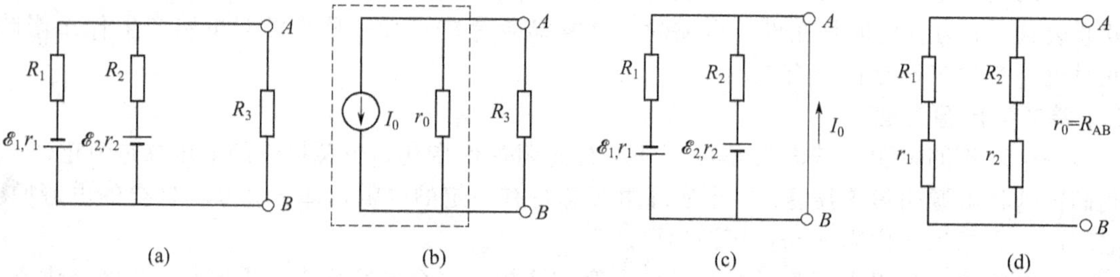


图 3-5-8 等效电流源定理

**解：**根据电流源定理该二端有源网络可以等效成图 3-5-8(b) 所示的电流源，这个恒流源的电流为 $I_0$，如图 3-5-8(c) 所示；其内阻为 $r_0$，如图 3-5-8(d) 所示. 容易得到

$$I_0=\frac{\mathscr{E}_1}{R_1+r_1}-\frac{\mathscr{E}_2}{R_2+r_2} \tag{3-5-17}$$

$$r_0=R_{AB}=\frac{(R_1+r_1)(R_2+r_2)}{R_1+r_1+R_2+r_2} \tag{3-5-18}$$

**(4) Y-△电路的等效代换**

在某些复杂电路中会遇到电阻连接成 Y 形或△形，见图 3-5-9 所示，如果我们要计算电路的等效电阻，是非常复杂的. 可是，如果把 Y 形连接代换成等效的△形连接，或相反地把△形连接或代换成 Y 形连接，则可在电阻串并联的基础上简化计算.

可以证明，从 Y 形连接等效变换为△形连接，各电阻间的变换关系为

$$\begin{aligned}R_{12}&=\frac{R_1R_2+R_2R_3+R_3R_1}{R_3}\\R_{23}&=\frac{R_1R_2+R_2R_3+R_3R_1}{R_1}\\R_{31}&=\frac{R_1R_2+R_2R_3+R_3R_1}{R_2}\end{aligned} \tag{3-5-19}$$

从△形连接到 Y 形连接的逆变换，各电阻间的变换关系为

$$R_1=\frac{R_{31}R_{12}}{R_{12}+R_{23}+R_{31}}$$

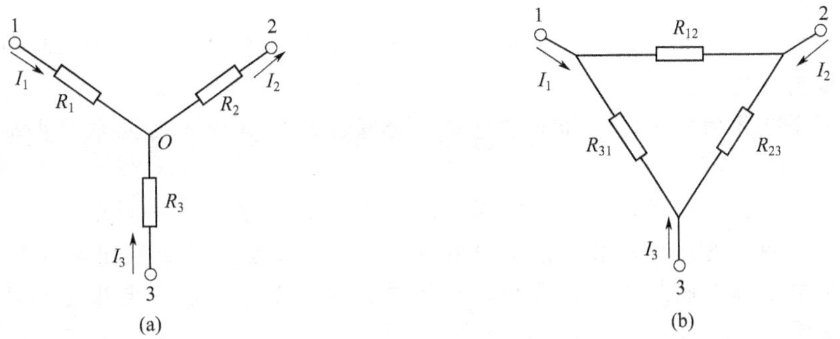


图 3-5-9 Y-△ 电路的等效代换

$$R_2=\frac{R_{12}R_{23}}{R_{12}+R_{23}+R_{31}} \tag{3-5-20}$$

$$R_3=\frac{R_{23}R_{31}}{R_{12}+R_{23}+R_{31}}$$

由以上公式可以看出，当Y形连接的三电阻都相等时，与之等效的△形连接的三电阻也相等，且等于Y形电阻的3倍；当△形连接的三电阻都相等时，与之等效的Y形连接的三电阻也相等，且等于△形电阻的1/3.

**【例 3-5-6】** 求图 3-5-10(a) 所示桥路的等效电阻. 已知 $R_1=50\Omega$，$R_2=40\Omega$，$R_3=15\Omega$，$R_4=26\Omega$，$R_5=10\Omega$.

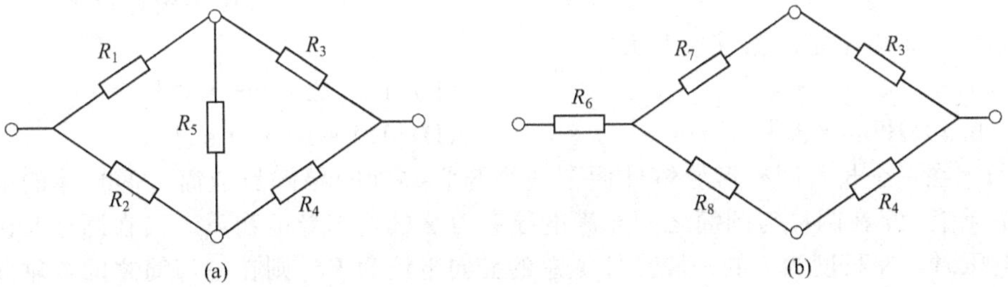


图 3-5-10 例 3-5-6 图

**解**：将 $R_1$、$R_2$、$R_5$ 组成的△形电流代换成具有电阻 $R_6$、$R_7$、$R_8$ 的Y形电路，如图 3-5-10(b) 所示，根据式(3-5-20) 得

$$R_6=\frac{R_1R_2}{R_1+R_2+R_5}=20\Omega$$

$$R_7=\frac{R_1R_5}{R_1+R_2+R_5}=5\Omega$$

$$R_8=\frac{R_2R_5}{R_1+R_2+R_5}=4\Omega$$

整个电路的等效电阻 $R$ 为

$$R=R_6+\frac{(R_7+R_3)(R_8+R_4)}{R_7+R_3+R_8+R_4}=20+12=32(\Omega)$$

## 复习思考题

3-5-1 为什说基尔霍夫定律是电流场方程的必然结果？基尔霍夫方程对非恒定电流是否适

用？为什么？

3-5-2 在节点的电流方程中，电流的正负是如何规定的？在回路的电压方程中电势降的正负是如何规定的？

3-5-3 考虑一个具体的电路，例如电桥电路，验算 $n$ 个节点列出的基尔霍夫第一方程组中只有 $n-1$ 个是独立的.

3-5-4 考虑一个具体的电路，例如电桥电路，验算对 $m$ 个独立回路列出的基尔霍夫第二方程是相互独立的，而沿其他回路列出的方程可以由这 $m$ 个方程组合得到.

3-5-5 理想的电压源内阻是多大？理想的电流源内阻是多大？理想电压源和理想电流源可以等效吗？

# 第3章 练习题

## (1) 选择题

**3-1-1** 一铂电阻温度计在0℃时的阻值为100.0Ω，已知铂电阻的温度系数为 $\alpha=3.91\times10^{-3}$ 1/℃. 当浸入某液体时，阻值变为123.5Ω，则该液体的温度是（　　）.

(A) 50℃　　(B) 60℃　　(C) 70℃　　(D) 80℃

**3-1-2** 直径为2mm的导线由电阻率为 $3.14\times10^{-8}\Omega\cdot m$ 的材料制成. 当20A的电流均匀地流过该导线时，导体内部的场强为（　）.

(A) $0.2\ V\cdot m^{-1}$　　(B) $0.3\ V\cdot m^{-1}$　　(C) $0.4V\cdot m^{-1}$　　(D) $0.5V\cdot m^{-1}$

**3-1-3** 铜导线内自由电子数密度为 $n=8.5\times10^{28}\ m^{-3}$，导线中电流密度的大小 $j=2\times10^{6}A\cdot m^{-2}$，则电子定向漂移速率为（　　）.

(A) $1.5\times10^{-4}m\cdot s^{-1}$　　(B) $1.5\times10^{-2}m\cdot s^{-1}$

(C) $5.4\times10^{2}m\cdot s^{-1}$　　(D) $1.1\times10^{5}m\cdot s^{-1}$

**3-1-4** 在一个长直圆柱形导体外面套一个与它共轴的导体长圆筒，两导体的电导率可以认为是无限大. 在圆柱与圆筒之间充满电导率为 $\gamma$ 的均匀导电物质，当在圆柱与圆筒间加上一定电压时，在长度为 $l$ 的一段导体上总的径向电流为 $I$，则在柱与筒之间与轴线的距离为 $r$ 的点的电场强度为（　　）.

(A) $\dfrac{I\gamma}{2\pi rl}$　　(B) $\dfrac{Il}{2\pi r\gamma}$　　(C) $\dfrac{Il\gamma}{2\pi r}$　　(D) $\dfrac{I}{2\pi rl\gamma}$

**3-1-5** 已知直径为0.02m、长为0.1m的圆柱形导线中通有稳恒电流，在60s内导线放出的热量为100 J. 已知导线的电导率为 $6\times10^{7}\Omega^{-1}\cdot m^{-1}$，则导线中的电场强度为（　　）.

(A) $2.78\times10^{-13}\ V\cdot m^{-1}$　　(B) $3.78\times10^{-13}\ V\cdot m^{-1}$

(C) $2.97\times10^{-2}\ V\cdot m^{-1}$　　(D) $3.18\ V\cdot m^{-1}$

**3-1-6** 关于电动势的概念，下列说法正确的是（　）.

(A) 电动势是电源对外作功的本领

(B) 电动势是电场力将单位正电荷从负极经电源内部运送到正极所作的功

(C) 电动势是电源正、负两极间的电势差

(D) 电动势是非静电力将单位正电荷绕闭合回路移动一周时所作的功

## (2) 填空题

**3-2-1** 用一根铝线代替一根铜线接在电路中，若铝线和铜线的长度、电阻都相等. 那么当电路与电源接通时铜线和铝线中电流密度之比 $j_1:j_2=$ ________. （铜的电阻率为 $1.67\times10^{-6}\Omega\cdot cm$，铝的电阻率为 $2.66\times10^{-6}\Omega\cdot cm$）.

**3-2-2** 有一根电阻率为 $\rho$ 、横截面直径为 $d$ 、长度为 $l$ 的导线，若将电压 $U$ 加在该导线的两端，则单位时间内流过导线横截面的自由电子数为____________；若导线中自由电子数密度为 $n$，则电子平均漂移速率为__________.

**3-2-3** 金属中传导电流是由于自由电子沿着与电场 $\boldsymbol{E}$ 相反方向的定向漂移而形成. 设电子的电荷为 $e$，其平均漂移速率为 $u$，导体中单位体积内的自由电子数为 $n$，则电流密度的大小 $j=$______，方向沿____________.

**3-2-4** 有一导线直径为 0.02m，导线中自由电子数密度为 $8.9\times10^{21}\,\text{cm}^{-3}$，电子的漂移速率为 $1.5\times10^{-4}\,\text{m}\cdot\text{s}^{-1}$，则导线中的电流强度为__________.（电子电荷 $e=1.6\times10^{-19}\,\text{C}$）

**3-2-5** 电炉丝正常工作电流密度 $j=15\text{A}\cdot\text{mm}^{-2}$，热功率密度 $w=2.75\times10^{8}\,\text{J}/(\text{m}^3\cdot\text{s})$，电源电压 220V，则电阻丝的总长度 $l=$__________.

**3-2-6** 蓄电池在充电时通过的电流为 3A，此时其端电压为 4.25V. 当此蓄电池放电时，流出的电流为 4A，此时端电压为 3.9V. 问此蓄电池的电动势为______，内阻为______.

(3) 计算题

**3-3-1** 技术上为了安全，铜线内电流密度不得超过 $6\text{A}\cdot\text{mm}^{-2}$，某车间需用电 20A，导线的直径不得小于多少？

**3-3-2** 导线中的电流随时间变化关系是 $i=4+2t$，求（1）从 $t=5\,\text{s}$ 到 $t=10\,\text{s}$ 的时间间隔内，通过此导线横截面的电荷是多少？（2）在相同的时间内，输运相同的电荷量所需的恒定电流为多少？

**3-3-3** 一铜棒的横截面积为 $20\times80\text{mm}^2$，长为 2.0m，两端电势差为 50mV. 已知铜的电导率 $\gamma=5.7\times10^{7}\,\text{S}\cdot\text{m}^{-1}$. 求：（1）它的电阻 $R$；（2）电流 $I$；（3）电流密度的大小 $j$；（4）棒内电场强度的大小 $E$.

**3-3-4** 一铜线直径为 1.0 cm，载有 200A 电流，已知铜内自由电子数密度为 $n=8.5\times10^{22}\,\text{cm}^{-3}$，每个电子的电荷为 $1.6\times10^{-19}$ C. 求其中电子的漂移速度.

**3-3-5** 以钨做灯丝的电灯泡上注明“220V，60W”，用电桥测得 0℃时灯丝电阻 $R_0=60\Omega$，钨丝的电阻温度系数 $\alpha=5.0\times10^{-3}/℃$. 电灯点亮时灯丝的温度是多少？

**3-3-6** 电动机未运转时，在 20℃时它的铜绕组的电阻为 50Ω，运转几小时后，电阻上升到 58Ω，这时铜绕组的温度为多高（铜的电阻温度系数为 $4.3\times10^{-3}/℃$）？

**3-3-7** 图 3-1 中 A 为电导率很大的导体，B 和 C 是电导率分别为 $\gamma_1$ 和 $\gamma_2$ 的导电物质，它们的厚度分别为 $d_1$ 和 $d_2$，导体的横截面积为 $S$. 设通过这个导体的电流为 $I$，电流在横截面上均匀分布. 求：（1）两层导电介质中的电场强度；（2）两层导电介质交界面上的电荷面密度；（3）在 B 和 C 两层导电物质上的电势降落.

**3-3-8** 半径分别为 $a$ 和 $b$（$b>a$）的两个同心金属球壳，其间充满电阻率为 $\rho$ 的导电介质，设金属球壳间的电压为 $U$，求：（1）两个金属球壳的电阻；（2）导电介质中电流密度的分布.

**3-3-9** 导体的形状为一圆台，如图 3-2 所示，两个底面的半径分别为 $a$ 和 $b$，相距为 $l$. 导体的电阻率为 $\rho$ 设通过导体的电流为 $I$，而且电流在导体横截面上均匀分布. 求：（1）这段导体的电阻；（2）导体两个底面间的电压.

**3-3-10** 一同轴电缆，长 $L=1500\text{m}$，内导体外径 $R_1=1.0\text{mm}$，外导体内径 $R_2=5.0\text{mm}$，中间填充绝缘介质. 由于电缆受潮，测得绝缘介质的电阻率降低到 $6.4\times10^{5}\,\Omega\cdot\text{m}$. 若信号源是电动势 $\mathscr{E}=24\text{V}$，内阻 $R_i=3.0\Omega$ 的直流电源. 求在电缆末端负载电阻 $R_0=1.0\text{k}\Omega$ 上的信号电压为多大.

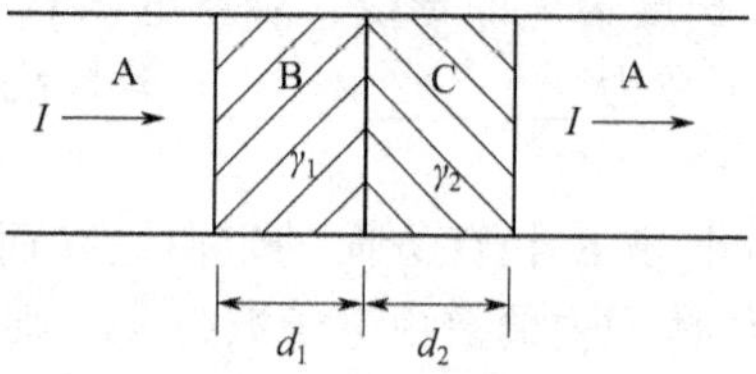


图 3-1

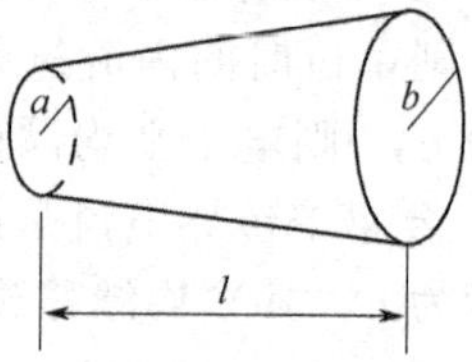


图 3-2

**3-3-11** 有一平板电容器，其电容 $C=1.0\mu\text{F}$，极板间介质的电阻率 $\rho = 2.0\times10^{13}\Omega\cdot\text{m}$，相对电容率 $\varepsilon_r=5.0$，求该电容器两极间的电阻值.

**3-3-12** 一电路如图 3-3 所示，已知：$R_1=30\Omega$，$R_2=R_5=R_6=10\Omega$，$R_3=R_4=20\Omega$，流过 $R_4$ 的电流 $I_4=1.25\text{A}$，电源的内阻忽略不计，求电源的电动势.

**3-3-13** 一电路如图 3-4 所示，已知 $R_1=1\Omega$，$R_2=2\Omega$，$R=5\Omega$，$\mathscr{E}_1=12\text{V}$，$\mathscr{E}_2=8\text{V}$，$\mathscr{E}=12\text{V}$，电池内阻均为 $R_0=1\Omega$.（1）求 A、B 两点的电势差；（2）若把 A、B 两点用导线连接起来，求通过各个电池的电流和电池的端电压.

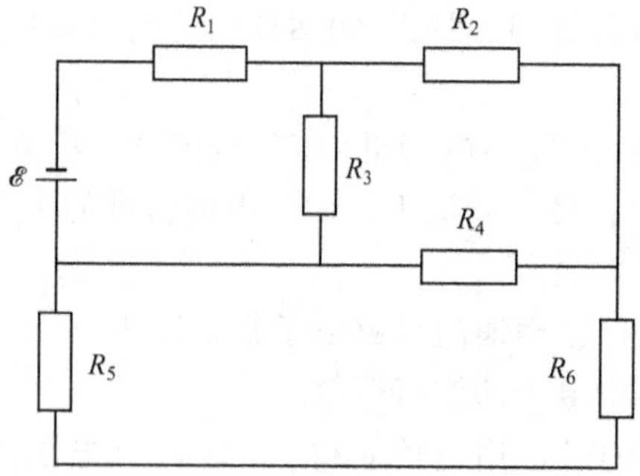


图 3-3

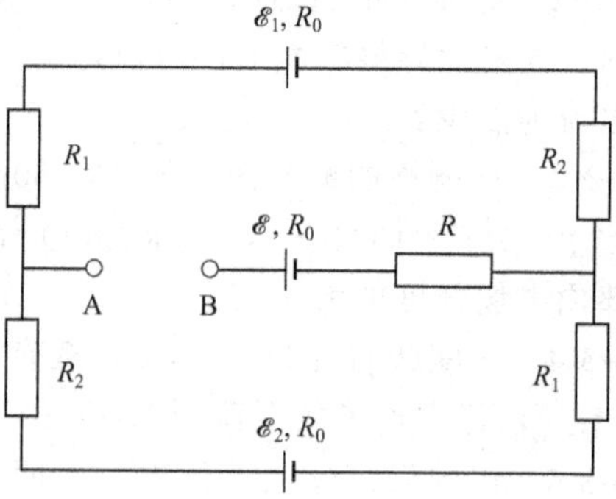


图 3-4

**3-3-14** 一电路如图 3-5 所示，已知 $\mathscr{E}_1=2\text{V}$，$\mathscr{E}_2=5\text{V}$，电源的内阻忽略不计. $R_3=20\Omega$，欲使电动势为 $\mathscr{E}_1$ 的电源没有电流通过，$R_1$、$R_2$、$R_4$ 的阻值应如何取？

**3-3-15** 如图 3-6 所示，已知 $R_1=6\Omega$，$R_2=4\Omega$，$R_3=2\Omega$，$I_1=1\text{A}$，$I_3=2\text{A}$，$\mathscr{E}_1=20\text{V}$，各电源的内阻均为 $R_0=1\Omega$. 求 $\mathscr{E}_2$ 和 $\mathscr{E}_3$ 以及 A、B 两点的电势差.

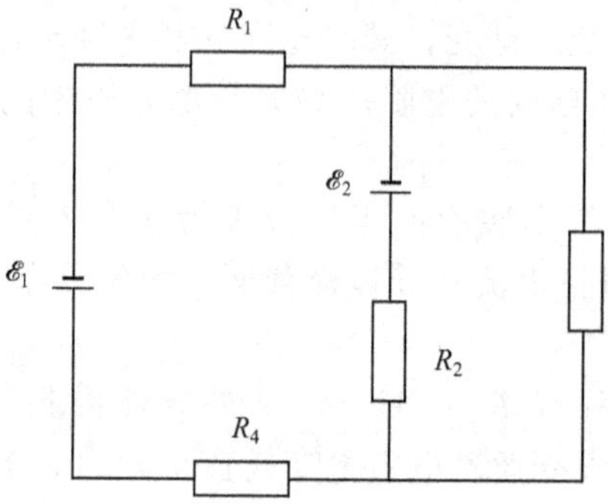


图 3-5

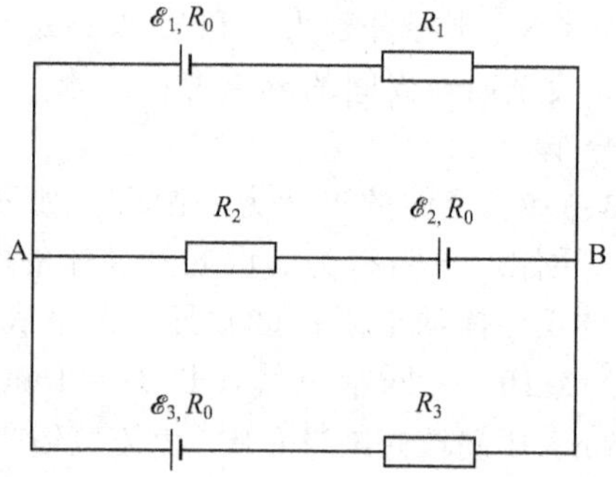


图 3-6

**3-3-16** 当负载上通过的电流较大时，为了避免损坏电池，常采用两个电池并联供电，如图 3-7 所示．设 $\mathscr{E}_1=1.40\text{V}$，$\mathscr{E}_2=1.42\text{V}$，$R_{01}=0.05\Omega$，$R_{02}=0.07\Omega$，负载电阻 $R=2\Omega$．求：(1) 通过各个电池的电流；(2) 负载电阻 $R$ 上的电压．

**3-3-17** 一电路如图 3-8 所示，$\mathscr{E}_1=1\text{V}$，$\mathscr{E}_2=2\text{V}$，$\mathscr{E}_3=3\text{V}$，$R_{01}=R_{02}=R_{03}=1\Omega$，$R_1=1\Omega$，$R_2=3\Omega$，求：(1) 通过各个电源的电流；(2) 每个电源的输出功率．

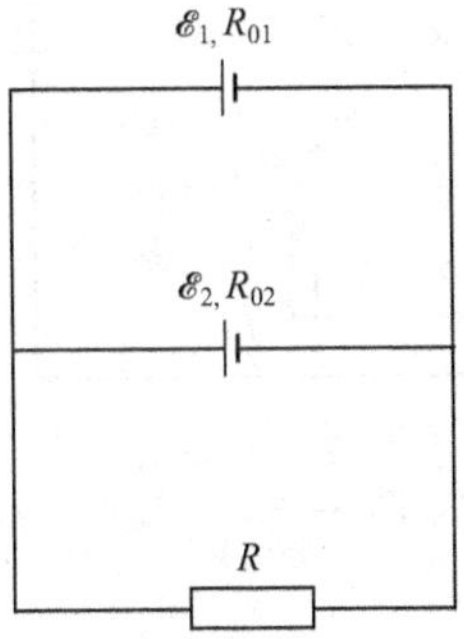

图 3-7

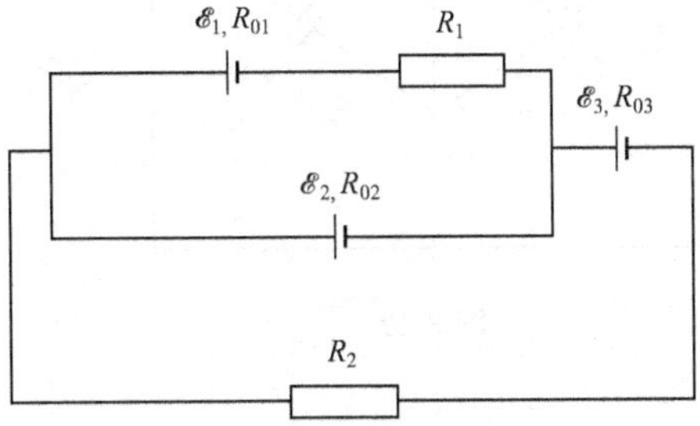

图 3-8

**3-3-18** 分别求出图 3-9 中 $a$、$b$ 间的电阻．

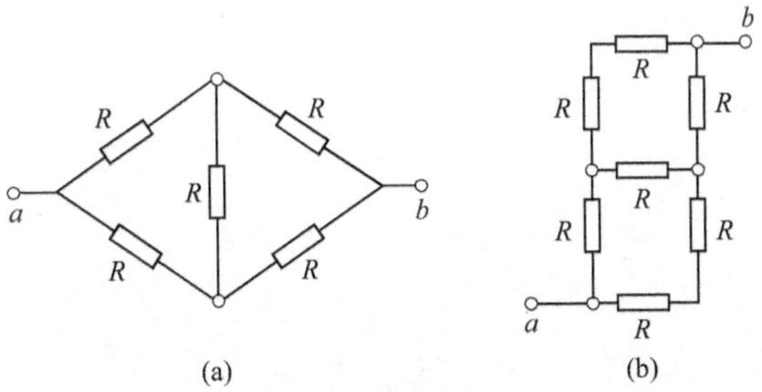

图 3-9

**3-3-19** 将图 3-10 中的电压源变换成等效电流源．

**3-3-20** 将图 3-11 中的电流源变换成等效电压源．

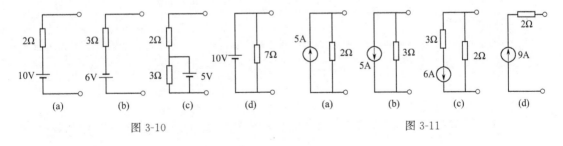

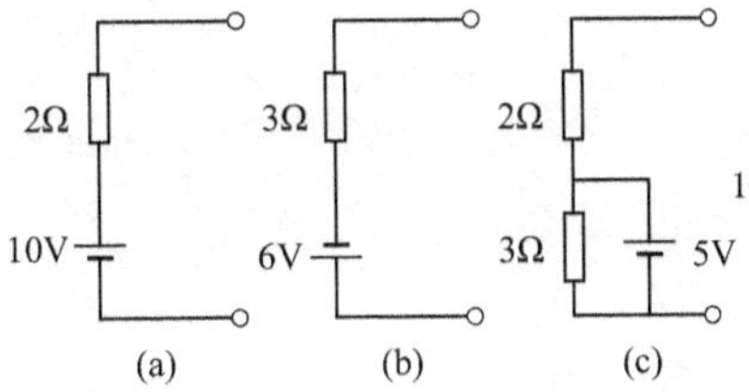

图 3-10

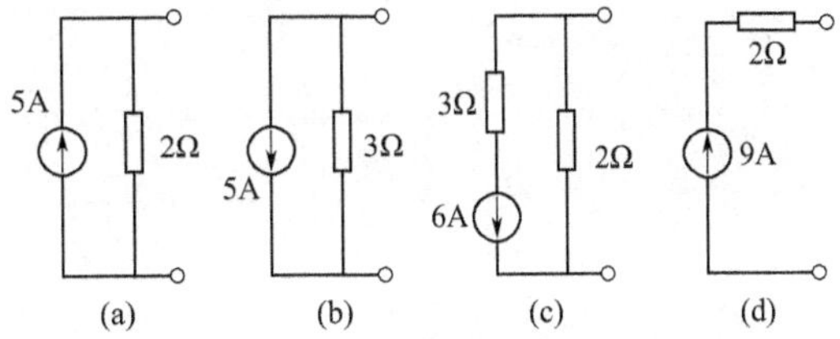

图 3-11

**3-3-21** 如图 3-12 所示是一个可以测量电容的电桥，试证明：当电桥平衡时，待测电容 $C_x=\dfrac{R_1}{R_2}C_1$．

**3-3-22** 一晶体三极管电路如图 3-13 所示，其中 e 为发射极，b 为基极，c 为集电极．(1) 今测得通过电源的电流 $I=1.35\text{mA}$，集电极电流 $I_c=1.00\text{mA}$，发射极电流 $I_e=$

1.05mA. 则电流 $I_1$、$I_2$ 和 $I_b$ 为多少？（2）电源的电动势 $\mathscr{E}=9\text{V}$，内阻忽略，$R_c=3\text{k}\Omega$，$R_e=2.2\text{k}\Omega$，$R_1=17\text{k}\Omega$. 求电阻 $R_2$ 上的电势降以及晶体管各极之间的电势差.

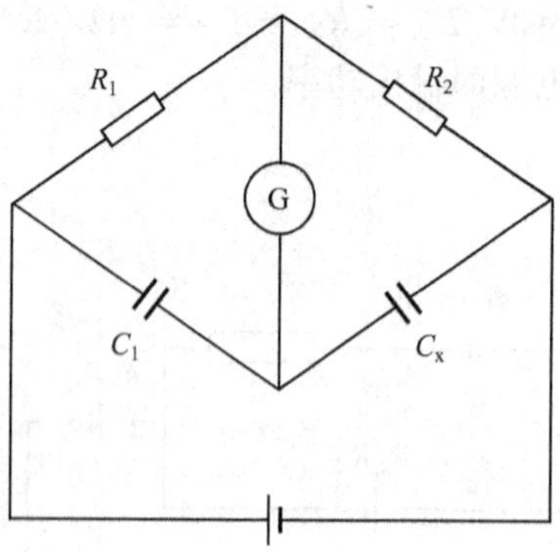


图 3-12

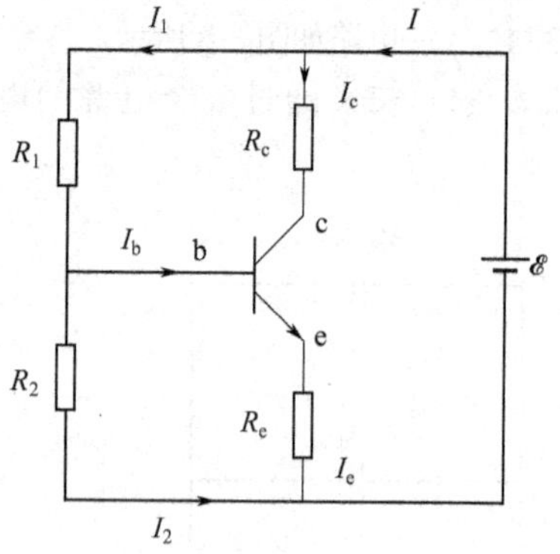


图 3-13

# 第4章 恒定磁场

恒定电流产生的磁场称为恒定磁场. 恒定磁场不随时间变化，它是时变场的特例. 磁场具有的基本特征是它对电流或运动的电荷有作用力，这种力称为磁力. 本章主要讨论恒定电流所激发的恒定磁场的基本规律和性质，以及磁场对电流的作用力等问题. 基本内容有：运用毕奥-萨伐尔定律研究恒定电流激发的恒定磁场；利用高斯定理和环路定理描述恒定磁场的基本性质；以及运动电荷、载流导线、载流线圈在恒定磁场中所受到的作用力等.

## 4.1 磁场 磁感强度

### 4.1.1 磁现象

人类发现磁现象的时间比发现电现象早得多，公元前人们就知道天然磁石（$Fe_3O_4$）能吸引铁. 中国是世界上最早发现并利用磁现象的国家，战国末年已经有了关于磁铁的记载，北宋的沈括发明了航海用指南针，并发现**地磁偏角**；但早期对磁现象的研究仅限于天然磁石之间的相互作用. 磁石吸引铁、钴、镍等物质的特点称为**磁性**，磁铁两端磁性最强的区域称为**磁极**，指向地球北极的为**磁北极**（North Magnetic Pole）称 N 极，指向地球南极的为**磁南极**（South Magnetic Pole）称 S 极. 实验证明，两块磁铁的磁极之间有相互作用力，称之为**磁力**，**同性磁极相互排斥，异性磁极相互吸引**. 铁磁性物质（铁、钴、镍及其合金）置于强磁性体附近会被**磁化**，变成暂时或永久磁性体.

直到 1820 年，丹麦物理学家奥斯特（H. C. Oersted，1777—1851）才发现了电流的磁现象. 奥斯特在课堂上准备做一个关于电流的演示实验时，无意中把一个小磁针放在导线旁边，如图 4-1-1(a) 所示，当接通电路时，发现小磁针竟然发生了偏转！从而发现了电流的磁效应，第一次揭示了磁与电存在着联系，开创了电磁学研究的新领域.

同年安培（André-Marie Ampère，1775—1836）发现：磁铁对其周围的载流导线或载流线圈也有力的作用，如图 4-1-1(b) 所示.

随后安培又发现：载流导线或载流线圈之间也有力的作用，如图 4-1-1(c) 所示. 载流直导线流向相同时，相互吸引；载流直导线流向相反时，相互排斥.

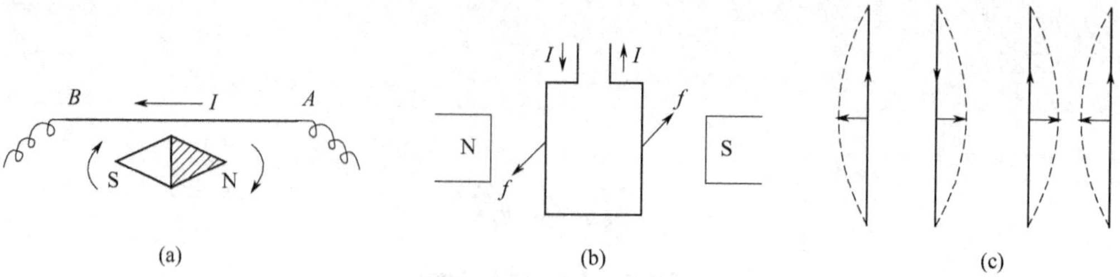


图 4-1-1　电流的磁效应

后来人们又发现在磁极之间运动的电荷会发生运动方向的偏转，即“磁偏转”，表明了运动的电荷在磁场中受到力的作用.

上述诸多实验说明，电流与磁铁之间存在相互作用力、电流和电流之间存在相互作用力以及磁铁对运动电荷有作用力等，这些作用力统称为**磁力**.

奥斯特的发现使电磁学得到了迅速发展，1820 年法国物理学家毕奥提出**电流元**对磁极的作用力问题，利用电流元的模型建立了毕奥-萨伐尔定律. 安培提出了电流与磁铁、电流与电流、磁铁与磁铁作用的本质是什么的问题，进而利用分子电流的假说解释了物质磁性的根源. 安培认为：**一切磁现象和磁的相互作用，实际是电流显示出来的磁效应和电流之间的相互作用.** 如此把磁现象的根源归结为是由电流所激发的，进而统一为电流与电流之间的相互作用，提出了安培定律.

**磁是运动电荷（即电流）的一种属性.** 从微观上看：大量电荷作定向运动形成了电流. 因此电流所激发的磁场也可以看成是定向运动的电荷所产生磁场的叠加. 运动电荷不仅在周围空间中产生电场，同时也产生磁场，这就是电现象与磁现象联系的根源！

## 4.1.2　磁场

静止电荷之间的相互作用力是通过**电场**来传递的. 即静止电荷激发电场，电场会对置于其中的电荷产生力的作用. 电流与电流的相互作用也是如此，即电流在其周围产生**磁场**，磁场会对置于其中的电流产生力的作用. 这种相互作用可表示为如下形式

$$电流 \Leftrightarrow 磁场 \Leftrightarrow 电流$$

这样，磁铁与磁铁之间、磁铁与电流之间、电流与电流之间的磁力是通过磁场来传递的. 磁场是物质的一种特殊形态，其物质性的主要表现为：**磁场对放入其中的载流导线或运动电荷有作用力；当载流导线在磁场中发生位置改变时，磁力会对它作功，表明磁场具有能量.**

我们主要研究恒定磁场的两个主要问题：电流激发磁场的规律及性质；磁场对电流的作用.

## 4.1.3　磁感应强度矢量 $\boldsymbol{B}$

为了定量描述磁场并研究磁场的性质，引入一个物理量——**磁感应强度矢量 $\boldsymbol{B}$**，简称为**磁感强度**.

通常把一个可以自由转动的小磁针放在磁场中某一位置，小磁针的 N 极和 S 极分别有确定的指向，小磁针 N 极所指的方向**规定**为该点磁感强度 $\boldsymbol{B}$ 的方向，也称为该点磁场的方向. 在该磁场中，确定某点处 $\boldsymbol{B}$ 的方向后，可从该点发射一个速度 $\boldsymbol{v}$ 的运动试验电荷 $q_0$，并研究运动电荷在磁场受力的规律，如图 4-1-2 所示的实验装置. 装置中有一对相同的平行

共轴多匝圆形线圈，其间距等于线圈半径，当它们通以大小相等、方向相同的电流时，在两线圈轴线中心附近可获得比较**均匀的**磁场，这样的线圈称为**亥姆霍兹线圈**（Helmholtz coils）. 将一个充有少量氩气的圆球玻璃泡放在两线圈之间，泡内有一可发射电子束的电子枪 M，从电子枪发射出来的电子使氩气电离而发出辉光，从而观察到电子的运动轨迹. 若要改变运动电荷的速度方向，可绕竖直轴 $OO'$ 旋转玻璃泡，改变发射枪的方向，使得试验电荷的运动方向与 $\boldsymbol{B}$ 的方向可成任意夹角 $\theta$. 通过改变发射枪的加速电压可以改变运动电荷的速度大小.

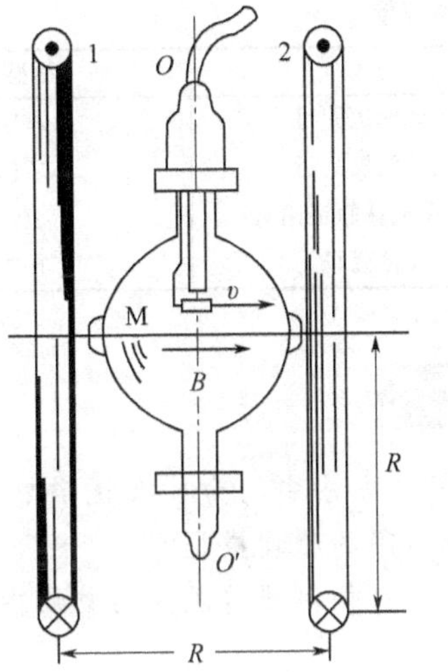


图 4-1-2 运动电荷在磁场中受力实验装置

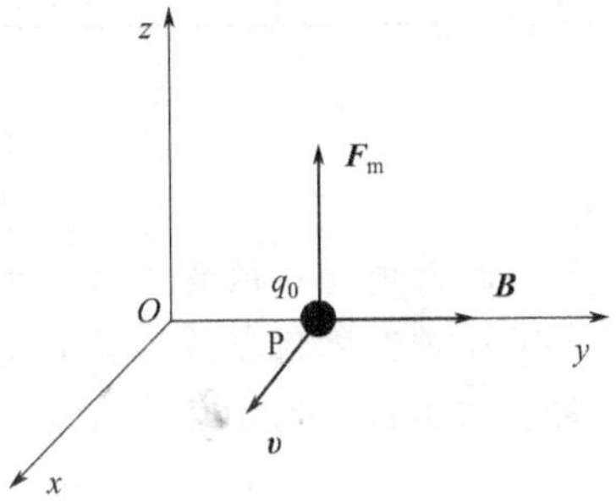


图 4-1-3 磁感强度的定义

为方便讨论，认为电子枪 M 发射的是带正电的试验电荷 $q_0$. 大量实验证实以下几点.

(1) 在磁场中任一点处，当试验电荷 $q_0$ 沿着磁感强度 $\boldsymbol{B}$ 的方向（或相反的方向）运动时，所受的磁场作用力为零.

(2) 当试验电荷 $q_0$ 经过该点时速度 $\boldsymbol{v}$ 的方向与磁感强度 $\boldsymbol{B}$ 的方向垂直时，如图 4-1-3 所示，它所受到的磁场力具有最大值 $F_m$，且 $F_m$ 与 $q_0v$ 的乘积成正比. 显然，若电荷经过此处的速率不同，则 $F_m$ 也不同；但对磁场中的确定点来说. 比值 $F_m / q_0v$ 却是一定的. 这种比值在磁场中不同位置有不同的量值，反映了磁场的空间分布. 我们把这个比值规定为磁场中任一点磁感强度 $\boldsymbol{B}$ 的大小，即

$$B=\frac{F_m}{q_0v} \tag{4-1-1}$$

这就如同用 $E=F/q_0$ 来描述电场的强弱一样，现在我们用 $B=F_m/q_0v$ 来描述磁场的强弱.

(3) 当试验电荷 $q_0$ 以同一速率沿不同方向运动时，即 $\boldsymbol{v}$ 的方向与 $\boldsymbol{B}$ 的方向成夹角 $\theta$，所受到的磁场力的大小不同，但磁场力的方向总垂直于 $\boldsymbol{v}$ 和 $\boldsymbol{B}$ 确定的平面，如图 4-1-4. 作用于 $q_0$ 上的磁场力 $\boldsymbol{F}$ 的大小为

$$F=q_0vB\sin\theta \tag{4-1-2}$$

方向仍垂直于 $\boldsymbol{v}$ 和 $\boldsymbol{B}$ 确定的平面，写成矢量式为

$$\boldsymbol{F}=q_0\boldsymbol{v}\times\boldsymbol{B} \tag{4-1-3}$$

$\boldsymbol{v}$、$\boldsymbol{B}$、$\boldsymbol{F}$ 三矢量满足右手螺旋法则. 这就是运动电荷在磁场中所受**洛伦兹力**的一般表达式.

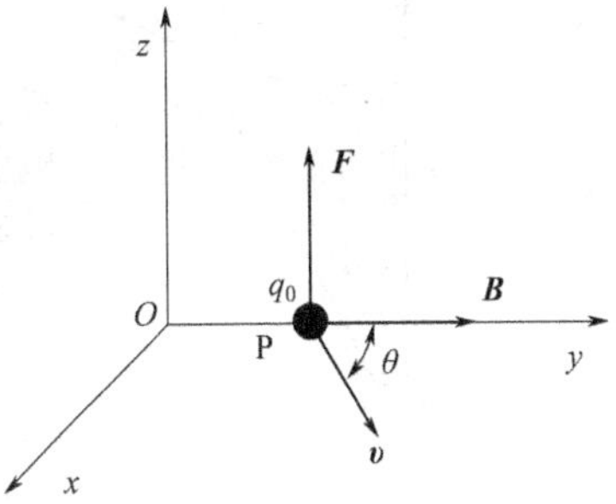


图 4-1-4 洛伦兹力

在国际单位制（SI）中，$\boldsymbol{B}$ 的单位是**特斯拉**，用符号 **T** 表示

$$1\mathrm{T}=\frac{1\mathrm{N}}{1\mathrm{C}\times 1\mathrm{m}\cdot \mathrm{s}^{-1}}=1\mathrm{N}\cdot \mathrm{A}^{-1}\cdot \mathrm{m}^{-1}$$

在工程技术中，人们还习惯用**高斯**（Gs）表示磁场的单位，$1\mathrm{Gs}=10^{-4}\mathrm{T}$.

若磁场中某一区域内各点的 $\boldsymbol{B}$ 都相同，即该区域内各点 $\boldsymbol{B}$ 的大小相等、方向一致，则称该区域的磁场是**均匀磁场**. 例如无限长直密绕螺线管内的磁场.

为了对磁感强度大小有一个数量级上的了解，表 4-1-1 列出了几种常见磁场的数值.

**表 4-1-1　常见磁场的数值**

| 磁场 | 磁感强度 | 磁场 | 磁感强度 |
|---|---|---|---|
| 中子星 | 约 $10^8$ T | 地球赤道附近 | $3\times10^{-5}$ T |
| 超导电磁铁 | 5～40 T | 地球两极附近 | $6\times10^{-5}$ T |
| 大型电磁铁 | 1～2 T | 太阳在地球轨道附近 | $10^{-9}$ T |
| 永久磁铁 | 0.5 T | 人体磁场 | $10^{-12}$ T |

**复习思考题**

4-1-1　利用运动电荷在磁场中的受力来定义磁感强度的方法中，为什么说磁感强度与试验电荷无关？如何理解定量描述一个物理量时所运用的物理模型？

4-1-2　物质的磁性与电性有共同点吗？主要区别是什么？如何理解磁场的物质性？

4-1-3　在工程技术中，如何测量磁场？

## 4.2　毕奥-萨伐尔定律

1820 年在奥斯特发现电流的磁效应后，法国物理学家毕奥(J. B. Biot，1774—1862）和萨伐尔(F. Savart，1791—1841）通过实验测量了长直载流导线附近小磁针的受力规律，发表了题为《运动中的电传递给金属的磁化力》的论文，得出长直载流导线所激发的磁场正比于电流 $I$ 而反比于场点至导线的垂直距离 $r$ 的实验结果. 在进一步大量实验的基础上，分析总结出电流元产生磁场的规律，称为毕奥-萨伐尔定律.

### 4.2.1　毕奥-萨伐尔定律

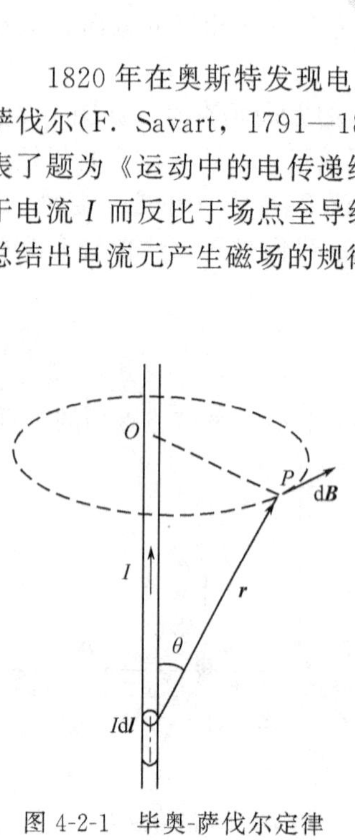

图 4-2-1　毕奥-萨伐尔定律

假定一载流导线通以电流 $I$，要得出载流导线在空间任一点所产生的磁感强度，采用如下的方法.

把载流导线分成许多无限短的小段电流，如图 4-2-1 所示，每一段称为一个**电流元**，用符号 $I\mathrm{d}\boldsymbol{l}$ 表示，其中 $I$ 是小段中的电流，$\mathrm{d}\boldsymbol{l}$ 是小段的线元；电流元的大小是线元的长度与电流值的乘积、方向沿着电流的方向. 电流元这个模型相当于静电场中点电荷模型.

真空中任意一点 $P$，设该点相对于电流元 $I\mathrm{d}\boldsymbol{l}$ 的位置矢量 $\boldsymbol{r}=r\boldsymbol{e}_r$，$\boldsymbol{e}_r$ 为沿着位置矢量 $\boldsymbol{r}$ 方向的单位矢量. 电流元 $I\mathrm{d}\boldsymbol{l}$ 在 $P$ 点产生磁感应强度为 $\mathrm{d}\boldsymbol{B}$，毕奥和萨伐尔根据实验结果运用理论推断得出：$\mathrm{d}\boldsymbol{B}$ 的大小与 $I\mathrm{d}\boldsymbol{l}$ 的大小成正比，与 $I\mathrm{d}\boldsymbol{l}$ 方向和

$\boldsymbol{r}$ 方向的夹角 $\theta$ 的正弦值成正比，与电流元到 $P$ 点的距离 $r$ 的平方成反比，即

$$dB = k\frac{I\,dl\sin\theta}{r^2} \tag{4-2-1}$$

式中，$k$ 为比例系数，在国际单位制单位中，$k=10^{-7}\,\mathrm{N}\cdot\mathrm{A}^{-2}$.

令 $k=\frac{\mu_0}{4\pi}$，$\mu_0=4\pi\times10^{-7}\,\mathrm{N}\cdot\mathrm{A}^{-2}$，称 $\mu_0$ 为**真空磁导率**. 则上式可表示为

$$dB=\frac{\mu_0}{4\pi}\frac{I\,dl\sin\theta}{r^2} \tag{4-2-2}$$

$d\boldsymbol{B}$ 的方向垂直于 $I\,d\boldsymbol{l}$ 与 $\boldsymbol{r}$ 构成的平面，指向为 $I\,d\boldsymbol{l}\times\boldsymbol{e}_r$ 的方向，即由 $I\,d\boldsymbol{l}$ 经小于 180°的角转向 $\boldsymbol{e}_r$ 的右螺旋方向. 将上式写成矢量式为

$$d\boldsymbol{B}=\frac{\mu_0}{4\pi}\frac{I\,d\boldsymbol{l}\times\boldsymbol{e}_r}{r^2} \tag{4-2-3}$$

式(4-2-3) 称为毕奥-萨伐尔定律. 毕奥-萨伐尔定律是恒定电流激发恒定磁场的基本规律.

## 4.2.2 磁感强度的叠加原理

实验表明，描述磁场性质的物理量磁感强度 $\boldsymbol{B}$ 遵守矢量叠加原理. 即磁场中某点的总磁感强度等于所有电流元各自在该点产生的磁感应强度 $d\boldsymbol{B}$ 的矢量和. 即

$$\boldsymbol{B}=\int d\boldsymbol{B} \tag{4-2-4}$$

这个结论称为**磁感强度的叠加原理**.

由上面的毕奥-萨伐尔定律，对于一段有限长的载流导线在某点产生的磁感强度为

$$\boldsymbol{B}=\int\frac{\mu_0}{4\pi}\frac{I\,d\boldsymbol{l}\times\boldsymbol{e}_r}{r^2} \tag{4-2-5}$$

上式积分遍及整个载流导线. 总之，根据毕奥-萨伐尔定律和磁感强度的叠加原理可以计算出任何电流产生的磁场.

需要说明的是，电流元不可能像点电荷那样单独存在，所以毕奥-萨伐尔定律不可能由实验直接验证. 但是，由毕奥-萨伐尔定律和磁感强度的叠加原理计算得到的总磁感强度，都与实验结果相符合，间接证明了毕奥-萨伐尔定律和磁感强度叠加原理的正确性.

## 4.2.3 毕奥-萨伐尔定律应用举例

作为毕奥-萨伐尔定律的应用，计算几种典型的电流所激发的磁场是必要的，因为这些典型的电流是常见的理想模型，可以看成实际电流在一定条件下的近似或者简化.

### (1) 载流长直导线的磁场

在真空中有一通有电流 $I$ 的载流长直导线 $L$，试求在长直导线附近任一点 $P$ 处的磁感强度 $\boldsymbol{B}$，已知点 $P$ 与长直导线间的垂直距离为 $a$.

选如图 4-2-2 所示的坐标轴，其中 $Oy$ 为沿着载流直导线 $CD$ 方向. 在距原点为 $y$ 处取线元 $dy$，则电流元 $I\,d\boldsymbol{l}$ 可写为 $I\,dy$. 它到场点 $P$ 的位矢为 $\boldsymbol{r}$，$I\,d\boldsymbol{l}$ 与 $\boldsymbol{r}$ 的夹角为 $\theta$. 根据毕奥-萨伐尔定律，电流元在 $P$ 点产生的磁感强度 $d\boldsymbol{B}$ 的大小为

$$dB=\frac{\mu_0}{4\pi}\frac{I\,dy\sin\theta}{r^2}$$

$d\boldsymbol{B}$ 的方向垂直于 $I\,d\boldsymbol{l}$ 与 $\boldsymbol{r}$ 组成的平面，垂直纸面向里（用符号 ⊗ 表示）. 从图中可以看出，

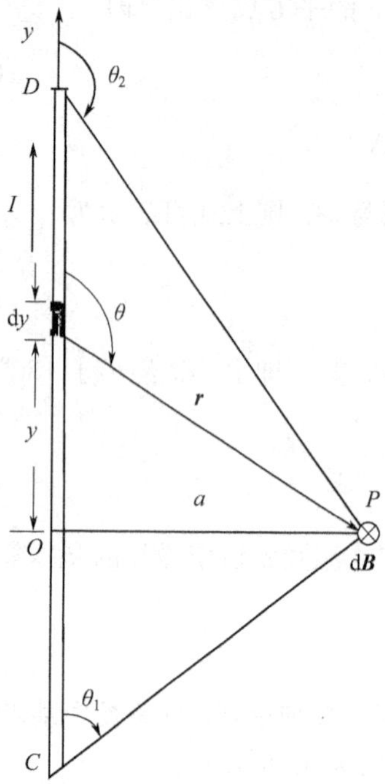

图 4-2-2　长直载流导线周围空间的磁场

直导线上各个电流元产生的 d$\boldsymbol{B}$ 的方向均相同，因此 $P$ 点处总磁感强度的大小等于各电流元在该点所激发的磁感强度的代数和，可直接用标量进行积分计算. 有

$$B=\int \mathrm{d}B=\int_L \frac{\mu_0}{4\pi}\frac{I\mathrm{d}y\sin\theta}{r^2}$$

上式可化成对变量 $\theta$ 的积分，由图 4-2-2 可以看出

$$r=\frac{a}{\sin\theta},\quad y=-r\cos\theta=-a\cot\theta$$

于是，有

$$\mathrm{d}y=a\ \frac{\mathrm{d}\theta}{\sin^2\theta}$$

因而上式就写成

$$B=\frac{\mu_0 I}{4\pi a}\int_{\theta_1}^{\theta_2}\sin\theta\mathrm{d}\theta$$

式中，$\theta_1$ 和 $\theta_2$ 分别是长直导线电流的始点 $C$ 和终点 $D$ 处的电流元与到 $P$ 点的位置矢量 $\boldsymbol{r}$ 的夹角. 由上式的积分得

$$B=\frac{\mu_0 I}{4\pi a}(\cos\theta_1-\cos\theta_2)\tag{4-2-6}$$

$\boldsymbol{B}$ 的方向垂直纸面向里.

当导线长度 $L\gg a$ 时，即“无限长”载流直导线，这时 $\theta_1=0$，$\theta_2=\pi$. 由上式可得

$$B=\frac{\mu_0 I}{2\pi a}\tag{4-2-7}$$

式(4-2-7) 表明，无限长载流直导线周围的磁感应强度大小与电流值成正比，与场点到长直导线的距离成反比；这与毕奥和萨伐尔两人当年的实验结果相一致.

无限长载流直导线是一个常用的模型，它的磁场特征是：在以载流导线为轴的圆周上，磁感强度的大小处处相等，方向与电流成右手螺旋方向.

我们计算一个实例，如取 $I=10\mathrm{A}$，$a=1\mathrm{cm}$，由式(4-2-7) 得：$B=2\times10^{-4}$ T. 可见这个磁场足以使放在导线附近的小磁针发生偏转.

**(2) 圆形载流线圈的磁场**

有一半径为 $R$ 的载流圆形线圈，通以电流为 $I$，通常称为**圆电流**. 试求通过圆心并垂直于圆形导线所在平面的轴线上任意点 $P$ 处的磁感应强度.

选取如图 4-2-3 所示的坐标轴，其中 $Ox$ 轴通过圆心 $O$，并垂直于圆线圈的平面. 轴上点 $P$ 与点 $O$ 相距为 $x$. 在圆周上任取一个电流元 $I\mathrm{d}\boldsymbol{l}$，这个电流元到点 $P$ 的矢量为 $\boldsymbol{r}$，它在 $P$ 点产生的磁感强度为

$$\mathrm{d}\boldsymbol{B}=\frac{\mu_0}{4\pi}\frac{I\mathrm{d}\boldsymbol{l}\times\boldsymbol{e}_\mathrm{r}}{r^2}$$

由于 d$\boldsymbol{l}$ 与 $\boldsymbol{r}$ 的单位矢量 $\boldsymbol{e}_r$ 垂直，即 $\theta=90°$，所以 d$\boldsymbol{B}$ 的大小为

$$\mathrm{d}B=\frac{\mu_0}{4\pi}\frac{I\mathrm{d}l}{r^2}$$

而 d$\boldsymbol{B}$ 的方向垂直于电流元 $I\mathrm{d}\boldsymbol{l}$ 与矢量 $\boldsymbol{r}$ 所组成的平面，如图 4-2-3 所示.

由于各个电流元在 $P$ 点产生的 d$\boldsymbol{B}$ 的方向是各不相同的，不能直接对上式积分. 我们可

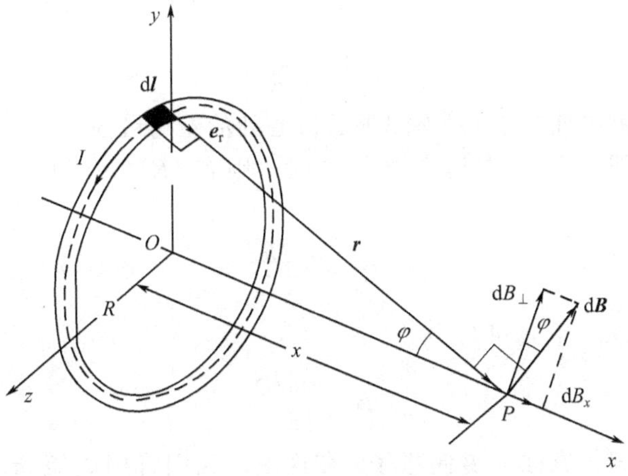


图 4-2-3　圆电流轴线上的磁场

以把 d$\boldsymbol{B}$ 分解成两个分量：一个是沿 $Ox$ 轴的分量 $dB_x = dB\sin\varphi$ ；另一个是垂直于 $Ox$ 轴的分量 $dB_\perp = dB\cos\varphi$. 考虑到圆周上任一直径两端的电流元关于 $Ox$ 轴的对称性，故所有电流元在 $P$ 点的磁感强度分量 $dB_\perp$ 的总和应为零. 也就是根据对称性可知各个 d$\boldsymbol{B}$ 垂直于轴线方向的分量相互抵消；平行于轴线方向的分量相互加强. 因此，$P$ 点处的总磁感强度为

$$B = \int dB_x = \int dB\sin\varphi = \int \frac{\mu_0}{4\pi}\frac{I\,dl}{r^2}\sin\varphi$$

由于 $\sin\varphi = R/r$，且对给定的点 $P$ 来说 $r$ 是常量，所以 $\sin\varphi$ 也是常量，有

$$B = \frac{\mu_0 I\sin\varphi}{4\pi r^2}\int_0^{2\pi R} dl = \frac{\mu_0}{2}\frac{IR^2}{r^3} \tag{4-2-8}$$

由于 $r = (R^2 + x^2)^{1/2}$，所以上式可写成

$$B = \frac{\mu_0}{2}\frac{IR^2}{(R^2 + x^2)^{3/2}} \tag{4-2-9}$$

$\boldsymbol{B}$ 的方向沿 $Ox$ 轴正向. 这就是圆电流轴线上的磁场分布，其 $B$-$x$ 曲线如图 4-2-4 所示. 至于轴线外的磁场，不能用简单的积分求出.

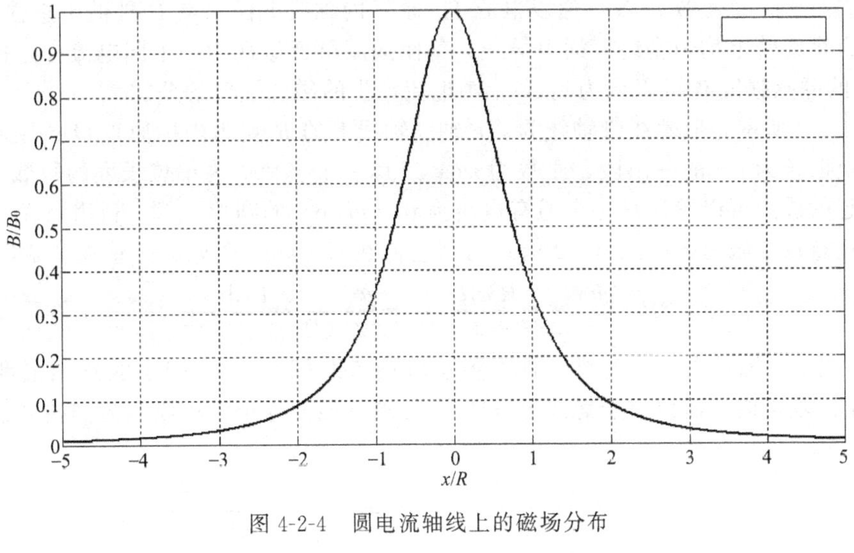


图 4-2-4　圆电流轴线上的磁场分布

讨论：① 由式(4-2-9)，当 $x=0$ 时，即圆心 $O$ 点的磁感强度为

$$B=\frac{\mu_0 I}{2R} \tag{4-2-10}$$

$\boldsymbol{B}$ 的方向垂直于圆线圈平面，沿 $Ox$ 轴正向. 圆心处的磁场最强.

② 若 $x \gg R$，即场点 $P$ 在远离原点 $O$ 时，则有 $(R^2+x^2)^{3/2} \approx x^3$，由式（4-2-9）可得

$$B=\frac{\mu_0 IR^2}{2x^3}$$

圆电流的面积 $S=\pi R^2$，上式可写为

$$B=\frac{\mu_0 IS}{2\pi x^3} \tag{4-2-11}$$

通常把这种条件下的圆电流称为**磁偶极子**. 在这里，我们将用**磁矩** $\boldsymbol{m}$ 来描述载流线圈的性质. 如图 4-2-5 所示，有一平面圆电流，其面积为 $S$，电流为 $I$，$\boldsymbol{e}_{\mathrm{n}}$ 为圆电流平面的单位正法线矢量，它与电流 $I$ 遵守右手螺旋法则. 定义圆电流的**磁矩** $\boldsymbol{m}$ 为

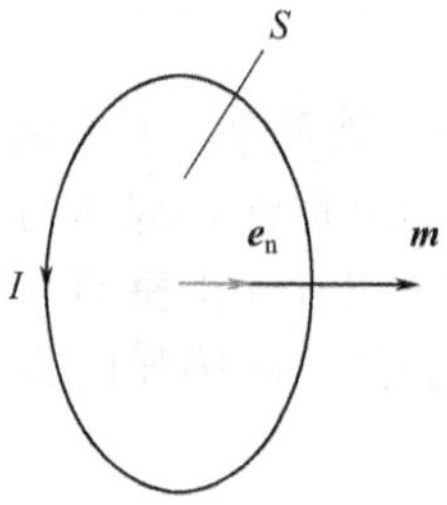

图 4-2-5　磁偶极子

$$\boldsymbol{m}=IS\boldsymbol{e}_{\mathrm{n}}=m\boldsymbol{e}_{\mathrm{n}} \tag{4-2-12}$$

$\boldsymbol{m}$ 的方向与圆电流的单位正法线矢量 $\boldsymbol{e}_n$ 的方向相同，大小 $m=IS$. 应当指出，上式对任意形状的载流线圈都是适用的.

考虑到圆电流的磁感强度方向与磁矩的方向一致，则圆电流的磁感强度与磁矩的矢量关系式为

$$\boldsymbol{B}=\frac{\mu_0}{2\pi}\frac{\boldsymbol{m}}{x^3} \tag{4-2-13}$$

式(4-2-13) 就是磁偶极子在极轴上所产生的磁感强度.

需要注意的是，只有磁偶极矩 $\boldsymbol{m}$ 的面积很小或场点距离圆电流很远时，才能把圆电流叫做磁偶极子. 与电学中的电偶极子一样，磁偶极子也是经常用到的物理模型，例如在研究磁介质的问题中，会用到磁偶极子来解释物质的磁性.

**(3) 载流长直螺线管内的磁场**

长直螺线管是用漆包线密绕在长直圆柱面上的螺旋形线圈. 设有一长为 $l$ 、半径为 $R$ 的均匀密绕螺线管，总匝数为 $N$，通以电流 $I$. 求管内轴线上任一点 $P$ 处的磁感强度.

在长直螺线管上均匀密绕了通电导线，每匝线圈可近似视为一个圆电流，这样轴线上任意点 $P$ 处的磁感强度 $\boldsymbol{B}$ 可以认为是 $N$ 个圆电流产生的磁感强度的叠加.

如图 4-2-6 所示，取螺线管轴线为 $Ox$ 轴，轴线上的 $P$ 点为坐标原点 $O$；距 $O$ 点 $x$ 处，在螺线管上取长为 $\mathrm{d}x$ 的一小段，匝数为 $n\mathrm{d}x$，其中 $n=N/l$ 为单位长度的匝数. 这一小段紧靠在一起的线圈可以看作是一个通有电流为 $\mathrm{d}I=In\mathrm{d}x$ 的圆形线圈. 利用前面的载流圆线圈轴线上任意点处磁感强度式（4-2-9），可得它们在 $Ox$ 轴点 $P$ 处的磁感强度 $\mathrm{d}\boldsymbol{B}$ 的大小

$$\mathrm{d}B=\frac{\mu_0}{2}\frac{R^2\mathrm{d}I}{(R^2+x^2)^{3/2}}=\frac{\mu_0}{2}\frac{R^2In\mathrm{d}x}{(R^2+x^2)^{3/2}}$$

$\mathrm{d}\boldsymbol{B}$ 的方向沿 $Ox$ 轴正向. 由于螺线管上各小段载流线圈在 $P$ 点产生的磁感强度的方向相同，均沿 $Ox$ 轴正向，所以整个螺线管在 $P$ 点的磁感强度等于各小段载流圆线圈在该点磁感强度之和，即

$$B=\int\mathrm{d}B=\int\frac{\mu_0}{2}\frac{R^2In\mathrm{d}x}{(R^2+x^2)^{3/2}}=\frac{\mu_0 In}{2}\int\frac{R^2\mathrm{d}x}{(R^2+x^2)^{3/2}}$$

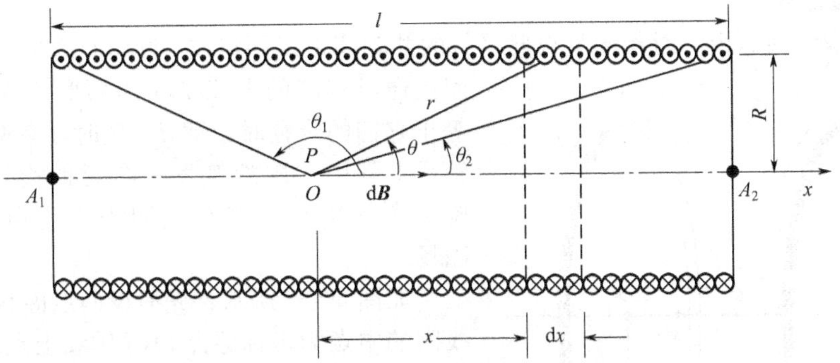


图 4-2-6 载流长直螺线管内轴线上的磁场

为了便于上式积分，用角变量 $\theta$ 替换 $x$， $\theta$ 为点 $P$ 到小段线圈的连线 $r$ 与 $Ox$ 轴的夹角. 从图上可以看出 $x=R\cot\theta$， 则

$$dx=-R\frac{d\theta}{\sin^2\theta}$$

将它们代入上式，得

$$B=-\frac{\mu_0 In}{2}\int_{\theta_1}^{\theta_2}\sin\theta d\theta=\frac{\mu_0 In}{2}(\cos\theta_2-\cos\theta_1) \tag{4-2-14}$$

$\theta_1$ 和 $\theta_2$ 的几何意义见图 4-2-6.

讨论：① 如果螺线管的半径远小于其长度时，即 $R\ll l$， 可以认为螺线管等效于无限长，这时，$\theta_2=0$， $\theta_1=\pi$， 由式(4-2-14) 得

$$B=\mu_0 nI \tag{4-2-15}$$

**B** 的方向沿 $Ox$ 轴正向.

② 在螺线管一端的轴线上，则 $\theta_1=\frac{\pi}{2}$，$\theta_2=0$ 或者 $\theta_1=\pi$，$\theta_2=\frac{\pi}{2}$， 由式(4-2-14) 得

$$B=\frac{1}{2}\mu_0 nI \tag{4-2-16}$$

这表明半“无限长”螺线管轴线上端点处的磁感强度只有管内轴线中点磁感强度的一半.

图 4-2-7 给出了长直螺线管内轴线上磁感强度的分布，可以看出管内中部轴线附近的磁场可以近似当作均匀磁场. 在实际应用中，常常略去边缘效应，认为螺线管内部的磁感强度的大小 $B=\mu_0 nI$， 方向与电流方向成右手螺旋关系. 另外，密绕的螺线管外部的磁场是很微弱的，在螺线管外壁的中部附近，磁感强度可近似为零.

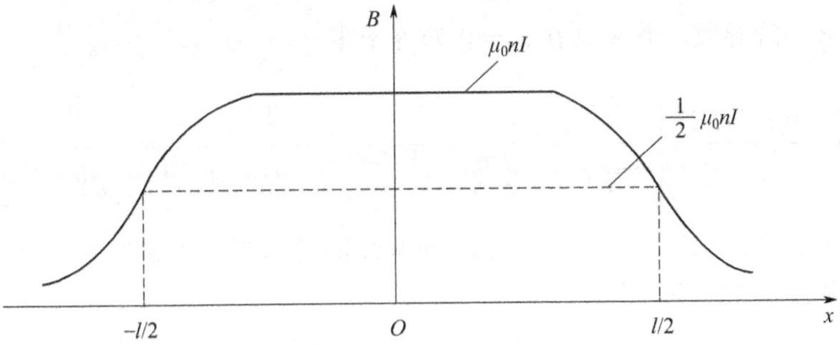


图 4-2-7 载流长直螺线管内轴线上的磁场分布示意图

(4) 亥姆霍兹线圈

亥姆霍兹线圈是由一对相同且彼此平行的共轴圆形线圈组成. 设线圈的半径为 $R$，两线圈内通以相同的电流 $I$，当两圆线圈之间的距离等于它们的半径时，即 $d=R$ 时，在两线圈中间的轴线上的中点附近激发一个近似均匀的磁场. 实验室中常用亥姆霍兹线圈来产生所需要的均匀磁场.

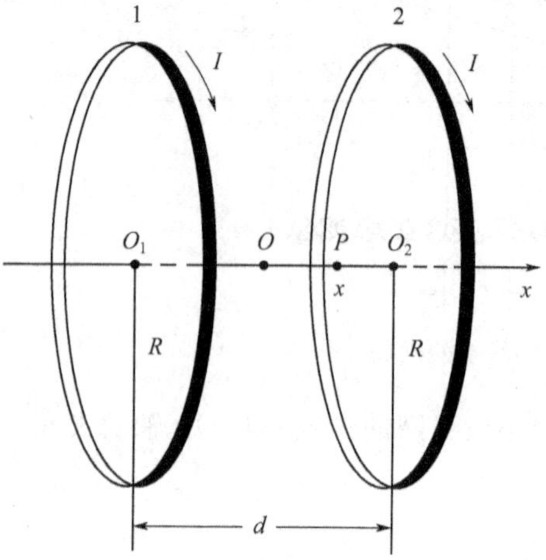

图 4-2-8　亥姆霍兹线圈

如图 4-2-8 所示，先假设两线圈相距为 $d$，两线圈的中点为坐标原点 $O$，轴线上点 $P$ 到 $O$ 的距离为 $x$. 点 $P$ 到两线圈中心 $O_1$、$O_2$ 的距离分别为 $\frac{d}{2}+x$ 和 $\frac{d}{2}-x$. 设两个圆线圈匝数都为 $N$，导线中通有同方向的电流 $I$，则在轴线上两线圈产生的磁场方向相同，利用圆电流的磁感强度式(4-2-9)，可得线圈 1 和线圈 2 在 $P$ 点的磁感应强度大小分别为

$$B_1=\frac{\mu_0 NIR^2}{2\left[R^2+\left(\frac{d}{2}+x\right)^2\right]^{3/2}};\ B_2=\frac{\mu_0 NIR^2}{2\left[R^2+\left(\frac{d}{2}-x\right)^2\right]^{3/2}}$$

由于 $\boldsymbol{B}_1$ 和 $\boldsymbol{B}_2$ 的方向一致，总磁感强度 $\boldsymbol{B}$ 的大小为

$$B=B_1+B_2=\frac{\mu_0 NIR^2}{2\left[R^2+\left(\frac{d}{2}+x\right)^2\right]^{3/2}}+\frac{\mu_0 NIR^2}{2\left[R^2+\left(\frac{d}{2}-x\right)^2\right]^{3/2}} \tag{4-2-17}$$

对上式求一阶导数，并令其等于零

$$\frac{\mathrm{d}B}{\mathrm{d}x}=\frac{3\mu_0 NIR^2}{2}\left\{\frac{\frac{d}{2}+x}{2\left[R^2+\left(\frac{d}{2}+x\right)^2\right]^{5/2}}-\frac{\frac{d}{2}-x}{2\left[R^2+\left(\frac{d}{2}-x\right)^2\right]^{5/2}}\right\}=0$$

解之可得 $x=0$.

我们知道，如果在轴线上某点处有 $\frac{\mathrm{d}B}{\mathrm{d}x}=0$，这表明该点附近的磁感强度值有三种可能，即有极大值（$\frac{\mathrm{d}^2B}{\mathrm{d}x^2}<0$），或极小值（$\frac{\mathrm{d}^2B}{\mathrm{d}x^2}>0$），或均匀（$\frac{\mathrm{d}^2B}{\mathrm{d}x^2}=0$）.

对式(4-2-17) 求二阶导数，并令其在 $x=0$ 处等于零

$$\frac{\mathrm{d}^2B}{\mathrm{d}x^2}=\frac{3\mu_0 NIR^2}{2}\left\{\frac{4\left(\frac{d}{2}+x\right)^2-R^2}{2\left[R^2+\left(\frac{d}{2}+x\right)^2\right]^{7/2}}+\frac{4\left(\frac{d}{2}-x\right)^2-R^2}{2\left[R^2+\left(\frac{d}{2}-x\right)^2\right]^{7/2}}\right\}=0$$

解之得 $O$ 点附近磁场均匀的条件为 $d=R$，即两线圈的间距等于它们的半径. 这时轴线上中点 $O$ 处的磁感强度的大小为

$$B=2\frac{\mu_0 NIR^2}{2\left[R^2+\left(\frac{R}{2}\right)^2\right]^{3/2}}=\frac{8\mu_0 NI}{5\sqrt{5}R}=0.724\frac{\mu_0 NI}{R} \tag{4-2-18}$$

这种间距等于半径的一对共轴载流圆线圈，叫做**亥姆霍兹线圈**. 它在轴线上的磁场分布如图 4-2-9(b) 所示. 在生产和科学研究中往往需要把样品放在均匀磁场中进行测试，当所需的磁场不太强时，使用亥姆霍兹线圈是比较方便的. 另外，为了有所比较，我们还画出了 $d<R$ 时轴线上磁场分布［见图 4-2-9(a)］，以及 $d>R$ 时轴线上磁场分布［见图 4-2-9(c)］.

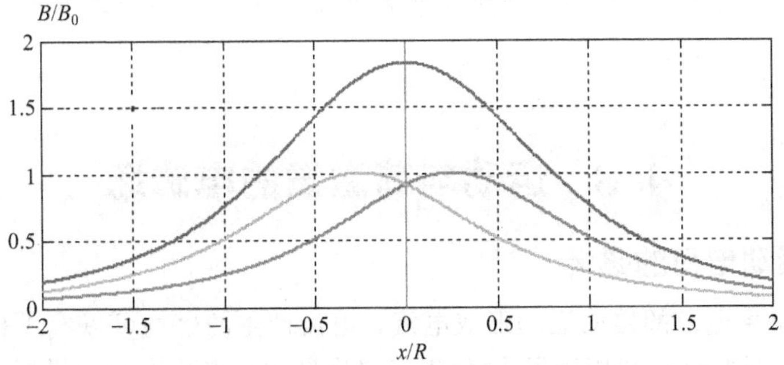


(a) $d<R$

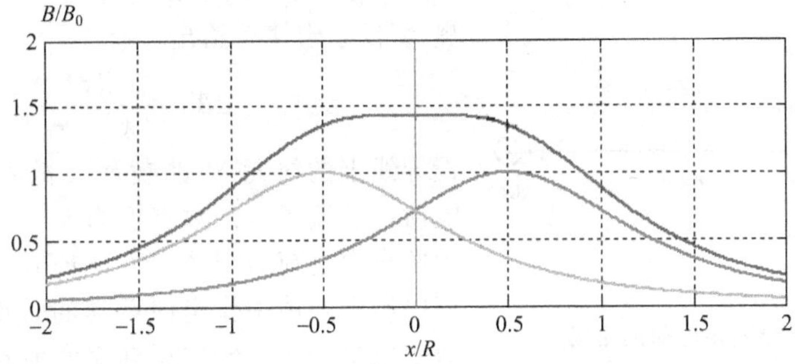


(b) $d=R$

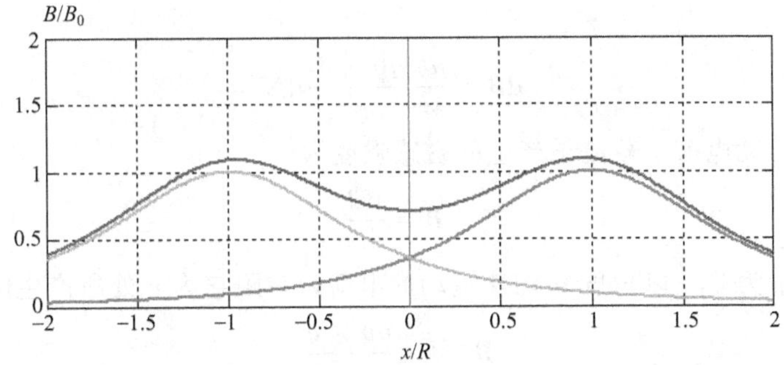


(c) $d>R$

图 4-2-9　亥姆霍兹线圈轴线上中点位置处的磁场分布

以上几个例子的计算结果与实验结果基本一致，验证了毕奥-萨伐尔定律的正确性. 值得指出的是，在讨论电流的磁场时，我们均采用了线电流模型，其适用条件必须是场点到电流的距离远大于载流导线截面直径的线度. 而对于距离载流导线很近的场点或者电流所在处的磁场，线电流模型就不成立了，应用毕奥-萨伐尔定律时就要考虑电流的分布.

## 复习思考题

4-2-1　如何理解电流元激发磁场的公式与点电荷激发电场的公式？

4-2-2 半无限载流长直导线周围的磁场特点是什么？尝试绘制场线图.

4-2-3 磁偶极子与电偶极子的特点分别是什么？怎么理解磁偶极子与物质的磁性之间的关系？

4-2-4 实验室中如何方便地获得一个小区域的均匀磁场？

4-2-5 试由毕奥-萨伐尔定律证明一对镜像对称电流元在其对称面上激发的合磁场一定与该面垂直.

# 4.3 运动电荷激发的电磁场

## 4.3.1 匀速运动电荷的磁场

导体中大量自由电荷的定向运动形成电流，电流产生的磁场可以看成是大量运动电荷产生的磁场的叠加. 我们可以利用毕奥-萨伐尔定律推导运动电荷产生的磁场.

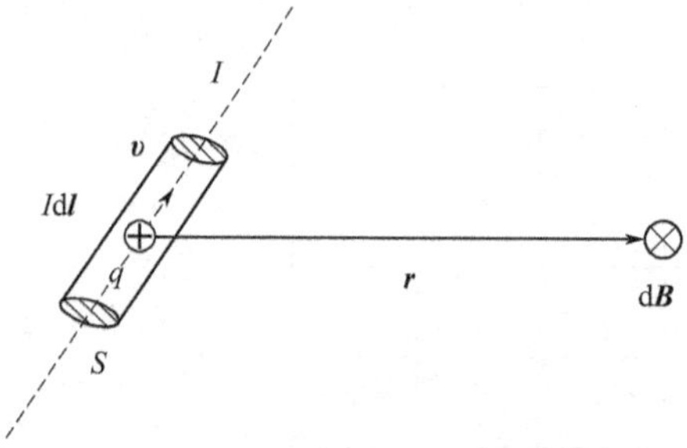


图 4-3-1 推导运动电荷的磁场

如图 4-3-1 所示，电流元 $I\mathrm{d}\boldsymbol{l}$ 产生的磁场由毕奥-萨伐尔定律可给出

$$\mathrm{d}\boldsymbol{B}=\frac{\mu_0}{4\pi}\frac{I\mathrm{d}\boldsymbol{l}\times\boldsymbol{e}_\mathrm{r}}{r^2}$$

设导线上的线元 $\mathrm{d}\boldsymbol{l}$ 的横截面积为 $S$，导体中自由电荷（载流子）的数密度为 $n$，则电流元中定向运动的自由电荷数目为 $\mathrm{d}N=nS\mathrm{d}l$. 为了方便起见，可以假定导体中作定向运动的是正电荷. 设每个电荷带电量为 $q$，定向运动速度为 $\boldsymbol{v}$，则电流强度为 $I=nqvS$，那么电流元可以表示成 $I\mathrm{d}l=nqvS\mathrm{d}l=nqS\mathrm{d}lv=\mathrm{d}Nqv$，这样毕奥-萨伐尔定律可写成为

$$\mathrm{d}\boldsymbol{B}=\frac{\mu_0}{4\pi}\frac{q\boldsymbol{v}\times\boldsymbol{e}_\mathrm{r}}{r^2}\mathrm{d}N$$

可以认为一个（运动电荷）载流子产生的磁感强度为

$$\boldsymbol{B}=\frac{\mathrm{d}\boldsymbol{B}}{\mathrm{d}N}$$

于是，一个电荷量为 $q$，以速度 $\boldsymbol{v}$ 匀速运动的电荷，在距它为 $r$ 处所产生的磁感强度为

$$\boldsymbol{B}=\frac{\mu_0}{4\pi}\frac{q\boldsymbol{v}\times\boldsymbol{e}_\mathrm{r}}{r^2} \tag{4-3-1}$$

显然，$\boldsymbol{B}$ 的方向垂直于 $\boldsymbol{v}$ 和 $\boldsymbol{r}$ 组成的平面，并满足右手螺旋关系.

由式(4-3-1) 可知，运动电荷在空间中的某位置产生的磁场以 $\boldsymbol{v}$ 为轴线对称分布，如图 4-3-2 所示.

美国物理学家罗兰（H. A. Rowland，1848—1901）首先用旋转的带电圆盘证实了运动电荷产生磁场，静止电荷不产生磁场. 现在，我们可以很容易地利用电子射线管验证运动电荷产生磁场的现象，实验原理如图 4-3-3 所示. 给电子射线管的两极加上高电压后，管中产生高速运动的电子束流，此时放在射线管上方或下方的小磁针就会发生偏转，这表明运动的电子在它的周围空间确实产生了磁场，并且还可以根据磁针偏转的方向来验证电流方向与磁场方向之间的右手螺旋关系.

应当指出，运动电荷的磁场表达式(4-3-1) 是有一定适用范围的，它仅适用于运动电荷

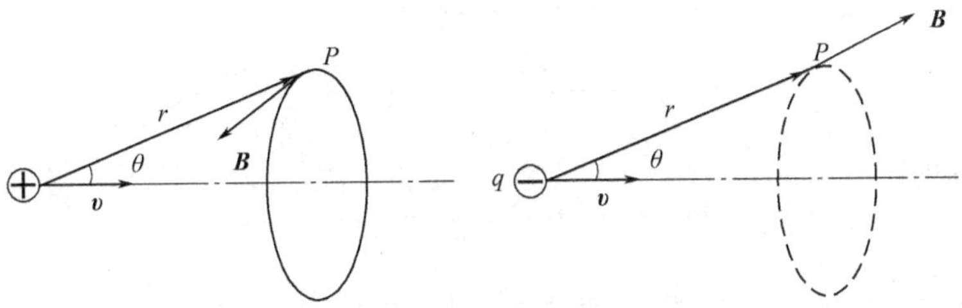


图 4-3-2 运动电荷在空间中产生磁场的轴线对称性分布

的速率 $v$ 远小于光速 $c$ 的情况. 当 $v$ 接近于光速 $c$ 时，表达式(4-3-1) 就不适用了，这时，运动电荷的磁场应当考虑相对论性效应.

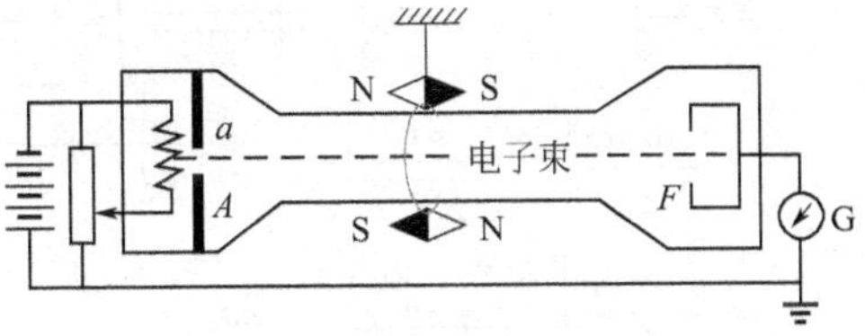


图 4-3-3 电子射线管验证运动电荷产生磁场

**【例 4-3-1】** 按照玻尔模型，在基态的氢原子中，电子绕原子核做半径为 $r=0.53\times10^{-10}$ m 的匀速圆周运动，速率 $v=2.2\times10^{6}\ \mathrm{m\cdot s^{-1}}$. 试计算：(1) 该电子在轨道中心处所产生的磁感强度；(2) 电子的轨道磁矩 $\boldsymbol{m}_e$.

**解：**(1) 根据运动电荷产生 $\boldsymbol{B}$ 的计算公式 $\boldsymbol{B}=\dfrac{\mu_0}{4\pi}\dfrac{q\boldsymbol{v}\times\boldsymbol{e}_r}{r^2}$，且 $\boldsymbol{v}\perp\boldsymbol{r}$，可得

$$B=\frac{\mu_0}{4\pi}\frac{qv}{r^2}=\frac{4\pi\times10^{-7}}{4\pi}\times\frac{1.6\times10^{-19}\times2.2\times10^{6}}{(0.53\times10^{-10})^2}=12.5\ (\mathrm{T})$$

电子带负电，$\boldsymbol{B}$ 的方向垂直于纸面向里（见图 4-3-4).

或者，电子作圆周运动的等效圆电流为 $I=\dfrac{v}{2\pi r}e$，由圆电流在中心处产生 $\boldsymbol{B}$ 的公式，得到

$$B=\frac{\mu_0 I}{2r}=\frac{\mu_0}{2r}\frac{ve}{2\pi r}=\frac{\mu_0 qv}{4\pi r^2}=12.5\mathrm{T}$$

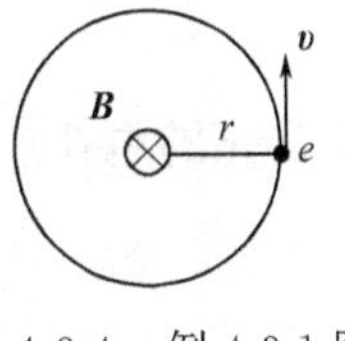


图 4-3-4 例 4-3-1 图

两种方法所得结果相同.

(2) 由于电子的轨道运动等效于一个圆电流，根据圆电流的磁矩公式可得

$$m_e=IS=\frac{ve}{2\pi r}\pi r^2=\frac{ver}{2}=0.93\times10^{-23}\ \mathrm{A\cdot m^2}$$

$\boldsymbol{m}_e$ 方向垂直于纸面向里. 这个磁矩叫做电子的**轨道磁矩**.

**【例 4-3-2】** 半径为 $R$ 的圆片上均匀带电，电荷面密度为 $\sigma_0$，若该片以角速度 $\omega$ 绕它的轴旋转，求轴线上距圆片中心 $O$ 为 $x$ 处 $P$ 点的磁感强度的大小.

**解：**选取图 4-3-5 所示的坐标轴，在离圆心 $O$ 点为 $r$ 处取宽度为 d$r$ 的小圆环，其上所带电荷量为

$$\mathrm{d}q=\sigma_0 2\pi r\,\mathrm{d}r \qquad (4\text{-}3\text{-}2)$$

小圆环做圆周运动，其等效的圆电流为

$$\mathrm{d}I=n\,\mathrm{d}q=\frac{\omega}{2\pi}\sigma_0 2\pi r\,\mathrm{d}r=\sigma_0\omega r\,\mathrm{d}r \qquad (4\text{-}3\text{-}3)$$

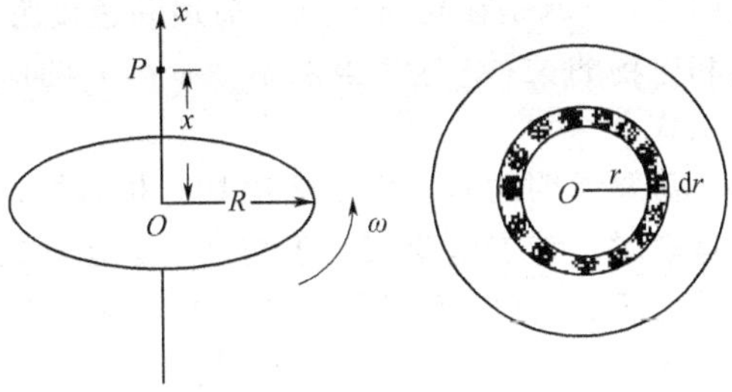


图 4-3-5 例 4-3-2 图

此电流是由电荷做机械运动而形成的电流，一

般称为**运流电流**，该圆电流在 $P$ 点产生磁感强度的大小为

$$\mathrm{d}B=\frac{\mu_0}{2}\frac{r^2\mathrm{d}I}{(r^2+x^2)^{\frac{3}{2}}}=\frac{\mu_0}{2}\frac{\sigma_0\omega r^3\mathrm{d}r}{(r^2+x^2)^{\frac{3}{2}}} \tag{4-3-4}$$

方向沿着 $Ox$ 轴的正方向.

上式积分可得带电圆片旋转时在 $P$ 点产生磁感强度的大小

$$\begin{aligned}B&=\int\mathrm{d}B=\frac{\mu_0\sigma_0\omega}{2}\int_0^R\frac{r^3\mathrm{d}r}{(r^2+x^2)^{\frac{3}{2}}}=\frac{\mu_0\sigma_0\omega}{2}\int_0^R\frac{1}{2}\frac{r^2\mathrm{d}(r^2+x^2)}{(r^2+x^2)^{\frac{3}{2}}}\\&=\frac{\mu_0\sigma_0\omega}{2}\int_0^R-r^2\mathrm{d}\left(\frac{1}{\sqrt{r^2+x^2}}\right)=\frac{\mu_0\sigma_0\omega}{2}\left[-\frac{r^2}{\sqrt{r^2+x^2}}\bigg|_0^R+\int_0^R\frac{1}{\sqrt{x^2+x^2}}\mathrm{d}(r^2+x^2)\right]\\&=\frac{\mu_0\sigma_0\omega}{2}\left[-\frac{R^2}{\sqrt{R^2+x^2}}+2\sqrt{r^2+x^2}\,\Big|_0^R\right]=\frac{\mu_0\sigma_0\omega}{2}\left[-\frac{R^2}{\sqrt{R^2+x^2}}+2\sqrt{R^2+x^2}-2x\right]\\&=\frac{\mu_0\sigma_0\omega}{2}\left[\frac{R^2+2x^2}{\sqrt{R^2+x^2}}-2x\right]\end{aligned}$$

当 $x\ll R$ 时，上式可近似为

$$B=\frac{1}{2}\mu_0\sigma_0\omega R \tag{4-3-5}$$

式中，$\sigma_0\omega R$ 可看成是沿着半径方向的电流线密度，此结果就是“无限大”平面电流激发的磁场的磁感应强度值.

## 4.3.2 电场和磁场的相对性

根据式(4-3-1)，一个匀速运动电荷 $q$ 产生的磁场为

$$\boldsymbol{B}=\frac{\mu_0}{4\pi}\frac{q\boldsymbol{v}\times\boldsymbol{e}_\mathrm{r}}{r^2}$$

一个静止的电荷产生的电场为

$$\boldsymbol{E}=\frac{1}{4\pi\varepsilon_0}\frac{q}{r^2}\boldsymbol{e}_\mathrm{r}$$

在电荷运动速度较小（$v\ll c$）时，此式仍可近似地来表示运动电荷的电场.

这样，式(4-3-1) 可以写成

$$\boldsymbol{B}=\mu_0\varepsilon_0\boldsymbol{v}\times\frac{1}{4\pi\varepsilon_0}\frac{q}{r^2}\boldsymbol{e}_\mathrm{r}=\frac{1}{c^2}\boldsymbol{v}\times\frac{1}{4\pi\varepsilon_0}\frac{q}{r^2}\boldsymbol{e}_\mathrm{r}$$

式中，$c=\dfrac{1}{\sqrt{\mu_0\varepsilon_0}}=\dfrac{1}{\sqrt{4\pi\times10^{-7}\times8.85\times10^{-12}}}=3.0\times10^8\ \mathrm{m\cdot s^{-1}}$ 为真空中的光速，所以有

$$\boldsymbol{B}=\frac{\boldsymbol{v}\times\boldsymbol{E}}{c^2} \tag{4-3-6}$$

式(4-3-6) 就是在相对于点电荷运动速度为 $\boldsymbol{v}$ 的参考系中，该电荷在空间任意一点产生的磁场和电场的关系. 这里虽然是在 $v\ll c$ 的情况下得出的，但可以根据相对论严格的证明这一关系式.

需要说明的是，由于运动具有相对性，当我们观测到一个点电荷相对于实验室做匀速直线运动时，该点电荷相对于与之一起运动的观测者来说却是静止的. 设与电荷一起运动的坐标系为 $S'$，而实验室坐标系为 $S$，由于运动的电荷激发磁场，而静止的电荷不产生磁场，故此 $S$ 系的观测者观测到了磁场，而 $S'$ 系的观测者则没有观测到磁场，这就是电场与磁场的相对性. 爱因斯坦认为，**电场与磁场是同一种物质（称为电磁场）的两种不同的属性**. 对

于不同坐标系中的观测者，他们观测到的物理量是不同的，这种不同不仅仅表现在磁场的有无，还表现在磁场、电场的大小等关系上．不同坐标系之间电场与磁场的转换关系，我们会在电动力学课程中再做讨论．

### 复习思考题

4-3-1 如何理解在非相对论情况下匀速运动电荷所激发的磁场？能否由此推导出毕奥-萨伐尔定律？

4-3-2 一个在真空中运动的电荷，既能激发电场又能激发磁场，那么电场强度和磁感强度有何联系？

## 4.4 磁通量 磁场的高斯定理

### 4.4.1 磁感线

为了形象直观地反映磁场的分布情况，就像在静电场中用电场线来表示静电场那样，我们将用一些设想的曲线来表示磁场的分布，这些曲线称为**磁感线**．我们知道，对于给定磁场中某一点磁感强度 $\boldsymbol{B}$ 的大小和方向都是确定的．因此，我们规定：**①曲线上任一点切线方向为该点的磁感强度 $\boldsymbol{B}$ 的方向；②用磁感线的疏密程度表示磁感强度 $\boldsymbol{B}$ 的大小**．画磁感线图时要求使**磁感线密度等于该点的磁感强度大小**，即 $B=\dfrac{\mathrm{d}N}{\mathrm{d}S}$．按这样的规定画出的磁感线图，既能反映磁感强度方向的分布情况，又能根据磁感线密度反映出磁感强度在各处的强弱情况．显然磁感线密的地方磁场强，磁感线疏的地方磁场弱．

根据理论计算结果和上述规定，画出几种电流系统的磁感线分布图，如图 4-4-1 所示．

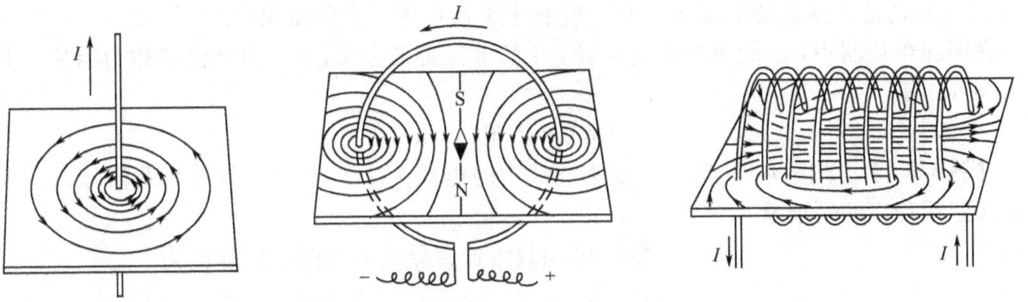


图 4-4-1 几种带电系统的磁感线分布图

由上述几种典型的载流导线磁感线的图形可以看出，磁感线具有如下特征．

① 由于磁场中某点的磁场方向是确定的，所以磁场中的磁感线不会相交（磁感线的这一特性和电场线是一样的）．

② 磁感线都是围绕电流的闭合曲线，没有起点，也没有终点（这个特性与静电场中的电场线是不同的）．

磁感线的这些特性表明了磁场的基本性质，恒定磁场是**无源、有旋场**．虽然磁场中并不存在磁感线，磁感线是一些假想的曲线，但通过磁感线可以了解磁场的整体分布情况，而且也容易理解磁场所具有的基本性质．

### 4.4.2 磁通量

在磁场中，把穿过某一曲面的磁感线条数称为通过该曲面的**磁通量**. 用符号 $\Phi_m$ 表示.

在均匀磁场 $\boldsymbol{B}$ 中，考虑一个面积大小为 $S$ 的平面，其方向用它的法线单位矢量 $\boldsymbol{e}_n$ 来表示，面积矢量表示为 $\boldsymbol{S}=S\boldsymbol{e}_n$，平面的法线方向 $\boldsymbol{e}_n$ 与 $\boldsymbol{B}$ 之间的夹角为 $\theta$，如图 4-4-2(a) 所示. 按照画磁感线条数的规定和磁通量的定义，则通过平面 $S$ 的磁通量为

$$\Phi_m = BS\cos\theta = \boldsymbol{B}\cdot\boldsymbol{S} \tag{4-4-1}$$

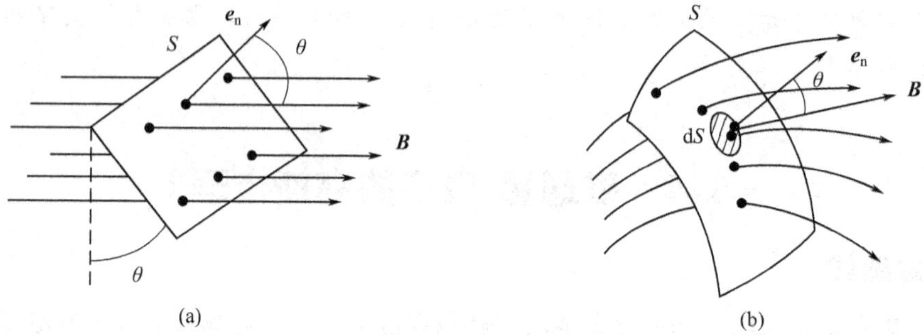


图 4-4-2 磁通量

如果磁场是非均匀磁场，并且面 $S$ 是任意曲面，如图 4-4-2(b) 所示，则可以把曲面分割成无限多个面积元，任取一面积元 $d\boldsymbol{S}$，$d\boldsymbol{S}=dS\boldsymbol{e}_n$，它的法线与 $\boldsymbol{B}$ 的夹角为 $\theta$，于是，通过面积元 $d\boldsymbol{S}$ 的磁通量为

$$d\Phi_m = B\,dS\cos\theta = \boldsymbol{B}\cdot d\boldsymbol{S}$$

那么通过整个曲面 $S$ 上的磁通量等于所有面积元上的磁通量的总和，即

$$\Phi_m = \iint_S B\cos\theta\,dS = \iint_S \boldsymbol{B}\cdot d\boldsymbol{S} \tag{4-4-2}$$

式 (4-4-2) 就是计算磁场中磁通量的一般表达式，它是一个曲面积分.

在国际单位制中，$B$ 的单位是特斯拉，$S$ 的单位是平方米，$\Phi_m$ 的单位名称为**韦伯**，其符号为 Wb，有

$$1\text{Wb} = 1\ \text{T}\times 1\text{m}^2$$

**【例 4-4-1】** 如图 4-4-3 所示，长直导线中的电流为 $I$，求通过与长直载流导线共面的矩形线圈面积上的磁通量.

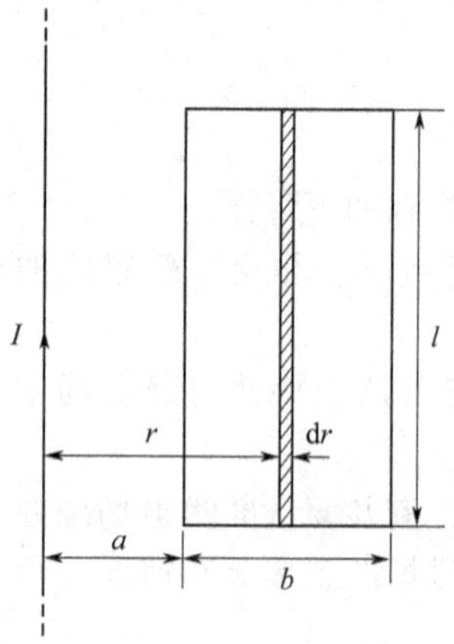


图 4-4-3 例 4-4-1 图

**解：** 已知载流长直导线周围的磁感强度为

$$B=\frac{\mu_0 I}{2\pi r}$$

矩形面积上 $\boldsymbol{B}$ 的方向垂直于纸面向里，在与直导线平行的方向上，$\boldsymbol{B}$ 的大小相同. 面积元选取为与导线平行的小矩形条，面积为 $dS=l\,dr$，取其法线方向垂直于纸面向里. 则通过该面积元的磁通量为

$$d\Phi_m = B\,dS = Bl\,dr = \frac{\mu_0 Il}{2\pi}\frac{dr}{r}$$

通过该矩形面积的磁通量为

$$\Phi_m = \iint_S d\Phi_m = \frac{\mu_0 Il}{2\pi}\int_a^{a+b}\frac{dr}{r} = \frac{\mu_0 Il}{2\pi}\ln\frac{a+b}{a}$$

### 4.4.3 磁场的高斯定理

对于闭合曲面来说，依然规定其**正法线单位矢量** $e_n$ 的方向垂直于曲面向外. 依照这个规定，当磁感线从曲面内穿出时，磁通量是正的（见图 4-4-4）；当磁感线从曲面外穿入时，磁通量就是负的.

由于磁场的磁感线是无头无尾的闭合曲线，因此对任一闭合曲面来说，有多少条磁感线穿进闭合曲面，就一定有多少条磁感线穿出闭合曲面，穿进为负，穿出为正，正、负相互抵消. 所以，**通过任意闭合曲面的磁通量必等于零**. 即

$$\oiint_S \boldsymbol{B} \cdot \mathrm{d}\boldsymbol{S} = 0 \tag{4-4-3}$$

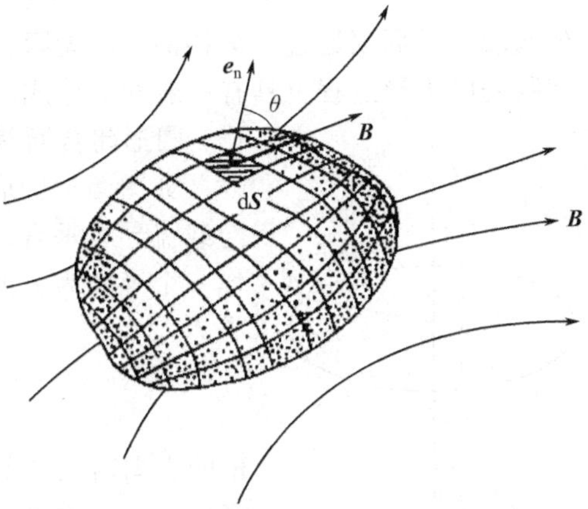

图 4-4-4 闭合曲面上的磁通量

上述结论称为**磁场的高斯定理**. 在这里我们从磁感线的概念出发，非常简单地得到了高斯定理.

高斯定理是磁场的场方程之一，它表明了磁场的基本性质.

在静电场中，由于自然界有单独存在的正、负电荷，因此通过一闭合曲面的电通量可以不为零，这反映了静电场的**有源性**. 而在磁场中，磁感线的闭合性表明，磁单极子是不存在的，磁场是**无源场**.

经典的电磁理论认为磁单极子是不存在的. 如果实验中发现了磁单极子，那么经典的电磁理论将会作相应的修改. 到目前为止，尽管有科学家宣称发现了磁单极子的存在，但是在实验中还没能重复出现.

**复习思考题**

4-4-1 磁感线是真实的线吗？与电场线有什么共同点与不同点？怎么理解磁感线的密度？

4-4-2 物理学中的通量概念很多，你能再举几个例子吗？

4-4-3 恒定磁场中的高斯定理与静电场中的高斯定理一样吗？分别说明了恒定磁场和静电场的什么特性？

## 4.5 安培环路定理

### 4.5.1 安培环路定理

静电场中环路定理 $\oint_L \boldsymbol{E} \cdot \mathrm{d}\boldsymbol{l} = 0$ 表明静电场力是保守力. 保守力作功与路径无关，所以在静电场中引入了电势能及电势的概念. 那么，在恒定磁场中，磁感应强度 $\boldsymbol{B}$ 沿着任意闭合路径的线积分 $\oint_L \boldsymbol{B} \cdot \mathrm{d}\boldsymbol{l}$ 等于多少呢？磁场是否也为保守场？下面给出的安培环路定理将回答这些问题.

**真空中的恒定磁场，磁感应强度 $\boldsymbol{B}$ 沿着任意闭合路径的线积分，等于该闭合路径所包**

围的电流代数和乘以真空磁导率 $\mu_0$. 数学表达式为

$$\oint_L \boldsymbol{B} \cdot \mathrm{d}\boldsymbol{l} = \mu_0 \sum_i I_i \tag{4-5-1}$$

上式称为**安培环路定理**. 其中的电流有正、负之分，我们**规定**：积分回路的绕行方向与电流的流向成右手螺旋的关系时，电流为正；反之电流为负.

安培环路定理可由毕奥-萨伐尔定律和磁场的叠加原理推导出，一般情况下的数学计算比较繁琐，下面仅通过一个特例——无限长直载流导线所产生的磁场，来推导这一定理. 为了使我们的推导过程更具有一般性，分成以下几种情况进行讨论.

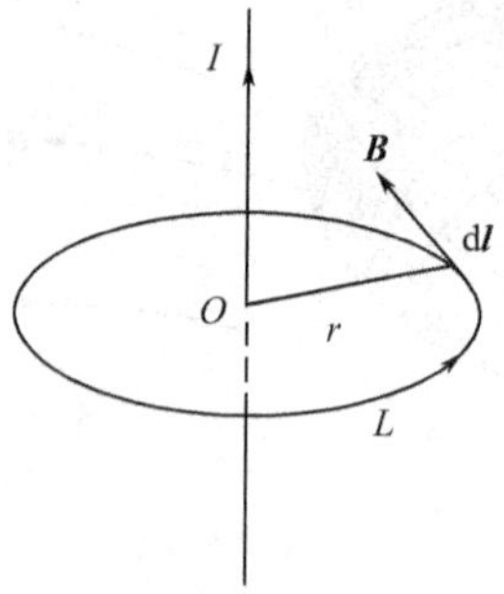


图 4-5-1　圆形闭合回路

**(1) 圆形闭合回路**.

如图 4-5-1 所示，无限长直载流导线内通以电流 $I$，取一平面与载流导线垂直，并以该平面与导线的交点 $O$ 为圆心，在平面上作一个半径为 $r$ 的圆周，则该圆周上任意一点磁感应强度 $\boldsymbol{B}$ 的大小为

$$B = \frac{\mu_0 I}{2\pi r}$$

$\boldsymbol{B}$ 的方向沿该点的切线方向. 若选定圆周的绕向为逆时针方向，则圆周上每一点 $\boldsymbol{B}$ 的方向与线元 $\mathrm{d}\boldsymbol{l}$ 的方向相同，即 $\boldsymbol{B}$ 与 $\mathrm{d}\boldsymbol{l}$ 之间的夹角 $\theta = 0$. 这样 $\boldsymbol{B}$ 沿着上述圆周的积分为

$$\oint_L \boldsymbol{B} \cdot \mathrm{d}\boldsymbol{l} = \oint_L B\cos\theta \mathrm{d}l = \frac{\mu_0 I}{2\pi r}\oint_L \mathrm{d}l = \frac{\mu_0 I}{2\pi r} 2\pi r = \mu_0 I$$

可见 $\boldsymbol{B}$ 沿着圆周的积分与圆周的大小无关，都有 $\oint_L \boldsymbol{B} \cdot \mathrm{d}\boldsymbol{l} = \mu_0 I$.

如果积分回路的绕行方向不变，电流反向，则有

$$\oint_L \boldsymbol{B} \cdot \mathrm{d}\boldsymbol{l} = -\mu_0 I = \mu_0(-I)$$

这时可以认为电流是负值. 这与上面的规定是一致的.

**(2) 任意形状闭合回路**.

设闭合曲线 $L$ 是在垂直于载流导线平面内的任意形状的闭合曲线，且包围着电流 $I$，如图 4-5-2 所示，自 $L$ 上任一点 $P$ 出发，沿图示方向积分一周. 设导线到 $P$ 点的距离为 $r$，则

$$\oint_L \boldsymbol{B} \cdot \mathrm{d}\boldsymbol{l} = \oint_L B\cos\theta \,\mathrm{d}l = \oint_L Br\mathrm{d}\varphi$$

$$= \oint_L \frac{\mu_0 I}{2\pi r} r\mathrm{d}\varphi = \frac{\mu_0 I}{2\pi}\int_0^{2\pi}\mathrm{d}\varphi = \frac{\mu_0 I}{2\pi} 2\pi = \mu_0 I$$

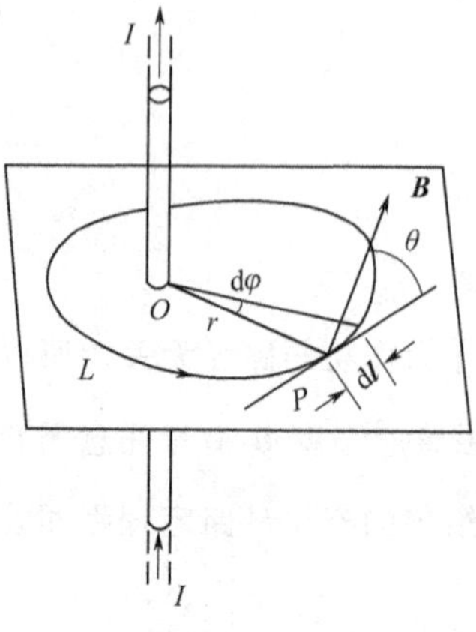


图 4-5-2　任意形状闭合回路

这又表明，磁感强度 $\boldsymbol{B}$ 沿着闭合曲线的线积分值与闭合曲线的大小和形状无关.

如果闭合曲线不在垂直于导线的平面内，那么可以把线元 $\mathrm{d}\boldsymbol{l}$ 分解为平行于导线方向的分量 $\mathrm{d}\boldsymbol{l}_{//}$ 和垂直于导线电流方向的分量 $\mathrm{d}\boldsymbol{l}_{\perp}$， 容易得到

$$\oint_L \boldsymbol{B} \cdot \mathrm{d}\boldsymbol{l} = \oint_L \boldsymbol{B} \cdot (\mathrm{d}\boldsymbol{l}_{//} + \mathrm{d}\boldsymbol{l}_{\perp}) = \oint_L \boldsymbol{B} \cdot \mathrm{d}\boldsymbol{l}_{\perp} = \mu_0 I$$

**(3) 回路不包围导线**.

假定闭合曲线 $L$ 不包围电流 $I$. 如图 4-5-3 所示，在闭合曲线 $L$ 上，从点 $O$ 作两条射线，相对于电流 $I$ 具有同一张角

$d\varphi$ 的线元有 $\mathrm{d}l_1$ 和 $\mathrm{d}l_2$，两线元与各自所在处 $\boldsymbol{B}$ 的夹角分别为 $\theta_1$ 和 $\theta_2$，其中一个为钝角，一个为锐角. 设两线元与电流的距离分别为 $r_1$ 和 $r_2$，那么，两线元的 $\boldsymbol{B}\cdot\mathrm{d}\boldsymbol{l}$ 之和为

$$\boldsymbol{B}_1\cdot\mathrm{d}\boldsymbol{l}+\boldsymbol{B}_2\cdot\mathrm{d}\boldsymbol{l}=\frac{\mu_0 I}{2\pi r_1}\cos\theta_1\mathrm{d}l_1+\frac{\mu_0 I}{2\pi r_2}\cos\theta_2\mathrm{d}l_2=-\frac{\mu_0 I}{2\pi r_1}r_1\mathrm{d}\varphi+\frac{\mu_0 I}{2\pi r_2}r_2\mathrm{d}\varphi=0$$

而整个闭合曲线 $L$ 就是由这样一些成对的线元组成，相互一一抵消后，$\boldsymbol{B}$ 沿整个闭合曲线的积分显然等于零，即

$$\oint_L\boldsymbol{B}\cdot\mathrm{d}\boldsymbol{l}=0$$

由此可见，磁感强度 $\boldsymbol{B}$ 沿着闭合曲线的积分值完全取决于闭合曲线内的电流，与闭合曲线外的电流无关. 换句话说，闭合曲线 $L$ 外的电流 $I$ 产生的磁场 $\boldsymbol{B}$ 对 $\oint_L\boldsymbol{B}\cdot\mathrm{d}\boldsymbol{l}$ 这个积分没有贡献.

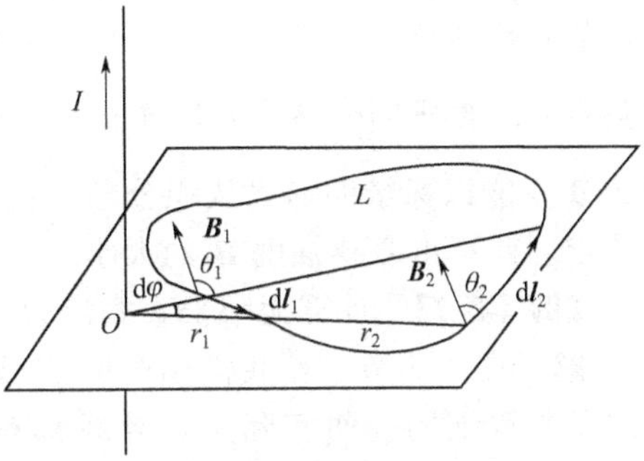

图 4-5-3 闭合回路中不包围电流

（4）多条载流导线.

设有 $n$ 条无限长直载流导线，其中 $I_1$，$I_2$，…，$I_k$ 被闭合曲线 $L$ 所包围，而 $I_{k+1}$，$I_{k+2}$，…，$I_n$ 在闭合曲线 $L$ 外，如图 4-5-4 所示，则根据磁场叠加原理，总磁感强度 $\boldsymbol{B}$ 沿着闭合曲线 $L$ 的积分应为

$$\begin{aligned}\oint_L\boldsymbol{B}\cdot\mathrm{d}\boldsymbol{l}&=\oint_L(\boldsymbol{B}_1+\boldsymbol{B}_2+\cdots+\boldsymbol{B}_k+\boldsymbol{B}_{k+1}+\cdots+\boldsymbol{B}_n)\cdot\mathrm{d}\boldsymbol{l}\\&=(\oint_L\boldsymbol{B}_1\cdot\mathrm{d}l+\cdots+\oint_L\boldsymbol{B}_k\cdot\mathrm{d}l)+(\oint_L\boldsymbol{B}_{k+1}\cdot\mathrm{d}\boldsymbol{l}+\cdots+\oint_L\boldsymbol{B}_n\cdot\mathrm{d}l)\\&=\mu_0(I_1+I_2+\cdots+I_k)=\mu_0\sum_{i=1}^{k}I_i\end{aligned}$$

总之，在恒定磁场中，磁感应强度 $\boldsymbol{B}$ 沿着任意闭合路径的线积分，等于该闭合路径所包围的电流代数和乘以 $\mu_0$.

以上虽然只是从无限长直载流导线激发磁场推导出安培环路定理，但是可以证明式（4-5-1）对任意形状的载流回路以及任意形状的闭合路径都是成立的，这是一个普遍的结论.

对于安培环路定理还需要做以下说明.

① 安培环路定理 $\oint_L\boldsymbol{B}\cdot\mathrm{d}l=\mu_0\sum_i I_i$ 中的 $\sum_i I_i$ 是回路 $L$ 所包围的电流的代数和，$I_i$ 作为代数量来处理，其正负取值按右手螺旋法则来确定.

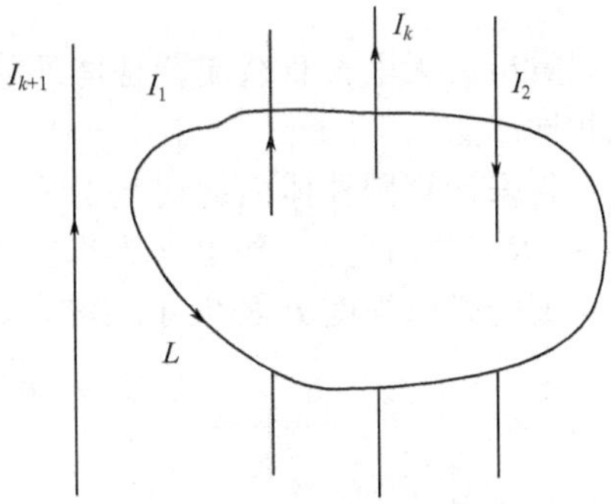

图 4-5-4 多条载流导线

② 安培环路定理中的 $\boldsymbol{B}$ 是指所有电流分别在回路 $L$ 上各点所产生的磁感强度的矢量和，包括回路内的电流和回路外的电流. 但是只有回路 $L$ 包围的电流才对积分有贡献.

③ 安培环路定理是恒定磁场的场方程，它表明了磁场的性质. 积分 $\oint_L\boldsymbol{B}\cdot\mathrm{d}l$ 通常称为磁感强度 $\boldsymbol{B}$ 的**环流值**. 磁场中 $\boldsymbol{B}$ 的环流值不为零，说明磁场是一种有旋场、非保守场，不能引入**标量势**的概念，但磁场可引入**矢量势**. 恒定磁场的性质与静电场的性质是完全不同的.

## 4.5.2 安培环路定理的应用

安培环路定理$\oint_L \boldsymbol{B} \cdot \mathrm{d}\boldsymbol{l} = \mu_0 \sum_i I_i$ 是磁场的场方程，当电流分布具有某种对称性时，可以很方便地计算磁感强度 $\boldsymbol{B}$ 大小的分布. 这种解积分方程的方法一般分为以下几步：①根据电流的对称性分析出磁场的对称性，并得出磁感强度 $\boldsymbol{B}$ 的方向分布情况；②选取合适的闭合路径 $L$，要求闭合路径上各点 $\boldsymbol{B}$ 的大小相等，并且 $\boldsymbol{B}$ 与 $\mathrm{d}\boldsymbol{l}$ 之间的夹角已知，这样$\oint_L \boldsymbol{B} \cdot \mathrm{d}\boldsymbol{l}$ 中的 $\boldsymbol{B}$ 就能以标量的形式从积分号内提出来；③计算闭合路径 $L$ 所包围的电流，应用安培环路定理计算出磁感强度 $\boldsymbol{B}$ 的大小.

**【例 4-5-1】** 计算无限长直载流为 $I$ 的圆柱导体的磁场分布.

**解：** 在 4.2 节中，我们用毕奥-萨伐尔定律计算了无限长直载流导线的磁场，当时认为导线是非常细的，而实际上，导线都有一定的半径，流过导线的电流是分布在整个截面上的.

设在半径为 $R$ 的圆柱形导体中，电流 $I$ 沿轴向流动，且电流在截面上均匀分布. 如果圆柱形导体很长，则磁场的分布可以认为是具有轴对称的. 下面先用安培环路定理求出圆柱体外部空间的磁感强度分布.

如图 4-5-5(a) 所示，设点 P 离圆柱体轴线的垂直距离为 $r$（$r > R$），通过点 $P$ 作半径为 $r$ 的圆周，圆面与圆柱体的轴线垂直. 由于对称性，在以 $r$ 为半径的圆周上，$\boldsymbol{B}$ 的大小相等，方向都沿圆的切线，在圆周上任取一线元 $\mathrm{d}\boldsymbol{l}$，则 $\boldsymbol{B} \cdot \mathrm{d}\boldsymbol{l} = B\mathrm{d}l$，于是据安培环路定理有

$$\oint_L \boldsymbol{B} \cdot \mathrm{d}\boldsymbol{l} = \oint_L B\mathrm{d}l = B\oint_L \mathrm{d}l = B2\pi r = \mu_0 I$$

得

$$B = \frac{\mu_0 I}{2\pi r} \quad (r > R) \tag{4-5-2}$$

可以看出，无限长直载流圆柱体外的磁感强度的表达式与无限长直载流导线的磁感强度表达式相同.

再来计算圆柱体内的磁场分布. 如图 4-5-5(b) 所示，距离圆柱体轴线的垂直距离为 $r$（$r < R$）的 $P$ 点，作出 $r$ 为半径的圆周，圆面与圆柱体的轴线垂直. 根据对称性，圆周上各点处的磁感强度 $\boldsymbol{B}$ 的大小相等，方向均沿圆的切线，于是根据安培环路定理有

$$\oint_L \boldsymbol{B} \cdot \mathrm{d}\boldsymbol{l} = B2\pi r = \mu_0 I'$$

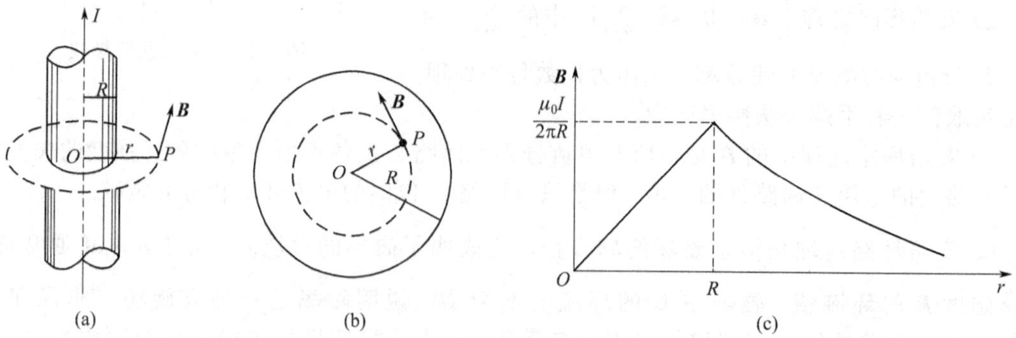


图 4-5-5 例 4-5-1 图

上式中的 $I'$ 是以 $r$ 为半径的圆周所包围的电流. 因为在圆面上电流均匀分布，电流密度 $j=\frac{I}{\pi R^2}$，那么，$I'=j\pi r^2=\frac{I}{\pi R^2}\pi r^2=I\frac{r^2}{R^2}$，则上式可写为

$$\oint_L \boldsymbol{B}\cdot\mathrm{d}\boldsymbol{l}=B2\pi r=\mu_0 I\frac{r^2}{R^2}$$

得

$$B=\frac{\mu_0 I}{2\pi R^2}r \qquad (r<R) \tag{4-5-3}$$

$B$-$r$ 分布曲线如图 4-5-5(c) 所示.

用同样的方法可以求出**长直载流圆柱面**周围的磁场分布，从而分析总结出这类载流导体产生磁场的特征.

**【例 4-5-2】** 计算载流长直螺线管内的磁场分布.

**解：** 前面我们用毕奥-萨伐尔定律和磁感强度的叠加原理计算了载流长直螺线管内的磁场. 这里将用安培环路定理对这个问题再作一些讨论.

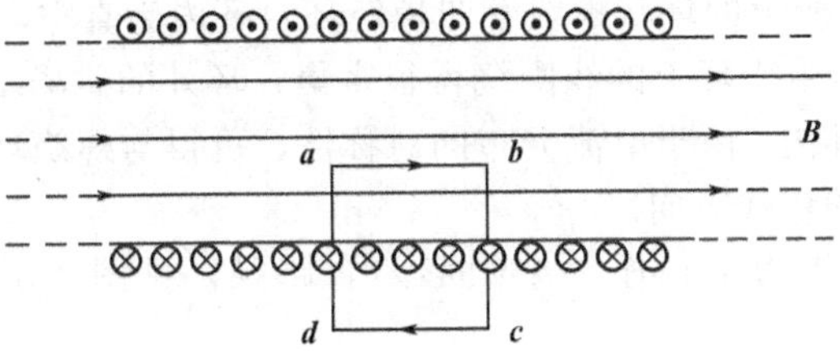


图 4-5-6　例 4-5-2 图

如图 4-5-6 所示，设螺线管单位长度上的匝数为 $n$，通入电流 $I$. 由对称性可以判断，螺线管内部 $\boldsymbol{B}$ 的方向处处与轴线平行，且大小都相等；在管外贴近管壁处的磁感强度可视为零. 在图 4-5-6 中，选矩形闭合路径 $abcda$，磁感强度 $\boldsymbol{B}$ 沿此路径的积分可分为四段进行，即

$$\oint_L \boldsymbol{B}\cdot\mathrm{d}\boldsymbol{l}=\int_{\overline{ab}}\boldsymbol{B}\cdot\mathrm{d}\boldsymbol{l}+\int_{\overline{bc}}\boldsymbol{B}\cdot\mathrm{d}\boldsymbol{l}+\int_{\overline{cd}}\boldsymbol{B}\cdot\mathrm{d}\boldsymbol{l}+\int_{\overline{da}}\boldsymbol{B}\cdot\mathrm{d}\boldsymbol{l}$$

在 $\overline{cd}$ 段上，由于它处于管的外侧，磁感强度为零，所以 $\int_{\overline{cd}}\boldsymbol{B}\cdot\mathrm{d}\boldsymbol{l}=0$. 在 $\overline{bc}$ 段和 $\overline{da}$ 段，一部分在管外，一部分在管内，虽然管内的磁感强度不等于零，但 $\boldsymbol{B}$ 与 $\mathrm{d}\boldsymbol{l}$ 垂直. 所以有 $\int_{\overline{bc}}\boldsymbol{B}\cdot\mathrm{d}\boldsymbol{l}=0$，$\int_{\overline{da}}\boldsymbol{B}\cdot\mathrm{d}\boldsymbol{l}=0$. 而在 $\overline{ab}$ 段上，磁感强度 $\boldsymbol{B}$ 的大小均相等，且 $\boldsymbol{B}$ 的方向与 $\mathrm{d}\boldsymbol{l}$ 相同，所以 $\int_{\overline{ab}}\boldsymbol{B}\cdot\mathrm{d}\boldsymbol{l}=B\,\overline{ab}$. 这样，上式可写为

$$\oint_L \boldsymbol{B}\cdot\mathrm{d}\boldsymbol{l}=B\,\overline{ab}$$

由于螺线管上单位长度有 $n$ 匝线圈，而通过每匝线圈的电流均为 $I$，其流向与回路构成右手螺旋关系，所以闭合路径 $abcda$ 所包围的总电流为 $\overline{ab}nI$. 根据安培环路定理，有

$$\oint_L \boldsymbol{B}\cdot\mathrm{d}\boldsymbol{l}=B\,\overline{ab}=\mu_0\,\overline{ab}nI$$

得

$$B=\mu_0 nI$$

上式表明，无限长直载流螺线管内任一点的磁感强度的大小与螺线管单位长度上的安匝数

$nI$ 成正比. 在实验室中可用载流密绕长直螺线管来获得均匀磁场.

**【例 4-5-3】** 计算载流螺绕环的磁场.

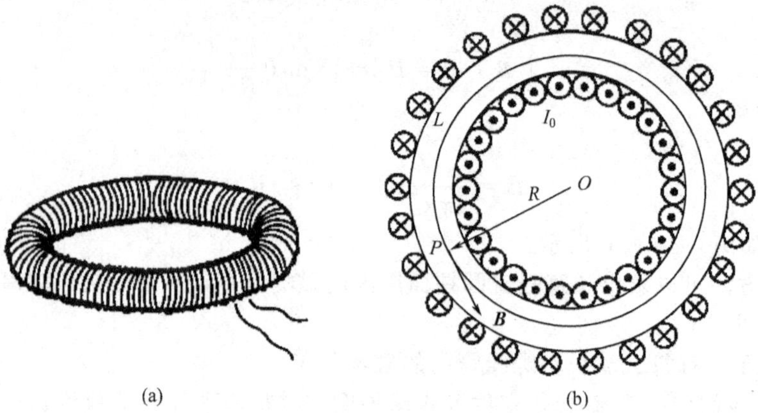


图 4-5-7　例 4-5-3 图

**解:** 如图 4-5-7(a) 所示的环状螺线管叫螺绕环，环内为真空，环上均匀地密绕 $N$ 匝线圈，线圈中通以电流 $I$. 由于环上的线圈绕得很密集，环外的磁场很弱，可以略去不计，磁场几乎全部集中在螺绕环内. 由于电流分布的对称性，可得与螺绕环共轴的圆周上各点 $\boldsymbol{B}$ 的大小相等，方向沿圆周的切线方向.

通过环内点 $P$，以 $R$ 为半径作一个圆形闭合路径，见图 4-5-7(b). 根据安培环路定理，有

$$\oint_L \boldsymbol{B} \cdot \mathrm{d}\boldsymbol{l} = B 2\pi R = \mu_0 NI$$

磁感强度大小为

$$B = \frac{\mu_0 NI}{2\pi R} \tag{4-5-4}$$

从上式可以看出，螺绕环内的横截面积上各点的磁感强度是不同的. 如果螺绕环中心线的直径比线圈的直径 $d$ 大的多，即 $2R \gg d$，管内磁场可近似为是均匀磁场，有

$$B = \frac{\mu_0 NI}{2\pi R} = \mu_0 \frac{N}{2\pi R} I = \mu_0 nI \tag{4-5-5}$$

式中，$n = \dfrac{N}{2\pi R}$ 为单位长度的匝数. 这时螺绕环近似于一个长直螺线管. 在实际应用中，通常在螺绕环内充满铁磁材料，这样会使磁场大大增强.

**【例 4-5-4】** 计算无限大平面电流的磁场.

如图 4-5-8(a) 所示，设一块无限大导体薄平板垂直于纸面放置，其上有方向是垂直于纸面向外的电流流过，面电流密度（即通过与电流方向垂直的单位宽度上的电流）是均匀的，大小为 $\alpha$，求磁场的分布.

**解:** 无限大平面电流可以看成是由无限多根平行排列的长直电流所组成. 由对称性可知，无数对的对称长直电流在 $P$ 点的总磁感强度的方向一定平行于电流平面，且与电流平面等距离的各点处大小相等.

如图 4-5-8(b) 所示，作矩形闭合路径 $abcda$，其中 $\overline{ab}$ 和 $\overline{cd}$ 两边与电流平面平行，$\overline{bc}$ 和 $\overline{da}$ 两边被电流平面等分，由安培环路定理，有

$$\oint_L \boldsymbol{B} \cdot \mathrm{d}\boldsymbol{l} = B \cdot 2l_1 = \mu_0 \alpha l_1$$

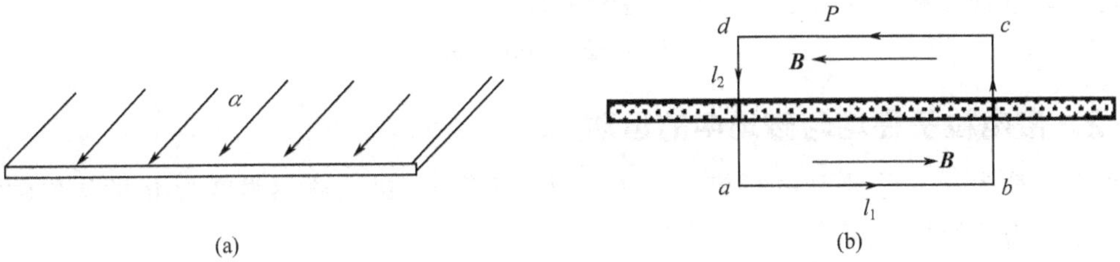


图 4-5-8　例 4-5-4 图

得

$$B=\frac{1}{2}\mu_0\alpha \tag{4-5-6}$$

上式表明，在无限大均匀平面电流两侧的磁场是均匀磁场. 利用长直载流导线磁场的叠加也可以得到相同的结果.

## 复习思考题

4-5-1　为什么说安培环路定理 $\oint_L \boldsymbol{B}\cdot \mathrm{d}\boldsymbol{l}=\mu_0\sum_i I_i$ 中的 $\boldsymbol{B}$ 是所有电流分别在回路 $L$ 上各点处所产生的磁感强度的矢量和（包括回路内的电流和回路外的电流）？但是只有回路 $L$ 包围的电流才对积分有贡献？

4-5-2　恒定磁场中的安培环路定理与静电场中的安培环路定理分别说明了恒定磁场和静电场的什么特性？

4-5-3　在以下三种情况中，是否可用安培环路定理来计算磁感强度？为什么？（1）有限长载流直导线；（2）圆形电流；（3）两无限长同轴载流圆柱面.

# 4.6　带电粒子在电场和磁场中的运动

带电粒子在电场和磁场中受到电场力和磁场力的作用，产生了许多重要的物理现象，从而有着广泛的应用. 下面讨论带电粒子在电场和磁场中运动的一些例子. 通过这些例子，我们可以了解电磁学的一些基本原理在工程技术中的应用.

## 4.6.1　洛伦兹力

实验证明，带电粒子在磁场中运动时会受到磁场的作用，磁场对运动电荷的作用力称为**洛伦兹力**. 电荷量为 $q$，速度为 $\boldsymbol{v}$ 的运动电荷，在磁感强度为 $\boldsymbol{B}$ 的磁场中，它受到的洛伦兹力为

$$\boldsymbol{F}=q\boldsymbol{v}\times\boldsymbol{B} \tag{4-6-1}$$

洛伦兹力 $\boldsymbol{F}$ 的方向垂直于运动电荷的速度 $\boldsymbol{v}$ 和磁感强度 $\boldsymbol{B}$ 所组成的平面，并满足右手螺旋法则. 当电荷为 $+q$ 时，$\boldsymbol{F}$ 的方向与 $\boldsymbol{v}\times\boldsymbol{B}$ 的方向相同；当电荷为 $-q$ 时，$\boldsymbol{F}$ 的方向与 $\boldsymbol{v}\times\boldsymbol{B}$ 的方向相反.

由于洛伦兹力的方向始终垂直于电荷运动的方向，所以洛伦兹力不作功，只是改变电荷运动速度的方向，不能改变电荷运动速度的大小.

在普遍情况下，带电粒子如果在既有电场又有磁场的空间中运动时，那么作用在带电粒

子上的力为电场力和磁场力之和，也即**洛伦兹力**

$$\boldsymbol{F}=q\boldsymbol{E}+q\boldsymbol{v}\times\boldsymbol{B} \tag{4-6-2}$$

## 4.6.2 带电粒子在均匀磁场中的运动

设有电荷为 $q$，质量为 $m$ 的带电粒子，以初速度 $\boldsymbol{v}_0$ 进入磁感强度为 $\boldsymbol{B}$ 的均匀磁场中，如果忽略重力的作用，其动力学方程为

$$\boldsymbol{F}=m\frac{\mathrm{d}\boldsymbol{v}}{\mathrm{d}t}=q\boldsymbol{v}\times\boldsymbol{B}$$

下面分析几种情况下带电粒子的运动.

① 如果 $\boldsymbol{v}_0//\boldsymbol{B}$，由式（4-6-1）可知，$\boldsymbol{F}=0$，带电粒子不受洛伦兹力的作用，它将以速度 $\boldsymbol{v}_0$ 做匀速直线运动. 磁场对电荷的运动没有影响，如图 4-6-1(a) 所示.

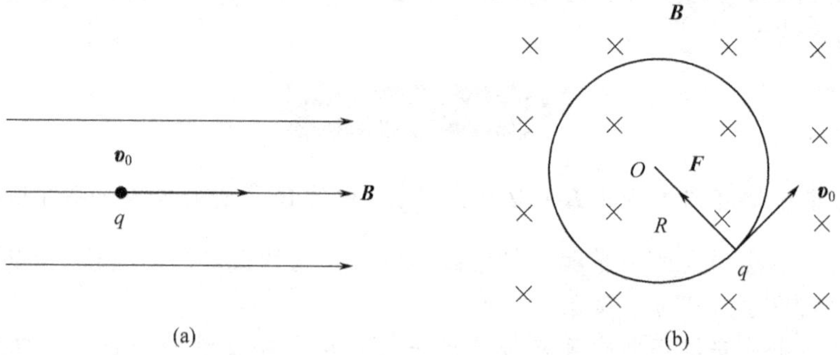


图 4-6-1　运动电荷在均匀磁场中的运动

② 如果 $\boldsymbol{v}_0\perp\boldsymbol{B}$，带电粒子所受洛伦兹力 $\boldsymbol{F}$ 的大小为 $F=qv_0B$，而 $\boldsymbol{F}$ 的方向垂直于 $\boldsymbol{v}$ 与 $\boldsymbol{B}$ 所构成的平面. 洛伦兹力起到向心力的作用，带电粒子将在垂直于 $\boldsymbol{B}$ 的平面内作匀速率圆周运动，如图 4-6-1(b) 所示.

根据牛顿第二定律，有

$$qv_0B=m\frac{{v_0}^2}{R}$$

式中，$R$ 为带电粒子作匀速率圆周运动的轨道半径，也称**回旋半径**. 由上式得

$$R=\frac{mv_0}{q\mathrm{B}} \tag{4-6-3}$$

上式表明，半径 $R$ 与电荷速度 $\boldsymbol{v}_0$ 的大小成正比，与磁感强度 $\boldsymbol{B}$ 的大小成反比.

我们把带电粒子运行一周所需要的时间叫做**回旋周期**，

$$T=\frac{2\pi R}{v_0}=\frac{2\pi m}{qB} \tag{4-6-4}$$

单位时间内粒子所运行的圈数叫做**回旋频率**，

$$f=\frac{1}{T}=\frac{qB}{2\pi m} \tag{4-6-5}$$

综上所述，当 $m$，$q$ 和 $B$ 一定时，带电粒子作圆周运动的半径将随速率的增大而增大，而运动周期（或频率）保持不变.

③ 如果 $\boldsymbol{v}_0$ 与 $\boldsymbol{B}$ 之间有夹角 $\theta$，可以把初速度 $\boldsymbol{v}_0$ 分解成平行于 $\boldsymbol{B}$ 的分量 $v_{//}=v_0\cos\theta$，和垂直于 $\boldsymbol{B}$ 的分量 $v_{\perp}=v_0\sin\theta$. 在平行于 $\boldsymbol{B}$ 的方向上，粒子将以速率 $v_{//}$ 沿 $\boldsymbol{B}$ 的方向作匀速直线运动；在与 $\boldsymbol{B}$ 垂直的平面内作匀速率圆周运动. 这两个运动合成的结果就是带电粒子

沿圆柱面作螺旋线运动，如图 4-6-2 所示．螺旋线的半径为

$$R=\frac{mv_{\perp}}{qB}=\frac{mv_0\sin\theta}{qB} \tag{4-6-6}$$

把粒子回转一周所前进的距离叫做**螺距**，则其值为

$$h=v_{//}T=\frac{2\pi m}{qB}v_0\cos\theta \tag{4-6-7}$$

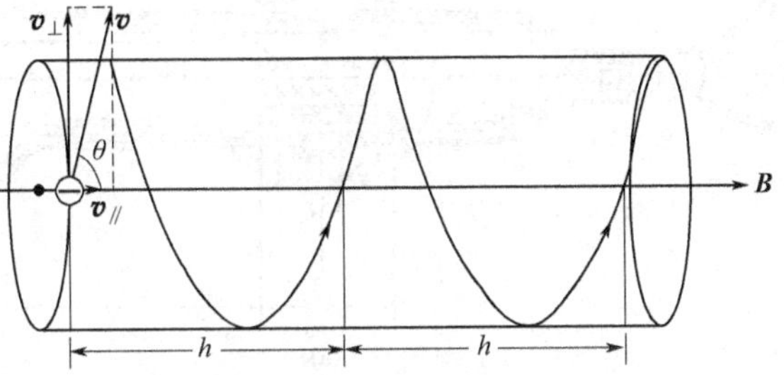


图 4-6-2　运动电荷在均匀磁场中的一般运动形式

上述结果表明，带电粒子做螺旋运动的螺距 $h$ 与 $v_{\perp}$ 无关．

当从磁场中某点 $A$ 处发射出一束很窄的带电粒子流时，它们的速率 $v$ 很接近，且与磁感强度 $\boldsymbol{B}$ 的夹角 $\theta$ 很小，尽管 $v_{\perp}=v_0\sin\theta\approx v\theta$ 会使各粒子沿不同半径的螺旋线运动，但 $v_{//}=v_0\cos\theta\approx v$ 却近似相等，故其螺距 $h$ 也近似相等，各粒子经过螺距 $h$ 后它们会重新聚集在 $A'$ 点，如图 4-6-3 所示．这种现象称为**磁聚焦**现象．磁聚焦在电子光学中有着广泛的应用．

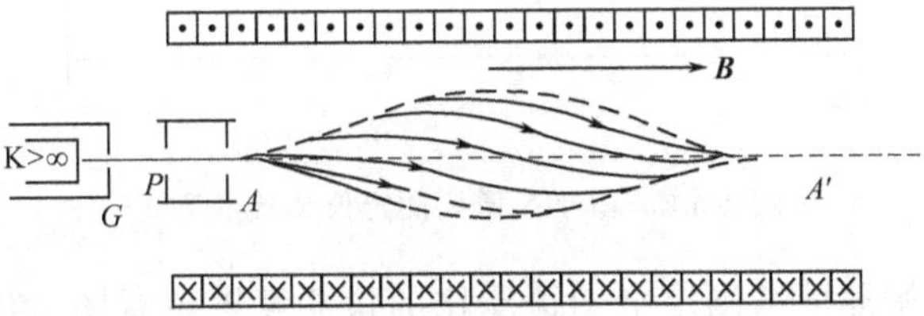


图 4-6-3　磁聚焦

一般情况下带电粒子在均匀磁场中做螺旋运动，在垂直于磁场的方向上，带电粒子的运动被约束在半径为 $R$ 的圆周上．在非均匀磁场中，一般地，带电粒子仍会绕着 $\boldsymbol{B}$ 线作螺旋运动，但螺距和回旋半径都不断改变，在一定条件下，除横向约束外，非均匀磁场还可以使粒子的纵向运动受到约束．例如，磁场分布是两端强、中间弱的情形，如图 4-6-4 所示，则无论带电粒子最初是沿着哪个方向运动，只要纵向速度不太大，它就会限制在两端之间来回运动，从而其纵向运动被约束，起这种作用的磁场被形象的称为**磁捕集器**．

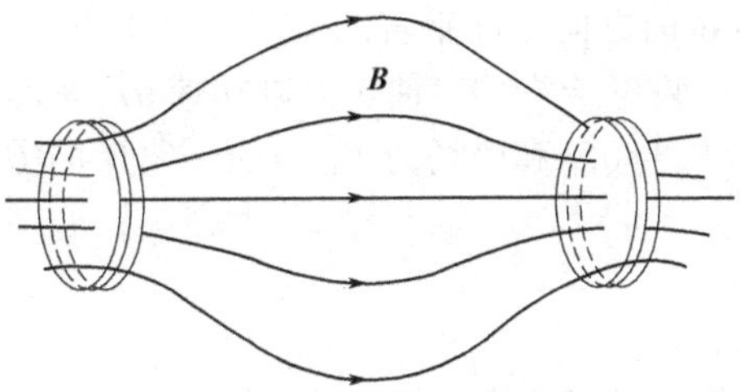


图 4-6-4　磁捕集器

## 4.6.3　带电粒子在电场和磁场中运动举例

### (1) 电子荷质比的测定

电子的电荷和质量是电子最基本的特性，利用在电场和磁场中的偏转特性，可以测定出

它的电荷与质量之比，即称为**荷质比**. 荷质比是带电微观粒子的基本参量之一. 电子的荷质比首先由英国物理学家汤姆孙（J. J. Thomson，1856—1940）于1897年在英国卡文迪许实验室测定的，至于电子电荷，则过了12年后才由密立根测得.

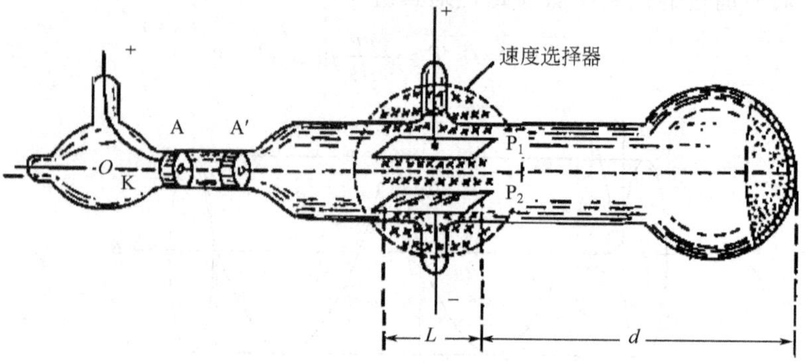

(a)

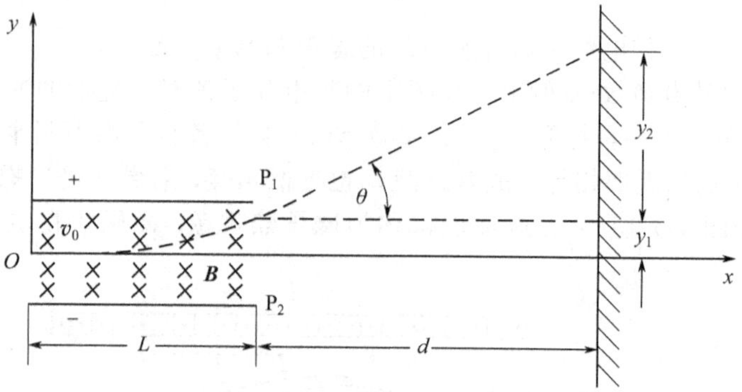

(b)

图 4-6-5　电子荷质比测定仪装置示意图

图 4-6-5(a) 是汤姆孙用来测定电子荷质比的仪器装置示意图. 电子从阴极 K 射出后，受到阴极 K 和阳极 A 之间电场的加速作用，穿过 A、A′中心的小孔，而进入同时存在电场和磁场的区域. 其中 $P_1$，$P_2$ 是两块平行板，加上电压后，两极板间就产生一个均匀电场 $\boldsymbol{E}$，$\boldsymbol{E}$ 的方向铅直向下. 在这个区域还有一个均匀磁场 $\boldsymbol{B}$，$\boldsymbol{B}$ 的方向垂直纸面向里. 显然，$\boldsymbol{E}$ 和 $\boldsymbol{B}$ 的方向相互垂直.

设电子沿 $Ox$ 轴正向以初速 $\boldsymbol{v}_0$ 进入 $P_1$、$P_2$ 两极板间，见图 4-6-5(b)，电子所受的电场力 $\boldsymbol{F}_e=q\boldsymbol{E}$ 和磁场力 $\boldsymbol{F}_m=q\boldsymbol{v}_0\times\boldsymbol{B}$ 的方向相反，当电子所受合力为零时，有

$$eE=ev_0B$$

$$v_0=\frac{E}{B} \tag{4-6-8}$$

显然，对于给定的 $\boldsymbol{E}$ 和 $\boldsymbol{B}$，只有在电子的速度满足式(4-6-8)时，它才能沿 $Ox$ 轴平直地通过 $P_1$、$P_2$ 之间的区域，到达荧光屏中心. 调节 $\boldsymbol{E}$ 和 $\boldsymbol{B}$ 的值，就可允许其它速度的电子通过该区域，这实质上就是一个**速度选择器**.

初速 $\boldsymbol{v}_0$ 确定后，两极板间只保留电场 $\boldsymbol{E}$，当电子进入后，则它沿 $Oy$ 轴方向具有加速度 $a=eE/m$，其中 $m$ 是电子的质量. 当电子离开两板时，在 $Oy$ 轴方向偏离的距离为

$$y_1=\frac{1}{2}at^2=\frac{1}{2}\frac{eE}{m}\left(\frac{L}{v_0}\right)^2$$

式中，$L$ 是两极板沿 $Ox$ 轴的长度，$t$ 为电子通过 $L$ 所需的时间．电子离开两板时在 $Oy$ 轴上的速度是

$$v_y = at = \frac{eE}{m}\frac{L}{v_0}$$

此时电子的运动方向偏离 $Ox$ 轴的角为

$$\theta = \arctan\frac{v_y}{v_0} = \arctan\frac{eEL}{mv_0^2}$$

设两板的末端到荧光屏之间的距离为 $d$，那么电子离开两板后在 $Oy$ 轴方向继续偏转的距离为

$$y_2 = d\tan\theta = \frac{eELd}{mv_0^2}$$

所以自进入两极板起，到达荧光屏止，它在 $Oy$ 轴方向偏离的总距离为

$$y = y_1 + y_2 = \frac{e}{m}\frac{E}{v_0^2}\left(Ld + \frac{L^2}{2}\right)$$

由上式可得电子的荷质比为

$$\frac{e}{m} = \frac{v_0^2}{E}\frac{y}{Ld + \frac{L^2}{2}} = \frac{E}{B^2}\frac{y}{Ld + \frac{L^2}{2}} \tag{4-6-9}$$

上式右边的各个物理量可以从实验中测出，从而得到电子的荷质比．

测量电子荷质比的实验后来经过许多改进，测量的准确度不断提高，在电子的速度远小于光速 $c$ 的情况下，测得的结果为

$$\frac{e}{m} = 1.759\times10^{11}\mathrm{C\cdot kg^{-1}}$$

当带电粒子的速度接近光速 $c$ 的情况下，实验表明，带电粒子的荷质比与其速度有关，速度越大，荷质比越小，其实验结果与相对论的质速关系式相符合．在相对论中，粒子的质量与速度的关系式为

$$m = \frac{m_0}{\sqrt{1-\frac{v^2}{c^2}}} \tag{4-6-10}$$

式中，$m_0$ 是粒子的静止质量．

**(2) 回旋加速器**

回旋加速器是高能物理中所用的重要实验设备．在研究原子核的结构时，需要用高能量的带电粒子来轰击它们，使它们产生核反应．要使带电粒子获得这样高的能量，可以在电场和磁场的共同作用下使粒子经过多次加速来达到目的．第一台回旋加速器是美国物理学家劳伦斯（E. O. Lawarence，1901—1958）于1932年研制成功的，可将质子和氘核加速到1MeV（$10^6$eV）的能量．下面简述回旋加速器的工作原理．

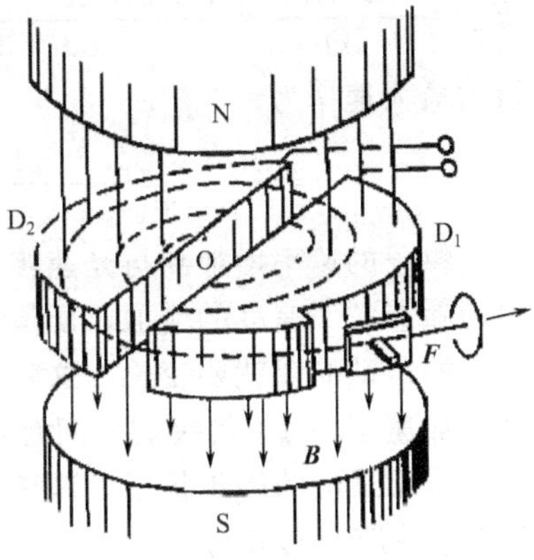

图 4-6-6 回旋加速器

图 4-6-6 是回旋加速器原理图．作为电极的两个金属半圆形真空盒 $D_1$ 和 $D_2$ 放在高真空的容器内．然后将它们放在电磁铁所产生的强大均匀磁场 $\boldsymbol{B}$ 中，磁场方向与半圆形盒 $D_1$ 和 $D_2$ 的平面垂直．当两电极间加

有高频交变电压时，两电极缝隙之间就存在高频交变电场 $\boldsymbol{E}$，致使电极缝隙间的电场在相等的时间间隔 $t$ 内迅速地交替改变. 如果有一带正电荷 $q$ 的粒子从电极缝隙间的离子源 $O$ 中释放出来，那么这个粒子在电场力的作用下，被加速而进入半盒 $D_1$. 设此时粒子的速率已达 $v_1$，由于盒内无电场，且磁场的方向垂直于粒子的运动方向，所以粒子在 $D_1$ 内作匀速圆周运动. 经时间 $t$ 后，粒子恰好到达电极缝隙，这时交变电压也将改变极性，即电极缝隙间的电场正好也改变了方向，所以粒子又会在电场力的作用下加速进入盒 $D_2$，使粒子的速率由 $v_1$ 增加至 $v_2$，在 $D_2$ 内的轨道半径也相应增大，由式(4-6-5) 可知粒子的回旋频率为

$$f=\frac{1}{T}=\frac{qB}{2\pi m}$$

上式表明，粒子的回旋频率与圆轨道半径无关，与粒子速率无关. 这样，带正电的粒子，在交变电场和均匀磁场的作用下，多次累积式的被加速而沿着螺旋形的平面轨道运动，直到粒子能量足够高时，到达半圆形电极的边缘，通过铝箔覆盖着的小窗 F，被引出加速器.

当粒子达到半圆形盒的边缘时，粒子的轨道半径即为盒的半径 $R_0$，此时粒子的速率为

$$v=\frac{qBR_0}{m}$$

粒子的动能为

$$E_k=\frac{1}{2}mv^2=\frac{q^2B^2R_0{}^2}{2m} \tag{4-6-11}$$

从上式可以看出，若要提高带电粒子在回旋加速器中所获得的动能，只能增大磁感强度或加大盒的半径，这在技术上会受到一定的限制.

**【例 4-6-1】** 有一回旋加速器，它的交变电压的频率为 $12\times10^6$ Hz，半圆形电极的半径为 0.532m. 则加速氘核所需要的磁感强度要多大? 氘核所能达到的最大动能为多大? 其最大速率有多大? (已知氘核的质量为 $3.3\times10^{-27}$ kg，电荷为 $1.6\times10^{-19}$ C)

**解:** 当交变电压的频率和粒子的回旋频率相等时，粒子才能在电极缝隙间被加速. 由粒子的回旋频率公式，可得磁感强度的大小为

$$B=\frac{2\pi mf}{q}=\frac{2\pi\times3.3\times10^{-27}\times12\times10^6}{1.6\times10^{-19}}=1.56(\text{T})$$

氘核所能达到的最大动能为

$$E_k=\frac{q^2B^2R_0{}^2}{2m}=\frac{(1.6\times10^{-19})^2\,(1.56)^2(0.532)^2}{2\times3.3\times10^{-27}}=2.67\times10^{-12}(\text{J})=1.67\times10^7\,\text{eV}$$

氘核的最大速率为

$$v=\frac{qBR_0}{m}=\frac{1.6\times10^{-19}\times1.56\times0.532}{3.3\times10^{-27}}=4.02\times10^7(\text{m}\cdot\text{s}^{-1})$$

当粒子的速率增加到与光速接近时，被加速的粒子的动能还受到相对论效应的制约，这是因为随着粒子速度的增加，质量 $m$ 随之增大，当 $m$ 增大，其回旋频率要减小，粒子在半圆形盒的运动周期就要变长，这就不能与交变电压的周期一致，也就不能保证粒子总是在缝隙处被加速了. 为了解决这一问题，必须适时地改变交变电压的频率使之与粒子速率的变化始终保持相适应的同步状态，这种加速器称为**同步回旋加速器**.

**(3) 霍尔效应及其应用**

1879 年美国科学家霍尔（E. H. Hall，1855—1938）在实验中发现：把一宽为 $b$，厚为

$d$ 的导体薄板放在磁场 $\boldsymbol{B}$ 中，并在导体中通以纵向电流 $I$，如图 4-6-7 所示，此时在板的横向两侧面 $A$，$A'$之间就出现一定的电势差 $U_H$，这一现象称为**霍尔效应**（Hall effect），所产生的电势差 $U_H$ 称**霍尔电压**. 实验表明，霍尔电压的大小为

$$U_H = K\frac{IB}{d} \tag{4-6-12}$$

式中，$K$ 称为**霍尔系数**.

霍尔效应可以用洛伦兹力来解释. 在图 4-6-7 中，设导体板中的载流子为 $q$，其漂移速度为 $\boldsymbol{v}$，它在磁场中受到洛伦兹力 $\boldsymbol{F}_m$ 的作用，其值 $F_m=qvB$. 在洛伦兹力的作用下，导体板内的载流子将向板的 $A$ 端移动，从而使 $A$，$A'$ 两侧面上分别积累了正、负电荷. 这样，在 $A$，$A'$ 之间建立起电场，于是，载流子就要受到一个与洛伦兹力方向相反的电场力 $\boldsymbol{F}_e$，随着 $A$，$A'$ 两侧面上电荷的增加，$\boldsymbol{F}_e$ 也不断增大. 当电场力增大到正好等于洛伦兹力时，就达到了一种平衡. 这时导体板 $A$，$A'$ 两侧面之间的横向电场称为**霍尔电场** $E_H$，则霍尔电压 $U_H$ 为

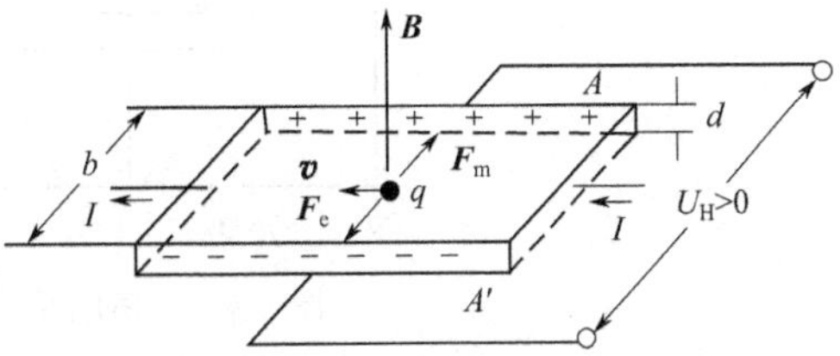

图 4-6-7　霍尔效应示意图

$$U_H = E_H b$$

由于平衡时电场力与洛伦兹力大小相等，有

$$qE_H = qvB$$

代入上式得

$$U_H = vBb$$

考虑到电流 $I=nqvbd$，将 $v=\dfrac{I}{nqbd}$ 代入上式，得

$$U_H = \frac{1}{nq}\frac{IB}{d} \tag{4-6-13}$$

比较式(4-6-13) 与式(4-6-12)，可得霍尔系数

$$K = \frac{1}{nq} \tag{4-6-14}$$

上式表明，霍尔系数 $K$ 与**载流子数密度** $n$ 成反比.

上面我们讨论了载流子带正电的情况，所得的霍尔电压和霍尔系数是正的. 如果载流子带负电，则产生的霍尔电压和霍尔系数是负的. 所以从霍尔电压的正负，可以判断出载流子带的是正电还是负电.

在金属导体中，由于自由电子的数密度很大，因而金属导体的霍尔系数很小，相应的霍尔电压也就很弱. 在半导体中，载流子数密度较小，因而半导体的霍尔系数比金属导体大得多，所以半导体产生的霍尔电压也较大.

利用半导体的霍尔效应制成的器件称为**霍尔元件**. 在工程技术中，霍尔元件有着广泛的应用. 例如可用来进行磁场、电流、温度等物理量的测量. 根据霍尔效应的原理，可制成如图 4-6-7 所示结构的四端子半导体元件——霍尔元件. 由于该霍尔元件所产生的霍尔电压很低，在应用时须外接放大器. 现已将霍尔元件与半集成放大电路一起制作在同一块 N 型硅外延片上，构成**霍尔集成电路**. 图 4-6-8 为其内部电路图. 图中，A 为稳压器、B 为放大器、C 为施密特触发器、D 为开关型三极管、X 为霍尔元件、$U_{CC}$为输入电压、$U_O$为输

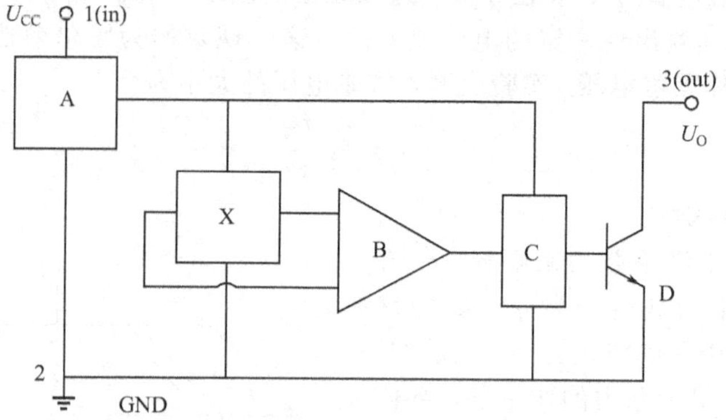


图 4-6-8　集成开关型霍尔传感器基本电路图

出电压.

**集成开关型霍尔传感器**是把霍尔器件的输出电压经过一定的阈值甄别处理和放大，而输出一个高电平或低电平的数字信号. 在输入端输入一个电压 $U_{CC}$，经稳压器稳压后加在霍尔元件两端. 当霍尔元件处于磁场中时，在垂直电流的方向产生霍尔电压，再经放大器将该电压放大后输给施密特触发器，由触发器整形，使其成为脉冲或方波输出给开关型三极管，这样就组成一个集成开关型霍尔传感器.

利用霍尔传感器可制成特斯拉计来测量磁场等. 设置工作电流 $I_s$，标定仪器常数 $K_H$，由式(4-6-12) 得霍尔电压 $U_H = K_H I_s B$，测得 $U_H$，就可得到磁感强度 $B$.

可用集成开关型霍尔传感器**测量转盘的转速**. 如图 4-6-9 所示，电动机带动转盘旋转，在转盘上固定一块磁钢，电动机每转过一圈，霍尔元件就输出一脉冲信号，可用电子计时器显示每转一圈所需要的时间，再由时间的倒数计算电动机的转速.

再如利用集成开关型霍尔传感器进行**液位控制**，装置如图 4-6-10 所示. 磁钢随液面浮动，霍尔元件处在固定高度. 当液面上升或者下降时，磁钢接近或者远离霍尔传感器使其输出电压发生跳变，利用霍尔元件输出端所接的控制电路，就可达到控制液位的目的.

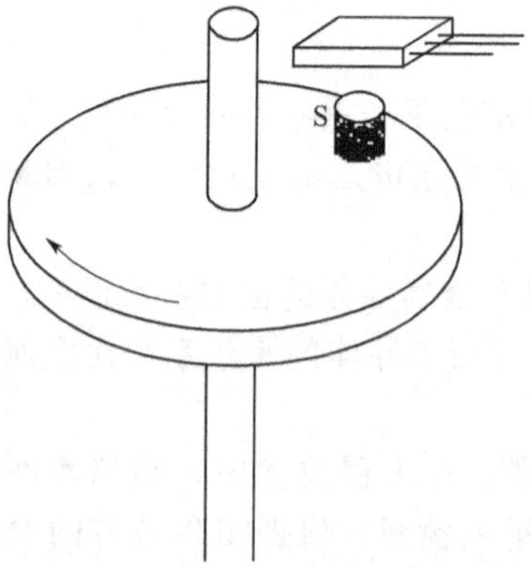


图 4-6-9　电机转速测量示意图

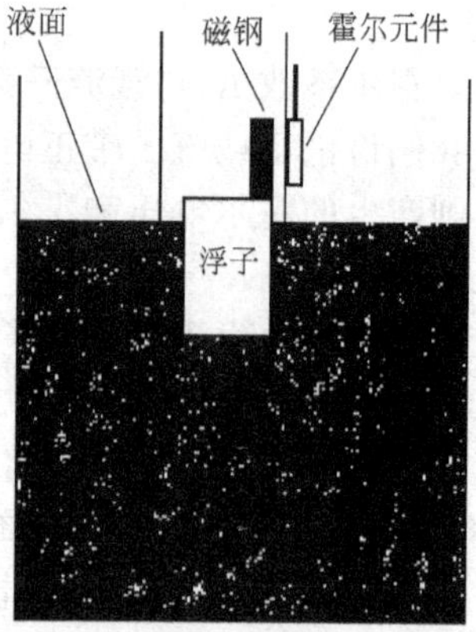


图 4-6-10　浮子式液位控制装置

除了在固体中能产生霍尔效应外，在导电流体上同样会产生霍尔效应. 可利用霍尔效应制作**磁流体发电机**. 将气体加热使之成为等离子体，这种高温导电流体以高速通过耐高温材料制成的发电通道，并将通道放置在磁场中．当高温高速的等离子体射入磁场中，其中的正、负粒子在洛伦兹力的作用下发生各自的偏转，相互分离，结果在通道的两侧产生电势差．只要不断地提供高温高速的等离子体，就能在通道两侧的电极上连续输出电能，这就是磁流体发电的基本原理．

从式(4-6-12) 可以看出，在给定电流 $I$ 和导体厚度 $d$ 的情况下，霍尔电压随磁感强度 $B$ 的增加而线性的增加．然而，1980 年德国物理学家冯·克利青（K. Klitzing，1943—），在研究低温和强磁场下半导体的霍尔效应时，发现霍尔电压 $U_H$ 和 $B$ 的关系是不再是线性的，而是量子化的，并提出了**霍尔效应的量子化**理论．目前国际上把由量子霍尔效应所确定的电阻作为**标准电阻**．

**反常霍尔效应**．霍尔在研究磁性金属的霍尔效应时发现，即使不加外磁场也可以观测到霍尔效应，这种零磁场中的霍尔效应就是反常霍尔效应．反常霍尔效应与普通的霍尔效应在本质上完全不同，因为这里不存在外磁场对电子的洛伦兹力而产生的运动轨道偏转．反常霍尔电导是由于材料本身的自发磁化而产生的，因此是一类新的重要物理效应．反常霍尔效应的量子化对材料性质的要求非常苛刻：材料能带结构必须具有拓扑特性从而具有导电的一维边缘态；材料必须具有长程铁磁序从而存在反常霍尔效应；材料体内必须为绝缘态从而只有一维边缘态参与导电．

被视作“有可能是量子霍尔效应家族最后一个重要成员”的量子反常霍尔效应，被中国科学家首次在实验上独立观测到．2013 年 3 月 16 日，由清华大学薛其坤院士领衔，清华大学、中科院物理所和斯坦福大学的研究人员联合组成的团队，历时 4 年完成的研究报告在《科学》杂志在线发表．这项被给予高度评价的成果，是在美国物理学家霍尔发现反常霍尔效应 100 多年后，首次实现的反常霍尔效应的量子化，因此被视作“世界基础研究领域的一项重要科学发现”．

### 复习思考题

4-6-1　洛伦兹力表达式与利用运动电荷受力情况定量描述磁场的公式有何联系？

4-6-2　赤道上的地磁场方向沿着水平面指向北，假设从赤道地面发射一质子，且该质子受到地磁场的作用沿着赤道绕地球做圆周运动，试说明该质子的初速度方向？

4-6-3　回旋加速器的基本工作原理都有哪些影响因素？

4-6-4　霍尔效应在生产生活中得到了广泛的应用，能否举出几个例子？

4-6-5　反常霍尔效应与霍尔效应的本质区别是什么？

## 4.7　磁场对载流导线的作用力

### 4.7.1　安培定律

电流与电流之间的相互作用力是通过磁场来传递的．电流在其周围激发磁场，磁场对置于其中的电流产生力的作用．下面讨论电流在磁场中所受的力——安培力．

安培在分析了大量实验结果的基础上，归纳出磁场对电流元的作用力的规律，即安培定律．

如图 4-7-1 所示，在载流导线上任取一个电流元 $I\mathrm{d}\boldsymbol{l}$，设该点处的磁感强度为 $\boldsymbol{B}$，$I\mathrm{d}\boldsymbol{l}$ 与 $\boldsymbol{B}$ 之间的夹角为 $\theta$．电流元 $I\mathrm{d}\boldsymbol{l}$ 受到磁场的作用力 $\mathrm{d}\boldsymbol{F}$ 为

$$\mathrm{d}\boldsymbol{F} = I\mathrm{d}\boldsymbol{l} \times \boldsymbol{B} \tag{4-7-1}$$

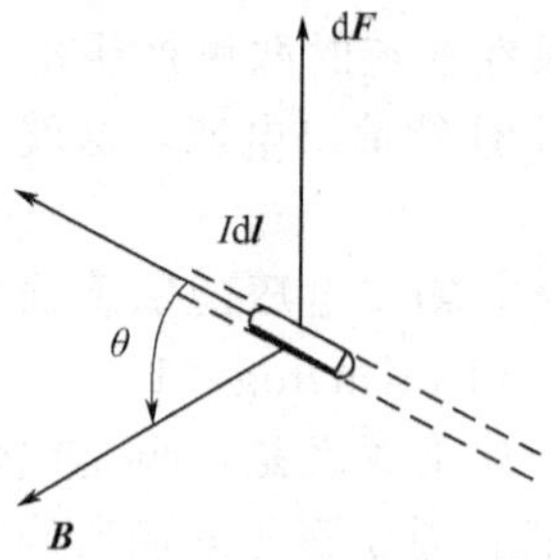

图 4-7-1 安培定律

式(4-7-1) 表明：磁场对电流元的作用力 $\mathrm{d}\boldsymbol{F}$ 等于电流元 $I\mathrm{d}\boldsymbol{l}$ 与 $\boldsymbol{B}$ 的矢量积，在数值上等于电流元的大小、电流元所在处的磁感强度的大小以及电流元 $I\mathrm{d}\boldsymbol{l}$ 与 $\boldsymbol{B}$ 之间的夹角正弦的乘积. 即

$$\mathrm{d}F = I\mathrm{d}lB\sin\theta \tag{4-7-2}$$

力的方向可以这样判定：右手四指由 $I\mathrm{d}\boldsymbol{l}$ 经小于 180°的角转向 $\boldsymbol{B}$，这时大拇指的指向就是安培力的方向（图 4-7-1). 这个规律叫做**安培定律**. 磁场对电流元的作用力，通常叫做**安培力**.

由式(4-7-2) 可以看出，在磁感强度 $\boldsymbol{B}$ 给定的情况下，如果电流元 $I\mathrm{d}\boldsymbol{l}$ 与 $\boldsymbol{B}$ 的方向平行，则其受到的安培力为零；如果电流元 $I\mathrm{d}\boldsymbol{l}$ 与 $\boldsymbol{B}$ 的方向垂直，则其受的安培力最大.

实质上，载流导线所受的安培力就是导线内载流子受到的洛伦兹力的宏观表现. 利用运动电荷所受的洛伦兹力可以说明安培力的微观机制.

设电流元 $I\mathrm{d}\boldsymbol{l}$ 的横截面积为 $S$，载流子数密度为 $n$，每个载流子带电荷为 $q$，载流子的平均漂移速度为 $\boldsymbol{v}$，则每个载流子所受的洛伦兹力为 $\boldsymbol{f} = q\boldsymbol{v} \times \boldsymbol{B}$，而在电流元中共有 $\mathrm{d}N = nS\mathrm{d}l$ 个载流子，所以这些载流子所受磁场力的总和为

$$\mathrm{d}\boldsymbol{F} = \mathrm{d}Nq\boldsymbol{v} \times \boldsymbol{B} = nS\mathrm{d}lq\boldsymbol{v} \times \boldsymbol{B}$$

由于 $\boldsymbol{v}$ 的方向和 $\mathrm{d}\boldsymbol{l}$ 的方向相同，而 $I = nqvS$，所以上式可写为

$$\mathrm{d}\boldsymbol{F} = I\mathrm{d}\boldsymbol{l} \times \boldsymbol{B}$$

这就是安培力公式.

对于有限长的载流导线 $l$，我们可以将它分成为许多电流元，求出每个电流元受的安培力，根据力的叠加原理，整个载流导线所受的安培力 $\boldsymbol{F}$ 应等于各电流元 $I\mathrm{d}\boldsymbol{l}$ 受的安培力 $\mathrm{d}\boldsymbol{F}$ 的矢量和，即

$$\boldsymbol{F} = \int_l \mathrm{d}\boldsymbol{F} = \int_l I\mathrm{d}\boldsymbol{l} \times \boldsymbol{B} \tag{4-7-3}$$

根据安培定律和力的叠加原理，原则上可以计算任意载流导线在磁场中所受的安培力.

在实际应用时，首先应分析载流导线上各个电流元的受力情况，再选择较为简便的方法计算求解. 一般选择直角坐标系，将 $\mathrm{d}\boldsymbol{F}$ 分解为 $\mathrm{d}F_x$，$\mathrm{d}F_y$ 和 $\mathrm{d}F_z$，分别计算

$$F_x = \int \mathrm{d}F_x,\ F_y = \int \mathrm{d}F_y,\ F_z = \int \mathrm{d}F_z$$

然后再求出安培力 $\boldsymbol{F}$ 的大小和方向.

**【例 4-7-1】** 均匀磁场中，载流线圈受的磁场力. 如图 4-7-2 所示，一半径为 $R$ 的半圆形线圈，通以电流 $I$，置于均匀磁场 $\boldsymbol{B}$ 中，求线圈受到的安培力.

**解：** 在线圈上取一电流元 $I\mathrm{d}\boldsymbol{l}$，它所受的力 $\mathrm{d}\boldsymbol{F}$ 沿半径方向向外（见图 4-7-2)，其大小为

$$\mathrm{d}F = I\mathrm{d}lB\sin\theta = IB\mathrm{d}l$$

将其投影在 $Ox$ 轴和 $Oy$ 轴方向，有

$$\mathrm{d}F_x = \mathrm{d}F\cos\varphi; \qquad \mathrm{d}F_y = \mathrm{d}F\sin\varphi$$

从对称性可知，所有电流元沿 $Ox$ 轴方向受力的总和为零，即 $F_x = \int \mathrm{d}F_x = 0$，而沿 $Oy$ 轴方向的合力为

$$F_y = \int \mathrm{d}F_y = \int \mathrm{d}F\sin\varphi = \int IB\sin\varphi\mathrm{d}l = IBR\int_0^\pi \sin\varphi\mathrm{d}\varphi = 2IBR \tag{4-7-4}$$

从上述计算结果可以看出，**在均匀磁场中，载流半圆形线圈所受的磁场力，与其始点和终点相同的载流直导线 $\overline{ab}$ 所受的磁场力是相等的**. 这个结果对任意形状的平面载流导线都成立，因为在均匀磁场中，$\boldsymbol{B}$ 不随空间位置变化，则由式(4-7-3) 得

$$\boldsymbol{F}=\int_l I\mathrm{d}\boldsymbol{l}\times\boldsymbol{B}=I(\int_l \mathrm{d}\boldsymbol{l})\times\boldsymbol{B}=I\boldsymbol{l}\times\boldsymbol{B} \tag{4-7-5}$$

式中，$\boldsymbol{l}=\int_l \mathrm{d}\boldsymbol{l}$ 是由导线上电流流入端到流出端所引的矢量. 如果线圈是闭合的，则 $\boldsymbol{l}=\oint_l \mathrm{d}\boldsymbol{l}=0$，所以

$$\boldsymbol{F}=I(\oint_l \mathrm{d}\boldsymbol{l})\times\boldsymbol{B}=0$$

由上式可知，**在均匀磁场中，任意形状的载流线圈所受的磁场力等于零.**

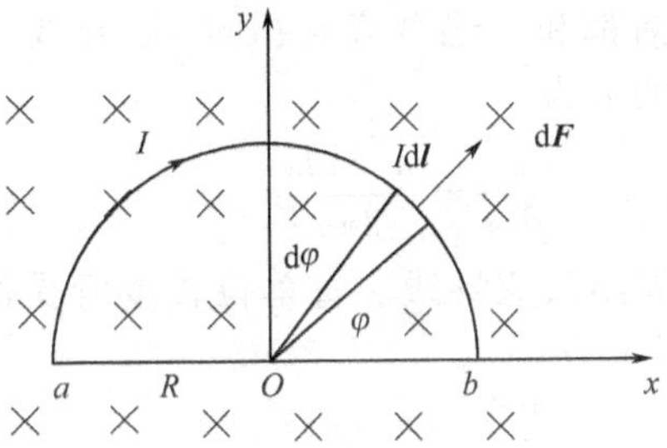


图 4-7-2 例 4-7-1 图

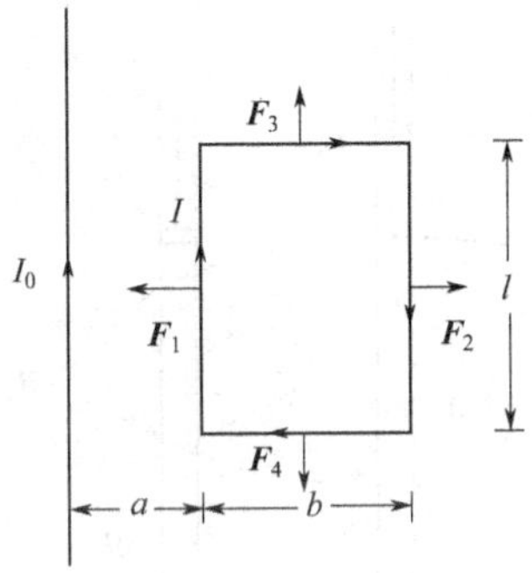


图 4-7-3 例 4-7-2 图

**【例 4-7-2】** 非均匀磁场中，载流线圈受的磁场力. 一无限长直载流导线旁共面放置一载流矩形线框，直导线中电流为 $I_0$，线框中的电流为 $I$，线框尺寸与位置如图 4-7-3 所示，试求线框受到长直载流导线磁场的作用力.

**解：** 无限长直载流导线在距轴线 $r$ 处的磁感强度大小为

$$B=\frac{\mu_0 I_0}{2\pi r}$$

可见磁场分布是非均匀的，但可把矩形载流线圈分成四段直载流导线，每一段的受力分别为 $\boldsymbol{F}_1$、$\boldsymbol{F}_2$、$\boldsymbol{F}_3$ 和 $\boldsymbol{F}_4$. 其中 $\boldsymbol{F}_1$ 的大小为

$$F_1=Il\frac{\mu_0 I_0}{2\pi a}$$

方向垂直于长直导线向左. $\boldsymbol{F}_2$ 的大小为

$$F_2=Il\frac{\mu_0 I_0}{2\pi(a+b)}$$

方向垂直于长直导线向右. $\boldsymbol{F}_3$ 和 $\boldsymbol{F}_4$ 的大小相等，为

$$F_3=F_4=\frac{\mu_0 I_0 I}{2\pi}\ln\frac{a+b}{a}$$

方向相反，两力之和为零. 因此，整个矩形线圈所受的合力的大小为

$$F=F_1-F_2=\frac{\mu_0 I_0 Il}{2\pi}(\frac{1}{a}-\frac{1}{a+b})$$

方向垂直于长直导线向左.

由上述可见，**在非均匀磁场中，载流线圈所受的磁力一般不为零.**

### 4.7.2 两平行无限长载流直导线间的相互作用　安培的定义

如图 4-7-4 所示，设有两无限长平行直导线，它们之间的距离为 $a$，导线 1 通有电流 $I_1$，导线 2 通有电流 $I_2$，且电流的流向相同. 根据式(4-7-2)，导线 1 在导线 2 处产生的磁感强度 $\boldsymbol{B}_1$ 大小为

$$B_1=\frac{\mu_0 I_1}{2\pi a}$$

方向与导线 2 垂直. 根据式(4-7-2)，导线 2 上的一段电流元 $I_2\mathrm{d}\boldsymbol{l}_2$ 受到的作用力 $\mathrm{d}\boldsymbol{F}_2$ 大小为

$$\mathrm{d}F_2=I_2\mathrm{d}l_2B_1=\frac{\mu_0 I_1 I_2}{2\pi a}\mathrm{d}l_2$$

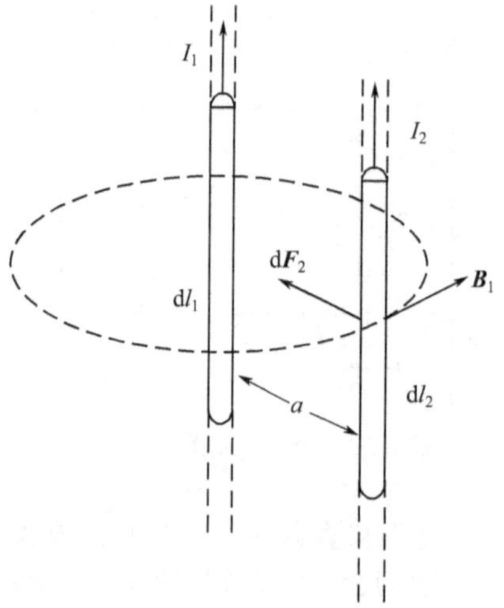


图 4-7-4　安培的定义

而 $\mathrm{d}\boldsymbol{F}_2$ 的方向在两平行导线所组成的平面内，垂直地指向导线 1. 显然，载流导线 2 上任一电流元所受作用力的大小和方向都和上述电流元相同. 故导线 2 上每单位长度所受的力为

$$\frac{\mathrm{d}F_2}{\mathrm{d}l_2}=\frac{\mu_0 I_1 I_2}{2\pi a} \tag{4-7-6}$$

同样也可以计算出载流导线 1 每单位长度所受作用力的大小为

$$\frac{\mathrm{d}F_1}{\mathrm{d}l_1}=\frac{\mu_0 I_1 I_2}{2\pi a}$$

方向垂直地指向导线 2.

由上述讨论可以看出，两根载有同向电流的平行长直导线，通过彼此间的磁场作用，表现为相互间的吸引力，若使它们的电流流向相反，那么不难证明，它们为相互排斥. 这与实验结果是完全一致的.

在国际单位制中，电流的单位“安培”是这样**规定**的：在真空中有两根平行长直导线，它们之间相距为 1m，两导线上通以大小相等、流向相同的电流 $I$，调节它们的电流大小，使得两导线每单位长度上的吸引力为 $2\times10^{-7}\,\mathrm{N\cdot m^{-1}}$，我们就规定这时的电流为 1A. 这正是国际计量委员会对“安培”的定义. 由安培的定义和式（4-7-6）可得

$$\mu_0=4\pi\times10^{-7}\ \mathrm{N\cdot A^{-2}}$$

## 复习思考题

4-7-1　安培力与洛伦兹力有何联系？

4-7-2　安培力公式 $\mathrm{d}\boldsymbol{F}=I\mathrm{d}\boldsymbol{l}\times\boldsymbol{B}$ 中的三个矢量，哪两个矢量始终是正交的？哪两个矢量之间可以有任意的角度？

4-7-3　均匀磁场中，载流闭合线圈所受的合力一定为零吗？受的合力矩是否为零？非均匀磁场中情况如何？

4-7-4　长直载流导线上任一电流元受到其余部分电流作用的磁力有多大？圆形载流导线回路上任一电流元受到其余部分电流作用的磁力沿着什么方向？

# 4.8 磁场对载流线圈的作用

## 4.8.1 均匀磁场对载流线圈的磁力矩

我们知道，在均匀磁场中载流线圈所受的合力等于零，但所受的合力矩一般不等于零，在这个力矩的作用下，载流线圈发生转动. 例如直流电动机就是利用磁场对载流线圈的作用使其转动. 下面用安培定律来研究磁场对载流线圈的作用.

如图 4-8-1 所示，在磁感强度为 $\boldsymbol{B}$ 的均匀磁场中，有一矩形载流线圈，它的边长分别为 $l_1$ 和 $l_2$，通有电流 $I$ 沿着 $abcda$ 方向，它可以绕垂直于磁场的轴 $OO'$ 自由转动.

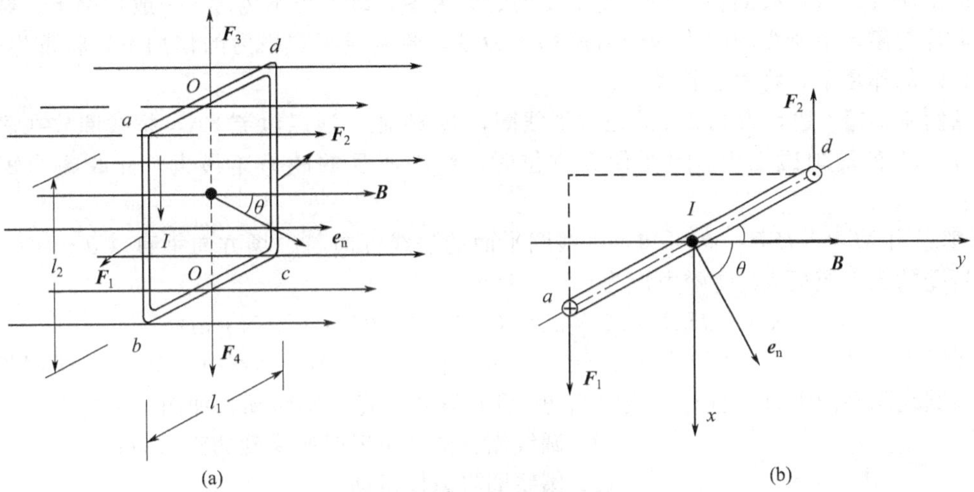


图 4-8-1 均匀磁场对载流线圈的作用

当线圈平面法线方向的单位矢量 $\boldsymbol{e}_n$ 与磁感强度 $\boldsymbol{B}$ 的夹角为 $\theta$ 时，根据安培定律，可得磁场对导线 $bc$ 段和 $da$ 段的磁力大小为

$$F_3 = F_4 = Il_1 B\sin\left(\frac{\pi}{2} - \theta\right) = Il_1 B\cos\theta$$

$\boldsymbol{F}_3$ 和 $\boldsymbol{F}_4$ 这两个力大小相等、方向相反，并且在同一直线上，所以对整个线圈来说，它们的合力及合力矩都为零.

导线 $ab$ 段和 $cd$ 段均始终与 $\boldsymbol{B}$ 垂直，它们所受磁场的作用力大小为

$$F_1 = F_2 = Il_2 B$$

$\boldsymbol{F}_1$ 和 $\boldsymbol{F}_2$ 这两个力大小相等、方向亦相反，但不在同一直线上，它们的合力虽为零，但对线圈转轴 $OO'$ 的合力矩不为零. 合力矩的大小为

$$M = F_1 \frac{l_1}{2}\sin\theta + F_2 \frac{l_1}{2}\sin\theta = Il_1 l_2 B\sin\theta = ISB\sin\theta \tag{4-8-1a}$$

式中，$S = l_1 l_2$ 为矩形线圈的面积. 线圈的磁矩 $\boldsymbol{m}$ 的大小 $m = IS$，则式(4-8-1a) 可写成

$$M = mB\sin\theta \tag{4-8-1b}$$

合力矩的方向沿 $O'$ 指向 $O$ 的方向. 磁场对载流线圈的作用力矩叫做**磁力矩**，考虑到磁矩 $\boldsymbol{m}$，磁感强度 $\boldsymbol{B}$ 和磁力矩 $\boldsymbol{M}$ 的矢量性，三者的关系可表示为

$$\boldsymbol{M} = \boldsymbol{m} \times \boldsymbol{B} \tag{4-8-2}$$

即载流线圈在外磁场中受到的**磁力矩 $\boldsymbol{M}$ 等于线圈的磁矩 $\boldsymbol{m}$ 与磁感强度 $\boldsymbol{B}$ 的矢量积**.

讨论：① 当载流线圈的 $\boldsymbol{e}_n$ 与磁感强度 $\boldsymbol{B}$ 的方向相同，即 $\theta=0°$，亦即磁通量为正向最大时，$M=0$，磁力矩为零. 此时线圈处于**稳定平衡状态**.

② 当载流线圈的 $\boldsymbol{e}_n$ 与磁感强度 $\boldsymbol{B}$ 的方向垂直，即 $\theta=90°$，亦即磁通量为零时，$M=ISB$，磁力矩最大. 线圈将发生转动，使线圈的法向转向外磁场方向，趋于稳定平衡状态.

③ 当载流线圈的 $\boldsymbol{e}_n$ 与磁感强度 $\boldsymbol{B}$ 的方向相反，即 $\theta=180°$ 时，$M=0$，这时也没有磁力矩作用在线圈上，这个状态称为**非稳定平衡状态**. 因为此时只要线圈受到扰动稍稍偏转一个微小角度，在磁力矩的作用下将转向稳定平衡位置. 总之，磁场对载流线圈作用的磁力矩，总是要使线圈转到它的 $\boldsymbol{e}_n$ 与磁场的方向一致的稳定平衡位置.

应当指出，式(4-8-2) 虽然是从矩形线圈推导出来的，但可以证明它对任意形状的平面线圈都是适用的.

综上所述，载流线圈在均匀磁场中受的磁力为零，磁力矩不为零. 一般情况下，载流线圈在非均匀磁场中所受的磁力和磁力矩都不为零，载流线圈在磁力的作用下，将发生平移；在磁力矩的作用下，将发生转动.

**【例 4-8-1】** 边长为 0.2m 的正方形线圈，共 50 匝，通以电流 2A，把线圈放在磁感强度为 0.05T 的均匀磁场中. 问在什么方位时，线圈所受的磁力矩最大？此时磁力矩等于多少？

**解：** 由 $M=NISB\sin\theta$ 可知，当线圈平面的法线方向与磁场方向垂直（$\theta=90°$）时，线圈所受的磁力矩最大. 此磁力矩为

$$M=NISB=50\times2\times(0.2)^2\times0.05=0.2(\mathrm{N\cdot m})$$

**【例 4-8-2】** 半径为 $R$ 的圆载流线圈，通以电流 $I_1$，另一通有电流为 $I_2$ 的无限长直导线，与圆线圈平面垂直，且与圆线圈相切. 设圆线圈可绕 $y$ 轴转动，如图 4-8-2 所示.

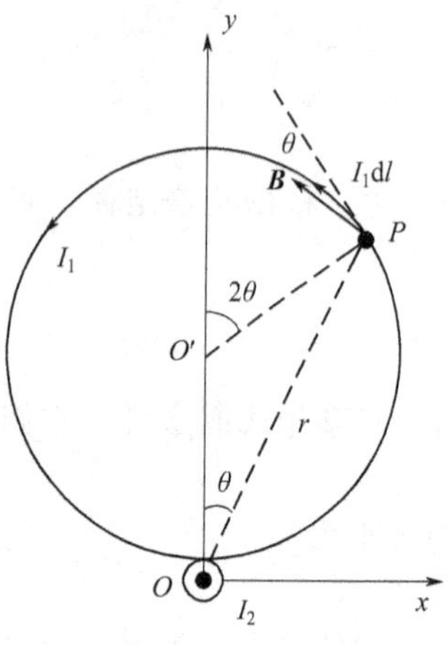

图 4-8-2　例 4-8-2 图

(1) 圆线圈在图示位置时所受到的磁力矩；

(2) 圆线圈将怎样运动？

(3) 若长直导线改放在圆线圈的中心位置，此时圆线圈受到的磁力矩为多大？

**解：** (1) 取图 4-8-2 所示的坐标系，在点 $P$ 处取电流元 $I_1\mathrm{d}\boldsymbol{l}$，长直导线的电流 $I_2$ 在此处产生的磁感强度的大小为 $B=\dfrac{\mu_0 I_2}{2\pi r}$，方向如图所示. 电流元 $I_1\mathrm{d}\boldsymbol{l}$ 所受磁场力的大小为

$$\mathrm{d}F=BI_1\mathrm{d}l\sin\theta=\frac{\mu_0 I_2}{2\pi r}I_1\mathrm{d}l\sin\theta$$

方向垂直圆线圈平面向外. 该磁场力对 $y$ 轴的力矩为

$$\mathrm{d}M=\mathrm{d}Fr\sin\theta=\frac{\mu_0 I_1 I_2}{2\pi}\sin^2\theta\mathrm{d}l$$

由图 4-8-2 可知，$\mathrm{d}l=R\mathrm{d}(2\theta)=2R\mathrm{d}\theta$，则整个线圈受到磁力矩的大小为

$$M=\int\mathrm{d}M=\int_{\frac{\pi}{2}}^{-\frac{\pi}{2}}\frac{\mu_0 I_1 I_2}{2\pi}\sin^2\theta(2R\mathrm{d}\theta)=\frac{1}{2}\mu_0 I_1 I_2 R$$

(2) 圆线圈在磁力矩的作用下将绕 $y$ 轴发生转动，最后处于圆线圈与长直导线共面的平衡位置.

(3) 线圈受到的磁力矩 $M=0$，线圈不运动.

## 4.8.2 磁场作用力的作功问题

载流导线或线圈在磁场中，受到安培力或磁力矩的作用发生平移或转动时，磁场作用力就要作功. 下面讨论有关安培力及磁力矩的作功问题.

**(1) 安培力对运动载流导线作功**

如图 4-8-3 所示，长为 $l$ 的载流导线棒 $ab$， 可沿导轨滑动，设回路中的电流强度为 $I$，载流导线 $ab$ 所受安培力 $\boldsymbol{F}$ 的方向垂直于导线向右，大小为

$$F = IBl$$

当 $ab$ 从初始位置向右平移 $\Delta x$ 的距离时，安培力作的总功为

$$W = F\Delta x = IBl\Delta x = IB\Delta S = I\Delta\Phi_{\mathrm{m}} \tag{4-8-3}$$

上式表明，当载流导线在磁场中运动时，若电流保持不变，安培力所作的功等于**导线中的电流强度与穿过回路磁通量的增量之积.**

**(2) 磁力矩对转动载流线圈作功**

当载流线圈放在外磁场中，受到磁力矩的作用而发生转动，磁力矩将对线圈作功. 如图 4-8-4 所示，一载流线圈在均匀磁场内转动，线圈受到的磁力矩 $\boldsymbol{M}$ 大小为

$$M = ISB\sin\theta$$

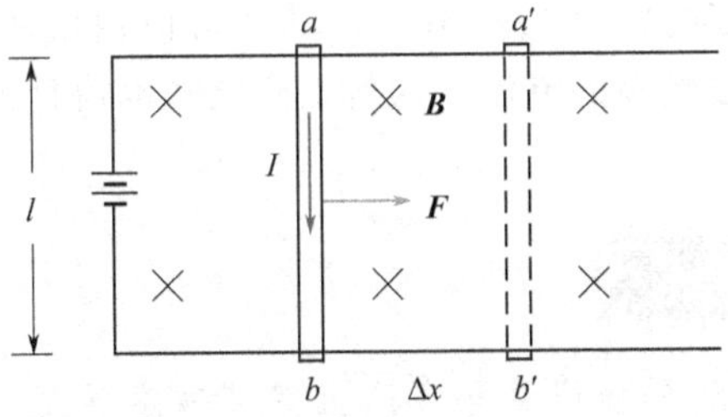


图 4-8-3 安培力作功

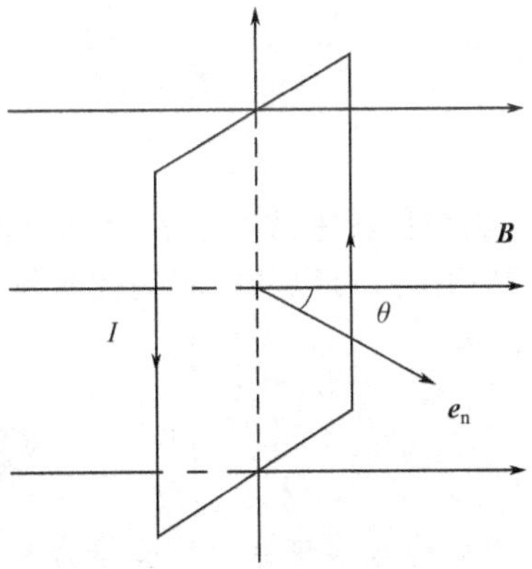


图 4-8-4 磁力矩作功

磁力矩使线圈向 $\theta$ 减小的方向转动，当线圈转动 $\mathrm{d}\theta$ 角度时，磁力矩的作功可写成

$$\mathrm{d}W = -M\mathrm{d}\theta = -ISB\sin\theta\mathrm{d}\theta$$

式中，负号是考虑在 $\mathrm{d}\theta < 0$ 时，$\boldsymbol{M}$ 作正功. 设线圈法线单位矢量 $\boldsymbol{e}_{\mathrm{n}}$ 与 $\boldsymbol{B}$ 之间的夹角由初始位置 $\theta_1$ 转到 $\theta_2$，则磁力矩作的总功为

$$W = \int \mathrm{d}W = \int_{\theta_1}^{\theta_2} (-IBS\sin\theta)\mathrm{d}\theta = I(BS\cos\theta_2 - BS\cos\theta_1)$$

$$W = I(\Phi_{\mathrm{m2}} - \Phi_{\mathrm{m1}}) = I\Delta\Phi_{\mathrm{m}} \tag{4-8-4}$$

上式表明，载流线圈在磁场中的转动过程中，磁力矩所作的功等于**线圈中的电流与穿过线圈面积磁通量的增量之积.**

## 4.8.3 磁电式电流计原理

上面已指出，载流线圈在磁场中受磁力矩作用会发生偏转，**磁电式电流计**就是利用这一原理而制成的. 图 4-8-5 是磁电式电流计结构的示意图. 在永久磁铁的两极和圆柱体铁芯之间的空气隙内，放一个可绕固定转轴 $OO'$ 转动的铝制框架，框架上绕有 $N$ 匝线圈，转轴的

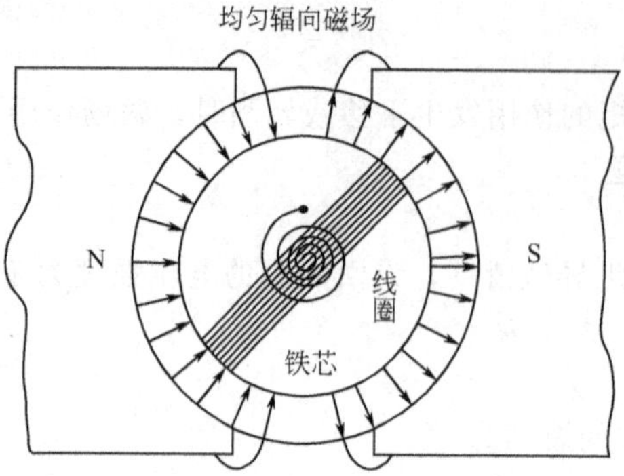

图 4-8-5 磁电式电流计

两端各有一个游丝，且在一端上固定一指针. 当电流通过线圈时，由于磁场对载流线圈的磁力矩作用，使指针随线圈一起发生偏转，从偏转角度的大小，就可测出通过线圈的电流.

由于在永久磁铁和圆柱体之间空气隙内的磁场是沿径向的，磁感线总是和圆柱体铁芯侧向表面垂直，所以无论线圈转到什么位置，线圈平面的法线方向总是和线圈所在处的磁场方向垂直. 因此，线圈受到的磁力矩恒等于 $M=NISB$，$N$ 是线圈的匝数. 当线圈转动时，游丝就要卷紧，这时游丝就给线圈一个反抗力矩 $M'$，以阻碍其转动. 根据实验测定，当线圈转过角度为 $\theta$ 时，游丝的反抗力矩与线圈转过的角度 $\theta$ 成正比，即

$$M'=a\theta$$

$a$ 叫做游丝的**扭转常数**.

当线圈稳定于某一位置时，两力矩互相平衡，有

$$NISB=a\theta$$

则

$$I=\frac{a}{NBS}\theta=k\theta \tag{4-8-5}$$

式中，$k$ 称为**偏转常数**，它表示线圈偏转单位角度时需通过的电流，其值可以由实验测定. 这样，利用上式可以从线圈偏转的角度 $\theta$ 测出通过线圈的电流，这就是磁电式电流计的工作原理.

## 复习思考题

4-8-1 磁力矩与洛伦兹力、安培力有联系吗？这三个物理量与理论上定义磁感强度的方法有什么关系？

4-8-2 磁力作功与电力作功一样吗？有没有相同之处？

4-8-3 一个磁矩为 $\boldsymbol{m}$ 的线圈处于磁感强度为 $\boldsymbol{B}$ 的外磁场中，假设 $\boldsymbol{m}$ 与 $\boldsymbol{B}$ 之间有一夹角 $\alpha$，则当线圈绕其法线为轴转动时，安培力作功多少？若线圈位置转动使得磁矩方向翻转，则安培力又作多少功？

# 第 4 章 练 习 题

(1) 选择题

**4-1-1** 如图 4-1 所示，边长为 $a$ 的正方形的四个角上固定有四个电荷均为 $q$ 的点电荷. 此正方形以角速度 $\omega$ 绕 $AC$ 轴旋转时，在中心 $O$ 点产生的磁感强度大小为 $B_1$；此正方形同样以角速度 $\omega$ 绕过 $O$ 点垂直于正方形平面的轴旋转时，在 $O$ 点产生的磁感强度的大小为 $B_2$，则 $B_1$ 与 $B_2$ 间的关系为（ ）.

(A) $B_1=B_2$  (B) $B_1=2B_2$  (C) $B_1=\frac{1}{2}B_2$  (D) $B_1=\frac{1}{4}B_2$

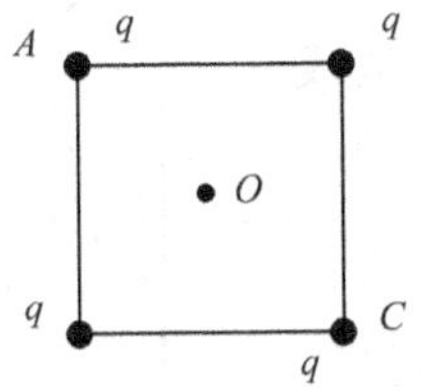


图 4-1

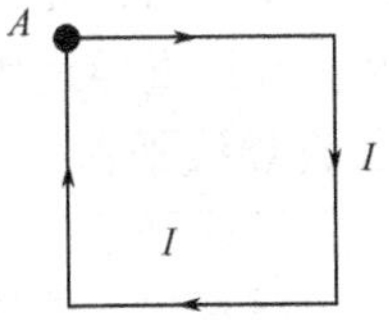


图 4-2

**4-1-2** 如图 4-2 所示，边长为 $l$ 的正方形线圈中通有电流 $I$，此线圈在 $A$ 点产生的磁感强度 $B$ 为（　　）.

(A) $\dfrac{\sqrt{2}\mu_0 I}{4\pi l}$　　(B) $\dfrac{\sqrt{2}\mu_0 I}{2\pi l}$　　(C) $\dfrac{\sqrt{2}\mu_0 I}{\pi l}$　　(D) 以上均不对

**4-1-3** 如图 4-3 所示，在磁感强度为 $\boldsymbol{B}$ 的均匀磁场中，有一半径为 $r$ 的半球面 $S$，$S$ 的边线所在平面的法线方向单位矢量 $\boldsymbol{e}_n$ 与 $\boldsymbol{B}$ 的夹角为 $\alpha$，则通过半球面 $S$ 的磁通量为（　　）.

(A) $\pi r^2 B$　　(B) $2\pi r^2 B$

(C) $-\pi r^2 B\sin\alpha$　　(D) $-\pi r^2 B\cos\alpha$

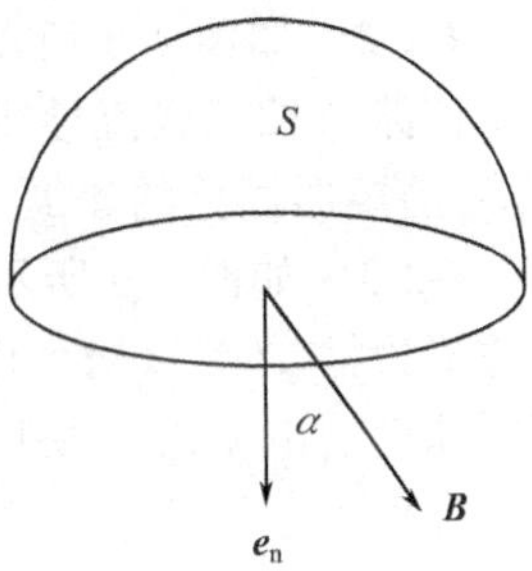


图 4-3

**4-1-4** 若空间存在两根无限长直载流导线，空间的磁场分布就不具有简单的对称性，则该磁场分布（　　）.

(A) 不能用安培环路定理来计算

(B) 可以直接用安培环路定理求出

(C) 只能用毕奥-萨伐尔定律求出

(D) 可以用安培环路定理和磁感强度的叠加原理求出

**4-1-5** 一个动量为 $p$ 的电子，沿着图 4-4 所示的方向入射，并能穿过一个宽度为 $D$、磁感强度为 $\boldsymbol{B}$（方向垂直纸面向外）的均匀磁场区域，则该电子出射方向和入射方向之间的夹角为（　　）.

(A) $\alpha=\arccos\dfrac{eBD}{p}$　　(B) $\alpha=\arcsin\dfrac{eBD}{p}$

(C) $\alpha=\arcsin\dfrac{BD}{ep}$　　(D) $\alpha=\arccos\dfrac{BD}{ep}$

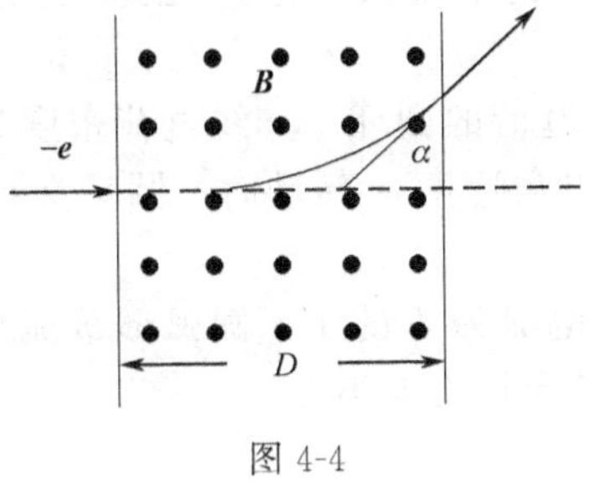


图 4-4

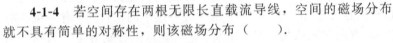

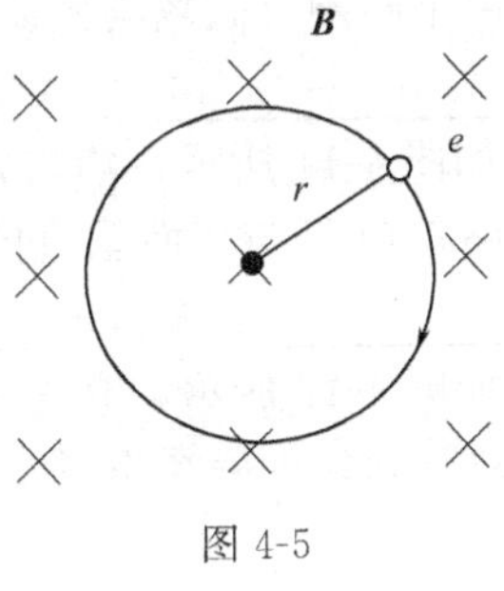


图 4-5

**4-1-6** 按玻尔的氢原子理论，电子在以质子为中心、半径为 $r$ 的圆形轨道上运动，如果把这样一个原子放在均匀的外磁场中，使电子轨道平面与 $\boldsymbol{B}$ 垂直，如图 4-5 所示，则在 $r$ 不变的情况下，电子轨道运动的角速度将（　　）.

（A）增加　　（B）减小　　（C）不变　　（D）改变方向

**4-1-7**　如图 4-6 所示，无限长直载流导线与正三角形载流线圈在同一平面内，若长直导线固定不动，则载流线圈将（　　）.

（A）向着长直导线平移　　（B）转动

（C）离开长直导线平移　　（D）不动

**4-1-8**　在均匀磁场中，有两个平面线圈，其面积 $S_1=2S_2$，通有电流 $I_1=2I_2$，它们所受的最大磁力矩之比 $M_1/M_2$ 等于（　　）.

（A）1　　（B）2

（C）4　　（D）1/4

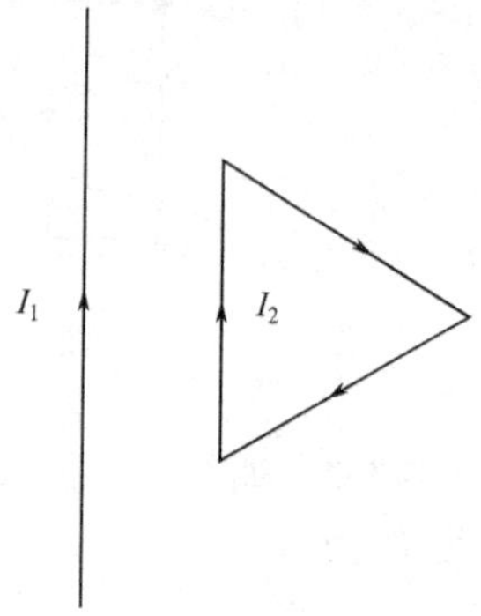


图 4-6

**(2) 填空题**

**4-2-1**　如图 4-7 所示，边长为 $2a$ 的等边三角形线圈，通有电流 $I$，则线圈中心处的磁感强度的大小为______________.

**4-2-2**　如图 4-8 所示，在无限长直载流导线的右侧有面积为 $S_1$ 和 $S_2$ 的两个矩形回路. 两个回路与长直载流导线在同一平面，且矩形回路的一边与长直载流导线平行. 则通过面积为 $S_1$ 的矩形回路的磁通量与通过面积为 $S_2$ 的矩形回路的磁通量之比为______________.

**4-2-3**　如图 4-9 所示的空间区域内，分布着方向垂直于纸面的匀强磁场，在纸面内有一正方形边框 $abcd$（磁场以边框为界）. 而 $a$、$b$、$c$ 三个角处开有很小的缺口. 今有一束具有不同速度的电子由 $a$ 缺口沿 $ad$ 方向射入磁场区域，若 $b$、$c$ 两缺口处分别有电子射出，则此两处出射电子的速率之比 $v_b/v_c=$________.

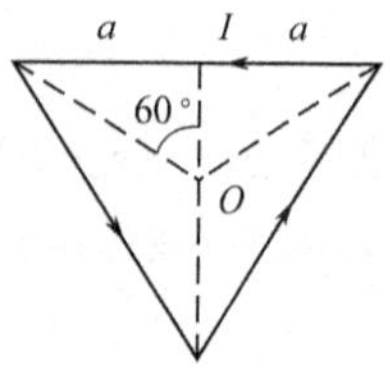


图 4-7

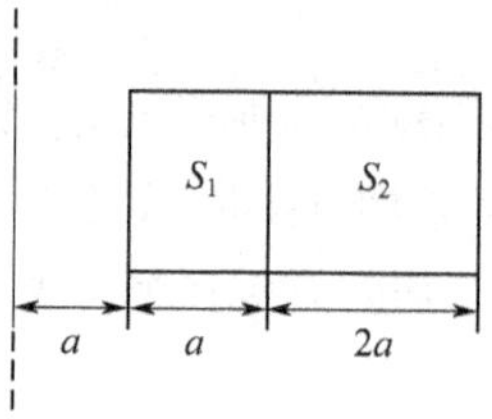


图 4-8

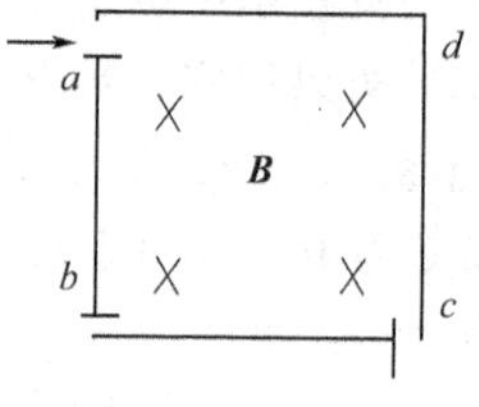


图 4-9

**4-2-4**　将表面涂有绝缘漆的一根长为 6.28 cm 的软导线与一电源连成一个闭合回路. 开始时将导线并成条形（如图 4-10，电源没有画入），后在 $B=0.1$ T 的匀强磁场的作用下，回路被扩成一个圆圈（磁场与圆圈平面垂直）. 若回路中的电流保持为 $I=2$A，则这过程中磁力作功______________.

**4-2-5**　如图 4-11 所示，均匀磁场中放一均匀带正电荷的圆环，其线电荷密度为 $\lambda$，圆环可绕通过环心 $O$ 且与环面垂直的转轴旋转. 当圆环以角速度 $\omega$ 转动时，圆环受到的磁力矩为______________，其方向______________.

**4-2-6**　如图 4-12 所示，有一半径为 $a$，流过稳恒电流为 $I$ 的 1/4 圆弧形载流导线 $bc$，按图示方式置于均匀外磁场 $\boldsymbol{B}$ 中，则该载流导线所受的安培力大小为______________.

**(3) 计算题**

**4-3-1**　如图 4-13 所示，几种载流导线在平面内分布，电流均为 $I$，它们在 $O$ 点的磁感强度各为多少?

**4-3-2**　已知地球北极地磁场磁感强度 $B$ 的大小为 $6.0\times10^{-5}$T. 如图 4-14 所示，假设此地磁场是由地球赤道上一圆电流所激发，此电流有多大? 流向如何?

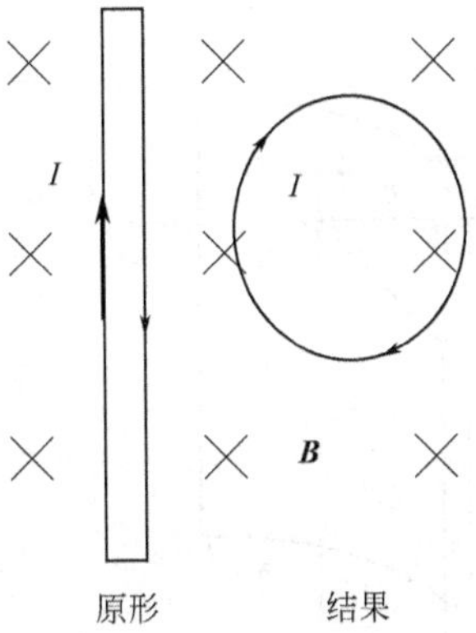


图 4-10

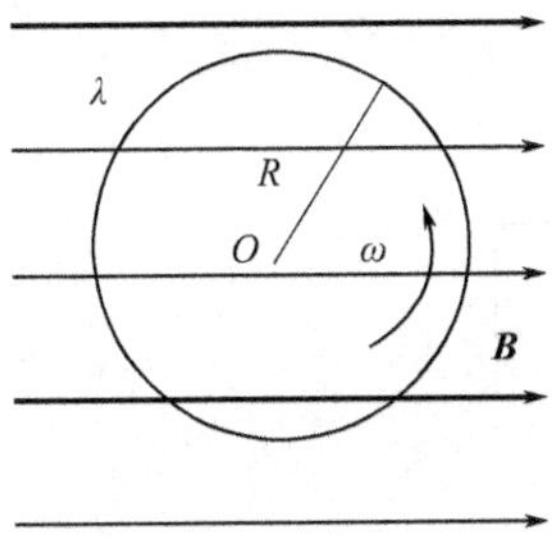


图 4-11

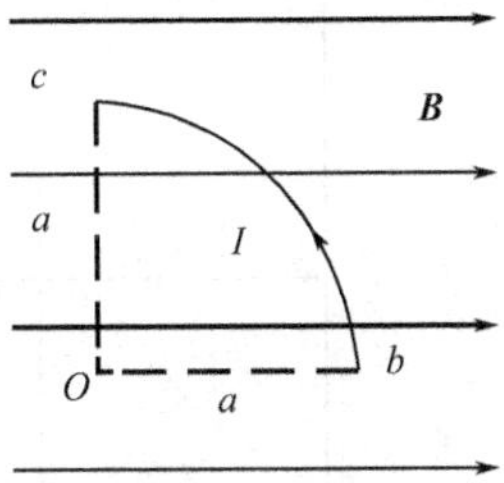


图 4-12

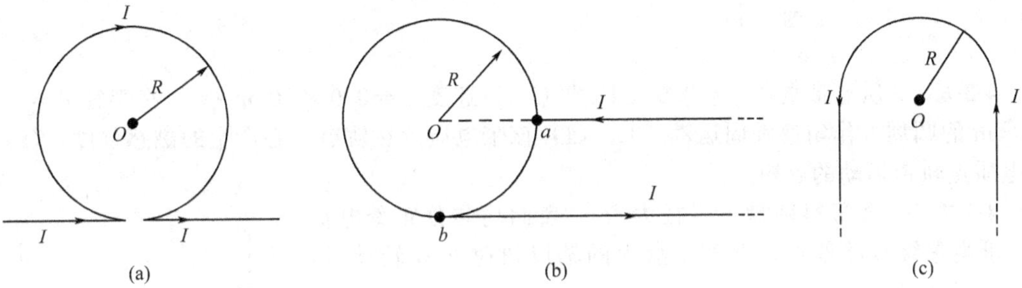


图 4-13

**4-3-3** 如图 4-15 所示，将导线弯成的 $n$ 边正多边形，其外接圆半径为 $R$，假设导线内的电流强度为 $I$.

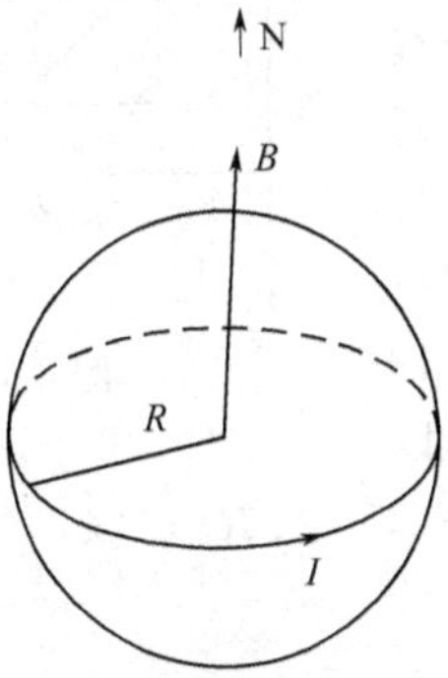


图 4-14

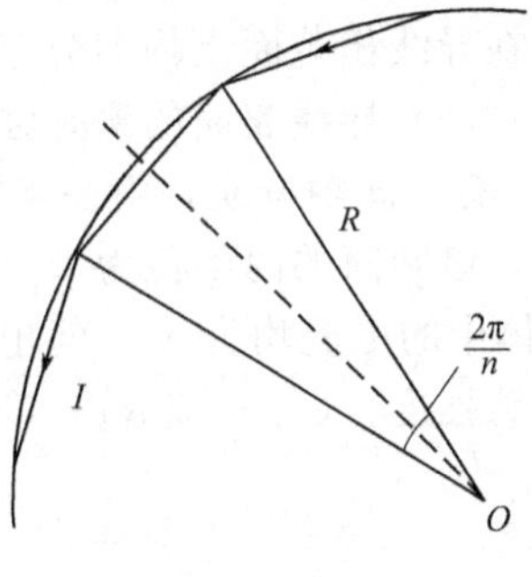


图 4-15

(1) 证明中心点 $O$ 处的磁感强度 $B$ 为

$$B=\frac{\mu_0 nI}{2\pi R}\tan\left(\frac{\pi}{n}\right)$$

(2) 证明当 $n\to\infty$ 时，$B$ 等于载流圆环中心的磁感强度.

**4-3-4** 如图 4-16 所示，一宽为 $b$ 的薄金属板，通以电流为 $I$. 试求在薄板的平面上距离板的一边为 $r$ 的 $P$ 点处的磁感强度.

**4-3-5** 如图 4-17 所示，半径为 $R$ 的无限长半圆柱面，沿轴方向的电流 $I$ 在柱面上均匀地流动，求半圆柱面轴线 $OO'$ 上的磁感强度.

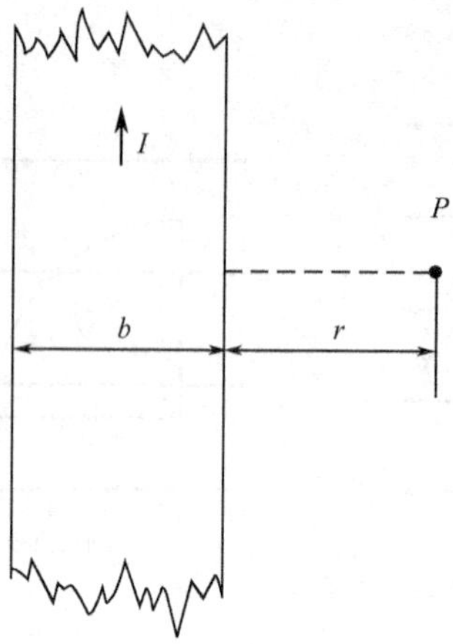


图 4-16

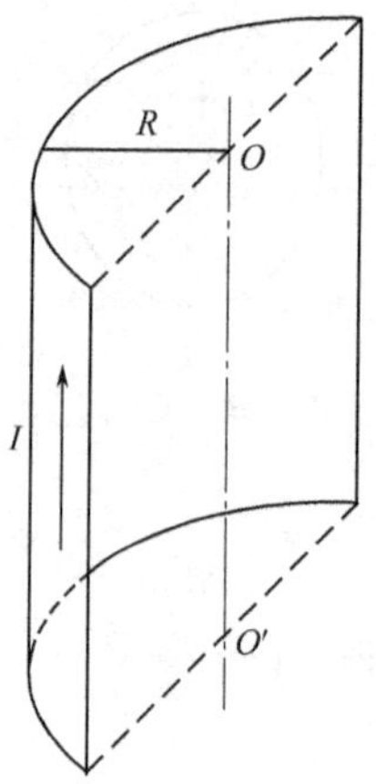


图 4-17

**4-3-6** 一质点带电荷 $q=8.0\times10^{-10}$ C，以速度 $v=3.0\times10^{5}\,\mathrm{m\cdot s^{-1}}$ 在半径 $r=6.0\times10^{-3}$ m 的圆周上作匀速圆周运动. 求：(1) 该带电质点在轨道中心产生的磁感强度；(2) 该带电质点轨道运动的磁矩.

**4-3-7** 一个塑料圆盘，半径为 $R$，表面均匀分布着电荷 $q$，求当它绕通过盘心且垂直于盘面的轴以角速度 $\omega$ 转动时，盘心处的磁感强度.

**4-3-8** 相距为 $d$ 的两根平行长直导线，通以的电流都是 $I$，但方向相反，如图 4-18 所示. 求：(1) 在两导线所在平面内与两导线等距离的一点 $A$ 处的磁感强度；(2) 通过图中斜线所示面积的磁通量.

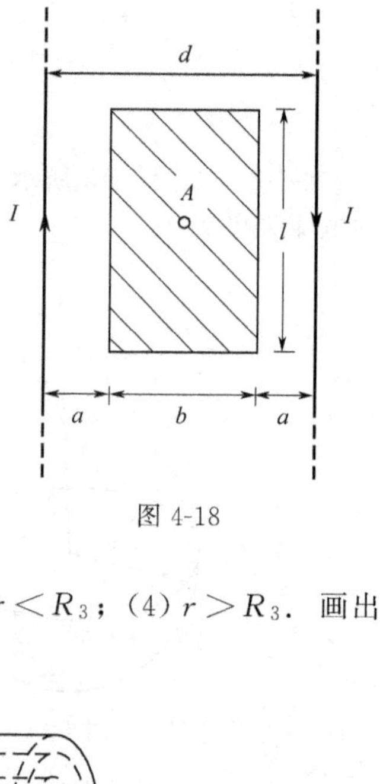


图 4-18

**4-3-9** 已知 10mm² 裸铜线允许通过 50A 电流而不致导线过热，电流在导线横截面上均匀分布. 求 (1) 导线内、外磁感强度的分布；(2) 导线表面的磁感强度.

**4-3-10** 有一同轴电缆，由一半径为 $R_1$ 的圆柱形导体和一厚圆筒构成，厚圆筒的内半径为 $R_2$、外半径为 $R_3$，如图 4-19 所示. 两导体中的电流均为 $I$，但电流的流向相反，试计算以下各处的磁感强度：(1) $r<R_1$；(2) $R_1<r<R_2$；(3) $R_2<r<R_3$；(4) $r>R_3$. 画出 $B$-$r$ 图线.

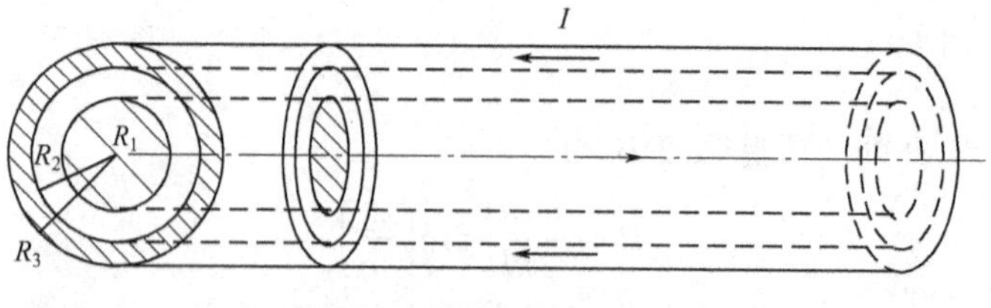


图 4-19

**4-3-11** 有一长直导体圆管，内外半径分别为 $R_1$ 和 $R_2$，如图 4-20 所示，它所载的电流 $I_1$ 均匀分布在其横截面上. 导体旁边有一绝缘“无限长”直导线，载有电流 $I_2$，且在中部

绕了一个半径为 $R$ 的圆圈．设导体管的轴线与长直导线平行，相距为 $d$，而且它们与导体圆圈共面，求圆心 $O$ 点处的磁感强度．

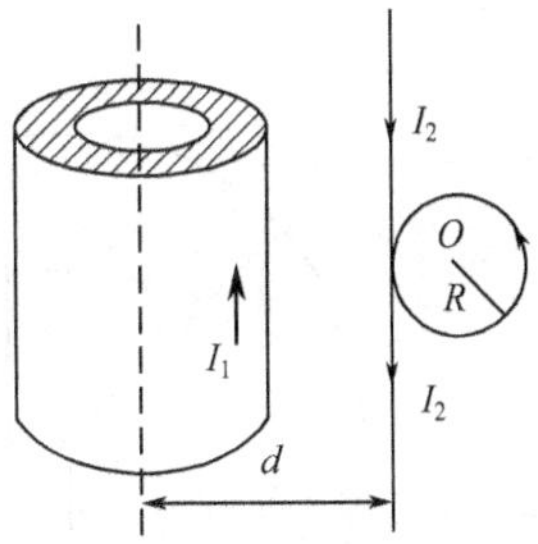


图 4-20

**4-3-12**　一对同轴无限长空心直导体圆筒，内、外筒的半径分别为 $R_1$ 和 $R_2$（筒壁厚度可以忽略）．电流 $I$ 沿内筒流去，沿外筒流回，如图 4-21 所示．求（1）两筒间的磁感强度分布；（2）通过长度为 $L$ 的一段截面（图中斜线区域）的磁通量．

**4-3-13**　矩形截面的螺绕环，其尺寸如图 4-22 所示，已知线圈的总匝数为 $N$，求通入电流 $I$ 后，（1）环内外磁场的分布；（2）通过螺绕环截面（图中阴影区）的磁通量．

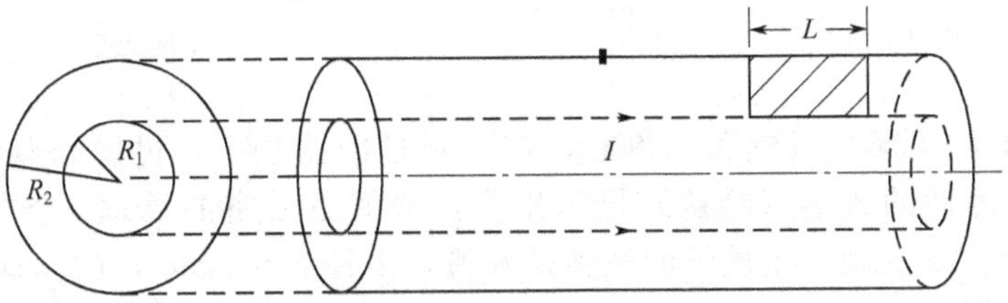


图 4-21

**4-3-14**　一无限长圆柱形铜导体（磁导率 $\mu_0$），半径为 $R$，通有均匀分布的电流 $I$，取一矩形平面 $S$（长为 1m，宽为 $2R$），尺寸如图 4-23 所示，求通过该矩形平面的磁通量．

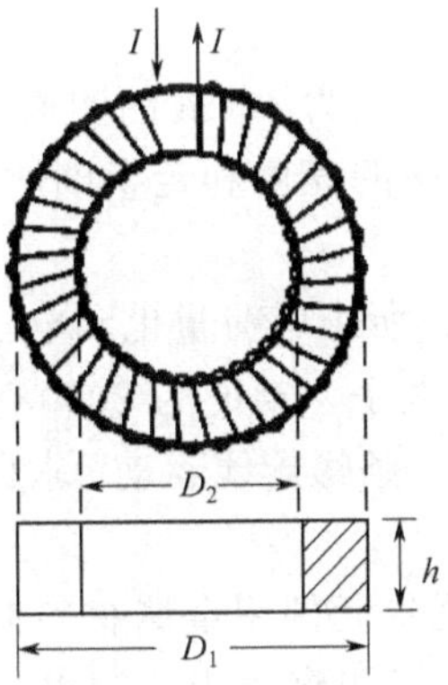


图 4-22

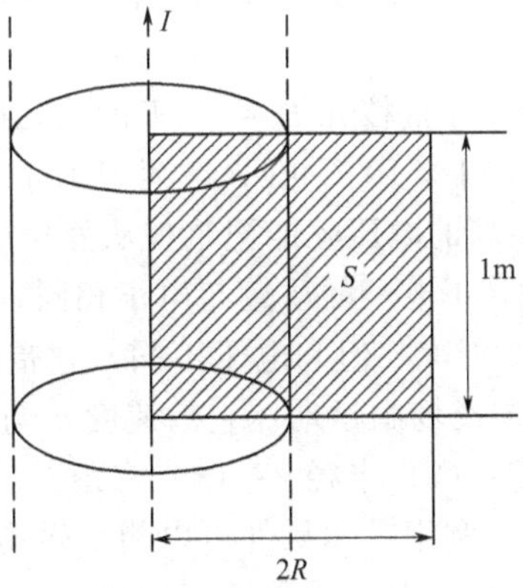


图 4-23

**4-3-15**　一半径为 $R$ 的无限长载流圆柱导体上有一半径为 $R'$ 的圆柱形空腔，其横截面如图 4-24 所示，圆柱导体的轴与圆柱形空腔的轴平行，两轴相距为 $d$．当圆柱导体上通以电流 $I$，并且在横截面上均匀分布．求：（1）圆柱轴线上 $O$ 点的磁感强度；（2）空腔轴线上 $O'$ 点的磁感强度．

**4-3-16**　测定粒子质量的质谱仪如图 4-25 所示，离子源 S 产生质量为 $m$，电荷为 $q$ 的离子，粒子的初速度很小，可近似为零．经电势差 $U$ 加速后进入磁感强度为 $\boldsymbol{B}$ 的均匀磁场，并沿一半圆形轨道到达离入口处距离 $x$ 的感光底板 P 上．（1）证明该粒子的质量为 $m=\dfrac{B^2q}{8U}x^2$；（2）以钠离子做实验，得到数据如下：加速电压 $U=705\text{V}$，磁感强度 $B=0.358\text{T}$，$x=10\text{cm}$．求钠离子的荷质比 $q/m$．

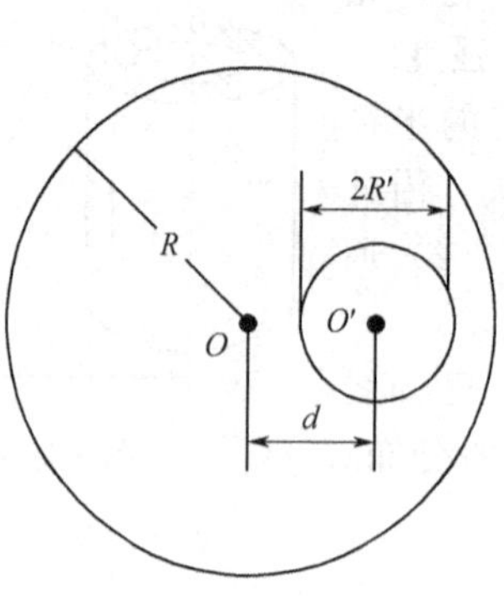


图 4-24

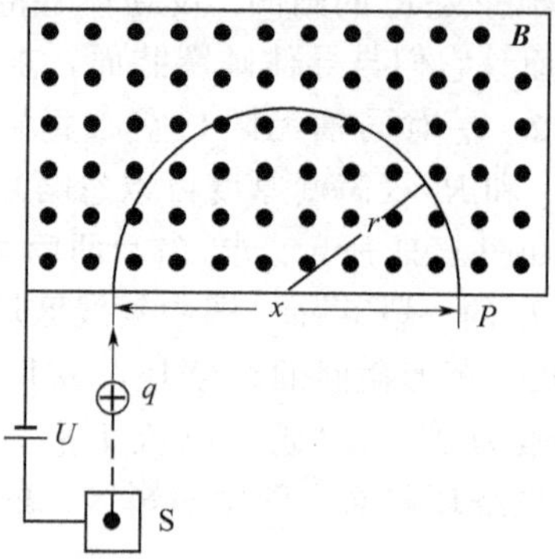


图 4-25

**4-3-17** 带电粒子穿过过饱和蒸汽时，在它走过的路径上，过饱和蒸汽便凝结成小液滴，从而使得它运动的轨迹（径迹）显示出来，这就是云室的原理. 今在云室中有 $B=1.0\mathrm{T}$ 的均匀磁场，观测到一个质子的径迹是圆弧，半径 $r=20\mathrm{cm}$，已知这粒子的电荷 $q=1.6\times10^{-19}\ \mathrm{C}$，质量 $m=9.1\times10^{-27}\ \mathrm{kg}$，求它的动能.

**4-3-18** 在一个显像管里，电子沿水平方向从南到北运动，动能是 $1.2\times10^{4}\mathrm{eV}$. 该处地球磁场在竖直方向上的分量向下，$\boldsymbol{B}$ 的大小是 $0.55\times10^{-4}\ \mathrm{T}$. 已知电子电荷 $e=1.6\times10^{-19}\ \mathrm{C}$，质量 $m=9.1\times10^{-31}\ \mathrm{kg}$. 问：(1) 电子受地磁的影响往哪个方向偏转？(2) 电子的加速度有多大？(3) 电子在显像管内走 20cm 时，偏转有多大？(4) 地磁对于看电视有没有影响？

**4-3-19** 一氘核在 $B=1.5\mathrm{T}$ 的均匀磁场中运动，轨迹是半径为 40cm 的圆周. 已知氘核的质量为 $3.34\times10^{-27}\ \mathrm{kg}$，电荷为 $1.6\times10^{-19}\ \mathrm{C}$. (1) 求氘核的速度和走半圈所需的时间；(2) 需要多高的电压才能把氘核从静止加速到这个速度？

**4-3-20** 正电子的质量与电子相同，都是 $9.1\times10^{-31}\ \mathrm{kg}$，所带电荷量也和电子相同，都是 $1.6\times10^{-19}\ \mathrm{C}$，但和电子不同，它带的是正电. 有一个正电子，动能为 2000eV，在 $B=0.1\mathrm{T}$ 的均匀磁场中运动，它的速度 $\boldsymbol{v}$ 与 $\boldsymbol{B}$ 成 80°，所以它沿一条螺旋线运动. 求此旋运动的 (1) 周期 $T$；(2) 半径 $r$；(3) 螺距 $h$.

**4-3-21** 利用霍尔元件可以测量磁场的磁感强度，设一霍尔元件用金属材料制成，其厚度为 0.15mm，载流子数密度为 $10^{24}\mathrm{m}^{-3}$，将霍尔元件放入待测磁场中，测得霍尔电压为 $42\mu\mathrm{V}$，测得电流为 10mA. 求此时待测磁场的磁感强度.

**4-3-22** 如图 4-26 所示，一根长直导线载有电流 $I_1=30\mathrm{A}$，矩形回路载有电流 $I_2=20\mathrm{A}$，试计算作用在回路上的合力.（已知 $d=1.0\mathrm{cm}$，$b=8.0\mathrm{cm}$，$l=0.12\mathrm{m}$）

**4-3-23** 在 $O$-$xy$ 平面内有一圆心在 $O$ 点的圆线圈，通以顺时针绕向的电流 $I_1$，另有一无限长直导线与 $y$ 轴重合，通以电流 $I_2$，方向向上，如图 4-27 所示. 求圆线圈所受的磁场力.

**4-3-24** 一直流变电站将电压 500kV 的直流电，通过两条截面积不计的平行输电线输向远方. 已知两输电导线间单位长度的电容为 $3.0\times10^{-11}\mathrm{F}\cdot\mathrm{m}^{-1}$，若导线间的静电力与安培力正好相抵. 求 (1) 通过输电线的电流；(2) 输送的功率.

**4-3-25** 一边长为 $a$ 的正方形线圈载有电流 I，处在均匀外磁场 $\boldsymbol{B}$ 中，$\boldsymbol{B}$ 沿水平方向，线圈可以绕通过中心的垂直轴 $OO'$ 转动，如图 4-28 所示，转动惯量为 $J$. 求线圈在平衡位置附近作微小摆动的周期 $T$.

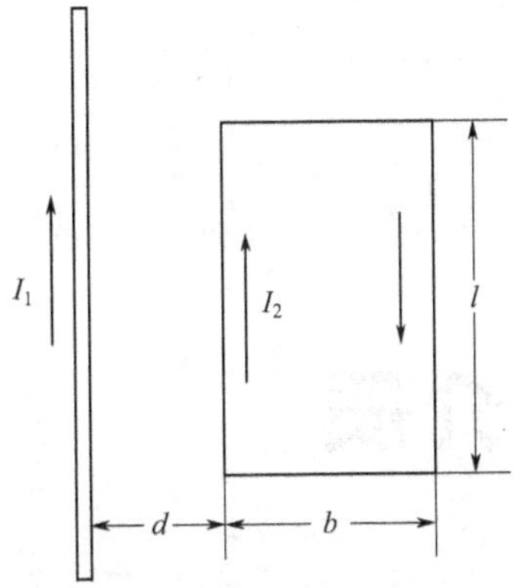


图 4-26

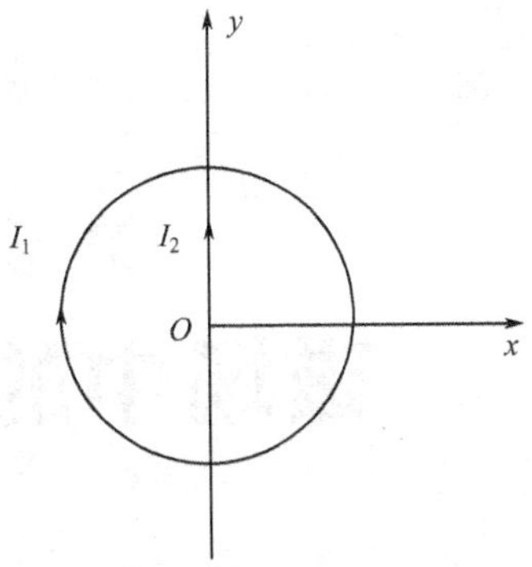


图 4-27

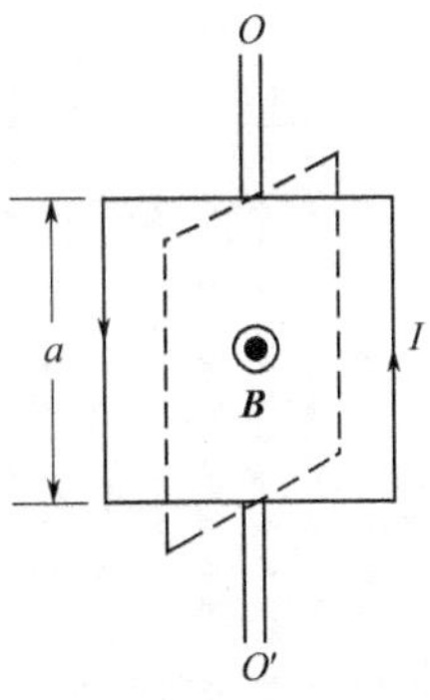


图 4-28

**4-3-26** 如图 4-29 所示，一半径 $R=0.10\text{m}$ 的半圆形闭合线圈，载有电流 $I=10\text{A}$，放在均匀外磁场中，磁场方向与线圈平面平行，磁感应强度的大小 $B=0.5\text{T}$. 求：(1) 线圈所受力矩的大小和方向；(2) 在这力矩的作用下线圈转 90°（即转到线圈平面与 $\boldsymbol{B}$ 垂直). 求力矩所作的功.

**4-3-27** 如图 4-30 所示，一通有电流 $I_1$ 的长直导线，旁边有一个与它共面通有电流 $I_2$ 边长为 $a$ 的正方形线圈，线圈的一对边和长直导线平行，线圈的中心与长直导线间的距离为 $\frac{3}{2}a$，在维持它们的电流不变和共面的条件下，将它们的距离从 $\frac{3}{2}a$ 变为 $\frac{5}{2}a$，求磁场对正方形线圈所作的功.

**4-3-28** 载有恒定电流 $I_1$的无限长直导线（看成刚体）下用一根劲度系数为 $k$ 的轻质弹簧悬挂一载有稳恒电流 $I_2$的矩形线圈，如图 4-31 所示. 设长直导线通电前弹簧长度为 $L_0$. 通电后矩形线圈将向下移动一段距离，求当磁场对线圈作的功满足 $W=\mu_0 I_1 I_2 a/2\pi$ 时，线圈、弹簧、地球组成的系统的势能变化（忽略感应电流对 $I_2$的影响).

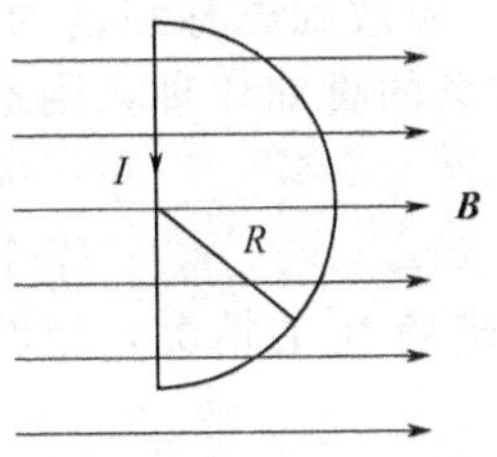


图 4-29

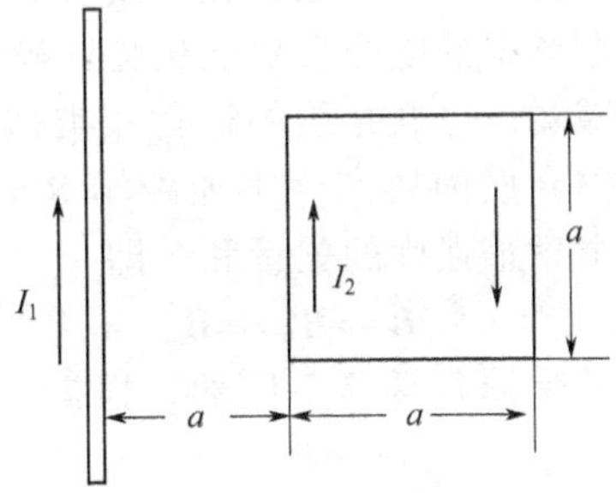


图 4-30

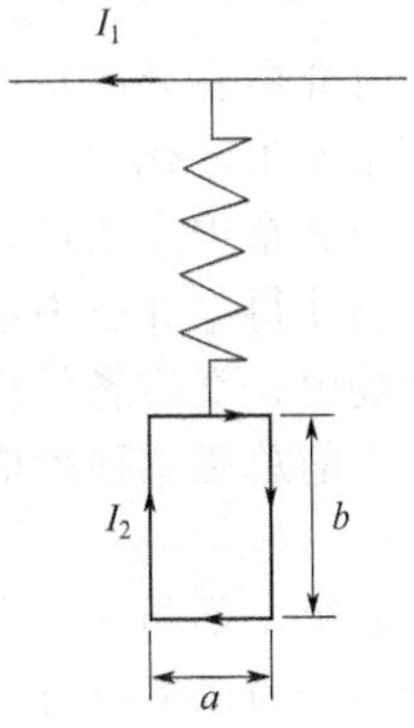


图 4-31

# 第 5 章
# 磁场中的磁介质

上一章讨论了真空中恒定磁场的基本性质和规律. 实际上，将某种物质放在恒定磁场当中，物质分子中的运动电荷受到磁场的作用，从而使物质的磁性发生变化，这种物质磁性的变化反过来又会影响外磁场的分布. 这就是磁场与磁介质的相互作用. 能在恒定磁场中发生磁性变化并影响原来磁场分布的物质称为**磁介质**.

本章主要讨论磁介质的磁化、介质内的磁场强度、有磁介质时的磁场方程等问题. 并讨论铁磁质的基本性质及其应用.

## 5.1 磁介质的磁化

### 5.1.1 磁介质

磁介质在外磁场的作用下发生磁性的变化称为**磁化**. 实际上，所有的物质在外磁场作用下都会发生磁化并影响原磁场的分布，只不过磁化程度有所不同而已.

第 2 章中介绍过，处于静电场中的电介质要被极化，极化了的电介质激发附加电场，这个电场使得电介质内部的电场减弱. 与电介质的极化相类似，当磁介质放到磁感强度为 $\boldsymbol{B}_0$ 外磁场中，在磁场的作用下，磁介质内要产生附加磁场 $\boldsymbol{B}'$，根据磁场的叠加原理，则空间任一点的总磁感强度应为这两个磁感强度的矢量和，即

$$\boldsymbol{B}=\boldsymbol{B}_0+\boldsymbol{B}' \tag{5-1-1}$$

实验表明，不同的磁介质产生的附加磁场是不同的，根据产生附加磁场 $\boldsymbol{B}'$ 的情况，通常把磁介质分为以下三类

① **顺磁质**：介质磁化后产生附加磁场 $\boldsymbol{B}'$ 的方向与外磁场 $\boldsymbol{B}_0$ 的方向相同，有 $B>B_0$，使得磁介质内的磁场增强，这种磁介质叫做**顺磁质**，例如铝、钨、铂等. 我们把 $B$ 与 $B_0$ 的比值定义为磁介质的**相对磁导率**，用 $\mu_r$ 表示，则 $\mu_r=\dfrac{B}{B_0}$ 或者写成 $\boldsymbol{B}=\mu_r\boldsymbol{B}_0$，即 $\boldsymbol{B}$ 与 $\boldsymbol{B}_0$ 成正比. 显然对于顺磁质来说 $\mu_r>1$. 磁介质的相对磁导率可以用实验来测得.

② **抗磁质**：介质磁化后产生附加磁场 $\boldsymbol{B}'$ 的方向与外磁场 $\boldsymbol{B}_0$ 的方向相反，有 $B<B_0$，这时磁介质内的磁场减弱，这种磁介质叫做**抗磁质**，例如银、铜、汞等. 显然，对于抗磁质

来说相对磁导率 $\mu_r < 1$.

无论是顺磁质还是抗磁质，附加磁感强度的值 $B'$ 都比 $B_0$ 要小得多（$B'/B_0 \approx 10^{-5}$），它对原来的磁场影响极为微弱. 所以，顺磁质和抗磁质称为**弱磁介质**.

③ **铁磁质**：实验表明另外有一类磁介质，它的附加磁场 $\boldsymbol{B}'$ 的方向与外磁场 $\boldsymbol{B}_0$ 的方向相同，且 $\boldsymbol{B}'$ 的值要比 $\boldsymbol{B}_0$ 的值大很多，即 $B \gg B_0$. 相对磁导率 $\mu_r \gg 1$，并且 $\mu_r$ 不是常量，与外加磁场有关. 这类磁介质能显著地增强磁场，称为**强磁介质**. 这类磁介质主要包括铁、钴、镍及其合金等，所以又被称为**铁磁质**. 弱磁介质与强磁介质的磁性显著不同.

## 5.1.2 弱磁介质磁化的微观机理

处于磁场中的磁介质为什么会产生附加磁场？并且对于不同的磁介质来说，产生的附加磁场是不同的. 这需要从物质微观结构来探讨磁性的根源.

顺磁质和抗磁质称为弱磁介质，这里先用安培的分子电流假说简单解释顺磁质和抗磁质的磁性根源. 关于铁磁质的磁性将在 5.3 节中介绍.

### (1) 分子磁矩

按照经典理论，在物质的分子（或原子）中，每个电子都绕原子核作轨道运动，环绕原子核的轨道运动可把它看成一个圆形电流，因此具有一定的磁矩，称为**轨道磁矩**. 此外电子本身还有自旋，因而也会具有**自旋磁矩**. 一个分子内所有电子全部磁矩的矢量和，称为分子的固有磁矩，简称**分子磁矩**，用符号 $\boldsymbol{m}$ 表示. 分子磁矩可以用一个等效的圆电流 $i$ 来表示，即**分子电流**. 这就是安培为解释物质磁性的根源而设想的分子电流假说，如图 5-1-1 所示. 需要注意的是，分子电流与导体中导电的传导电流是不同的，构成分子电流的电子只作绕核运动，它们不是自由电子.

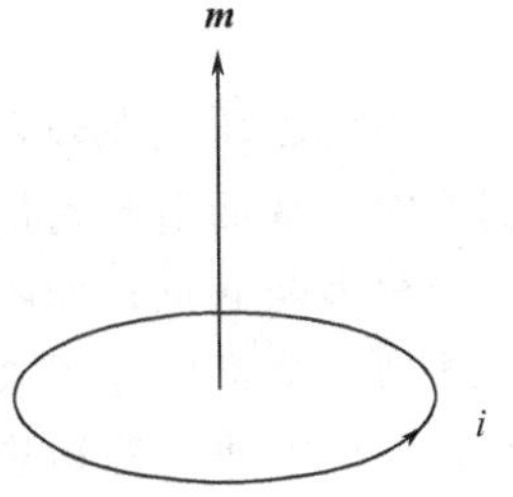


图 5-1-1　分子电流与分子磁矩

### (2) 顺磁质的磁化

在顺磁质中，每个分子具有一定的固有磁矩. 但在没有外磁场时，顺磁质并不显现磁性. 这是因为大量分子做热运动，各分子磁矩 $\boldsymbol{m}$ 是无规则排列的，因而在顺磁质中任意宏观小体积内，所有分子磁矩的矢量和为零，这时顺磁质对外部不显现磁性，如图 5-1-2(a) 所示.

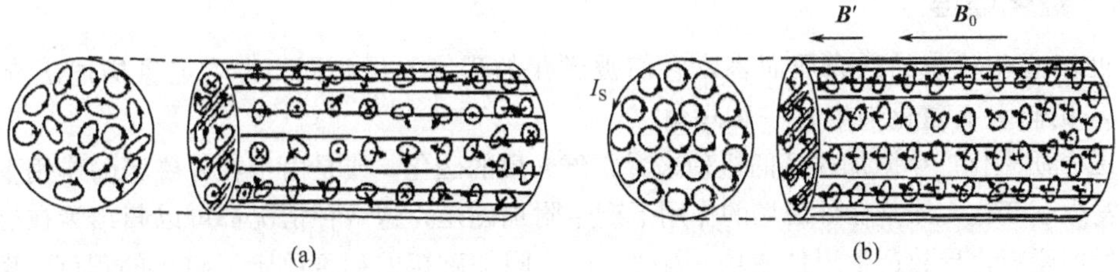


图 5-1-2　顺磁质的分子磁矩

当顺磁质处在外磁场 $\boldsymbol{B}_0$ 中时，各分子磁矩要受到磁力矩的作用. 在磁力矩的作用下，分子磁矩的方向具有转到与外磁场方向相同的趋向，如图 5-1-2(b) 所示. 这样，顺磁质中分子磁矩的矢量和就不为零了，产生了附加磁矩，即附加磁场 $\boldsymbol{B}'$. 显然，在顺磁质中因磁化而产生的附加磁场 $\boldsymbol{B}'$ 与外磁场 $\boldsymbol{B}_0$ 的方向相同，所以使磁场增强. 顺磁质内的磁感强度 $\boldsymbol{B}$ 的大小为

$$B = B_0 + B'$$

### (3) 抗磁质的磁化

对抗磁质来说，在没有外磁场时，虽然分子中每个电子的轨道磁矩与自旋磁矩都不等于

零，但分子中全部电子的轨道磁矩与自旋磁矩的矢量和却等于零，即分子的固有磁矩为零（$\boldsymbol{m}=0$）. 例如在图 5-1-3(a) 中所示，表示一个分子中有两个电子作半径 $r$ 相同，角速度 $\omega$ 大小相等，但方向相反的圆周轨道运动. 两个电子的轨道磁矩分别为 $\boldsymbol{m}_1$ 和 $\boldsymbol{m}_2$，$\boldsymbol{m}_1$ 和 $\boldsymbol{m}_2$ 大小相等、方向相反，互相抵消，整个分子的磁矩为零. 所以在没有外磁场时，抗磁质不显现磁性.

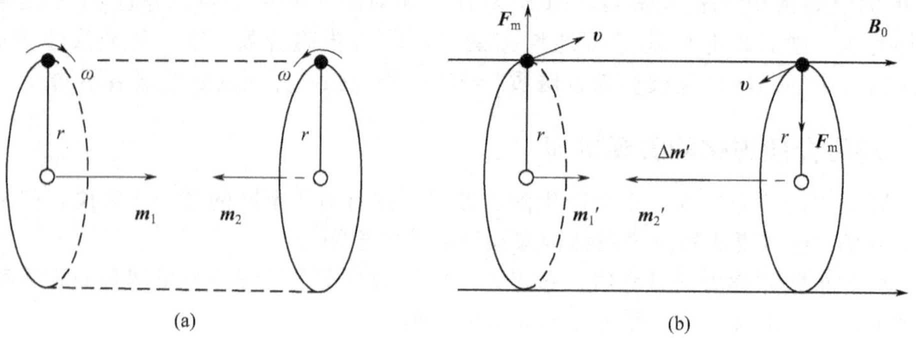


图 5-1-3　抗磁质的分子磁矩

当抗磁质放在外磁场 $\boldsymbol{B}_0$ 中，分子中每个电子将受到洛伦兹力的作用，其轨道运动将受到影响，从而引起附加轨道磁矩，而且附加轨道磁矩的方向必是与外磁场 $\boldsymbol{B}_0$ 的方向相反. 为简单说明起见，如图 5-1-3（b）所示，所加外磁场 $\boldsymbol{B}_0$ 的方向垂直电子轨道平面. 对于左边作轨道运动的电子来说，洛伦兹力背向圆心，这时向心力减小，若圆周运动的半径不变，则角速度变小，磁矩**变小**为 $\boldsymbol{m}_1'$；对于右边作轨道运动的电子来说，洛伦兹力指向圆心，这时向心力增大，若圆周运动的半径不变，则角速度变大，磁矩**变大**为 $\boldsymbol{m}_2'$. 对整个分子而言，就产生了分子附加磁矩 $\Delta\boldsymbol{m}'$，方向与外磁场方向相反，因而产生了与外磁场 $\boldsymbol{B}_0$ 反向的附加磁场 $\boldsymbol{B}'$，抗磁质内的磁感强度 $\boldsymbol{B}$ 的大小为

$$B=B_0-B'$$

这就是抗磁质的磁化机理.

应当指出，抗磁性不只是抗磁质所独有的特性，顺磁质也应具有这种抗磁性，只不过较之其顺磁性效应要小得多，所以可以忽略顺磁质的抗磁性.

## 5.1.3　磁化强度

对处于磁化状态的磁介质而言，它们被磁化的程度不尽相同. 为了定量描述磁介质的磁化程度，我们引入磁化强度这一物理量.

从磁介质磁化产生附加磁场的机理来看，磁介质的磁化，或是由于在外磁场的作用下分子磁矩取向发生了变化，或是在外磁场的作用下产生附加磁矩，这两种情况都可以归结为在磁介质中产生了附加磁矩，导致产生附加磁场. 因此，产生附加磁矩的程度决定了磁化的程度. 我们定义**磁介质中单位体积内的磁矩矢量和**来表示磁介质的磁化情况，称为**磁化强度**. 用符号 $\boldsymbol{M}$ 表示. 在均匀磁介质中取一小体积元 $\Delta V$，在此体积内分子磁矩的矢量和为 $\Sigma\boldsymbol{m}$，那么磁化强度为

$$\boldsymbol{M}=\frac{\Sigma\boldsymbol{m}}{\Delta V} \tag{5-1-2}$$

在国际单位制中磁化强度的单位是 $\mathrm{A\cdot m^{-1}}$.

由于分子磁矩是矢量，因而磁化程度取决于其各个分子磁矩的大小及其排列的整齐程度. 对于顺磁质，分子磁矩排列得越整齐，它的磁化程度越高，磁化强度越大，$\boldsymbol{M}$ 与 $\boldsymbol{B}_0$ 方向相同；对于抗磁质，各个附加分子磁矩越大，其磁矩的矢量和越大，磁化强度越大，$\boldsymbol{M}$

与$\boldsymbol{B}_0$方向相反．如果$\boldsymbol{M}$为恒矢量，则称为**均匀磁化**．

**【例 5-1-1】**　一磁铁棒长 5.0cm，横截面积为 1.0cm²，设棒内所有铁原子的磁矩都沿棒长方向排列，每个铁原子的磁矩 $m_0=1.8\times10^{-23}\mathrm{A\cdot m^2}$．求（1）这根磁铁棒的磁矩之和 $m$；（2）磁化强度 $M$．

**解：**（1）已知铁的密度 $\rho=7.8\times10^3\mathrm{kg\cdot m^{-3}}$，摩尔质量 $M_0=55.8\times10^{-3}\mathrm{kg\cdot mol^{-1}}$，阿伏伽德罗常数 $N_A=6.02\times10^{23}\ \mathrm{mol^{-1}}$．铁原子的数密度 $n=\frac{\rho}{M_0}N_A$，则该棒的铁原子数目 $N=nV=\frac{\rho}{M_0}N_AV$，合磁矩为

$$m=Nm_0=\frac{\rho}{M_0}N_AVm_0=7.58\mathrm{A\cdot m^2}$$

（2）磁化强度的大小为

$$M=\frac{m}{V}=1.56\times10^6\mathrm{A\cdot m^{-1}}$$

## 5.1.4　磁化电流

**(1) 磁化电流**

按照安培的分子电流假说可知，电流是产生磁场的根源．磁介质磁化所产生的附加磁场$\boldsymbol{B}'$，或附加磁矩，可等效为一个圆电流所产生的，这个电流称为**磁化电流**．

为简单起见，仍以长直螺线管为例，在其内部充满各向同性的均匀磁介质，线圈中通以电流，螺线管内部产生均匀磁场，磁介质被磁化后，介质中每个分子的磁矩都转动到与外磁场的方向相同，如图 5-1-4 所示．可以看出：在介质内部任一点位置上，相邻的分子电流的方向总是相反，相互抵消，而在靠近介质表面处形成了一段一段的分子电流，构成了沿介质表面的环形电流，即**磁化电流**．磁化电流是由分子电流一段一段接合而成的，不同于金属中自由电子定向运动形成的传导电流，所以也叫**束缚电流**．磁化电流在磁效应方面与传导电流的规律相同，但是不存在热效应．

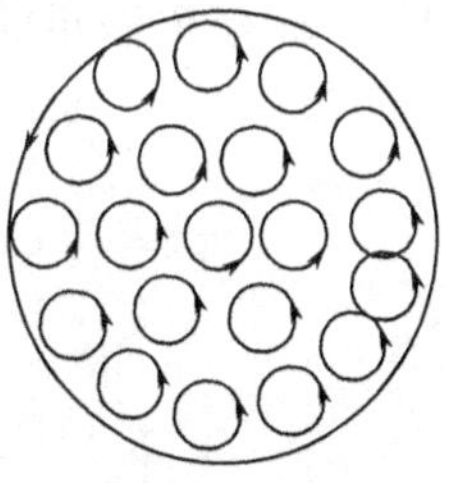

图 5-1-4　磁化电流示意图

**(2) 磁化强度与磁化电流的关系**

一般情况下，磁介质磁化后，介质内有磁化电流．可以证明**磁化强度$\boldsymbol{M}$沿任一闭合回路的线积分等于该回路所包围的磁化电流$I_S$**．这就是磁化强度与磁化电流的关系．数学表达式为

$$\oint_L \boldsymbol{M}\cdot\mathrm{d}\boldsymbol{l}=I_S \tag{5-1-3}$$

为了推导上式，需要先找出磁化强度的微观表达式．磁介质磁化后，设平均分子磁矩为 $\boldsymbol{m}=i_0\Delta\boldsymbol{S}$，$i_0$ 为平均分子电流，$\Delta\boldsymbol{S}$ 为分子圆电流包围的面元矢量．设介质中的分子数密度为 $n$，则介质中的磁化强度矢量为

$$\boldsymbol{M}=n\boldsymbol{m}=ni_0\Delta\boldsymbol{S} \tag{5-1-4}$$

下面再看看磁化电流的微观表达式．如图 5-1-5 所示，在介质中任取一曲面 $S$，设其边界为 $L$，在 $L$ 上取一线元 $\mathrm{d}\boldsymbol{l}$，以 $\mathrm{d}l$ 为轴，分子圆电流的平均面积 $\Delta S$ 为底，作一圆柱体．显然，只有分子中心在该体积元 $\mathrm{d}V=\Delta S\mathrm{d}l$ 内的分子，其分子电流才对流过 $S$ 的总电流有贡献．那么，穿过 $S$ 上的磁化电流为

$$\mathrm{d}I_S=n\mathrm{d}Vi_0=ni_0\Delta S\mathrm{d}l=ni_0\Delta\boldsymbol{S}\cdot\mathrm{d}\boldsymbol{l} \tag{5-1-5}$$

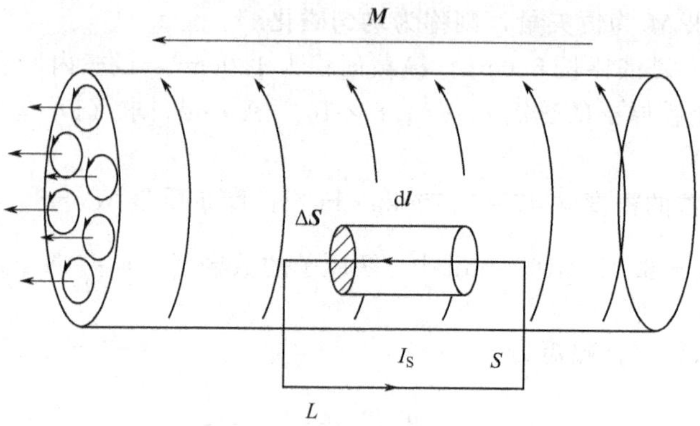


图 5-1-5　磁化电流示意图

将 $\boldsymbol{M}=ni_0\Delta\boldsymbol{S}$ 代入上式，得

$$\mathrm{d}I_S=ni_0\Delta\boldsymbol{S}\cdot\mathrm{d}\boldsymbol{l}=\boldsymbol{M}\cdot\mathrm{d}\boldsymbol{l}$$

那么，以 $L$ 为周界所包围的磁化电流为

$$I_S=\iint_S\mathrm{d}I_S=\oint_L\boldsymbol{M}\cdot\mathrm{d}\boldsymbol{l}$$

上式即为磁化强度 $\boldsymbol{M}$ 与磁化电流 $I_S$ 的积分关系. 也可称为**磁化强度 $\boldsymbol{M}$ 的环路定理**.

综上所述，磁介质在外磁场中被磁化后产生附加磁场 $\boldsymbol{B}'$，这个附加磁场 $\boldsymbol{B}'$可以等效为在磁介质表面出现磁化电流 $I_S$ 所产生的，磁化电流在磁效应方面与传导电流的规律相同，即附加磁场 $\boldsymbol{B}'$满足的场方程为

$$\oint_L\boldsymbol{B}'\cdot\mathrm{d}\boldsymbol{l}=\mu_0I_S \tag{5-1-6}$$

$$\oiint_S\boldsymbol{B}'\cdot\mathrm{d}\boldsymbol{S}=0 \tag{5-1-7}$$

**复习思考题**

5-1-1　什么是磁介质的磁化？物质的磁化与物质的电极化有共同点吗？主要区别是什么？如何理解自然界中所有物质都是磁介质的结论？

5-1-2　磁介质是如何分类的？

5-1-3　顺磁质和抗磁质磁化的原因是什么？什么是分子磁矩？什么是分子电流？

5-1-4　磁化强度的定义是什么？磁化强度与磁化电流的关系是什么？

5-1-5　什么是磁化电流？磁化电流产生磁场的性质是什么？

## 5.2　有磁介质时磁场的基本规律

### 5.2.1　磁场强度　有磁介质时磁场的安培环路定理

有磁介质时，空间的磁场是传导电流产生的磁场 $\boldsymbol{B}_0$ 和磁化电流产生的磁场 $\boldsymbol{B}'$的叠加，即空间任意点的磁感强度

$$\boldsymbol{B}=\boldsymbol{B}_0+\boldsymbol{B}'$$

根据真空中磁场的安培环路定理

$$\oint_L \boldsymbol{B}_0 \cdot \mathrm{d}\boldsymbol{l} = \mu_0 I_0$$

磁化电流产生的磁场与传导电流产生的磁场有相同的规律，则

$$\oint_L \boldsymbol{B}' \cdot \mathrm{d}\boldsymbol{l} = \mu_0 I_S$$

所以有磁介质时的安培环路定理为

$$\oint_L \boldsymbol{B} \cdot \mathrm{d}\boldsymbol{l} = \oint_L (\boldsymbol{B}_0 + \boldsymbol{B}') \cdot \mathrm{d}\boldsymbol{l} = \oint_L \boldsymbol{B}_0 \cdot \mathrm{d}\boldsymbol{l} + \oint_L \boldsymbol{B}' \cdot \mathrm{d}\boldsymbol{l} = \mu_0 I_0 + \mu_0 I_S$$

式中，$I_0$ 和 $I_S$ 分别为穿过闭合回路 $L$ 的传导电流的代数和与磁化电流的代数和. 为了避开磁化电流 $I_S$，将式(5-1-3) 代入上式可得

$$\oint_L \boldsymbol{B} \cdot \mathrm{d}\boldsymbol{l} = \mu_0 I_0 + \mu_0 \oint_L \boldsymbol{M} \cdot \mathrm{d}\boldsymbol{l}$$

所以

$$\oint_L \left(\frac{\boldsymbol{B}}{\mu_0} - \boldsymbol{M}\right) \cdot \mathrm{d}\boldsymbol{l} = I_0$$

令

$$\boldsymbol{H} = \frac{\boldsymbol{B}}{\mu_0} - \boldsymbol{M} \tag{5-2-1}$$

则有

$$\oint_L \boldsymbol{H} \cdot \mathrm{d}\boldsymbol{l} = I_0 \tag{5-2-2}$$

矢量 $\boldsymbol{H}$ 称为**磁场强度**. 式(5-2-2) 称为**有磁介质时的安培环路定理**. 该定理表明，**磁场强度 $\boldsymbol{H}$ 沿任意闭合回路的线积分，等于该回路所包围的传导电流的代数和**.

可以看出，定义了磁场强度 $\boldsymbol{H}$ 后，就避开了磁化电流，因而使得处理有磁介质时的磁场问题就比较方便了. 但是应当指出，能够确定磁场中运动电荷和电流受力的是磁感强度 $\boldsymbol{B}$，而不是磁场强度 $\boldsymbol{H}$. 磁感强度 $\boldsymbol{B}$ 具有直接的物理意义，而磁场强度 $\boldsymbol{H}$ 仅仅是一个辅助物理量，在国际单位制中磁场强度 $\boldsymbol{H}$ 的单位是 $\mathrm{A \cdot m^{-1}}$.

## 5.2.2　磁介质的磁化规律

实验表明，除铁磁质外，只要所处的磁场不太强，大多数各向同性磁介质的磁化强度 $\boldsymbol{M}$ 与磁场强度 $\boldsymbol{H}$ 成线性关系，可写成

$$\boldsymbol{M} = \chi_m \boldsymbol{H} \tag{5-2-3}$$

满足上述关系的磁介质称为**线性磁介质**. 比例系数 $\chi_m$ 称为磁介质的**磁化率**，它是一个无量纲的物理量，是一个纯数. $\chi_m$ 由介质的结构和特性决定. 表 5-2-1 给出了常温下一些磁介质的磁化率.

表 5-2-1　一些磁介质的磁化率

| 顺磁质 | $\chi_m$ | 抗磁质 | $\chi_m$ |
|---|---|---|---|
| 锰 | $12.4 \times 10^{-5}$ | 铋 | $-1.70 \times 10^{-5}$ |
| 铬 | $4.5 \times 10^{-5}$ | 铜 | $-0.11 \times 10^{-5}$ |
| 铝 | $0.82 \times 10^{-5}$ | 银 | $-0.25 \times 10^{-5}$ |
| 空气 | $30.36 \times 10^{-5}$ | 氢 | $-2.47 \times 10^{-5}$ |

将式(5-2-3) 代入磁场强度 $\boldsymbol{H}$ 的定义式(5-2-1)，得

$$\boldsymbol{H} = \frac{\boldsymbol{B}}{\mu_0} - \boldsymbol{M} = \frac{\boldsymbol{B}}{\mu_0} - \chi_m \boldsymbol{H}$$

由上式可得 $\boldsymbol{H}$ 与 $\boldsymbol{B}$ 的关系为

$$\boldsymbol{B}=\mu_0(1+\chi_m)\boldsymbol{H} \tag{5-2-4}$$

令

$$\mu_r=1+\chi_m \tag{5-2-5}$$

$\mu_r$ 称为磁介质的**相对磁导率**. 对于顺磁质 $\chi_m>0$，则 $\mu_r>1$；对于抗磁质 $\chi_m<0$，则 $\mu_r<1$. 由于一般的线性磁介质的磁化率 $\chi_m$ 都很小，所以 $\mu_r\approx1$.

则式(5-2-4) 写成

$$\boldsymbol{B}=\mu_0\mu_r\boldsymbol{H}=\mu\boldsymbol{H} \tag{5-2-6}$$

式(5-2-6) 就是磁感强度 $\boldsymbol{B}$ 与磁场强度 $\boldsymbol{H}$ 的关系式. $\mu=\mu_0\mu_r$ 称为磁介质的**磁导率**.

如果在真空中，$\boldsymbol{M}=0$，故有 $\chi_m=0$，$\mu_r=1$，$\boldsymbol{B}=\mu_0\boldsymbol{H}$. 由式(5-2-2) $\oint_L\boldsymbol{H}\cdot d\boldsymbol{l}=I_0$，得 $\oint_L\boldsymbol{B}\cdot d\boldsymbol{l}=\mu_0I_0$，这就是真空中磁场的安培环路定理. 所以有磁介质时的安培环路定理更具有普遍意义.

有磁介质时，磁场是传导电流和磁化电流共同产生的. $\oint_L\boldsymbol{H}\cdot d\boldsymbol{l}=I_0$ 表明 $\boldsymbol{H}$ 的环路积分值仅与环路所包围的传导电流有关，而与磁化电流无关. 并不是说磁场与磁化电流无关.

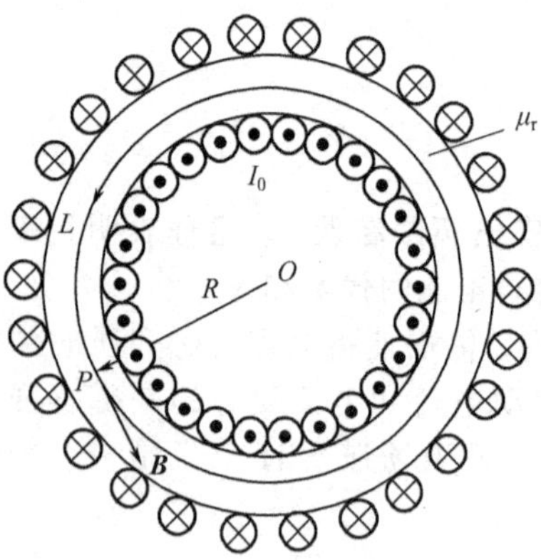

图 5-2-1　例 5-2-1 图

有磁介质时的安培环路定理 $\oint_L\boldsymbol{H}\cdot d\boldsymbol{l}=I_0$ 是磁场的场方程，如果要求出磁介质中的磁场分布，在某些磁场对称分布的情况下，可解出 $\boldsymbol{H}$ 的大小 $H$，再根据 $B=\mu_0\mu_rH$，求出磁感强度的分布.

**【例 5-2-1】** 如图 5-2-1 所示，均匀密绕的螺绕环内充满相对磁导率为 $\mu_r$ 的均匀磁介质，线圈共有 $N$ 匝，环的截面半径比环的平均半径 $R$ 小得多. 已知线圈中通入传导电流 $I_0$，求：(1) 环内磁场强度 $H$ 和磁感强度 $B$；(2) 传导电流产生的 $B_0$ 和磁化电流产生的 $B'$；(3) 对应于每匝线圈的磁化电流 $I'$.

**解：** (1) 取与环同心的半径 $R$ 的圆周 $L$ 为安培环路，由对称性可知，圆周上各点的 $H$ 量值相等，方向沿圆周的切向. 由安培环路定理可得

$$\oint_L\boldsymbol{H}\cdot d\boldsymbol{l}=2\pi RH=NI_0$$

即

$$H=\frac{N}{2\pi R}I_0=nI_0 \tag{5-2-7}$$

式中 $n$ 为单位长度上线圈的匝数. $\boldsymbol{B}$ 与 $\boldsymbol{H}$ 处处同向，其大小为

$$B=\mu_0\mu_rH=\mu_0\mu_rnI_0 \tag{5-2-8}$$

(2) 由式(4-5-5) 知，传导电流产生的 $B_0$ 为

$$B_0=\mu_0nI_0 \tag{5-2-9}$$

由式(5-1-1)，$\boldsymbol{B}=\boldsymbol{B}_0+\boldsymbol{B}'$，其中三个量方向相同，其量值关系为

$$B'=B-B_0=\mu_0\mu_rnI_0-\mu_0nI_0=\mu_0(\mu_r-1)nI_0 \tag{5-2-10}$$

(3) 磁化电流 $I'$ 与传导电流 $I_0$ 按同样的规律产生磁场，所以有

$$B' = \mu_0 n I'$$

将上式代入式(5-2-10)，得

$$I' = (\mu_r - 1) I_0$$

此式表明，磁化电流为传导电流的 $\mu_r - 1 = \chi_m$ 倍.

对比式(5-2-8) 和式(5-2-9) 可得

$$B = \mu_r B_0 \tag{5-2-11}$$

此式表示，同样的传导电流，有磁介质时的磁感应强度为无磁介质时的 $\mu_r$ 倍. 式(5-2-11) 的适用条件是各向同性均匀介质充满磁场存在的空间.

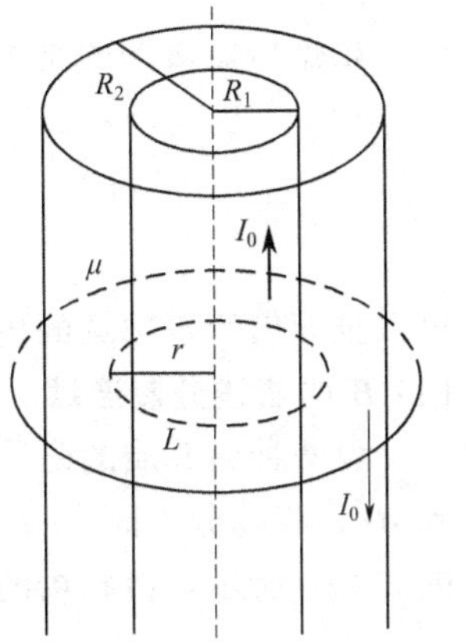


图 5-2-2 例 5-2-2 图

**【例 5-2-2】** 如图 5-2-2 所示，有两个半径分别为 $R_1$ 和 $R_2$ 的"无限长"同轴圆筒形导体，在它们之间充以相对磁导率为 $\mu_r$ 的磁介质. 当两圆筒上通有相反方向的电流 $I_0$ 时，试求：(1) 磁介质中任意点 $P$ 的磁感强度的大小；(2) 圆柱体的外面任一点的磁感强度.

**解：** (1) 当两圆筒通有相反方向的电流 $I$ 时，它们产生的磁场是轴对称分布的. 设磁介质中 P 点到轴线的距离为 $r$，并以 $r$ 为半径作一个圆周，根据环路定理，有

$$\oint_L \boldsymbol{H} \cdot d\boldsymbol{l} = 2\pi r H = I_0$$

所以

$$H = \frac{I_0}{2\pi r}$$

磁感强度的大小为

$$B = \frac{\mu_0 \mu_r I_0}{2\pi r}$$

(2) 同样的，在圆柱体的外面过任一点作半径为 $r$ 的圆周，显然，此闭合回路所包围的传导电流的代数和为零，根据式(5-2-2) 得

$$\oint_L \boldsymbol{H} \cdot d\boldsymbol{l} = 2\pi r H = 0$$

所以

$$H = 0$$

则圆柱体的外面任一点的磁感强度

$$B = 0$$

## 5.2.3 有磁介质时磁场的高斯定理

有磁介质时的磁感强度

$$\boldsymbol{B} = \boldsymbol{B}_0 + \boldsymbol{B}'$$

根据真空中磁场的高斯定理

$$\oiint_S \boldsymbol{B}_0 \cdot d\boldsymbol{S} = 0$$

以及磁化电流产生磁场的高斯定理

$$\oiint_S \boldsymbol{B}' \cdot d\boldsymbol{S} = 0$$

可以得到

$$\oiint_S \boldsymbol{B} \cdot \mathrm{d}\boldsymbol{S} = 0 \tag{5-2-12}$$

式（5-2-7）称为**有磁介质时磁场的高斯定理**，是磁场的普遍公式.

## 5.2.4 恒定磁场的边值关系

根据恒定磁场的基本方程

$$\oint_L \boldsymbol{H} \cdot \mathrm{d}\boldsymbol{l} = I_0$$

$$\oiint_S \boldsymbol{B} \cdot \mathrm{d}\boldsymbol{S} = 0$$

可以推导出恒定磁场的边值关系.

**(1) $\boldsymbol{B}$ 的法线分量连续**

设两种磁介质的磁导率分别为 $\mu_1$ 和 $\mu_2$，在介质的分界面处两侧的磁感强度分别为 $\boldsymbol{B}_1$ 和 $\boldsymbol{B}_2$，跨越分界面作一非常小的圆柱形闭合曲面，其底面积为 $\Delta S$、高为 $h$ ，且 $h \to 0$，如图 5-2-3 所示，由磁场的高斯定理可得

$$\oiint_S \boldsymbol{B} \cdot \mathrm{d}\boldsymbol{S} = B_{2\mathrm{n}}\Delta S - B_{1\mathrm{n}}\Delta S = 0$$

式中，$B_{1\mathrm{n}}$ ，$B_{2\mathrm{n}}$ 分别为分界面两侧的磁感强度 $\boldsymbol{B}_1$ 和 $\boldsymbol{B}_2$ 在分界面法线方向 $\boldsymbol{e}_\mathrm{n}$ 上的分量，由上式得

$$B_{2\mathrm{n}} = B_{1\mathrm{n}} \tag{5-2-13}$$

或

$$\boldsymbol{e}_\mathrm{n} \cdot (\boldsymbol{B}_2 - \boldsymbol{B}_1) = 0 \tag{5-2-14}$$

上面两式说明，在**分界面两侧磁感强度的法向分量是连续的.**

**(2) $\boldsymbol{H}$ 的切线分量不连续**

假设分界面上分布有面传导电流，设单位宽度上的电流为 $\alpha_0$，在磁介质的分界面处两侧的磁场强度分别为 $\boldsymbol{H}_1$ 和 $\boldsymbol{H}_2$，跨越分界面取一非常小的矩形闭合环路，其长为 $\Delta l$ 、宽为 $h$ ，且 $h \to 0$，如图 5-2-4 所示. 根据安培环路定理，有

$$\oint_L \boldsymbol{H} \cdot \mathrm{d}\boldsymbol{l} = H_{2\mathrm{t}}\Delta l - H_{1\mathrm{t}}\Delta l = \alpha_0 \Delta l$$

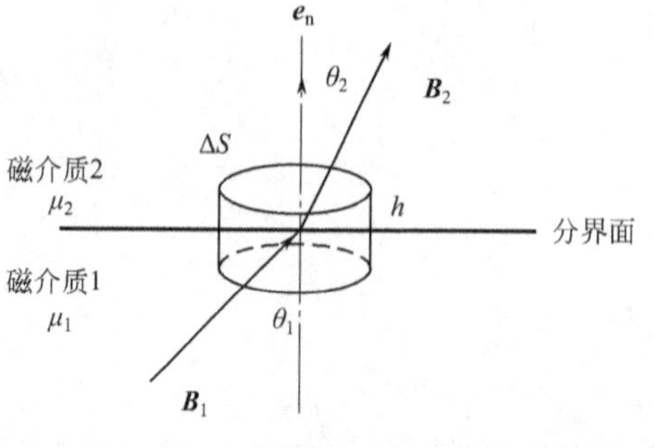


图 5-2-3 磁感强度的边值关系

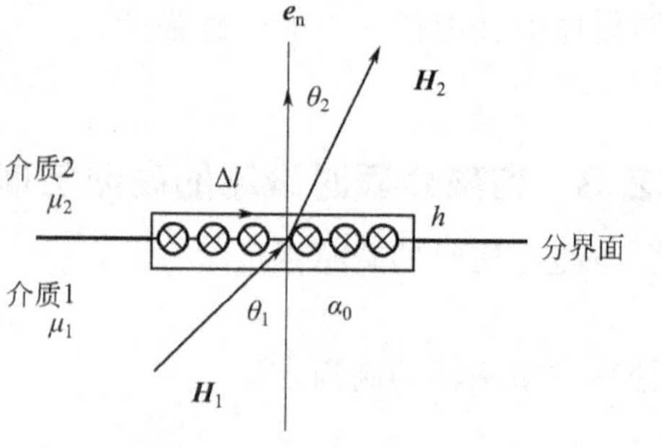


图 5-2-4 磁场强度的边值关系

所以有

$$H_{2\mathrm{t}} - H_{1\mathrm{t}} = \alpha_0 \tag{5-2-15}$$

式中，$H_{1t}$，$H_{2t}$ 分别为分界面两侧的磁场强度 $\boldsymbol{H}_1$ 和 $\boldsymbol{H}_2$ 在分界面切线方向上的分量. 上式说明，$\boldsymbol{H}$ 的切线分量是不连续的.

如果界面上无传导电流时，即 $\alpha_0=0$，则有

$$H_{2t}=H_{1t} \tag{5-2-16}$$

或

$$\boldsymbol{e}_n\times(\boldsymbol{H}_2-\boldsymbol{H}_1)=0 \tag{5-2-17}$$

上式表明，当分界面上无传导电流时，$\boldsymbol{H}$ 的切线分量是连续的.

(3) $\boldsymbol{B}$ 的折射定律

对于满足 $\boldsymbol{B}=\mu\boldsymbol{H}$ 的磁介质，可由边值关系进一步求出分界面上无传导电流时分界面两侧的磁感强度的大小和方向关系.

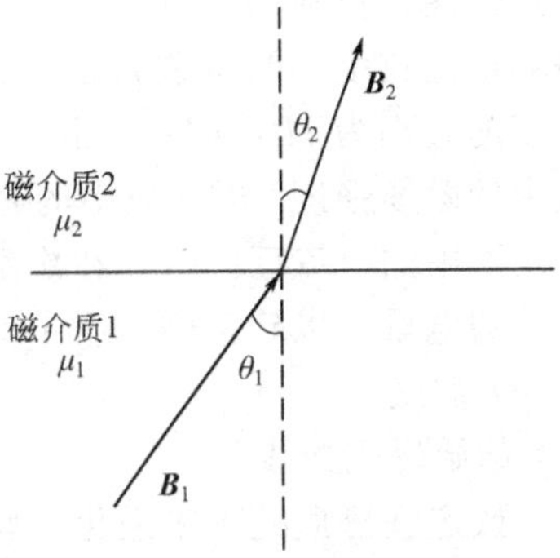

图 5-2-5 磁感强度的边值关系

如图 5-2-5，介质 1、介质 2 的磁导率分别为 $\mu_1$ 和 $\mu_2$，分界面两侧的磁感强度分别为 $\boldsymbol{B}_1$ 和 $\boldsymbol{B}_2$，$\boldsymbol{B}_1$ 和 $\boldsymbol{B}_2$ 与界面法线之间的夹角分别为 $\theta_1$ 和 $\theta_2$. 由 $\boldsymbol{B}$ 的法线分量连续 $B_{2n}=B_{1n}$ 可得

$$B_1\cos\theta_1=B_2\cos\theta_2 \tag{5-2-18}$$

由 $\boldsymbol{H}$ 的切线分量连续 $H_{2t}=H_{1t}$ 可得

$$H_1\sin\theta_1=H_2\sin\theta_2$$

由 $B=\mu H$，得

$$\frac{B_1}{\mu_1}\sin\theta_1=\frac{B_2}{\mu_2}\sin\theta_2 \tag{5-2-19}$$

由式(5-2-18) 和式(5-2-19)

$$\frac{\tan\theta_1}{\tan\theta_2}=\frac{\mu_1}{\mu_2}=\frac{\mu_{r1}}{\mu_{r2}} \tag{5-2-20}$$

上式称为 $\boldsymbol{B}$ 线的折射定律.

### 复习思考题

5-2-1 磁场强度的定义是什么？为什么要引入磁场强度这个物理量？磁场强度与磁感强度的关系是什么？

5-2-2 磁介质中的磁感强度与磁化电流有关吗？磁场强度与磁化电流有关吗？磁场强度的环流值与磁化电流有关吗？

5-2-3 传导电流在真空中产生的磁场与在介质中产生的磁场相同吗？为什么？

5-2-4 两种介质的分界面上磁感强度和磁场强度都分别具有什么样的分布规律？

## 5.3 铁磁质

铁磁质是最常用的强磁介质. 金属铁、钴、镍及其合金，以及铁氧体等都是重要的铁磁性材料. 铁磁性材料是制造永久磁体、电磁铁、变压器以及各种电机所不可缺少的材料. 铁

磁质在外磁场中，会产生很强的附加磁场，使磁场增加几十倍甚至几千倍. 另外，铁磁质还有许多其它重要特性.

## 5.3.1 铁磁质的磁化规律

研究铁磁质的磁化规律通常是测定铁磁质的磁感强度 $\boldsymbol{B}$ 与磁场强度 $\boldsymbol{H}$ 之间的关系. 可以把待测磁性材料做成细圆环样品，在圆环样品上均匀地绕满漆包导线成为一个螺绕环作为**初级线圈**，再在其上绕若干圈漆包导线作为**次级线圈**. 接在如图 5-3-1 所示的电路中，设螺绕环单位长度上的匝数为 $n$，通过的电流为 $I_0$，由安培环路定理容易求得磁介质中的磁场强度的大小为 $H=nI_0$，当 $n$ 一定时，对于不同的 $I_0$，可计算出相应的 $H$. 因而可确定介质中的磁场强度. 磁介质中的磁感强度 $B$ 可用一个与次级线圈连接的冲击电流计测量. 当初级线圈中的电流反向时，在次级线圈中产生一个感应电动势，用冲击电流计测出通过冲击电流计的电量可以确定磁介质中的 $B$. 不断改变电流 $I_0$，可得到相应的 $H$、$B$ 的数据，作出 $B$ - $H$ 曲线.

**(1) 起始磁化曲线**

假定铁磁质处于未磁化的状态，开始磁化后，当 $H$ 从零逐渐增加时，可以看出 $B$ 也逐渐地缓慢增加（图 5-3-2 中的 $OM$ 段）；到达点 $M$ 以后，$H$ 再继续增加时，$B$ 就急剧地增加（$MN$ 段）；到达点 $N$ 以后，再增大 $H$ 时，$B$ 的增加得就比较缓慢了（$NP$ 段）；当达到点 $S$ 以后，再增大 $H$，$B$ 基本不再增加，呈现出磁化逐渐趋于饱和的程度. 从未磁化到饱和的这段磁化曲线，称为铁磁质的**起始磁化曲线**；而 $S$ 点所对应的 $B$ 值称为铁磁质的**饱和磁感应强度** $B_m$.

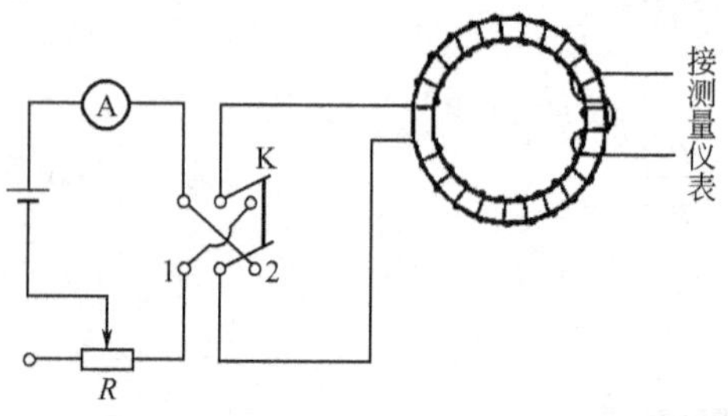


图 5-3-1 铁磁材料特性测试示意图

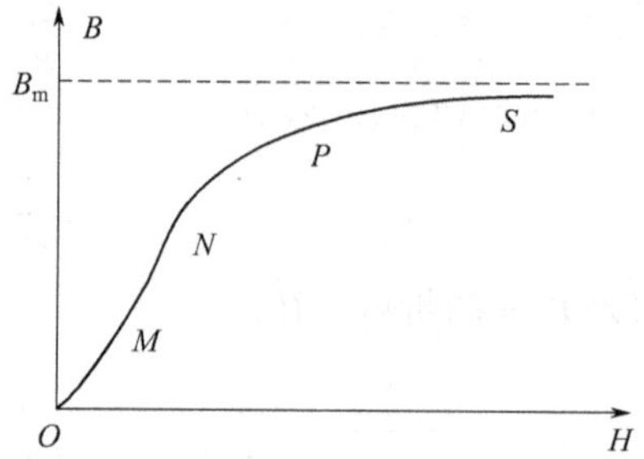


图 5-3-2 铁磁材料的起始磁化曲线

由起始磁化曲线可以看出，铁磁质不是线性介质. 尽管如此，但仍然引用磁导率 $\mu$ 的概念. 即

$$\mu=\mu_0\mu_r=\frac{B}{H} \tag{5-3-1}$$

$B$ - $H$ 曲线的斜率就是磁导率 $\mu$，显然铁磁质的磁导率 $\mu$ 和相对磁导率 $\mu_r$ 都不是常量，它与 $H$ 有关. 由 $B$ - $H$ 曲线可得到如图 5-3-3 所示的 $\mu$ - $H$ 曲线，图中 $\mu_i$ 叫做**起始磁导率**，$\mu_m$ 叫做**最大磁导率**. $\mu_i$ 和 $\mu_m$ 是常用的参数.

**(2) 磁滞回线**

如图 5-3-4 所示，在 $B$ 达到饱和值 $B_m$ 后，如果使 $H$ 逐渐减小，$B$ 不再沿初始磁化曲线返回，而沿另一条曲线 SQ 比较缓慢地减小. 这种 $B$ 的变化落后于 $H$ 的变化的现象，叫做**磁滞现象**.

由于磁滞的原因，当磁场强度 $H$ 减小至零时，磁感强度 $B$ 并不等于零，而是仍有一定

的数值 $B_r$，$B_r$ 称为剩余磁感强度；简称为**剩磁**. 这是铁磁质所特有的性质，如果一铁磁质有剩磁存在，说明它已被磁化过，铁磁质具有记忆能力.

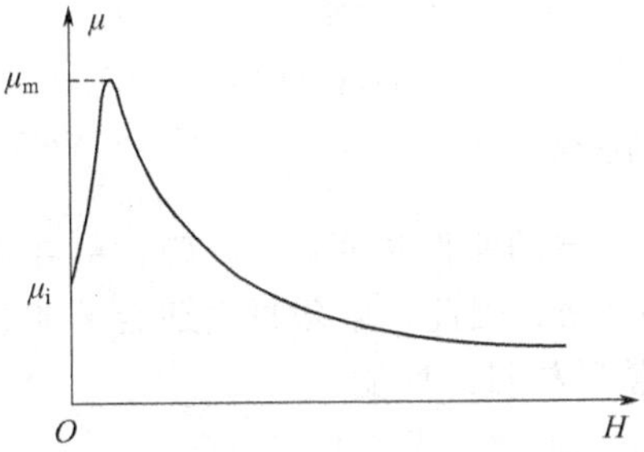


图 5-3-3　铁磁材料的 $\mu$ - $H$ 曲线

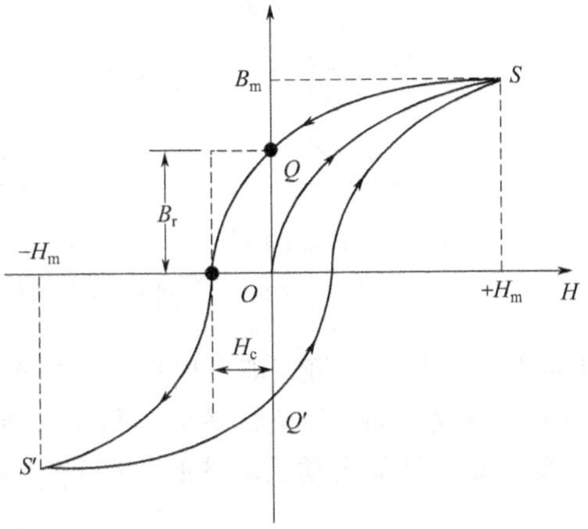


图 5-3-4　磁滞回线

为使 $B$ 减少到零（通常称为**退磁**），必须加一反向磁场，随着反向磁场强度的增加，$B$ 逐渐变小，当达到 $H=-H_c$ 时，$B$ 等于零，这时铁磁质的剩磁就退掉了，铁磁质就不显现磁性了. 通常把 $H_c$ 称为**矫顽力**，它表示铁磁质抵抗去磁的能力. 当反向磁场强度继续增强到 $-H_m$ 时，则磁化达到反向饱和（$S'$ 点）. 如果再使反向磁场的绝对值逐渐减小到零，随后再使正向磁场逐渐增加，则铁磁质的磁化状态将沿 $S'Q'S$ 回到正向饱和状态. 磁场强度在正、反两个方向上往复变化一周的过程中，$B$ - $H$ 曲线构成一闭合曲线，称为**磁滞回线**. 由磁滞回线可以看出，铁磁质的磁化是不可逆过程.

研究磁滞回线不仅可以了解铁磁质的剩磁、矫顽力等重要磁性参数. 而且铁磁质在交变磁场中被磁化时，磁滞效应是要损耗能量的，而所损耗的能量与磁滞回线所包围的面积有关，面积越大，能量的损耗也越多.

铁磁材料的磁性与温度有关. 每一种铁磁质有一个临界温度 $T_c$，当温度高于其相应的临界温度时，铁磁性完全消失，其磁性变为顺磁性. 这个临界温度称为**居里温度**. 铁的居里温度为 1040K，钴的居里温度为 1390K，镍的居里温度为 630K.

## 5.3.2　铁磁质的分类

铁磁质有许多种类，按它们的化学成分和性能不同，可以分为两大类：金属磁性材料和非金属磁性材料（铁氧体）.

**(1) 金属磁性材料**

金属磁性材料是指由金属合金或化合物制成的磁性材料，例如以铁、钴、镍为基础的合金等. 金属磁性材料在高温、低频、大功率等条件下，有着广泛的应用，但在高频范围，涡流损失太大，应用受到限制. 金属磁性材料还可以分为硬磁材料和软磁材料等. 实验表明，不同铁磁性材料的磁滞回线形状有很大差别. 图 5-3-5 给出了三种不同铁磁材料的磁滞回线，其中**软磁材料**的磁滞回线狭长，包围的面积的面积较小；**硬磁材料**的矫顽力较大，剩磁也较大；而铁氧体材料的磁滞回线近似于矩形，称为**矩磁材料**.

软磁材料有工程纯铁、硅钢、坡莫合金等. 它们的特点是相对磁导率 $\mu_r$ 比较大，矫顽力 $H_c$ 和剩磁 $B_r$ 都比较小，磁滞回线包围的面积也较小. 在相当宽的范围内可以应用 $B=$

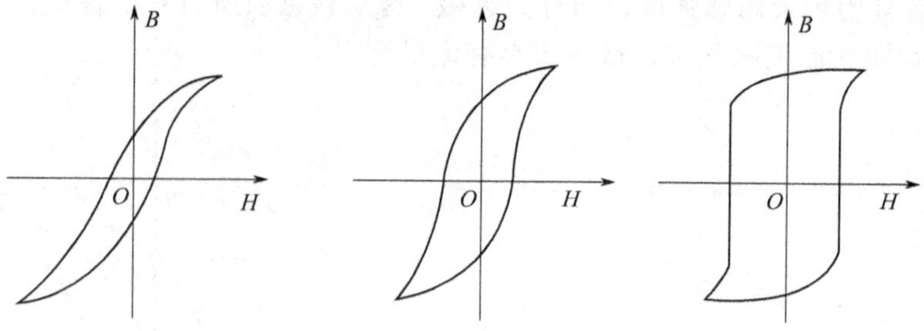

(a) 软磁材料　(b) 硬磁材料　(c) 铁氧体材料

图 5-3-5　不同铁磁材料的磁滞回线

$\mu H$ 的关系式进行计算，即可以把它们当作具有高磁导率的线性磁介质. 软磁材料在磁场中很容易被磁化，而由于它的矫顽力很小，所以也容易去磁. 因此，软磁材料适合于制造电磁铁、变压器、交流电动机的铁芯. 表 5-3-1 列出几种软磁材料的性能.

**表 5-3-1　几种软磁材料的性能**

| 软磁材料 | $\mu_r$（最大值） | $B_m$/T | $H_c$/(A·m$^{-1}$) | $T_c$/℃ |
|---|---|---|---|---|
| 工程纯铁 | $20\times10^3$ | 2.15 | 7 | 770 |
| 坡莫合金 | $100\times10^3$ | 1 | 4 | 580 |
| 硅钢 | $8\times10^3$ | 1.95 | 4.8 | 690 |

硬磁材料又称**永磁材料**，它的特点是剩磁 $B_r$ 和矫顽力 $H_c$ 都比较大，其磁滞回线所包围的面积也就大，磁滞特性非常明显，所以把硬磁材料放在外磁场中磁化后，仍能保留较强的磁性，并且这种剩余的磁性不易被消除，因此硬磁材料用来制造永磁体. 在各种电表及一些电气设备中，常用永磁铁来获得稳定的磁场. 表 5-3-2 列出几种硬磁材料的主要性能.

**表 5-3-2　几种硬磁材料的性能**

| 硬磁材料 | $B_r$/T | $H_c$/(A·m$^{-1}$) |
|---|---|---|
| 钡铁氧体 | 0.45 | $1.44\times10^5$ |
| 碳钢 | 1.00 | $0.4\times10^4$ |
| 钕铁硼合金 | 1.07 | $8.8\times10^5$ |

另外，还有许多具有特殊性能的磁性材料，例如**压磁材料**，它具有很强的磁致伸缩性能，磁致伸缩是指铁磁性物体的形状和体积在磁场变化时也会发生变化，特别是改变物体在磁场方向上的长度. 当交变磁场作用在铁磁性物体上时，它随着磁场的增强，可以伸长，或者缩短，利用这种特性可以制成传感器等测量仪器.

**(2) 非金属磁性材料——铁氧体**

铁氧体是一族化合物的总称，它由三氧化二铁（$Fe_2O_3$）和其他二价的金属氧化物（如 NiO，ZnO 等）的粉末混合烧结而成. 由于它的制造工艺过程类似陶瓷，所以通常称为**磁性陶瓷材料**.

铁氧体的特点是具有高磁导率，而且还有很高的电阻率，比金属磁性材料的电阻率大很多，所以铁氧体的涡流损失很小，常用于高频技术. 例如电子技术中利用铁氧体作为天线和电感的磁芯等.

图 5-3-5(c) 中是矩磁铁氧体的磁滞回线，从图中可以看出磁滞回线近似为矩形. 在磁

带和计算机的信号记录中就是利用矩磁铁氧体的矩形回线特点作为记忆元件，利用正向和反向两个稳定状态可代表“0”与“1”，故可作为二进制记忆元件.

### 5.3.3 铁磁质的微观机理

铁磁质的磁化特性是由其特殊的微观机制决定的，从物质的原子结构观点来看，铁磁质的原子之间存在着称为交换耦合作用的量子效应，在这种作用下铁磁质内部形成了一些微小区域. 在这些小区域内，电子的自旋磁矩自发地整齐排列起来，它具有很强的磁性. 这些小区域称为**磁畴**. 但铁磁质内各个磁畴的排列方向是无序的，如图 5-3-6 所示，所以在没有外磁场时，铁磁质整体上对外不显磁性.

当铁磁质处于外磁场中时，铁磁质内各个磁畴在外磁场的作用下都趋向于沿外磁场方向排列，见图 5-3-7. 随着外磁场的增大，磁畴的磁矩方向不断转向外磁场的方向，当外磁场增加到一定程度时，所有磁畴的磁矩方向都指向同一方向了，这时铁磁质就达到了饱和状态. 在撤去外磁场后，磁畴很难回到原来的状态，这就表现为铁磁质的剩磁和磁滞现象.

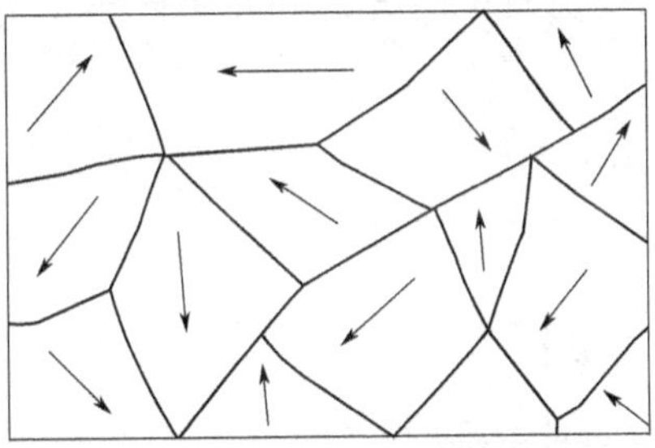

图 5-3-6　磁畴

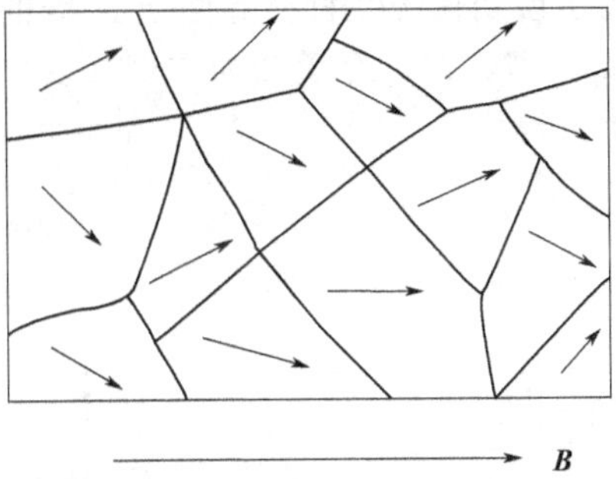


图 5-3-7　外磁场下磁畴的变化

当温度升高时，微观粒子的热运动加剧，当温度升高到某一临界值后，热运动的剧烈程度大到足以使磁畴瓦解，使铁磁性消失而变为普通的顺磁性. 就是铁磁质的临界温度的微观解释.

我们可用实验来演示磁畴的存在. 最简单的办法是**粉纹照相**，在磨得很光的铁磁质表面上，涂上一层弥漫在胶质溶液中的磁性粉末，粉末就把各个磁畴在表面上的界限显示出来了. 在一般显微镜下可以看到这种磁畴粉纹图，通过粉纹照相可以测定磁畴的大小、形状、位置以及磁畴在外磁场中的变化. 图 5-3-8 是用粉纹照相在 Si-Fe 单晶的（001）面上观察到的磁畴结构，箭头表示磁化方向.

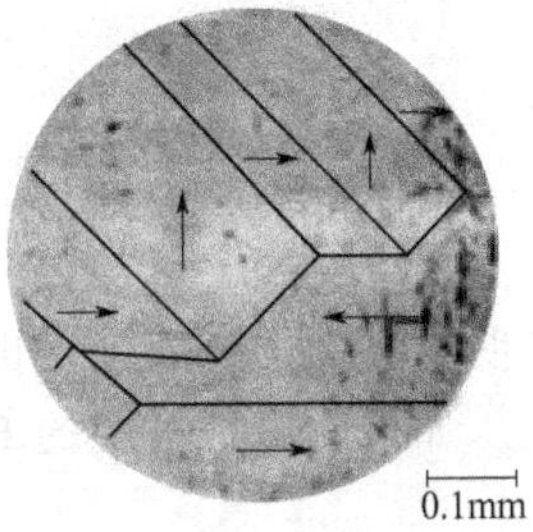


图 5-3-8　磁畴粉纹图

## 复习思考题

5-3-1　铁磁质是怎样分类的？

5-3-2　如何测量铁磁材料的 $B$-$H$ 曲线、$\mu$-$H$ 曲线？

5-3-3　怎么从磁滞回线上得到铁磁质的主要性能？

5-3-4　如何解释铁磁质的磁性以及饱和磁感强度和居里温度？

# 5.4 磁路定理

电机、变压器等设备中广泛使用铁芯，是利用铁磁质具有极高的磁导率来增强磁场. 在处理磁场分布问题时，一般利用磁场的高斯定理和安培环路定理以及相应的边值关系即可. 但存在铁磁质时，磁感线的分布类似于导体中的电流密度的分布，基于这种特点，我们可以使用更简单的磁路概念来计算磁场的分布.

## 5.4.1 铁磁质与非铁磁质界面处磁场的分布

对于矫顽力和剩磁都很小的软磁材料，由于磁滞回线很窄，一般当成线性材料，即满足 $\boldsymbol{B}=\mu\boldsymbol{H}$ ，$\mu$ 可看成常数. 由磁场的边值关系，我们在 5.2 节中得到式(5-2-20)，即

$$\frac{\tan\theta_1}{\tan\theta_2}=\frac{\mu_{r1}}{\mu_{r2}}$$

为了说明铁磁性材料界面上 $\boldsymbol{B}$ 线的变化情况，例如图 5-4-1 所示，设介质 1 为软磁材料（$\mu_{r1}=7000$），介质 2 为空气（$\mu_{r2}=1$），如果软磁材料中的 $\boldsymbol{B}$ 线和界面垂直（$\theta_1=0$），则由上式得

$$\tan\theta_2=\frac{\mu_{r2}}{\mu_{r1}}\tan\theta_1=0$$

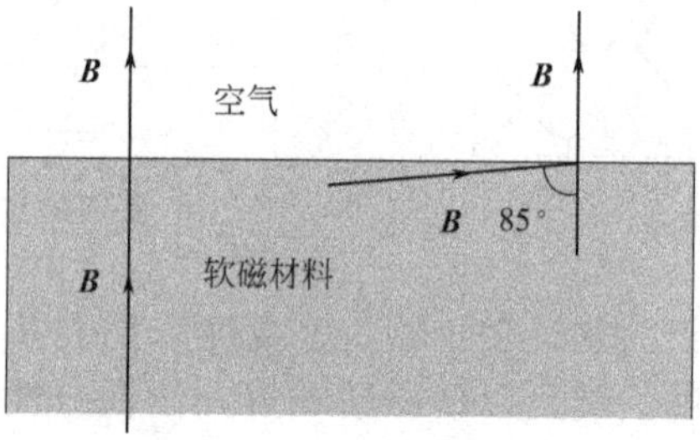


图 5-4-1 界面上的磁感强度

说明空气中的磁感强度也与界面垂直.

如果软磁材料中的 $\boldsymbol{B}$ 线近似平行于界面，不妨设 $\theta_1=85°$，则

$$\tan\theta_2=\frac{\mu_{r2}}{\mu_{r1}}\tan\theta_1=\frac{1}{\mu_{r1}}\tan\theta_1=\frac{1}{7000}\tan 85°=0.0016$$

则

$$\theta_2\approx 0.1°$$

表示空气中的磁感线仍然与界面几乎垂直. 由 $\boldsymbol{B}$ 的法向分量连续，所以空气中的磁场很小.

即在空气中，$\boldsymbol{B}$ 和 $\boldsymbol{H}$ 近似垂直于它与铁磁质的界面. 说明在强磁极的气隙中的磁场分布是近乎垂直于磁极的；铁芯将绝大部分 $\boldsymbol{B}$ 线集中于自身内部并使得 $\boldsymbol{B}$ 线沿着铁芯走向. 不论闭合铁芯还是开有气隙的铁芯，都是 $\boldsymbol{B}$ 线的主要通路，称为**磁路**. 磁路以外的 $\boldsymbol{B}$ 线称为**漏磁**，如图 5-4-2.

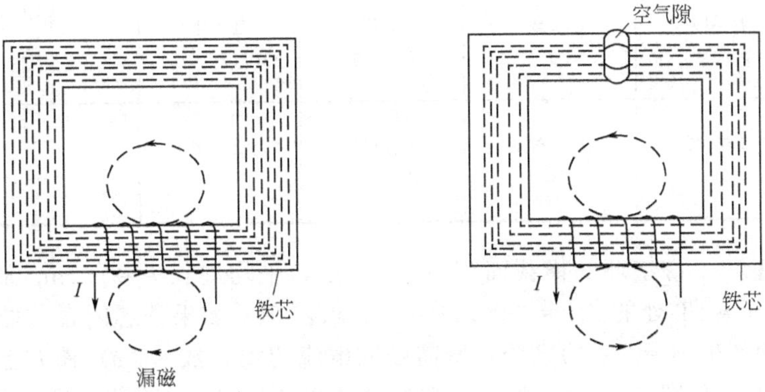


(a) 闭合铁芯线圈的**B**线　　(b) 带气隙铁芯线圈的**B**线

图 5-4-2　磁路

## 5.4.2　磁路定理

磁路还可以认为是磁通所经过的路径. 如图 5-4-3 所示的闭合磁路中取一闭合回路 $L$，据安培环路定理有

$$NI_0=\oint_L \boldsymbol{H}\cdot \mathrm{d}\boldsymbol{l} \tag{5-4-1}$$

式中，$N$ 和 $I_0$ 分别是激发磁场的线圈的匝数和传导电流. 我们可以把磁路分成许多小段，则上式可以表示成

$$NI_0=\oint_L \boldsymbol{H}\cdot \mathrm{d}\boldsymbol{l}=\Sigma H_i l_i=\Sigma\frac{B_i l_i}{\mu_0\mu_{\mathrm{r}i}}=\Sigma\frac{\Phi_i l_i}{\mu_0\mu_{\mathrm{r}i}S_i} \tag{5-4-2}$$

式中，$H_i$，$B_i$，$l_i$，$\mu_{\mathrm{r}i}$，$S_i$ 分别是磁路中第 $i$ 段均匀磁路中的磁场强度、磁感强度、长度、相对磁导率和横截面积. 因为磁路中各横截面积上的磁通量 $\Phi_i=B_iS_i$ 都相等，统一用 $\Phi$ 表示，上式可写成

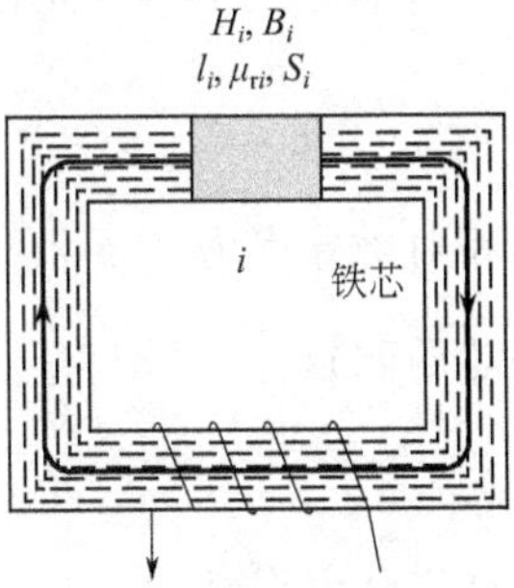


图 5-4-3　磁路

$$NI_0=\Sigma H_i l_i=\Phi\Sigma\frac{l_i}{\mu_0\mu_{\mathrm{r}i}S_i} \tag{5-4-3}$$

与闭合电路的欧姆定律的形式 $\mathscr{E}=I\Sigma R_i=I\Sigma\frac{l_i}{\gamma_i S_i}$ 一样，定义磁路中几个主要的物理量为

磁动势　$$\mathscr{E}_{\mathrm{m}}=NI_0 \tag{5-4-4}$$

磁阻　$$R_{\mathrm{m}}=\frac{l}{\mu S}=\frac{l}{\mu_0\mu_{\mathrm{r}}S} \tag{5-4-5}$$

磁势降　$$Hl=\Phi R_{\mathrm{m}} \tag{5-4-6}$$

式（5-4-3）可以写成

$$\mathscr{E}_{\mathrm{m}}=\Sigma H_{\mathrm{i}}l_{\mathrm{i}}=\Phi\Sigma R_m \tag{5-4-7}$$

即为**磁路定理：闭合磁路中的磁动势等于各段磁路上的磁势降的代数和**. 表 5-4-1 给出了磁路与电路中各物理量的对照关系.

表 5-4-1　磁路与电路中各物理量的对照关系

| | | | | | | |
|---|---|---|---|---|---|---|
| 电路 | 电动势 $\mathscr{E}$ | 电流密度 $j$ | 电流 $I=jS$ | 电导率 $\gamma$ | 电阻 $R=\dfrac{l}{\gamma S}$ | 电势降 $IR$ |
| 磁路 | 磁动势 $\mathscr{E}_m$ | 磁通密度 $\boldsymbol{B}$ | 磁通量 $\Phi=BS$ | 磁导率 $\mu_0\mu_r$ | 磁阻 $R_m=\dfrac{l}{\mu_0\mu_r S}$ | 磁势降 $Hl=\Phi R_m$ |

**【例 5-4-1】**　一螺绕环的横截面积 $S=10\text{cm}^2$，平均周长 $l=60\text{cm}$. 从螺绕环铁芯的 $B$-$H$ 曲线查得 $B=1\text{T}$ 处的 $H=1000\text{A}\cdot\text{m}^{-1}$. 求：(1) 如果铁芯闭合，如图 5-4-4(a) 所示，要在铁芯中产生 $B=1\text{T}$ 的磁场，所需励磁电流的安匝数；(2) 铁芯上有一宽度 $l_0=2\text{mm}$ 的空气隙时，如图 5-4-4(b) 所示，要在铁芯中产生 $B=1\text{T}$ 的磁场，所需励磁电流的安匝数.

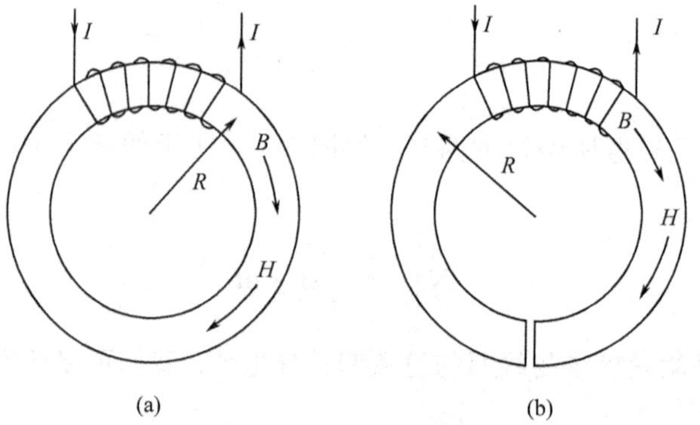


图 5-4-4　例 5-4-1 图

**解：**(1) 由题中所给的已知条件可知铁芯的磁导率

$$\mu=\frac{B}{H}=0.001\ \text{T/(A}\cdot\text{m}^{-1})$$

即相对磁导率为

$$\mu_r=\frac{\mu}{\mu_0}=796$$

铁芯的磁阻

$$R_m=\frac{l}{\mu S}=\frac{0.6}{10^{-3}\times10^{-3}}=6\times10^5(\text{A/(T}\cdot\text{m}^2))$$

根据磁路定理有

$$NI_0=\Phi R_m=BSR_m=10^{-3}\times6\times10^5=600(\text{A})$$

即所需的励磁电流为 600 安匝.

(2) 铁芯的磁阻

$$R_{m1}=\frac{l-l_0}{\mu S}=\frac{0.6-2\times10^{-3}}{10^{-3}\times10^{-3}}=5.98\times10^5(\text{A/(T}\cdot\text{m}^2))$$

气隙的磁阻

$$R_{m2}=\frac{l_0}{\mu_0 S}=\frac{2\times10^{-3}}{4\pi\times10^{-7}\times10^{-3}}=15.92\times10^5(\text{A/(T}\cdot\text{m}^2))$$

根据磁路定理有

$$NI_0=\Phi(R_{m1}+R_{m2})=10^{-3}\times(5.98+15.92)\times10^5=2190(\mathrm{A})$$

从上可以看出，铁芯上有空气隙后，要在环内产生相同的磁场，所需的励磁电流比没有空气间隙时要大. 这是因为空气隙的磁导率比铁芯的磁导率小得多，所以空气隙的磁阻比铁芯的磁阻大得多.

另一方面，例如在实际使用的变压器中，为了保证回路中有足够大的电流推动负载，同时又要避免铁芯中磁感强度过大，常常将变压器的铁芯上开一间隙，以降低在同样工作电流情况下铁芯中的磁感强度.

有气隙时铁芯和气隙为串联，磁路的总磁阻等于铁芯的磁阻和气隙的磁阻之和

$$R_m=R_{m1}+R_{m2} \tag{5-4-8}$$

如图 5-4-5，若磁路中有分支，一般在各分支磁路中的磁通量不一样，据磁场的高斯定理可证明各分支中的磁通量满足

$$\Phi_a=\Phi_b+\Phi_c \tag{5-4-9}$$

该磁路为并联结构，可以证明并联磁阻满足关系式

$$\frac{1}{R_m}=\frac{1}{R_b}+\frac{1}{R_c} \tag{5-4-10}$$

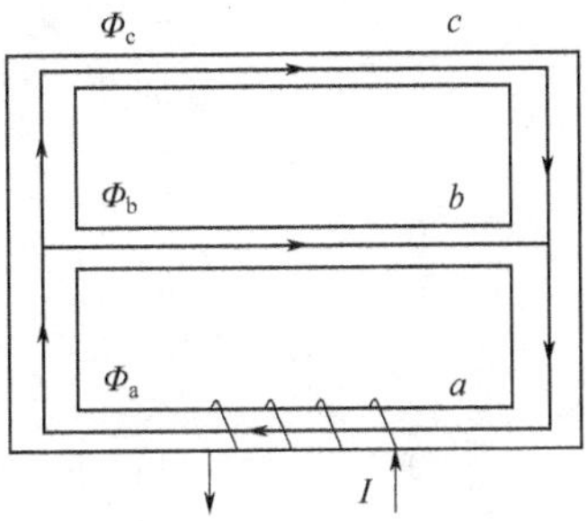

图 5-4-5 磁路中的磁通量

应该指出，上述磁路计算公式是忽略了漏磁，并假设 **B** 线沿着铁芯走向及铁芯截面上的 **B** 分布均匀，按照安培环路定理和高斯定理推导的结果，这种估算在实际工程技术中是可用的. 另外，工程技术中还通过调节气隙宽度来改变磁路的磁通量和磁感应强度.

## 5.4.3 气隙的磁力

从图 5-4-6 中可以看出空气气隙处铁芯的两个端面分别相当于磁极的 N 极和 S 极，因此这两个端面之间存在吸引力，并使得两端面有相互靠拢的趋势.

由磁场的能量密度公式

$$w_m=\frac{1}{2}\frac{B^2}{\mu}$$

如果气隙很小，即假设空气气隙中的磁场是均匀的，于是气隙中的能量为

$$W_m=w_mSl_0=\frac{1}{2}\frac{B^2Sl_0}{\mu_0}$$

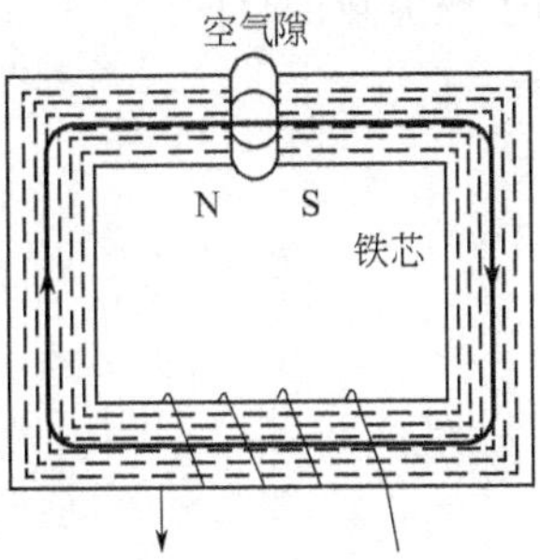

图 5-4-6 气隙的磁力

若要保持气隙长度 $l_0$ 必须存在一个力 **F** 分别作用在两个磁极. 如果使气隙长度有一个微小增量 d$l$，同时保持磁感应强度不变，就需要增大电流使气隙中的能量增加

$$\mathrm{d}W_m=\frac{1}{2}\frac{B^2S}{\mu_0}\mathrm{d}l$$

d$W_m$ 也相当于是外力 **F** 所作的功

$$\mathrm{d}W_m=F\mathrm{d}l$$

从上两式可得

$$F=\frac{1}{2}\frac{B^2S}{\mu_0} \tag{5-4-11}$$

这种由磁场产生的力可以应用于多种电动机械设备.

**【例 5-4-2】** 如图 5-4-7 所示，已知电磁铁的每个磁极的面积都是 $1.5\times10^{-2}\ m^2$，设磁极处的磁感强度为 1T，在磁极与衔铁间加有薄铜片，以免铁与电磁铁直接接触，求这电磁铁的起重力为多少？

**解：** 根据式（5-4-11），电磁铁对衔铁的磁力为

$$F=2\times\frac{1}{2}\frac{B^2S}{\mu_0}=\frac{1\times1.5\times10^{-2}}{4\pi\times10^{-7}}=1.2\times10^4(\mathrm{N})$$

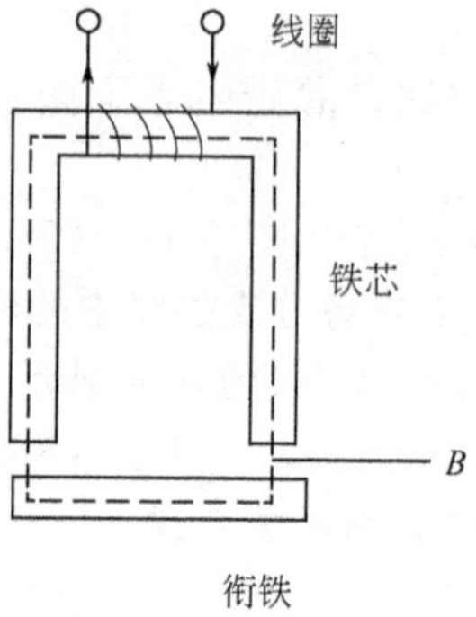


图 5-4-7 例 5-4-2 图

## 5.4.4 磁屏蔽

实际工作中有时候需要消除外界磁场的影响，就需要把一部分空间屏蔽起来，一般使用铁磁质做成的闭合壳体来起到磁屏蔽的作用. 图 5-4-8 中 A 为一磁导率很大的软磁材料（如坡莫合金或铁铝合金）做成的罩，放在外磁场中. 由于罩壳磁导率 $\mu$ 比空气导磁率 $\mu_0$ 大得多，所以绝大部分磁场线从罩壳的壁内通过，而罩壳内的空腔中，磁感线是很少的. 这就达到了磁屏蔽的目的.

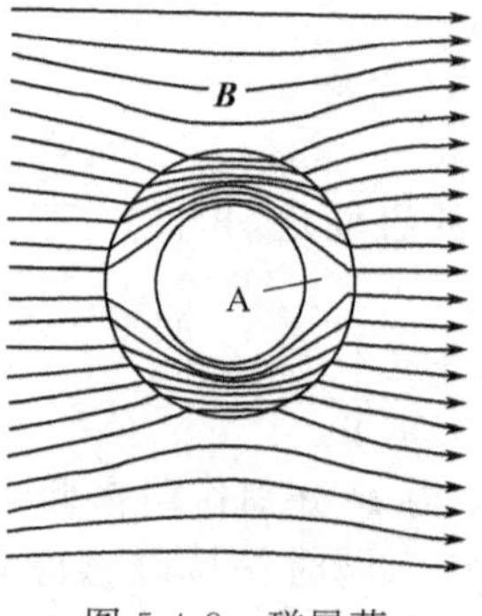


图 5-4-8 磁屏蔽

### 复习思考题

5-4-1 什么是磁路？磁路与电路有什么相同之处？

5-4-2 什么是磁路定理？磁路定理中的磁通量为什么是常量？

5-4-3 磁阻与哪些参数有关？

5-4-4 如何计算空气隙中的磁力？

5-4-5 为什么不用铁盒子封装指南针？

# 第5章 练习题

(1) 选择题

**5-1-1** 关于恒定电流磁场的磁场强度 $\boldsymbol{H}$，下列几种说法中哪个是正确的？(　　).

(A) $\boldsymbol{H}$ 仅与传导电流有关

(B) 若闭合曲线内没有包围传导电流，则曲线上各点的 $\boldsymbol{H}$ 必为零

(C) 若闭合曲线上各点 $\boldsymbol{H}$ 均为零，则该曲线所包围传导电流的代数和为零

(D) 以闭合曲线 $L$ 为边缘的任意曲面的 $\boldsymbol{H}$ 通量均相等

**5-1-2** 用细导线均匀密绕成长为 $l$、半径为 $a$ ($l \gg a$)、总匝数为 $N$ 的螺线管，管内充满相对磁导率为 $\mu_r$ 的均匀磁介质. 若线圈中载有稳恒电流 $I$，则管中任意一点的（　　).

(A) 磁感强度大小为 $B = \mu_0 \mu_r NI$

(B) 磁感强度大小为 $B = \mu_r NI / l$

(C) 磁场强度大小为 $H = \mu_0 NI / l$

(D) 磁场强度大小为 $H = NI / l$

**5-1-3** 顺磁物质的磁导率：(　　).

(A) 比真空的磁导率略小　　(B) 比真空的磁导率略大

(C) 远小于真空的磁导率　　(D) 远大于真空的磁导率

**5-1-4** 如图 5-1 所示的一细螺绕环，它由表面绝缘的导线在铁环上密绕而成，每厘米绕 10 匝. 当导线中的电流 $I$ 为 2.0 A 时，测得铁环内的磁感应强度的大小 $B$ 为 1.0 T，则可求得铁环的相对磁导率 $\mu_r$ 为（真空磁导率 $\mu_0 = 4\pi \times 10^{-7}\ \mathrm{T \cdot m \cdot A^{-1}}$）(　　).

(A) $7.96 \times 10^2$　　(B) $3.98 \times 10^2$

(C) $1.99 \times 10^2$　　(D) 63.3

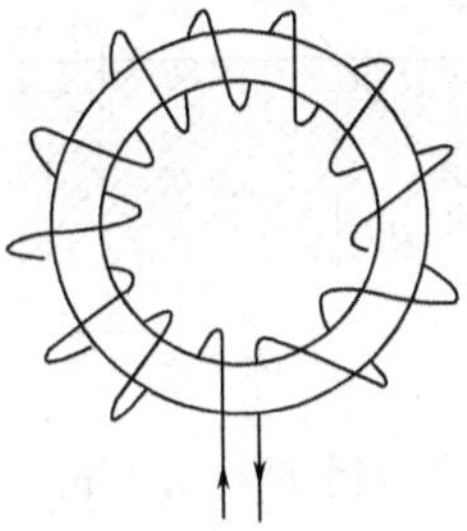

图 5-1

**5-1-5** 一均匀磁化的铁棒，直径 0.01 m，长为 1.00 m，它的磁矩为 $10^2\ \mathrm{A \cdot m^2}$，则棒表面的等效磁化面电流密度为：(　　).

(A) $3.18 \times 10^3\ \mathrm{A \cdot m^{-1}}$　　(B) $1.00 \times 10^5\ \mathrm{A \cdot m^{-1}}$

(C) $1.27 \times 10^5\ \mathrm{A \cdot m^{-1}}$　　(D) $4.00 \times 10^5\ \mathrm{A \cdot m^{-1}}$

**5-1-6** 如图 5-2 所示，一段磁路是由长 $l = 0.2$ m 的两个铁块串联而成，各铁块的磁导率是均匀的，且铁块 1 和铁块 2 的相对磁导率分别为 $\mu_{r1} = 400$，$\mu_{r2} = 1600$，各铁块内的磁感强度都是均匀的且垂直于两铁块的端面，当铁块 1 内的磁场强度 $H_1 = 500$ A/m 时，整段磁路的磁位降为（　　).

(A) 20 A　　(B) 125 A

(C) 500 A　　(D) 2500 A

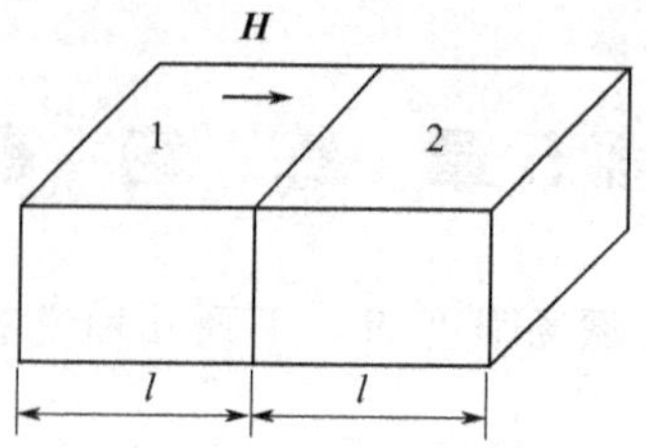


图 5-2

(2) 填空题

**5-2-1** 长直电缆由一个圆柱导体和一共轴圆筒状导体组成，两导体中有等值反向均匀电流 $I$ 通过，其间充满磁导率为 $\mu$ 的均匀磁介质. 介质中离中心轴距离为 $r$ 的某点处的磁场强度的大小 $H=$________，磁感强度的大小 $B=$________.

**5-2-2** 一个单位长度上密绕有 $n$ 匝线圈的长直螺线管，每匝线圈中通有强度为 $I$ 的电流，管内充满相对磁导率为 $\mu_r$ 的磁介质，则管内中部附近磁感强度 $B=$________，磁场强度 $H=$________.

**5-2-3** 一个沿轴线方向均匀磁化的磁棒，直径 30 mm，长 60 mm，磁矩为 $1.0\times10^4\ \mathrm{A}\cdot\mathrm{m}^2$. 棒侧表面上磁化电流密度为________.

**5-2-4** 如图 5-3 所示，相对磁导率为 $\mu_r$ 的磁介质与真空交界，界面上没有传导电流，真空一侧是均匀磁场、磁感强度为 $\boldsymbol{B}$，其方向与界面法线夹角为 $\theta$. 则磁场强度 $\boldsymbol{H}$ 沿图中矩形路径（其宽度很小）积分的值 $\oint \boldsymbol{H}\cdot \mathrm{d}\boldsymbol{l}=$________.

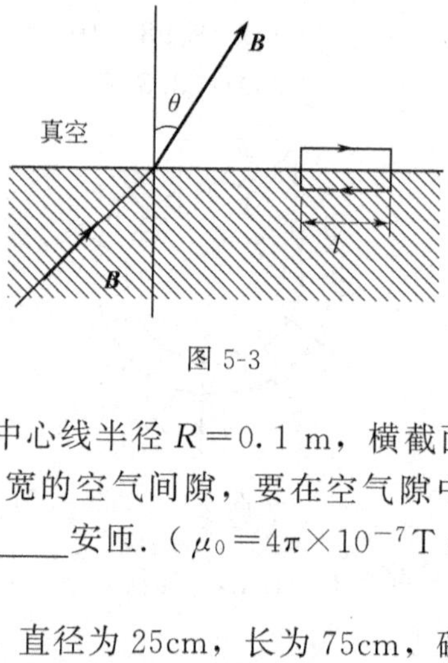


图 5-3

**5-2-5** 一铁芯螺绕环，环中心线半径 $R=0.1$ m，横截面半径 $r\ll R$，铁芯相对磁导率 $\mu_r=500$，芯上有一个 $\delta=1\mathrm{mm}$ 宽的空气间隙，要在空气隙中产生 $B=1\mathrm{T}$ 的磁感强度，所需的安匝数 $NI=$________安匝.（$\mu_0=4\pi\times10^{-7}\mathrm{T}\cdot\mathrm{m}\cdot\mathrm{A}^{-1}$）

(3) 计算题

**5-3-1** 一均匀磁化的磁棒，直径为 25cm，长为 75cm，磁矩为 $12000\mathrm{A}\cdot\mathrm{m}^2$，求棒侧面上的面磁化电流密度.

**5-3-2** 一铁环中心线周长 $l=30$ cm，横截面 $S=1.0\ \mathrm{cm}^2$，环上紧密地绕有 $N=300$ 匝线圈. 当导线中电流 $I=32$ mA 时，通过环截面的磁通量 $\Phi=2.0\times10^{-6}$ Wb. 试求铁芯的磁化率 $\chi_m$.

**5-3-3** 一均匀密绕的环形螺线管，其中中心周长 $L=40\mathrm{cm}$，线圈总匝数 $N=500$，其中通电流 $I=0.1\mathrm{A}$. 求：(1) 当管中为真空时，管内的磁场强度 $\boldsymbol{H}_0$ 和磁感强度 $\boldsymbol{B}_0$；(2) 当管内均匀充满相对磁导率为 $\mu_r=600$ 的铁氧体时，管内的磁场强度 $\boldsymbol{H}$ 和磁感强度 $\boldsymbol{B}$；(3) 磁化电流产生的磁感强度 $\boldsymbol{B}'$.

**5-3-4**　一个有矩形截面的环形铁芯（如图 5-4 所示），其上均匀地绕有 $N$ 匝线圈．线圈中通有电流 $I$ 时，铁芯的磁导率为 $\mu$．求铁芯内与环中心线的轴相距 $r$ 处磁化强度 $\boldsymbol{M}$ 的数值．

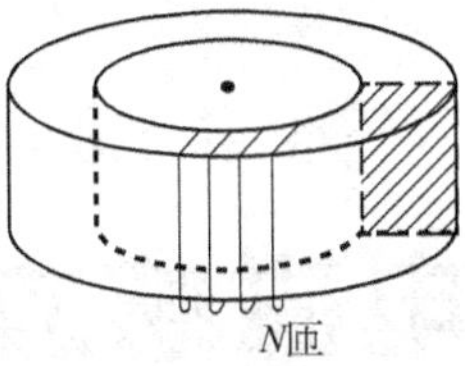


图 5-4

**5-3-5**　一根无限长的圆柱形导线，外面紧包一层相对磁导率为 $\mu_r$ 的圆管形磁介质．导线半径为 $R_1$，磁介质的外半径为 $R_2$，导线内均匀通过电流 $I$．求：(1) 磁感强度大小的分布；(2) 磁介质内、外表面的磁化面电流密度的大小．

**5-3-6**　一根很长的同轴电缆，由一导体圆柱（半径为 $R_1$）和同轴的导体圆管（内、外半径分别为 $R_2$、$R_3$）构成，两导体中间充满相对磁导率为 $\mu_r$ 的均匀介质．使用时，电流 $I$ 从一导体流出，从另一导体流回．设电流都是均匀地分布在导体的横截面上，求两导体之间的磁场强度 $\boldsymbol{H}$ 和磁感强度 $\boldsymbol{B}$．

**5-3-7**　两个同样规格的长直螺线管对接，求两者之间的引力．设两螺线管单位长度的匝数为 $n$，电流为 $I$，铁芯截面积为 $S$，铁芯的相对磁导率为 $\mu_r$．

**5-3-8**　一个铁环中心线的半径 $R=0.2\text{m}$，横截面积为 $150\text{mm}^2$．在它上面密绕有表面绝缘的导线 $N$ 匝，导线中通有电流 $I$，环上有一个 1.0mm 的空气隙．现已知铁的 $\mu_r=250$，要在空气隙内产生 $B=0.50\text{T}$ 的磁感强度，求所需要的安匝数 $NI$．

**5-3-9**　一个铁环中心线的直径为 40cm，环上密绕一层线圈，线圈中通有一定的电流，在环上开一宽为 1.0mm 的空气隙时，则通过环的横截面的磁通量为 $3.0\times10^{-4}$ Wb；若空气隙的宽度变为 2.0mm 时，则通过环的横截面的磁通量为 $2.5\times10^{-4}$ Wb．忽略漏磁，求这个铁环的磁导率．

**5-3-10**　用于数码记录的磁芯由矩磁材料制成，其矫顽力为 $2\times\dfrac{10^3}{4\pi}\text{A}\cdot\text{m}$，磁芯为一截面为矩形的小圆环，如图 5-5 所示，其内外直径分别为 $d_1=0.5\text{mm}$，$d_2=0.8\text{mm}$．现磁芯已环向磁化．要使磁芯中的磁化方向反转，则在穿过环心的长直导线上需通过的脉冲电流的峰值 $I_m$ 应为多大？

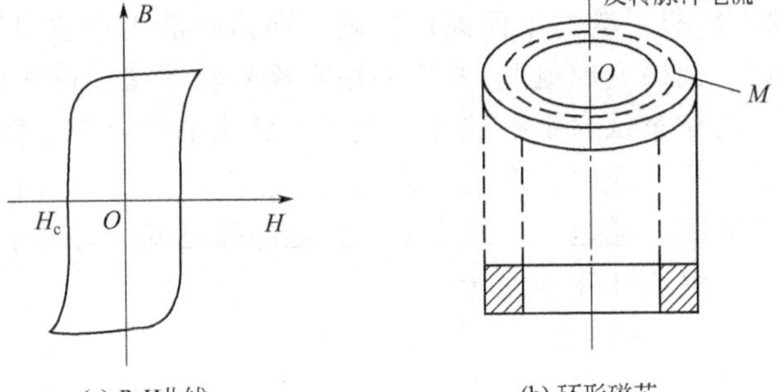


(a) B-H曲线　　(b) 环形磁芯

图 5-5

# 第 6 章 电磁感应

1820 年丹麦物理学家奥斯特发现了电流的磁效应，揭示了电和磁之间的联系，引起了欧洲各国科学家的浓厚兴趣. 1820 年下半年，法国科学家安培发现两平行载流导线之间的相互作用力，即安培力. 毕奥和萨伐尔用实验研究了载流导线对磁针的作用，发现了毕奥—萨伐尔定律. 在这些背景下，科学家们自然想到：既然电流能产生磁场，反过来磁场是否也能产生电流呢？

1831 年，英国物理学家、化学家法拉第发现了电磁感应现象，并总结出电磁感应的规律，揭示了电与磁之间的内在联系，推动了电磁理论的发展，开辟了人们认识电磁现象本质的新阶段，同时也标志着一场重大的工业和技术革命的到来.

## 6.1 电磁感应定律

### 6.1.1 电磁感应现象

奥斯特关于电流的磁效应的重要发现，激励着物理学家深入研究电与磁的内在联系. 1821 年法拉第读了奥斯特的关于发现电流磁效应的论文《关于磁针上的电磁碰撞效应的实验》，这引起了法拉第的深思：既然电流能产生磁，那么磁能否产生电呢？1823 年他在日记本上写下了这样一句话“把磁变成电”，并决心用实验来验证这一科学信念.

在早期的实验中，法拉第认为用磁铁靠近导线，导线中就会产生稳定的电流，或者在通有电流的导线附近的另一根导线中会产生稳定电流. 然而，大量的实验均以失败而告终. 后来，法拉第把导线改成线圈，他把一个线圈通上恒定的强电流，另一个线圈与电流计连成回路，使法拉第失望的是，电流计并不偏转！

经过 10 年的努力之后，法拉第在一次试验中注意到，当通以恒定电流的线圈在电流接通的瞬间，另一线圈中的电流计有一轻微的扰动，并且电流断开时与接通时相似，电流计也有轻微的扰动. 他抓住这一线索，立即断定，另一线圈中的电流不是由恒定电流感生的，而是由变化的电流感生的！

紧接着，法拉第又做了一系列实验，从不同角度证明了磁和电之间的感应现象. 他的发现吸引了许多物理学家对这种感应现象进行研究．通过对许多实验的分析，总结出下面的结论．

当通过一个导体闭合回路所包围面积上的磁通量发生变化时，不管这种变化是由于什么原因引起的，回路中就有电流产生．这种现象叫做电磁感应现象，导体回路中的电流称为**感应电流**．在回路中出现电流，表明回路中有电动势存在．这种在回路中由于磁通量的变化而引起的电动势，叫做**感应电动势**．

要特别强调的是：回路磁通量的变化，才是引起电磁感应现象的原因，而不是回路磁通量本身．下面我们通过图 6-1-1 和图 6-1-2 进一步来说明电磁感应现象的产生．

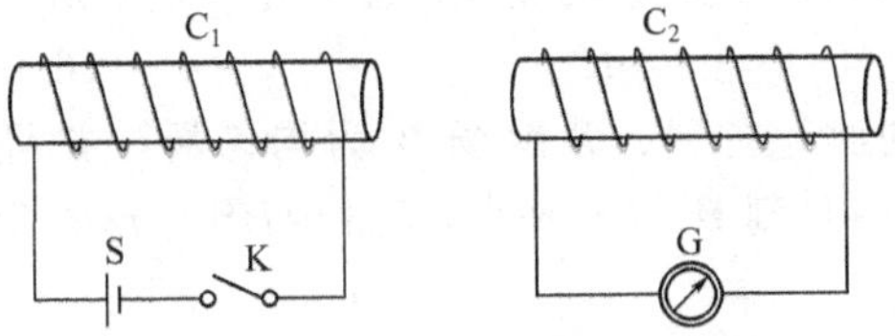


图 6-1-1 变化电流产生感应电流

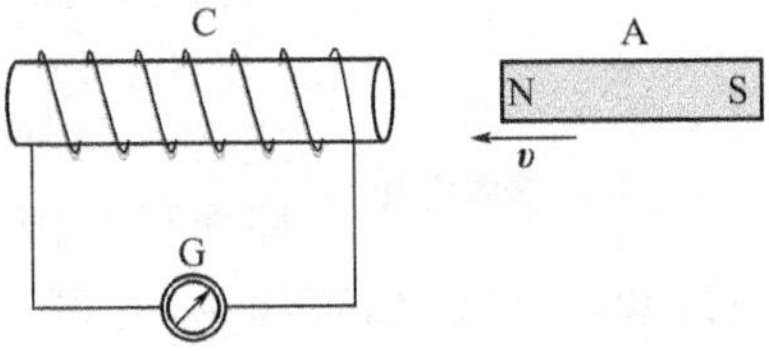


图 6-1-2 变化的磁场产生电流

在图 6-1-1 中，螺线管 $C_1$、电源 S 以及开关 K 构成闭合回路，而 $C_1$ 附近的另外一个螺线管 $C_2$ 与电流计 G 也构成闭合回路．当接通开关 K 的瞬间，螺线管 $C_1$ 在其周围激发磁场，使得螺线管 $C_2$ 中的磁通量发生变化，这时电流计 G 的指针偏转，表明螺线管 $C_2$ 的回路中产生了感应电流．当螺线管 $C_1$ 中的电流稳定后，它在周围激发的磁场不再发生变化，电流计的指针回落到零位，表明螺线管 $C_2$ 的回路中没有感应电流．当我们把开关 K 断开时，在断开的瞬间，螺线管 $C_1$ 在其周围激发磁场从有到无发生变化，使得螺线管 $C_2$ 中的磁通量发生变化，这时电流计 G 的指针也发生偏转，表明螺线管 $C_2$ 的回路中产生了感应电流．但是，开关 K 断开和接通瞬间，电流计 G 的指针偏转方向相反，表明两种情况下，螺线管 $C_2$ 中感应电流的方向相反．

在图 6-1-2 中，螺线管 C 与电流计 G 构成闭合回路．当磁铁 A 迅速靠近或离开螺线管 C 时，就可以观察到电流计 G 的指针发生偏转，说明这时螺线管 C 的回路中产生了感应电流．但是，磁铁 A 迅速靠近和离开螺线管 C 两种情况，电流计 G 的指针偏转方向不同，表明两种情况下，螺线管 C 中感应电流的方向相反．

在图 6-1-1 中，若螺线管 $C_1$ 的电流已经处于稳定，此时如果我们把螺线管 $C_2$ 构成的回路迅速靠近或离开螺线管 $C_1$，这时也可以观察到电流计 G 的指针发生偏转．

这些实验证实了前面我们得到的结论：不管是什么原因引起导体闭合回路所包围面积上的磁通量的变化，回路中都会产生感应电流或感应电动势．

## 6.1.2 法拉第电磁感应定律

根据大量实验事实，法拉第总结出电磁感应的规律：**当穿过闭合回路所围面积的磁通量发生变化时，回路中就会产生感应电动势，电动势与磁通量对时间的变化率的负值成正比．**这个结论称为**法拉第电磁感应定律．**

如图 6-1-3 所示，设通过某回路的磁通量为 $\Phi_{\mathrm{m}}=\Phi_{\mathrm{m}}(t)$，则回路中的感应电动势 $\mathscr{E}_{\mathrm{i}}$ 为

$$\mathscr{E}_{\mathrm{i}}=-k\frac{\mathrm{d}\Phi_{\mathrm{m}}}{\mathrm{d}t} \tag{6-1-1}$$

在国际单位制中 $k=1$，则式(6-1-1) 写成

$$\mathscr{E}_{\mathrm{i}}=-\frac{\mathrm{d}\Phi_{\mathrm{m}}}{\mathrm{d}t} \tag{6-1-2}$$

式中的负号表明感应电动势的方向．具体的判断方法将在下面楞次定律中再讨论．

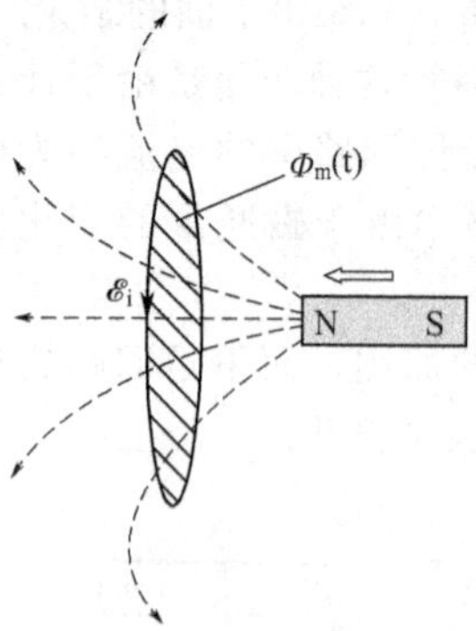


图 6-1-3 电磁感应定律

如果闭合回路的电阻为 $R$，由欧姆定律可得回路中的电流为

$$I=\frac{\mathscr{E}_{\mathrm{i}}}{R}=-\frac{1}{R}\frac{\mathrm{d}\Phi_{\mathrm{m}}}{\mathrm{d}t} \tag{6-1-3}$$

由此可以计算从时间 $t_1$ 到时间 $t_2$ 间隔内，流过回路的电荷

$$q=\int_{t_1}^{t_2} I\,\mathrm{d}t=-\frac{1}{R}\int_{\Phi_{\mathrm{m1}}}^{\Phi_{\mathrm{m2}}}\mathrm{d}\Phi_{\mathrm{m}}=\frac{1}{R}(\Phi_{\mathrm{m1}}-\Phi_{\mathrm{m2}}) \tag{6-1-4}$$

假设回路电阻 $R$ 已知，如果我们能够由实验测量出流过回路的电荷量 $q$，就可以知道此回路内磁通量的变化. 若 $\Phi_{\mathrm{m2}}=0$，则

$$\Phi_{\mathrm{m1}}=qR \tag{6-1-5}$$

式(6-1-5) 就是磁通计的测量原理. 若磁场 $\boldsymbol{B}$ 为均匀场，并且回路面积 $S$ 固定不变，设 $t_1$ 时刻 $\boldsymbol{B}$ 与 $S$ 垂直，$\Phi_{\mathrm{m1}}=BS$，$t_2$ 时刻 $\boldsymbol{B}$ 与 $S$ 平行，$\Phi_{\mathrm{m2}}=0$. 由式(6-1-5) 得

$$B=\frac{qR}{S} \tag{6-1-6}$$

这就是线圈法测磁感强度的原理. 该方法可以测量弱磁场，在地质勘测和地震监测中常用的磁强计就是利用该原理设计的.

实际应用中，回路往往由 $N$ 匝线圈密绕而成，设穿过每匝线圈的磁通量都是 $\Phi_{\mathrm{m}}$，那么通过 $N$ 匝密绕线圈的总磁通量为 $\Psi=N\Phi_{\mathrm{m}}$. 由于 $\Psi$ 为线圈回路所链环的磁通量，所以称为**磁链**，或磁通匝链数. 此时，回路中的感应电动势为

$$\mathscr{E}_{\mathrm{i}}=-\frac{\mathrm{d}\Psi}{\mathrm{d}t} \tag{6-1-7}$$

### 6.1.3 楞次定律

在 3.4 节中，我们介绍过电源和电动势，通常把电源内部电势升高的方向，即从负极经电源内部指向正极的方向规定为电动势的方向. 下面我们来具体说明法拉第电磁感应定律中感应电动势的方向，并解释式(6-1-2) 中负号的物理意义.

为了分析方便起见，作如下规定：如图 6-1-4 所示，回路 $L$ 的绕行方向与以 $L$ 为边界线的 $S$ 面上的正法线方向 $\boldsymbol{e}_{\mathrm{n}}$ 遵守右手螺旋定则. 在感应电动势的计算式(6-1-2) 中，依照这个规定来计算通过曲面 $S$ 的磁通量

$$\Phi_{\mathrm{m}}=\iint_S \boldsymbol{B}\cdot\mathrm{d}\boldsymbol{S} \tag{6-1-8}$$

由式(6-1-2)，如果 $\frac{\mathrm{d}\Phi_{\mathrm{m}}}{\mathrm{d}t}<0$ 时，则感应电动势取正值（即 $\mathscr{E}_{\mathrm{i}}>0$），感应电动势的方向与回路的绕行方向相同；如果 $\frac{\mathrm{d}\Phi_{\mathrm{m}}}{\mathrm{d}t}>0$ 时，感应电动势取负值（即 $\mathscr{E}_{\mathrm{i}}<0$），感应电动势的方向与回路的绕行方向相反.

下面我们用上述规定来具体确定感应电动势的正负值. 首先，讨论磁铁插入线圈的情况. 如图 6-1-5(a) 中所示，取回路的绕行方向为顺时针方向，线圈中各匝回路的正法线 $\boldsymbol{e}_{\mathrm{n}}$ 的方向与磁感强度 $\boldsymbol{B}$ 的方向相同，所以穿过线圈所包围面积上的磁通量为正值，即 $\Phi_{\mathrm{m}}>0$. 当磁铁插入线圈时，磁场增加，穿过线圈的磁通量增加，故磁通量随时间的变化率 $\frac{\mathrm{d}\Phi_{\mathrm{m}}}{\mathrm{d}t}>0$，由式（6-1-2）可知，感应电动势 $\mathscr{E}_{\mathrm{i}}<0$，即线圈中回路的感应电动势的方向与回路的绕行方向相反. 此时，线圈中感应电流所激发的磁场与 $\boldsymbol{B}$ 的方向相

反，它阻碍磁铁向线圈运动.

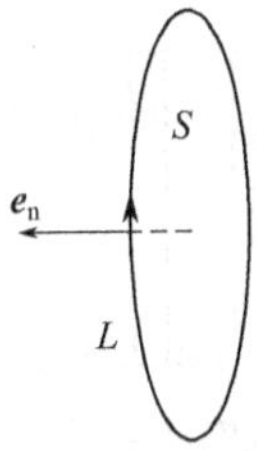


图 6-1-4 回路绕向的规定

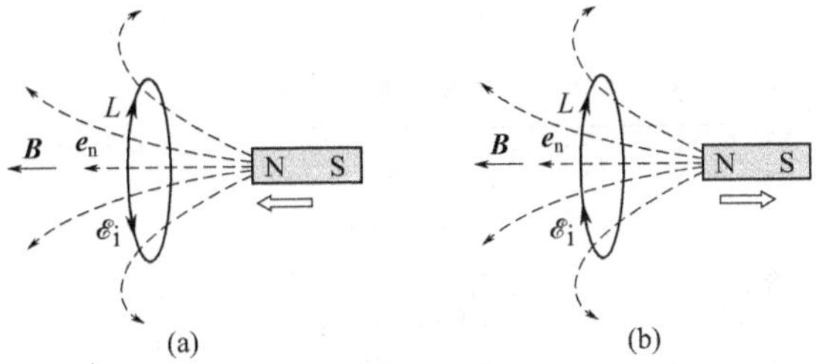


图 6-1-5 感应电动势的方向

当磁铁从线圈抽出时，如图 6-1-5(b) 中所示，磁场减弱，穿过线圈的磁通量将有所减少，故磁通量随时间的变化率 $\frac{d\Phi_m}{dt}<0$，由式(6-1-2) 可知，感应电动势 $\mathscr{E}_i>0$，即线圈中回路的感应电动势的方向与回路的绕行方向相同. 此时，线圈中感应电流所激发的磁场与 $\boldsymbol{B}$ 的方向相同，它阻碍磁铁远离线圈的运动.

楞次总结出判断感应电流方向的规律：**当穿过闭合的导线回路所包围面积上的磁通量发生变化时，在回路中就会有感应电流，此感应电流的方向总是使它自己的磁场穿过回路的磁通量，去抵偿引起感应电流的磁通量的改变.** 或者用另一种方式来表述：**闭合回路中感应电流的方向，总是使感应电流产生的磁场反抗引发感应电流的原因.** 这个结论称为**楞次定律**.

根据楞次定律，由闭合回路磁通量的变化趋势，我们就可以确定感应电流的方向，从而确定感应电动势的方向. 这与用法拉第电磁感应定律中的负号来确定是一致的.

实质上，楞次定律是能量转化与守恒的必然要求，假如感应电流所产生的作用，不是反抗磁铁运动，而是帮助磁铁运动，那么，只要我们开始用一力使磁铁作微小的移动，以后它就会越来越快地运动下去，这也就是，我们可以用微小的功来获得无穷大的机械能，这就变成了第一类永动机了. 显然，这与能量守恒定律相违背. 所以，感应电流的方向必须是楞次定律所规定的方向，电磁感应定律式(6-1-2) 中的负号，正表明了电磁感应定律与能量守恒定律之间的必然联系.

**【例 6-1-1】** 如图 6-1-6 所示，导线矩形框的平面与磁感强度为 $\boldsymbol{B}$ 的均匀磁场相垂直. 在此矩形框上由一长为 $l$ 的导体棒 $ab$ 以速度 $v$ 向右平移，求回路 $abcd$ 中的感应电动势.

**解：** 选取如图所示的顺时针方向为回路正向，根据右手螺旋关系，回路所围曲面的法线方向与磁场方向一致. 通过回路所围面积的磁通量为

$$\Phi_m = Blx$$

式中，$x$ 是 $t$ 时刻 $ab$ 边与 $cd$ 边的距离. 根据法拉第电磁感应定律式(6-1-2)，得回路中的感应电动势

$$\mathscr{E}_i = -\frac{d\Phi_m}{dt} = -Bl\frac{dx}{dt} = -Blv$$

式中计算出来的感应电动势为负值，表明感应电动势的方向与选取的回路方向相反，即为逆时针方向.

这种磁场不变，导体相对于磁场运动而产生的感应电动势称为动生电动势. 从产生电动势的机制来看，动生电动势只可能存在于运动的导体中，不动的导体只是提供电流的通路而没有电动势，上面的例题中只有导体 $ab$ 上才有电动势，边框只是使之形成闭合回路来应用法拉第的电磁感应定律. 所以说，导体切割磁感线运动时就有动生电动势产生.

**【例 6-1-2】** 如图 6-1-7 所示，宽为 $a$、长为 $l$ 的矩形线圈近旁有一共面的长直载流导线. 导线与矩形线圈的一边平行且距离为 $d$. 设直导线通以变化电流 $I=kt(k>0$ 为

常量，$0<t<t_0$)，周围介质的磁导率为 $\mu$. 求线圈中的感应电动势.

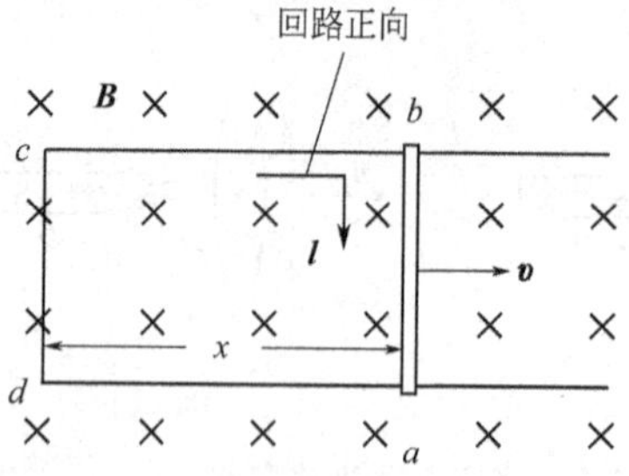

图 6-1-6　运动导体棒上的电动势

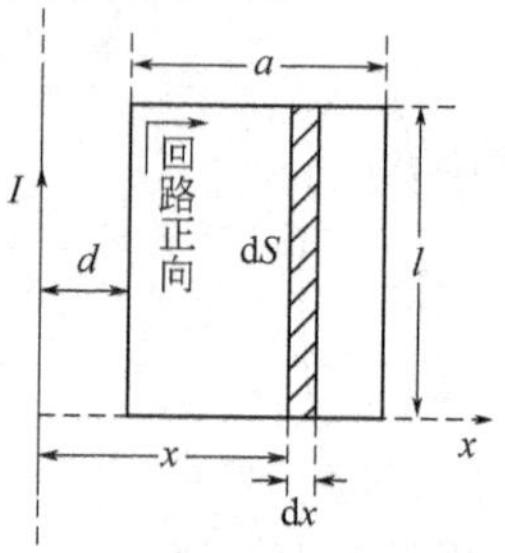

图 6-1-7　矩形线圈中的电动势

**解**：选取顺时针方向为线圈回路正向，则矩形线圈平面的法线方向垂直向内，与长直导线产生的磁场方向一致. 由安培环路定理可求出空间磁场分布为

$$B=\frac{\mu I}{2\pi x}$$

取面元 $\mathrm{d}S=l\mathrm{d}x$，则通过面元上的磁通量为

$$\mathrm{d}\Phi_{\mathrm{m}}=\boldsymbol{B}\cdot\mathrm{d}\boldsymbol{S}=B\mathrm{d}S=\frac{\mu Il}{2\pi x}\mathrm{d}x$$

通过整个线圈的磁通量为

$$\Phi_{\mathrm{m}}=\int_{d}^{d+a}\frac{\mu Il}{2\pi x}\mathrm{d}x=\frac{\mu Il}{2\pi}\ln\frac{d+a}{d}$$

根据法拉第电磁感应定律式 (6-1-2)，得感应电动势

$$\mathscr{E}_{\mathrm{i}}=-\frac{\mathrm{d}\Phi_{\mathrm{m}}}{\mathrm{d}t}=-\frac{\mu l}{2\pi}\ln\frac{d+a}{d}\frac{\mathrm{d}I}{\mathrm{d}t}$$

$$=-\frac{\mu lk}{2\pi}\ln\frac{d+a}{d}$$

感应电动势 $\mathscr{E}_{\mathrm{i}}<0$，表明电动势的方向与所选取回路的方向相反，即逆时针方向.

这种导体不动，由于磁场变化而产生的感应电动势称为感生电动势. 当然，这样的分法是相对的，而且，在一个回路中可以同时存在动生电动势和感生电动势.

### 复习思考题

6-1-1　讨论电磁感应现象的发现过程，你能从中得到什么启示？

6-1-2　为什么说楞次定律的本质是能量的转化与守恒定律？

6-1-3　讨论法拉第电磁感应定律式 (6-1-2) 中，负号存在的相对性和必要性.

6-1-4　一导体圆线圈在均匀磁场中运动，下列哪种情况下会产生感应电流？为什么？(1) 线圈沿磁场方向平移；(2) 线圈沿垂直磁场方向平移；(3) 线圈以自身的直径为轴转动，轴与磁场方向平行；(4) 线圈以自身的直径为轴转动，轴与磁场方向垂直.

## 6.2　动生电动势和感生电动势

法拉第电磁感应定律表明，只要穿过回路中的磁通量发生变化，回路中就会产生感应电动势. 分析磁通量变化的原因，可分为两种基本情况. 一种是磁场不变，导体回路运动导致回路所包围面积变化或面积取向变化，而引起的感应电动势，称为**动生电动势**；另一种的是导体回路不动，磁场随时间变化而引起的感应电动势，称为**感生电动势**. 下面讨论动生电动势和感生电动势所对应的非静电力，以及分析它们的物理本质.

### 6.2.1 动生电动势和洛伦兹力

如图 6-2-1 所示，长为 $l$ 的导体棒 $ab$，在恒定的均匀磁场中，以速度 $\boldsymbol{v}$ 垂直于磁场 $\boldsymbol{B}$ 运动，在上一节的讨论中得到导体切割磁感线产生动生电动势大小为

$$\mathscr{E}_i = Blv \tag{6-2-1}$$

方向是由 $a$ 指向 $b$.

下面来讨论产生动生电动势的机制是什么？我们在 3-4 节讲过，作为一个电源，内部要有非静电力 $\boldsymbol{F}_k$，设作用在单位正电荷上的非静电力为 $\boldsymbol{E}_k$，则电源的电动势在数值上等于把单位正电荷经电源内部从负极移到正极过程中非静电力作的功. 即

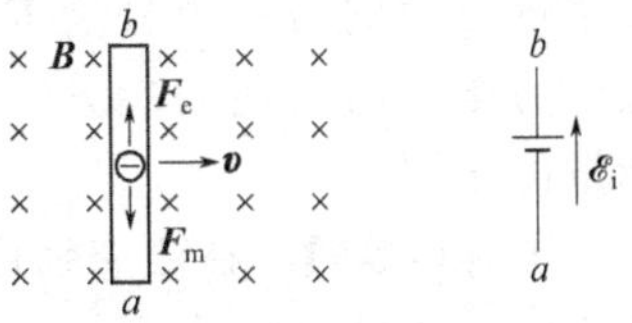

图 6-2-1　动生电动势

$$\mathscr{E}_i = \int_{-(\text{电源内})}^{+} \boldsymbol{E}_k \cdot d\boldsymbol{l}$$

当导体棒 $ab$ 在磁场 $\boldsymbol{B}$ 中以速度 $\boldsymbol{v}$ 运动时，导体中的自由电子也与导体一起运动，则每个自由电子都受到洛伦兹力的作用，有

$$\boldsymbol{F}_m = (-e)\boldsymbol{v} \times \boldsymbol{B} \tag{6-2-2}$$

$\boldsymbol{F}_m$ 的方向与 $\boldsymbol{v} \times \boldsymbol{B}$ 的方向相反，由 $b$ 指向 $a$，这个力是非静电力，它驱使电子沿导体棒由 $b$ 端向 $a$ 端运动，致使 $a$ 端积累了负电荷，$b$ 端则积累了正电荷，从而在导体内建立了静电场. 当作用在电子上的静电场力 $\boldsymbol{F}_e$ 与洛伦兹力 $\boldsymbol{F}_m$ 向平衡时，$b$、$a$ 两端间便有了稳定的电势差. 由此可见，一段运动导体 $ab$ 相当于一个电源，非静电力就是洛伦兹力. 作用在单位正电荷上的非静电力为

$$\boldsymbol{E}_k = \frac{\boldsymbol{F}_m}{-e} = \boldsymbol{v} \times \boldsymbol{B} \tag{6-2-3}$$

根据电动势的定义，则动生电动势为

$$\mathscr{E}_i = \int_a^b \boldsymbol{E}_k \cdot d\boldsymbol{l} = \int_a^b (\boldsymbol{v} \times \boldsymbol{B}) \cdot d\boldsymbol{l} \tag{6-2-4}$$

考虑到图 6-2-1 中的 $\boldsymbol{v}$ 与 $\boldsymbol{B}$ 垂直，且矢积 $\boldsymbol{v} \times \boldsymbol{B}$ 的方向与 $d\boldsymbol{l}$ 的方向相同，以及 $\boldsymbol{v}$ 和 $\boldsymbol{B}$ 均为恒矢量，故上式有

$$\mathscr{E}_i = \int_0^l vB\,dl = vBl \tag{6-2-5}$$

导体棒上电动势的方向是由 $a$ 指向 $b$. 这个结果与用法拉第电磁感应定律所得结果相一致. 从而表明运用洛伦兹力解释动生电动势是可行的、正确的.

需要解释一个问题，我们在 4.6 节中讲过，洛伦兹力对带电粒子是不作功的，而在上面的讨论中又得到洛伦兹力是产生动生电动势的非静电力，作用于单位正电荷上的洛伦兹力所作的功即是动生电动势. 这似乎自相矛盾. 实际上式 (6-2-4) 中的速度 $\boldsymbol{v}$ 只是电子速度的一个分量，电子除有随导体棒运动的速度 $\boldsymbol{v}$ 外，还具有相对导体运动的速度 $\boldsymbol{u}$，如图 6-2-2 所示. 如果导体形成闭合回路的话，正是电子相对导体的运动速度 $\boldsymbol{u}$ 形成了电流，产生输出功.

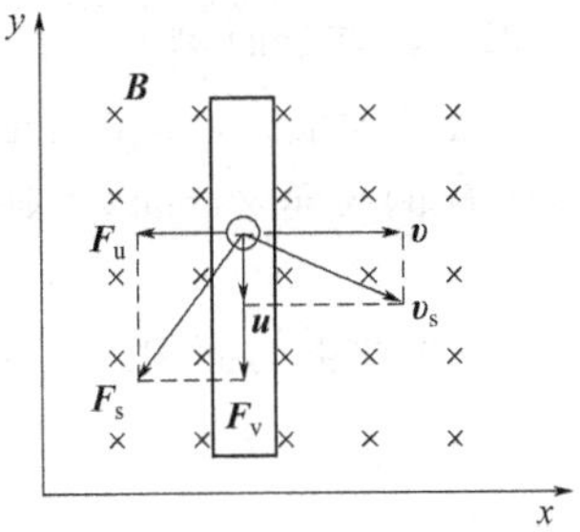

图 6-2-2　洛伦兹力不作功

根据速度的合成，电子运动的总速度为

$$\boldsymbol{v}_{\mathrm{s}}=\boldsymbol{v}+\boldsymbol{u} \tag{6-2-6}$$

电子所受的总洛伦兹力为

$$\begin{aligned}\boldsymbol{F}_{\mathrm{s}} &=(-e)(\boldsymbol{v}_{\mathrm{s}}\times\boldsymbol{B})=(-e)(\boldsymbol{v}+\boldsymbol{u})\times\boldsymbol{B}\\ &=(-e)(\boldsymbol{v}\times\boldsymbol{B})+(-e)(\boldsymbol{u}\times\boldsymbol{B})=\boldsymbol{F}_{\mathrm{v}}+\boldsymbol{F}_{\mathrm{u}}\end{aligned} \tag{6-2-7}$$

则

$$\boldsymbol{F}_{\mathrm{s}}\cdot\boldsymbol{v}_{\mathrm{s}}=(-e)(\boldsymbol{v}_{\mathrm{s}}\times\boldsymbol{B})\cdot\boldsymbol{v}_{\mathrm{s}}=0 \tag{6-2-8}$$

总的洛伦兹力是不作功的. 但总洛仑兹力的两个分量 $\boldsymbol{F}_{\mathrm{v}}$ 和 $\boldsymbol{F}_{\mathrm{u}}$ 是作功的，$\boldsymbol{F}_{\mathrm{u}}$ 对电子作负功，$\boldsymbol{F}_{\mathrm{v}}$ 对电子作正功，且数值相等. 这是因为使导体能在磁场中以速度 $\boldsymbol{v}$ 匀速运动，必须给导体施加外力 $\boldsymbol{F}$，且 $\boldsymbol{F}=-\boldsymbol{F}_{\mathrm{u}}$，以克服洛伦兹力的一个分量 $\boldsymbol{F}_{\mathrm{u}}$ 来作功，这个功由通过洛伦兹力的另一个分量 $\boldsymbol{F}_{\mathrm{v}}$ 对自由电子作功. 使自由电子作定向运动，形成电流，从而把外力作功所消耗的能量转化成电能. 总的洛伦兹力并不做功，洛伦兹力起了传递和转换能量的作用.

**【例 6-2-1】** 在磁感强度为 $\boldsymbol{B}$ 的均匀恒定磁场中，有一长为 $L$ 的铜棒 $OA$ 绕 $O$ 点以匀角速度 $\omega$ 在平面内转动，均匀恒定磁场 $\boldsymbol{B}$ 与 $OA$ 的转动平面垂直，如图 6-2-3 所示. 求在铜棒两端的动生电动势.

**解:** 在铜棒上取很小的一段线元 $\mathrm{d}\boldsymbol{l}$，其速度为 $\boldsymbol{v}$，并且 $\boldsymbol{v}$，$\boldsymbol{B}$，$\mathrm{d}\boldsymbol{l}$ 互相垂直，于是，由式(6-2-4) 得 $\mathrm{d}\boldsymbol{l}$ 两端的动生电动势 $\mathrm{d}\mathscr{E}$ 为

$$\mathrm{d}\mathscr{E}=(\boldsymbol{v}\times\boldsymbol{B})\cdot\mathrm{d}\boldsymbol{l}=Bv\,\mathrm{d}l=B\omega l\,\mathrm{d}l$$

铜棒两端的电动势为各线元的电动势之和，即

$$\mathscr{E}=\int_O^A\mathrm{d}\mathscr{E}=\int_0^L B\omega l\,\mathrm{d}l=\frac{1}{2}B\omega L^2$$

电动势方向由 $O$ 指向 $A$，即 $A$ 点电势比 $O$ 点高. 若铜棒变为一个铜圆盘，圆盘旋转时则盘心与边缘处就会有电动势，这就是圆盘直流发电机的模型.

**【例 6-2-2】** 交流发电机也是动生电动势一个应用实例. 交流发电机原理如图 6-2-4 所示，永久磁体的 N 和 S 极之间形成均匀磁场，导体线框 $ABCD$ 绕垂直于磁场的固定轴以匀角速度 $\omega$ 转动. 计算线圈输出端的感应电动势.

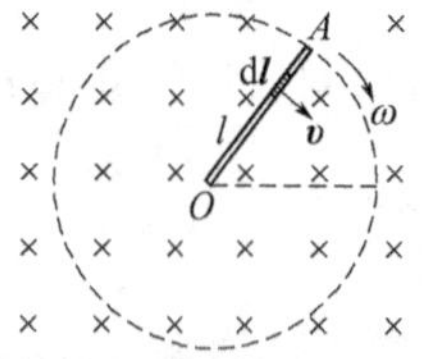


图 6-2-3　旋转棒上的电动势

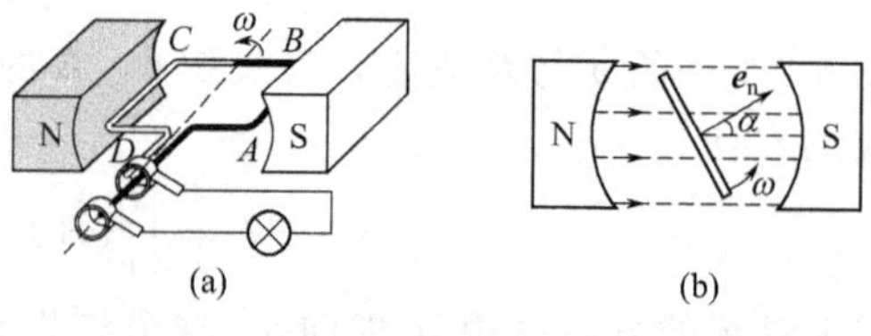


图 6-2-4　交流发电机原理

**解:** 设初始时刻 $t=0$，线框 $ABCD$ 所在平面的法线方向与磁场方向一致，此时穿过线框的磁通量为最大，即图 6-2-4 (b) 中 $\alpha=0$ 的位置. 在任意时刻 $t$，线框的法线方向 $\boldsymbol{e}_{\mathrm{n}}$ 与磁感强度 $\boldsymbol{B}$ 的夹角 $\alpha=\omega t$，则通过线框的磁通量为

$$\Phi_{\mathrm{m}}=BS\cos\omega t$$

式中，$\boldsymbol{S}$ 为线框的面积. 由电磁感应定律得到动生电动势为

$$\mathscr{E}=-\frac{\mathrm{d}\Phi_{\mathrm{m}}}{\mathrm{d}t}=BS\omega\sin\omega t$$

可见，线框中的电动势随时间按正弦函数的规律变化，这就是交流电.

在发电机工作时，导体线框中会产生感应电流. 载流导线框就要受到安培力的作用. 这

些安培力会形成一个阻碍线框转动的阻力矩，要保持发电机连续不断地转动而发电，就必须借助外部动力克服阻力矩作功，发电机就是这样利用电磁感应现象，将机械能转换为电能的.

## 6.2.2 感生电动势与感应电场

如图 6-2-5 所示，如果导体回路静止不动，磁场随时间变化，回路中产生的电动势称为感生电动势.

由上面的讨论可知，产生动生电动势的非静电力为洛伦兹力，那么，对于感生电动势，非静电力又是什么呢？

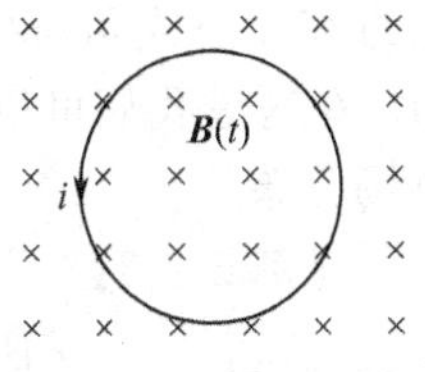

图 6-2-5 感生电动势

**(1) 感应电场**

麦克斯韦分析了这类电磁感应现象后，认为变化的磁场产生了一种新的效应，并提出一个假设：当磁场随时间变化时，在周围空间将激发一种电场称为**感应电场**. 当有导体存在时，感应电场对导体中的自由电荷产生电场力，并驱使电荷运动形成感生电动势. 若导体形成闭合回路，回路中产生感应电流. 即使没用导体时，感应电场也存在. 法拉第引入的导体回路只不过是检验感应电场存在的一种方法. 麦克斯韦的这一假设从理论上揭示了电磁场的内在联系，是电磁场理论的一个重要方面.

用 $\boldsymbol{E}_k$来表示感应电场，感应电场对电荷 $q$ 作用力为

$$\boldsymbol{F}_k = q\boldsymbol{E}_k \tag{6-2-9}$$

该力就是在导体中产生感应电动势的非静电力.

故此，如果导体不形成回路，则处于变化的磁场中，导体上产生的感应电动势为

$$\mathscr{E} = \int_L \boldsymbol{E}_k \cdot \mathrm{d}\boldsymbol{l} \tag{6-2-10}$$

对于一个导体回路，则回路上的感应电动势表示为

$$\mathscr{E} = \oint_L \boldsymbol{E}_k \cdot \mathrm{d}\boldsymbol{l} \tag{6-2-11}$$

另一方面，根据法拉第的电磁感应定律，该回路中的感应电动势为

$$\mathscr{E} = -\frac{\mathrm{d}\Phi_m}{\mathrm{d}t} = -\frac{\mathrm{d}}{\mathrm{d}t}\iint_S \boldsymbol{B} \cdot \mathrm{d}\boldsymbol{S} = -\iint_S \frac{\partial \boldsymbol{B}}{\partial t} \cdot \mathrm{d}\boldsymbol{S} \tag{6-2-12}$$

式中，$S$ 是以闭合回路 $L$ 为边界的任意曲面. 对于同一回路电动势应相等，则由式 (6-2-11) 和式(6-2-12) 得

$$\oint_L \boldsymbol{E}_k \cdot \mathrm{d}\boldsymbol{l} = -\iint_S \frac{\partial \boldsymbol{B}}{\partial t} \cdot \mathrm{d}\boldsymbol{S} \tag{6-2-13}$$

式(6-2-13) 称为**感应电场的环路定理.**

由此，可以进一步说明感应电场的性质. 我们知道，静电场是一种保守力场，沿任意闭合回路静电场的电场强度的环流恒为零，即 $\oint_L \boldsymbol{E} \cdot \mathrm{d}\boldsymbol{l} = 0$. 而感应电场 $\boldsymbol{E}_k$的环流为感生电动势，其环流值不等于零，即感应电场力沿回路移动电荷一周做功不为零，感应电场是非保守力场. 感应电场的电场线是闭合的. 感应电场是有旋场，也常称为**涡旋电场.**

由于感应电场的电场线是闭合曲线，所以通过任一闭合曲面的电通量为零. 即

$$\oiint_S \boldsymbol{E}_k \cdot \mathrm{d}\boldsymbol{S} = 0 \tag{6-2-14}$$

这称为**感应电场的高斯定理**. 式（6-2-14）表明，感应电场是无源场.

由上可以看出，感应电场与静电场的性质是完全不同的，感应电场是变化的磁场激发的，而静电场是由静止电荷产生的；感应电场的电场线是闭合曲线，而静电场的电场线不是闭合曲线；感应电场不是保守场，而静电场是保守场. 当然作为电场，感应电场对处于其中的电荷有力的作用，并对其中的运动电荷作功等.

**(2) 感应电场及电动势的计算**

一般地讲，求解感应电场的分布需要将感应电场的场方程式（6-2-13）和式（6-2-14）通过高斯公式和斯托克斯公式变换成微分形式的方程，求解偏微分方程，得到感应电场的分布. 在这里我们可以考虑一种具有特殊对称性的情况，只要求解其积分方程，就可得到感应电场分布.

**【例 6-2-3】** 半径为 $R$ 的无限长直螺线管，其内部磁场 $\boldsymbol{B}$ 均匀分布，假定 $\boldsymbol{B}$ 大小随时间均匀增加，即 $\frac{\mathrm{d}B}{\mathrm{d}t}>0$，求螺线管内、外的感应电场分布.

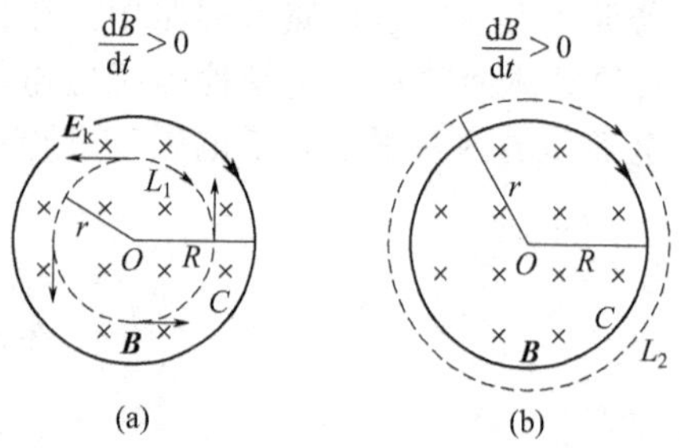


图 6-2-6 变化的磁场激发的感应电场

**解：** 螺线管的截面如图 6-2-6(a)，图中圆周 $C$ 为螺线管的边缘. 由于磁场分布具有轴对称性，因此，感应电场也具有轴对称性. 根据对称性以及感应电场线是闭合曲线可知，管内、外的电场线都是 $C$ 的同心圆周线，圆周上各点 $\boldsymbol{E}_\mathrm{k}$ 的方向沿切线方向，$\boldsymbol{E}_\mathrm{k}$ 的大小相等.

先求螺线管内的 $\boldsymbol{E}_\mathrm{k}$，在如图 6-2-6(a) 所示的螺线管 $C$ 的内部，选取一条的半径为 $r(r<R)$ 的电场线作为闭合回路 $L$，选顺时针方向为 $L$ 的正向，则有

$$\oint_L \boldsymbol{E}_\mathrm{k}\cdot \mathrm{d}\boldsymbol{l}=E_\mathrm{k}2\pi r$$

由感应电场的环路定理

$$\oint_L \boldsymbol{E}_\mathrm{k}\cdot \mathrm{d}\boldsymbol{l}=-\iint_S \frac{\partial \boldsymbol{B}}{\partial t}\cdot \mathrm{d}\boldsymbol{S}$$

得

$$\oint_L \boldsymbol{E}_\mathrm{k}\cdot \mathrm{d}\boldsymbol{l}=E_\mathrm{k}2\pi r=-\iint_S \frac{\partial \boldsymbol{B}}{\partial t}\cdot \mathrm{d}\boldsymbol{S}=-\frac{\mathrm{d}B}{\mathrm{d}t}\pi r^2$$

所以，有

$$E_\mathrm{k}=-\frac{r}{2}\frac{\mathrm{d}B}{\mathrm{d}t}\qquad (r<R) \tag{6-2-15}$$

式中，负号表示 $\boldsymbol{E}_\mathrm{k}$ 的方向与选定的正方向相反. 用楞次定律也可判定 $\boldsymbol{E}_\mathrm{k}$ 的方向沿逆时针方向.

在螺线管外，如图 6-2-7（b）所示，同样地选取一条的半径为 $r(r>R)$ 的电场线作为闭合回路 $L$，选顺时针方向为 $L$ 的正向，则有

$$\oint_L \boldsymbol{E}_\mathrm{k}\cdot \mathrm{d}\boldsymbol{l}=E_\mathrm{k}2\pi r=-\iint_S \frac{\partial \boldsymbol{B}}{\partial t}\cdot \mathrm{d}\boldsymbol{S}=-\frac{\mathrm{d}B}{\mathrm{d}t}\pi R^2$$

所以

$$E_\mathrm{k}=-\frac{R^2}{2r}\frac{\mathrm{d}B}{\mathrm{d}t},\qquad (r>R) \tag{6-2-16}$$

式中，负号表示 $\boldsymbol{E}_{\mathrm{k}}$ 的方向沿逆时针方向. 上面就是变化的磁场激发的感应电场分布.

**【例 6-2-4】** 在上述例题中，如果螺线管内绝缘地横放一长度为 $L$ 的直导线 $AB$，且距圆心 $O$ 的距离为 $h$，如图 6-2-7 所示. 求 $AB$ 上的感应电动势.

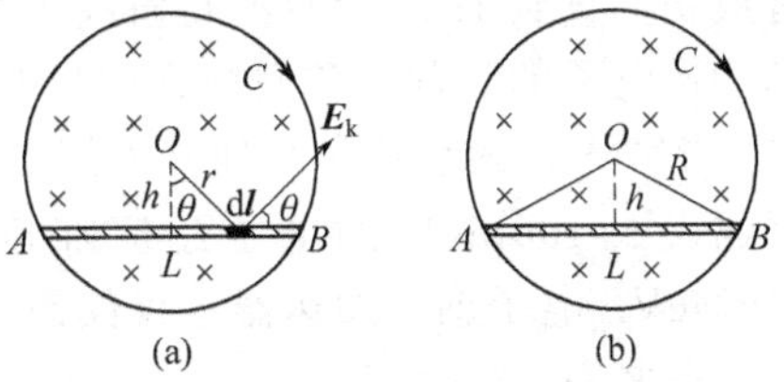


图 6-2-7 例 6-2-4 图

**解：** 本题可以根据感生电动势的定义和法拉第电磁感应定律和两种方法来求解.

方法一 如图 6-2-7（a）所示，把 $AB$ 看成一电源，由电源电动势的定义，有

$$\mathscr{E}_{\mathrm{AB}}=\int_A^B \boldsymbol{E}_{\mathrm{k}}\cdot \mathrm{d}\boldsymbol{l}=\int_A^B E_{\mathrm{k}}\cos\theta \mathrm{d}l$$

在上题中，我们已经求出在螺线管内 $E_{\mathrm{k}}=\dfrac{r}{2}\dfrac{\mathrm{d}B}{\mathrm{d}t}$，再利用 $\cos\theta=\dfrac{h}{r}$，得

$$\mathscr{E}_{\mathrm{AB}}=\int_0^L E_{\mathrm{k}}\cos\theta \mathrm{d}l=\int_0^L \frac{h}{2}\frac{\mathrm{d}B}{\mathrm{d}t}\mathrm{d}l=\frac{hL}{2}\frac{\mathrm{d}B}{\mathrm{d}t}$$

$B$ 端电势比 $A$ 端高.

方法二 由法拉第电磁感应定律求解. 设想一三角形闭合回路 $OABO$，如图 6-2-7（b）所示. 选取顺时针方向为回路正向，则通过三角形闭合回路 $OABO$ 的磁通量为

$$\Phi=BS=\frac{1}{2}BhL$$

闭合回路 $AOBA$ 的电动势为

$$\mathscr{E}=-\frac{\mathrm{d}\Phi}{\mathrm{d}t}=-\frac{1}{2}hL\frac{\mathrm{d}B}{\mathrm{d}t}$$

这个回路可分为 $AO$、$OB$、$BA$ 三段，对应的电动势为

$$\mathscr{E}=\mathscr{E}_{\mathrm{AO}}+\mathscr{E}_{\mathrm{OB}}+\mathscr{E}_{\mathrm{BA}}$$

在 $AO$、$OB$ 段上，由于感应电场 $\boldsymbol{E}_{\mathrm{k}}$ 没有径向分量，$\boldsymbol{E}_{\mathrm{k}}$ 与 $\mathrm{d}\boldsymbol{l}$ 垂直，所以有

$$\mathscr{E}_{\mathrm{AO}}=\int_A^O \boldsymbol{E}_{\mathrm{k}}\cdot \mathrm{d}\boldsymbol{l}=0,\quad \mathscr{E}_{\mathrm{OB}}=\int_O^B \boldsymbol{E}_{\mathrm{k}}\cdot \mathrm{d}\boldsymbol{l}=0$$

而

$$\mathscr{E}_{\mathrm{AB}}=-\mathscr{E}_{\mathrm{BA}}=-\mathscr{E}=\frac{1}{2}hL\frac{\mathrm{d}B}{\mathrm{d}t}$$

可见，方法一和方法二所得结果相同.

## 6.2.3 电子感应加速器

粒子加速器是利用电场来推动带电粒子使之获得高能量的装置. 它与我们生活的联系越来越密切，比如我们家用电视、电脑的阴极射线显像管，就是一种加速电子的粒子加速器. 被加速的粒子必须置于真空中，才不会被空气中的分子撞击而溃散. 从加速器中粒子运动的轨迹来分，粒子加速器有两种基本形式：环形加速器和直线加速器.

直线加速器是单程的，不论多少能量都只能在一次直线加速运动中完成，没有办法反复加速以累积能量. 因为一次直线运动总共能吸收的能量也是有限的，所以，直线加速器能达到的最大能量，远不如回旋加速器能达到的最大能量.

我们知道，静电场是无旋场，电场线是不闭合的，在回旋加速器中只能利用静电场在某

个局部区域内加速带电粒子. 但是，感应电场则不同，根据式(6-2-13)，如果空间存在感应电场，则有可能使带电粒子在全部回旋过程中都受到电场的加速作用. 早在 1932 年斯莱皮恩就提出利用感应电场加速电子的想法，接着也有不少人进行了这方面的研究，但他们都没有成功，直到 1940 年克斯特解决了电子轨道的稳定问题以后，才建成了第一台利用感应电场加速电子的装置，我们把它称为电子感应加速器. 世界上第一台电子感应加速器的能量只有 2.3MeV，随后这种加速器发展得很快，1942 年建成了 20MeV 的电子感应加速器，1945 年建成了 100MeV 的电子感应加速器，到目前为止，这种加速器所达到的最高能量是 315MeV. 电子感应加速器不仅仅是人类加速电子的一种手段，也是感生电场存在的最重要的例证之一.

电子感应加速器的原理如图 6-2-8(a) 所示，在电磁铁的两极间有一环形真空室，电磁铁受交变电流激发，在两极间产生一个由中心向外逐渐减弱、并具有对称分布的交变磁场，这个交变磁场又在真空环内激发感生电场. 因磁场分布是轴对称的，所以感应电场的电场线是闭合的同心圆族，如图 6-2-8(b) 中的虚线所示.

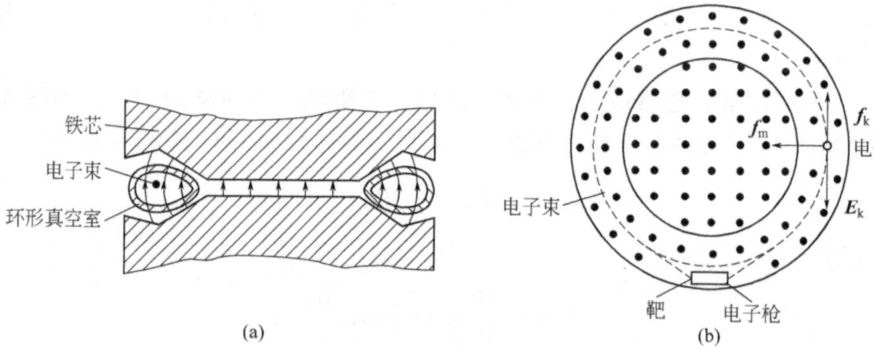


图 6-2-8　电子感应加速器示意图

用电子枪沿电场线的切线方向将具有一定速度的电子注入真空环内，并且入射速度方向与电场线方向相反，这时电子将受到一个与入射方向一致的涡旋电场力的作用，从而使电子得到加速，同时电子在洛伦兹力的作用下，沿圆形轨道运动. 在磁场由弱变强的增长过程中，电子在真空盒里可回转几兆圈，被加速而获得几 MeV 甚至上百 MeV 的能量. 磁场增长到最大值后下降，由强变弱，此时由变化的磁场所激发的涡旋电场方向与电子运动方向相同，它是阻碍电子运动的，所以，应当在电场改变方向之前就把电子引出来利用，或者使高能电子打在钨、铂等金属靶上，通过韧致辐射产生 $\gamma$ 射线. 由此可见，电子感应加速器的射线输出是脉冲式的，每秒钟的脉冲数就等于交变磁场的频率.

如果电磁铁中通以直流电，两极间只有恒定的磁场，在不考虑辐射时，电子在真空环内只做匀速圆周运动. 在电磁铁中通以交流电，两极间既有磁场又存在有旋电场，电子在其中得到加速. 磁场变化越快，电子的加速越明显. 电子在真空环中加速前后都必须约束在同一半径的轨道上运动，此时的磁场以及磁场的变化率就必须满足一定的条件. 设电磁铁的两极间的磁感应强度大小为 $B$，它是时间的函数，也是电磁铁中心距离 $r$ 的函数，同时设加速电子的真空环半径为 $r_0$，环中磁感应强度的大小为 $B_0$，电子运动速率为 $v$，则电子在洛伦兹力作用下做圆周运动满足关系式

$$B_0 ev=\frac{mv^2}{r_0} \tag{6-2-17}$$

式中，$e$ 为电子电量的绝对值，$m$ 为电子的质量. 把式(6-2-17) 整理，再对时间求导，得

$$\frac{\mathrm{d}(mv)}{\mathrm{d}t}=er_0\frac{\mathrm{d}B_0}{\mathrm{d}t} \tag{6-2-18}$$

由法拉第电磁感应定律，取回路 $C$ 的方向与感应电动势的方向一致，得

$$2\pi r_0 E_k=-\frac{\mathrm{d}}{\mathrm{d}t}\iint_S \boldsymbol{B}\cdot\mathrm{d}\boldsymbol{S} \tag{6-2-19}$$

式中，$S$ 是以真空环为边界线的任意简单曲面，可以取为以真空环为边界线的平面圆，其法线方向与回路 $C$ 的方向成右手螺旋关系. 于是，有

$$E_k=-\frac{r_0}{2}\cdot\frac{\mathrm{d}}{\mathrm{d}t}\left(\frac{1}{\pi r_0^2}\cdot\iint_S \boldsymbol{B}\cdot\mathrm{d}\boldsymbol{S}\right) \tag{6-2-20}$$

当我们把 $S$ 取为以真空环为边界线的平面圆时，$\boldsymbol{B}$ 与 $\mathrm{d}\boldsymbol{S}$ 的方向相同或者相反，如果我们不讨论它们的方向如何，只讨论其值的大小. 同时，对于感应电场 $E_k$ 我们也只讨论其值的大小而不讨论其方向，则式 (6-2-18) 中负号可以去掉，变成

$$E_k=\frac{r_0}{2}\cdot\frac{\mathrm{d}}{\mathrm{d}t}\left(\frac{1}{\pi r_0^2}\cdot\iint_S B\,\mathrm{d}S\right) \tag{6-2-21}$$

注意到 $\frac{1}{\pi r_0^2}\cdot\iint_S B\,\mathrm{d}S$ 为真空环所围平面圆中磁感应强度的平均值的大小，把它记为 $\overline{B}$. 则式(6-2-21) 成为

$$E_k=\frac{r_0}{2}\cdot\frac{\mathrm{d}\overline{B}}{\mathrm{d}t} \tag{6-2-22}$$

电子在电场 $E_k$ 作用下加速运动，同样的，只考虑加速度和电子受力的大小而不考虑方向，根据牛顿第二定律，得

$$\frac{\mathrm{d}(mv)}{\mathrm{d}t}=eE_k=\frac{er_0}{2}\cdot\frac{\mathrm{d}\overline{B}}{\mathrm{d}t} \tag{6-2-23}$$

把式 (6-2-23) 与式 (6-2-18) 比较，得

$$\frac{\mathrm{d}B_0}{\mathrm{d}t}=\frac{1}{2}\cdot\frac{\mathrm{d}\overline{B}}{\mathrm{d}t} \tag{6-2-24}$$

考虑到刚开始时，电磁铁没有通以电流，两极间磁感应强度为零，以此时作为计时起点，即 $t=0$ 时，$B_0=\overline{B}=0$，式(6-2-24) 积分，得

$$B_0=\frac{1}{2}\overline{B} \tag{6-2-25}$$

这就是使电子维持在恒定的圆形轨道上加速，电磁铁之间的磁场必须满足的条件. 在电子感应加速器的设计中，两极间的空隙从中心向外是逐渐增加的，其目的就是使磁场的分布能够满足这一要求.

电子感应加速器与其它的加速器相比，具有容易制造，便于调整使用，价格较便宜等优点，所以被应用于工业生产中相关的各个领域. 目前，电子感应加速器主要用于工业 $\gamma$ 射线探伤和射线治疗癌症等方面，也可以用来进行低能光核反应的研究，或者做活化分析及其他方面的辐射源. 近年来发展的轻便的电子直线加速器的射线强度比较大，有后来居上的趋势.

## 6.2.4 涡电流

感应电流不仅能够在导电回路内出现，而且当大块导体与磁场有相对运动或处在变化的

磁场中时，在这块导体中也会激起感应电流，这种在大块导体内流动的感应电流，叫做涡电流，简称涡流．涡电流在工程技术上有广泛的应用．

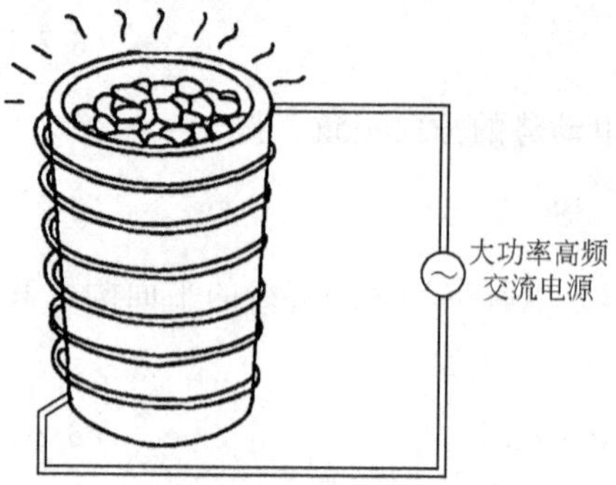

图 6-2-9　涡电流加热器

由于大块金属导体的电阻很小，涡流就会很大，可以产生大量的焦耳热．这就是涡流的热效应．利用涡流的热效应可以制成加热炉对物体进行加热，如图 6-2-9 所示的高频加热炉．用涡电流加热的方法有很多独特的优点．这种方法是在物料内部各处同时加热，而不是把热量从外面逐层地传导进去．用这种方法加热还可以把被熔金属和坩埚放在真空室中，使被熔金属不致在高温下氧化．在冶金工业中，熔化活泼的或难熔的金属和冶炼特殊合金，都常用这种方法加热．

应当指出，涡电流产生的热量还与交变电流的频率有关．这一点可以这样来理解：感应电动势与磁通量随时间的变化率成正比，而磁通量随时间的变化率有与交变电流的频率成正比，所以，感应电动势（以及涡电流）应与交变电流的频率成正比．在可以忽略涡电流自身激发磁场的情况下，根据电流产生的热量与电流的二次方成正比的焦耳定律，便可知道涡电流所产生的热量与交变电流频率的二次方成正比．这也就是熔化金属时，通常采用高频电炉的道理．

涡流除了热效应以外，涡电流还由磁效应．与其它的感应电流一样，涡流产生的磁场遵守楞次定律．因此，当导体在磁场中运动时，其中产生的涡流总是阻碍它们之间的相对运动，这种现象称为电磁阻尼．在一些电磁仪表中，常利用电磁阻尼使摆动的指针迅速地停止在平衡位置上．电度表中的制动铝盘，也是利用了电磁阻尼效应的．

上面讲了涡电流的有用的一面．但是，事物总是一分为二的，在有些情况下，涡电流发热是很有害的．例如，变压器和电机中的铁芯由于处在交变电流的磁场中，因而在铁芯内部要出现涡电流，使铁芯发热．这样，不仅浪费了电能，而且由于不断发热，铁芯的温度就要升高，引起导线间绝缘材料性能的下降．当温度过高时，绝缘材料就会被烧坏，使变压器或电机损坏，造成事故．因此，对变压器、电机这类设备，应当尽量减少涡流．为此，电机和变压器中的铁芯都是用一片片彼此绝缘的硅钢片叠合而成．这样，虽然穿过整个铁芯的磁通量不变，但对每一片硅钢片来说，穿过它的磁通量变化率就相应地减少，因而小片里的感应电动势就减小，而涡电流也就减小了，减小涡电流的另一措施是选择电阻率较高的材料做铁芯．电机、变压器的铁芯用硅钢片而不用铁片的原因之一，就是因为前者的电阻率比后者要大得多．对于高频器件，如收音机中的磁性天线，中频变压器等，由于线圈中电流变化的频率很高，为了减少涡流损耗，采用电阻率很高的半导体磁性材料（铁氧体）做磁芯．这样，不仅可以使涡流损耗大大降低，而且由于铁氧体具有高导磁率，还可以把这些器件做得很小．

## 复习思考题

6-2-1　动生电动势的本质是什么？

6-2-2　讨论动生电动势洛伦兹力“作功”的具体过程，说明总的洛伦兹力并不作功，只是起到能量转换的作用．

6-2-3　为什么说动生电动势和感生电动势是相对而言的？举例说明．

6-2-4 根据法拉第电磁感应定律，你认为变化的磁场是有源的还是无源的？为什么？

6-2-5 如图 6-2-10 所示，磁场方向与导体薄片表面垂直，若将导体薄片插入或者抽出磁场，你会感觉到有一定的阻力，为什么？

6-2-6 如图 6-2-11 所示，两个用细绳绝缘地悬挂着的金属圆环 A 和 B，A 是闭合的，B 是开口的．当我们用永久磁铁的任何一极迅速靠近或者离开圆环时，会发现属圆环 A 会被推开或者吸引，而圆环 B 则不动．请解释此现象．

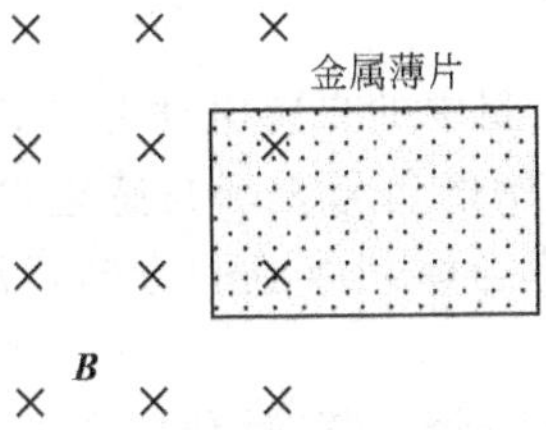


图 6-2-10

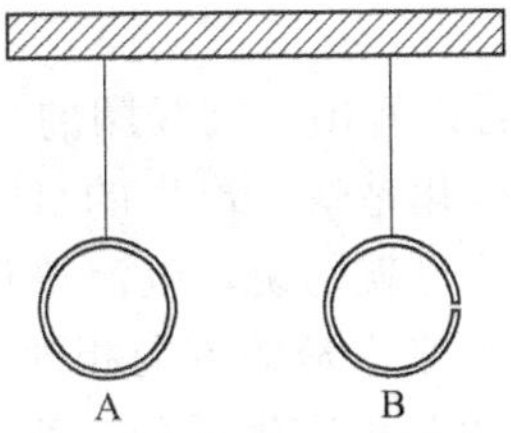


图 6-2-11

# 6.3 自感和互感

法拉第电磁感应定律指出，不管以何种方式使穿过闭合回路所围面积的磁通量发生变化，闭合回路就会产生感应电动势．在感应电动势中，有两种常见的情况：一种是回路电流变化，引起穿过回路自身的磁通量发生变化而产生的感应电动势，称为自感电动势；另一种是在两个邻近的回路中，由于其中一个回路有电流的变化，使得穿过另一个回路中的磁通量发生变化而产生的感应电动势，称为互感电动势．下面分别讨论这两种感应电动势．

## 6.3.1 自感电动势与自感系数

当一个线圈中通以电流，它产生的磁场穿过该线圈有磁通量，如果电流随时间变化，则磁通量也随时间变化，因而在线圈中引起感应电动势．这种因线圈中电流变化而在自身回路中产生的电磁感应现象称为自感现象，产生的电动势称为自感电动势．

如图 6-3-1 所示，考虑一个闭合线圈 C，设其中的电流为 $I$．根据毕奥-萨伐尔定律，电流在空间任意一点产生的磁感应强度都与 $I$ 成正比，因此，穿过回路本身所包围面积的磁通量也与 $I$ 成正比，即

$$\Phi = LI \tag{6-3-1}$$

式中，$L$ 是比例系数，叫做自感系数，简称自感．理论和实验都表明：自感 $L$ 与线圈的形状、大小以及周围介质的磁导率有关，与线圈中的电流无关，可见自感是描述线圈本身性质的物理量．

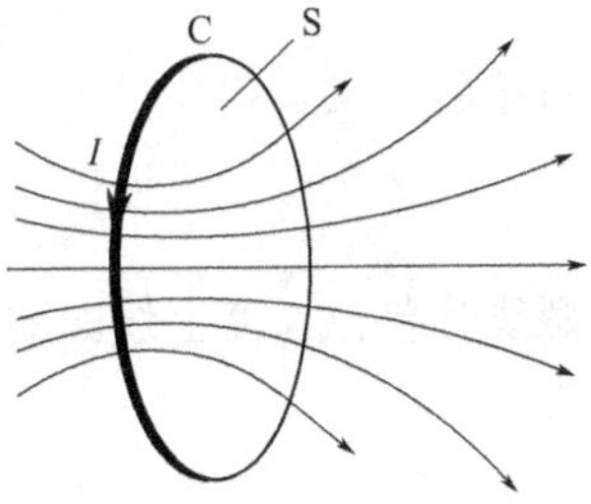


图 6-3-1 自感现象

由式(6-3-1) 可以看出，如果 $I$ 为单位电流，则 $L=\Phi$，可见，某线圈的自感，在数值上等于回路中的电流为一个单位时，穿过此回路所围面积的磁通量．

在国际单位制中，自感的单位是亨利，用 H 表示，应用中常用的单位还有毫亨（mH）和微亨（μH），$1\text{H}=10^3\text{mH}$，$1\text{mH}=10^3\mu\text{H}$．

通常线圈的自感由实验测定，只是某些简单的情形才可由其定义计算出来．

根据电磁感应定律，由式(6-3-1) 可求得回路的自感电动势

$$\mathscr{E}_{L}=-\frac{d\Phi}{dt}=-\frac{d}{dt}(LI)=-L\frac{dI}{dt}-I\frac{dL}{dt}$$

如果回路的形状、大小和周围介质的磁导率都不随时间变化，则 $L$ 为一常量，有 $\frac{dL}{dt}=0$，所以

$$\mathscr{E}_{L}=-L\frac{dI}{dt} \tag{6-3-2}$$

由式(6-3-2) 可以看出，当线圈的自感 $L$ 一定时，线圈中的自感电动势与其中的电流变化率成正比. 电流变化越快，产生的自感电动势越大. 式中的负号表示自感电动势总是反抗线圈中电流的变化. 也就是说，电流增加时，自感电动势与原来电流的方向相反；电流减小时，自感电动势与原来电流的方向相同.

在工程技术和生产生活中，存在多种多样的自感现象. 有时利用它的优点为人类服务. 例如，无线电技术中的高频扼流圈，日关灯用的镇流器，谐振电路和滤波器中的自感线圈等等，都是利用自感作用工作的. 有时要避免自感作用带来的危害. 例如，在具有很大的自感系数的电路接通或断开的瞬间，由于电路中的电流变化极快，会产生很大的自感电动势，以致产生强烈的电弧，损坏设备，危及人身安全，应设法避免.

**【例 6-3-1】** 长直螺线管的自感系数. 如图 6-3-2 所示，有一螺线管长为 $l$，截面积为 $S$，线圈的总匝数为 $N$，管中介质的磁导率为 $\mu$. 求螺线管的自感.

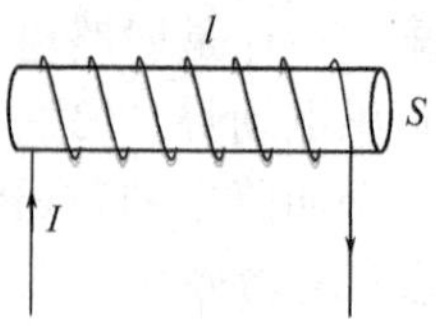

图 6-3-2　例 6-3-1 图

**解：** 对于长直螺线管，当通有电流 $I$ 时，可以认为管内磁场是均匀的，其磁感强度 $\boldsymbol{B}$ 的大小为

$$B=\mu\frac{N}{l}I$$

$\boldsymbol{B}$ 的方向与螺线管轴线平行. 因此，穿过螺线管每一匝线圈的磁通量都等于

$$\Phi=BS=\mu\frac{N}{l}IS$$

螺线管可以看成是 $N$ 匝线圈串联而成，则总磁通量为

$$N\Phi=\mu\frac{N^2}{l}IS$$

由自感的定义，得

$$L=\frac{N\Phi}{I}=\mu\frac{N^2}{l}S$$

设螺线管单位长度上线圈的匝数为 $n$，螺线管的体积为 $V$，有 $n=N/l$ 和 $V=lS$，故上式可写为

$$L=\mu n^2V \tag{6-3-3}$$

显然，螺线管的自感只与其自身性质有关. 要获得较大的自感，通常采用较细导线绕制线圈，以增加单位长度的匝数 $n$，并选取较大磁导率 $\mu$ 的磁介质放置在螺线管内. 例如，一螺线管长 $l=10\text{cm}$，截面积 $S=1\text{cm}^2$，$n=10^4$，螺线管内为真空时，可得 $L=\mu_0n^2V=1.26\text{mH}$.

**【例 6-3-2】** 同轴电缆的自感. 如图 6-3-3 所示，有两个同轴圆筒形导体，其内外半径分别为 $R_1$和 $R_2$，设在两圆筒间充满磁导率为 $\mu$ 的均匀磁介质. 求单位长度电缆的自感.

**解：** 设通过电缆的电流为 $I$，由安培环路定理，容易求出同轴电缆两圆筒间的磁感强

度为

$$B=\frac{\mu I}{2\pi r}$$

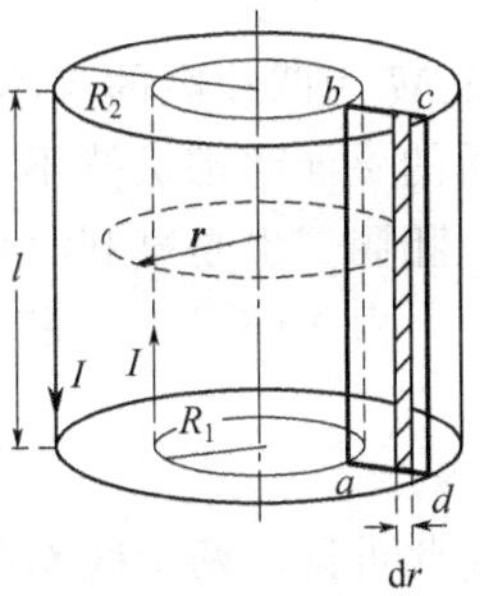

图 6-3-3 例 6-3-2 图

先把两圆筒沿纵向截成许多部分，如图 6-3-3 所示，任取一回路 $abcd$，可看成一匝线圈. 将该回路所围面积分割成许多小面积元，穿过面积元 $\mathrm{d}S=l\,\mathrm{d}r$ 的磁通量为

$$\mathrm{d}\Phi=\boldsymbol{B}\cdot\mathrm{d}\boldsymbol{S}=Bl\,\mathrm{d}r$$

于是，穿过面 $abcd$ 的磁通量为

$$\Phi=\int\mathrm{d}\Phi=\frac{\mu Il}{2\pi}\int_{R_1}^{R_2}\frac{\mathrm{d}r}{r}=\frac{\mu Il}{2\pi}\ln\frac{R_2}{R_1}$$

在这里，由于各匝线圈是并联的，所以，上式就是穿过两圆筒之间的磁通量，根据自感的定义，可得长度为 $l$ 的同轴电缆的自感为

$$L=\frac{\Phi}{I}=\frac{\mu l}{2\pi}\ln\frac{R_2}{R_1}$$

故此，单位长度电缆的自感为

$$L=\frac{\Phi}{I}=\frac{\mu}{2\pi}\ln\frac{R_2}{R_1}\tag{6-3-4}$$

在 2.2 节中，我们可以求出同轴电缆单位长度的电容为

$$C=\frac{2\pi\varepsilon}{\ln\dfrac{R_2}{R_1}}\tag{6-3-5}$$

由式（6-3-4）和式（6-3-5）得

$$LC=\mu\varepsilon\tag{6-3-6}$$

式（6-3-6）即为同轴电缆的**电容和电感特性公式**，即单位长度的电容 $C$ 与单位长度的自感 $L$ 的乘积等于传输线间介质的磁导率 $\mu$ 与电容率 $\varepsilon$ 之积. 这个结论对其它传输线也成立，例如平行板线路和双线线路等. 读者可自行证明.

## 6.3.2 互感电动势与互感系数

如图 6-3-4 所示，假定有两个相互靠近的线圈 $C_1$ 和 $C_2$，当其中一个线圈中的电流发生变化时，在另一个线圈的中就会产生感应电动势，这种现象称为互感现象，线圈中的电动势称为互感电动势.

设线圈 $C_1$ 通以电流 $I_1$，根据毕奥-萨伐尔定律，在空间任意一点，它所激发的磁感强度都与 $I_1$ 成正比，因此，穿过线圈 $C_2$ 的磁通量 $\Phi_{21}$ 也必然与 $I_1$ 成正比，则有

$$\Phi_{21}=M_{21}I_1\tag{6-3-7a}$$

式中，$M_{21}$ 是比例系数.

同理，当线圈 $C_2$ 中通以电流 $I_2$ 时，$I_2$ 所激发的磁场穿过线圈 $C_1$ 的磁通量 $\Phi_{12}$ 也应与 $I_2$ 成正比，即

$$\Phi_{12}=M_{12}I_2\tag{6-3-7b}$$

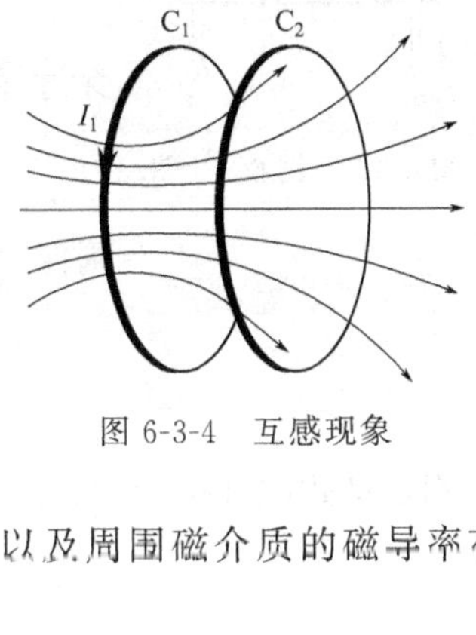

图 6-3-4 互感现象

式中，$M_{12}$ 是比例系数.

比例系数 $M_{21}$ 和 $M_{12}$ 应与两线圈的形状、大小、相对位置以及周围磁介质的磁导率有关. 理论和实验都证明，$M_{21}$ 和 $M_{12}$ 是相等的，记为

$$M=M_{21}=M_{12} \tag{6-3-8}$$

称 $M$ 为两线圈的**互感系数**，简称为**互感**. 在两线圈的形状、大小、相对位置以及周围磁介质的磁导率都保持不变的情况下，$M$ 是一常量. 在国际单位制中，互感的单位与自感的单位相同，也是亨利（H).

由式(6-3-7a) 和式(6-3-7b) 有

$$M=\frac{\Phi_{21}}{I_1}=\frac{\Phi_{12}}{I_2} \tag{6-3-9}$$

由此可见，两个线圈的互感系数 $M$，在数值上等于其中一个线圈中通以单位电流时，穿过另一个线圈所围面积的磁通量.

根据法拉第电磁感应定律，当线圈 $C_1$ 中的电流 $I_1$ 发生变化时，在线圈 $C_2$ 中引起的互感电动势为

$$\mathscr{E}_{21}=-\frac{\mathrm{d}\Phi_{21}}{\mathrm{d}t}=-M\frac{\mathrm{d}I_1}{\mathrm{d}t} \tag{6-3-10a}$$

同样的，当线圈 $C_2$ 中的电流 $I_2$ 发生变化时，在线圈 $C_1$ 中引起的互感电动势为

$$\mathscr{E}_{12}=-\frac{\mathrm{d}\Phi_{12}}{\mathrm{d}t}=-M\frac{\mathrm{d}I_2}{\mathrm{d}t} \tag{6-3-10b}$$

由上面两式可以看出，当一个线圈中的电流随时间的变化率一定时，互感越大，则在另一线圈中引起的互感电动势就越大；反之，互感越小，在另一个线圈中引起的互感电动势就越小. 所以，互感是表明相互感应强弱的一个物理量，或说是两个电路耦合程度的量度.

式(6-3-10a) 和式(6-3-10b) 中的负号表示，在一个线圈中所引起的互感电动势，要反抗另一个线圈中电流的变化.

利用互感现象可以把交变的电讯号或电能由一个电路转移到另一个电路，而无需把这两个电路连接起来. 这种转移能量的方法在电工、无线电技术中得到广泛应用. 当然，互感现象有时也需予以避免，使之不产生有害的干扰. 为此，常采用磁屏蔽的方法将某些器件保护起来.

互感通常用实验方法测定，只是对于一些比较简单的情况，才能用计算的方法求得.

**【例 6-3-3】** 两同轴长直密绕螺线管的互感. 如图 6-3-5 所示，有一长 $l$，截面积为 $S$，磁导率为 $\mu$ 的圆柱棒，上面密绕两个线圈 $C_1$ 和 $C_2$，匝数分别为 $N_1$ 和 $N_2$，试计算它们的互感.

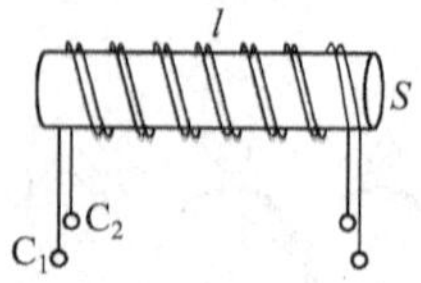

图 6-3-5　例 6-3-3 图

**解：** 设线圈 $C_1$ 通以电流 $I_1$，在螺线管内部产生的磁感强度为

$$B_1=\mu\frac{N_1}{l}I_1$$

穿过线圈 $C_2$ 一匝线圈的磁通量为

$$\Phi_{21}=B_1S=\mu\frac{N_1}{l}I_1S$$

则穿过线圈 $C_2$ 的磁通匝链数为

$$N_2\Phi_{21}=\mu\frac{N_1N_2}{l}I_1S$$

根据定义式(6-3-9) 可得互感系数

$$M=\frac{\Phi_{21}}{I_1}=\mu\frac{N_1N_2}{l}S=\mu\frac{N_1}{l}\frac{N_2}{l}lS=\mu n_1n_2V \tag{6-3-11}$$

式中，$n_1$是线圈 $C_1$单位长度的匝数，$n_2$是线圈 $C_2$单位长度的匝数．也可给线圈 $C_2$通以电流 $I_2$，计算穿过线圈 $C_1$的磁通量，会得到相同的结果．

下面通过这个例子看看自感和互感之间的关系．例 6-3-1 中式（6-3-3）给出了长直螺线管的自感公式，因此，线圈 $C_1$和 $C_2$的自感分别为

$$L_1=\mu n_1^2 V \tag{6-3-12}$$

$$L_2=\mu n_2^2 V \tag{6-3-13}$$

比较式(6-3-11）可以得到

$$M=\sqrt{L_1 L_2} \tag{6-3-14}$$

事实上上面的结论是一个特例，它要求两个线圈之间完全无漏磁．一般情况下，两个线圈的互感与自感的关系式可写为

$$M=k\sqrt{L_1 L_2} \tag{6-3-15}$$

式中，$k$ 称为**耦合系数**，$0\leqslant k\leqslant 1$，它取决于两线圈的相对位置．

**【例 6-3-4】** 如图 6-3-6(a）所示，有一无限长直导线，与一长为 $l$ 宽为 $a$ 的矩形线圈处在同一平面内，直导线与矩形线圈的一侧平行，且相距为 $d$，求它们的互感．若将长直导线与矩形线圈按图 6-3-6(b）放置，它们的互感又为多少？

**解：** 设在无限长直导线中通以电流 $I$，在距长直导线 $x$ 处的磁感强度为

$$B=\frac{\mu I}{2\pi x}$$

于是，穿过矩形线圈的磁通量为

$$\Phi=\int_d^{d+a}\frac{\mu I l}{2\pi x}\mathrm{d}x=\frac{\mu I l}{2\pi}\ln\frac{d+a}{d}$$

由互感的定义式(6-3-9）得

$$M=\frac{\Phi}{I}=\frac{\mu l}{2\pi}\ln\frac{d+a}{d}$$

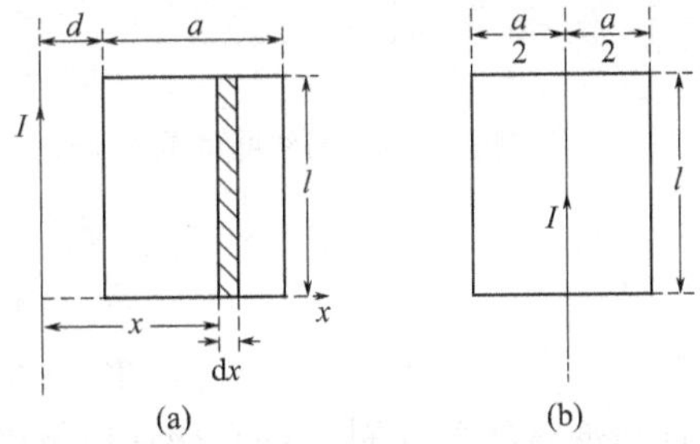


图 6-3-6　例 6-3-4 图

而对图 6-3-6(b）所示的线圈位置，若仍设无限长直导线中通以电流 $I$，则由于无限长直导线所激发的磁场的对称性，穿过矩形线圈的磁通量为零，即 $\Phi=0$，所以互感 $M=0$．

由上面的结果可以看出，两线圈的互感，不仅与它们的形状、大小、磁介质的磁导率有关，还与它们的相对位置有关．

通常把线圈的自感或互感称为电感．在电路中，线圈元件称为电感元件，它们有着广泛的应用．

## 6.3.3　线圈的顺接和反接

如果我们把两个线圈 $C_1$和 $C_2$串联起来，这时可以把它们看成是一个整体，用一个等效线圈来表示，记为线圈 C．设线圈 $C_1$和 $C_2$的自感系数分别是 $L_1$和 $L_2$，串联起来后线圈 C 的自感系数 $L$，一方面和线圈 $C_1$、$C_2$的自感系数 $L_1$、$L_2$有关，另一方面还和线圈 $C_1$、$C_2$的互感系数 $M$ 有关．

线圈 $C_1$和 $C_2$串联的基本方式有两种，如图 6-3-7 所示的两个线圈的串联方式称为顺接．两线圈顺接的特点是：两线圈产生的磁场方向相同，彼此相互加强，并且在电流变化时各自产生的自感电动势以及两线圈之间的互感电动势方向相同．

两线圈顺接时，设线圈 $C_1$中电流 $I$ 激发的磁场通过线圈 $C_1$和 $C_2$的磁通匝链数分别为 $\Psi_{11}$ 和 $\Psi_{12}$，线圈 $C_2$中电流 $I$ 激发的磁场通过线圈 $C_1$和 $C_2$的磁通匝链数分别为 $\Psi_{21}$ 和

$\Psi_{22}$. 则两线圈的磁通匝链数分别为

$$\Psi_1=\Psi_{11}+\Psi_{21}=L_1I+MI \tag{6-3-16}$$

$$\Psi_2=\Psi_{12}+\Psi_{22}=MI+L_2I \tag{6-3-17}$$

我们把顺接的两个线圈 $C_1$ 和 $C_2$ 看成是一个整体，即等效线圈 C，由此得通过线圈 C 的总磁通匝链数为

$$\Psi=\Psi_1+\Psi_2=(L_1+L_2+2M)I \tag{6-3-18}$$

设等效线圈 C 的自感系数为 $L$，显然 $\Psi=LI$，所以顺接的两个线圈 $C_1$ 和 $C_2$ 的总自感系数为

$$L=L_1+L_2+2M \tag{6-3-19}$$

式(6-3-19) 表明，顺接的两个线圈 $C_1$ 和 $C_2$ 的总自感系数大于两个线圈各自的自感系数之和.

如图 6-3-8 所示的两个线圈的串联方式称为反接. 两线圈反接的特点是：两线圈产生的磁场方向相反，彼此相互减弱.

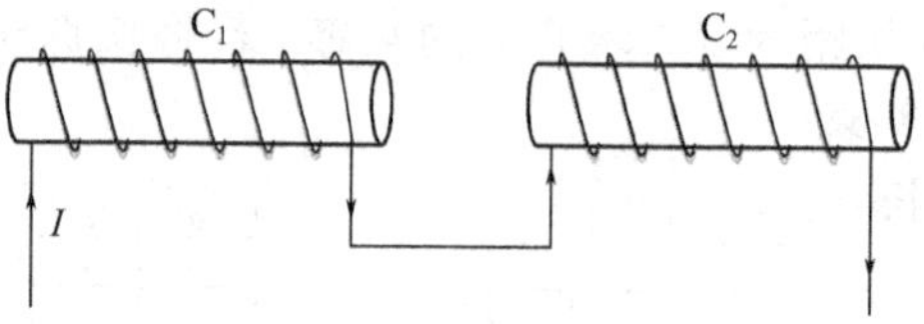

图 6-3-7　两线圈的顺接

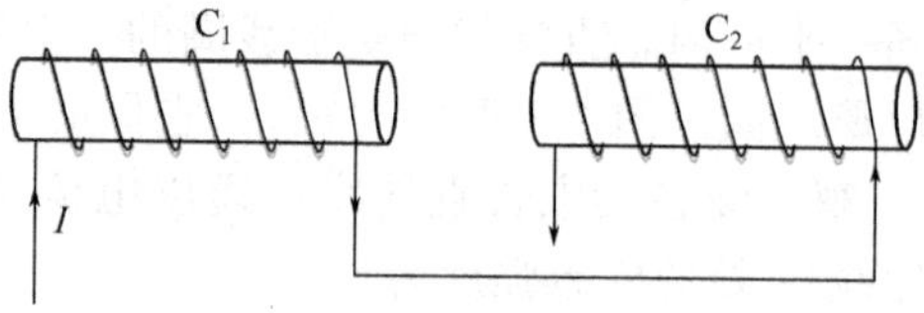

图 6-3-8　两线圈的反接

两线圈反接时，通过线圈 $C_1$ 和 $C_2$ 的磁通匝链数分别

$$\Psi_1=\Psi_{11}-\Psi_{21}=L_1I-MI \tag{6-3-20}$$

$$\Psi_2=\Psi_{12}-\Psi_{22}=L_2I-MI \tag{6-3-21}$$

由此得通过等效线圈 C 的总磁通匝链数为

$$\Psi=\Psi_1+\Psi_2=(L_1+L_2-2M)I \tag{6-3-22}$$

设等效线圈 C 的自感系数为 $L$，显然 $\Psi=LI$，所以反接的两个线圈 $C_1$ 和 $C_2$ 的总自感系数为

$$L=L_1+L_2-2M \tag{6-3-23}$$

式(6-3-23) 表明，反接的两个线圈 $C_1$ 和 $C_2$ 的总自感系数大于两个线圈各自的自感系数之和.

当两线圈距离较远，或者两个线圈垂直放置，此时互感系数较小，如果把两个线圈之间的互感可以忽略不计，$M=0$，由式(6-3-19) 和式(6-3-23) 可见，不管是两线圈的顺接还是反接，均有

$$L=L_1+L_2 \tag{6-3-24}$$

即无互感耦合的串联线圈的总自感系数，等于各线圈的自感系数之和.

**【例 6-3-5】** 有两个交错绕在一起的螺线管 $C_1$ 和 $C_2$，它们的匝数分别为 $N_1$ 和 $N_2$，长度均为 $l$，截面积都是 $S$，铁芯的磁导率为 $\mu$. 忽略边缘效应，可以看成是无漏磁. (1) 在如图 6-3-9(a) 所示的顺接情况下，利用自感定义求总自感；(2) 在如图 6-3-9(b) 所示的反接情况下，利用自感定义求总自感.

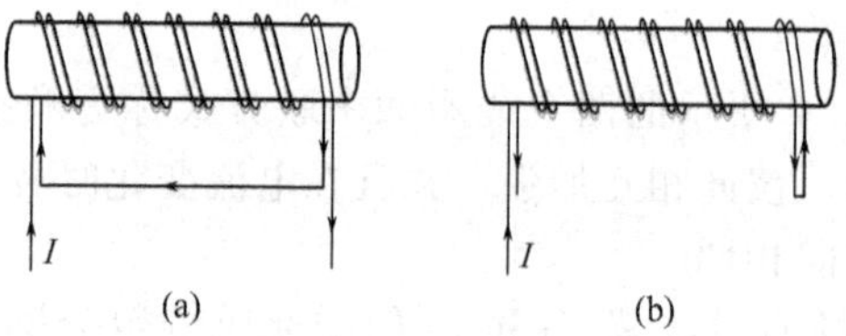

图 6-3-9　两线圈的顺接和反接

**解：**(1) 设螺线管通以电流 $I$，则 $C_1$ 和 $C_2$ 在螺线管内产生的磁感应强度大小分别为

$$B_1=\mu n_1 I, \qquad B_2=\mu n_2 I$$

$C_1$ 和 $C_2$ 顺接时，磁感应强度 $\boldsymbol{B}_1$ 和 $\boldsymbol{B}_2$ 的方向相同，管内总磁感应强度大小为

$$B=B_1+B_2=\mu(n_1+n_2)I$$

通过线圈的总磁通匝链数为

$$\Psi=(N_1+N_2)BS=\mu(n_1+n_2)^2 IV$$

故顺接线圈总自感为

$$L=\frac{\Psi}{I}=\mu(n_1+n_2)^2 V$$

$$=\mu n_1^2 V+\mu n_2^2 V+2\mu n_1 n_2 V=L_1+L_2+2M$$

（2）$C_1$ 和 $C_2$ 反接时，磁感应强度 $\boldsymbol{B}_1$ 和 $\boldsymbol{B}_2$ 的方向相反，不妨设 $B_1>B_2$，则管内总磁感应强度大小为

$$B=B_1-B_2=\mu(n_1-n_2)I$$

通过线圈的总磁通匝链数为

$$\Psi=N_1BS-N_2BS=\mu(n_1-n_2)^2 IV$$

故反接线圈总自感为

$$L=\frac{\Psi}{I}=\mu(n_1-n_2)^2 V$$

$$=\mu n_1^2 V+\mu n_2^2 V-2\mu n_1 n_2 V=L_1+L_2-2M$$

## 6.3.4 电感式传感器及其应用

电感式传感器是利用线圈自感或互感的改变来实现非电量的电测的装置. 它可以把输入的物理量如位移、振动、压力、流量、密度等参数，转换为线圈的自感系数 $L$ 或互感系数 $M$ 的变化，而 $L$ 和 $M$ 的变化在电路中又转换为电压或电流的变化，即将非电量转换成电信号输出. 因此它能实现信息的远距离传输、记录、显示和控制等.

电感式传感器有许多种类，下面以变磁阻式传感器为例说明其工作原理. 变磁阻式传感器的结构原理如图 6-3-10 所示，由线圈、铁芯和衔铁三部分组成. 在铁芯与衔铁之间有空气隙，设气隙厚度为 $\delta$. 传感器的运动部分与衔铁相连，当传感器测量物理量时，其运动部分产生位移，所以衔铁也产生位移，因此气隙厚度 $\delta$ 发生变化，从而使线圈的自感值 $L$ 发生变化.

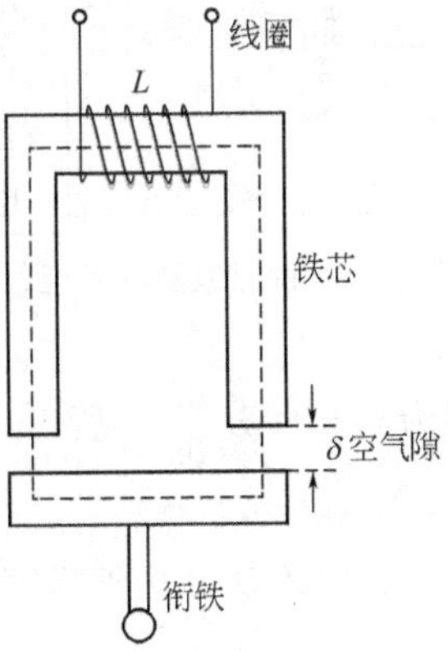

图 6-3-10　变磁阻式传感器原理图

设铁芯的中心长度为 $l_1$、截面积为 $S$、相对磁导率为 $\mu_{r1}$；衔铁的中心长度为 $l_2$、截面积也是 $S$、相对磁导率为 $\mu_{r2}$；空气隙的截面积同样是 $S$，则磁路的总磁阻 $R_m$ 为

$$R_m=R_{m1}+R_{m2}+R_{m3}=\frac{l_1}{\mu_0\mu_{r1}S}+\frac{l_2}{\mu_0\mu_{r2}S}+\frac{2\delta}{\mu_0 S}$$

因为铁芯和衔铁为铁磁质材料，其磁阻与空气隙磁阻相比较很小，计算时可以忽略不计，则

$$R_m\approx\frac{2\delta}{\mu_0 S}$$

如果线圈的匝数为 $N$，单匝线圈通过的磁通量为 $\Phi$，则自感系数 $L$ 为

$$L=\frac{N\Phi}{I}$$

由磁路定理 $NI=\Phi R_{\mathrm{m}}$ 可得

$$L=\frac{N\Phi}{I}=\frac{N^2}{R_{\mathrm{m}}}=\frac{\mu_0 SN^2}{2\delta}$$

如果衔铁发生位移量 $\Delta\delta$ 时，自感的变化量 $\Delta L$ 为

$$\Delta L=-\frac{\mu_0 SN^2}{2\delta^2}\Delta\delta=-L\frac{\Delta\delta}{\delta}$$

通过测量电感的变化，从而得到位移的变化，这就是变磁阻式传感器测量位移的原理.

## 复习思考题

6-3-1 为什么说线圈的自感 $L$ 与电流 $I$ 无关？线圈的自感 $L$ 与哪些因素有关？

6-3-2 讨论两个线圈的互感 $M$ 与哪些因素有关.

6-3-3 在如图 6-3-11 所示的电路中，线圈 $L$ 的自感很大，线圈的电阻值也与 $R$ 相同. 当开关 $K$ 接通时，两个相同的灯泡 $S_1$、$S_2$ 哪个先亮？当开关断开时，哪个灯泡先灭？

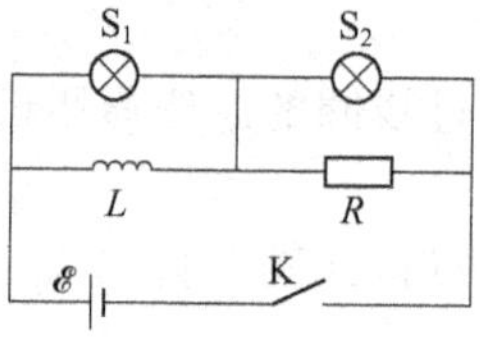

图 6-3-11 思考题 6-3-3 图

6-3-4 三个线圈中心在一条直线上，相隔的距离都不太远，如何放置可使三个线圈之间的互感为零？

6-3-5 用漆包线绕制的电阻要求是无自感的，如何绕制才能使得线圈的自感为零？

# 6.4 磁场的能量

## 6.4.1 自感线圈的磁能

一个线圈，自感为 $L$，电阻为 $R$，当与电源相连时，可等效为如图 6-4-1 所示的 $R$-$L$ 串联电路. 在开关未闭合时，电路中没有电流，线圈中也没有磁场. 当开关闭合后，线圈中的电流 $i$ 由零逐渐增大，最后达到稳定值 $I$. 这个过程称为暂态过程，在这个过程中，由于电流的变化，在线圈中要产生与电流反方向的自感电动势 $\mathscr{E}_{\mathrm{L}}$，来阻碍电流的增大. 所以电源不仅要供给电路中在电阻 $R$ 消耗焦耳热的能量，而且还要反抗自感电电动势 $\mathscr{E}_{\mathrm{L}}$ 作功.

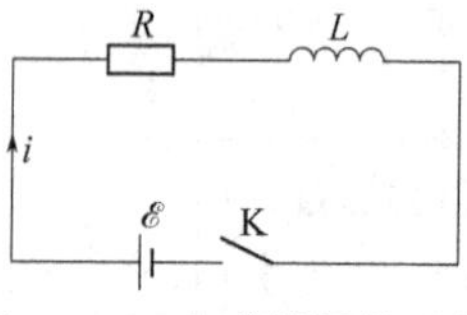

图 6-4-1 自感线圈的磁能

在时间 $\mathrm{d}t$ 内，电源反抗自感电动势所作的功为

$$\mathrm{d}W=-\mathscr{E}_{\mathrm{L}}i\,\mathrm{d}t$$

因为 $\mathscr{E}_{\mathrm{L}}=-L\dfrac{\mathrm{d}i}{\mathrm{d}t}$，所以

$$\mathrm{d}W=Li\,\mathrm{d}i \tag{6-4-1}$$

在电流从零达到稳定值 $I$ 的过程中，电源反抗自感电动势所作的总功为

$$W=\int\mathrm{d}W=\int_0^I Li\,\mathrm{d}i=\frac{1}{2}LI^2 \tag{6-4-2}$$

电源反抗自感电动势所作的这部分功转化为线圈中的磁能，所以线圈中的磁能为

$$W_{\mathrm{m}}=\frac{1}{2}LI^2 \tag{6-4-3}$$

上式说明，自感线圈的磁能与其自感系数以及通过线圈的电流的平方成正比.

**【例 6-4-1】** 一线圈自感系数 $L=0.01\mathrm{H}$，求当电流达到稳定值 $I=1\mathrm{A}$ 时，该线圈所储存的磁能.

**解：** 由线圈的磁能公式得

$$W_m=\frac{1}{2}LI^2=\frac{1}{2}\times0.01\times1^2=0.005(\mathrm{J})$$

可见这时线圈储存的能量还是比较少的.

## 6.4.2 互感线圈的磁能

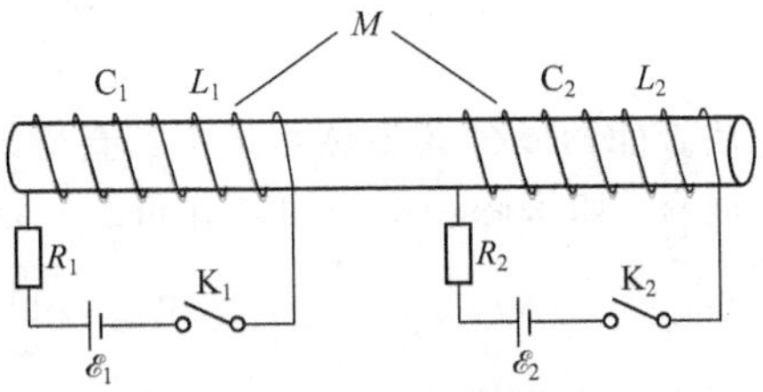


图 6-4-2 互感线圈的磁能

设相邻的两个线圈 $C_1$ 和 $C_2$，如图 6-4-2 所示，稳态时两线圈的电流分别为 $I_1$ 和 $I_2$. 在建立 $I_1$ 和 $I_2$ 的过程中，电源除了提供线圈产生的焦耳热和克服自感电动势作功外，还要克服互感电动势作功. 在这两个线圈建立电流的过程中，电源克服互感电动势的元功为

$$\mathrm{d}W=-\mathscr{E}_{21}i_2\mathrm{d}t-\mathscr{E}_{12}i_1\mathrm{d}t$$

式中，$\mathscr{E}_{21}$ 是 $C_1$ 中电流变化在 $C_2$ 中引起的互感电动势，即 $\mathscr{E}_{21}=-M\frac{\mathrm{d}i_1}{\mathrm{d}t}$；$\mathscr{E}_{12}$ 是 $C_2$ 中电流变化在 $C_1$ 中引起的互感电动势，即 $\mathscr{E}_{12}=-M\frac{\mathrm{d}i_2}{\mathrm{d}t}$. 则

$$\mathrm{d}W=-\mathscr{E}_{21}i_2\mathrm{d}t-\mathscr{E}_{12}i_1dt=Mi_2\mathrm{d}i_1+Mi_1\mathrm{d}i_2=M\mathrm{d}(i_1i_2)$$

在两个线圈中电流达到稳定值的过程中，电源克服自感电动势所作的总共为

$$W=\int\mathrm{d}W=\int_0^{I_1I_2}M\mathrm{d}(i_1i_2)=MI_1I_2 \tag{6-4-4}$$

与自感的情况类似，电源克服互感电动势所作的这部分功也以磁能的形式在两个线圈中储存起来. 我们把把这部分磁能称为线圈 $C_1$ 和 $C_2$ 的互感磁能. 所以，两个线圈在达到稳态时的总磁能为

$$W_m=\frac{1}{2}L_1I_1^2+\frac{1}{2}L_2I_2^2+MI_1I_2 \tag{6-4-5a}$$

但是式(6-4-5a) 只适用于当 $I_1$ 和 $I_2$ 所激发的磁通量是相互加强的情况，当电流 $I_1$ 和 $I_2$ 所激发的磁通量相互削弱时，上式应改为

$$W_m=\frac{1}{2}L_1I_1^2+\frac{1}{2}L_2I_2^2-MI_1I_2 \tag{6-4-5b}$$

## 6.4.3 磁场的能量 磁能密度

由上面的讨论可知，自感为 $L$ 的线圈中通有电流 $I$ 时，线圈具有的磁能为

$$W_m=\frac{1}{2}LI^2$$

实验表明，磁能储存在电流所激发的磁场中，磁场具有能量. 有磁场分布的区域就有磁场能量存在. 下面我们通过长直螺线管为例导出磁场能量的表达式.

设密绕的细长直螺线管单位长度线圈匝数为 $n$，管内介质磁导率为 $\mu$，管内体积为 $V$. 由例 6-3-1 知，螺线管的自感为

$$L=\mu n^2V$$

当通以电流 $I$ 时，螺线管内部的磁感强度为

$$B=\mu nI$$

于是，有

$$W_m=\frac{1}{2}LI^2=\frac{1}{2}\mu n^2V\left(\frac{B}{\mu n}\right)^2=\frac{1}{2}\frac{B^2}{\mu}V$$

由于磁能储存在磁场中，而长直螺线管内部的磁场是均匀的，所以磁场能量的分布也是均匀的，因此，单位体积内的磁场能量，即磁能密度为

$$w_m=\frac{W_m}{V}=\frac{1}{2}\frac{B^2}{\mu}=\frac{1}{2}BH=\frac{1}{2}\boldsymbol{B}\cdot\boldsymbol{H} \tag{6-4-6}$$

上述磁能密度公式虽然是从细长直螺线管的特例导出的，但对于任意的磁场分布，该公式仍然成立. 如果磁场不是均匀分布的，则磁场的总能量应是磁能密度的体积分，即

$$W_m=\iiint_V w_m\mathrm{d}V=\iiint_V \frac{1}{2}\boldsymbol{B}\cdot\boldsymbol{H}\mathrm{d}V \tag{6-4-7}$$

磁场是物质的一种特殊形态，磁场具有能量，这正是磁场物质属性的一种具体表现.

**【例 6-4-2】** 如图 6-4-3 所示，一根长直同轴电缆由两无限长同轴导体柱面组成，内、外筒的半径分别为 $R_1$ 和 $R_2$，两筒间充满磁导率为 $\mu$ 的绝缘介质，沿内、外圆筒通以大小相等、方向相反的电流 $I$，试求单位长度电缆的磁能.

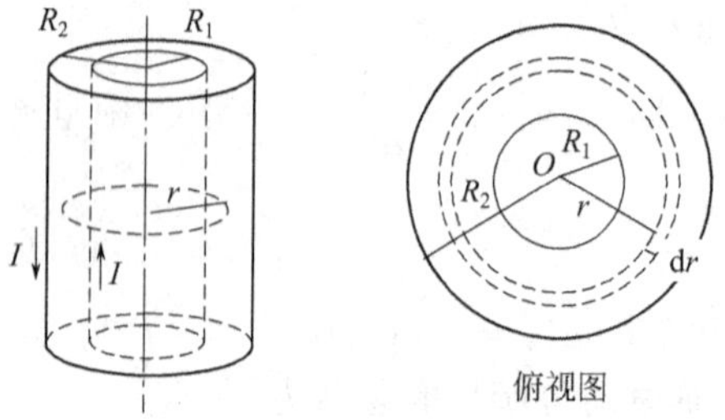


图 6-4-3 例 6-4-2 图

**解：** 由安培环路定理，容易求出同轴电缆内外导线间的磁感应强度大小为

$$B=\frac{\mu I}{2\pi r}$$

磁感线为与电缆截面圆同心的圆环，而其它区域的磁场为零. 于是，同轴电缆内外导线间的磁能分布为

$$w_m=\frac{1}{2}\boldsymbol{B}\cdot\boldsymbol{H}=\frac{1}{2\mu}B^2=\frac{\mu I^2}{8\pi^2r^2}$$

取半径为 $r$ 到 $r+\mathrm{d}r$，长为单位长度的圆筒体积元，其体积为 $\mathrm{d}V=2\pi r\mathrm{d}r$，如图 6-4-3 所示，此体积元的磁能为

$$\mathrm{d}W_m=w_m\mathrm{d}V=\frac{\mu I^2}{8\pi^2r^2}2\pi r\mathrm{d}r=\frac{\mu I^2}{4\pi}\frac{\mathrm{d}r}{r}$$

单位长度电缆的磁能为

$$W_m=\iiint_V w_m\mathrm{d}V=\frac{\mu I^2}{4\pi}\int_{R_1}^{R_2}\frac{\mathrm{d}r}{r}=\frac{\mu I^2}{4\pi}\ln\frac{R_2}{R_1}$$

由 $W_m=\frac{1}{2}LI^2$，可以得到同轴电缆单位长度的自感

$$L=\frac{\mu}{2\pi}\ln\frac{R_2}{R_1}$$

## 复习思考题

6-4-1 设自感为 $L$，通有电流 $I$ 的长直螺线管的磁场能为 $W_m$，现把该螺线管截掉一半，但仍可以把它看成长直螺线管，这时的磁场能是多少？磁场能密度又是多少？

6-4-2 在国际单位制中，磁场强度和磁感强度的单位是什么？如何用国际单位制的基本单位来表示？而由式（6-4-6）直接得到的磁能密度的单位是什么？如何把它化成用国际单位制的基本单位来表示？

6-4-3 在自感系数为 $L$，通有电流 $I$ 的螺线管内，磁场能量为 $W_m=\frac{1}{2}LI^2$. 这能量是什么能量转化来的？怎样才能使它以热的形式释放出来？

# 6.5 暂态过程

对于只有电阻构成的电路，电路中的电流值是不随时间变化的. 如果电路中除了电阻外，还包含有电容、电感元件，或者有非稳恒电流源等情况，则电路的电流是随时间变化的. 例如电容器的充、放电过程，其电路中的电流就是随时间变化的. 这种电路在电流的变化过程中不辐射电磁波，或者电磁辐射可以忽略不计，其基本方程、处理方法和稳恒电路相似，我们把它称为似稳电路. 在诸多的似稳电路中，有一类电路的特点是：电流是随时间逐步趋于恒定的. 电流从某个值变化到一个稳定值的中间过程就称为暂态过程. 下面我们分析几种典型电路的暂态过程.

## 6.5.1 *RL* 电路的暂态过程

*RL* 电路如图 6-5-1 所示，它由一个电阻值为 $R$ 的电阻和一个自感系数为 $L$ 的线圈串联而成. 当开关 K 倒向 1 接通电源后（电源电动势为 $\mathscr{E}$，内阻为零），电流并不是瞬间达到一个稳定值，而是**经历从零逐步增大到稳定值**的过程. 这是由于线圈自感作用的原因. 电流的变化使线圈产生反抗电流增加的自感电动势 $\mathscr{E}_L$，而自感电动势的方向与电源的方向相反，从而出现了暂态过程. 下面分析电路中电流随时间的变化关系.

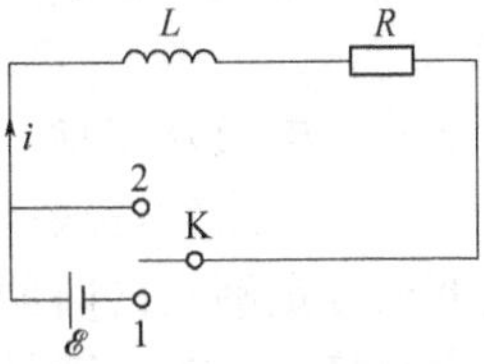

图 6-5-1 *RL* 电路

选择回路正向为图 6-5-1 所示的电流方向，$t$ 时刻电路中电流为 $i$，则线圈的自感电动势为

$$\mathscr{E}_L=-L\frac{di}{dt} \tag{6-5-1}$$

由闭合电路的欧姆定律可得电路方程

$$\mathscr{E}-L\frac{di}{dt}=iR \tag{6-5-2}$$

即

$$\frac{L}{R}\frac{di}{dt}=-\left(i-\frac{\mathscr{E}}{R}\right)$$

用分离变量法求解此微分方程，得

$$\frac{di}{i-\frac{\mathscr{E}}{R}}=-\frac{R}{L}dt$$

上式两边积分，得

$$\ln\left(i-\frac{\mathscr{E}}{R}\right)=-\frac{R}{L}t+C'$$

即

$$i-\frac{\mathscr{E}}{R}=Ce^{-\frac{R}{L}t} \tag{6-5-3}$$

式中，$C$（或 $C'$）是积分常数，它的值由初始条件决定. 以开关接通电源瞬间作为计时起点，有 $t=0$ 时 $i=0$，则有

$$C=-\frac{\mathscr{E}}{R}$$

代入式(6-5-3)，得

$$i=\frac{\mathscr{E}}{R}(1-\mathrm{e}^{-\frac{R}{L}t})=I(1-\mathrm{e}^{-\frac{R}{L}t}) \tag{6-5-4}$$

式中，$I=\frac{\mathscr{E}}{R}$ 是电路中电流的稳定值. 这就是 $RL$ 电路在电源接通后，电流随时间的变化关系表达式. 式(6-5-5) 中有两项，第一项是电源的电流，第二项是自感电动势的电流. 总电流等于两项之差. 图 6-5-2 画出了 $i$-$t$ 曲线.

令

$$\tau=\frac{L}{R} \tag{6-5-5}$$

则式(6-5-4) 可写成

$$i=I(1-\mathrm{e}^{-\frac{R}{L}t})=I(1-\mathrm{e}^{-\frac{t}{\tau}}) \tag{6-5-6}$$

称 $\tau$ 为 $RL$ 电路的时间常数. 例如，一个线圈的 $L=0.01\mathrm{H}$，$R=1\Omega$ 则 $\tau=0.01\mathrm{s}$.

由式(6-5-6) 可以看出，$\tau$ 越大，电流增长得越慢，达到稳定值的时间越长；反之，$\tau$ 越小，电流增长得越快，即达到稳定值的时间越短. 当 $t=\tau$ 时，有

$$i=I(1-\mathrm{e}^{-1})=0.632I \tag{6-5-7}$$

即 $\tau$ 等于电流从零增加到稳定值的 63.2%所需的时间.

下面再来讨论线圈放电时电路中电流随时间的变化关系. 在图 6-5-1 中，开关 K 倒向 1 接通电源足够长的时间之后，电路电流为 $I$. 这时再把开关 K 倒向 2，这时电路中只存在自感电动势，电流 $i$ 满足的方程为

$$-L\frac{\mathrm{d}i}{\mathrm{d}t}=iR \tag{6-5-8}$$

解微分方程(6-5-8) 得

$$i=I\mathrm{e}^{-\frac{R}{L}t}=I\mathrm{e}^{-\frac{t}{\tau}} \tag{6-5-9}$$

式(6-5-9) 表明，电路放电时，电流由 $I$ 逐渐衰减到零. 时间常数 $\tau$ 越大，电流衰减得越慢，时间常数 $\tau$ 越小，电流衰减得越快. 当 $t=\tau$ 时，$i=I\mathrm{e}^{-1}=0.368I$. 放电时电路中 $i$-$t$ 曲线如图 6-5-3 所示.

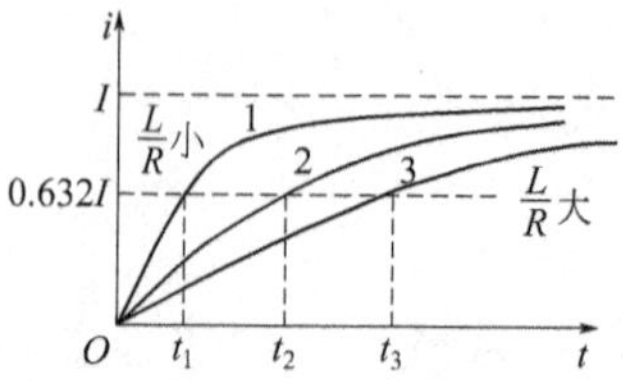


图 6-5-2　$RL$ 电路充电过程的电流变化曲线

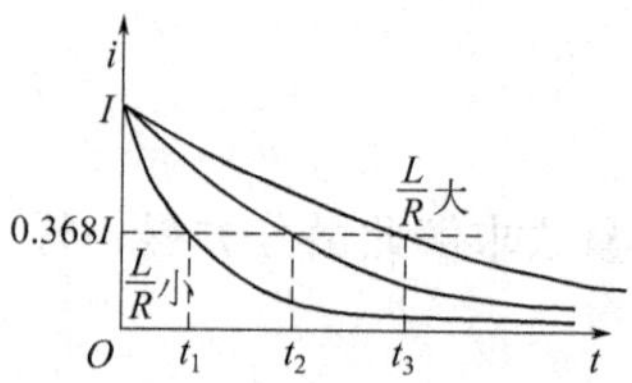


图 6-5-3　$RL$ 电路放电过程的电流变化曲线

总之，不论是接通或是断开电源，$RL$ 电路中的电流都不能突变，需要经历一个暂态过程才能达到稳定. 暂态过程持续的时间长短取决于时间常数 $\tau$.

## 6.5.2　*RC* 电路的暂态过程

$RC$ 电路的暂态过程如图 6-5-4 所示，它由一个电阻值为 $R$ 的电阻和一个电容量为

$C$ 的电容器串联而成．当开关 K 倒向 1 接通电源后，电容器开始充电．

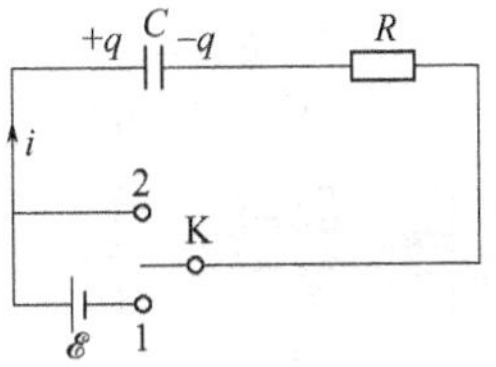

图 6-5-4　$RC$ 电路

设 $t$ 时刻电路中电流为 $i$，电容器两极板分别带电为 $+q$ 和 $-q$，两极板电势差为

$$U=\frac{q}{C}$$

根据闭合电路中总的电动势等于总的电势降落，有

$$\mathscr{E}=\frac{q}{C}+iR$$

而电路中电流

$$i=\frac{\mathrm{d}q}{\mathrm{d}t}$$

于是得充电过程中 $q$ 满足的微分方程

$$\mathscr{E}=\frac{q}{C}+R\frac{\mathrm{d}q}{\mathrm{d}t} \tag{6-5-10}$$

利用初始条件 $t=0$ 时，$q=0$，解得

$$q=\mathscr{E}C(1-\mathrm{e}^{-\frac{t}{RC}})=Q(1-\mathrm{e}^{-\frac{t}{RC}})=Q(1-\mathrm{e}^{-\frac{t}{\tau}}) \tag{6-5-11}$$

式中，$Q=\mathscr{E}C$ 为电容器充电完毕后电容器极板的带电量，$\tau=RC$ 称为 $RC$ 电路的时间常数．将式(6-5-11) 两边对时间求导，可得

$$i=\frac{\mathscr{E}}{R}\mathrm{e}^{-\frac{t}{RC}}=I\mathrm{e}^{-\frac{t}{\tau}} \tag{6-5-12}$$

式中，$I=\dfrac{\mathscr{E}}{R}$ 为电容器充电开始时电路的电流．

从上面的公式可以看到，当电容器充电时，电容器极板上的电荷量从零逐渐增加到 $Q$，而电路电流则由 $I$ 逐渐减小到零．$\tau$ 越大，暂态过程持续的时间越长；反之，$\tau$ 越小，暂态过程持续的时间越短．

当开关 K 倒向 2 时，电容器开始放电，根据闭合电路中总的电动势等于总的电势降落，电路方程为

$$iR+\frac{q}{C}=0$$

利用 $i=\dfrac{\mathrm{d}q}{\mathrm{d}t}$，得

$$R\frac{\mathrm{d}q}{\mathrm{d}t}+\frac{q}{C}=0$$

利用初始条件 $t=0$ 时，$q=Q$ 得

$$q=Q\mathrm{e}^{-\frac{t}{\tau}} \tag{6-5-13}$$

上式表明，在电容器的放电过程中，电容器极板上的电荷量从 $Q$ 逐渐减少到零．

### 6.5.3 *LC* 电路的暂态过程

如图 6-5-5 所示的 $LC$ 电路，当开关 K 倒向 1 接通电源时，先由电源对电容器充电，当电容器两极板分别带电荷 $+Q$ 和 $-Q$ 后，然后开关 K 倒向 2，使电容器和线圈相连接．电容器开始放电，设时刻 $t$ 电路中的电流为 $i$，则电路方程为

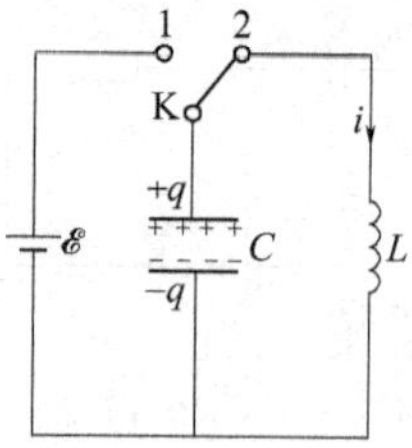

图 6-5-5　LC 电路

$$-L\frac{\mathrm{d}i}{\mathrm{d}t}=\frac{q}{C}$$

而

$$i=\frac{\mathrm{d}q}{\mathrm{d}t}$$

则

$$\frac{\mathrm{d}^2q}{\mathrm{d}t^2}+\omega_0^2q=0 \tag{6-5-14}$$

式中，$\omega_0=\frac{1}{\sqrt{LC}}$，称为 $LC$ 电路的固有振荡角频率. 式(6-5-14) 称为无阻尼的电磁振荡方程，其解为

$$q=Q\cos(\omega_0t+\varphi) \tag{6-5-15}$$

$$i=\frac{\mathrm{d}q}{\mathrm{d}t}=-\omega_0Q\sin(\omega_0t+\varphi)=-I\sin(\omega_0t+\varphi)=I\cos\left(\omega_0t+\varphi+\frac{\pi}{2}\right) \tag{6-5-16}$$

由式(6-5-15) 和式(6-5-16) 可以看出，$LC$ 电路中，电荷和电流都随时间作周期性变化，电流的相位比电荷的相位超前 $\frac{\pi}{2}$，当电容器的两极板上所带电荷最大时，线圈中的电流为零，反之，线圈中电流最大时，电容器上的电荷为零. 电容器中的电场和线圈中的磁场随时间作周期性变化，这就是电磁振荡. 如果电路中没有能量损耗（转换为焦耳热、电磁辐射等），那么，这种电磁振荡在电路中一直持续下去，这种电磁振荡叫做无阻尼自由电磁振荡，亦称 $LC$ 电磁振荡.

实际上，任何振荡电路都有电阻，电磁能量不断地转化为焦耳热，而且在振荡过程中，电磁能量不可避免地还会以电磁波的形式辐射出去，因此，要使电路能够持续振荡，必须加驱动信号源才行.

**【例 6-5-1】** 在 $LC$ 电路中，$L=260\mu\mathrm{H}$，$C=120\mathrm{pF}$，初始时电容器两极板的电势差 $U=1\mathrm{V}$，且电流为零. 试求：(1) 振荡频率；(2) 最大电流 (3) 电容器两极板间的电场能量随时间的变化关系；(4) 自感线圈中的磁场能量随时间的变化关系；(5) 证明任意时刻电场能量与磁场能量之和总是等于初始的电场能量.

**解：**(1) $LC$ 电路的振荡角频率 $\omega=2\pi\nu=\frac{1}{\sqrt{LC}}$，则振荡频率

$$\nu=\frac{1}{2\pi\sqrt{LC}}=9.01\times10^5\,\mathrm{Hz}$$

(2) 由 $t=0$ 时，$Q=CU$，$i=0$ 可得

$$q=Q\cos\omega t$$
$$i=-\omega Q\sin\omega t=-I\sin\omega t$$

最大电流

$$I=\omega Q=\omega CU=\sqrt{\frac{C}{L}}U=0.679\mathrm{A}$$

(3) 电容器中电场能量为

$$W_\mathrm{e}=\frac{1}{2}\frac{q^2}{C}=\frac{1}{2}\frac{Q^2}{C}\cos^2\omega t=\frac{1}{2}CU^2\cos^2\omega t$$

(4) 线圈中磁场能量为

$$W_\mathrm{m}=\frac{1}{2}Li^2=\frac{1}{2}LI^2\sin^2\omega t=\frac{1}{2}\frac{1}{\omega^2C}\omega^2Q^2\sin^2\omega t=\frac{1}{2}CU^2\sin^2\omega t$$

(5) 任意时刻电场能量与磁场能量之和为

$$W=W_{\mathrm{e}}+W_{\mathrm{m}}=\frac{1}{2}CU^2\cos^2\omega t+\frac{1}{2}CU^2\sin^2\omega t=\frac{1}{2}CU^2$$

由此可见，它总是等于初始的电场能量.

## 复习思考题

6-5-1 在 $RL$ 电路中，利用线圈放电时回路电流随时间的变化关系式（6-5-9），说明 $\tau$ 的量纲应该是什么，并阐述 $\tau$ 表示了一个什么样的特征量.

6-5-2 从式（6-5-4）讨论 $R$ 很大和 $L$ 很大两种极端情况下的结果.

6-5-3 在 $RC$ 电路中，充电过程的快慢和电路中哪些元件有关？关系如何？

6-5-4 从式（6-5-16）可见，回路电阻可以忽略不计时，$LC$ 电路中的电流做简谐振荡. 但如果回路电阻 $R$ 不能忽略，试推导回路电流随时间的变化关系.

## 第6章 练习题

(1) 选择题

**6-1-1** 尺寸相同的铁环与铜环所包围的面积中，通以相同变化率的磁通量，当不计环的自感时，环中（　　）.

(A) 感应电动势不同　　(B) 感应电动势相同，感应电流相同

(C) 感应电动势不同，感应电流相同　　(D) 感应电动势相同，感应电流不同

**6-1-2** 两根无限长平行直导线载有大小相等方向相反的变化电流 $I$，电流的变化率 $\frac{\mathrm{d}I}{\mathrm{d}t}$ 为恒定正常数，一矩形线圈位于导线平面内，如图 6-1 所示，则（　　）.

(A) 线圈中无感应电流　　(B) 线圈中感应电流为顺时针方向

(C) 线圈中感应电流为逆时针方向　　(D) 线圈中感应电流方向不确定

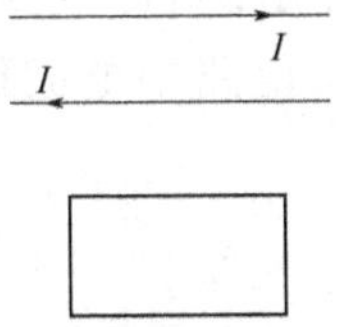


图 6-1

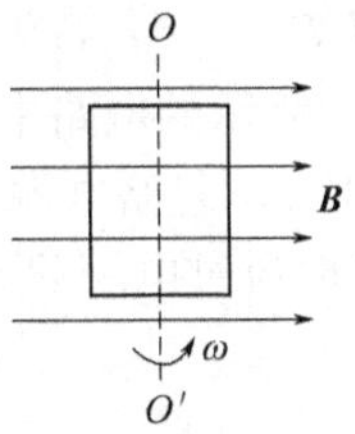


图 6-2

**6-1-3** 一闭合正方形线圈放在均匀磁场中，绕通过其中心且与一边平行的转轴 $OO'$ 转动，转轴与磁场方向垂直，转动角速度为 $\omega$，线圈的总电阻为 $R$，如图 6-2 所示. 用下述方法（　　）可以使线圈中感应电流的幅值增加到原来的两倍.

(A) 把线圈的匝数增加到原来的两倍

(B) 把线圈的面积增加到原来的两倍，而匝数不变

(C) 把线圈切割磁力线的两条边增长到原来的两倍，而匝数不变

(D) 把线圈的角速度 $\omega$ 增大到原来的两倍

**6-1-4** 如图 6-3 所示，导体棒 $AB$ 以 $OO'$ 为轴做定轴转动，$AB\perp OO'$，角速度为 $\omega$，

$BC$ 的长度为 $AB$ 的三分之一，均匀磁场 $\boldsymbol{B}$ 沿轴 $OO'$ 方向，则（　　）.

（A）$A$ 点比 $B$ 点电势高　　（B）$A$ 点与 $B$ 点电势相等

（C）$A$ 点比 $B$ 点电势低　　（D）有稳恒电流从 $A$ 点流向 $B$ 点

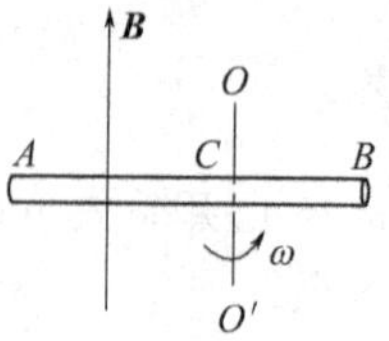


图 6-3

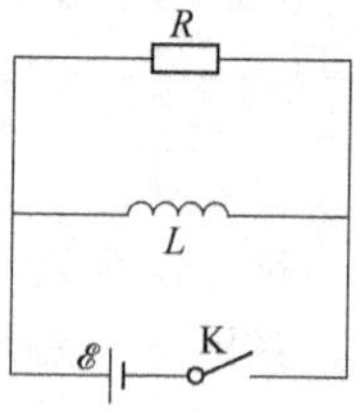


图 6-4

**6-1-5**　两个通有电流的平面圆线圈相距不远，如果要使其互感系数近似为零，则应按照下面的方法（　　）调整线圈的取向.

（A）两线圈平面都平行于两圆心连线

（B）两线圈平面都垂直于两圆心连线

（C）一个线圈平面平行于两圆心连线，另一个线圈平面垂直于两圆心连线

（D）两线圈中电流方向相反

**6-1-6**　已知一螺绕环的自感系数为 $L$，若将该螺绕环锯成两个均等的半环式螺线管，则两个半环螺线管的自感系数（　　）.

（A）都等于 $\frac{1}{2}L$　　（B）有一个大于 $\frac{1}{2}L$，另一个小于 $\frac{1}{2}L$

（C）都大于 $\frac{1}{2}L$　　（D）都小于 $\frac{1}{2}L$

**6-1-7**　一个电阻为 $R$，自感系数为 $L$ 的线圈，将它接在一个电动势为 $\mathscr{E}(t)$ 的交变电源上，线圈的自感电动势为 $\mathscr{E}_L=-L\dfrac{\mathrm{d}I}{\mathrm{d}t}$，则流过线圈的电流为（　　）.

（A）$\mathscr{E}(t)/R$　　（B）$[\mathscr{E}(t)-\mathscr{E}_L]/R$

（C）$[\mathscr{E}(t)+\mathscr{E}_L]/R$　　（D）$\mathscr{E}_L/R$

**6-1-8**　在如图 6-4 所示的电路中，自感线圈的电阻为 10Ω，自感系数为 0.4H，电阻 $R=90\Omega$，电源电动势为 40V，忽略电源内阻. 将电键接通，待电路中电流稳定后，把电键断开. 断开后经过 0.01s，这时流过电阻 $R$ 的电流为（　　）.

（A）4A　　（B）0.44A

（C）0.03A　　（D）0A

**6-1-9**　用线圈的自感系数 $L$ 来表示载流线圈磁场能量的公式 $W_{\mathrm{m}}=\frac{1}{2}LI^2$，（　　）.

（A）只适用于无限长密绕螺线管

（B）只适用于单匝圆线圈

（C）只适用于一个匝数很多，且密绕的螺绕环

（D）适用于自感系数 $L$ 一定的任意线圈

**6-1-10**　真空中一根无限长直细导线上通电流 $I$，则距导线垂直距离为 $a$ 的空间某点处的磁能密度为（　　）.

（A）$\dfrac{1}{2}\mu_0\left(\dfrac{\mu_0 I}{2\pi a}\right)^2$　　（B）$\dfrac{1}{2\mu_0}\left(\dfrac{\mu_0 I}{2\pi a}\right)^2$

(C) $\frac{1}{2}\left(\frac{2\pi a}{\mu_0 I}\right)^2$　　　　(D) $\frac{1}{2\mu_0}\left(\frac{\mu_0 I}{2a}\right)^2$

**(2) 填空题**

**6-2-1** 用导线制成一个半径 $r=10\text{cm}$ 的闭合圆形线圈，线圈电阻 $R=10\Omega$，均匀磁场 $\boldsymbol{B}$ 垂直于线圈平面. 如要使电路中有一稳定的感应电流 $I=0.01\text{A}$，则磁感应强度 $B$ 的变化率为 $\frac{\mathrm{d}B}{\mathrm{d}t}=$________.

**6-2-2** 在一块马蹄形磁铁下面放置一个薄铜盘，铜盘可自由绕轴 $OO'$ 转动，如图 6-5 所示. 当磁铁迅速绕轴 $OO'$ 转动时，下面的铜盘也跟着以相同的转向绕轴 $OO'$ 转动，这是因为________.

**6-2-3** 在均匀磁场中有一个边长为 $l$ 的等边三角形金属框，$ab$ 边平行于磁感强度 $\boldsymbol{B}$，如图 6-6 所示. 当金属框绕 $ab$ 边以角速度 $\omega$ 转动时，$bc$ 边上沿 $bc$ 的电动势为________，$ca$ 边上沿 $ca$ 的电动势为________，若以沿 $abca$ 绕向为回路正向. 则金属框内的总电动势为________.

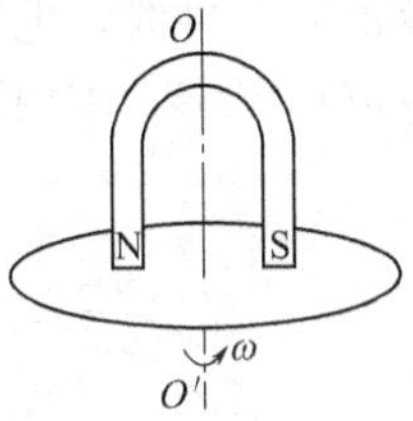


图 6-5

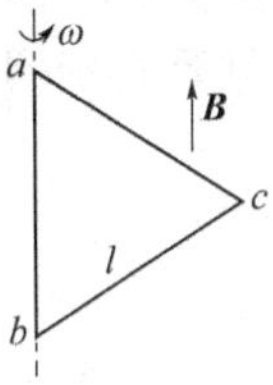


图 6-6

**6-2-4** 一个置于磁感强度为 $\boldsymbol{B}$ 的均匀磁场的导线圆环，绕其直径 $OO'$ 以不变的角速度 $\omega$ 转动，固定转轴 $OO'$ 与 $\boldsymbol{B}$ 垂直，线圈面积为 $S$，在时刻 $t=0$，$\boldsymbol{B}$ 与线圈平面垂直. 则任意 $t$ 时刻通过圆环的磁通量为________，圆环中的感应电动势为________. 若均匀磁场 $\boldsymbol{B}$ 是由通有电流 $I$ 的线圈所产生，且 $B=kI$（$k$ 为常量），则旋转线圈相对于产生磁场的线圈最大互感系数为________.

**6-2-5** 如图 6-7 所示，有一根无限长直导线绝缘地紧贴在矩形线圈的中心轴 $OO'$ 上，则直导线与矩形线圈间的互感系数为________.

**6-2-6** 一个自感线圈的电流强度在 0.002s 内均匀地由 10A 增加到 12A，此过程中线圈内自感电动势为 400V，则线圈的自感系数为 $L=$________.

**6-2-7** 有两个自感系数分别为 $L_1=3\text{mH}$ 和 $L_2=5\text{mH}$ 的线圈，现把它们串联成一个线圈后测得自感系数 $L=11\text{mH}$，则两线圈的互感系数 $M=$________.

**6-2-8** 一个自感系数为 0.05mH，电阻为 0.01Ω 的线圈连接到内阻可以忽略的电池上，则开关接通后经过________s，线圈中电流达到最大值的 90%.

**6-2-9** 真空中两个长度相等的长直螺线管 1 和 2，单层密绕匝数相同，直径之比 $d_1:d_2=1:4$，当它们通以相同电流时，两螺线管储存的磁能之比为 $W_{m1}:W_{m2}=$________.

**6-2-10** 两根很长的平行直导线与电源组成如图 6-8 所示的回路，已知导线上的电流为 $I$，两导线单位长度的自感系数为 $L$，则沿导线单位长度的空间内的总磁能 $W_m=$________.

**6-2-11** 在 $LC$ 振荡回路中，电容器的电容为 $C$，自感线圈的自感系数为 $L$. 设初始时刻电容器上的电荷为 $Q$，自感线圈中的电流为 0，线圈中的磁能等于电容器中的电能所需的最短时间是________，此时电容器上的电荷量为________.

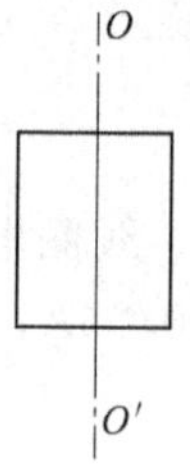


图 6-7

图 6-8

(3) 计算题

**6-3-1** 如图 6-9 所示的一根弯曲导线 $OABCO'$，置于均匀磁场 $B$ 中，且 $\Delta ABC$ 为等边三角形，$AB$ 长度为 $a$. 现导线绕轴 $OO'$ 旋转，角速度为 $\omega$，求导线 $OABCO'$ 的感应电动势 $\mathscr{E}_{\mathrm{i}}$.

**6-3-2** 如图 6-10 所示的两个共面同心圆环，外环的内外半径分别为 $R_1$、$R_2$，且均匀带电，电荷面密度为 $\sigma$，内环忽略宽度，认为是半径为 $r$ 的导线，电阻为 $R$，$r \ll R_1$. 现让外环绕通过圆心且垂直于圆环的轴线以变角速度 $\omega = \omega(t)$ 旋转. 求内环中的感应电流大小与方向.

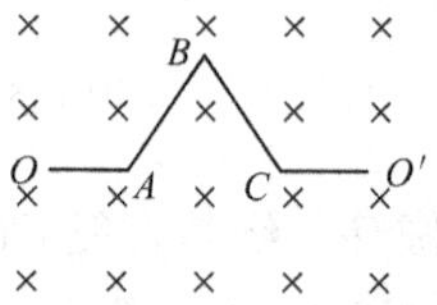


图 6-9

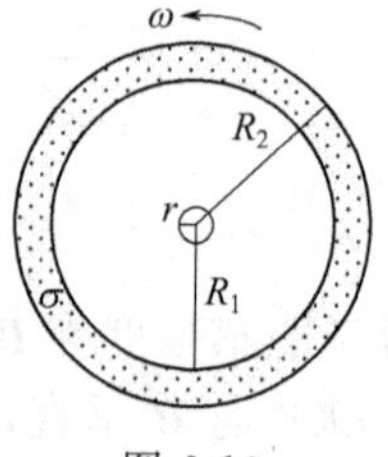


图 6-10

**6-3-3** 一个直角三角形线圈 $ABC$，附近有一无限长载有恒定电流 $I$ 的直导线，直导线与线圈 $ABC$ 共面，且与 $AC$ 边平行，直角三角形 $ABC$ 三边的长度如图 6-11 所示. 现让三角形 $ABC$ 向右以恒定速率 $v$ 匀速运动，求当 $B$ 点与长直导线的距离为 $d$ 时线圈 $ABC$ 的感应电动势 $\mathscr{E}_{\mathrm{i}}$.

**6-3-4** 如图 6-12 所示，两无限长平行直导线载有大小相等方向相反的电流 $I$，长度为 $l$ 的金属杆 $AB$ 与两导线共面且垂直，两平行直导线之间的距离以及 $A$ 端与较近导线之间的距离均为 $d$. 让杆 $AB$ 以速率 $v$ 相对平行直导线平移，求 $AB$ 中的动生电动势，并判断 $A$、$B$ 两端哪端电势较高.

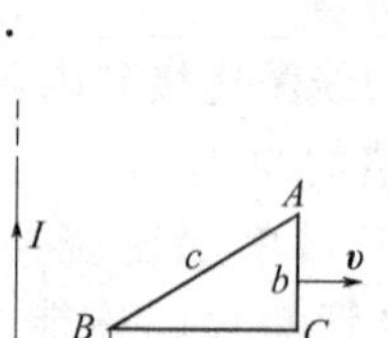


图 6-11

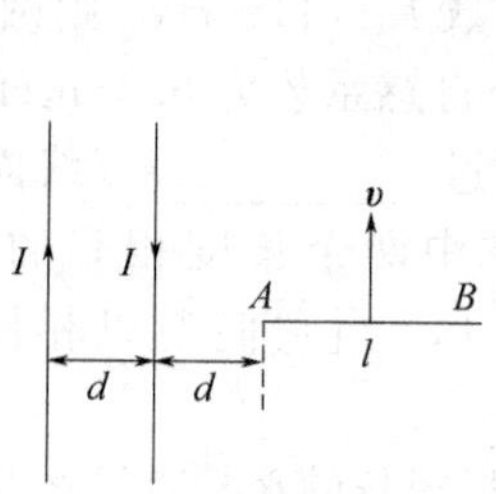


图 6-12

**6-3-5** 长度为 $L$ 的金属杆在均匀磁场 $\boldsymbol{B}$ 中绕平行于磁场方向的定轴 $OO'$ 转动，金属杆转动的角速度为 $\omega$，且杆与磁场 $\boldsymbol{B}$ 的夹角为 $\theta$，如图 6-13 所示. 求杆的动生电动势的大小与方向.

**6-3-6** 如图 6-14 所示，U 形导轨上横放着一根长为 $l$，质量为 $m$ 的导线 $CD$，导轨与

水平面成 $\theta$ 角，导线 $CD$ 与两平行导轨垂直放置，且可在导轨上无摩擦地下滑，导轨位于磁感强度 $\boldsymbol{B}$ 竖直向上的均匀磁场中. 设 U 形导轨足够长，求导线 $CD$ 下滑所达到的稳定速度.

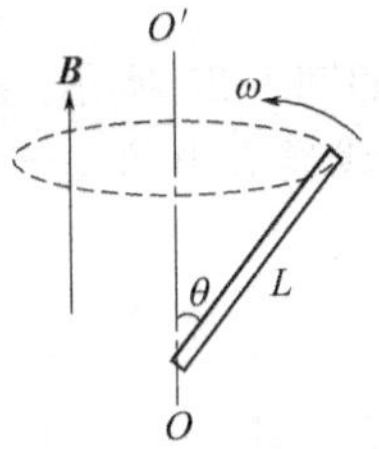


图 6-13

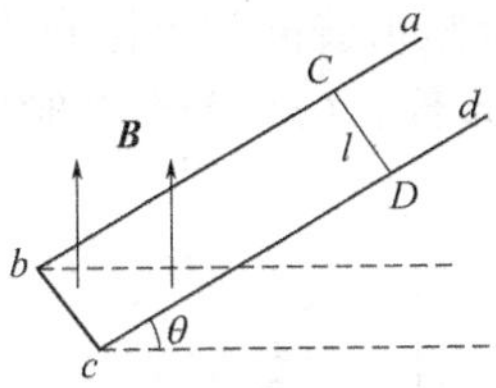


图 6-14

**6-3-7** 如图 6-15 所示，半径为 $R=10\text{cm}$ 的无限长圆柱面内为均匀磁场 $\boldsymbol{B}$，外部无磁场，在圆柱横截面上有一个等腰梯形回路 $abcd$，$cb$ 与 $da$ 的延长线交于圆心，$\overline{Oa}=\overline{Ob}=6\text{cm}$，$\theta=60°$. 求当磁感强度以 $\dfrac{\mathrm{d}B}{\mathrm{d}t}=1\text{T}\cdot\text{s}^{-1}$ 均匀增加时，等腰梯形回路中感生电动势 $\mathscr{E}_\text{i}$.

**6-3-8** 两相距为 $d$ 的平行无限长直导线，载有大小相等方向相反的电流 $I$，电流变化率 $\dfrac{\mathrm{d}I}{\mathrm{d}t}=k$，$k>0$. 有一个边长为 $d$ 的正方形线圈与两无限长直导线共面，且与导线的距离也是 $d$，如图 6-16 所示. 求线圈中感应电动势 $\mathscr{E}_\text{i}$.

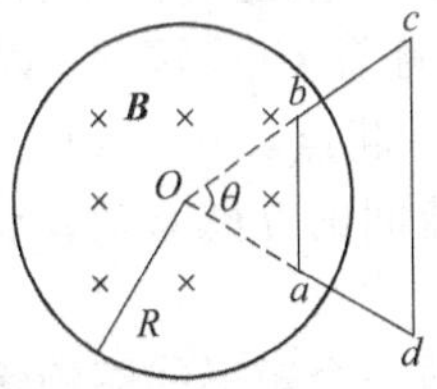


图 6-15

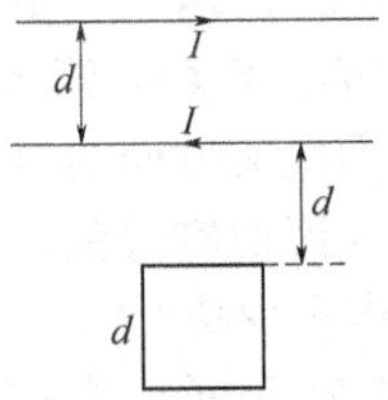


图 6-16

**6-3-9** 在变化的磁场 $\boldsymbol{B}$ 中有一个直角等腰三角形线圈 $OCD$，直角边长为 $l$，如图 6-17 所示. 设磁感强度随时间的变化关系为 $\boldsymbol{B}=B_0x^2y\mathrm{e}^{-at}\boldsymbol{k}$，其中 $B_0$ 和 $a$ 是常量，$\boldsymbol{k}$ 为 $z$ 轴方向单位矢量. 求线圈 $OCD$ 中的感生电动势 $\mathscr{E}_\text{i}$.

**6-3-10** 如图 6-18 所示，一个由细导线均匀密绕 $N=1000$ 匝而成的矩形截面螺绕环，内半径为 $R_1=2.4\text{cm}$，外半径为 $R_2=8\text{cm}$，高度为 $b=6\text{cm}$，螺绕环内磁介质的磁导率 $\mu=\mu_0$，在螺绕环的轴线上穿越了一根无限长直导线 $OO'$，螺绕环内通以交变电流 $i=5\cos\omega t$，$\omega=100\pi\text{rad}\cdot\text{s}^{-1}$，以图中所标的电流方向为电流大于零的方向. 求当 $t=2.5\text{ms}$ 时，在无限长直导线中的感应电动势 $\mathscr{E}_\text{i}$.

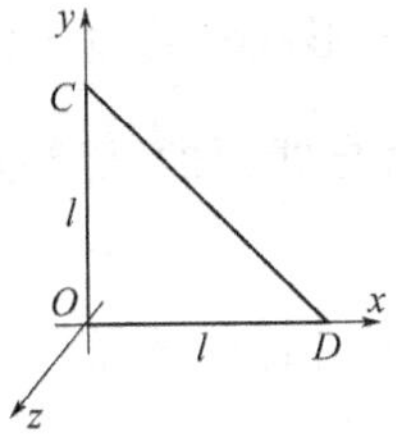


图 6-17

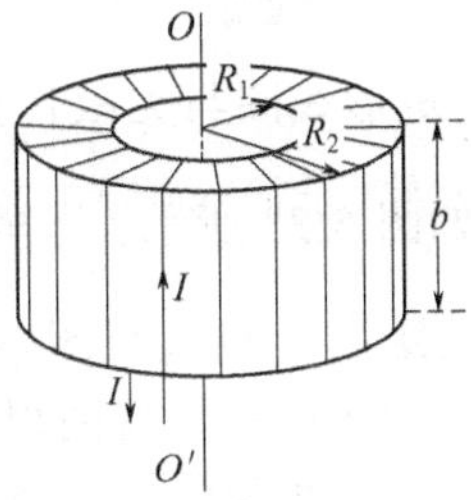


图 6-18

**6-3-11** 一根长直导线与一个等边三角形线圈 $ABC$ 共面放置，$AB$ 边与直导线平行，且与直导线的距离为 $d$，$C$ 点与 $AB$ 边的垂直距离为 $h$，三角形线圈中通有交变电流 $I=I_0\sin\omega t$，如图 6-19 所示. 求直导线中的感生电动势 $\mathscr{E}_i$.

**6-3-12** 一个矩形线圈与无限长直导线共面放置，如图 6-20 所示. (1) 求无限长导线与矩形线圈的互感系数；(2) 若在某时间段内无限长直导线通有电流 $I=I_0e^{-3t}$，求此时矩形线圈中感应电动势 $\mathscr{E}_i$.

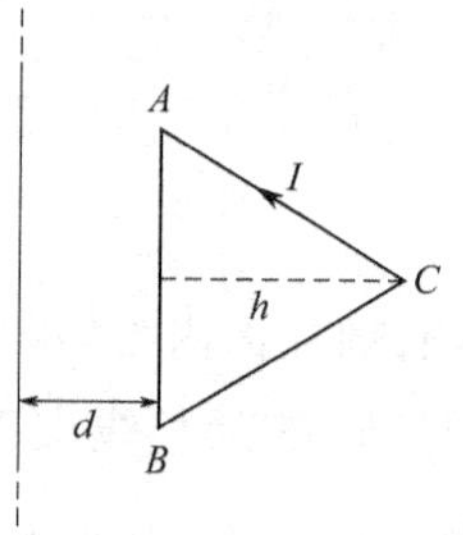

图 6-19

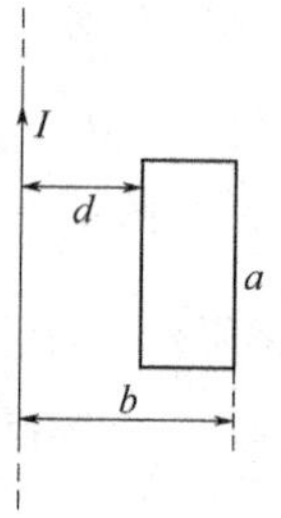

图 6-20

**6-3-13** 在习题 6-3-12 中，若 $d=1\text{cm}$，$b=8\text{cm}$，$a=30\text{cm}$，长直导线中的电流 $I$ 在 1s 内均匀地从 10A 下降到零，求无限长导线与矩形线圈的互感系数，以及矩形线圈中感应电动势 $\mathscr{E}_i$.

**6-3-14** 如图 6-21 所示，一根长直导线通有电流 $I_1$，附近有一个长和宽分别为 $b$ 和 $2a$ 的矩形线圈，且通有电流 $I_2$，矩形线圈可绕其中心对称轴 $OO'$ 转动. 以矩形线圈与长直电流共面，且矩形线圈电流方向为顺时针方向时作为计时起点，求：(1) 初始时刻电流 $I_1$ 产生的磁场通过矩形线圈的磁通量；(2) 线圈与直线电流间的互感系数；(3) 当线圈绕轴 $OO'$ 转过 90° 时，外力作多少功?

**6-3-15** 如图 6-22 所示，有一根无限长直导线紧贴一个矩形线圈绝缘放置，长直导线通以交变电流 $I=I_0\sin\omega t$，矩形线圈的尺寸以及长直导线的位置如图所示，且 $b:c=3:1$. 求：(1) 长直导线和矩形线圈的互感系数；(2) 矩形线圈中的互感电动势 $\mathscr{E}_i$.

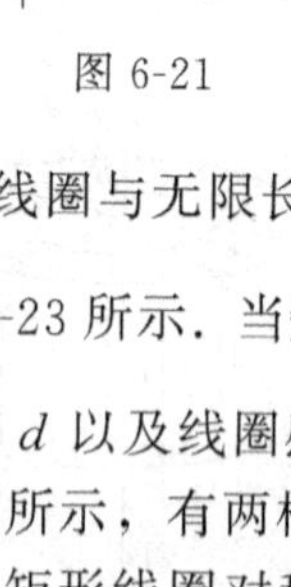

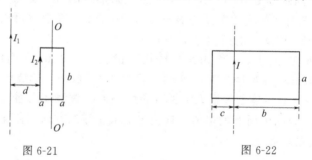

图 6-21

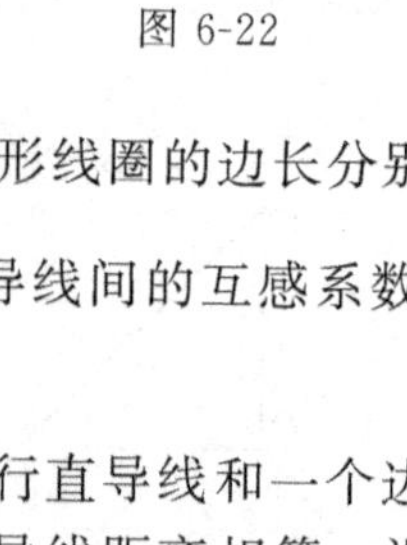

图 6-22

**6-3-16** 一个矩形线圈与无限长直导线共面放置，矩形线圈的边长分别为 $a$、$b$，且以速率 $v$ 向右平移，如图 6-23 所示. 当矩形线圈与无限长直导线间的互感系数 $M=\dfrac{\mu_0 a}{2\pi}$ 时，求此时线圈与导线的距离 $d$ 以及线圈感应电动势 $\mathscr{E}_i$.

**6-3-17** 如图 6-24 所示，有两根相距 $2a$ 的无限长平行直导线和一个边长分别为 $2b$ 与 $c$ 的矩形线圈共面放置，矩形线圈对称轴 $OO'$ 与两平行直导线距离相等，设两平行直导线在无限远处连接，形成闭合回路. 求长直导线所形成的闭合回路与矩形线圈的互感.

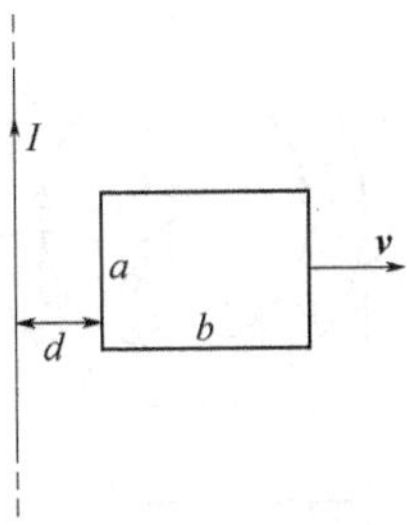


图 6-23

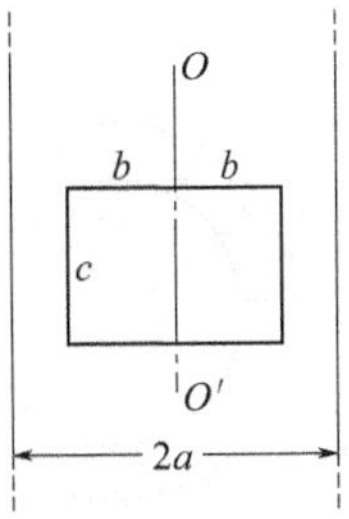


图 6-24

**6-3-18**　有一个半径为 $a$ 的导线圆环，绝缘地置于两根相距 $2a$ 的无限长平行直导线中间，如图 6-25 所示. 设两导线在无限远处连接成一个闭合回路，求圆环与长直导线回路之间的互感系数.

**6-3-19**　有一个半径为 $r_1=1\text{cm}$，长度为 $l_1=1\text{m}$，圈数为 $N_1=1000$ 的螺线管，在其中部同轴放置一个半径 $r_2=0.5\text{cm}$，长度为 $l_2=1.0\text{cm}$，圈数为 $N_2=10$ 的小螺线管，两螺线管处于 $\mu=\mu_0$ 的介质中. 求两个线圈的互感系数.

**6-3-20**　一个边长分别为 $a$、$b$ 的矩形导线圈与无限长直导线共面放置，矩形导线圈到长直导线的距离为 $d$，如图 6-26 所示. 当矩形线圈中通有电流 $I=I_0\sin\omega t$ 时，求长直导线中的感应电动势 $\mathscr{E}_\text{i}$.

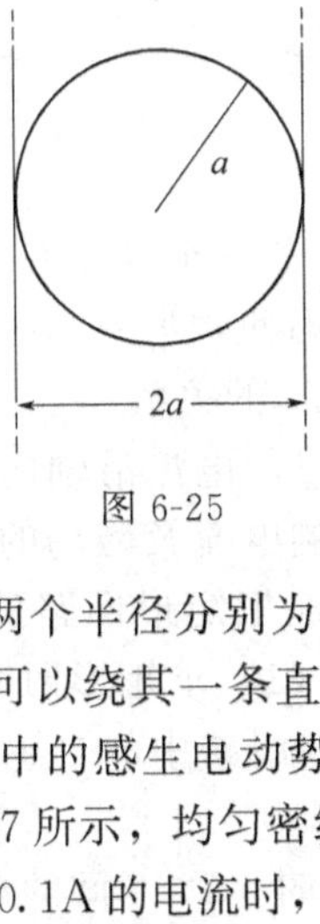


图 6-25

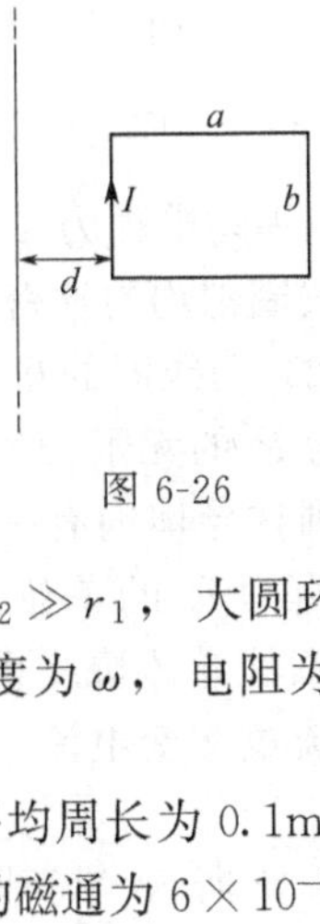


图 6-26

**6-3-21**　有大小两个半径分别为 $r_1$、$r_2$ 的同心圆环，$r_2\gg r_1$，大圆环固定不动，且通有恒定电流 $I$，小圆环可以绕其一条直径做定轴转动，角速度为 $\omega$，电阻为 $R$. 设 $t=0$ 时两个圆环共面，求大圆环中的感生电动势 $\mathscr{E}_\text{i}$.

**6-3-22**　如图 6-27 所示，均匀密绕 200 匝的螺绕环，平均周长为 0.1m，横截面积为 $0.5\times10^{-4}\text{m}^2$. 当线圈通以 0.1A 的电流时，测得穿过圆环截面积的磁通为 $6\times10^{-5}\text{Wb}$. 求螺绕环中磁性材料的相对磁导率 $\mu_\text{r}$ 和螺绕环的自感系数 $L$.

**6-3-23**　如图 6-28 所示，均匀密绕 $N$ 匝的矩形截面螺绕环，环的内外半径分别为 $R_1$ 和 $R_2$，矩形截面高度为 $h$、当线圈中通有电流 $I$ 时，通过螺绕环截面的磁通量为 $\Phi=\dfrac{\mu_0 NIh}{2\pi}$.
(1) 求螺绕环内外半径之比 $R_1/R_2$；(2) 若 $h=0.01\text{m}$，$N=100$ 匝，求螺绕环的自感系数；(3) 若螺绕环的线圈通以交变电流 $i=I_0\cos\omega t$，求螺绕环的自感电动势 $\mathscr{E}_\text{i}$.

**6-3-24**　一个边长分别为 $a$、$b$ 的矩形导线框，质量为 $m$，自感系数为 $L$，电阻忽略不计. 导线框边长为 $b$ 的一边与 $x$ 轴平行，它以初速 $v_0$ 沿着 $x$ 轴方向从磁场外进入磁感强度为 $\boldsymbol{B}_0$ 的均匀磁场中，$\boldsymbol{B}_0$ 的方向垂直矩形导线框平面，如图 6-29 所示. 在矩形线框完全进入磁场之前，求矩形线框的速率随时间的变化关系，以及沿 $x$ 轴方向移动的距离与时间的关系.

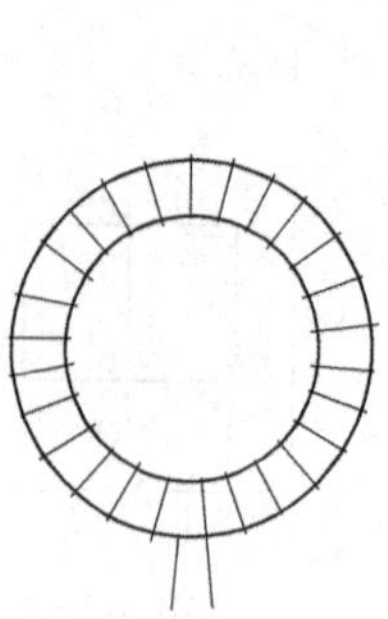

图 6-27

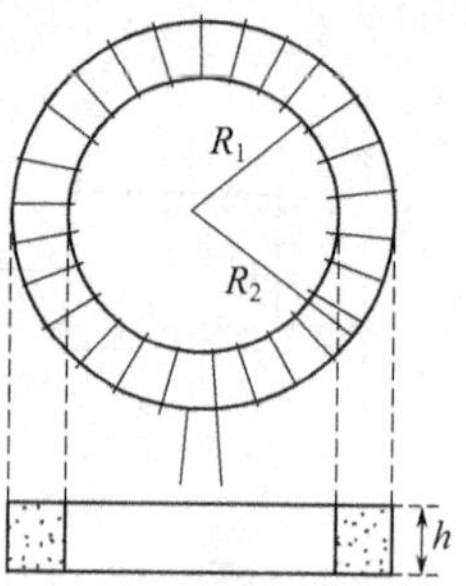


图 6-28

**6-3-25** 有一个边长为 $a$ 的正方形线圈，从无磁场的区域在重力作用下进入均匀磁场区域，如图 6-30 所示. 设磁场的磁感强度为 $\boldsymbol{B}$，线圈的自感为 $L$，质量为 $m$，电阻忽略不计，在 $t=0$ 时刻，正方形线圈的一边正好在均匀磁场区边缘，然后线圈由静止开始下落. 求线圈的上边进入磁场前，线圈的速度与时间的关系.

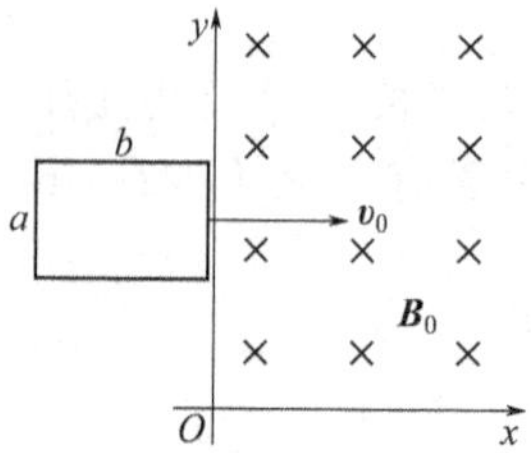


图 6-29

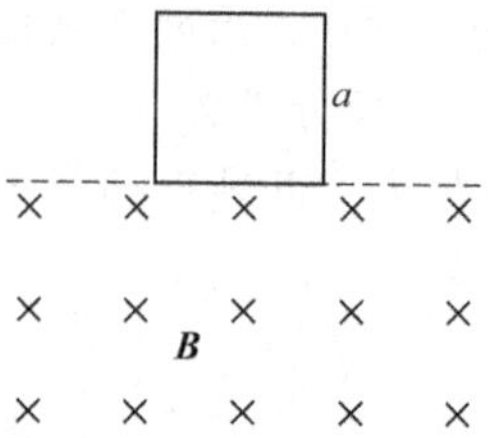


图 6-30

**6-3-26** 有一个平均半径为 $R$ 的大圆环，圆环横截面是一个半径为 $a$ 的圆，且 $R \gg a$，有两个彼此绝缘的导线圈都均匀地密绕在大圆环上，一个 $N_1$ 匝，另一个 $N_2$ 匝，求：(1) 两线圈的自感 $L_1$ 和 $L_2$；(2) 两线圈的互感 $M$；(3) $M$ 和 $L_1$、$L_2$ 的关系.

**6-3-27** 半径为 $R$ 的无限长实心圆柱导体载有电流 $I$，电流沿轴向流动，并均匀分布在导体横截面上. 设圆柱导体内有一很小的缝隙，但不影响电流及磁场的分布，一个与导体轴线位于同一平面的宽为 $R$ 的单位长度矩形回路，绝缘地把矩形回路的一半插入在导体内，矩形回路中心线与圆柱导体边线重合，如图 6-31 所示. (1) 求矩形回路与圆柱导体的互感；(2) 若圆柱导体上流过交变电流 $i=I_0\cos\omega t$，忽略矩形回路中的自感，求矩形回路中的感应电动势 $\mathscr{E}_i$.

**6-3-28** 如图 6-32 所示，两线圈顺接（2、3 相接）时，1、4 间的总自感为 1.0H，两线圈反接（2、4 相接）时，1、3 间的总自感为 0.4H. 求两线圈之间的互感系数.

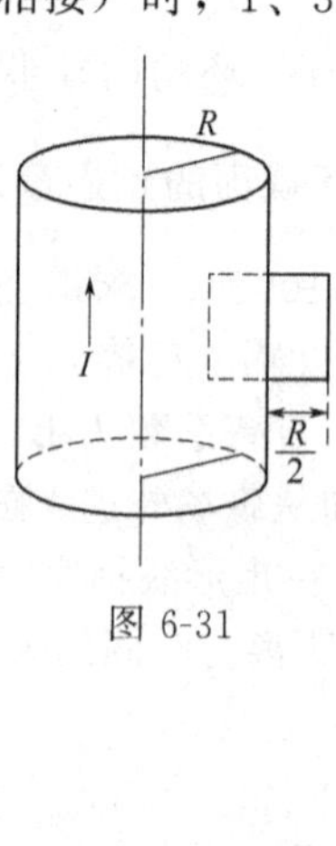


图 6-31

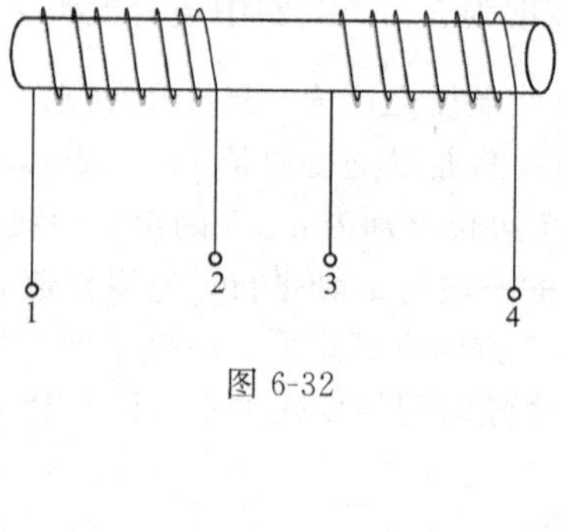


图 6-32

**6-3-29** 在长为 $l$，半径为 $b$，匝数为 $N$ 的细长密绕螺线管中部，放置一个半径为 $a$ 的导体小圆环，$a \ll b$，圆环平面的法线与螺线管轴线之间的夹角成 $\theta=45°$，如图 6-33 所示. 已知螺线管电阻为 $R$，小圆环电阻为 $r$，电源的电动势为 $\mathscr{E}$，电源内阻和小圆环自感忽略不计，并且螺线管与小圆环的互感与螺线管的自感相比也可以忽略不计.（1）求开关 K 合上后通过螺线管的电流 $I$ 随时间的变化规律；（2）求开关合上后小圆环内电流 $i$ 随时间的变化规律；（3）证明圆环受到的最大磁力矩为 $T_{\max}=\dfrac{\pi a^4 \mu_0 \mathscr{E}^2}{8b^2 rRl}$.

**6-3-30** 有两个自感分别为 $L_1$ 和 $L_2$，电阻分别为 $R_1$ 和 $R_2$ 的线圈，它们之间的互感为 $M$. 线圈 $L_1$ 接在电动势为 $\mathscr{E}$ 的电源上，线圈 $L_2$ 接在电阻为 $R_3$ 的电流计 G 上，如图 6-34 所示. 设开关 K 原先是接通的，第二线圈内无电流，现在把 K 断开，求 K 断开后通过电流计 G 的总电荷量.

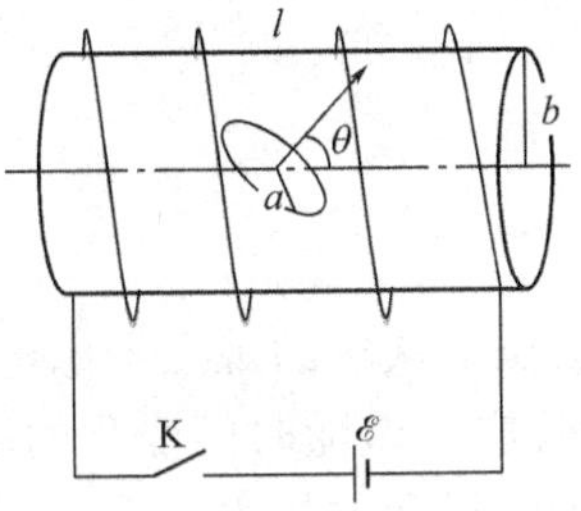

图 6-33

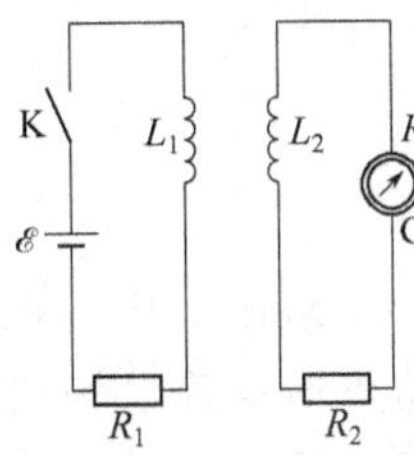

图 6-34

**6-3-31** 一个电动势为 $\mathscr{E}$ 的电源与一个长直螺线管构成回路，螺线管的长度为 $l$，半径为 $a$，单位长度的匝数为 $n$，回路电阻为 $R$. 设 $t=0$ 时电源与螺线管接通，求任意 $t$ 时刻管内外的感生电场强度的大小.

**6-3-32** 有一个自感 $L=1\text{H}$ 的线圈，电阻 $R=3\Omega$，在 $t=0$ 时刻突然给它两端加上 $U=3\text{V}$ 的恒定电压. 求(1)$t=0.2\text{s}$ 时线圈中的电流强度；(2)$t=0.2\text{s}$ 时线圈磁场能量对时间的变化率.

**6-3-33** 两根半径为 $a$、相距为 $d$、载有反向电流 $I$ 的无限长直导线平行放置，设 $d \gg a$.（1）导线内磁通忽略不计，求两根导线单位长度的自感；（2）若将导线间距离由 $d$ 增加到 $2d$，求磁场对单位长度导线做的功；（3）导线间的距离由 $d$ 增大到 $2d$，则对应于导线单位长度的磁能改变了多少？是增加还是减少？说明能量的转换情况.

**6-3-34** 有一个均匀密绕的螺绕环，匝数 $N=200$，线圈中通有电流 $I=2.5\text{A}$，穿过铁环截面的磁通量 $\Phi_{\text{m}}=0.5\text{mWb}$，求磁场的能量 $W_{\text{m}}$.

**6-3-35** 有一个截面为矩形的螺绕环，匝数为 $N$，内外半径分别为 $R_1$ 和 $R_2$，高度为 $h$. 在螺绕环的轴线上另有一无限长直导线，如图 6-35 所示.（1）求螺绕环的自感系数；（2）求长直导线和螺绕环的互感；（3）若在螺绕环内通以稳恒电流 $I$，求螺绕环内储存的磁能.

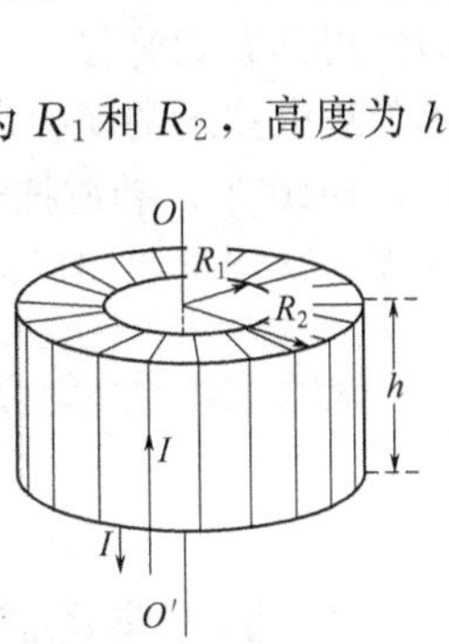

图 6-35

**6-3-36** 在习题 6-3-35 中，去掉无限长直导线，并让螺绕环通以交变电流 $I=I_0\sin\omega t$. 求螺绕环中磁场能量在一个周期内的平均值.

**6-3-37** 设电子是一个半径 $R$ 的小球，电荷均匀分布于其表面. 当电子以速度 $v$($v \ll c$，$c$ 为真空中的光速）运动时，就会在电子周围无限大空间建立磁场. 计算磁场总能量.

# 第7章 电磁场理论基础　电磁波

麦克斯韦（J. C. Maxwell，1831—1879）继承了法拉第从场的观点考虑电磁学问题的方法，认为感应电动势预示着电场和磁场之间的一种新效应，即随时间变化的磁场激发电场，从而提出涡旋电场（感应电场）的假设．麦克斯韦认为电场和磁场之间有密切的联系，且是对称的．为了解决安培环路定理用于非恒定电路中出现的矛盾，他提出了位移电流的假说，即随时间变化的电场激发磁场．从而揭示了电场与磁场之间的联系的另一方面．

1864年12月，麦克斯韦发表了题为《电磁场的动力学理论》的论文，杨振宁先生的评论是“毫无疑问，这是19世纪物理学中最伟大的一篇文献”．在这篇文章中，麦克斯韦明确提出了电磁场的概念，得到了电磁场能量的表达式，并在自己提出的两条假设基础上，把电磁学规律推广至非恒定的普遍情况，总结出了电磁场基本性质的普遍方程组．

麦克斯韦在他建立的方程组基础上导出了电磁场的波动方程，从而预言了电磁波的存在，并计算出电磁波的速度恰好等于当时已知的光速，麦克斯韦认为光是电磁波的一种形态．麦克斯韦电磁理论的建立是人类对电磁现象认识的历史上一次重大飞跃，是人类认识电磁运动规律历史上的一个里程碑．

1887年，德国青年物理学家赫兹用实验证实了麦克斯韦的预言，通过实验检测到电磁波，测定了电磁波的波速，并观测到电磁波和光波一样具有反射、折射和偏振等现象．赫兹的发现具有划时代的意义，它不仅证明了麦克斯韦的电磁场理论的正确性，更重要的是导致了无线电技术的诞生，开辟了电子技术的新纪元．

1890年，赫兹把麦克斯韦电磁场理论的普遍方程组，简化为具有对称形式的4个矢量方程，这就是我们后面将要讲述的麦克斯韦方程组．

## 7.1　位移电流

### 7.1.1　时变电场的高斯定理和环路定理

从第1章到第5章，我们对静电场以及恒定电流产生的磁场进行了系统的论述，得到了静电场和恒定磁场的基本规律，可以概括为下面的四个方程

① 静电场的高斯定理

$$\oiint_S \boldsymbol{D}_0 \cdot \mathrm{d}\boldsymbol{S}=\iiint_V \rho \mathrm{d}V \tag{7-1-1}$$

② 静电场的环路定理

$$\oint_L \boldsymbol{E}_0 \cdot \mathrm{d}\boldsymbol{l}=0 \tag{7-1-2}$$

③ 恒定磁场的高斯定理

$$\oiint_S \boldsymbol{B}_0 \cdot \mathrm{d}\boldsymbol{S}=0 \tag{7-1-3}$$

④ 安培环路定理

$$\oint_L \boldsymbol{H}_0 \cdot \mathrm{d}\boldsymbol{l}=\iint_S \boldsymbol{j}_0 \cdot \mathrm{d}\boldsymbol{S} \tag{7-1-4}$$

式(7-1-1) 和式(7-1-3) 中，$S$ 是空间中任意的封闭曲面，$V$ 为封闭曲面所包围的空间，$\rho$ 为自由电荷体密度. 式(7-1-2) 和式(7-1-4) 中，$L$ 为空间中任意的封闭曲线，$S$ 是以 $L$ 为边界的简单曲面，$S$ 的法线方向与 $L$ 的回路方向形成右手螺旋关系，$\boldsymbol{j}_0$ 为自由电荷移动产生的电流密度矢量，称为传导电流密度.

静电场的高斯定理和环路定理表明静电场是有源场、无旋场. 恒定磁场的高斯定理和环路定理表明恒定磁场是无源场、有旋场. 而且电场和磁场是相互独立的，各自满足自己的方程.

麦克斯韦对法拉第的电磁感应定律

$$\mathscr{E}_\mathrm{i}=-\frac{\mathrm{d}\Phi_\mathrm{m}}{\mathrm{d}t}$$

进行了分析. 根据感应电动势的实验规律，他认为变化的磁场在空间产生涡旋电场（感应电场），涡旋电场满足方程

$$\oint_L \boldsymbol{E}_\mathrm{k} \cdot \mathrm{d}\boldsymbol{l}=-\frac{\mathrm{d}\Phi_\mathrm{m}}{\mathrm{d}t}=-\iint_S \frac{\partial \boldsymbol{B}}{\partial t} \cdot \mathrm{d}\boldsymbol{S} \tag{7-1-5}$$

因此，在静电场 $\boldsymbol{E}_0$ 和感生电场 $\boldsymbol{E}_\mathrm{k}$ 同时存在的空间，电场可表示为

$$\boldsymbol{E}=\boldsymbol{E}_0+\boldsymbol{E}_\mathrm{k} \tag{7-1-6}$$

麦克斯韦认为，在变化的电磁场中，由于静电场的回路积分为零，电场的环路定理应为

$$\oint_L \boldsymbol{E} \cdot \mathrm{d}\boldsymbol{l}=\oint_L (\boldsymbol{E}_0+\boldsymbol{E}_\mathrm{k}) \cdot \mathrm{d}\boldsymbol{l}=-\iint_S \frac{\partial \boldsymbol{B}}{\partial t} \cdot \mathrm{d}\boldsymbol{S} \tag{7-1-7}$$

由于感应电场的电场线是闭合的，所以通过任意一闭合曲面感应电场的电通量为零. 即感应电场的高斯定理为

$$\oiint_S \boldsymbol{E}_\mathrm{k} \cdot \mathrm{d}\boldsymbol{S}=0 \tag{7-1-8}$$

所以，在变化的电磁场中，电场的高斯定理仍为

$$\oiint_S \boldsymbol{D} \cdot \mathrm{d}\boldsymbol{S}=\oiint_S (\boldsymbol{D}_0+\boldsymbol{D}_\mathrm{k}) \cdot \mathrm{d}\boldsymbol{S}=\iiint_V \rho \mathrm{d}V \tag{7-1-9}$$

式(7-1-7) 和式(7-1-9) 就是普遍适用的电场方程. 可以看出这时的电场与磁场之间有密切的联系.

### 7.1.2 时变磁场的高斯定理和安培环路定理

根据电场与磁场的对称性，下面再来推广普遍意义的磁场方程. 麦克斯韦在分析安培环路定理时，发现把安培环路定理应用于非恒定电流的情况时出现了矛盾，为了解决这个矛

盾，麦克斯韦提出了位移电流假设.

在恒定电流的条件下，安培环路定理具有以下形式

$$\oint_L \boldsymbol{H}_0 \cdot \mathrm{d}\boldsymbol{l} = \iint_S \boldsymbol{j}_0 \cdot \mathrm{d}\boldsymbol{S} = I_0$$

式中 $I_0$ 是通过以闭合曲线 $L$ 为边界的任意曲面的传导电流. $\boldsymbol{j}_0$ 为传导电流密度. 显然，对于图 7-1-1 所示的恒定电流条件下，过以闭合曲线 $L$ 为边界的任意曲面 $S_1$ 和 $S_2$ 上的传导电流是相同的，即

$$\oint_L \boldsymbol{H}_0 \cdot \mathrm{d}\boldsymbol{l} = \iint_{S_1} \boldsymbol{j}_0 \cdot \mathrm{d}\boldsymbol{S} = I_0$$

$$\oint_L \boldsymbol{H}_0 \cdot \mathrm{d}\boldsymbol{l} = \iint_{S_2} \boldsymbol{j}_0 \cdot \mathrm{d}\boldsymbol{S} = I_0$$

安培环路定理都成立. 这是由于传导电流连续的缘故.

对于非恒定电流的情况，例如图 7-1-2 所示的电容器的充放电过程，回路中的电流是不连续的，在电容器两极板间中断了，显然，对曲面 $S_1$，有

$$\oint_L \boldsymbol{H}_0 \cdot \mathrm{d}\boldsymbol{l} = \iint_{S_1} \boldsymbol{j}_0 \cdot \mathrm{d}\boldsymbol{S} = I_0$$

而对曲面 $S_2$，有

$$\oint_L \boldsymbol{H}_0 \cdot \mathrm{d}\boldsymbol{l} = \iint_{S_2} \boldsymbol{j}_0 \cdot \mathrm{d}\boldsymbol{S} = 0$$

上面两式的左端是同一时刻磁场强度 $\boldsymbol{H}$ 沿同一闭合曲线 $L$ 的积分，它只能有唯一的值，而上面两式右端却不相等. 这表明恒定电流条件下的安培环路定理，应用于非恒定电流情况出现了矛盾，安培环路定理对非恒定电流情况不成立.

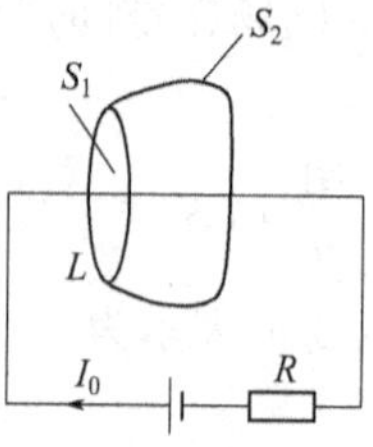


图 7-1-1　传导电流连续

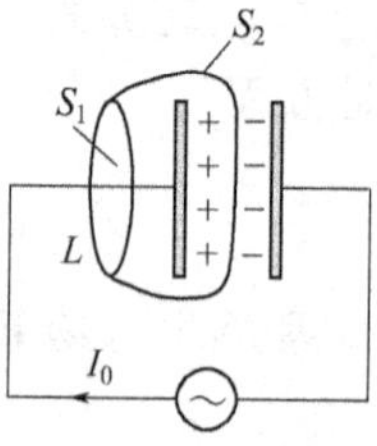


图 7-1-2　传导电流不连续

**(1) 位移电流**

对于非恒定电流的情况下，磁感强度 $\boldsymbol{H}$ 的环流等于什么？与什么物理量相联系？即变化磁场满足什么形式的方程？这个问题可以从电流的连续性去考虑. 在图 7-1-2 中，很容易看到，对于曲面 $S_1$，曲面上有电流通过. 而对于曲面 $S_2$，曲面上虽然没有电流通过，却有电场穿过.

麦克斯韦认为：在电容器极板间中断的传导电流 $I_0$，由位移电流替代，也就是两极板间假设有位移电流 $I_d$，且有 $I_d = I_0$，这样，整个回路的电流就连续了，这就是麦克斯韦位移电流的假设.

电容器间的位移电流本质是什么呢？下面以平板电容器为例进行讨论. 设电容器极板的面积为 $S$，某一时刻带电荷为 $q$，电荷密度为 $\sigma$，则 $q = \sigma S$. 单位时间内流过导线的电荷量 $\frac{\mathrm{d}q}{\mathrm{d}t}$，既是导线的电流，也是电容器极板上单位时间内电荷的增量，所以有

$$I_0 = \frac{\mathrm{d}q}{\mathrm{d}t} = \frac{\mathrm{d}(\sigma S)}{\mathrm{d}t} \tag{7-1-10}$$

在电容器间，均匀电场 $E=\dfrac{\sigma}{\varepsilon}$，电位移的大小为 $D=\varepsilon E=\sigma$，所以式（7-1-10）可写为

$$I_0=\frac{\mathrm{d}q}{\mathrm{d}t}=\frac{\mathrm{d}(\sigma S)}{\mathrm{d}t}=\frac{\mathrm{d}(DS)}{\mathrm{d}t}=\frac{\mathrm{d}\Phi_\mathrm{d}}{\mathrm{d}t} \tag{7-1-11}$$

式中，$\Phi_\mathrm{d}=DS=\boldsymbol{D}\cdot\boldsymbol{S}$ 是电容器极板间的电位移通量. 可以看出，极板间的电位移通量随时间的变化率在数值上等于导线中的传导电流 $I_0$.

麦克斯韦把电场中某一截面上电位移通量随时间的变化率称为通过该截面的位移电流，用 $I_\mathrm{d}$表示，则

$$I_\mathrm{d}=\frac{\mathrm{d}\Phi_\mathrm{d}}{\mathrm{d}t} \tag{7-1-12}$$

麦克斯韦认为，电容器极板间中断的传导电流被位移电流接替，使电路中的电流保持连续，如图 7-1-3 所示. 位移电流激发磁场，位移电流的本质是变化的电场. 因此，麦克斯韦位移电流假设的核心是变化的电场激发磁场.

一般情况下，电位移通量为

$$\Phi_\mathrm{d}=\iint_S\boldsymbol{D}\cdot\mathrm{d}\boldsymbol{S}$$

所以

$$I_\mathrm{d}=\frac{\mathrm{d}\Phi_\mathrm{d}}{\mathrm{d}t}=\frac{\mathrm{d}}{\mathrm{d}t}\iint_S\boldsymbol{D}\cdot\mathrm{d}\boldsymbol{S}=\iint_S\frac{\partial\boldsymbol{D}}{\partial t}\cdot\mathrm{d}\boldsymbol{S}=\iint_S\boldsymbol{j}_\mathrm{d}\cdot\mathrm{d}\boldsymbol{S} \tag{7-1-13}$$

$$\boldsymbol{j}_\mathrm{d}=\frac{\partial\boldsymbol{D}}{\partial t} \tag{7-1-14}$$

$\boldsymbol{j}_\mathrm{d}$ 称为位移电流密度，它等于电位移矢量对时间的变化率.

**(2) 全电流的安培环路定理**

位移电流的引入不仅解决了电流的连续性问题，还进一步揭示了电场和磁场的相互联系. 位移电流本质上是变化的电场，它与传导电流有根本上的区别，但是，位移电流与传导电流一样，会在其周围空间激发磁场，大量实验事实证明，这种“感应磁场”是客观存在的. 经过对位移电流激发磁场的研究，可确认它与传导电流的磁场具有完全相同的性质. 这样的话，恒定磁场的场方程就可推广至非恒定磁场的情况，得到普遍表达式.

麦克斯韦认为电路中可同时存在传导电流 $I_0$和位移电流 $I_\mathrm{d}$，那么，它们之和为

$$I=I_0+I_\mathrm{d} \tag{7-1-15}$$

$I$ 称为全电流. 这样就推广了电流的概念. 在非恒定电路中，全电流是连续的. 因此在非恒定电流的情况下，安培环路定理可修正为

$$\oint_L\boldsymbol{H}\cdot\mathrm{d}\boldsymbol{l}=I_0+I_\mathrm{d}=I_0+\frac{\mathrm{d}\Phi_\mathrm{d}}{\mathrm{d}t} \tag{7-1-16}$$

或

$$\oint_L\boldsymbol{H}\cdot\mathrm{d}\boldsymbol{l}=\iint_S\boldsymbol{j}_0\cdot\mathrm{d}\boldsymbol{S}+\iint_S\frac{\partial\boldsymbol{D}}{\partial t}\cdot\mathrm{d}\boldsymbol{S} \tag{7-1-17}$$

上式表明：磁感强度 $\boldsymbol{H}$ 沿任意闭合回路的环流等于穿过此闭合回路所包围曲面的全电流，这就是**全电流的安培环路定理**. 或普遍情况下的安培环路定理.

对于全电流的安培环路定理可以这样来认识.

① 在式(7-1-16）中，右边第一项为传导电流 $I_0$对磁场的贡献，第二项为位移电流 $I_\mathrm{d}$对磁场的贡献. 左边中的磁场应该是传导电流产生的磁场与位移电流激发的磁场的矢量和. 所以麦克斯韦关于位移电流的假设，实质上就是变化的电场激发磁场.

② 传导电流是电荷的定向移动而形成的电流，移动电荷与介质分子碰撞损失能量而产生焦耳热. 但位移电流则不同，它是变化电场激发的，与空间中有无电荷没有关系，所以，它不产生焦耳热. 虽然如此，位移电流与传导电流按相同的规律激发磁场.

③“变化的磁场激发电场，变化的电场激发磁场”是麦克斯韦电磁场的理论核心，电磁波的实验发现，为麦克斯韦的假设提供了有力的证据.

由于磁场是由电流产生的，没有与电荷对应的磁荷，所以磁场是无源的. 对于变化的磁场，这个结论也不应该改变. 也就是说，普遍情况下磁场的高斯定理仍然是

$$\oiint_S \boldsymbol{B} \cdot \mathrm{d}\boldsymbol{S} = 0 \tag{7-1-18}$$

**【例 7-1-1】** 一平行板电容器，两极板均为半径等于 $R=5\mathrm{cm}$ 的圆形导体板. 现把它接到电源上充电，设极板上电荷均匀分布，两极板间的电场强度随时间的变化率 $\mathrm{d}E/\mathrm{d}t = 2.0\times 10^{13}\mathrm{V}\cdot\mathrm{m}^{-1}\cdot\mathrm{s}^{-1}$. 求：(1) 两极板间的位移电流 $I_\mathrm{d}$；(2) 两极板间磁感强度的分布和边缘处的磁感强度.

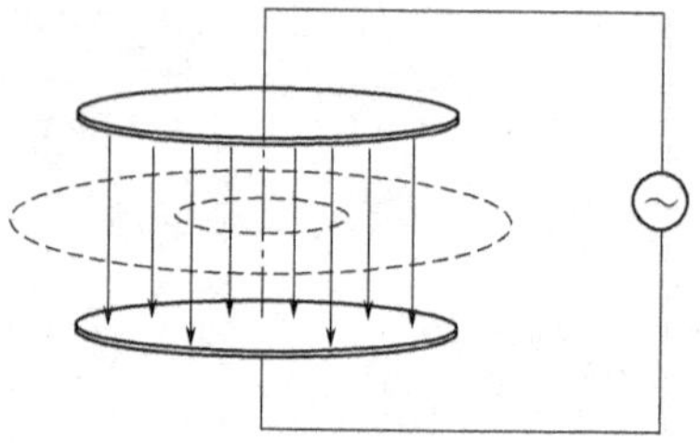

图 7-1-3　例 7-1-1 图

**解：**(1) 两极板间的位移电流为

$$I_\mathrm{d} = \frac{\mathrm{d}\Phi_\mathrm{d}}{\mathrm{d}t} = S\frac{\mathrm{d}D}{\mathrm{d}t} = \pi R^2\varepsilon_0\frac{\mathrm{d}E}{\mathrm{d}t} = 1.4\mathrm{A}$$

(2) 在电容器内部，做如图 7-1-3 所示的半径为 $r(r<R)$ 且与电容器极板同心的圆形回路，可得

$$\oint_L \boldsymbol{H}\cdot\mathrm{d}\boldsymbol{l} = \frac{1}{\mu_0}B2\pi r = \frac{\mathrm{d}\Phi_\mathrm{d}}{\mathrm{d}t} = \pi r^2\varepsilon_0\frac{\mathrm{d}E}{\mathrm{d}t}$$

解得电容器内部两极板间磁感应强度大小为

$$B = \frac{1}{2}\mu_0\varepsilon_0 r\frac{\mathrm{d}E}{\mathrm{d}t} \qquad (r<R)$$

同理可得在电容器外部磁感应强度大小为

$$B = \frac{1}{2}\mu_0\varepsilon_0\frac{R^2}{r}\frac{\mathrm{d}E}{\mathrm{d}t} \qquad (r\geqslant R)$$

**【例 7-1-2】** 设长直均匀导线通有低频正弦交变电流 $i=I_0\sin\omega t$，若电流在导线截面上均匀分布，导线的电阻率为 $\rho$，电容率为 $\varepsilon_0$. 求导线中位移电流与传导电流振幅之比.

**解：**设导线横截面的面积为 $S$，当电流在导线截面上均匀分布时，导线中电流密度为

$$j = \frac{i}{S} = \frac{I_0}{S}\sin\omega t$$

由欧姆定律的微分形式，得导线内的电场强度

$$E = \rho j = \frac{\rho I_0}{S}\sin\omega t$$

根据式 (7-1-13)，得

$$I_\mathrm{d} = \varepsilon_0\frac{\mathrm{d}}{\mathrm{d}t}\iint_S \boldsymbol{E}\cdot\mathrm{d}\boldsymbol{S} = \varepsilon_0\frac{\rho I_0}{S}\omega\cos\omega t\cdot S$$
$$= \varepsilon_0\rho\omega I_0\cos\omega t$$

由此可见，位移电流也是按照正弦（余弦）规律振荡的一个物理量. 于是，导线中位移电流与传导电流振幅之比为

$$\frac{\varepsilon_0\rho\omega I_0}{I_0} = \varepsilon_0\rho\omega$$

对于一般良导体，$\rho\approx 10^{-8}\Omega\cdot\mathrm{m}$，有

$$\varepsilon_0\rho \approx 8.85 \times 10^{-20}\,\mathrm{s}$$

所以，对于低频电流，导体内的位移电流与传导电流相比，可以忽略不计. 对于高频电流，导线中电流分布在导体表面，上面的计算不再适用.

### 复习思考题

7-1-1 在时变情况下，电场的高斯定理式（7-1-9）与静电场具有相同的形式，对此如何理解？

7-1-2 位移电流与传导电流都有哪些共同点和不同点？

7-1-3 在时变情况下的磁场与稳恒电流产生的磁场一样是无源的，即不管是恒定的磁场还是变化的磁场，均有 $\oiint_S \boldsymbol{B}\cdot \mathrm{d}\boldsymbol{S}=0$，对此你如何理解？

7-1-4 麦克斯韦电磁场理论的主要内容包括哪些？

# 7.2 麦克斯韦方程组的微分形式

## 7.2.1 麦克斯韦方程组的微分形式

综上所述，麦克斯韦得到了普遍情况下的电磁场方程

$$\oiint_S \boldsymbol{D}\cdot \mathrm{d}\boldsymbol{S}=\iiint_V \rho \mathrm{d}V \tag{7-2-1}$$

$$\oint_L \boldsymbol{E}\cdot \mathrm{d}\boldsymbol{l}=-\iint_S \frac{\partial \boldsymbol{B}}{\partial t}\cdot \mathrm{d}\boldsymbol{S} \tag{7-2-2}$$

$$\oiint_S \boldsymbol{B}\cdot \mathrm{d}\boldsymbol{S}=0 \tag{7-2-3}$$

$$\oint_L \boldsymbol{H}\cdot \mathrm{d}\boldsymbol{l}=\iint_S \boldsymbol{j}_0\cdot \mathrm{d}\boldsymbol{S}+\iint_S \frac{\partial \boldsymbol{D}}{\partial t}\cdot \mathrm{d}\boldsymbol{S} \tag{7-2-4}$$

上面的方程称为麦克斯韦方程组的积分形式. 它描述的是宏观范围内空间电磁场的产生与运动规律，并不能说明空间某点的电磁场的形式. 下面讨论麦克斯韦方程组的微分形式.

数学上的高斯公式

$$\oiint_S \boldsymbol{A}\cdot \mathrm{d}\boldsymbol{S}=\iiint_\Omega \nabla\cdot \boldsymbol{A}\mathrm{d}V \tag{7-2-5}$$

式中，$\nabla\cdot \boldsymbol{A}$ 为矢量场 $\boldsymbol{A}$ 的散度，它的意义为单位体积发出的通量，或称为**通量密度**. 在直角坐标系中，分别用 $\boldsymbol{e}_x$、$\boldsymbol{e}_y$、$\boldsymbol{e}_z$ 表示沿 $x$、$y$、$z$ 三个坐标轴正方向的单位矢量，设

$$\boldsymbol{A}=A_x\boldsymbol{e}_x+A_y\boldsymbol{e}_y+A_z\boldsymbol{e}_z$$

有

$$\nabla\cdot \boldsymbol{A}\equiv \mathrm{div}\boldsymbol{A}=\frac{\partial A_x}{\partial x}+\frac{\partial A_y}{\partial y}+\frac{\partial A_z}{\partial z}$$

由高斯公式，麦克斯韦方程组式(7-2-1) 可以写成

$$\iiint_V \nabla\cdot \boldsymbol{D}\mathrm{d}V=\iiint_V \rho \mathrm{d}V \tag{7-2-6}$$

或者

$$\iiint_V (\nabla\cdot \boldsymbol{D}-\rho)\mathrm{d}V=0$$

在式（7-2-6）中，由于积分空间区域的任意性，有

$$\nabla\cdot \boldsymbol{D}=\rho \tag{7-2-7}$$

同样的，由式(7-2-3)，得

$$\nabla\cdot \boldsymbol{B}=0 \tag{7-2-8}$$

数学上的斯托克斯公式

$$\oint_L \boldsymbol{A}\cdot \mathrm{d}\boldsymbol{l}=\iint_S (\nabla\times \boldsymbol{A})\cdot \mathrm{d}\boldsymbol{S} \tag{7-2-9}$$

式中，$\nabla\times \boldsymbol{A}$ 为矢量场 $\boldsymbol{A}$ 的旋度，在直角坐标系中的表达式为

$$\nabla\times \boldsymbol{A}\equiv \mathrm{rot}\boldsymbol{A}=\left(\frac{\partial A_z}{\partial y}-\frac{\partial A_y}{\partial z}\right)\boldsymbol{e}_x+\left(\frac{\partial A_x}{\partial z}-\frac{\partial A_z}{\partial x}\right)\boldsymbol{e}_y+\left(\frac{\partial A_y}{\partial x}-\frac{\partial A_x}{\partial y}\right)\boldsymbol{e}_z$$

由斯托克斯公式，式(7-2-2) 可以写成

$$\iint_S (\nabla\times \boldsymbol{E})\cdot \mathrm{d}\boldsymbol{S}=-\iint_S \frac{\partial \boldsymbol{B}}{\partial t}\cdot \mathrm{d}\boldsymbol{S}$$

由于积分空间区域的任意性，得

$$\nabla\times \boldsymbol{E}=-\frac{\partial \boldsymbol{B}}{\partial t} \tag{7-2-10}$$

同样的，利用斯托克斯公式，由式（7-2-4），得

$$\nabla\times \boldsymbol{H}=\boldsymbol{j}+\frac{\partial \boldsymbol{D}}{\partial t} \tag{7-2-11}$$

所以，与麦克斯韦方程组的积分形式式(7-2-1) ～式(7-2-4) 对应，麦克斯韦方程组的微分形式为

$$\nabla\cdot \boldsymbol{D}=\rho \tag{7-2-12}$$

$$\nabla\times \boldsymbol{E}=-\frac{\partial \boldsymbol{B}}{\partial t} \tag{7-2-13}$$

$$\nabla\cdot \boldsymbol{B}=0 \tag{7-2-14}$$

$$\nabla\times \boldsymbol{H}=\boldsymbol{j}+\frac{\partial \boldsymbol{D}}{\partial t} \tag{7-2-15}$$

麦克斯韦方程组的微分形式描述的是空间点的电磁场的产生和运动规律，我们可以用四句话来对麦克斯韦方程组的四个微分公式进行概括：①电荷是电场的源；②变化的磁场产生电场；③磁场是无源场；④传导电流及变化的电场产生磁场.

## 7.2.2 极化电流与磁化电流

由电位移矢量的定义

$$\boldsymbol{D}=\varepsilon_0\boldsymbol{E}+\boldsymbol{P}$$

以及磁场强度的定义

$$\boldsymbol{H}=\frac{\boldsymbol{B}}{\mu_0}-\boldsymbol{M}$$

式(7-2-15) 可以写成

$$\nabla\times\left(\frac{\boldsymbol{B}}{\mu_0}-\boldsymbol{M}\right)=\boldsymbol{j}+\frac{\partial}{\partial t}(\varepsilon_0\boldsymbol{E}+\boldsymbol{P})$$

整理，得

$$\nabla\times \boldsymbol{B}=\mu_0\left(\boldsymbol{j}+\nabla\times \boldsymbol{M}+\frac{\partial \boldsymbol{P}}{\partial t}+\varepsilon_0\frac{\partial \boldsymbol{E}}{\partial t}\right) \tag{7-2-16}$$

在式（7-2-16）中可以看到，$\nabla\times\boldsymbol{M}$、$\dfrac{\partial \boldsymbol{P}}{\partial t}$、$\varepsilon_0\dfrac{\partial \boldsymbol{E}}{\partial t}$ 三项与传导电流密度 $\boldsymbol{j}$ 产生磁场的作用相当. $\varepsilon_0\dfrac{\partial \boldsymbol{E}}{\partial t}$ 是由于变化的电场产生的等效电流，称为真空中的**位移电流密度**，用 $\boldsymbol{j}_{\mathrm{vd}}$ 表示

$$\boldsymbol{j}_{\mathrm{vd}}=\varepsilon_0\frac{\partial \boldsymbol{E}}{\partial t} \tag{7-2-17}$$

而 $\dfrac{\partial \boldsymbol{P}}{\partial t}$ 是由于极化电荷相对位置变动从而引起极化强度 $\boldsymbol{P}$ 变化而产生的电流，称为**极化电流密度**，用 $\boldsymbol{j}_{\mathrm{P}}$ 表示

$$\boldsymbol{j}_{\mathrm{P}}=\frac{\partial \boldsymbol{P}}{\partial t} \tag{7-2-18}$$

一般来说，磁化电流只出现在介质表面上，但如果介质磁化不均匀，介质内部就相当于出现了许许多多的“表面”，相邻两个表面的电流面密度不一样，使得介质内部电流无法抵消，出现宏观电流. $\nabla\times\boldsymbol{M}$ 描述的就是介质内部磁化不均匀所产生的电流，称为**磁化电流密度**，用 $\boldsymbol{j}_{\mathrm{M}}$ 表示

$$\boldsymbol{j}_{\mathrm{M}}=\nabla\times\boldsymbol{M} \tag{7-2-19}$$

真空中的位移电流密度 $\boldsymbol{j}_{\mathrm{vd}}$ 和极化电流密度 $\boldsymbol{j}_{\mathrm{P}}$ 合起来，就是我们前面定义的位移电流密度 $\boldsymbol{j}_{\mathrm{d}}$

$$\boldsymbol{j}_{\mathrm{d}}=\boldsymbol{j}_{\mathrm{P}}+\boldsymbol{j}_{\mathrm{vd}}=\frac{\partial \boldsymbol{P}}{\partial t}+\varepsilon_0\frac{\partial \boldsymbol{E}}{\partial t} \tag{7-2-20}$$

利用电位移矢量的定义式 $\boldsymbol{D}=\boldsymbol{P}+\varepsilon_0\boldsymbol{E}$，式(7-2-20) 可以写成

$$\boldsymbol{j}_{\mathrm{d}}=\frac{\partial \boldsymbol{D}}{\partial t}$$

全电流密度定义为传导电流密度与位移电流密度的矢量和，即

$$\boldsymbol{j}_{\tau}=\boldsymbol{j}+\boldsymbol{j}_{\mathrm{d}}=\boldsymbol{j}+\frac{\partial \boldsymbol{P}}{\partial t}+\varepsilon_0\frac{\partial \boldsymbol{E}}{\partial t}=\boldsymbol{j}+\frac{\partial \boldsymbol{D}}{\partial t} \tag{7-2-21}$$

要注意的是，全电流密度不包括磁化电流密度 $\boldsymbol{j}_{\mathrm{M}}$，这是因为在麦克斯韦方程组式（7-2-15）中，磁化电流的影响已经包含在左边项 $\nabla\times\boldsymbol{H}$ 之中. 写成利用全电流密度，麦克斯韦方程组的微分形式式(7-2-15) 可以写成

$$\nabla\times\boldsymbol{H}=\boldsymbol{j}_{\tau} \tag{7-2-22}$$

## 7.2.3 电磁场的边值关系

在处理实际问题的过程中，我们或多或少都要对实际问题进行一定的理想化处理. 比如说在两种极化介质的分界面上，我们常常把分界面理想化成数学上的一个曲面，这时就存在极化电荷的“面密度”等情况. 诸如此类，当我们进行数学上面、线的理想化时，就有可能使得电磁场量产生突变. 这时电场、磁场就不能进行微分运算，也就是说，这时的麦克斯韦方程组的微分形式不再适用. 我们只能从麦克斯韦方程组的积分形式出发，把它们应用到两种介质分界面上，从而得到分界面两侧电磁场之间跃变的关系，这种关系就称为**边值关系**.

在如图 7-2-1 所示的两种介质分界面上，做一个高度趋于零的钱币形高斯面，高斯面跨越介质分界面，设上下两底面的面积为 $\Delta S$，以介质 1 指向介质 2 的法线方向为正，用 $\boldsymbol{e}_{\mathrm{n}}$ 表示该方向上的单位矢量. 注意到对于封闭的高斯面来说，其在介质 1 中的法线方向与 $\boldsymbol{e}_{\mathrm{n}}$ 方向相反. 由麦克斯韦方程组积分形式的式(7-2-1)，得

$$(\boldsymbol{e}_n \cdot \boldsymbol{D}_2 - \boldsymbol{e}_n \cdot \boldsymbol{D}_1)\Delta S = \sigma \Delta S$$

式中，$\sigma$ 为两介质分界面上的自由电荷面密度；$\sigma\Delta S$ 则是高斯面内的总自由电荷. 由此得两介质分界面两侧，电位移矢量的法线方向跃变关系，也就是分界面上的边值关系

$$\boldsymbol{e}_n \cdot (\boldsymbol{D}_2 - \boldsymbol{D}_1) = \sigma \tag{7-2-23}$$

式(7-2-23) 还可以写成

$$D_{2n} - D_{1n} = \sigma \tag{7-2-24}$$

在利用式(7-2-23) 和式(7-2-24) 时，一定要注意 $\boldsymbol{e}_n$ 的方向是由介质 1 指向介质 2 的法线方向.

类似地，利用麦克斯韦方程组的积分形式式 (7-2-3)，可以得到磁感应强度在两介质分界面上的边值关系

$$\boldsymbol{e}_n \cdot (\boldsymbol{B}_2 - \boldsymbol{B}_1) = 0 \tag{7-2-25}$$

或者写成

$$B_{2n} - B_{1n} = 0 \tag{7-2-26}$$

式(7-2-26) 表明，在任何介质的分界面上，磁感应强度的法线方向分量是连续的.

在如图 7-2-2 所示的两种介质分界面上，任意做一个长度为 $\Delta l$，宽度趋于零的矩形回路，回路跨越两介质分界面，回路正向为顺时针方向. 设回路上介质 2 中的方向为 $\boldsymbol{e}_t$，则介质 1 中回路方向为 $-\boldsymbol{e}_t$. 由麦克斯韦方程组的积分形式式(7-2-2)，得

$$(\boldsymbol{e}_t \cdot \boldsymbol{E}_2 - \boldsymbol{e}_t \cdot \boldsymbol{E}_1)\Delta l = 0$$

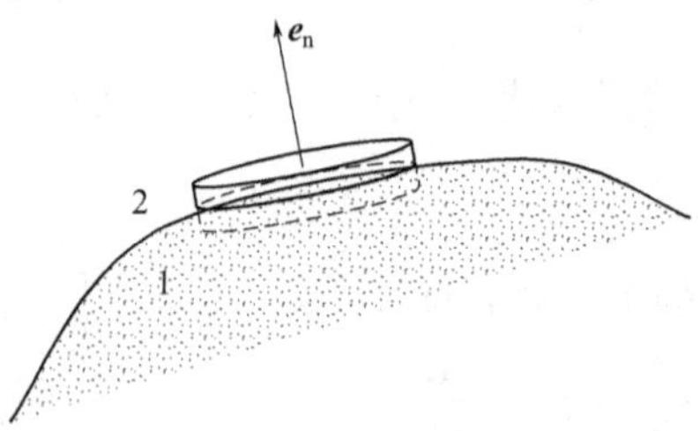


图 7-2-1 电位移矢量的法线方向跃变

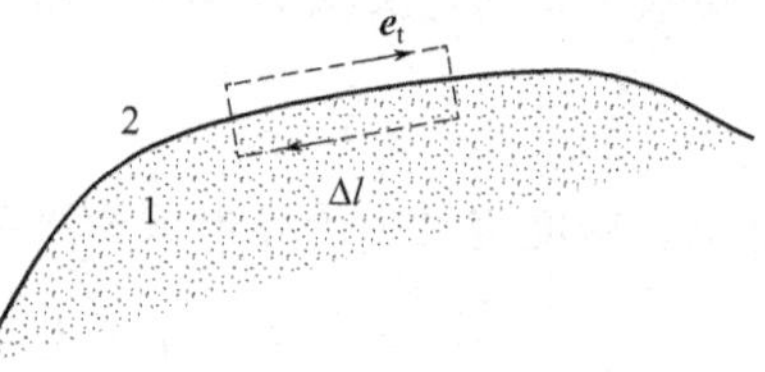


图 7-2-2 电场强度的切线方向跃变

由此得两介质分界面两侧电场强度的跃变关系，也就是电场强度的边值关系

$$\boldsymbol{e}_t \cdot (\boldsymbol{E}_2 - \boldsymbol{E}_1) = 0 \tag{7-2-27}$$

式(7-2-27) 表明，在介质的分界面上，电场强度的切线方向分量是连续的. 注意到分界面上矩形回路取向的任意性，从而有 $\boldsymbol{e}_t$ 方向的任意性. 因此，两介质分界面两侧的电场强度在某点切平面上的投影矢量应该相等. 故此，式 (7-2-27) 还可以写成

$$\boldsymbol{E}_{2t} - \boldsymbol{E}_{1t} = 0 \tag{7-2-28}$$

式中，$\boldsymbol{E}_{1t}$、$\boldsymbol{E}_{2t}$ 分别表示分界面两侧介质 1 和介质 2 的电场强度在切平面上的投影矢量. 设 $\boldsymbol{e}_n$ 为由介质 1 指向介质 2 的法线方向单位矢量，由于

$$\boldsymbol{e}_n \times \boldsymbol{E}_2 = \boldsymbol{E}_{2t}, \quad \boldsymbol{e}_n \times \boldsymbol{E}_1 = \boldsymbol{E}_{1t}$$

故此，式(7-2-28) 又可写成

$$\boldsymbol{e}_n \times (\boldsymbol{E}_2 - \boldsymbol{E}_1) = 0 \tag{7-2-29}$$

类似地，利用麦克斯韦方程组的积分形式式 (7-2-4)，只要经过稍为复杂的矢量运算分析，可以得到磁场强度在两介质分界面上的边值关系

$$\boldsymbol{e}_n \times (\boldsymbol{H}_2 - \boldsymbol{H}_1) = \boldsymbol{\alpha} \tag{7-2-30}$$

式中，$\boldsymbol{\alpha}$ 为边界面上的传导电流面密度.

**【例 7-2-1】** 如图 7-2-3 所示，可以认为是无穷大的平行板电容器内填充电容率为 $\varepsilon$ 的

介质，把它接到一交流电源上，使得极板间电场按照 $E=E_0\sin\omega t$ 的规律振荡，设两极板间的电场是均匀的. 求两极板间的介质中的位移电流密度 $j_d$ 和极化电流密度 $j_p$.

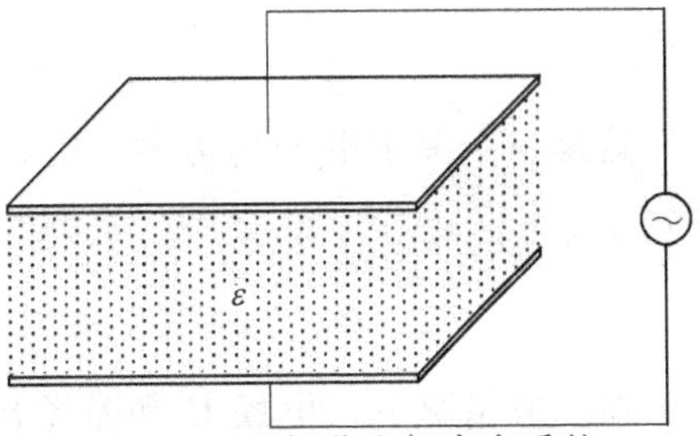

图 7-2-3　振荡电场中介质的位移电流和极化电流

**解：** 根据位移电流密度式(7-1-14)，得

$$j_d=\frac{\partial D}{\partial t}=\varepsilon\frac{\partial E}{\partial t}=\varepsilon\omega E_0\cos\omega t$$

而由式 (7-2-20)，得介质中的极化电流密度

$$j_p=j_d-\varepsilon_0\frac{\partial E}{\partial t}=\varepsilon\omega E_0\cos\omega t-\varepsilon_0\omega E_0\cos\omega t$$
$$=(\varepsilon-\varepsilon_0)\omega E_0\cos\omega t=(\varepsilon_r-1)\varepsilon_0\omega E_0\cos\omega t$$

**复习思考题**

7-2-1　麦克斯韦方程组的积分形式、微分形式以及边值关系，各适用处理什么样情况下的电磁场?

7-2-2　讨论极化电流和磁化电流的产生机制.

7-2-3　全电流密度定义为传导电流密度与位移电流密度的矢量和，而不包括磁化电流密度 $\boldsymbol{j}_M$，为什么?

7-2-4　试利用矢量运算的基本公式和方法，推导式(7-2-30).

# 7.3　电磁波

## 7.3.1　波动方程

为了简单起见，我们把麦克斯韦方程组应用到无电荷、无电流分布的真空中，$\rho=0$，$\boldsymbol{j}=0$，$\boldsymbol{D}=\varepsilon_0\boldsymbol{E}$，$\boldsymbol{B}=\mu_0\boldsymbol{H}$，式(7-2-12) ～式(7-2-15) 变成为

$$\nabla\cdot\boldsymbol{E}=0 \tag{7-3-1}$$

$$\nabla\times\boldsymbol{E}=-\frac{\partial\boldsymbol{B}}{\partial t} \tag{7-3-2}$$

$$\nabla\cdot\boldsymbol{B}=0 \tag{7-3-3}$$

$$\nabla\times\boldsymbol{B}=\mu_0\varepsilon_0\frac{\partial\boldsymbol{E}}{\partial t} \tag{7-3-4}$$

式(7-3-2) 两边取旋度，有
$$\nabla\times(\nabla\times\boldsymbol{E})=-\frac{\partial}{\partial t}(\nabla\times\boldsymbol{B}) \tag{7-3-5}$$

利用矢量分析公式
$$\nabla\times(\nabla\times\boldsymbol{E})=\nabla(\nabla\cdot\boldsymbol{E})-\nabla^2\boldsymbol{E} \tag{7-3-6}$$

其中
$$\nabla^2\boldsymbol{E}=\left(\frac{\partial^2}{\partial x^2}+\frac{\partial^2}{\partial y^2}+\frac{\partial^2}{\partial z^2}\right)\boldsymbol{E} \tag{7-3-7}$$

在式(7-3-6) 中，注意到式(7-3-1)，即$\nabla\cdot\boldsymbol{E}=0$，再把式(7-3-4) 代入式(7-3-5) 右边，得

$$-\nabla^2\boldsymbol{E}=-\mu_0\varepsilon_0\frac{\partial^2\boldsymbol{E}}{\partial t^2}$$

整理，得
$$\frac{\partial^2\boldsymbol{E}}{\partial t^2}=a^2\nabla^2\boldsymbol{E} \tag{7-3-8}$$

其中

$$a=\sqrt{\frac{1}{\mu_0\varepsilon_0}} \tag{7-3-9}$$

这是一个关于电场的方程. 同样的，对式(7-3-4) 两边取旋度，可以得到关于磁场的方程

$$\frac{\partial^2 \boldsymbol{B}}{\partial t^2}=a^2\ \nabla^2 \boldsymbol{B} \tag{7-3-10}$$

在一般情况下，电场 $\boldsymbol{E}$ 和磁场 $\boldsymbol{B}$ 是时间和空间的函数，即

$$\boldsymbol{E}=E_x(x,\ y,\ z,\ t)\boldsymbol{e}_x+E_y(x,\ y,\ z,\ t)\boldsymbol{e}_y+E_z(x,\ y,\ z,\ t)\boldsymbol{e}_z$$

$$\boldsymbol{B}=B_x(x,\ y,\ z,\ t)\boldsymbol{e}_x+B_y(x,\ y,\ z,\ t)\boldsymbol{e}_y+B_z(x,\ y,\ z,\ t)\boldsymbol{e}_z$$

为了看清楚式 (7-3-8) 的物理意义，我们把问题作简化处理，假设电场 $\boldsymbol{E}$ 只有 $\boldsymbol{e}_y$ 方向的分量，并且 $E_y$ 与坐标变量 $y$、$z$ 无关，即 $\boldsymbol{E}=E_y(x,\ t)\boldsymbol{e}_y$， 则式(7-3-8) 写成

$$\frac{\partial^2 E_y}{\partial t^2}=a^2\ \frac{\partial^2 E_y}{\partial x^2} \tag{7-3-11}$$

在数学物理上，式(7-3-11) 代表一个波动，称为**波动方程**. 求解该方程必须给出一定的条件. 但是，我们可以验证

$$E_y=A\cos\left[\omega\left(t-\frac{x}{a}\right)+\varphi\right] \tag{7-3-12}$$

满足方程式(7-3-11)，而式(7-3-12) 代表的是一个平面简谐波的波函数，波的传播方向为 $x$ 轴的正向，其中 $a$ 是波的传播速度的大小，$\omega$ 是波动的频率. 也就是说，式(7-3-8) 代表着电磁场中电场强度的一种波动现象，称为**电磁波**，而式(7-3-9) 则代表电磁波在真空中传播的速度.

式(7-3-8) 和式(7-3-10) 称为波动方程. 由此我们看到，变化的电场激发磁场，变化的磁场也激发电场，电场与磁场互相激发，在空间中以波的形式传播. 麦克斯韦不仅预言了电磁波的存在，而且认为光波就是电磁波，只是两者波动频率不同而已. 德国青年物理学家赫兹用实验证实了麦克斯韦对电磁波的预言，并且测得电磁波的传播速度与光速一致，证实了麦克斯韦的电磁场理论的正确性.

## 7.3.2 平面电磁波

波动方程式(7-3-8) 和式(7-3-10) 有许多形式的解，如球面波、柱面波等，但我们最熟悉的就是形如式 (7-3-12) 的平面波解. 由傅里叶分析可知，任何形式的波动，都可以由许多平面简谐波叠加而成. 所以，下面我们对波动方程的平面波解进行讨论. 同样的，为了简单起见，我们仍然假设 $\boldsymbol{E}=E_y(x,\ t)\boldsymbol{e}_y$， 仍然取式(7-3-12) 形式的平面波解. 即我们取一个沿 $x$ 轴正方向传播、电场沿 $y$ 方向振动的电磁波，把振幅写成 $E_0$， 式(7-3-12) 代表的平面电磁波的电场强度为

$$\boldsymbol{E}=E_0\cos\left[\omega\left(t-\frac{x}{a}\right)+\varphi\right]\boldsymbol{e}_y \tag{7-3-13}$$

由式(7-3-2) 得

$$-\frac{\partial \boldsymbol{B}}{\partial t}=\nabla\times\boldsymbol{E}=\frac{\partial E_y}{\partial x}\boldsymbol{e}_z$$

把式(7-3-12) 代入，得

$$\frac{\partial \boldsymbol{B}}{\partial t}=-\frac{\omega}{a}E_0\sin\left[\omega\left(t-\frac{x}{a}\right)+\varphi\right]\boldsymbol{e}_z$$

上式两边对时间 $t$ 积分，略去无实际意义的积分常数，得

$$\boldsymbol{B}=\frac{1}{a}E_0\cos\left[\omega\left(t-\frac{x}{a}\right)+\varphi\right]\boldsymbol{e}_z \tag{7-3-14}$$

在式(7-3-14) 中，$\frac{1}{a}E_0$ 就是磁感应场度 $\boldsymbol{B}$ 的振幅 $B_0$，于是，有

$$B_0=\frac{1}{a}E_0=\sqrt{\mu\varepsilon}E_0$$

由此得

$$\frac{E_0}{B_0}=a=\frac{1}{\sqrt{\mu\varepsilon}} \tag{7-3-15}$$

由式(7-3-15) 可以看出：平面电磁波的电场 $\boldsymbol{E}$ 和磁场 $\boldsymbol{B}$ 的振幅比为电磁波的传播速度 $a$.

由式（7-3-13）～式（7-3-15），我们可以总结出平面电磁波的基本性质.

① 平面电磁波是横波，即 $\boldsymbol{E}$、$\boldsymbol{B}$ 均与波的传播方向垂直；

② 传播方向与 $\boldsymbol{E}$、$\boldsymbol{B}$ 三者之间构成右手螺旋关系；

③ 磁场 $\boldsymbol{B}$ 与电场 $\boldsymbol{E}$ 按照相同的规律做简谐振动，且相位相同；

④ 电场 $\boldsymbol{E}$ 和磁场 $\boldsymbol{B}$ 的振幅比为电磁波的传播速度 $a$.

平面电磁波以上性质，虽然是在假设电磁波沿 $x$ 轴正方向传播、电场沿 $y$ 方向振动的情况下推导出来的，但可以证明它们对平面电磁波具有普适性. 根据上面平面电磁波的基本性质，我们可以画出电磁波传播的一个物理图像，如图 7-3-1 所示.

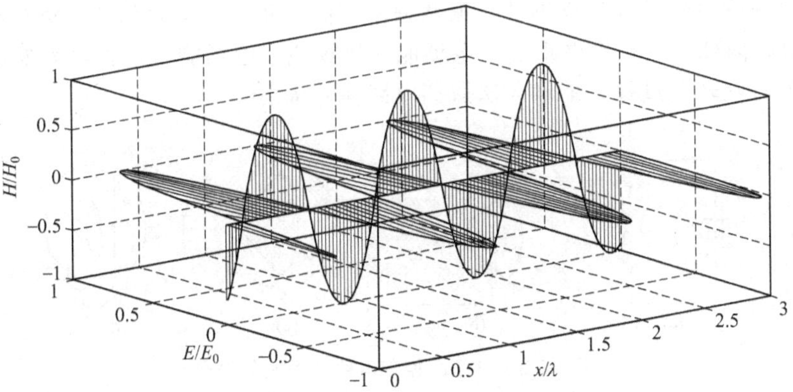


图 7-3-1　平面电磁波传播的物理图像

## 7.3.3　赫兹实验和电磁波的辐射

1864 年，麦克斯韦发表了题为《电磁场的动力学理论》的论文，预言了电磁波的存在，并且认为光波也是一种电磁波. 麦克斯韦的电磁场理论带有许多假设的成分，他并没有提出具体的实验方法来验证其假设的正确性，以至于一些对电磁波理论持反对态度的人不断发难：“谁见过电磁波？它是什么样子？拿出来看看!”

1886 年，赫兹在德国卡尔斯鲁厄进行课堂演示实验时发现，当用电池或莱顿瓶（一种早期的电容器）通过一对线圈中的一个放电时，另一个线圈中就会产生火花. 后来赫兹对此实验进行改进，制作了一个十分简单而又非常有效的电磁波的辐射与探测装置，即赫兹振子.

赫兹振子的实验原理如图 7-3-2 所示，谐振环就是把一根粗铜丝弯成环状，环的两端各

连一个金属小球，球间距离可以调整. 赫兹把谐振环置于放电的莱顿瓶附近，然后反复调整谐振环的位置以及谐振环上两个小球的间距，就会在两个小球间闪出电火花.

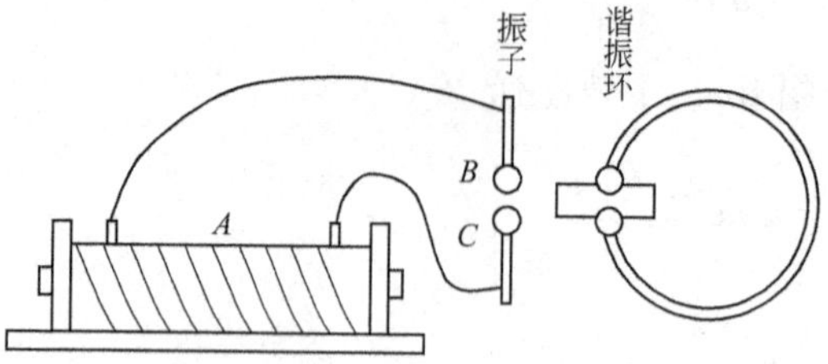

图 7-3-2　赫兹振子

起初，赫兹认为他看到的是电磁感应现象，即由于振子中电流的变化而在谐振环上产生的感应电流. 但他发现，在同样的谐振器振子下，谐振环在实验室中一些地方能够产生火花，而一些地方则不能产生火花，与电磁感应现象截然不同. 这时，赫兹敏锐地意识到，谐振环上的电火花是莱顿瓶放电时发射出的电磁波被谐振环接收后而产生的. 该实验在空间中产生了电磁波的驻波，一些地方是波腹，而另一些地方是波节. 谐振环就好像收音机一样，它是电磁波的接收器.

1888 年 2 月 13 日，赫兹在柏林科学院将他的实验结果公之于世，使整个科技界为之震动. 此后，赫兹在进一步的研究中证实了麦克斯韦的预言：电磁波与光波一样，能发生反射、折射、干涉、衍射和偏振现象，并且电磁波与光波在真空中的传播速度相同. 这充分证明了麦克斯韦理论的正确性，深刻揭示了光波的电磁本质. 赫兹实验不仅证明了电磁波的存在，同时开辟了电子技术的新纪元. 赫兹在 1894 年去世，终年不到 37 岁. 但是，赫兹对人类的贡献是不朽的，人们为了永远纪念他，就把频率的单位定为“赫兹”.

下面我们通过 $LC$ 振荡电路来看看电磁波是怎样产生的. 图 7-3-3(a) 是一个典型的 $LC$ 振荡电路，设回路电阻可以忽略不计，振荡频率较低，此时，绝大部分电场和磁场的能量都集中在 $LC$ 电路内部，只是不停重复“电场能—磁场能—电场能”这种电容器电场能与线圈磁场能之间的相互转化过程，能量无法脱离电路向外辐射.

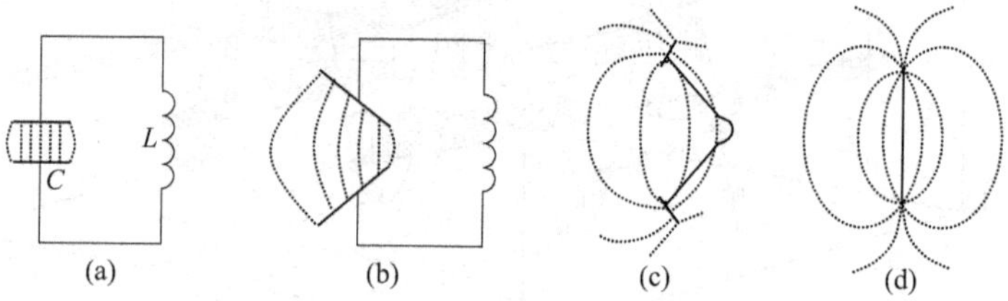

图 7-3-3　从 $LC$ 振荡电路到振荡偶极子

要把图 7-3-3(a) 中振荡的电磁能量尽最大可能辐射到空间中，有两个必要条件：①提高 $LC$ 电路的振荡频率；②防止电磁场囿于有限的空间内. 根据前面对 $LC$ 电路的暂态过程的讨论我们看到，振荡电路的频率为

$$\nu=\frac{\omega}{2\pi}=\frac{1}{2\pi\sqrt{LC}}$$

要提高振荡频率，就要减小 $LC$ 电路的自感 $L$ 和电容 $C$. 所以，我们把自感线圈的匝数逐步减少，以致最后拉成一直线，同时把电容器极板也减小至一个点. 为了防止电磁场囿于有限的空间内，我们把电容器的极板逐渐展开. 这就是如图 7-3-3 中 (b)、(c)、(d) 所示的过程.

图 7-3-3(d) 是一个直线型振荡电路，电流在导线其中往复振荡，使得两端出现正负交替的等量异号电荷，这种电路称为振荡电偶极子. 振荡电偶极子中振荡电流在其周围激发涡旋磁场，变化的磁场又在其周围产生涡旋电场，这种交替变化和相互耦合的电场和磁场在空

间传播，就形成了电磁波.

## 7.3.4 电磁波谱

自从赫兹证明电磁波的存在以及光波的电磁本质之后，除光波外，人们通过实验先后发现了不同频率的电磁波，如无线电波、红外光、紫外光、X射线和$\gamma$射线等. 电磁波的频率范围很广，按电磁波的频率或波长大小的顺序把它们排列成谱，叫做**电磁波谱**. 在图 7-3-4 的电磁波谱图中，我们给出了各种电磁波的名称.

图 7-3-4 给出的是一个粗略的波谱图，比如说根据实际应用的不同，我们还可以把短波继续细分为超短波、短波和中短波等，微波还可以继续细分为毫米波、厘米波、分米波等. 不同的电磁波由于具有不同的频率（波长）而具有不同特性，所以，它们的应用范围也不相同. 例如无线电波，主要用通信和广播，还有我们家中的微波炉，用的也是无线电波.

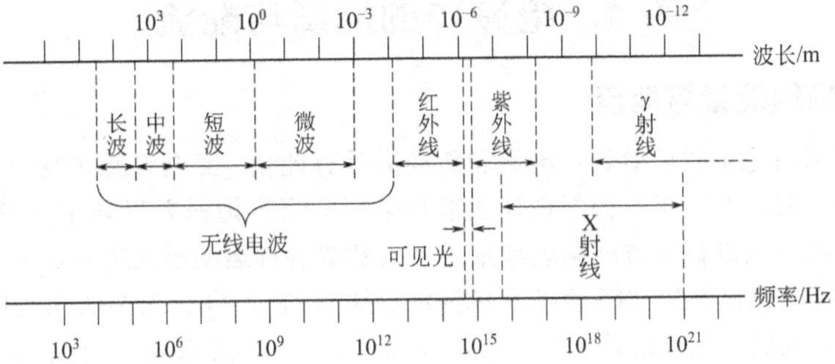


图 7-3-4 电磁波谱

红外线的波长比无线电波短，比可见光长. 所有物体都辐射红外线，其主要作用是热作用. 可以利用红外线来加热物体和进行红外线遥感，利用红外线检测人体的健康状态等. 自从人类步入太空之后，航天科学家对处于真空、失重、超低温、过负荷状态的宇宙飞船内的人类生存条件进行调查研究，得知红外线中波长$\lambda$为 5000～14000nm 的远红外波段，是生物生存必不可少的因素. 因此，人们把这一段波长的远红外线称为“生命光波”. 该波段光线与人体发射出来的远红外线的波长相近，能与生物体内细胞的水分子产生最有效的“共振”，同时具备了渗透性能，有效地促进动物及植物的生长. 要注意的是：人眼是看不见红外线的，烤箱中的红光不是红外线.

紫外线的波长比紫光短，即频率$\nu$比紫光高，根据量子理论，光子的能量为$h\nu$，所以，紫外线具有较高能量，可以用于灭菌消毒. 除此之外，化学上常用紫外线进行涂料、颜料固化等. 与红外线一样，人眼是看不见紫外线的，平时我们常用的消毒灯、验钞机灯看起来是淡蓝色的，是因为它们除了发出紫外线外，还发出少量紫光和蓝光.

X射线和$\gamma$射线是波长比紫外线更短的电磁波. X射线的能量比紫外线更高，穿透能力很强. 所以，X射线（通常也称为X光）可用于对无法打开的物体进行检查探测以及医用透视等，X射线还应用于许多科研领域，特别是可以为科学家提供大量有关原子和分子结构的信息. $\gamma$射线的能量比X射线更高，工业中可用来探测潜在的缺陷或流水线的自动控制. $\gamma$射线对细胞有杀伤力，医疗上用来治疗肿瘤. 2011 年英国斯特拉斯克莱德大学研究发明了比太阳亮 1 万亿倍的$\gamma$射线，这是目前人类能够控制的最高能量的$\gamma$射线，将开启医学研究的新纪元.

## 复习思考题

7-3-1 电场的波动方程式（7-3-8）与磁场的波动方程式（7-3-10）具有相同的形式，现假设磁场的平面波表达式为 $\boldsymbol{B}=B_0\cos\left[\omega\left(t-\dfrac{x}{a}\right)+\varphi\right]\boldsymbol{e}_y$，试推导电场的表达式.

7-3-2 设两列平面电磁波电场强度的振动方向相互垂直，且初相和频率相同，叠加后的电磁波是何种偏振波？若初相差 $\dfrac{\pi}{2}$，结果又如何？

7-3-3 红外线是看不见的，但一般医学上用的红外理疗仪都发出一定的红光，为什么？

7-3-4 查阅相关资料，论述不同波段电磁波的应用.

# 7.4 电磁场的能量与能流

## 7.4.1 电磁场的能量与能流

在前面章节的讨论中我们看到，电场和磁场都具有能量. 当电磁波在空间中传播时，也伴随能量的流动和转移. 1874 年，德国物理学家和生理学家亥姆霍兹发表了《论力（现称能量）守恒》的演讲，第一次以数学方式系统地阐述了自然界各种运动形式之间都遵守能量守恒这条规律. 能量守恒定律也曾称为“能量守恒与转化定律”，它是目前人类认识到的自然界最精确的规律之一. 下面我们从能量的转化与守恒定律出发，来研究电磁波的能量与能流.

首先我们定义两个物理量，一个是空间单位体积内电磁场的能量，称为电磁场的能量密度，用 $w$ 表示. 另一个是描述电磁场能量传输的物理量，定义为单位时间内通过与能量流动方向垂直的单位面积的电磁场能量，称为能流密度矢量，或者称为坡印亭矢量，用 $\boldsymbol{S}$ 表示. 对于任意一个封闭的空间区域 $\Omega$，根据能量守恒定律，该区域内的电磁场能量的减少只有两种可能，一是电磁场能量通过区域 $\Omega$ 的边界 $\Sigma$ 流到区域之外，二是区域 $\Omega$ 内电磁场能量通过对该区域内的电荷系统做功，变成其它形式的能量.

下面我们考虑单位时间的能量变化与转移.

① 根据电磁场能量密度的定义，在单位时间内，区域 $\Omega$ 中电磁场能量的变化量为 $\dfrac{\mathrm{d}}{\mathrm{d}t}\iiint_{\Omega} w\,\mathrm{d}V$，若该项数值为正值，表示区域 $\Omega$ 中的电磁场能量增加；反之，则表示区域 $\Omega$ 中的电磁场能量减少.

② 根据能流密度矢量的定义，单位时间内电磁场能量通过区域边界 $\Sigma$ 流到区域之外的电磁场能量为 $\oiint_{\Sigma}\boldsymbol{S}\cdot\mathrm{d}\boldsymbol{\sigma}$. 此处用 $\mathrm{d}\boldsymbol{\sigma}$ 表示区域边界 $\Sigma$ 上的面元矢量. 注意到法线方向由区域 $\Omega$ 指向外为正，故此，若该项数值为正值，表示电磁场能量流动总的效果是：区域 $\Omega$ 内的能量部分流到区域之外. 反之，则表示电磁场能量流动总的效果是：部分区域 $\Omega$ 的电磁场能量流到区域内.

③ 设区域 $\Omega$ 内电荷系统的电荷密度为 $\rho$，单位体积电荷受到电磁场的作用力为 $\boldsymbol{f}$，$\boldsymbol{f}$ 由两部分构成：电场力 $\rho\boldsymbol{E}$ 和洛仑兹力 $\rho\boldsymbol{v}\times\boldsymbol{B}$，但洛仑兹力不作功，所以，单位时间区域 $\Omega$ 内电磁场对该区域的电荷系统作功（即功率）为 $\iiint_{\Omega}\rho\boldsymbol{E}\cdot\boldsymbol{v}\,\mathrm{d}V$.

根据能量守恒与转化定律，有

$$-\frac{\mathrm{d}}{\mathrm{d}t}\iiint_{\Omega} w\,\mathrm{d}V=\oiint_{\Sigma}\boldsymbol{S}\cdot\mathrm{d}\boldsymbol{\sigma}+\iiint_{\Omega}\rho\boldsymbol{E}\cdot\boldsymbol{v}\,\mathrm{d}V$$

由高斯公式(7-2-5)，上式可以写成

$$\iiint_{\Omega}\left(\rho\boldsymbol{E}\cdot\boldsymbol{v}+\nabla\cdot\boldsymbol{S}+\frac{\partial w}{\partial t}\right)\mathrm{d}V=0 \tag{7-4-1}$$

由于 $\Omega$ 为任意一个封闭区间，式（7-4-1）的被积函数必须等于零. 再利用 $\boldsymbol{j}=\rho\boldsymbol{v}$，得到能量守恒与转化定律式(7-4-1) 的微分形式

$$\nabla\cdot\boldsymbol{S}+\frac{\partial w}{\partial t}=-\boldsymbol{E}\cdot\boldsymbol{j} \tag{7-4-2}$$

利用麦克斯韦方程组的微分形式式（7-2-15)，得

$$\boldsymbol{E}\cdot\boldsymbol{j}=\boldsymbol{E}\cdot\left(\nabla\times\boldsymbol{H}-\frac{\partial\boldsymbol{D}}{\partial t}\right)=\boldsymbol{E}\cdot(\nabla\times\boldsymbol{H})-\boldsymbol{E}\cdot\frac{\partial\boldsymbol{D}}{\partial t} \tag{7-4-3}$$

利用矢量分析中的公式

$$\nabla\cdot(\boldsymbol{A}\times\boldsymbol{B})=\boldsymbol{B}\cdot(\nabla\times\boldsymbol{A})-\boldsymbol{A}\cdot(\nabla\times\boldsymbol{B})$$

对电场 $\boldsymbol{E}$ 和磁场 $\boldsymbol{H}$，有

$$\boldsymbol{E}\cdot(\nabla\times\boldsymbol{H})=-\nabla\cdot(\boldsymbol{E}\times\boldsymbol{H})+\boldsymbol{H}\cdot(\nabla\times\boldsymbol{E})$$

故此，式(7-4-2) 可以写成

$$\nabla\cdot\boldsymbol{S}+\frac{\partial w}{\partial t}=\nabla\cdot(\boldsymbol{E}\times\boldsymbol{H})-\boldsymbol{H}\cdot(\nabla\times\boldsymbol{E})+\boldsymbol{E}\cdot\frac{\partial\boldsymbol{D}}{\partial t} \tag{7-4-4}$$

利用麦克斯韦方程组的微分形式式（7-2-13)，可以把式（7-4-4）写成

$$\nabla\cdot\boldsymbol{S}+\frac{\partial w}{\partial t}=\nabla\cdot(\boldsymbol{E}\times\boldsymbol{H})+\boldsymbol{H}\cdot\frac{\partial\boldsymbol{B}}{\partial t}+\boldsymbol{E}\cdot\frac{\partial\boldsymbol{D}}{\partial t} \tag{7-4-5}$$

比较式(7-4-5) 的左右两边，我们可以假定散度项和对时间的偏导数项分别相等，这样就得到能流密度矢量的表达式为

$$\boldsymbol{S}=\boldsymbol{E}\times\boldsymbol{H} \tag{7-4-6}$$

以及能量密度对时间的偏导数公式

$$\frac{\partial w}{\partial t}=\boldsymbol{H}\cdot\frac{\partial\boldsymbol{B}}{\partial t}+\boldsymbol{E}\cdot\frac{\partial\boldsymbol{D}}{\partial t} \tag{7-4-7}$$

对于 $\varepsilon$ 和 $\mu$ 为常数的均匀各向同性线性介质，利用 $\boldsymbol{B}=\mu\boldsymbol{H}$，$\boldsymbol{D}=\varepsilon\boldsymbol{E}$，式（7-4-7）成为

$$\frac{\partial w}{\partial t}=\frac{1}{2}\frac{\partial}{\partial t}(\boldsymbol{D}\cdot\boldsymbol{E}+\boldsymbol{B}\cdot\boldsymbol{H})$$

由此我们可以假定电磁场能量密度的表达式为

$$w=\frac{1}{2}\boldsymbol{D}\cdot\boldsymbol{E}+\frac{1}{2}\boldsymbol{B}\cdot\boldsymbol{H} \tag{7-4-8}$$

应该说，对于变化电磁场的能流密度矢量表达式(7-4-6) 和能量密度表达式（7-4-8）带有假设的成分，且在数学上不是唯一的，但它是物理上最简单的形式，其正确性由实验验证.

### 7.4.2 平面电磁波的能量与能流

式(7-4-8) 是在 $\varepsilon$ 和 $\mu$ 为常数的均匀各向同性线性介质中得到的，故此，还可以写成

$$w=\frac{1}{2}\varepsilon E^2+\frac{1}{2\mu}B^2 \tag{7-4-9}$$

在前面的论述中我们知道，如果平面电磁波沿 $x$ 轴正方向传播，电场沿 $y$ 方向振动，

则磁场沿 $z$ 方向振动，把式（7-3-13）和式（7-3-14）代入式（7-4-9），得

$$w=\frac{1}{2}\varepsilon E_0^2\cos^2\left[\omega\left(t-\frac{x}{a}\right)+\varphi\right]+\frac{1}{2\mu a^2}E_0^2\cos^2\left[\omega\left(t-\frac{x}{a}\right)+\varphi\right] \tag{7-4-10}$$

式（7-4-10）右边第一项为平面电磁波的电场能量密度，第二项为磁场能量密度．把电磁波传播速度公式 $a=\sqrt{\frac{1}{\mu\varepsilon}}$ 代入，可以看到，平面电磁波的电场能量密度与磁场能量密度相等，电磁波的能量密度为

$$w=\varepsilon E_0^2\cos^2\left[\omega\left(t-\frac{x}{a}\right)+\varphi\right] \tag{7-4-11}$$

由于电磁波的频率是非常高的，电磁波能量密度的平均值比瞬时值更具有现实意义．对于平面电磁波来说，一个周期的平均值与观测点（$x$ 的取值）、初相 $\varphi$ 无关，所以，为简单化，取 $x=0$，$\varphi=0$ 来计算平均值，由式（7-4-11），得

$$\overline{w}=\frac{1}{T}\int_0^T\varepsilon E_0^2\cos^2\omega t\,\mathrm{d}t$$

其中，电场波动周期 $T=\frac{2\pi}{\omega}$，积分后结果为

$$\overline{w}=\frac{1}{2}\varepsilon E_0^2 \tag{7-4-12}$$

对于平面电磁波的能流密度矢量，由式(7-4-6) 和式(7-3-13)、式(7-3-14)，得

$$\boldsymbol{S}=\frac{1}{\mu a}E_0^2\cos^2\left[\omega\left(t-\frac{x}{a}\right)+\varphi\right]\boldsymbol{e}_y\times\boldsymbol{e}_z \tag{7-4-13}$$

利用 $\boldsymbol{e}_y\times\boldsymbol{e}_z=\boldsymbol{e}_x$，以及

$$\frac{1}{\mu a}=\frac{1}{\varepsilon\mu}\cdot\frac{\varepsilon}{a}=a^2\cdot\frac{\varepsilon}{a}=\varepsilon a$$

式(7-4-13) 成为

$$\boldsymbol{S}=\varepsilon aE_0^2\cos^2\left[\omega\left(t-\frac{x}{a}\right)+\varphi\right]\boldsymbol{e}_x \tag{7-4-14}$$

把式(7-4-14) 与式(7-4-11) 比较，得

$$\boldsymbol{S}=aw\boldsymbol{e}_x \tag{7-4-15}$$

同样的，如果我们取一个电磁振荡周期的平均值，由式(7-4-14)，有

$$\overline{\boldsymbol{S}}=\frac{1}{2}\varepsilon aE_0^2\boldsymbol{e}_x=\frac{1}{2}\varepsilon E_0^2\boldsymbol{v} \tag{7-4-16}$$

其中 $\boldsymbol{v}=a\boldsymbol{e}_x$ 为电磁波传播的速度矢量．由式(7-4-15)，我们还可以得到

$$\overline{\boldsymbol{S}}=\overline{w}\boldsymbol{v} \tag{7-4-17}$$

这正是我们预期的结果：能量沿 $\boldsymbol{v}$ 方向流动，与 $\boldsymbol{v}$ 方向垂直的单位面积在单位时间内扫过的体积的数值为 $|\boldsymbol{v}|$，则流过该单位体积的能量为 $\overline{w}|\boldsymbol{v}|$，电磁场能量流动的方向为 $\boldsymbol{v}$ 方向，根据能流密度矢量的定义则有 $\overline{\boldsymbol{S}}=\overline{w}\boldsymbol{v}$．

在平面电磁波平均能量密度公式(7-4-12) 和平均能流密度矢量公式(7-4-16) 中，我们是用电磁波的电场振幅 $E_0$ 来表示的，利用式(7-3-15)，也可以把平面电磁波平均能量密度和平均能流密度矢量公式用电磁波的磁场振幅 $B_0$ 或 $H_0$ 来表示

$$\overline{w}=\frac{1}{2\mu}B_0^2=\frac{1}{2}\mu H_0^2 \tag{7-4-18}$$

$$\overline{\boldsymbol{S}}=\frac{1}{2\mu}B_0^2\boldsymbol{v}=\frac{1}{2}\mu H_0^2\boldsymbol{v} \tag{7-4-19}$$

在实际应用中，我们还经常利用平面电磁波电场强度的有效值 $E_e$ 和磁场强度的有效值 $H_e$ 来表示平均能量密度和平均能流密度矢量. 电场强度的有效值 $E_e$ 定义为振荡电场强度在一个周期内的均方根值

$$E_e=\sqrt{\overline{E^2}}=\sqrt{\frac{1}{T}\int_0^T E_0^2\cos^2\omega t\,dt}=\frac{\sqrt{2}}{2}E_0 \tag{7-4-20}$$

同样的，磁场强度的有效值 $H_e$ 为

$$H_e=\frac{\sqrt{2}}{2}H_0 \tag{7-4-21}$$

由此，平面电磁波平均能量密度公式(7-4-12)、式(7-4-18) 和平均能流密度矢量公式(7-4-16)、式(7-4-19) 可以表示成

$$\overline{w}=\varepsilon E_e^2=\mu H_e^2 \tag{7-4-22}$$

$$\overline{\boldsymbol{S}}=\varepsilon E_e^2\boldsymbol{v}=\mu H_e^2\boldsymbol{v} \tag{7-4-23}$$

### 7.4.3 振荡电偶极子的辐射能流和辐射功率

在电磁波的辐射中我们介绍振荡电偶极子，设电偶极子的极矩为 $\boldsymbol{p}$，以 $\boldsymbol{p}$ 方向为极轴，则 $\boldsymbol{p}=p\boldsymbol{e}_z$. 若电偶极矩 $p$ 做简谐振荡，$p=p_0\cos\omega t$. 可以证明振荡电偶极子的平均辐射能流密度矢量为

$$\overline{\boldsymbol{S}}=\frac{\omega^4p_0^2}{32\pi^2\varepsilon_0c^3r^2}\sin^2\theta\boldsymbol{e}_r \tag{7-4-24}$$

式中，$\boldsymbol{e}_r$ 为辐射方向；$\theta$ 为辐射方向与极轴的夹角. 显然，在极矩 $\boldsymbol{p}$ 的延长线方向上，$\theta=0$（或 $\theta=\pi$），无电磁辐射；而在与极矩 $\boldsymbol{p}$ 垂直的方向上，$\theta=\frac{\pi}{2}$，此方向的电磁辐射最强. 同时，我们看到，辐射能流密度与频率的四次方成正比，电偶极子的振荡频率越高，辐射也就越强. 利用振荡频率 $f$ 和圆频率 $\omega$ 的关系：$\omega=2\pi f$，式（7-4-24）可以写成

$$\overline{\boldsymbol{S}}=\frac{\pi^2f^4p_0^2}{2\varepsilon_0c^3r^2}\sin^2\theta\boldsymbol{e}_r \tag{7-4-25}$$

在单位时间内，计算一个以振荡电偶极子为球心，$r$ 为半径的球面上辐射出去的平均能量，即得振荡电偶极子的平均辐射功率

$$\begin{aligned}\overline{P}&=\oint_\Sigma\overline{\boldsymbol{S}}\cdot d\boldsymbol{\sigma}=\int_0^\pi\int_0^{2\pi}\frac{\pi^2f^4p_0^2}{2\varepsilon_0c^3r^2}\sin^2\theta r^2\sin\theta\,d\theta\,d\varphi\\&=\frac{4\pi^3f^4p_0^2}{3\varepsilon_0c^3}\end{aligned} \tag{7-4-26}$$

### 7.4.4 电磁场的动量和光压

为了避免不必要的麻烦，下面我们在真空中讨论电磁场的动量. 根据爱因斯坦狭义相对论给出的动量与能量的关系式

$$E_\tau^2=m_0^2c^4+c^2p^2$$

式中，$E_\tau$ 为物体的总能量；$m_0$ 为物体的静止质量；$c$ 为光速；$p$ 为物体动量的大小. 电磁波的静止质量 $m_0$ 为零，于是有

$$p=\frac{E_\tau}{c} \tag{7-4-27}$$

利用式(7-4-27)，考虑单位体积内电磁波的能量和动量，有

$$g=\frac{w}{c} \tag{7-4-28}$$

式中，$g$ 为单位体积内电磁波动量的大小. 考虑到电磁波动量的方向就是电磁波传播的方向，把单位体积内电磁波动量称为**动量密度**，用 $\boldsymbol{g}$ 表示，则

$$\boldsymbol{g}=\frac{w}{c}\boldsymbol{e}_x$$

利用式(7-4-15) 和式(7-4-6)，注意到真空中 $a=c$，得

$$\boldsymbol{g}=\frac{1}{c^2}\boldsymbol{S}=\frac{1}{c^2}\boldsymbol{E}\times\boldsymbol{H} \tag{7-4-29}$$

既然电磁波具有动量，当电磁波入射到物体表面时，就会对物体产生压力. 这种压力是非常小的，直到 1901 年才被前苏联物理学家列别捷夫从实验上证实. 根据量子理论，低频电磁波对物体表面施加的压力，又要比高频电磁波（如光波）所施加的压力小得多. 电磁波对物体表面施加的压力除了称为**电磁辐射压力**之外，也常称为**光辐射压力**，简称**光压**. 为了简单起见，下面我们对入射光垂直入射到物体表面的情况进行讨论.

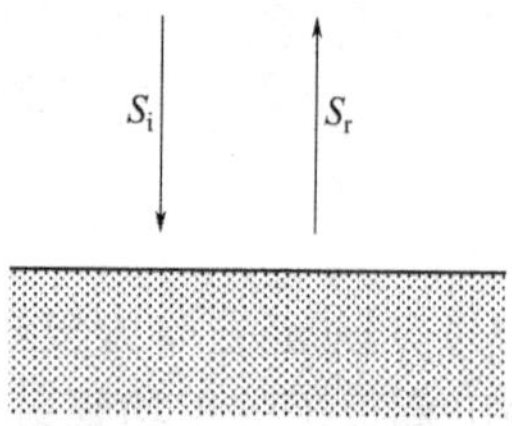

图 7-4-1　垂直入射光压分析

如图 7-4-1 所示，设入射光和反射光的平均能流密度矢量的大小分别为 $\overline{S}_i$ 和 $\overline{S}_r$，定义反射系数：反射波平均能流与入射波平均能流在法线方向的分量之比，用 $R$ 表示. 对于垂直入射，有

$$R=\frac{\overline{S}_r}{\overline{S}_i} \tag{7-4-30}$$

利用式(7-4-29)，可以把式(7-4-30) 写成

$$R=\frac{\overline{g}_r}{\overline{g}_i} \tag{7-4-31}$$

式中，$\overline{g}_i$ 和 $\overline{g}_r$ 分别为入射光和反射光的平均动量密度的大小.

我们进一步假定，除了反射光波以外，其余部分入射光全部被物体吸收，其动量全部转移给物体. 设物体表面的辐射压强为 $\mathscr{P}$，考虑物体表面上的面元 $\Delta\sigma$，在 $\Delta t$ 时间内入射到该面元上的光波的动量为 $(\Delta\sigma\cdot c\Delta t)\overline{g}_i$，该面元上的反射波的动量为 $(\Delta\sigma\cdot c\Delta t)\overline{g}_r$，由冲量定理，得

$$(\mathscr{P}\Delta\sigma)\Delta t=(\Delta\sigma\cdot c\Delta t)\overline{g}_i+(\Delta\sigma\cdot c\Delta t)\overline{g}_r$$

整理即得光压强

$$\mathscr{P}=c(\overline{g}_i+\overline{g}_r)=c\,\overline{g}_i\left(1+\frac{\overline{g}_r}{\overline{g}_i}\right)=c\,\overline{g}_i(1+R) \tag{7-4-32}$$

再利用式 (7-4-28) 取平均值，设入射光的平均能量密度为 $\overline{w}$，则有

$$\mathscr{P}=(1+R)\overline{w} \tag{7-4-33}$$

要提醒大家的是，这里的光压强实际上是指平均光压强，由于光波的频率非常高，一般测量所得的结果都是平均压强，所以，没有必要去讨论光波的瞬时压强.

对于完全反射的情况，$R=1$，此时有 $\mathscr{P}=2\overline{w}$；对于完全吸收的情况，$R=0$，此时有 $\mathscr{P}=\overline{w}$.

**【例 7-4-1】** 如图 7-4-2 所示的同轴传输电缆，忽略导线的厚度，可以认为同轴电缆由半径分别为 $R_1$ 和 $R_2$ 的两无限长同轴导体柱面组成，内外导线间填充均匀绝缘介质，并通以电流 $I$，内外导线电势差为 $U$，导线电阻忽略不计. 求介质中的能流密度 $\boldsymbol{S}$ 和传输功率 $P$.

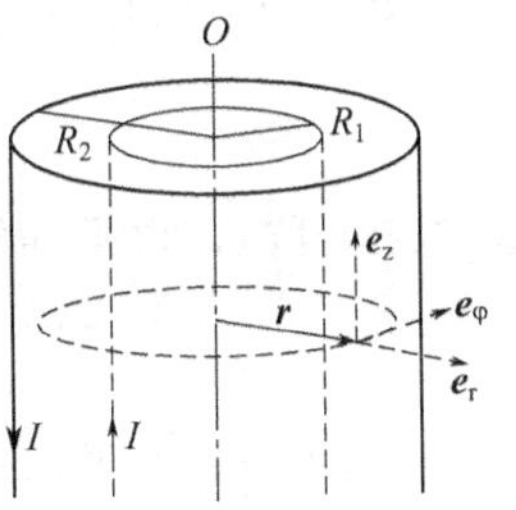

图 7-4-2 同轴电缆的能流

**解：** 在电缆轴线垂直的平面上，以电缆轴线为圆心，做一半径为 $r(R_1<r<R_2)$ 的圆周. 由安培环路定理，容易求出介质中的磁场大小为

$$H=\frac{I}{2\pi r}$$

采用柱坐标系，磁场的方向为圆周的切线方向，即如图 7-4-2 所示的 $\boldsymbol{e}_\varphi$ 方向，故此

$$\boldsymbol{H}=\frac{I}{2\pi r}\boldsymbol{e}_\varphi$$

设内导线单位长度所带电荷量为 $\lambda$，介质的电容率为 $\varepsilon$，利用高斯定理可以求出介质中的电场强度大小为

$$E=\frac{|\lambda|}{2\pi\varepsilon r}$$

当 $\lambda>0$ 时，电场强度的方向为矢径方向，即 $\boldsymbol{e}_r$ 方向，当 $\lambda<0$ 时，电场强度的方向为 $-\boldsymbol{e}_r$ 方向，于是

$$\boldsymbol{E}=\frac{\lambda}{2\pi\varepsilon r}\boldsymbol{e}_r$$

由于内外导线电势差为 $U$，有

$$U=\int_{R_1}^{R_2}\boldsymbol{E}\cdot d\boldsymbol{r}=\frac{\lambda}{2\pi\varepsilon}\int_{R_1}^{R_2}\frac{1}{r}dr=\frac{\lambda}{2\pi\varepsilon}\ln\frac{R_2}{R_1}$$

从此式可得内导线单位长度所带电荷量

$$\lambda=\frac{2\pi\varepsilon U}{\ln\dfrac{R_2}{R_1}}$$

于是

$$\boldsymbol{E}=\frac{U}{r\ln\dfrac{R_2}{R_1}}\boldsymbol{e}_r$$

由此得能流密度

$$\boldsymbol{S}=\boldsymbol{E}\times\boldsymbol{H}=\frac{UI}{2\pi\ln\dfrac{R_2}{R_1}}\frac{1}{r^2}\boldsymbol{e}_r\times\boldsymbol{e}_\varphi=\frac{UI}{2\pi\ln\dfrac{R_2}{R_1}}\frac{1}{r^2}\boldsymbol{e}_z$$

显然，能流是沿电缆轴线方向传输的. 对两导线间圆环状横截面 $\Sigma$ 上的能流密度求和，即得传输功率

$$P=\iint_\Sigma\boldsymbol{S}\cdot d\boldsymbol{\sigma}=\int_0^{2\pi}d\varphi\int_{R_1}^{R_2}\frac{UI}{2\pi\ln\dfrac{R_2}{R_1}}\frac{1}{r^2}r\,dr=UI$$

$UI$ 正是电路问题中的传输功率表达式，由此可见，电路中能量的传输，并不是靠自由电荷的移动来完成，而是由导线附近的电磁场来传输的.

**【例 7-4-2】** 设太阳平均总辐射功率为 $\overline{P}=3.83\times10^{26}\,\mathrm{J\cdot s^{-1}}$，太阳到地球的平均距离为 $r=1.50\times10^{11}\,\mathrm{m}$，地球平均半径为 $R=6.37\times10^6\,\mathrm{m}$. (1) 求太阳辐射在地球处的平均能流密度、平均能量密度和平均动量密度；(2) 在完全吸收情况估算太阳辐射对地球的总压力.

**解**：(1) 太阳辐射在地球处的平均能流密度为

$$\overline{S}=\frac{\overline{P}}{4\pi r^2}=1.36\times10^3\,\mathrm{J\cdot s^{-1}\cdot m^{-2}}$$

由式(7-4-17)，得平均能量密度为

$$\overline{w}=\frac{\overline{S}}{c}=4.53\times10^{-6}\,\mathrm{J\cdot m^{-3}}$$

由式(7-4-28)，得平均动量密度

$$\overline{g}=\frac{\overline{w}}{c}=1.51\times10^{-14}\,\mathrm{J\cdot m^{-4}\cdot s}=1.51\times10^{-14}(\mathrm{kg\cdot m\cdot s^{-1}})\cdot\mathrm{m^{-3}}$$

(2) 由式 (7-4-33)，完全吸收时，太阳辐射对地球的总压力为

$$F=\pi R^2\cdot\mathscr{P}=\pi R^2\overline{w}=5.77\times10^8\,\mathrm{N}$$

太阳的质量约为 $M_s=1.99\times10^{30}\,\mathrm{kg}$，地球的质量约为 $M_e=5.98\times10^{24}\,\mathrm{kg}$，由此我们可以估算出太阳对地球的万有引力大小的

$$F_g=G\frac{M_sM_e}{r^2}=3.53\times10^{22}\,\mathrm{N}$$

显然，与太阳对地球的万有引力相比，太阳辐射对地球的压力是非常小的，在一般的计算中可以忽略不计.

## 复习思考题

7-4-1 能流密度矢量公式 $\boldsymbol{S}=\boldsymbol{E}\times\boldsymbol{H}$ 是利用能量守恒定律严格推导出来的吗？如果不是，你认为有哪些合理因素？

7-4-2 假设 $w$ 是质量密度，$\boldsymbol{S}$ 是质量流密度矢量，如何理解式(7-4-17)？

7-4-3 在应用中我们一般用的是电磁波的平均能流密度矢量、平均能量密度等，而不是能流密度矢量和能量密度的瞬时值，为什么？

7-4-4 发射火箭时，是否需要考虑太阳辐射压力对火箭的影响？设宇宙飞船从地球出发，经过5年的时间到达太阳系的另外一个星球，这时是否需要考虑太阳辐射压力对宇宙飞船的影响？为什么？

# 第7章 练习题

(1) 选择题

**7-1-1** 有一个圆形极板的平板电容器，忽略边缘效应，设两板间电场是均匀的. 电容器极板间有两点1和2，且2比1更靠近极板边缘. 某时间段内两极板 $C$、$D$ 电势差随时间变化的规律为 $U_{CD}=kt$，$k>0$. 此时，点1和2处产生的磁感强度 $\boldsymbol{B}_1$ 和 $\boldsymbol{B}_2$ 的大小关系为（　　）.

(A) $B_1>B_2$　　(B) $B_1<B_2$

(C) $B_1=B_2=0$　　(D) $B_1=B_2\neq0$

**7-1-2** 如图7-1所示，忽略边缘效应，平板电容器充电时，磁场强度 $\boldsymbol{H}$ 沿环路 $L_1$ 与沿环路 $L_2$ 的环流关系为（　　）.

(A) $\oint_{L_1}\boldsymbol{H}\cdot d\boldsymbol{l}>\oint_{L_2}\boldsymbol{H}\cdot d\boldsymbol{l}$　　(B) $\oint_{L_1}\boldsymbol{H}\cdot d\boldsymbol{l}=\oint_{L_2}\boldsymbol{H}\cdot d\boldsymbol{l}$

(C) $\oint_{L_1}\boldsymbol{H}\cdot d\boldsymbol{l}<\oint_{L_2}\boldsymbol{H}\cdot d\boldsymbol{l}$　　(D) $\oint_{L_1}\boldsymbol{H}\cdot d\boldsymbol{l}=0$

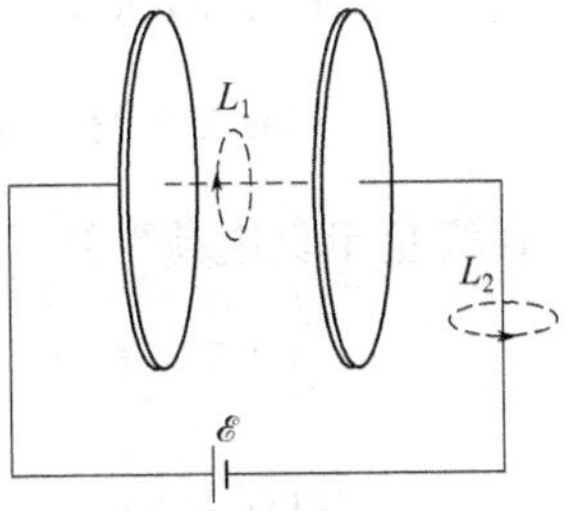


图 7-1

**7-1-3**　如图 7-2 所示，一个电荷量为 $q$ 的点电荷，以半径 $R$、角速度 $\omega$ 作匀速圆周运动. 设 $t=0$ 时电荷 $q$ 处于 $(R，0)$ 点，则圆心处的位移电流密度为（　　）.

(A) $\dfrac{q\omega}{4\pi R^2}\sin\omega t\boldsymbol{e}_x$　　(B) $\dfrac{q\omega}{4\pi R^2}\cos\omega t\boldsymbol{e}_y$

(C) $\dfrac{q\omega}{4\pi R^2}\boldsymbol{e}_z$　　(D) $\dfrac{q\omega}{4\pi R^2}(\sin\omega t\boldsymbol{e}_x-\cos\omega t\boldsymbol{e}_y)$

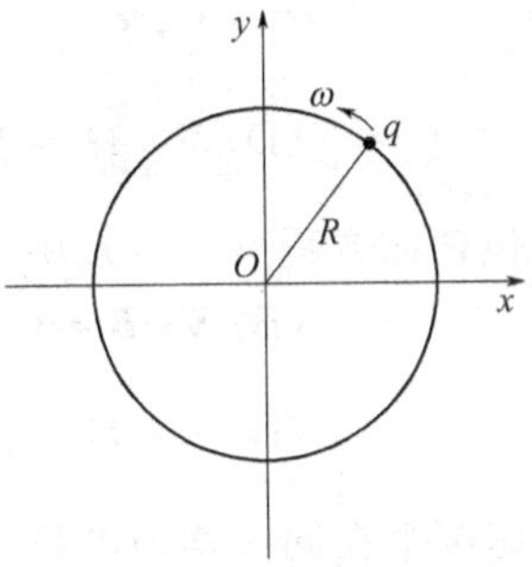


图 7-2

**7-1-4**　电位移矢量 $\boldsymbol{D}$ 随时间的变化率为 $\dfrac{\mathrm{d}\boldsymbol{D}}{\mathrm{d}t}$，其单位是（　　）.

(A) 库仑/米$^2$　　(B) 库仑/秒

(C) 安培/米$^2$　　(D) 安培・米$^2$

**7-1-5**　以下四种关于位移电流的说法，正确的是（　　）.

(A) 位移电流是指变化电场

(B) 位移电流是由线性变化磁场产生的

(C) 位移电流的热效应服从焦耳-楞次定律

(D) 位移电流的磁效应不服从安培环路定理

**7-1-6**　半径为 $R$ 的圆柱形长直导线通有稳恒电流，设导线横截面上各点的电流密度矢量 $\boldsymbol{j}$ 均相等，在离导线轴线 $r>R$ 处，磁场强度 $\boldsymbol{B}$ 的旋度满足关系式（　　）.

(A) $\nabla\times\boldsymbol{H}=0$　　(B) $\nabla\times\boldsymbol{H}=\dfrac{\pi R^2}{2r}\boldsymbol{j}$

(C) $\nabla\times\boldsymbol{H}=\dfrac{\pi R^3}{2r}\boldsymbol{j}$　　(D) $\nabla\times\boldsymbol{H}=\dfrac{2\pi^2R^2(r-R)}{r^2}\boldsymbol{j}$

(E) $\nabla\times\boldsymbol{H}=\dfrac{\pi R^4}{r^2}\boldsymbol{j}$

**7-1-7**　“变化的电场产生磁场”可由方程（　　）描述.

(A) $\nabla\cdot \boldsymbol{D}=\rho$ (B) $\nabla\cdot \boldsymbol{B}=0$

(C) $\nabla\times \boldsymbol{E}=-\dfrac{\partial \boldsymbol{B}}{\partial t}$ (D) $\nabla\times \boldsymbol{H}=\boldsymbol{j}+\dfrac{\partial \boldsymbol{D}}{\partial t}$

**7-1-8** “电场线起源于正电荷，终止于负电荷”这一内容包括在方程（ ）中.

(A) $\boldsymbol{D}=\varepsilon\boldsymbol{E}$ (B) $\nabla\times \boldsymbol{E}=-\dfrac{\partial \boldsymbol{B}}{\partial t}$

(C) $\nabla\cdot \boldsymbol{E}=\dfrac{\rho}{\varepsilon_0}$ (D) $\boldsymbol{j}=\sigma\boldsymbol{E}$

**7-1-9** “在静电平衡条件下，导体内不可能有任何净电荷”这个结论可由方程（ ）得到.

(A) $\boldsymbol{D}=\varepsilon\boldsymbol{E}$ (B) $\nabla\times \boldsymbol{E}=-\dfrac{\partial \boldsymbol{B}}{\partial t}$

(C) $\nabla\cdot \boldsymbol{E}=\dfrac{\rho}{\varepsilon_0}$ (D) $\boldsymbol{j}=\sigma\boldsymbol{E}$

**7-1-10** “通过闭合曲面的磁通量为零”这个结论由方程（ ）描述.

(A) $\nabla\cdot \boldsymbol{D}=\rho$ (B) $\nabla\cdot \boldsymbol{B}=0$

(C) $\nabla\times \boldsymbol{E}=-\dfrac{\partial \boldsymbol{B}}{\partial t}$ (D) $\nabla\times \boldsymbol{H}=\boldsymbol{j}+\dfrac{\partial \boldsymbol{D}}{\partial t}$

**7-1-11** “位移电流”的概念包含在方程（ ）中.

(A) $\nabla\cdot \boldsymbol{D}=\rho$ (B) $\nabla\cdot \boldsymbol{B}=0$

(C) $\nabla\times \boldsymbol{E}=-\dfrac{\partial \boldsymbol{B}}{\partial t}$ (D) $\nabla\times \boldsymbol{H}=\boldsymbol{j}+\dfrac{\partial \boldsymbol{D}}{\partial t}$

**7-1-12** 忽略相对论效应，考虑两个在同一均匀磁场中做圆周运动的电子，（ ）.

(A) 轨迹圆半径小的电子单位时间辐射的能量较多

(B) 轨迹圆半径大的电子单位时间辐射的能量较多

(C) 两个电子单位时间辐射的能量相等

(D) 两个电子都不辐射能量

**7-1-13** 一列平面电磁波在 $\varepsilon_r=4$，$\mu_r=1$ 的无色散无损耗介质中传播，若电磁波的平均能流密度为 $3000\mathrm{W\cdot m^{-2}}$，则介质中电磁波的平均能量密度为（ ）.

(A) $1000\mathrm{J\cdot m^{-3}}$ (B) $3000\mathrm{J\cdot m^{-3}}$

(C) $1.0\times10^{-5}\mathrm{J\cdot m^{-3}}$ (D) $2.0\times10^{-5}\mathrm{J\cdot m^{-3}}$

**7-1-14** 有一根长直圆柱形导线，已知导线半径 $r=1\mathrm{cm}$，1000m 长度的导线的电阻为 $0.5\Omega$，通过的电流为 2A. 则在导线表面上任意点的能流密度矢量的大小为（ ）.

(A) $3.18\times10^{-2}\mathrm{W\cdot m^{-2}}$ (B) $1.27\times10^{-2}\mathrm{W\cdot m^{-2}}$

(C) $3.18\times10^{-3}\mathrm{W\cdot m^{-2}}$ (D) $1.60\times10^{-3}\mathrm{W\cdot m^{-2}}$

**(2) 填空题**

**7-2-1** 麦克斯韦方程组的积分形式为________，______ ______，________，________.

**7-2-2** 半径为 $R$ 的长直螺线管，其内部磁场以 $\dfrac{\mathrm{d}B}{\mathrm{d}t}$ 的变化率增加，则在螺线管内部离轴线距离为 $r(r<R)$ 处的涡旋电场强度为________.

**7-2-3** 一个极板为圆导体片的平行板电容器，极板半径为 $r$，两板间为真空，忽略边缘效应，若极板间电场强度的变化率为 $\frac{dE}{dt}$，则两极板间位移电流密度为________；位移电流为________.

**7-2-4**　有一个长直圆柱形介质，圆柱体内的电场 $\boldsymbol{E}$ 是均匀的，方向沿圆柱体的轴向，如图 7-3 所示. 若电场 $\boldsymbol{E}$ 的大小随时间 $t$ 线性增加，$P$ 为柱体内与轴线相距为 $r$ 的一点，则 $P$ 点位移电流密度的方向为________，感生磁场的方向为________.

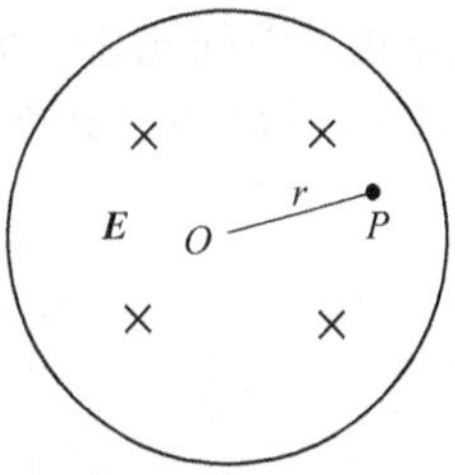


图 7-3

**7-2-5**　平行板电容器的电容为 $C = 20.0\mu F$，两板上电压的变化率为 $\frac{dU}{dt} = 1.50 \times 10^5 V \cdot s^{-1}$，则该平行板电容器中的位移电流为________.

**7-2-6**　沿 $x$ 轴正向传播的平面电磁波的波动方程为 $\frac{\partial^2 E_y}{\partial t^2} = u^2 \frac{\partial^2 E_y}{\partial x^2}$，那么磁场的传播方程为________，磁场与电场的相位关系为________.

**7-2-7**　平面电磁波在 $\mu_r = 1.0$，$\varepsilon_r = 2.0$ 的介质中传播，设其电场强度振幅为 $E_0$，则磁场强度振幅 $H_0 =$________.

**7-2-8**　有一个平行板电容器，极板面积 $S = 100.0 cm^2$，极板间距 $d = 3.14 mm$. 现将该平板电容器与自感系数 $L = 1.0 \times 10^{-6} H$ 的线圈组成 $LC$ 振荡回路，则产生的电磁波在真空中传播的波长为________.

**7-2-9**　一根长直圆柱形导线，半径为 $r = 1.27 mm$，1000m 长度的导线的电阻为 $3.53\Omega$，通过的电流为 25A. 则导线表面内侧的电场强度大小 $E =$________，磁感强度大小 $B =$________，能流密度矢量大小 $S =$________.

**7-2-10**　平面电磁波在真空中沿 $x$ 轴正向传播，已知电场强度 $\boldsymbol{E}$ 振动的方向与 $y$ 轴平行，振幅为 $E_0$，则磁场强度振动方向为________，振幅 $H_0 =$________，电磁波的平均能流密度 $\overline{S} =$________.

**7-2-11**　有一个长度为 1m 的单色直线光源，辐射功率为 50W. 近似地可以认为该光源辐射的电磁波为柱面波，即辐射方向为与直线光源垂直的径向，则在距离线光源为 50m 处的电场强度最大值为________，磁感强度最大值为________.

**7-2-12**　有一个圆形平板电容器，忽略边缘效应，认为两极板间电场强度均匀分布，设电场强度随时间变化规律为 $E = E_0 e^{-t/\tau}$，其中 $E_0$ 和 $\tau$ 为常数. 则任意时刻电容器内距中心轴线为 $r$ 处的能流密度矢量的大小为________，方向为________.

**7-2-13**　在地球所处的位置上，太阳光每分钟垂直通过每平方厘米的能量为 8.36J，若把太阳光看成平面单色电磁波，则该电磁波电场强度的振幅 $E_0 =$________，磁场强度的振幅 $H_0 =$________.

**(3) 计算题**

**7-3-1**　真空中有一个圆形平板电容器，极板半径为 $R$，若使极板上的电荷按规律 $Q = Q_0 \sin\omega t$ 随时间 $t$ 变化. 忽略边缘效应，求两极板间任一点的磁场强度 $\boldsymbol{H}$ 的大小.

**7-3-2**　真空中有一个圆形平板电容器，极板半径为 $R$，设电容器的放电电流为 $I = I_0 e^{-\lambda t}$. 忽略边缘效应，求两极板间任一点的磁感应强度 $\boldsymbol{B}$.

**7-3-3**　有一个均匀密绕长直螺线管，单位长度上的匝数为 $n$，电流随时间均匀增加，$i = kt$，$k > 0$ 为常数. 求：(1) 螺线管内的磁感强度；(2) 螺线管内的电场强度.

**7-3-4**　有一个半径为 $R$ 的均匀密绕长直螺线管，单位长度上的匝数为 $n$，导线中通有

交变的电流 $i=I_0\sin\omega t$，设电流 $i$ 的正向为如图 7-4 所示的方向. 求：(1) 螺线管内外感生电场的分布；(2) 紧套在螺线管上的一个细塑料圆环中的感生电动势.

**7-3-5** 如图 7-5 所示，有一个点电荷 $q$ 以恒定速率 $v$ 向 $O$ 点运动，设运动速率 $v\ll c$，$c$ 为真空中的光速. 在 $O$ 点作一个半径为 $R$ 的圆周，圆周所在平面与电荷运动方向垂直. 求当电荷与 $O$ 点的距离为 $x$ 时，圆周上的磁感强度和通过此圆面的位移电流.

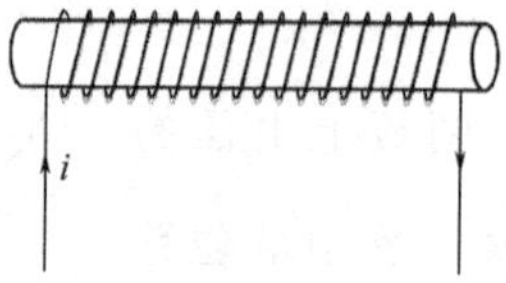


图 7-4

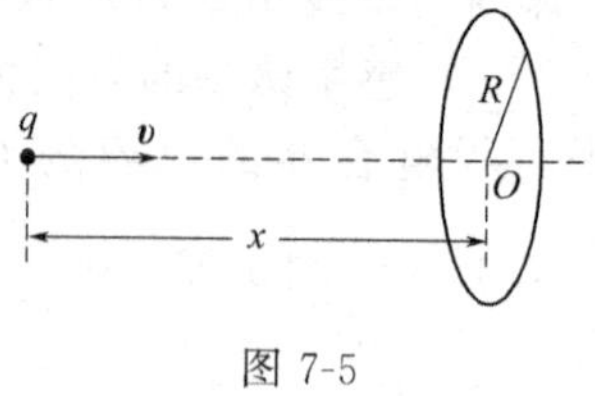


图 7-5

**7-3-6** 点电荷 $q$ 以恒定速度 $\boldsymbol{v}$ 运动，设运动速率 $v\ll c$，$c$ 为真空中的光速. 利用公式 $\oint \boldsymbol{H}\cdot \mathrm{d}\boldsymbol{l}=\dfrac{\mathrm{d}\Phi_e}{\mathrm{d}t}$，求相对于点电荷的位置矢量为 $\boldsymbol{r}$ 处的磁场强度 $\boldsymbol{H}$.

**7-3-7** 给电容量为 $C$ 的平行板电容器充电，设充电电流为 $i=0.2\mathrm{e}^{-t}$(**SI**)，且在 $t=0$ 时电容器极板上无电荷，忽略边缘效应. 求：(1) 极板间电压 $U$ 随时间 $t$ 的变化关系；(2) $t$ 时刻极板间总的位移电流 $I_d$.

**7-3-8** 设电磁波的电场和磁场在介质中传播的波动方程分别为

$$A\frac{\partial^2 E_y}{\partial t^2}=B\frac{\partial^2 E_y}{\partial x^2},\qquad A\frac{\partial^2 H_z}{\partial t^2}=B\frac{\partial^2 H_z}{\partial x^2}$$

其中 $A=1.26\times10^{-6}\,\mathrm{H\cdot m^{-1}}$，$B=5.04\times10^{10}\,\mathrm{m\cdot F^{-1}}$. 求介质的折射率 $n$.

**7-3-9** 真空中有一个圆形平板电容器，极板半径为 $R$，若使极板上的电荷按规律 $Q=Q_0\sin\omega t$ 随时间 $t$ 变化. 忽略边缘效应，求：(1) 电容器极板间位移电流及位移电流密度；(2) 当 $\omega t=\dfrac{\pi}{4}$ 时，两极板间离中心轴线距离为 $r(r<R)$ 处的电磁场能量密度.

**7-3-10** 有一个半径为 $R$ 的圆柱形长直载流导线，设电流 $I$ 均匀分布，导线电阻率为 $\rho$，如图 7-6 所示. 求距离圆柱轴线 $r(r<R)$ 处的电场强度 $\boldsymbol{E}$、磁场强度 $\boldsymbol{H}$ 和能流密度矢量 $\boldsymbol{S}$.

**7-3-11** 有一个半径为 $R$ 的均匀密绕长直螺线管，单位长度上的匝数为 $n$，导线中通有交变的电流 $i=I_0\sin\omega t$，求距离螺线管轴线为 $r(r<R)$ 处的电场强度 $\boldsymbol{E}$ 的大小和能流密度矢量 $\boldsymbol{S}$ 的大小.

**7-3-12** 有一个圆柱形电容器，忽略电容器极板的厚度，设内外极板半径分别为 $a$、$b$，且电容器的长度远大于 $b-a$. 在电容器圆柱的一端两极之间加上直流电压 $U$，另一端两极之间接上负载电阻 $R$，如图 7-7 所示. 电容器极板的电阻忽略不计，求电容器中能流密度矢量 $\boldsymbol{S}$.

**7-3-13** 一列平面简谐电磁波在相对电容率为 $\varepsilon_r=10.0$，相对磁导率为 $\mu_r=100.0$ 的介质中传播，已知磁场强度的有效值为 $H=2.90\times10^{-4}\,\mathrm{A\cdot m^{-1}}$. 求：(1) 电磁波在介质中的传播速度 $v$；(2) 电磁波平均能流密度矢量 $\boldsymbol{S}$ 的大小.

**7-3-14** 设广播电台天线辐射的能量各方向相同，平均辐射功率为 50kW，求离电台 100km 处的电场强度振幅值 $E_0$ 和磁感强度振幅值 $B_0$.

**7-3-15** 如果把太阳光看作是单色平面电磁波，照到地面上的平均强度为 $0.14\,\mathrm{W\cdot cm^{-2}}$，求电场强度振幅值 $E_0$ 和磁感强度振幅值 $B_0$.

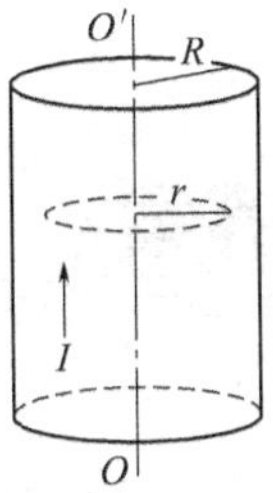


图 7-6

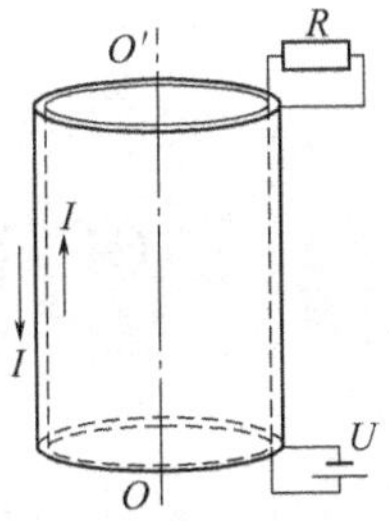


图 7-7

**7-3-16** 一列单色平面简谐电磁波在真空中传播，其振幅 $E_0=4.80\times10^{-2}\text{V}\cdot\text{m}^{-1}$，求磁感强度振幅值 $B_0$和电磁波的能流密度矢量 $S$.

**7-3-17** 有一个氦氖激光管，所发射激光的功率为 $P=10\text{mW}$，设发出的激光为圆柱形光束，且强度处处相同，圆柱的截面半径 $r=1\text{mm}$. 求激光电场强度振幅值 $E_0$和磁感强度振幅值 $B_0$.

**7-3-18** 一个功率为 1.0W 的单色点光源，设光源向各个方向均匀辐射，求距离光源 2m 远处的电场强度振幅值 $E_0$和磁感强度振幅值 $B_0$.

# 部分练习题参考答案

## 第1章

1-1-1 (C) 1-1-2 (D) 1-1-3 (D) 1-1-4 (B) 1-1-5 (A) 1-1-6 (D)

1-2-1 $\dfrac{qd}{4\pi\varepsilon_0 R^2(2\pi R-d)}\approx\dfrac{qd}{8\pi^2\varepsilon_0 R^3}$；从O点指向缺口中心点

1-2-2 $\dfrac{Q}{\varepsilon_0}$；$E_a=0$，$E_b=\dfrac{5Q}{18\pi\varepsilon_0 R^2}$

1-2-3 $\dfrac{q}{24\varepsilon_0}$

1-2-4 $\dfrac{q_1}{\varepsilon_0}$；$\dfrac{q_1}{\varepsilon_0}$

1-2-5 $\dfrac{Q}{4\pi\varepsilon_0 R}$；$-\dfrac{qQ}{4\pi\varepsilon_0 R}$

1-2-6 $\left(\dfrac{\lambda q}{2\pi\varepsilon_0 m}\right)^{1/2}$

1-3-2 3.78N

1-3-4 $E_x=\dfrac{Q}{2\pi^2\varepsilon_0 R^2}$；$E_y=0$

1-3-5 $E_x=-\dfrac{A}{4\varepsilon_0 R}$；$E_y=0$

1-3-7 (1) $E=\dfrac{Qx}{4\pi\varepsilon_0(R^2+x^2)^{3/2}}$ (2) $x=\dfrac{\sqrt{2}}{2}R$，$E_{\max}=\dfrac{Q}{6\sqrt{3}\pi\varepsilon_0 R^2}$

1-3-8 $\dfrac{\sigma a^2}{4\varepsilon_0 R^2}$

1-3-9 $\dfrac{\sigma}{2\varepsilon_0}\dfrac{x}{\sqrt{x^2+r^2}}$

1-3-10 $0, \pm E_2a^2, -E_1a^2, (E_1+ka)a^2, ka^3$

1-3-11 (1) $\dfrac{\rho}{2\varepsilon_0}r(r<R)$，$\dfrac{\rho R^2}{2\varepsilon_0 r}(r>R)$

1-3-12 (1) $\dfrac{q}{4\pi\varepsilon_0 R^3}r(r<R)$，$\dfrac{q}{4\pi\varepsilon_0 r^2}(r>R)$

1-3-13 (1) 0；(2) $\dfrac{\lambda}{2\pi\varepsilon_0 r}$；(3) 0

1-3-14 (1) 0；(2) $\dfrac{Q}{4\pi\varepsilon_0 r^2}$；(3) 0

1-3-15 (1) $\rho=4.43\times10^{-13}\mathrm{C\cdot m^{-3}}$；(2) $\sigma=-8.9\times10^{-10}\mathrm{C\cdot m^{-2}}$

1-3-16 (1) $\frac{\rho x}{\varepsilon_0}$(板内)，$\frac{\rho d}{2\varepsilon_0}$(板外)

1-3-17 $\frac{\rho_0}{2\varepsilon_0}\frac{a^2 r}{r^2+a^2}$

1-3-19 (1) $\frac{\rho b^3}{3\varepsilon_0 a^2}$；(2) $\frac{\rho a}{3\varepsilon_0}$

1-3-20 (1) $\frac{q}{6\pi\varepsilon_0 l}$；(2) $\frac{q}{6\pi\varepsilon_0 l}$

1-3-21 $-\frac{qp}{2\pi\varepsilon_0 R^2}$

1-3-22 (1) 27.2eV；(2) 13.6eV

1-3-23 $\frac{q}{8\pi\varepsilon_0 R^3}(3R^2-r^2)(r<R)$，$\frac{q}{4\pi\varepsilon_0 r}(r>R)$

1-3-24 (1) $\frac{Q_1}{4\pi\varepsilon_0 R_1}+\frac{Q_2}{4\pi\varepsilon_0 R_2}(r<R_1)$，$\frac{Q_1}{4\pi\varepsilon_0 r}+\frac{Q_2}{4\pi\varepsilon_0 R_2}(R_1<r<R_2)$，$\frac{Q_1+Q_2}{4\pi\varepsilon_0 r}(r>R_2)$；(2) $\frac{Q_1}{4\pi\varepsilon_0 R_1}-\frac{Q_1}{4\pi\varepsilon_0 R_2}$

1-3-25 $\frac{\lambda}{2\pi\varepsilon_0}\ln\frac{R_2}{R_1}$

1-3-27 (1) $\frac{\sigma}{2\varepsilon_0}(\sqrt{R^2+x^2}-x)$；(2) $\frac{\sigma}{2\varepsilon_0}(1-\frac{x}{\sqrt{R^2+x^2}})$；(3) 1691V，5608V/m

1-3-28 (1) $U=\frac{q}{4\pi\varepsilon_0 l}\ln\frac{l+\sqrt{y^2+l^2}}{y}$，$E_y=\frac{q}{4\pi\varepsilon_0 y\sqrt{y^2+l^2}}$；

(2) $U=\frac{q}{8\pi\varepsilon_0 l}\ln\frac{x+l}{x-l}$，$E_x=\frac{q}{4\pi\varepsilon_0(x^2-l^2)}$

1-3-29 $\frac{\lambda q}{2\pi\varepsilon_0 L}\ln(1+\frac{L}{a})$

1-3-30 (1) 800V；(2) $1.29\times10^{-16}$J

1-3-31 (1) $4.0\times10^{-15}\text{J}=2.5\times10^{4}\text{eV}$；(2) $9.47\times10^{7}\text{m}\cdot\text{s}^{-1}$

1-3-32 2.8mm

## 第2章

2-1-1 (B) 2-1-2 (D) 2-1-3 (A) 2-1-4 (C) 2-1-5 (A) 2-1-6 (B) 2-1-7 (A) 2-1-8 (C) 2-1-9 (B)

2-2-1 $-\frac{q}{4\pi R_1^2}$；$\frac{Q+q}{4\pi\varepsilon_0 R_2}$

2-2-2 $\frac{(q_A-q_B)d}{2\varepsilon_0 S}$

2-2-3 $\frac{C_2C_3}{C_1}$

2-2-4 $\frac{q}{4\pi\varepsilon_0 r^2}$；$\frac{q}{4\pi\varepsilon_0 r_c}$

2-2-5 $\varepsilon_r$；1；$\varepsilon_r$

2-2-6 190V；$9.03\times10^{-3}$ J

2-3-1 $\frac{Q_1+Q_2}{2S}$；$\frac{Q_1-Q_2}{2S}$；$-\frac{Q_1-Q_2}{2S}$；$\frac{Q_1+Q_2}{2S}$

2-3-2 (1) $-1\times10^{-7}$ C，$-2\times10^{-7}$ C；(2) $2.25\times10^{3}$ V

2-3-3 0，0，$\frac{(q_1+q_2)q_3}{4\pi\varepsilon_0 r^2}$

2-3-4 (1) $-3\times10^{-8}$ C，$5\times10^{-8}$ C，$5.6\times10^{3}$ V，$4.5\times10^{3}$ V；
(2) $2.1\times10^{-8}$ C，$-2.1\times10^{-8}$ C，$-0.9\times10^{-8}$ C，0，$-7.9\times10^{2}$ V

2-3-5 $q=\frac{r(R_2Q_1+R_1Q_2)}{R_2(R_1+r)}$

2-3-6 (1) $0.67\times10^{-8}$ C；$1.33\times10^{-8}$ C；
(2) $6.03\times10^{3}$ V；$6.03\times10^{3}$ V

2-3-7 (1) $\frac{Q}{2\pi\varepsilon_0 h^2}$；(2) $\frac{Q^2}{16\pi\varepsilon_0 h^2}$

2-3-8 $3.33\times10^{-6}$ C

2-3-9 $\frac{2\varepsilon_0 S}{R}$

2-3-10 (1) $\frac{\varepsilon_0 S}{d-t}$；(2) 无影响

2-3-11 (1) 2；(2) 3

2-3-12 0.152mm

2-3-13 $4.58\times10^{-2}$ F

2-3-14 $5.52\times10^{-12}$ F

2-3-15 (1) 3.75μF；(2) $1.25\times10^{-4}$ C

2-3-16 $C=\frac{8\varepsilon_0 l}{\ln\frac{b}{a}}$

2-3-17 (1) $1.53\times10^{-9}$ F；(2) $1.84\times10^{-4}$ C/m$^2$，$1.83\times10^{-4}$ C/m$^2$；(3) $1.2\times10^{5}$ V/m

2-3-18 (1) $9.8\times10^{6}$ V/m；(2) $5.1\times10^{-2}$ V

2-3-19 $D=4.5\times10^{-5}$ C/m$^2$，$E=2.5\times10^{6}$ V/m，$P=2.3\times10^{-5}$ C/m$^2$

2-3-20 (1) $D_1=\varepsilon_0\varepsilon_{r1}\frac{U_0}{d}$，$D_2=\varepsilon_0\varepsilon_{r2}\frac{U_0}{d}$，$E_1=E_2=\frac{U_0}{d}$；

(2) $\sigma_1'=\varepsilon_0(\varepsilon_{r1}-1)\frac{U_0}{d}$，$\sigma_2'=\varepsilon_0(\varepsilon_{r2}-1)\frac{U_0}{d}$；

(3) $C=\frac{\varepsilon_0(\varepsilon_{r1}S_1+\varepsilon_{r2}S_2)}{d}$

2-3-21 $\boldsymbol{D}=\frac{\lambda}{2\pi r}\boldsymbol{e}_r$，$\boldsymbol{E}=\frac{\lambda}{2\pi\varepsilon_0\varepsilon_r r}\boldsymbol{e}_r$，$\boldsymbol{P}=(1-\frac{1}{\varepsilon_r})\frac{\lambda}{2\pi r}\boldsymbol{e}_r$

2-3-22 (1) $\boldsymbol{D}=\frac{Q}{4\pi r^2}\boldsymbol{e}_r$，$\boldsymbol{E}=\frac{Q}{4\pi\varepsilon_0\varepsilon_r r^2}\boldsymbol{e}_r$，$\boldsymbol{P}=(1-\frac{1}{\varepsilon_r})\frac{Q}{4\pi r^2}\boldsymbol{e}_r$；

(2) $C=\frac{4\pi\varepsilon_0\varepsilon_r R_1R_2}{R_2-R_1}$

2-3-23 (1) $D=0$，$E=0(r<R_1)$．$D=\frac{\lambda}{2\pi r}$，$E=\frac{\lambda}{2\pi\varepsilon_0\varepsilon_{r1}r}(R_1<r<R)$．

$D=\frac{\lambda}{2\pi r}$，$E=\frac{\lambda}{2\pi\varepsilon_0\varepsilon_{r2}r}(R<r<R_2)$；

(2) $P=(1-\frac{1}{\varepsilon_{r1}})\frac{\lambda}{2\pi r}(R_1<r<R)$，$P=(1-\frac{1}{\varepsilon_{r2}})\frac{\lambda}{2\pi r}(R<r<R_2)$；

(3) $\frac{\varepsilon_{r1}-\varepsilon_{r2}}{2\pi\varepsilon_{r1}\varepsilon_{r2}}\frac{\lambda}{R}$；(4) $\frac{2\pi\varepsilon_0\varepsilon_{r1}\varepsilon_{r2}}{\varepsilon_{r2}\ln\frac{R}{R_1}+\varepsilon_{r1}\ln\frac{R_2}{R}}$

2-3-24 (1) 增加 $\frac{Q^2d}{2\varepsilon_0S}$；(2) $\frac{Q^2d}{2\varepsilon_0S}$

2-3-25 (1) 减少 $\frac{\varepsilon_0SU^2}{4d}$；(2) $\frac{\varepsilon_0SU^2}{2d}$；(3) $\frac{\varepsilon_0SU^2}{4d}$

2-3-27 (1) $\sigma_m=2.66\times10^{-5}\ C/m^2$；(2) $W_m=5.76\times10^{-4}J\cdot m^{-1}$

2-3-29 (1) $R_1=\frac{R_2}{\sqrt{e}}$；(2) $R_1=\frac{R_2}{e}$

2-3-30 (1) $R_1=\frac{3}{4}R_2$；(2) $R_1=\frac{R_2}{2}$

2-3-31 (1) $E_k=4.8\times10^{-17}$ J，$v=1.03\times10^7 m\cdot s^{-1}$；(2) $F=4.37\times10^{-14}N$

2-3-32 (1) $W_{12}=-\frac{q^2}{2\pi\varepsilon_0a}$，$W_{23}=-\frac{q^2}{2\pi\varepsilon_0a}$，$W_{13}=\frac{q^2}{8\pi\varepsilon_0a}$；(2) $W_{互}=-\frac{7q^2}{8\pi\varepsilon_0a}$

2-3-34 $769V\cdot m^{-1}$，66.8°

2-3-35 $U=d\sqrt{\frac{2mg}{\varepsilon_0S}}$

## 第3章

3-1-1 (B) 3-1-2 (A) 3-1-3 (A) 3-1-4 (D) 3-1-5 (C) 3-1-6 (D)

3-2-1 $j_1:j_2=\rho_2:\rho_1=2.66:1.67$

3-2-2 $\frac{\pi d^2U}{4e\rho l}$；$\frac{U}{ne\rho l}$

3-2-3 $j=neu$；方向与 $\boldsymbol{E}$ 相反

3-2-4 67A

3-2-5 12.2m

3-2-6 4.1V，0.05Ω

3-3-1 2.1mm

3-3-2 95C；19A

3-3-3 (1) $R=2.2\times10^{-5}\Omega$；(2) $I=2.3\times10^3$A；(3) $j=1.4A/mm^2$；(4) $E=$ 25mV/m

3-3-4 $1.87\times10^{-4}$ m/s

3-3-5 $2.48\times10^3$℃

3-3-6 61℃

3-3-7 (1) $\frac{I}{\gamma_1S}$，$\frac{I}{\gamma_2S}$；(2) $\frac{\varepsilon_0(\gamma_1-\gamma_2)I}{\gamma_1\gamma_2S}$；(3) $\frac{(\gamma_2d_1+\gamma_1d_2)I}{\gamma_1\gamma_2S}$

3-3-8 (1) $R=\frac{\rho(b-a)}{4\pi ab}$；(2) $j=\frac{abU}{\rho(b-a)r^2}(a<r<b)$

3-3-9 (1) $R=\frac{\rho l}{\pi ab}$；(2) $U=\frac{\rho l}{\pi ab}I$

3-3-10 23.3V

3-3-11 $8.85\times10^{8}\Omega$

3-3-12 200V

3-3-13 (1) −2V；(2) 0.375A，0.250A，0.625A，11.6V，11.8V，8.63V

3-3-14 $R_2=30\Omega$，$R_1$ 和 $R_4$ 可取任意值

3-3-15 18V，7V，13V

3-3-16 (1) 0.238A，0.456A；(2) 1.39V

3-3-17 (1) 0，1A，1A；(2) 0，1W，2W

3-3-18 (a) $R$；(b) $1.4R$

3-3-19 (a) 5A，2Ω；(b) 2A，3Ω；(c) 2.5A，2Ω；(d) 不可能

3-3-20 (a) 10V，2Ω；(b) 5V，3Ω；(c) 12V，2Ω；(d) 不可能

3-3-22 (1) $I_1=0.35\text{mA}$，$I_b=0.05\text{mA}$，$I_2=0.30\text{mA}$；
(2) $U_2=3.05\text{V}$，$U_{bc}=0.74\text{V}$，$U_{ce}=3.69\text{V}$，$U_{cb}=2.95\text{V}$

## 第4章

4-1-1 (C)　4-1-2 (A)　4-1-3 (D)　4-1-4 (D)　4-1-5 (B)　4-1-6 (A)
4-1-7 (A)　4-1-8 (C)

4-2-1 $9\mu_0 I/(4\pi a)$

4-2-2 1∶1

4-2-3 1/2

4-2-4 $6.28\times10^{-5}$ J

4-2-5 $\pi R^3\lambda B\omega$；在图面中向上

4-2-6 $aIB$

4-3-1 (a) $\frac{\mu_0 I}{2R}-\frac{\mu_0 I}{2\pi R}$；(b) $\frac{\mu_0 I}{4\pi R}$；(c) $\frac{\mu_0 I}{4R}+\frac{\mu_0 I}{2\pi R}$

4-3-2 $1.73\times10^{9}$ A

4-3-3 $\frac{\mu_0 I}{2R}$

4-3-4 $\frac{\mu_0 I}{2\pi b}\ln\frac{r+b}{r}$

4-3-5 $\frac{\mu_0 I}{\pi^2 R}$

4-3-6 $6.67\times10^{-7}$ T；$7.2\times10^{-7}\text{ A}\cdot\text{m}^2$

4-3-7 $\frac{\mu_0 q\omega}{2\pi R}$

4-3-8 (1) $\frac{2\mu_0 I}{\pi d}$；(2) $\frac{\mu_0 Il}{\pi}\ln\frac{a+b}{a}$

4-3-9 (1) 内 $\frac{\mu_0 Ir}{2\pi R^2}$，外 $\frac{\mu_0 I}{2\pi r}$；(2) $\frac{\mu_0 I}{2\pi R}=5.6\times10^{-3}$ T

4-3-10 (1) $\frac{\mu_0 Ir}{2\pi R_1^2}$；(2) $\frac{\mu_0 I}{2\pi r}$；(3) $\frac{\mu_0 I(R_3^2-r^2)}{2\pi r(R_3^2-R_2^2)}$；(4) 0

4-3-11 $\frac{\mu_0}{2\pi} \cdot \frac{I_2(R+d)(1+\pi)-RI_1}{R(R+d)}$

4-3-12 (1) $\frac{\mu_0 I}{2\pi r}$；(2) $\frac{\mu_0 IL}{2\pi}\ln\frac{R_2}{R_1}$

4-3-13 (1) $\frac{\mu_0 NI}{2\pi r}$；(2) $\frac{\mu_0 NIh}{2\pi}\ln\frac{D_1}{D_2}$

4-3-14 $\frac{\mu_0 I}{4\pi}+\frac{\mu_0 I}{2\pi}\ln 2$

4-3-15 (1) $\frac{\mu_0 IR'^2}{2\pi(R^2-R'^2)d}$；(2) $\frac{\mu_0 Id}{2\pi(R^2-R'^2)}$

4-3-16 $4.4\times10^6$

4-3-17 1.92MeV

4-3-18 (1) 向东；(2) $6.3\times10^{14}\,\mathrm{m\cdot s^{-2}}$；(3) 2.6mm；(4) 微小影响，可忽略

4-3-19 (1) $2.9\times10^7\,\mathrm{m\cdot s^{-1}}$，$4.4\times10^{-8}\,\mathrm{s}$；(2) $8.6\times10^6\,\mathrm{V}$；

4-3-20 (1) $3.6\times10^{-10}\,\mathrm{s}$；(2) 1.5mm；(3) 1.66mm；

4-3-21 0.1T

4-3-22 $1.28\times10^{-3}\,\mathrm{N}$

4-3-23 $\mu_0 I_1 I_2$

4-3-24 (1) $4.33\times10^3\,\mathrm{A}$；(2) $2.17\times10^9\,\mathrm{W}$

4-3-25 $2\pi\sqrt{\frac{J}{Ia^2B}}$

4-3-26 (1) $7.9\times10^{-2}\,\mathrm{N\cdot m}$；(2) $7.9\times10^{-2}\,\mathrm{J}$

4-3-27 $\frac{\mu_0 aI_1I_2}{2\pi}(\ln 3-2\ln 2)$

4-3-28 $\Delta W_P=\frac{1}{2}k\left[\frac{bL_0}{(b-1)L_0+eb}-L_0\right]^2$

## 第5章

5-1-1 (C)　5-1-2 (D)　5-1-3 (B)　5-1-4 (B)　5-1-5 (C)　5-1-6 (B)

5-2-1 $I/(2\pi r)$，$\mu I/(2\pi r)$

5-2-2 $\mu_0\mu_r nI$，$nI$

5-2-3 $2.36\times10^8$ A/m

5-2-4 0

5-2-5 $1.80\times10^3$

5-3-1 $3.26\times10^5$ A/m

5-3-2 496

5-3-3 (1) 125A/m，$1.57\times10^{-4}\,\mathrm{T}$；(2) 125A/m，$9.42\times10^{-2}\,\mathrm{T}$；(3) $9.404\times10^{-2}\,\mathrm{T}$；

5-3-4 $\left(\frac{\mu}{\mu_0}-1\right)\frac{NI}{2\pi r}$

5-3-5 (1) 在导线中 $\frac{\mu_0 Ir}{2\pi R_1^2}$；在磁介质内部 $\frac{\mu_0\mu_r I}{2\pi r}$；在磁介质外面 $\frac{\mu_0 I}{2\pi r}$

(2) 介质内表面处 $\frac{(\mu_r-1)I}{2\pi R_1}$；介质外表面处 $\frac{(\mu_r-1)I}{2\pi R_2}$

5-3-6 $R_1<r<R_2$ $H=\dfrac{I}{2\pi r}$；$B=\dfrac{\mu_0\mu_r I}{2\pi r}$

5-3-7 $\dfrac{1}{8}\mu_0\mu_r^2 n^2 I^2 S$

5-3-8 2396 安匝

5-3-9 315

5-3-10 0.4A

## 第6章

6-1-1 (D) 6-1-2 (B) 6-1-3 (D) 6-1-4 (A) 6-1-5 (C) 6-1-6 (D) 6-1-7 (C) 6-1-8 (C) 6-1-9 (D) 6-1-10 (B)

6-2-1 $\pm 3.18\text{T}\cdot\text{s}^{-1}$

6-2-2 铜盘内产生感生电流，磁场对电流作用所致

6-2-3 $3B\omega l^2/8$；$-3B\omega l^2/8$；0

6-2-4 $BS\cos\omega t$；$BS\omega\sin\omega t$；$kS$

6-2-5 0

6-2-6 0.400H

6-2-7 1.5mH

6-2-8 0.0115

6-2-9 1∶16

6-2-10 $\dfrac{1}{2}LI^2$

6-2-11 $\dfrac{\pi}{4}\sqrt{LC}$；$\dfrac{\sqrt{2}}{2}Q$

6-3-1 $\mathscr{E}_i=\dfrac{\sqrt{3}}{240}\omega a^2 B\sin\omega t$

6-3-2 $i=-\dfrac{\mu_0\pi r^2(R_2-R_1)\sigma}{2R}\cdot\dfrac{d\omega}{dt}$，$\dfrac{d\omega}{dt}>0$，顺时针方向，$\dfrac{d\omega}{dt}<0$，逆时针方向

6-3-3 $\mathscr{E}_i=\dfrac{\mu_0 Ib}{2\pi a}\left(\ln\dfrac{a+d}{d}-\dfrac{a}{a+d}\right)v$，方向：$ACBA$

6-3-4 $\mathscr{E}=\dfrac{\mu_0 Iv}{2\pi}\ln\dfrac{2(d+l)}{2d+l}$，方向：$A\rightarrow B$，$B$ 端电势高

6-3-5 $\mathscr{E}=\dfrac{1}{2}\omega BL^2\sin^2\theta$，方向：沿杆指向上端，上端电势高

6-3-6 $v=\dfrac{mgR\sin\theta}{B^2l^2\cos^2\theta}$

6-3-7 $\mathscr{E}_i=3.68\text{mV}$，方向：$adcb$ 绕向

6-3-8 $\mathscr{E}_i=\dfrac{\mu_0 kd}{2\pi}\ln\dfrac{4}{3}$，方向：顺时针方向

6-3-9 $\mathscr{E}_i=\dfrac{1}{60}al^5B_0e^{-at}$，方向：$ODCO$

6-3-10 $\mathscr{E}_i=1.46\times10^{-2}\text{V}$，方向：$O\rightarrow O'$，即方向向下

6-3-11 $\mathscr{E}_i = -\frac{\mu_0 I_0 \omega}{\sqrt{3}\pi}\left[(d+h)\ln\frac{d+h}{d} - h\right]\cos\omega t$，方向：向下

6-3-12 （1）$M = \frac{\mu_0 a}{2\pi}\ln\frac{b}{d}$；（2）$\mathscr{E}_i = \frac{3\mu_0 a I_0}{2\pi}\ln\frac{b}{d}e^{-3t}$，方向：顺时针方向

6-3-13 $M = 1.25\times10^{-7}\,\text{H}$；$\mathscr{E}_i = 1.25\times10^{-6}\,\text{V}$，方向：$ABCDA$

6-3-14 （1）$\Phi_m = \frac{\mu_0 I_1 b}{2\pi}\ln\frac{d+2a}{d}$；（2）$M = \frac{\mu_0 b}{2\pi}\ln\frac{d+2a}{d}$；（3）$W = \frac{\mu_0 I_1 I_2 b}{2\pi}\ln\frac{d+2a}{d}$

6-3-15 （1）$M = \frac{\mu_0 a}{2\pi}\ln 3$；（2）$\mathscr{E}_i = -\frac{\mu_0 a I_0 \omega \ln 3}{2\pi}\cos\omega t$，方向：顺时针方向

6-3-16 $d = \frac{b}{e-1}$；$\mathscr{E}_i = \frac{\mu_0 I (e-1)^2 a v}{2\pi e b}$，方向：顺时针方向

6-3-17 $M = \frac{\mu_0 c}{\pi}\ln\frac{a+b}{a-b}$

6-3-18 $M = 2\mu_0 a$

6-3-19 $M = 9.87\times10^{-7}\,\text{H}$

6-3-20 $\mathscr{E}_i = \frac{\mu_0 I_0 b\omega}{2\pi}\ln\frac{d+a}{a}\cos\omega t$

6-3-21 $\mathscr{E}_i = \frac{\mu_0^2\pi^2 r_1^4 I\omega^2}{4r_2^2 R}(2\sin^2\omega t - 1)$

6-3-22 $\mu_r = 4.78\times10^3$；$L = 0.12\text{H}$

6-3-23 （1）$R_1/R_2 = 1/e$；（2）$L = 2\times10^{-5}\,\text{H}$；（3）$\mathscr{E}_i = \frac{\mu_0 N^2 h I_0 \omega}{2\pi}\sin\omega t$

6-3-24 $v = v_0\cos\omega t$；$x = \frac{v_0}{\omega}\sin\omega t$ $\left(\omega = \frac{Ba}{\sqrt{mL}}\right)$

6-3-25 $v = \frac{g}{Ba}\sqrt{mL}\sin\omega t$ $\left(\omega = \frac{Ba}{\sqrt{mL}}\right)$

6-3-26 （1）$L_1 = \frac{\mu_0 N_1^2 a^2}{2R}$，$L_2 = \frac{\mu_0 N_2^2 a^2}{2R}$；（2）$M = \frac{\mu_0 N_1 N_2 a^2}{2R}$；（3）$M = \sqrt{L_1 L_2}$

6-3-27 （1）$M = \frac{3\mu_0}{16\pi} + \frac{\mu_0}{2\pi}\ln\frac{3}{2}$；（2）$\mathscr{E}_i = \frac{\mu_0 I_0 \omega}{2\pi}\left(\frac{3}{8} + \ln\frac{3}{2}\right)\sin\omega t$

6-3-28 $M = 0.15\text{H}$

6-3-29 （1）$I = \frac{E}{R}(1 - e^{-Rt/L})$；（2）$i = \frac{a^2\mathscr{E}}{\sqrt{2}\,\mathrm{N b^2 r}}e^{-\mathrm{Rt/L}}$；（3）提示：利用力矩 $T = \frac{\pi a^4 \mu_0 \mathscr{E}^2}{2rb^2 lR}(e^{-Rt/L} - e^{-2Rt/L})$ 求极值

6-3-30 $q = \frac{M\mathscr{E}}{R_1(R_2+R_3)}$

6-3-31 $|\boldsymbol{E}|_{out} = \frac{\mathscr{E}}{2nl\pi r}e^{-mt}$，其中 $m = \frac{R}{\mu_0 n^2 l\pi a^2}$

6-3-32 （1）$i = 0.45\text{A}$；（2）$\frac{\mathrm{d}W_m}{\mathrm{d}t} = 0.74\,\text{J}\cdot\text{s}^{-1}$

6-3-33 （1）$L_0 = \frac{\mu_0}{\pi}\ln\frac{d-a}{a}$；（2）$W = \frac{\mu_0 I^2}{2\pi}\ln 2$；（3）$\Delta W_m = \frac{\mu_0 I^2}{2\pi}\ln\frac{2d-a}{d-a}$，由于

$\Delta W_m \approx \frac{\mu_0 I^2}{2\pi}\ln 2 > 0$，磁能增加. 因为导线间距增大时，两导线均出现与电流反向的感应电动势，为保持导线中电流不变，外接电源要反抗导线中的感应电动势作功，消耗的电能一部分转化为磁场能量，一部分通过磁场力作功转化为其他形式能量.

6-3-34　$W_m = 0.125\text{J}$

6-3-35　(1) $L = \frac{\mu_0 N^2 h}{2\pi}\ln\frac{R_2}{R_1}$；(2) $M = \frac{\mu_0 N h}{2\pi}\ln\frac{R_2}{R_1}$；(3) $W_m = \frac{\mu_0 N^2 I^2 h}{4\pi}\ln\frac{R_2}{R_1}$

6-3-36　$\bar{W}_m = \frac{\mu N^2 h I_0^2}{8\pi}\ln\frac{R_2}{R_1}$

6-3-37　$W_m = \frac{\mu_0}{12\pi}\frac{e^2}{R}v^2$

## 第7章

7-1-1 (B)　7-1-2 (C)　7-1-3 (D)　7-1-4 (C)　7-1-5 (A)　7-1-6 (A)　7-1-7 (D)　7-1-8 (C)　7-1-9 (C)　7-1-10 (B)　7-1-11 (D)　7-1-12 (B)　7-1-13 (D)　7-1-14 (A)

7-2-1　$\oiint_S \boldsymbol{D}\cdot \mathrm{d}\boldsymbol{S} = \iiint_V \rho \,\mathrm{d}V$；$\oint_L \boldsymbol{E}\cdot \mathrm{d}\boldsymbol{l} = -\iint_S \frac{\partial \boldsymbol{B}}{\partial t}\cdot \mathrm{d}\boldsymbol{S}$；$\oiint_S \boldsymbol{B}\cdot \mathrm{d}\boldsymbol{S} = 0$；

$\oint_L \boldsymbol{H}\cdot \mathrm{d}\boldsymbol{l} = \iint_S \left(\boldsymbol{j} + \frac{\partial \boldsymbol{D}}{\partial t}\right)\cdot \mathrm{d}\boldsymbol{S}$

7-2-2　$\frac{r}{2}\cdot\frac{\mathrm{d}B}{\mathrm{d}t}$

7-2-3　$\varepsilon_0 \frac{\mathrm{d}E}{\mathrm{d}t}$；$\varepsilon_0 \pi r^2 \frac{\mathrm{d}E}{\mathrm{d}t}$

7-2-4　与 $\boldsymbol{E}$ 方向一致；以 $O$ 为圆心，$r$ 为半径的圆周的切线方向，指向顺时针方向一侧

7-2-5　3A

7-2-6　$\frac{\partial^2 H_z}{\partial t^2} = u^2 \frac{\partial^2 H_z}{\partial x^2}$；同相位

7-2-7　$\sqrt{\frac{2\varepsilon_0}{\mu_0}} E_0$

7-2-8　10m

7-2-9　$8.83\times10^{-2}\,\text{V}\cdot\text{m}^{-1}$；$3.94\times10^{-3}\,\text{T}$；$2.77\times10^{2}\,\text{W}\cdot\text{m}^{-2}$

7-2-10　$z$ 轴方向；$\sqrt{\varepsilon_0/\mu_0}E_0$；$\frac{1}{2}\sqrt{\varepsilon_0/\mu_0}E_0^2$

7-2-11　$11.0\,\text{V}\cdot\text{m}^{-1}$；$3.65\times10^{-8}\,\text{T}$

7-2-12　$\frac{\varepsilon_0 r}{2\tau}E_0^2 e^{-2t/\tau}$；沿径向指向电容器外

7-2-13　$1.02\times10^{3}\,\text{V}\cdot\text{m}^{-1}$；$2.71\,\text{A}\cdot\text{m}^{-1}$

7-3-1　$H = \frac{Q_0\omega}{2\pi R^2} r\cos\omega t$

7-3-2　$B = \frac{\mu_0 I_0}{2\pi R^2} r e^{-\lambda t}$，方向与电流流向成右螺旋关系

7-3-3 (1) $B=\mu_0 nkt$，方向与电流流向成右旋关系；(2) $E=-\frac{1}{2}\mu_0 nkt$，方向与螺线管内磁场方向成左螺旋关系

7-3-4 (1) $E_i=-\frac{1}{2}\mu_0 nI_0\omega r\cos\omega t \quad (r<R)$，$E_i=-\frac{R^2}{2r}\mu_0 nI_0\omega\cos\omega t \quad (r>R)$；

(2) $\mathscr{E}=-\mu_0 nI_0\omega\pi R^2\cos\omega t$

7-3-5 $B=\frac{\mu_0}{4\pi}\frac{qvR}{(R^2+x^2)^{3/2}}$，方向为圆周的切线方向；$I_d=\frac{qvR^2}{2(R^2+x^2)^{3/2}}$

7-3-6 $\boldsymbol{H}=\frac{q\boldsymbol{v}\times\boldsymbol{r}}{4\pi r^3}$

7-3-7 (1) $U=\frac{0.2}{C}(1-e^{-t})$；(2) $I_d=0.2e^{-t}$

7-3-8 $n=1.50$

7-3-9 (1) $I_d=q_0\omega\cos\omega t$，$j_d=\frac{q_0\omega\cos\omega t}{\pi R^2}$；(2) $w=\frac{q_0^2}{4\pi^2 R^4}\left(\frac{\mu_0\omega^2 r^2}{4}+\frac{1}{\varepsilon_0}\right)$

7-3-10 $E=\rho\frac{I}{\pi a^2}$，方向为电流方向；$H=\frac{Ir}{2\pi a^2}$，方向与电流成右手螺旋关系；$S=\frac{\rho I^2 r}{2\pi^2 a^2}$，方向与轴线垂直且指向轴线

7-3-11 $E=\frac{1}{2}\mu_0 nI_0\omega r\,|\cos\omega t|$；$S=\frac{1}{4}\mu_0 n^2 I_0^2\omega r\,|\sin 2\omega t|$

7-3-12 $S=\frac{U^2}{2\pi r^2 R\ln(b/a)}$，方向平行于柱形电容器轴线向上

7-3-13 (1) $v=9.48\times10^6\,\mathrm{m\cdot s^{-1}}$；(2) $S=1.00\times10^{-4}\,\mathrm{J\cdot m^{-2}\cdot s^{-1}}$

7-3-14 $E_0=1.73\times10^{-2}\,\mathrm{V\cdot m^{-1}}$；$B_0=5.77\times10^{-11}\,\mathrm{T}$

7-3-15 $E_0=1.03\times10^{3}\,\mathrm{V\cdot m^{-1}}$；$B_0=3.43\times10^{-6}\,\mathrm{T}$

7-3-16 $B_0=1.60\times10^{-10}\,\mathrm{T}$；$S=3.06\times10^{-5}\,\mathrm{W\cdot m^{-2}}$

7-3-17 $E_0=1.55\times10^{3}\,\mathrm{V\cdot m^{-1}}$；$B_0=5.17\times10^{-6}\,\mathrm{T}$

7-3-18 $E_0=3.87\,\mathrm{V\cdot m^{-1}}$；$B_0=1.29\times10^{-8}\,\mathrm{T}$

# 附录1 常用物理基本常数表

| 物理常数 | 符号 | 数值 | 计算取用值 |
|---|---|---|---|
| 真空中光速 | $c$ | 299 792 458　$m \cdot s^{-1}$ | $3.00\times10^{8}$ $m \cdot s^{-1}$ |
| 真空磁导率 | $\mu_0$ | $12.566\ 370\ 614\times10^{-7}$ $N \cdot A^{-2}$ | $4\pi\times10^{-7}$ $N \cdot A^{-2}$ |
| 真空电容率 | $\varepsilon_0$ | $8.854\ 187\ 817\times10^{-12}$ $F \cdot m^{-1}$ | $8.85\times10^{-12}$ $F \cdot m^{-1}$ |
| 引力常数 | $G$ | $6.674\ 28\times10^{-11}$ $N \cdot m^2 \cdot kg^{-2}$ | $6.67\times10^{-11}$ $N \cdot m^2 \cdot kg^{-2}$ |
| 普朗克( Planck)常数 | $h$ | $6.626\ 069\ 3\times10^{-34}$ $J \cdot s$ | $6.63\times10^{-34}$ $J \cdot s$ |
| 基本电荷(元电荷) | $e$ | $1.602\ 176\ 487\times10^{-19}$ C | $1.60\times10^{-19}$ C |
| 电子静止质量 | $m_e$ | $9.109\ 382\ 15\times10^{-31}$kg | $9.11\times10^{-31}$ kg |
| 电子荷质比 | $e/m_e$ | $1.758\ 804\ 7\times10^{-11}$ $C \cdot kg^{-2}$ | $1.76\times10^{-11}$ $C \cdot kg^{-2}$ |
| 质子静止质量 | $m_p$ | $1.672\ 621\ 637\times10^{-27}$ kg | $1.67\times10^{-27}$ kg |
| 中子静止质量 | $m_n$ | $1.674\ 927\ 211\times10^{-27}$ kg | $1.67\times10^{-27}$ kg |
| 电子磁矩 | $\mu_e$ | $9.284\ 763\ 77\times10^{-24}$ $J \cdot T^{-1}$ | $9.28\times10^{-24}$ $J \cdot T^{-1}$ |
| 质子磁矩 | $\mu_p$ | $1.410\ 606\ 662\times10^{-26}$ $J \cdot T^{-1}$ | $1.41\times10^{-26}$ $J \cdot T^{-1}$ |
| 玻尔(Bohr)半径 | $a_0$ | $0.529\ 177\ 208\times10^{-10}$ m | $0.53\times10^{-10}$ m |
| 玻尔(Bohr)磁子 | $\mu_B$ | $9.274\ 009\ 15\times10^{-24}$ $J \cdot T^{-1}$ | $9.27\times10^{-24}$ $J \cdot T^{-1}$ |
| 核磁子 | $\mu_N$ | $5.050\ 783\ 24\times10^{-27}$ $J \cdot T^{-1}$ | $5.05\times10^{-27}$ $J \cdot T^{-1}$ |
| 玻尔兹曼(Boltzmann)常数 | $k$ | $1.380\ 650\ 4\times10^{-23}$ $J \cdot K^{-1}$ | $1.38\times10^{-23}$ $J \cdot K^{-1}$ |
| 原子质量单位 | $u$ | $1.660\ 538\ 86\times10^{-27}$ kg | $1.66\times10^{-27}$ kg |
| 电子康普顿(Compton)波长 | $\lambda_e$ | $2.426\ 308\ 9\times10^{-12}$m | $2.43\times10^{-12}$m |
| 质子康普顿(Compton)波长 | $\lambda_n$ | $1.321\ 409\ 9\times10^{-15}$m | $1.32\times10^{-15}$m |
| 质子电子质量比 | $m_p/m_e$ | 1836.1515 | 1836 |
| 普适气体常数 | $R$ | 8.314 41 $J \cdot mol^{-1} \cdot K^{-1}$ | 8.31 $J \cdot mol^{-1} \cdot K^{-1}$ |
| 阿伏加德罗(Avogadro)常数 | $N_0$ | $6.022\ 045\times10^{23}$$mol^{-1}$ | $6.02\times10^{23}$ $mol^{-1}$ |

# 附录2 矢量分析

电场和磁场都是矢量场，因此矢量分析是研究电磁场特性的主要数学工具之一．在这里主要给出矢量场的散度、旋度和标量场的梯度及相关的重要定理，便于读者查找，逐步熟练掌握矢量场的基本概念和重要性质.

## 一、标量和矢量

物理量通常分为两大类，一类是标量，如质量、时间、能量等，它们遵循通常的代数运算法则；另一类是矢量，如位移、速度、力等，它们有方向，遵循矢量运算法则.

### 1. 矢量的和差

矢量 $\boldsymbol{A}$ 和 $\boldsymbol{B}$ 相加的合矢量 $\boldsymbol{C}$ 是以这两个矢量为邻边的平行四边形对角线的矢量，如图 1 所示．这个方法叫做矢量相加的平行四边形法则.

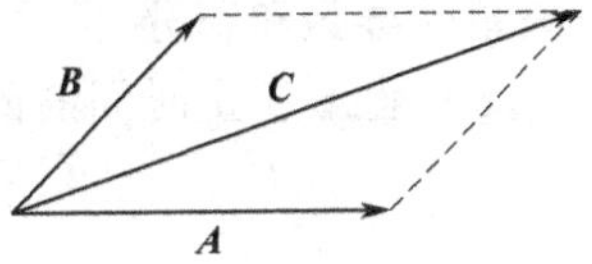

图 1　平行四边形法则

在直角坐标系中，矢量 $\boldsymbol{A}$、$\boldsymbol{B}$ 可表示成

$$\boldsymbol{A}=A_x\boldsymbol{i}+A_y\boldsymbol{j}+A_z\boldsymbol{k} \tag{1}$$

$$\boldsymbol{B}=B_x\boldsymbol{i}+B_y\boldsymbol{j}+B_z\boldsymbol{k} \tag{2}$$

则

$$\boldsymbol{A}\pm\boldsymbol{B}=(A_x\pm B_x)\boldsymbol{i}+(A_y\pm B_y)\boldsymbol{j}+(A_z\pm B_z)\boldsymbol{k}$$

### 2. 矢量的标积和矢积

矢量乘积常见的有两种，一种是标积（或称点积、点乘），一种是矢积（或称叉积、叉乘）.

（1）矢量的标积

设两矢量 $\boldsymbol{A}$ 和 $\boldsymbol{B}$ 之间小于 180°的夹角为 $\alpha$，矢量 $\boldsymbol{A}$ 和 $\boldsymbol{B}$ 的标积用符号 $\boldsymbol{A}\cdot\boldsymbol{B}$ 表示，并定义

$$\boldsymbol{A}\cdot\boldsymbol{B}=AB\cos\alpha \tag{3}$$

即矢量 $\boldsymbol{A}$ 和 $\boldsymbol{B}$ 的标积是矢量 $\boldsymbol{A}$ 和 $\boldsymbol{B}$ 的大小及它们及它们夹角 $\alpha$ 余弦的乘积，为一标量．在直角坐标系中

$$\boldsymbol{A}\cdot\boldsymbol{B}=A_xB_x+A_yB_y+A_zB_z \tag{4}$$

（2）矢量的矢积

设两矢量 $\boldsymbol{A}$ 和 $\boldsymbol{B}$ 之间小于 180°的夹角为 $\alpha$，矢量 $\boldsymbol{A}$ 和 $\boldsymbol{B}$ 的矢积用符号 $\boldsymbol{A}\times\boldsymbol{B}$ 表示，并定义它为另一个矢量 $\boldsymbol{C}$，即

$$\boldsymbol{C}=\boldsymbol{A}\times\boldsymbol{B} \tag{5}$$

矢量 $\boldsymbol{C}$ 的大小为

$$C=AB\sin\alpha \tag{6}$$

矢量 $\boldsymbol{C}$ 的方向垂直于 $\boldsymbol{A}$ 和 $\boldsymbol{B}$ 所在的平面，其指向可用右手螺旋法则确定．如图 2 所示，当右手四指从 $\boldsymbol{A}$ 经小于 180°的角转向 $\boldsymbol{B}$ 时，右手拇指的指向就是 $\boldsymbol{C}$ 的方向．如果以 $\boldsymbol{A}$ 和 $\boldsymbol{B}$ 构成平行四边形的邻边，则 $\boldsymbol{C}$ 是这样一个矢量，它垂直于四边形所在的平面，且指向代表着

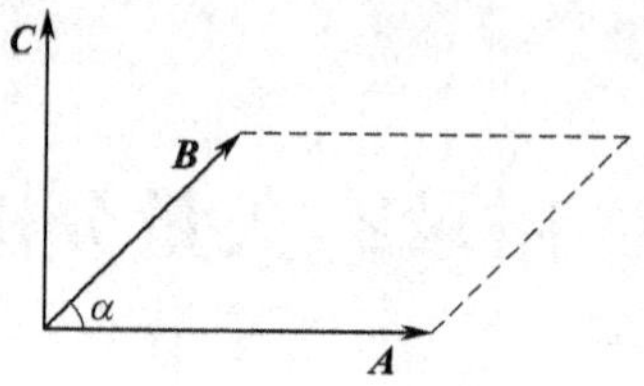


图 2　矢量的矢积

此平面的正法线方向；而它的大小则等于平行四边形的面积.

在直角坐标系下

$$\boldsymbol{A}\times\boldsymbol{B}=(A_yB_z-A_zB_y)\boldsymbol{i}+(A_zB_x-A_xB_z)\boldsymbol{j}+(A_xB_y-A_yB_x)\boldsymbol{k} \tag{7}$$

上式可以写成行列式的形式

即为
$$\boldsymbol{A}\times\boldsymbol{B}=\begin{vmatrix}\boldsymbol{i} & \boldsymbol{j} & \boldsymbol{k}\\ A_x & A_y & A_z\\ B_x & B_y & B_z\end{vmatrix} \tag{8}$$

**3. 矢量的导数和积分**

设矢量 $\boldsymbol{A}$ 仅是时间的函数，在直角坐标系中，矢量 $\boldsymbol{A}$ 的导数可表示为

$$\frac{\mathrm{d}\boldsymbol{A}}{\mathrm{d}t}=\frac{\mathrm{d}A_x}{\mathrm{d}t}\boldsymbol{i}+\frac{\mathrm{d}A_y}{\mathrm{d}t}\boldsymbol{j}+\frac{\mathrm{d}A_z}{\mathrm{d}t}\boldsymbol{k} \tag{9}$$

一般情况下，矢量 $\boldsymbol{A}$ 不仅是时间 $t$ 的函数，还可以是坐标 $x$、$y$、$z$ 的函数.

矢量函数的积分是比较复杂的，例如，设两矢量 $\boldsymbol{A}$ 和 $\boldsymbol{B}$，且 $\frac{\mathrm{d}\boldsymbol{B}}{\mathrm{d}t}=\boldsymbol{A}$，有 $\mathrm{d}\boldsymbol{B}=\boldsymbol{A}\mathrm{d}t$，积分得

$$\begin{aligned}\boldsymbol{B}&=\int\boldsymbol{A}\mathrm{d}t=\int(A_x\boldsymbol{i}+A_y\boldsymbol{j}+A_z\boldsymbol{k})\mathrm{d}t\\&=\int(A_x\mathrm{d}t)\boldsymbol{i}+\int(A_y\mathrm{d}t)\boldsymbol{j}+\int(A_z\mathrm{d}t)\boldsymbol{k}\end{aligned} \tag{10}$$

对于矢量 $\boldsymbol{A}$ 的曲线积分，有

$$\int\boldsymbol{A}\cdot\mathrm{d}\boldsymbol{l}=\int A_x\mathrm{d}x+\int A_y\mathrm{d}y+\int A_z\mathrm{d}z \tag{11}$$

## 二、标量的方向导数和梯度

数学上，取决于空间位置的量叫做场，场是空间位置的函数．根据量的性质不同，可分为标量场和矢量场.

对于标量场 $\Psi=\Psi(x,\ y,\ z)$，为了描述 $\Psi$ 沿各个方向的空间变化率，常用标量场的方向导数来表示．在某点沿 $\boldsymbol{l}$ 方向的变化率称为 $\Psi$ 沿该方向的方向导数 $\frac{\partial\Psi}{\partial l}$，沿等值面法线 $\boldsymbol{n}$ 方向的变化率 $\frac{\partial\Psi}{\partial n}$ 要比其它方向的变化率都大，称 $\frac{\partial\Psi}{\partial n}$ 为标量场 $\Psi$ 的梯度，梯度是一矢量，在直角坐标系下表示为

$$\mathrm{grad}\Psi=\frac{\partial\Psi}{\partial n}=\frac{\partial\Psi}{\partial x}\boldsymbol{i}+\frac{\partial\Psi}{\partial y}\boldsymbol{j}+\frac{\partial\Psi}{\partial z}\boldsymbol{k} \tag{12}$$

在矢量分析中通常引入倒三角算符 ∇(读作“del”或“nabla”）表示下述矢量形式的微分算符

$$\nabla=\frac{\partial}{\partial x}\boldsymbol{i}+\frac{\partial}{\partial y}\boldsymbol{j}+\frac{\partial}{\partial z}\boldsymbol{k} \tag{13}$$

它兼有矢量和微分运算双重作用. 例如，∇算符作用到 $\Psi$ 上，则有

$$\nabla\Psi=\frac{\partial \Psi}{\partial x}\boldsymbol{i}+\frac{\partial \Psi}{\partial y}\boldsymbol{j}+\frac{\partial \Psi}{\partial z}\boldsymbol{k}$$

## 三、矢量场的通量和散度 高斯定理

矢量场 $\boldsymbol{A}$ 通过任意曲面 $S$ 的通量定义为下面的曲面积分

$$\Phi=\iint_S \boldsymbol{A}\cdot \mathrm{d}\boldsymbol{S}=\iint_S A\cos\theta \mathrm{d}S \tag{14}$$

式中，$\theta$ 为矢量 $\boldsymbol{A}$ 与面元矢量 $\mathrm{d}\boldsymbol{S}$ 的外法线方向单位矢量 $\boldsymbol{e}_{\mathrm{n}}$之间的夹角，$\mathrm{d}\boldsymbol{S}=\mathrm{d}S\boldsymbol{e}_{\mathrm{n}}$ . 对于闭合曲面 $S$ 的通量，记为

$$\Phi=\oiint_S \boldsymbol{A}\cdot \mathrm{d}\boldsymbol{S} \tag{15}$$

若 $\Phi>0$，表示有净通量流出，这说明 $S$ 内必定有矢量场的“源”；若 $\Phi<0$，表示有净通量流入，这说明 $S$ 内必定有矢量场的“洞”(负的源).

上述闭合曲面的通量反映了闭合曲面中源的总特性，没有反映源的分布特性 . 如果使包围某点的闭合曲面向该点收缩，则可表示该点处的源特性 . 当 $S$ 内包围的体积 $\Delta V$ 趋于零时，定义如下极限为矢量场 $\boldsymbol{A}$ 在某点的散度，记作 $\nabla\cdot \boldsymbol{A}$ 或 $\mathrm{div}\boldsymbol{A}$

$$\nabla\cdot \boldsymbol{A}=\lim\frac{\Phi}{\Delta V}=\lim\frac{\oiint_S \boldsymbol{A}\cdot \mathrm{d}\boldsymbol{S}}{\Delta V} \tag{16}$$

矢量场的散度是一个标量，它是某点处单位体积的通量，即通量体密度 . 它反映 $\boldsymbol{A}$ 在该点的通量源的强度 . 显然，在无源区中，$\boldsymbol{A}$ 在各点的散度为零.

在直角坐标系中，矢量场 $\boldsymbol{A}$ 的散度的表示式为

$$\nabla\cdot \boldsymbol{A}=\frac{\partial A_x}{\partial x}+\frac{\partial A_y}{\partial y}+\frac{\partial A_z}{\partial z} \tag{17}$$

既然矢量的散度是单位体积的通量，那么，穿过闭合曲面 $S$ 上的总通量等于 $S$ 所包围的体积 $V$ 中 $\boldsymbol{A}$ 的散度的体积分，即

$$\oiint_S \boldsymbol{A}\cdot \mathrm{d}\boldsymbol{S}=\iiint_V \nabla\cdot \boldsymbol{A}\mathrm{d}V \tag{18}$$

上式称为高斯定理或散度定理 . 高斯定理是矢量场中的重要定理之一，利用高斯定理可以实现体积分与面积分之间的相互转化.

## 四、矢量场的环流和旋度 斯托克斯定理

矢量场 $\boldsymbol{A}$ 沿闭合曲线 $L$ 的线积分称为环流，即

$$\Gamma=\oint_L \boldsymbol{A}\cdot \mathrm{d}\boldsymbol{l} \tag{19}$$

上述积分是沿有向曲线 $L$ 的绕行方向进行的.

矢量的环流与矢量的通量一样是描述矢量特性的重要参量 . 我们知道，若矢量穿过闭合曲面的通量不为零，表示该闭合曲面存在通量源 . 而矢量沿闭合曲线的环流表示存在涡旋源.

为了反映给定点附近的环流情况，我们把闭合曲线收小，使它包围的面积 $\Delta S$ 趋近于零，取极限

$$\lim \frac{\oint_L \boldsymbol{A} \cdot \mathrm{d}\boldsymbol{l}}{\Delta S} \tag{20}$$

这个极限的意义就是单位面积上的环流，即环流面密度．由于面元是有方向的，它与闭合曲线的绕行方向成右手螺旋关系，因此在给定点处，上述极限值对于不同的面元是不同的．我们把这个极限值定义为矢量场 $\boldsymbol{A}$ 的旋度在面元法线方向的投影，$\boldsymbol{A}$ 的旋度记作 $\mathrm{curl}\boldsymbol{A}$，或 $\mathrm{rot}\boldsymbol{A}$，或 $\nabla\times\boldsymbol{A}$，即

$$(\nabla\times\boldsymbol{A})_n = \lim \frac{\oint_L \boldsymbol{A} \cdot \mathrm{d}\boldsymbol{l}}{\Delta S} \tag{21}$$

矢量的旋度是一个矢量，在直角坐标系中旋度的表达式为

$$\begin{aligned}\nabla\times\boldsymbol{A} &= \left(\frac{\partial A_z}{\partial y}-\frac{\partial A_y}{\partial z}\right)\boldsymbol{i}+\left(\frac{\partial A_x}{\partial z}-\frac{\partial A_z}{\partial x}\right)\boldsymbol{j}+\left(\frac{\partial A_y}{\partial x}-\frac{\partial A_x}{\partial y}\right)\boldsymbol{k}\\ &= \begin{vmatrix} \boldsymbol{i} & \boldsymbol{j} & \boldsymbol{k} \\ \dfrac{\partial}{\partial x} & \dfrac{\partial}{\partial y} & \dfrac{\partial}{\partial z} \\ A_x & A_y & A_z \end{vmatrix}\end{aligned} \tag{22}$$

因为旋度代表单位面积的环流，因此矢量场沿闭合曲线 $L$ 上的环流，就等于所包围的曲面 $S$ 上旋度的总和，即

$$\oint_L \boldsymbol{A} \cdot \mathrm{d}\boldsymbol{l} = \iint_S \nabla\times\boldsymbol{A} \cdot \mathrm{d}\boldsymbol{S} \tag{23}$$

上式表明：矢量场中任意闭合曲线上的环流等于以它为边界的任意曲面上旋度的通量．这个结论称为斯托克斯定理或旋度定理．斯托克斯定理是矢量场中的重要定理，利用它可以实现线积分和面积分的相互转化.

关于矢量分析的其它内容，请读者参阅数学书籍.

# 参考文献


[1] 贾瑞皋，薛庆忠. 电磁学 [M]. 第 2 版. 北京：高等教育出版社，2011.
[2] 赵凯华，陈熙谋. 电磁学：上册 [M]. 北京：人民教育出版社，1978.
[3] 赵凯华，陈熙谋. 电磁学：下册 [M]. 北京：人民教育出版社，1978.
[4] 赵凯华，陈熙谋. 电磁学 [M]. 第 2 版. 北京：高等教育出版社，2003.
[5] 贾起民，郑永令，陈暨耀. 电磁学 [M]. 第 2 版. 北京：高等教育出版社，2001.
[6] 张玉民，戚伯云. 电磁学：[M]. 第 2 版. 北京：科学出版社，2007.
[7] 胡友秋，程福臻，叶邦角. 电磁学与电动力学：上册 [M]. 第 1 版. 北京：科学出版社，2008.
[8] 马文蔚. 物理学：上册 [M]. 第 5 版. 北京：高等教育出版社，2006.
[9] 马文蔚. 物理学：中册 [M]. 第 4 版. 北京：高等教育出版社，1999.
[10] 吴百诗. 大学物理：上册 [M]. 第 2 版. 北京：西安交通大学出版社，2004.
[11] 张三慧. 大学基础物理学：下册 [M]. 第 1 版. 北京：清华大学出版社，2003.
[12] 宋庆功. 普通物理教程：下册 [M]. 北京：科学出版社，2009.
[13] 杨金焕，于华丛，葛亮. 太阳能光伏发电由于技术 [M]. 北京：电子工业出版社，2009.
[14] 葛松华，唐亚明. 大学物理实验 [M]. 北京：化学工业出版社，2013.
[15] 钟顺时，钮茂德. 电磁场理论基础 [M]. 西安：西安电子科技大学出版社，1994.
[16] 钟季康，鲍鸿吉. 大学物理习题的计算机解法 [M]. 北京：机械工业出版社，2008.
[17] 周群益，侯兆阳，刘让苏. MATLAB 可视化大学物理学 [M]. 北京：清华大学出版社，2011.
[18] 刘迎春. 传感器原理设计与应用 [M]. 长沙：国防科技大学出版社，1989.
[19] 陈秉乾，王稼军，张瑞明. 电磁学教学中值得关注的几个问题 [J]. 大学物理 2010,(29)：3.
[20] 葛松华. 非平行板电容器电场和电容的另一种计算 [J]. 大学物理 2004，11(23)：34.
[21] 葛松华，唐亚明. 传输线的电容和电感特性 [J]. 物理与工程 2011，1(21)：40.
[22] 葛松华，唐亚明. 传输线的电容和电阻特性及其应用 [J]. 物理与工程 2011，5(21)：31.
[23] 葛松华. 矩形柱电容器电容的简单计算方法 [J]. 物理与工程 2004，2(14)：20.
[24] 葛松华. 高压脉冲电场技术在液体食品杀菌中的应用 [J]. 物理与工程 2005，1(15)：42.
[25] 葛松华. 同轴电缆自感系数计算的讨论 [J]. 物理与工程 2004，3(14)：8.
[26] 葛松华. 匀变电场激发感生电场的另一种计算 [J]. 物理与工程 2007，5(17)：40.